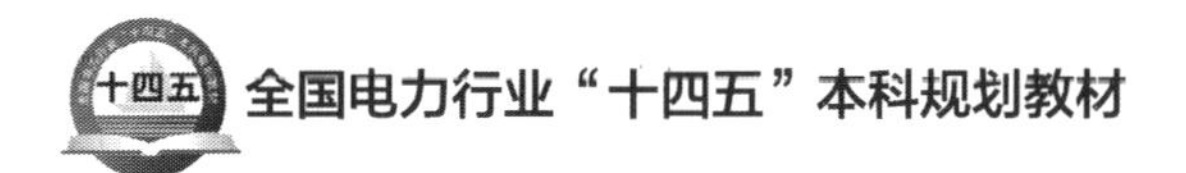

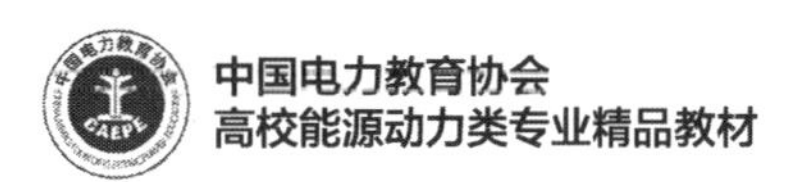

热力发电厂

主编　张学镭
编写　付文锋　刘英光　范　伟　周　玉
主审　冉景煜

中国电力出版社
CHINA ELECTRIC POWER PRESS

内 容 提 要

本书以原理、设备、系统为主线，从热功转换的基本原理出发，分析不同动力循环的特点，融合专业基础课和专业课知识；分析主、辅热力设备的工作原理、结构特点、设计规范和运行方式，充分吸纳新技术；基于技术、经济、工程分析方法和指标体系，向学生提供最优化的设计和运行理念。主要内容包括：热力发电厂的性能评价、蒸汽参数及循环形式对发电厂热经济性的影响、热力发电厂主要辅助热力设备及系统、热电联产及其热经济性、发电厂原则性热力系统、发电厂全面性热力系统、热力发电厂的经济运行与负荷调度、发电厂的汽水管道和阀门等。书中附有典型计算例题及复习思考题。

本书可作为普通高等学校能源与动力工程专业本科热力发电厂课程教材，也可作为高职高专相关专业“热力发电厂”课程教材，还可供相关专业工程技术人员参考。

图书在版编目（CIP）数据

热力发电厂/张学镭主编．—北京：中国电力出版社，2022.7（2025.2 重印）
ISBN 978-7-5198-6585-6

Ⅰ.①热… Ⅱ.①张… Ⅲ.①热电厂—高等学校—教材 Ⅳ.①TM621

中国版本图书馆 CIP 数据核字（2022）第 039157 号

出版发行：中国电力出版社
地　　址：北京市东城区北京站西街 19 号（邮政编码 100005）
网　　址：http：//www. cepp. sgcc. com. cn
责任编辑：吴玉贤（010-63412540）　马雪倩
责任校对：黄　蓓　常燕昆　于　维
装帧设计：赵珊珊　张俊霞
责任印制：吴　迪

印　　刷：北京世纪东方数印科技有限公司
版　　次：2022 年 7 月第一版
印　　次：2025 年 2 月北京第二次印刷
开　　本：787 毫米×1092 毫米　16 开本
印　　张：20
字　　数：476 千字
定　　价：59.00 元

前言

随着高参数、大容量火电机组的大量投运，超（超）临界发电技术已成为我国今后发展的主流，同时大量的火力发电新技术也在电厂中不断得到应用。在此背景下，汇集国内外相关科技新成果在发电厂中的实际应用案例，编写了这部具有鲜明专业特色的教材，以适应新工科背景下能源与动力工程专业教学和工程应用的实际需求，并确保学生具备行业发展要求的专业知识储备。

本书以原理、设备、系统为主线，有机融合了先修专业基础课和专业课知识，充分吸纳了火力发电的一些新知识和新技术，例如二次再热、蛇形管加热器、内置式除氧器、空冷凝汽器、热泵供热等，注重培养学生的工程意识和最优化的设计、运行理念，树立安全与经济效益、社会效益、环境效益相统一的观点，提高学生分析、研究和解决热力发电厂实际生产问题的能力。

本书的主要特点如下：

（1）吸纳了火力发电的一些新知识和新技术，例如超超临界发电技术、二次再热、蛇形管加热器、旋膜式除氧器、内置式除氧器、空冷凝汽器、热泵供热等。

（2）加强了对机组原则性热力系统计算的讲解，针对不同类型回热加热器给出了抽汽系数的通用计算公式，对常规热平衡法及其简洁计算方法进行了较为系统的介绍，并配有计算例题，帮助学生理解和记忆，便于自学。

（3）书中参考国内外最先进的超临界、超超临界机组资料，对原则性和全面性热力系统进行了介绍。

（4）本书融入了科技创新和家国情怀等课程思政内容。

（5）为了帮助读者对所学内容的理解，本书配备了大量数字资源，包括重难点的动画、彩图；每章复习思考题答案、习题答案，可在相应位置扫描二维码获取。

本书由华北电力大学张学镭担任主编并统稿。绪论和第一、三、四、八章由张学镭编写，第二章由付文锋编写，第五章由张学镭、周玉、范伟编写，第六章由张学镭和付文锋编写，第七章由刘英光编写。

本书由重庆大学冉景煜教授主审。冉景煜教授对本书进行了认真仔细的审阅，提出了诸多宝贵意见，对书稿质量的提高起了很大的作用，也使编者获益匪浅，在此深表谢意。本书在编写过程中借鉴了有关兄弟院校、制造厂、电力设计院和发电厂诸多文献和资料，在此表示诚挚的谢意。

由于编者水平所限，书中难免出现疏漏与不足之处，恳请读者批评指正。

编者

2022年1月

目录

绪 论

一、我国电力工业的发展和现状

中国电力工业自 1882 年在上海诞生以来，经历了艰难曲折、发展缓慢的 67 年，到 1949 年发电装机容量和发电量仅为 185 万 kW 和 43 亿 kWh，分别居世界第 21 位和第 25 位。1949 年以后，我国的电力工业得到了快速发展。1978 年发电装机容量达到 5712 万 kW，发电量达到 2566 亿 kWh，分别跃居世界第 8 位和第 7 位。改革开放之后，电力工业体制不断改革，在实行多家办电、积极合理利用外资和多渠道资金，运用多种电价和鼓励竞争等有效政策的激励下，电力工业发展迅速，在发展规模、建设速度和技术水平上不断刷新纪录、跨上新台阶。进入新世纪，我国的电力工业发展遇到了前所未有的机遇，呈现出快速发展的态势。图 0-1 显示出了 2000～2018 年以来我国发电装机容量的变化。

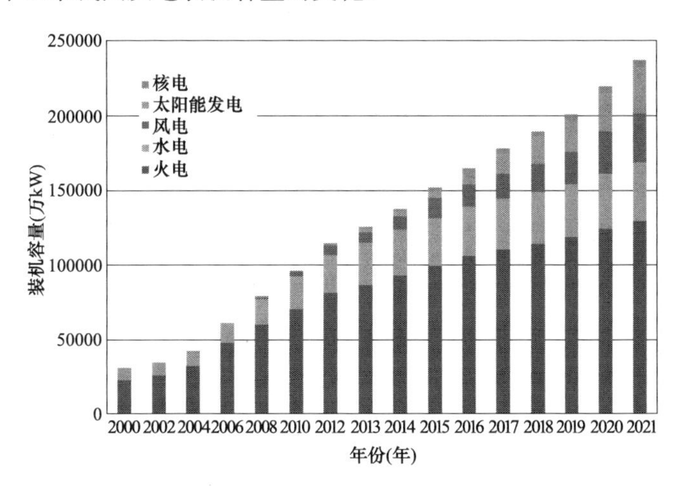

图 0-1　2000～2021 年我国发电装机容量的变化

1. 电力装机容量、发电量持续增长

我国发电装机容量从 1949 年的世界第 21 位，发展到 1978 为世界第 8 位，再发展到 1995 年超越俄罗斯位居世界第 3 位，继续发展到 1996 年超越日本居世界第 2 位，到 2011 年超过美国成世界第 1 位。到 2018 年，中国发电装机容量规模连续 8 年保持世界第 1 位，发电装机容量达 19.0 亿 kW，是位列世界第 2 位美国发电装机容量的 1.8 倍。

图 0-2 是 1990～2021 年我国发电量统计。我国的年发电量从 1949 年的世界第 25 位，到 1978 年提升至世界第 7 位，到 1994 年变为世界第 2 位，到 2011 年变为世界第 1 位。1980 年，中国发电量为 2854 亿 kWh、占世界发电量的 4.0%、位列世界第 5 位，当年美国发电量位列世界第 1，为 22850 亿 kWh、占世界发电量的 32.3%。当年发电量比中国多的

国家还有日本（5480 亿 kWh、7.8%）、德国（4698 亿 kWh、6.6%）和加拿大（3679 亿 kWh、5.2%）。到 2011 年，中国发电量超越美国位列第 1 位，发电量为 4490 亿 kWh、占世界 21.2%；美国发电量为 4095 亿 kWh、占世界 19.3%。到 2018 年，中国发电量连续 8 年位列世界第 1，发电量 69940 亿 kWh，是位列世界第 2 的美国的发电量 43961 亿 kWh 的 1.6 倍，大约是欧盟的 2 倍。

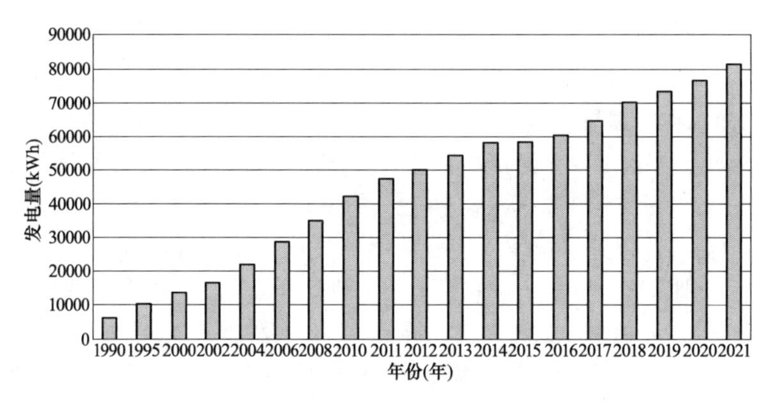

图 0-2　1990～2021 年我国发电量统计

2. 清洁能源发电取得跨越式发展

1949 年，我国可再生能源装机极少，仅有 16 万 kW 水电，可再生能源装机占总发电装机容量的比重为 8.8%。到 2018 年，我国可再生能源装机规模总量世界第 1。如图 0-3 所示，到 2018 年底可再生能源发电装机达到 7.28 亿 kW，占全部电力装机容量的 38.0%。其中，水电装机 3.52 亿 kW、风电装机 1.84 亿 kW、光伏发电装机 1.74 亿 kW、生物质发电装机 1781 万 kW。

如图 0-3 所示，可再生能源上网发电增长迅速，2018 年可再生能源发电量位列世界第 1。到 2018 年，可再生能源发电量达 1.87 万亿 kWh，占全部发电量比重为 26.4%。其中，水电 1.2 万亿 kWh、风电 3660 亿 kWh、光伏发电 1775 亿 kWh、生物质发电 906 亿 kWh。

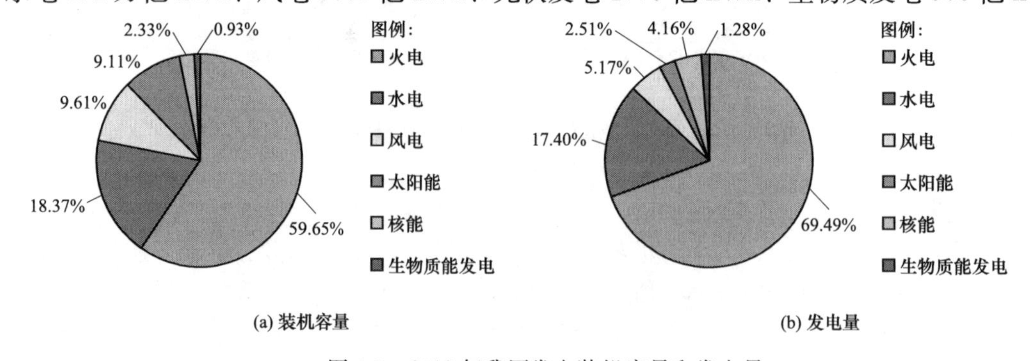

图 0-3　2018 年我国发电装机容量和发电量

3. 电网规模不断扩大

中华人民共和国成立以来，我国电网从覆盖率低、连通性低、电压低的零星孤网，发展成为世界上覆盖范围最广、能源资源配置能力最为强大、并网新能源装机规模最大、高压输电线路最多的电网；从安全运行水平低的电网，发展成为世界安全运行水平最高的电网之一，电力供应进入高可靠性水平阶段。

经过改革开放40年的发展，到2018年全国电网已经形成了华北、东北、华中、华东、西北、南方六个大型区域交流同步电网，除西北电网750kV交流为主架网外，其他电网以500kV交流为主网架，华北电网和华东电网建有1000kV特高压工程。到2018年，电压等级极大提高至35kV及以上的输电线路回路长度189万km，相当于绕地球赤道47圈，是1949年的291倍。我国电网电压等级世界最高，至2018年电网最高电压等级1100kV，超过巴西（800kV）、美国（765kV）、印度（765kV）、俄罗斯（750kV）、日本（500kV），达世界第1。县、乡、村、户的通电率达百分之百，供电可靠性进入高水平阶段。2018年中国平均供电可靠率为99.82%，用户平均停电时间为15.75h/户，用户平均停电频率3.28次/户。

4. 电力技术水平大幅提升、主要技术经济指标大幅改善

电力装备技术水平取得了飞跃式的发展。改革开放以来，特别是党的十八大以来，电力装备水平有了很大提高，大容量、高参数、环保型的发电机组快速增长，600、1000MW超超临界火力发电机组已成为电力系统的主力机组。燃煤发电技术、污染物控制技术取得新发展，超临界常规煤粉发电技术达到世界先进水平，空冷技术、循环流化床锅炉技术达到世界领先水平；火电技术全面国产化水平不断提升，火电设备三大主机（锅炉、汽轮机和发电机）实现全面国产化。水电机组的设计与制造能力正全面达到世界先进水平，能够与发达国家的先进技术同台竞技，在特高拱坝安全控制、混凝土防渗墙领域达到世界领先水平。核电技术瞄准世界前沿，突破关键共性技术和现代工程技术，全面掌握了三代核电技术，自主攻克具有四代特征的高温气冷堆技术；关键设备研制方面取得重大突破，核电设备自主能力不断提高。代表中国核电技术能力的“华龙一号”，其装备国产化率达到85%以上，反应堆压力容器、蒸汽发生器、堆内构件等核心装备都已实现国产。

线路损失率和供电标准煤耗率是电力工业的主要技术经济指标。电网输电线路损失率由1949年的23.35%，下降到2018年的6.21%，较1949年下降了17.14%。供电标准煤耗率指标明显优于世界平均水平。先进的百万千瓦二次再热机组的供电标准煤耗率已经低于270g/kWh。我国燃煤电厂的供电标准煤耗率和发电标准煤耗率近年来呈现逐年下降趋势，全国平均供电标准煤耗率从1949年的1020g/kWh，下降到2018年的308g/kWh，较1949年下降了69.8%。目前我国采用600℃超超临界燃煤发电技术的1000MW级湿冷机组、1000MW级空冷机组、600MW级湿冷机组和600MW级空冷机组供电标准煤耗率的典型值依次约为286、298、291g/kWh和299g/kWh。

5. 节能减排已见成效

供电标准煤耗率、线损率的下降不仅减少了煤耗量，同时还可减少烟尘、二氧化硫、氮氧化物和二氧化碳的排放，起到了节约资源与保护环境的共同作用。目前，全国燃煤电厂100%实现了烟气脱硫后排放，98.4%的火力发电机组投运了烟气脱硝装置，超过70%的火力发电机组完成了超低排放改造。

燃煤发电的环保指标方面，2017年我国燃煤发电机组平均的烟尘、SO_2和NO_x的排放量依次为0.06、0.26、0.25g/kWh；采用超低排放技术的燃煤发电机组，烟尘、SO_2和NO_x的平均排放量进一步降低至0.003、0.04、0.09g/kWh。CO_2排放量按照供电标准煤耗率折算约为844g/kWh，整体排放达到世界先进水平。电力行业碳排放量增长有效减缓，

2006～2017年，通过发展非化石能源、降低供电标准煤耗率等措施，电力行业累计减少CO_2排放约113亿t。

二、热力发电厂的定义和分类

以往人们把由燃料（煤、石油、天然气等）化学能转换成电能的工厂或企业称为热力发电厂。后来有了原子能电厂、太阳能电厂、地热能电厂等，因此人们把凡是通过热能转换为电能的工厂或企业通称为热力发电厂，而将煤、石油、天然气等化石燃料化学能转换为热能进而再转化为电能（现有技术条件下，化学能转换为热能主要通过燃烧反应）的工厂或企业称为火力发电厂。

1. 按热能的来源分类

按热能的来源分类，热力发电厂可分为化石燃料发电厂（火力发电厂）原子能发电厂、太阳能发电厂、地热发电厂、生物质发电厂等。

(1) 化石燃料发电厂：利用煤、石油、天然气等矿石燃料生产电能的工厂。其中以煤为燃料的发电厂，是目前我国火力发电厂的主要类型。

(2) 原子能发电厂（核电站)：利用核能来生产电能的工厂。

(3) 太阳能发电厂：利用太阳能发电的工厂。其发电方式有两种：一种是光热发电，即将太阳能转化为热能，用以加热水或其他低沸点液体以产生蒸汽，推动汽轮机发电机组发电；另一种是光伏发电，即利用半导体界面的光生伏特效应而将光能直接转变为电能的一种技术。

(4) 地热发电厂：利用地下高温热水（或汽水混合物)，经过扩容器降压产生蒸汽，或通过热交换器使低沸点液体产生蒸汽，带动汽轮发电机组发电的工厂。

(5) 生物质发电厂：生物质发电主要是以农业、林业和工业废弃物为原料，也可以将城市垃圾作为原料，采取直接燃烧或气化的方式发电。我国目前主要以秸秆发电、沼气发电、城市生活垃圾发电与生物质气化发电为主，虽然在实际应用过程中存在不少问题，但生物质发电有着广阔的发展前景。

2. 按产品品种分类

按产品品种分类，热力发电厂可分为凝汽式发电厂、热电厂、热电冷发电厂、海水淡化电厂等。

(1) 凝汽式发电厂：只向外供应电能的工厂。

(2) 热电厂：同时向外供应电能和热能的工厂。

(3) 热电冷发电厂：同时向外供应电能、热能和冷量的工厂。

(4) 海水淡化电厂：同时向外供应电能和淡水的工厂。

3. 按原动机类型分类

按原动机类型分类，热力发电厂可分为蒸汽轮机发电厂、燃气轮机发电厂、燃气-蒸汽联合循环发电厂和内燃气轮机发电厂。

(1) 蒸汽轮机发电厂：利用燃料在锅炉中燃烧产生蒸汽，用蒸汽推动汽轮机，再由汽轮机带动发电机发电。这种发电方式在我国火力发电中居主要地位，占我国火力发电总装机容量的99%以上。

(2) 燃气轮机发电厂（简单循环)：燃气轮机发电机组包括压气机、燃烧室和燃气透平三个主要设备，其能量转化过程是建立在布雷顿循环基础之上的，即通过压气机将空气压缩后送入燃烧室，与喷入的燃料混合燃烧产生高温高压燃气，进入透平机膨胀做功，推动发电机发电。

（3）燃气-蒸汽联合循环发电厂：通常简单循环燃气透平具有较高的排气温度，为了提高能源利用效率，将排气余热在余热锅炉内再转化为水蒸气的热能加以利用，从而形成燃气发电［布雷顿（Brayton）循环］和蒸汽发电（朗肯循环）的联合发电形式，称为燃气-蒸汽联合循环发电厂。燃气-蒸汽联合循环发电厂具有较高的初温和较低的终温，因而能源转化效率很高，受到世界各国的重视。

（4）内燃气轮机发电厂：内燃气轮机发电机组是指一种用内燃气轮机驱动发电机供电的设备，在生产和生活中，通常作为备用电源来使用。

4. 按蒸汽初参数分类

按蒸汽初参数分类，热力发电厂可分为中低压发电厂、高压发电厂、超高压发电厂、亚临界压力发电厂、超临界压力发电厂和超超临界压力发电厂。

（1）中低压发电厂：一般蒸汽初压为3.92MPa、温度为450℃的发电厂，单机功率小于25MW。

（2）高压发电厂：一般蒸汽初压为9.9MPa、初温为540℃的发电厂，单机功率小于100MW。

（3）超高压发电厂：一般蒸汽初压为13.83MPa、初温为540℃/540℃的发电厂，单机功率小于200MW。

（4）亚临界压力发电厂：一般蒸汽初压为16.77MPa、初温为540℃/540℃的发电厂，单机功率为300～600MW。

（5）超临界压力发电厂：蒸汽初压高于22.11MPa、初温为560℃/560℃的发电厂，机组功率一般为600MW及以上。

（6）超超临界压力发电厂：蒸汽初压高于25MPa、初温为600℃/600℃的发电厂，机组功率为600MW及以上。

5. 按电厂位置

按电厂位置分类，热力发电厂可分为坑口（路口、港口）发电厂和负荷中心发电厂。

（1）坑口（路口、港口）发电厂：厂址位于煤矿（路口、港口）附近的发电厂。

（2）负荷中心发电厂：厂址位于负荷中心的发电厂。

6. 按承担电网负荷的性质分类

按承担电网负荷的性质分类，热力发电厂可分为基本负荷发电厂、中间负荷（腰荷）发电厂、调峰发电厂。

7. 按机炉组合方式分类

按机炉组合方式分类，热力发电厂可分为非单元制发电厂和单元制发电厂。

8. 按服务性质和规模分类

按服务性质和规模分类，热力发电厂可分为区域性发电厂、企业自备发电厂、移动式发电厂（如列车电站）和未并入电网的孤立发电厂。

三、火力发电技术发展趋势

近年来虽然燃煤火力发电的装机容量占总装机容量的比例逐年在下降（见图0-1），但其在可预见的未来仍将是我国发电行业的主力机组，也是电网最重要的电源支撑点。今后20～30年内，优化火电结构将主要围绕节能、节水与环保这几个主题进行。即节约能源，提高发电效率；减少污染物排放，保护生态环境；节约淡水；实现循环经济方式。其主要的发展趋势有：

1. 大力发展超临界和超超临界机组

工程热力学将水的临界状态点参数定义为：压力为22.129MPa，温度为374.15℃。当水的状态参数达到或超过临界点时，在饱和水与饱和蒸汽之间不再有汽、水共存的两相区存在。与较低参数的状态不同，水的传热和流动特性等会发生显著的变化。

超临界压力机组一般可分为两个层次：一个是常规超临界压力机组（conventional supercritical），其主蒸汽压力一般为24MPa，主蒸汽和再热蒸汽温度为540～560℃；另一个是高效超临界压力机组（high efficiency supercritical），通常也称为超超临界压力机组（ultra supercritical）或者高参数超临界压力机组（advanced supercritical），其主蒸汽压力为28.5～30.5MPa，主蒸汽和再热蒸汽温度为580～600℃。GB/T 28558—2012《超临界及超超临界机组参数系列》规定：当蒸汽参数超过临界点压力和温度时，称为超临界参数。当蒸汽参数高于常规超临界参数24.2MPa/566℃/566℃时的汽轮机进汽参数，称为超超临界参数。

世界上超（超）临界发电技术的发展过程大致可以分成以下四个阶段：

第一阶段，超（超）临界技术发展期。从20世纪50年代开始，以美国和德国等为代表。当时的起步参数就是超超临界参数，但随后由于金属材料问题导致电厂可靠性下降，在经历了初期超超临界参数后，从20世纪60年代后期开始，美国超临界机组大规模发展时期所采用的参数均降低到常规超临界参数。直至20世纪80年代，美国超临界机组的参数基本稳定在这个水平。

第二阶段，超临界技术成熟期。从20世纪80年代初期开始，由于材料技术的发展，尤其是锅炉和汽轮机材料性能的大幅度改进，以及对电厂水化学方面认识的深入，克服了早期超临界机组所遇到的可靠性问题。当时美国对已投运的机组进行了大规模的优化及改造，可靠性和可用率指标已经达到甚至超过了相应的亚临界机组。通过改造实践，形成了新的结构和新的设计方法，大大提高了机组的经济性、可靠性、运行灵活性。其间，美国又将超临界主机技术转让给日本（如通用电气公司向东芝和日立公司转让，西屋公司向三菱公司转让），联合进行了一系列新超临界电厂的开发设计。超临界机组的市场也由此逐步转移到了欧洲及日本，涌现出了一批新的超临界机组。

第三阶段，超超临界技术快速发展期。从20世纪90年代开始，发达国家在保证机组高可靠性、高可用率的前提下采用更高的超超临界蒸汽温度和压力。其主要原因在于国际上环保要求日益严格，同时新材料的研发成功和常规超临界技术的成熟也为超超临界机组的发展提供了条件。目前发展超超临界技术领先的国家主要是中国、日本、德国、美国等。据不完全统计，目前全世界已投入运行的超临界及以上参数的发电机组有1100多台。其中，中国有500多台，数量居世界第一，美国有170多台，日本和欧洲各60多台，俄罗斯及其他发展中国家有300余台。自2007年以来，中国已成为世界上超超临界机组发展最快、数量最多和运行性能最先进的国家。

第四阶段，先进超超临界（advanced ultra-supercritical，A-USC）技术发展期。从20

世纪末起，为进一步降低能耗和减少污染物排放，改善环境，在材料技术的支持下，各国的超超临界技术都在朝着更高参数的方向发展。德国、美国、日本、中国及印度等国家先后启动蒸汽温度达到650～760℃的先进一次再热及二次再热超超临界发电技术研究计划，为下一代火电装备的更新提供技术，以进一步降低机组的煤耗，减少污染物和温室气体排放。2009年，中国率先开展了超600℃的超超临界大容量二次再热燃煤发电机组的技术研发，并成功投入运行，使中国在700℃等级超超临界机组材料成熟前，具备了进一步较大幅度提高超超临界机组效率的能力。

600MW和1000MW级的超临界和超超临界机组具有大容量、高效率、低污染等优点，能够节约能源，减少排放，节省投资，实现国民经济的可持续发展。表0-1比较了不同蒸汽参数下火电机组的热效率。

表0-1　　不同蒸汽参数下火电机组的热效率

机组类型	蒸汽参数	再热次数（次）	给水温度（℃）	热效率（%）
亚临界	17MPa/540℃/540℃	1	275	37
超临界	24MPa/538℃/566℃	1	275	40
超超临界	25MPa/600℃/600℃	1	275	45
超超临界	35MPa/700℃/700℃	1	275	48.5
超超临界	30MPa/700℃/720℃/720℃	2	310	51
超超临界	35MPa/700℃/720℃/720℃	2	320	52.5
超超临界	37.5MPa/700℃/720℃/720℃	2	335	53

中国是以煤电为主的国家，发展高效率超超临界燃煤机组是高效清洁燃煤发电的方向，对我国建设节约环保型社会具有重要意义。我国超（超）临界机组无论在台数或容量上已居世界第1。目前，我国一次再热超超临界火电机组的参数已提高到28MPa/600℃/620℃，1000MW超超临界机组的最高发电热效率达到45%，发电标准煤耗率达到262g/kWh，处于世界先进水平之列。

2. 发展超超临界二次再热机组

二次再热是在一次再热的基础上增加一个再热过程，提高发电循环的平均吸热温度，从而提高发电热效率。以31MPa/566℃/566℃/566℃的二次再热机组为例，其相比传统的24.2MPa/566℃/566℃一次再热机组热效率可提高2～3个百分点。

在世界范围内，超（超）临界二次再热技术发展至今已有60多年的历史，全世界已经投运的二次再热机组主要集中在美国、德国、丹麦、日本和中国。1956年，世界上首台二次再热机组在联邦德国投运，其设计蒸汽参数为34MPa/610℃/570℃/ 570℃，容量为88MW。西方国家大多数二次再热机组都在20世纪60、70年代投运，从20世纪70年代以后，二次再热技术的发展遇到了瓶颈，很长一段时间处于停滞不前的状态。在进入21世纪之后，国外没有再投运新的二次再热机组。在机组参数上，西方国家的绝大多数机组的初参数约为560℃、25MPa，个别机组的初压达到31～35MPa，主蒸汽温度达到600℃以上，最高温度为649℃。

采用二次再热技术可使机组的热效率提高，但也带来了锅炉调温方式和受热面布置复杂、汽轮机结构变化大等不利条件，二次再热机组的成本有所提高。20世纪60～90年代电厂燃料成本较低，二次再热技术热效率提高、燃料耗量降低的优势很难抵消投资成本的增加。因此，二次再热技术一直不是西方火力发电厂的主流技术。目前，随着世界范围内对火力发电效率的关注及国内二次再热技术的蓬勃发展，国际上的主要发电设备制造商，如西门子和GE公司，又纷纷投入了二次再热发电技术的开发和发展。

“十五”期间，二次再热超超临界发电技术被确定为我国863重点研究和开发项目。“十二五”期间，国家能源局正式批准了华能安源发电有限责任公司、国电泰州发电有限公司和华能莱芜发电有限公司建设超超临界二次再热高效燃煤发电项目。二次再热发电技术成为《国家能源科技“十二五”规划》重点攻关技术，同时也是《煤电节能减排升级与改造行动计划(2014—2020年)》推进示范技术。这标志着我国超超临界发电机组正式开启了二次再热的新篇章，也意味着二次再热技术在中国迎来了又一个快速发展期。

2015年6月27日，华能江西安源电厂1号机组通过168h连续满负荷试运行，成为我国首台二次再热发电机组。至2016年12月，我国共有6台二次再热超超临界机组投入运行，大批二次再热机组也正在建设之中。国电泰州二期2×1000MW项目作为国家超超临界二次再热技术的示范项目和世界首个百万千瓦超超临界二次再热机组项目，2台机组于2015年双双投产，在火力发电设计、制造、建设、调试技术上实现了突破。泰州二期3号机组的发电热效率达到了47.886%，发电标准煤耗率达到了256.86g/kWh，供电标准煤耗率达到了266.53g/kWh，均为当时世界火电机组的最先进水平。

3. 大力发展洁净煤发电技术

“煤炭清洁高效利用技术”是“十三五”规划建设的100个重点建设工程之一。大力开展洁净煤发电技术研究，是煤炭清洁高效利用技术的关键。目前，代表性的洁净煤发电新技术有循环流化床发电技术（CFBC）、增压流化床联合循环发电技术（PFBC-CC）、整体煤气化联合循环发电技术（IGCC）、超临界燃煤电站加脱硫脱硝装置（SC＋FGD＋De－NO_x）等。几种技术在机组净效率、环保性能、可靠性、技术成熟程度、设备投资、电价、批量化生产等方面各具有特点。

循环流化床锅炉对煤种的适应性广，系统简单，调峰性能好，特别适用于燃烧高硫煤和劣质煤，其脱硫效率可达90%，NO_x 排放低于200mg/m^3（标准状况下）。整体煤气化联合循环（IGCC）具有能量转换效率高（40%～50%）、污染排放少（脱硫率98%～99%）、燃料适应性强（可燃用多种燃料，对高硫煤有独特的适应性）、可以实现多联产、能为经济地去除CO_2创造条件等特点，被世界公认为是最具发展潜力的洁净煤技术之一。1984年1月美国建成世界最早的IGCC商业验证电站（Cool Water电站）。我国华能绿色煤电2012年在天津建成了国内首座250MW级IGCC示范电站，截至2018年9月23日，该IGCC整套装置已连续运行3918h，并继续处于稳定运行状态，成为全世界连续运行时间最长的IGCC机组。增压循环流化床联合循环的优点是系统简单，技术比IGCC电厂容易掌握，但存在高温除尘、效率需要提高等问题，是清洁煤发电和老厂改造的途径之一。

4. 开展以大型燃气轮机为核心的联合循环发电技术

燃气-蒸汽联合循环发电就是把在中低温区工作的朗肯（Rankine）循环和在高温区工作的布雷顿（Brayton）循环叠置，组成一个总能系统，由于具有很高的燃气初温（1200～1500℃）和蒸汽做功后很低的终温（30～40℃），实现了热能的梯级利用，总的循环热效率很高。当初温为1260～1300℃时，简单循环效率达36%～40%，联合循环效率达55%～58%；当初温提高到1430℃时，简单循环效率大于或等于40%，联合循环效率大于或等于

60%。燃气-蒸汽联合循环机组还具有环保性能好、运行灵活、调峰性能好、单位容量投资低、建设周期短、节水等多重效益。

天然气产量的增加和环境保护的压力，使燃气轮机发展非常迅速。有资料表明，目前全世界新增火电容量中，燃气轮机及其联合循环机组占到了50%以上，美国在最近10年新增容量为113GW，其中燃气轮机电站就占44%；德国更是占到了2/3左右。我国燃气轮机发电的总装机容量仅占全国总装机容量的5%左右，气源短缺是限制燃气-蒸汽联合循环发展的主要因素。

5. 发展节水型机组

火力发电需要耗用大量的淡水资源，而我国淡水资源短缺，人均占有量仅为世界平均水平的1/4，且分布不均，其中煤炭资源丰富的华北和西北属严重缺水地区，所以应加强在富煤地区建设超临界和超超临界空冷机组，优化城市中水处理技术，利用其作为电厂补给水，提高湿式冷却塔浓缩倍率，优化循环排污水净化技术，实现污水零排放。

6. 实施烟气超低排放技术

2014年国家颁布实施《煤电节能减排升级与改造行动计划（2014—2020）》，2015年12月国家三部委下发了关于《全面实施燃煤电厂超低排放和节能改造工作方案》的通知。通知中提出燃煤电厂减排目标：全国所有具备改造条件的燃煤电厂力争实现超低排放（即在基准氧量6%条件下，烟尘、二氧化硫、氮氧化物排放浓度分别不高于10、35、50mg/m^3）。全国有条件的新建燃煤发电机组达到超低排放水平。

烟气协同治理技术是一种先进的烟气排放治理理念，采用协同治理技术，可以在较低投资成本和运行成本的前提下实现超低排放。目前，主要有以低低温电除尘技术为核心的烟气协同治理技术路线、以湿式电除尘器为核心的技术路线和以电袋除尘器为核心的技术路线。其中，以低低温电除尘技术为核心的技术路线在国内占有较大比例。以低低温电除尘器为核心的技术路线特点是对于可凝结污染物，如SO_3的脱除效果较好；以湿式电除尘器为核心的技术路线特点是对于联合脱除气体污染物和微量金属元素都很有利，但造价相对较高；以电袋除尘器为核心的技术路线特点是煤种适应性强，稳定运行时间长，造价较低，但对如SO_3等气体污染物脱除效果仍有待提高。

7. 推进热电联产、热电冷联产和煤气化为核心的多联产技术

热电联产指火电机组在发电的同时，用抽汽或背压机组的排汽进行供热，由于实现了热能的梯级利用，其能源利用率高达70%～80%。工业热负荷为主的地区，适宜建设以热力生产为主的背压机组；在采暖负荷集中或发展潜力较大的地区，适宜建设300MW等级以上高效环保热电联产机组。热电冷联产指锅炉产生的蒸汽在背压式汽轮机或抽汽式汽轮机发电，其排汽或抽汽，除满足各种热负荷外，还可做吸收式制冷机的工作蒸汽，生产6～8℃冷水用于空调或工艺冷却。

如图0-4所示，以煤气化为核心的多联产能源系统（煤基多联产）是以煤、渣油或石油焦为原料，经气化后成为合成气，净化以后可用于实现电力、化工、热、气的联产，即在发电的同时，联产包括液体燃料在内的多种高附加值的化工产品、城市煤气等。多联产系统通过化工合成与动力生产过程的集成耦合，实现了能源物质和能量的梯级转化与利用。

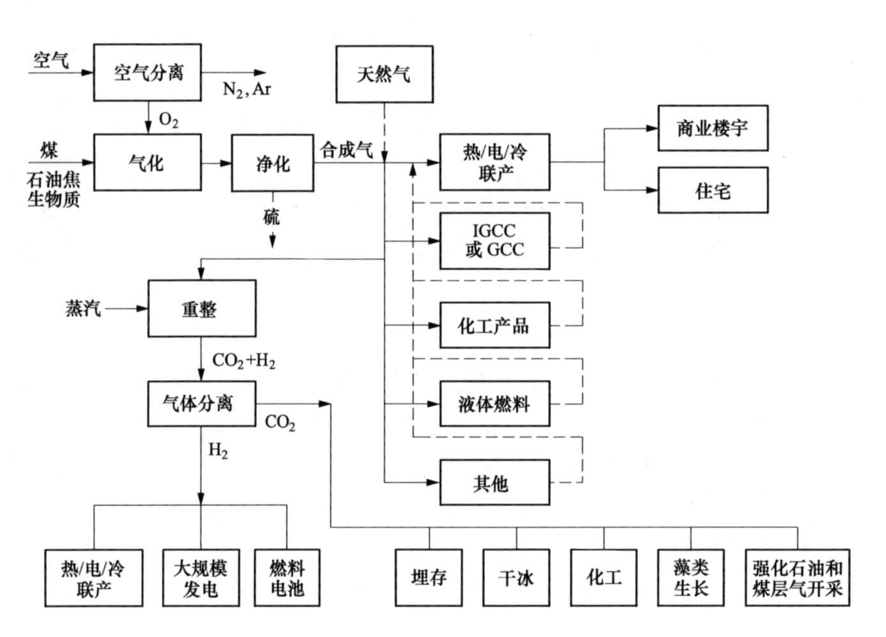

图 0-4　煤气化为核心的多联产能源系统

第一章 热力发电厂的性能评价

本章导读

热力发电厂的性能包括：安全性、可靠性、环保性能、热经济性、技术经济性等。我国对热力发电厂的总体要求是：在安全可靠的前提下，提高其热量利用效率，并符合环保的要求，适应电力可持续发展的需要。

本章首先介绍电厂的安全可靠性管理和环保要求，重点讲授热力发电厂热经济性评价的基本方法和主要指标。

第一节 热力发电厂的安全可靠性

一、安全管理

1. 安全管理的重大意义

电力行业突出的特点是：电力的产、供、销是连续、瞬时完成的，以目前技术水平，电能是不可能被大规模储存的。电力工业既为各行各业提供动力，同时也是一个广泛性的服务行业。电力行业一旦发生事故，不仅是自身的重大损失，对其他行业的影响和损失远远超出本身的影响和损失。因此，若电力生产不安全、供电不可靠，势必严重影响工农业生产和人民生活，造成国民经济的巨大损失。

随着生产的发展和科学技术的进步，火力发电厂向高参数（超临界和超超临界参数）大容量发展，电网容量和电压等级也不断提升。高参数、大容量、大电网，其中任一环节、部件或某一运行操作不当，就有可能发生事故，造成巨大的经济损失。1965 年美国纽约电网大范围停电，影响美国东北部八个州和加拿大两个省，停电功率达 25GW，最长停电时间 13h32min。1982 年我国华中电网瓦解，湖北电网事故甩负荷 895MW，全省停电十几个小时。2008 年 1～2 月，我国南方部分地区遭遇 50 年一遇的严重低温雨雪冰冻灾害，给电网造成了巨大的灾难。湖南、贵州、江西、浙江、福建等省市的覆冰倒塔、断线事故，导致了电网的大面积停电、限电，其中湖南 83%的规模以上工业企业、江西 90%的工业企业一度停产。这些事故不仅造成了巨大的直接间接经济损失，影响人民的正常生活，还会危及公共安全，造成严重的社会影响。

2. 安全管理的基本方针和措施

（1）电力安全生产工作应当坚持“安全第一、预防为主、综合治理”的方针，贯彻落实“任何风险都可以控制，任何违章都可以预防，任何事故都可以避免”的安全理念。

(2) 电力生产必须层层落实安全生产责任制，做到在计划、布置、检查、总结、考核生产工作的同时，计划、布置、检查、总结、考核安全工作。

(3) 企业各级领导人员应以身作则，严格遵守安全生产规程，支持安全监督机构的工作。各级领导人员不准发生违反《电力安全工作规程》的命令。工作人员接到违反《电力安全工作规程》的命令，应拒绝执行。如发现有违反《电力安全工作规程》，并足以危及人身和设备安全者，应立即制止。

(4) 新建、改建、扩建工程安全设施必须与主体工程同时设计、同时施工、同时投入生产和使用。

(5) 安全生产管理必须坚持"设备是基础，管理是关键，人员是保证"的三条原则。加强设备深层次治理、及时消除设备隐患，防止事故发生；扎扎实实抓好班组安全基础、生产技术基础的管理工作；加强职工的安全培训，提高安全意识和人员素质。

(6) 安全管理的具体措施请参考各企业制定的《电力安全工作规程》。

二、可靠性管理

(一) 可靠性的定义

对于一般技术系统来说，可靠性的定义是：一个元件或一个系统，在规定的时间内完成预定功能的能力。对于电力工业可靠性，是指在预定的时间区间内和规定的技术条件下，保持系统、设备、部件、元件发出额定电力的能力，并以量化的可靠性指标来体现。可靠性是电力工业重要的性能指标之一，直接影响电力工业的经济效益。

电力可靠性管理在现代电力工业大生产上的应用，主要体现两个方面：一是对反映电力生产的技术经济综合指标（可靠性指标）进行宏观调控，以保证电力工业本身和社会的最大效益；二是以可靠性的系统工程理论，研究电力生产设备自身规律。从技术和经济的观点看，电力生产的可靠性和经济性是相辅相成的，不能脱离自身的实际情况，不顾电力系统自身和社会效益的前提去单纯地追求某一方面。研究电力生产自身的规律，是进行电力生产技术经济指标宏观调控必不可少的环节；同时技术经济指标的宏观调控又促进了对电力生产自身规律的研究。对电力生产自身规律的研究，离不开对影响电力生产各个环节的研究，因而对电力生产自身规律的研究任务，决定了电力可靠性是一项全过程的综合性管理的系统工程。电力工业的可靠性管理不是偶然产生的，而是电力工业现代化发展的结果，是和现代生产相适应的更高水平上的现代化科学管理。

(二) 发电厂的主要可靠性指标

发电厂的主要可靠性评价指标有 26 个，这些可靠性指标是综合反映设计、制造、安装、运行、检修等水平的指标，能比较客观地反映这些环节的管理水平。限于篇幅，本书仅介绍可用系数、等效可用系数、强迫停运率、强迫停运发生率、利用小时等指标。

1. 可用系数（AF）

$$AF=\frac{\text{可用小时}}{\text{统计期间小时}}\times 100\%=\frac{AH}{PH}\times 100\%$$

式中：AH 为可用小时，是指设备处于可用状态的小时数，可用小时等于运行小时 SH 与备用小时 RH 之和；PH 为统计期间小时，是指设备处于在使用状态的日历小时数。

2. 等效可用系数（EAF）

$$EAF=\frac{\text{可用小时}-\text{降低功率等效停运小时}}{\text{统计期间小时}}\times 100\%=\frac{AH-EUNDH}{PH}\times 100\%$$

式中：$EUNDH$ 为降低功率等效停运小时，是指机组降低功率小时数折合成按毛最大容量计算的停运小时数。

$EUNDH$ 为

$$EUNDH=\frac{\sum D_i T_i}{GMC}$$

式中：D_i 为第 i 类的降低功率值；T_i 为第 i 类降低功率状态持续小时数；GMC 为毛最大容量（或铭牌容量）。

3. 强迫停运率（FOR）

$$FOR=\frac{\text{强迫停运小时}}{\text{强迫停运小时}+\text{运行小时}}\times 100\%=\frac{FOH}{FOH+SH}\times 100\%$$

式中：FOH 为强迫停运小时，是指机组处于第 1、2、3 类非计划停运状态的小时数之和，即 $FOH=UOH_1+UOH_2+UOH_3$。

4. 强迫停运发生率（$FOOR$）（次/年）

$$FOOR=\frac{\text{强迫停运次数}}{\text{可用小时}}\times 8760=\frac{FOT}{AH}\times 8760$$

式中：FOT 为强迫停运次数。

5. 利用小时（UTH）

利用小时是指机组毛实际发电量折合成毛最大容量（或额定容量）的运行小时数。

（三）我国火电机组的可靠性现状

2019 年纳入可靠性管理的各类发电机组等效可用系数均达到 90%以上，其中燃煤机组 92.79%，同比增加 0.53%；燃气-蒸汽联合循环机组 92.37%，同比降低 0.1%；水电机组为 92.58%，同比增加 0.28%；核电机组 91.01%，同比下降 0.83%。

2019 年不同容量火电机组的运行可靠性指标见表 1-1。

表 1-1　　2019 年不同容量火电机组运行可靠性指标

机组容量（MW）	统计台数（台）	总容量（亿 kW）	运行暴露率（%）	等效可用系数（%）	非计划停运次数（次/台年）
1000	109	1.1	85	92.42	0.35
600	520	3.26	81.76	92.69	0.51
300	864	2.78	79.92	93.03	0.51

2019 年，我国大型燃煤机组配套辅助设备健康水平稳定提高。参与统计的五种辅助设备即磨煤机、给水泵组、送风机、引风机、高压加热器的运行系数同比分别上升 0.86%、2.82%、1.08%、1.08%和 1.09%。磨煤机、送风机非计划停运率同比下降，给水泵组、引风机、高压加热器同比持平。2019 年，除尘、脱硫设备运行系数分别为 74.5%和 74.54%，同比分别上升 0.75 和 0.54%，脱硝系统运行系数为 78.28%。

三、寿命管理

1. 寿命管理的定义

火电设备寿命管理是以设备运行状态及金属材料的长期连续地监督为基础，计算其寿命损耗，并适时进行各种探伤检查，全面掌握设备技术状况，及时维修或更换。寿命管理是将被动式地进行设备使用后期的寿命评估改进为主动式的设备优化管理，即对设备使用全过程的寿命进行评估。

2. 寿命损耗产生的原因

火电设备及其管道，特别是锅炉汽包，汽轮机转子、叶片、汽缸和主蒸汽管道，承受高温和热应力的作用，经长时间运行后，金属材料将发生蠕变或松弛，尤其是启停或工况大幅度变化时，由于冷热交变应力，使得部件产生低频疲劳，最终导致寿命损耗殆尽。

(1) 高温蠕变损耗。长期在高温下运行的设备，其寿命将产生高温蠕变损耗。金属在高温下工作时将产生蠕变，因此在估算设备寿命时，应考虑在稳定负荷运行时高温蠕变对其寿命的损耗。对于带基本负荷的机组，每年运行小时以7000h计算，30年高温蠕变损耗率约为25%；对于带尖峰负荷的机组，年运行小时以4800h计算，30年高温蠕变损耗率约为20%。

(2) 随机性的损伤。随机性的损伤，主要包括启停、负荷变动等工况下负荷扰动引起机组大幅度负荷波动以及由于不确定因素引起的蒸汽温度波动、短时超限振动等因素也会引起机组寿命损耗。但这些因素难以预测，根据国外有关文献报道，多数建议将这类损耗以10%计。

(3) 低频疲劳损伤。机组的启动、正常运行、停机、再启动，或正常运行中的负荷变动，部件都将经历一个温度循环。在这个温度循环中，部件承受交变应力，每一次循环都将引起部件的寿命损耗，称为低频疲劳损耗。部件温度变化量和温度变化率越大，所引起的内部热应力就越大，对其寿命损耗也就越大。通常，低频疲劳造成的寿命损耗率约为60%。

3. 寿命分配

随着电网的扩大和用电构成的变化，电网的峰谷差也相应扩大，有的电网峰谷差高达50%。目前电网仍多以火力发电为主，所以即使是大容量火电机组也必须承担调峰任务，导致机组启停次数增多，加剧了火电设备的金属温度变化幅度和寿命损耗。

为保证火电设备的安全可靠运行，须合理选择寿命损耗系数，合理进行寿命分配，即预计火电设备在设计寿命年限内启动、停机次数和启停方式以及工况变化、甩负荷次数等，分配其各种工况下的允许寿命损耗，并根据允许寿命损耗率，合理控制其启停速度、运行温度、负荷变化率等，以保证使用寿命期间安全运行。

4. 汽轮机寿命管理

在汽轮机设计寿命年限内（一般为30年），一般蠕变寿命损耗占20%，疲劳寿命损耗占60%，其余20%以备突发性事故。为了保证汽轮机在服役年限内安全运行，应制订汽轮机寿命分配方案，即事先给定在服役年限内启停和工况变化的次数。

制订寿命分配方案时，应首先确定机组带负荷的性质，以带基本负荷为主的机组，因其终生启停次数较少，每次启停可以分配给较高的寿命损耗率（一般控制在0.05%/次），亦即可以采用较高的温升率，以获取最大的经济效益；对于调峰机组，由于启停次数较多，每次启停应分配较低的寿命损耗率（一般控制在0.01%/次）。日本三菱公司350MW机组寿命分配方案见表1-2。

表 1-2　　日本三菱公司 350MW 机组寿命分配方案

运行方式	温度变化（℃）	温度变化时间（min）	极限循环次数	每次寿命损耗率（%）	30 年使用次数	30 年内寿命损耗率（%）	控制应力极限（MPa）
冷态启动	500	300	10000	0.01	100	1.0	460
温态启动	300	200	10000	0.01	1000	10	460
热态启动	200	100	11000	0.0091	3000	27.3	440
极热态启动	180	30	3500	0.029	10	0.3	690
正常停机	100	60	5000	0.002	4000	8	290
强迫冷却停机	170	180	4000	0.0025	100	0.3	310
正常负荷变化	80	30	4000	0.0025	12000	30	310
带厂用电运行	180	20	3000	0.033	10	0.3	720
总　计						77.2	

从表 1-2 可以看出，三菱公司 350MW 机组单次寿命损耗率最大的运行方式是带厂用电运行。主要原因是，在电网故障、机组带厂用电时，短时间内转子将被温差达到 180℃以上的低温蒸汽急剧冷却，温度变化率高，在转子表面将产生很大的热应力，从而造成转子较大的寿命损耗。

5. 锅炉寿命管理

锅炉是火电机组中最重要的部件之一，其工作的好坏对整个电厂安全经济运行有举足轻重的作用。现代锅炉是一个庞然大物，不仅体积庞大，结构复杂，而且消耗大量钢材，其中承压部件消耗的钢材就占到锅炉本体的 80%以上，是锅炉设备的核心。因此锅炉寿命在很大程度上取决于承压部件的寿命。

按主导失效机制，锅炉既有以疲劳破坏为主的汽包，又有以蠕变为主要寿命损耗方式的炉内高温受热面，还有必须考虑疲劳、蠕变交互作用的超临界锅炉启动汽水分离器。锅炉承压部件的设计寿命是固定的，而在各种工况下的寿命损耗则不同，若单纯追求低寿命损耗，把锅炉的压力、温度的变化速率限定在一个很小的范围内，显然不利于机组的运行，这就需要合理分配各工况下的允许寿命损耗值。

自然循环锅炉炉外承压部件中，汽包是最重要的部件。汽包的体积庞大，壁厚，耗用的金属量大，造价高，一旦发生损坏，难以修复、更换。汽包运行工况也很复杂，不仅要承受较高的内部压力，还要承受冷、热态启停及变负荷时的循环机械应力和热应力，这些交变的应力很容易产生疲劳破坏。对于锅炉汽包来说，工作温度一般低于 360℃，高温蠕变对汽包寿命的影响可略去不计。在机组启动和调峰的过程中，应力是随时间变化的。汽包的危险点出现在下降管接头处，汽包的疲劳寿命校核计算一般就在这些峰值应力区进行，只要这些区域的疲劳寿命能保证，那么整个汽包的寿命就能保证。

炉内高温受热面工作条件恶劣，除了要承受高温高压作用外，还受到来自工质侧或烟气侧的腐蚀、磨损和疲劳损伤等。额定工况下锅炉过热器工作温度一般都在 550℃以上，屏式过热器和高温过热器受热面的某些迎火面管子壁温甚至会达到 600℃以上。一般在 35%～100%负荷范围运行时，过热器管壁温度都高于 350℃，而钢材一般在 350℃就出现蠕变现象。因此，高温蠕变损伤是炉内高温受热面寿命损耗的一个主要因素。

超临界锅炉启动系统中最主要的部件是汽水分离器。目前电站广泛采用的是内置式汽水分离器，其进口、出口分别与水冷壁和炉顶过热器相连接。内置式汽水分离器一直在锅炉汽水系统中工作，其温度和压力随负荷升高而增加，承受压力和温度的持续作用和周期性交变作用。在高温和循环热载荷一机械载荷作用下，蠕变、疲劳以及二者之间的相互作用是引起汽水分离器结构破坏的主要原因。汽水分离器的危险点出现在汽水引入管和筒体的相贯线上。

第二节　火力发电厂的环保评价

作为世界最大煤炭生产国和消费国，煤炭在为国民经济发展提供主要能源支持的同时，由燃煤引发的大气污染也正在给我国经济持续发展带来日益沉重的环境压力，并影响到人民群众的身体健康。

造成环境污染的污染物的80%是由于化石能源的利用，尤其是煤的直接燃烧所引起。随着煤炭消耗量的增加，SO_2 排放总量急剧上升，空气中 SO_2 会引起人体呼吸系统疾病，由 SO_2 排放引起的酸雨污染范围也不断扩大，直接造成我国粮食、蔬菜和水果减产，林木死亡，土壤和水体酸化。烟尘排放也主要源自煤的燃烧，特别是没有安装除尘器或使用低效除尘器的工业小锅炉，严重危害了大气环境。CO_2 是造成全球气候变暖的主要污染物，随着大气中 CO_2 等增温物质的增多（每年 $3mL/m^3$ 的速度增长），使得能够更多地阻挡地面和近地气层向宇宙空间的长波辐射能量支出，从而使地球气候变暖。因此，世界各国都在采取多种措施减排 CO_2。尽管我国 CO_2 的人均排放量不高，但巨大的总量和快速的排放增长已经引起国际社会担忧。火力发电厂生产过程中产生的废气、废水、废渣及噪声，如不采取有效措施也会对环境造成严重的污染。

我国要在今后能源生产和消费继续增长的情况下，实现污染物的达标排放和减排，任务十分艰巨。火力发电厂的环境保护必须贯彻国家和地方政府颁发的环境保护法令、法规、政策、标准和规定，对企业员工进行环保意识、环保知识教育，进行环保技术与设备改造，提高环保水平，促进发电企业的可持续发展。

火电机组给环境造成的污染主要包括以下几个方面。

一、大气污染

大气污染物主要是一些有毒气体（SO_2、CO_2、NO_x 等）和固体颗粒污染物。

SO_2 的产生主要与煤炭中的硫分含量有关，煤中硫分可以分为无机硫和有机硫两大部分。无机硫多以矿物杂质的形式存在于煤中，其中主要是黄铁矿（FeS_2），还有少部分白铁矿（FeS_2）、砷铁矿（FeS_2）、磁黄铁矿（FeS）、黄铜矿（$CuFeS_2$）等。煤中有机硫主要是硫醇（烷基、环化合物、芳香族）、硫化物（烷基、烷基-环烷基、环化物），以及 SO_2 三部分组成。大量的煤样资料表明，含硫率低于0.5%的低硫煤中的硫以有机硫为主，黄铁矿硫较少，硫酸盐硫含量甚微；而含硫量大于2%的高硫煤中，主要为黄铁矿硫，少部分为有机硫，硫酸盐硫一般不超过0.2%。根据现有实际情况，我国火电厂大多燃用中高硫煤，因此，煤中黄铁矿硫的治理对于火电厂脱硫、减少硫的危害具有十分重要的现实意义。

燃烧设备排放的 NO_x 中的 NO 约占95%，而 NO_2 仅占5%，还包括 N_2O、N_2O_3 等，统称为 NO_x。在煤燃烧过程中，NO_x 形成的途径主要有：①有机地结合在煤中的杂环氮化物，在高温火焰中发生热分解，并进一步氧化而生成 NO_x；②供燃烧空气中的氮在高温状态下与氧发生化学反应而生成 NO_x。研究和实践都表明，NO_x 的排放量与燃烧过程的组织方式有密切联系。在燃煤过程排放的众多污染物中，危害很大的 NO_x 是唯一可以通过改进燃烧方式来降低其排放量的气体污染物。

排入大气中的 CO_2 主要是由于燃料的燃烧产生的。CO_2 是温室气体，具有惰性气体性质的温室气体一经形成，其被森林、土壤或海洋自然吸收的速率就会极其缓慢。CO_2 等温室气体的寿命期取决于不同的条件和环境，可长达 50～200 年。

电厂排入大气中的颗粒污染物主要指的是粉尘。燃煤电厂的粉煤制备系统中，因转运、输送、加工过程中的落差、筛选、破碎和磨粉等，使煤粒产生碰撞、摩擦产生煤尘，并伴随生产过程产生的气流而扬起向外扩散。另外，由于煤的燃烧不充分，使得烟气中含有一些煤的细小颗粒物。尽管电厂中配有除尘设备，但仍有部分颗粒物随着烟气一起排入空气中，对大气造成污染。颗粒污染物不仅对人类的身体健康造成危害，还会污染水源、加剧引风机的磨损、降低电气设备的绝缘性能、降低能见度等。

二、水污染

火电厂排放废水主要有冲灰（渣）水、化学废水、油污水、煤场排水、温排水。

1. 冲灰水

电厂采用湿式除灰时，除尘器灰斗下的灰由搅拌桶或箱式冲灰器搅拌成灰浆送至灰浆泵房，经浓缩后，由灰浆泵经输灰管输送至灰场，这时有冲灰水产生。冲灰水被认为是电厂中最难处理的废水。一是其水量大，冲灰水是电厂耗水中仅次于循环冷却水的大项，例如 1 座 2×300MW 容量的电厂灰水量在 700～800m^3/h。二是其污染因素多，灰水排入周围的水域后，可能导致该水域中的细菌等微生物被抑制或消灭，水体自净能力降低，影响鱼类和农作物的生长，从而破坏生态平衡；灰水中的氟化物对植物的生长会带来不利的影响；灰渣中的有害成分还会通过灰水的长期渗入，对灰场周围的地下水产生不利的影响。

2. 化学废水

化学废水有两种。一种是用离子交换树脂处理锅炉补给水所排放的废水，主要是 pH 值超标；另一种是锅炉酸洗废水，这种废水成分比较复杂，有酸洗时所使用的药品残量、酸洗过程中设备材料溶出的物质等。

3. 油污水

大多数的燃煤机组锅炉点火时要用油，变压器、各种机械设备的润滑等均需使用大量的石油产品，电厂中有油库、油罐等各种储油设备，以及油泵、管道等输油系统。这些都会形成排水油污染。

4. 温排水

湿式冷却系统中，汽轮机的排汽用冷却水冷却，冷却水吸收汽化潜热后，温度一般升高10℃左右，故称温排水。温排水除温度有变化外，其他物质基本不变，所以温排水属清洁水。若火电厂冷却水采用直流系统，温排水直接排入电厂附近的水体，会造成局部水域的水体温度升高，形成一定的热污染带。水体热污染会影响水质和水生生物的生态，给人类带来间接的危害，例如：水温升高，水体中物理化学和生物反应速度加快，有毒物质的毒性加强，水体缺氧，生态平衡破坏等。

三、灰渣污染

煤在燃烧后，煤中的灰分一部分成为粉末（粒径 0～100μm），另一部分则形成灰渣。电厂灰渣排放量的多少，主要取决于其燃煤中的灰分、燃煤量和锅炉的燃烧效率。燃煤电厂排放的灰渣占用了大量的土地，特别是对于平原地区的燃煤电厂，如容量 600MW 的火电厂，灰厂的面积约 1800 亩。无论干灰或湿灰，灰渣在输送和灰场处置过程中，都存在着二次污染的问题，尤其是在北方地区，由于气候干燥，灰场的扬尘更容易对周围的环境产生影响。由于水冲、雨淋等外界因素的影响，灰渣中的一些有害成分如硫酸盐、氧化钙、微量元素（砷、氟、铬）等可能会转移到周围的水环境中去，造成一定的污染。

四、噪声污染

在电力生产过程中，噪声污染属于物理污染（或称能量污染），与声源同时产生、同时消失，噪声污染源分布很广，难以集中处理。构成电厂环境噪声显著的声源有以下几类：

（1）机械动力声：设备运转、振动、摩擦、碰撞产生的中频、低频噪声。

（2）气体动力声：各类风机、风管道、蒸汽管道中高压汽流运动、扩容、切流、排汽、漏气等产生的低频、中频、高频的各类频谱混合而成的噪声。

（3）燃烧噪声：锅炉内燃烧、气化、烟气运动、对流过程中产生的低、中频噪声。

（4）电磁声：电动机、励磁机、变压器和其他电气设备在磁场交变过程中产生的低、中频噪声。

（5）交通噪声：厂区内运输设备产生的噪声。

另外，对建有冷却塔的电厂，由于冷却塔的体积大，一般都布置在厂界附近，使得冷却塔在运行过程中所产生的噪声对外环境的影响较大。冷却塔的噪声主要是运行过程中的落水声，一般情况下的噪声水平可达 85dB（A）以上，治理难度较大。

第三节　热力发电厂热经济性评价方法

一、朗肯循环

朗肯循环是火力发电机组实现热功转换的理论基础，以水蒸气为工质，是一种最基本、最简单的动力循环。实际的蒸汽动力循环是在朗肯循环的基础上增加了回热和再热构建而成的。

朗肯循环系统由水泵、锅炉、汽轮机和凝汽器等四种主要设备组成，工作过程如下：水由给水泵加压送入锅炉，在锅炉中加热汽化形成高温高压的过热蒸汽，过热蒸汽在汽轮机中膨胀做功，做功后的低压蒸汽（乏汽）在凝汽器中被冷凝成水后送往给水泵，完成一个工作循环，如图 1-1（a）所示。如果忽略给水泵、汽轮机中的摩擦和散热以及工质在锅炉、凝汽器中的压力变化，上述工质的循环过程就可以简化为由以下 4 个理想化的可逆过程组成的朗肯循环：

（1）水在给水泵中的可逆绝热压缩过程 3-4。

（2）水与水蒸气在锅炉中的可逆定压吸热过程 4-5-6-1。

（3）水蒸气在汽轮机中的可逆绝热膨胀做功过程 1-2。

（4）乏汽在凝汽器中的可逆定压放热过程 2-3。

朗肯循环在温熵图（T-s 图）中如图 1-1（b）所示。

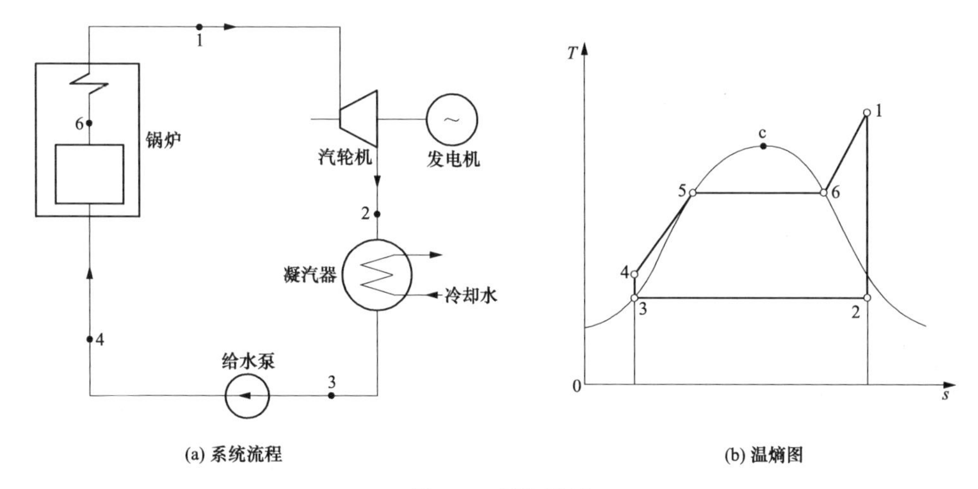

图 1-1　朗肯循环

对于稳定流动开口系，做功量、消耗功率量、吸热量和放热量均可用工质焓的变化表示：

每千克给水在给水泵内被绝热压缩所消耗的功为

$$w_p = h_4 - h_3$$

每千克蒸汽流过汽轮机所做的功为

$$w_t = h_1 - h_2$$

在锅炉中，每千克蒸汽的定压吸热量为

$$q_1 = h_1 - h_4$$

在凝汽器中，每千克蒸汽的定压放热量为

$$q_2 = h_2 - h_3$$

式中：h 为比焓。

朗肯循环的热效率等于循环净功与循环吸热量的比值，即

$$\eta_t = \frac{w_{net}}{q_1} = \frac{q_1 - q_2}{q_1} = 1 - \frac{q_2}{q_1} \tag{1-1}$$

运用 T-s 图研究蒸汽参数对循环热效率的影响极为方便。在 T-s 图上，可将朗肯循环折合成熵变相等、吸（放）热量相同、热效率相同的卡诺循环（$1'$-2-3-$4'$-$1'$），如图 1-2 所示。

其中，吸热平均温度 $\overline{T}_1$ 为

$$\overline{T}_1 = \frac{q_1}{s_a - s_b} \tag{1-2}$$

式中：$s_a - s_b$为工质吸收热量 q_1 引起的熵变。

放热平均温度 $\overline{T}_2$ 就是压力 p_2 对应的饱和温度 T_2，于是朗肯循环的热效率可以用等效卡诺循环的热效率表示为

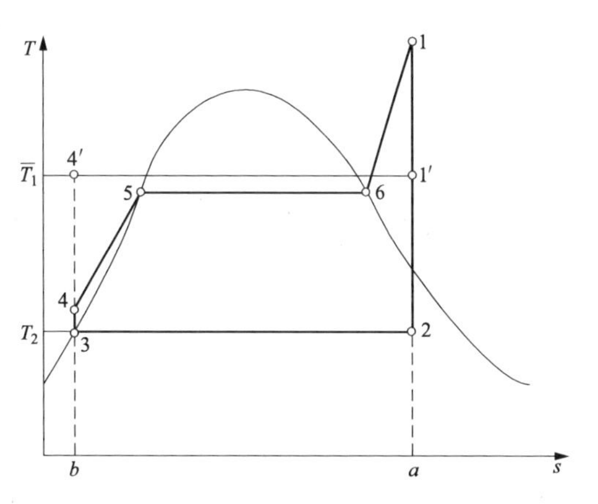

图 1-2　朗肯循环与等效卡诺循环

$$\eta_t = 1 - \frac{q_2}{q_1} = 1 - \frac{\overline{T}_2}{\overline{\overline{T}}_1} = 1 - \frac{T_2}{\overline{\overline{T}}_1} \tag{1-3}$$

二、评价热力发电厂热经济性的主要方法

热力发电厂生产电能的过程是一个能量转化的过程，即燃料的化学能通过锅炉转化为蒸汽的热能，蒸汽在汽轮机中膨胀做功，将蒸汽的热能转化成机械能，通过发电机最终将机械能转化成电能。在整个能量转换的不同阶段存在着部位不同、大小不等、原因各异的各种损失，使热能不能全部被有效利用。通过衡量能量转换过程中能量的利用程度或损失的大小可以来评价发电厂的热经济性。要提高发电厂的热经济性，就要研究发电厂能量转换及利用过程中的各项损失产生的部位、大小、原因以及相互关系，以便找出减少这些热损失的方法和相应的措施。

评价发电厂热经济性的方法主要有两种：以热力学第一定律为基础的热量法（或热效率法）；以热力学第二定律为基础的做功能力法（熵方法或㶲方法）。

热量法是以燃料化学能在数量上被利用的程度来评价发电厂热经济性的方法。热量法是从现象看问题，只以燃料产生热量被利用的程度来对火力发电厂进行热经济性评价，单纯以数量来衡量，没有考虑能量的质量（或品位）。由于这种方法直观、易于理解、计算方便，目前被广泛用于发电厂热经济性的定量计算。

熵方法或㶲方法是以燃料化学能的做功能力被利用的程度来评价发电厂热经济性的方法，该种方法既考虑了能量的守恒性又反映了能量在品质上的差异，能够揭示能量在传递、转换过程中的方向性、条件性和可能的转换程度。但由于熵方法的定量计算复杂，使用起来不方便、不直观，一般用于发电厂热经济性的定性分析，以从本质上指导技术改进方向。

三、热量法评价凝汽式发电厂的热经济性

热量法以热力学第一定律为基础，以热效率或热损失率的大小来衡量电厂或热力设备的热经济性，因此热量法又称为热效率法。

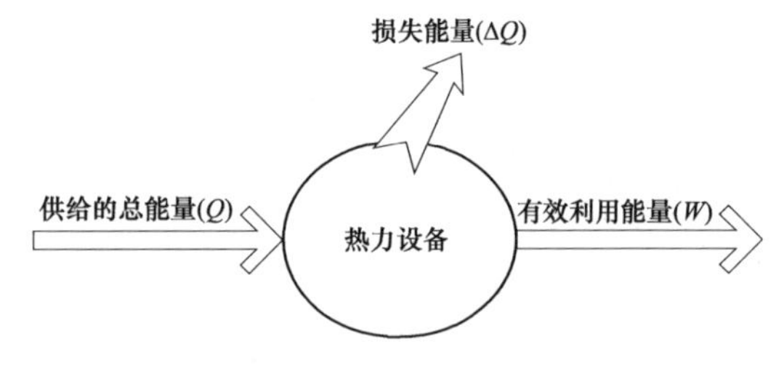

图 1-3　能量平衡关系

热效率反映了热力设备将输入能量转换成输出有效能量的程度。在发电厂整个能量转换过程的不同阶段，采用各种热效率来反映不同阶段的能量有效利用程度，用能量损失率来反映能量损失的大小。

对于任一热力设备，根据如图 1-3 所示的能量平衡关系可得

$$\text{供给的总能量}(Q) = \text{有效利用能量}(W) + \text{损失能量}(\Delta Q) \tag{1-4}$$

热效率 η 的通用表达式为

$$\eta = \frac{W}{Q} \times 100\% = \left(1 - \frac{\Delta Q}{Q}\right) \times 100\% \tag{1-5}$$

注意：式（1-4）中损失能量 ΔQ 的含义是指没有被利用的能量或没有被热力设备转化的能量。

下面以如图 1-4 所示的简单凝汽式发电厂（朗肯循环）能量转换过程为例，阐述凝汽式发电厂能量转化过程中的各种热损失和热效率。

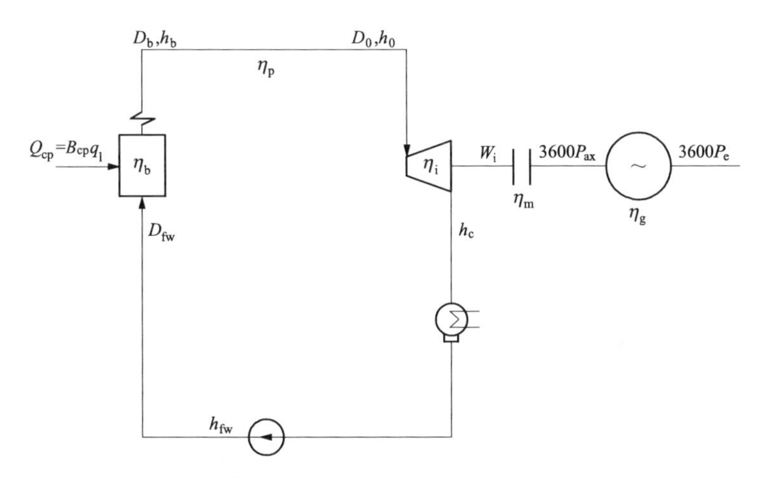

图 1-4　简单凝汽式发电厂（朗肯循环）能量转换过程

1. 锅炉热损失和锅炉效率

锅炉的作用是将燃料的化学能转变为工质的热能。燃料在锅炉内燃烧，使燃料的化学能转变为烟气的热能，烟气流经锅炉内各受热面，将热量再传递给水和水蒸气。根据能量平衡，锅炉热损失为

$$\Delta Q_b = Q_{cp} - Q_b \tag{1-6}$$

式中：Q_b为锅炉热负荷，kJ/h；ΔQ_b为锅炉热损失，kJ/h；Q_{cp}为全厂热耗量，kJ/h，其值等于锅炉煤耗量（B_{cp}）与燃料低位发热量（q_1）之积。

锅炉设备中的热损失主要包括排烟热损失（锅炉热平衡中以 q_2 计）、气体未完全燃烧热损失（q_3）、固体未完全燃烧热损失（q_4）、散热损失（q_5）、其他热损失（q_6）。其中排烟热损失占总损失的 40%～50%。

锅炉效率 η_b表示锅炉的热负荷与输入燃料的热量之比，其表达式为

$$\eta_b = \frac{Q_b}{Q_{cp}} = \frac{Q_b}{B_{cp}q_1} = 1 - \frac{\Delta Q_b}{Q_{cp}} \tag{1-7}$$

式中：B_{cp}为锅炉煤耗量，kg/h；q_1为燃料的低位发热量，kJ/kg。

锅炉热损失率为

$$\zeta_b = \frac{\Delta Q_b}{Q_{cp}} = \frac{Q_{cp} - Q_b}{Q_{cp}} = 1 - \frac{Q_b}{Q_{cp}} = 1 - \eta_b \tag{1-8}$$

如果不考虑锅炉排污、过热器和再热器的减温水，根据工质的质量守恒，锅炉过热蒸汽流量和给水流量相等，即 $D_b = D_{fw}$（D_{fw}为锅炉给水流量），则如图 1-6 所示无再热机组的锅炉热负荷为

$$Q_b = D_b(h_b - h_{fw}) \tag{1-9}$$

式中：D_b为锅炉过热蒸汽流量，kg/h；h_b为锅炉过热器出口蒸汽比焓，kJ/kg；h_{fw}为锅炉给水比焓，kJ/kg。

锅炉效率反映了锅炉设备热经济性的完善程度，其影响因素很多，如锅炉的参数、容量、结构特性、燃料的种类、燃烧方式以及炉内空气动力工况等。一般情况下，需要通过试验来确定锅炉各项损失，进而得到锅炉热效率。大型锅炉的效率一般在 90%～94%范围内。

2. 管道热损失和管道效率

锅炉和汽轮机组之间存在连接管道。例如，高压加热器出口的给水经给水管路进入锅炉，锅炉产生的蒸汽通过主蒸汽管道进入汽轮机；汽轮机高压缸的排汽经再热冷段管道进入锅炉再热器吸热，再热后的蒸汽经再热热段管道进入汽轮机中压缸做功。当工质流经机炉之间的连接管道（主要指四大管道，即主蒸汽管道、给水管道、再热冷段管道和再热热段管道）时，会产生工质损失（泄漏等原因）和热损失（散热等导致），一般把这些损失归至管道热损失中。根据能量平衡，管道热损失为

$$\Delta Q_p = Q_b - Q_0 \tag{1-10}$$

式中：ΔQ_p为管道热损失，kJ/h；Q_0为汽轮机组的热耗量，kJ/h。

管道效率用汽轮机组的热耗量Q_0与锅炉热负荷Q_b之比表示，其表达式为

$$\eta_p = \frac{Q_0}{Q_b} = 1 - \frac{\Delta Q_p}{Q_b} \tag{1-11}$$

管道热损失率ζ_p为

$$\zeta_p = \frac{\Delta Q_p}{Q_{cp}} = \frac{Q_b}{Q_{cp}} \frac{\Delta Q_p}{Q_b} = \frac{Q_b}{Q_{cp}}\left(1 - \frac{Q_0}{Q_b}\right) = \eta_b(1 - \eta_p) \tag{1-12}$$

管道效率反映了管道设施的完善程度和工质在机炉连接管道上的泄漏和排放量的大小。管道效率一般为99%左右。

3. 汽轮机组的冷源损失和汽轮机组的绝对内效率

蒸汽在汽轮机内膨胀做功，而后进入凝汽器放热并凝结成水。排汽焓与凝结水焓之差，即为汽轮机组的冷源损失。汽轮机组中冷源损失包括两部分：第一部分称为固有冷源损失，即理想情况下（汽轮机无内部损失）汽轮机排汽在凝汽器中的放热量，与其对应的能量被有效利用的程度用理想循环热效率η_t来反映；第二部分为附加冷源损失，即蒸汽在汽轮机中实际膨胀过程中存在着的损失，包括进汽节流、排汽及内部各项损失（如喷嘴损失、动叶损失、余速损失、叶高损失、扇形损失、部分进汽损失、漏汽损失、鼓风摩擦损失、湿汽损失），这些损失使得汽轮机的实际排汽焓h_c高于理想排汽焓h_{ca}，从而增加一部分冷源损失（$h_c - h_{ca}$）。通常用汽轮机的相对内效率η_{ri}来反映汽轮机内部构造的完善程度。

根据能量平衡，汽轮机组的冷源损失为

$$\Delta Q_c = Q_0 - W_i \tag{1-13}$$

式中：ΔQ_c为汽轮机组的冷源损失，kJ/h；Q_0为汽轮机组的热耗量，kJ/h；W_i为蒸汽在汽轮机内的实际内功量，kJ/h。

汽轮机组的绝对内效率η_i表示汽轮机实际内功量与汽轮机组热耗量之比（即蒸汽在汽轮机内单位时间所做的实际内功与耗用的热量之比），其表达式为

$$\eta_i = \frac{W_i}{Q_0} = \frac{W_a}{Q_0} \frac{W_i}{W_a} = \eta_t \eta_{ri} \tag{1-14}$$

其中

$$\eta_t = \frac{W_a}{Q_0} \tag{1-15}$$

$$\eta_{ri} = \frac{W_i}{W_a} \tag{1-16}$$

式中：η_i为汽轮机组的绝对内效率，现代大型汽轮机组的绝对内效率可达45%～50%；W_a为蒸汽在汽轮机内的理想内功量，kJ/h；W_i为蒸汽在汽轮机内的实际内功量，kJ/h；η_t为理想循环热效率；η_{ri}为汽轮机的相对内效率，现代大型汽轮机的相对内效率可达87%～95%（高压缸、中压缸、低压缸的相对内效率各不相同）。

汽轮机组的冷源热损失率ζ_c为

$$\zeta_c=\frac{\Delta Q_c}{Q_{cp}}=\frac{Q_b}{Q_{cp}}\frac{Q_0}{Q_b}\frac{\Delta Q_c}{Q_0}=\frac{Q_b}{Q_{cp}}\frac{Q_0}{Q_b}\left(1-\frac{W_i}{Q_0}\right)=\eta_b\eta_p(1-\eta_i) \tag{1-17}$$

若进入汽轮机的蒸汽流量为1kg/h，即用相对量时汽轮机组的热耗率q_0为

$$q_0=\frac{Q_0}{D_0}$$

蒸汽在汽轮机内的实际比内功为

$$w_i=\frac{W_i}{D_0}$$

汽轮机组的比冷源损失为

$$\Delta q_c=\frac{\Delta Q_c}{D_0}$$

式中：D_0为汽轮机的主蒸汽流量，kg/h。

则汽轮机组绝对内效率的表达式为

$$\eta_i=\frac{w_i}{q_0}=1-\frac{\Delta q_c}{q_0}=\frac{w_a}{q_0}\frac{w_i}{w_a}=\eta_t\eta_{ri} \tag{1-18}$$

4. 汽轮机组的机械损失及机械效率

汽轮机组的机械损失包含汽轮机支持轴承与主轴、推力轴承与推力盘之间的机械摩擦消耗功率，以及拖动主油泵、调速系统的消耗功率量，使汽轮机输出的有效功总是小于其内功。根据能量平衡，汽轮机组的机械损失为

$$\Delta Q_m=W_i-3600P_{ax} \tag{1-19}$$

式中：ΔQ_m为机械损失，kJ/h；P_{ax}为发电机输入端功率，kW。

汽轮机输出给发电机的轴端功量与汽轮机内功量之比称为机械效率，以η_m表示，其表达式为

$$\eta_m=\frac{3600P_{ax}}{W_i}=1-\frac{\Delta Q_m}{W_i} \tag{1-20}$$

汽轮机组的机械热损失率ζ_m为

$$\zeta_m=\frac{\Delta Q_m}{Q_{cp}}=\frac{Q_b}{Q_{cp}}\frac{Q_0}{Q_b}\frac{W_i}{Q_0}\left(1-\frac{3600P_{ax}}{W_i}\right)=\eta_b\eta_p\eta_i(1-\eta_m) \tag{1-21}$$

现代大型汽轮机组的机械效率一般高于99%。

5. 发电机损失及发电机效率

发电机的损失包括发电机轴与支持轴承摩擦消耗功率，以及发电机内冷却介质的摩擦、铜损（由于线圈具有电阻而发热）铁损（由于激励铁芯产生涡流而发热）造成的功量消耗。根据能量平衡，发电机损失为

$$\Delta Q_g=3600P_{ax}-3600P_e \tag{1-22}$$

式中：ΔQ_g为发电机损失；P_e为发电机输出功率；P_{ax}为轴端输入功率。

发电机输出功率 P_e 与轴端输入功率 P_{ax} 之比称为发电机效率，以 η_g 表示，其表达式为

$$\eta_g = \frac{3600P_e}{3600P_{ax}} = 1 - \frac{\Delta Q_g}{3600P_{ax}} \tag{1-23}$$

发电机热损失率 ζ_g 为

$$\zeta_g = \frac{\Delta Q_g}{Q_{cp}} = \frac{Q_b}{Q_{cp}} \frac{Q_0}{Q_b} \frac{W_i}{Q_0} \frac{3600P_{ax}}{W_i}\left(1 - \frac{3600P_e}{3600P_{ax}}\right) = \eta_b \eta_p \eta_i \eta_m (1 - \eta_g) \tag{1-24}$$

现代大型发电机的效率，采用氢冷时为 98%～99.5%，采用空冷时为 97%～98%，采用双水内冷时为 96%～98.7%。

6. 全厂总能量损失及热效率

上述锅炉热损失、管道热损失、冷源损失、机械损失和发电机损失之和就是整个发电厂的能量损失，即

$$\Delta Q_{cp} = \Delta Q_b + \Delta Q_p + \Delta Q_c + \Delta Q_m + \Delta Q_g \tag{1-25}$$

根据凝汽式发电厂的能量平衡，有

$$Q_{cp} = 3600P_e + \Delta Q_{cp} = 3600P_e + \Delta Q_b + \Delta Q_p + \Delta Q_c + \Delta Q_m + \Delta Q_g \tag{1-26}$$

对凝汽式发电厂而言，全厂发电热效率表示发电厂输出的有效能量（电能）与输入能量（燃料的化学能）之比，其表达式为

$$\eta_{cp} = \frac{3600P_e}{Q_{cp}} = \frac{3600P_e}{B_{cp}q_1} \tag{1-27}$$

对整个发电厂的生产过程而言，将上述损失综合考虑后，得出凝汽式发电厂热效率 η_{cp} 的表达式为

$$\eta_{cp} = \frac{3600P_e}{Q_{cp}} = \frac{Q_b}{Q_{cp}} \frac{Q_0}{Q_b} \frac{W_i}{Q_0} \frac{3600P_{ax}}{W_i} \frac{3600P_e}{3600P_{ax}} = \eta_b \eta_p \eta_i \eta_m \eta_g \tag{1-28}$$

式（1-28）表明，凝汽式发电厂的总热效率取决于各热力设备的分效率，其中任一热力设备经济性的改善都有助于全厂热效率的提高。

发电厂总能量损失率 ζ_{cp} 为

$$\zeta_{cp} = \frac{\Delta Q_{cp}}{Q_{cp}} = \sum \zeta_i \tag{1-29}$$

根据各热力设备效率及热损失率的范围，可绘制相应的能流图，凝汽式电厂能量转换过程的能流图如图 1-5 所示。

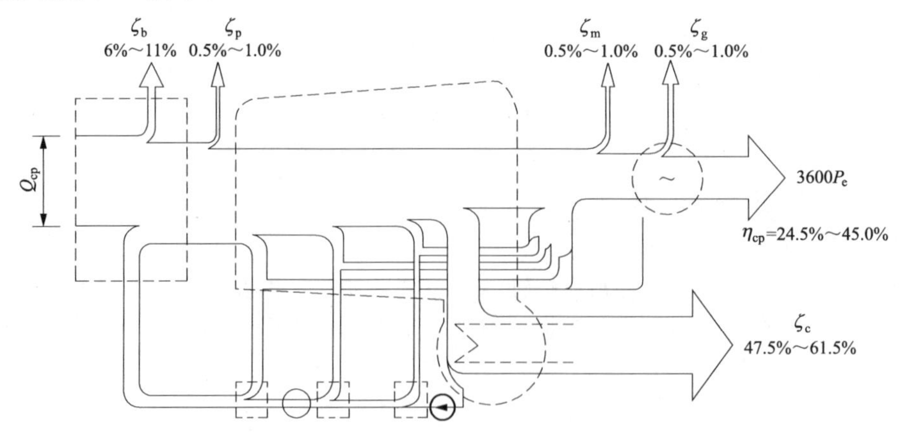

图 1-5　凝汽式电厂能量转换过程的能流图

发电厂的各项损失与发电厂的蒸汽参数和设备容量有关，其数据见表 1-3。

表 1-3　　火力发电厂的各项损失　　（%）

项目	电厂初参数				
	中参数	高参数	超高参数	超临界参数	超超临界参数
锅炉热损失	11.0	10.0	9.0	8.0	6.0
管道热损失	1.0	1.0	0.5	0.5	0.5
汽轮机组冷源损失	61.5	57.5	52.5	50.5	47.5
汽轮机组机械损失	1.0	0.5	0.5	0.5	0.5
发电机损失	1.0	0.5	0.5	0.5	0.5
总能量损失	75.5	69.5	63.0	60.0	55.0
全厂发电热效率	24.5	30.5	37.0	40.0	45.0

四、做功能力法评价凝汽式电厂的热经济性

做功能力法以热力学第二定律为理论基础，从能量的做功能力角度出发，把能量分为有做功能力和无做功能力两部分，即以做功能力的有效利用程度或做功能力损失的大小作为评价动力设备热经济性的指标，旨在评价电厂能量的质量利用率，具体分为熵分析方法和㶲分析方法。

孤立系统的熵增原理指出，孤立系统的熵只能增大或保持不变，但绝不能减少。若过程可逆，则孤立系统的熵不变；但实际的动力过程都是不可逆过程，必然造成孤立系统的熵增（熵产），引起做功能力的损失，不可逆的程度可用熵增量的大小来表示。熵方法通过熵产的计算来确定做功能力的损失（或㶲损失），并以此作为评价热力设备经济性的指标。熵方法通常取环境状态作为衡量系统做功能力大小的参考状态，即认为系统与环境相平衡时，系统不再具有做功能力。

环境温度为 T_{en}时，某一热力过程或设备中的熵产 Δs 引起的做功能力损失 Δe 为

$$\Delta e = T_{en}\Delta s \tag{1-30}$$

热力发电厂的全部能量转换过程是由一系列不可逆过程组成，各设备或过程的不可逆损失之和即为发电厂总的做功能力损失，即总损失 Δe_{cp}为

$$\Delta e_{cp} = \sum \Delta e \tag{1-31}$$

㶲方法是用㶲效率（可用能的利用率）或㶲损失（做功能力损失）来评价设备或系统热经济性的方法。㶲方法通过收益、消耗和损失三者的平衡关系（㶲平衡）来求取㶲损失，类似于第一定律分析法中的能平衡，直接从㶲概念出发来求取㶲损失，概念清楚，符合人们长期使用能平衡的传统“平衡”观念，使用较为方便。

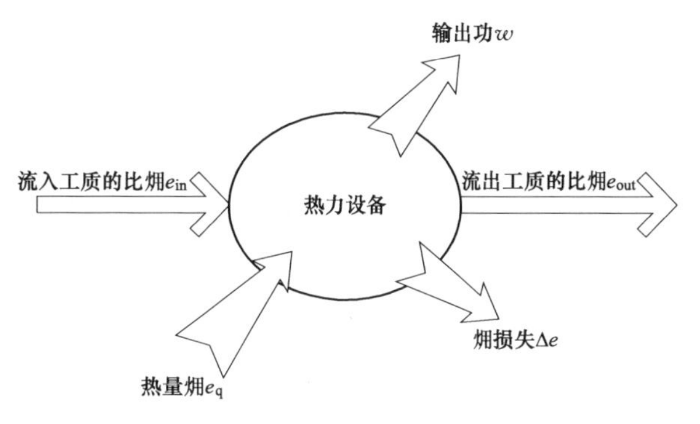

图 1-6　㶲平衡图

如图 1-6 所示，对于任一热力设备，由㶲平衡式可求得热力设备的㶲损失通式为

$$\Delta e=(e_{in}+e_{q})-(w+e_{out}) \tag{1-32}$$

式中：e_q为热量㶲，kJ/kg，$e_q=q\left(1-\frac{T_{en}}{\overline{T}}\right)$；$w$ 为动力装置的比功，kJ/kg；Δe 为㶲损失，kJ/kg；q 为与外界交换的热量，kJ/kg；$\overline{T}$ 为平均温度，K；e_{in}为流进设备的工质的比㶲，kJ/kg；e_{out}为流出设备的工质的比㶲，kJ/kg。

$$e_{in}=(h_{in}-h_{en})-T_{en}(s_{in}-s_{en})$$

$$e_{out}=(h_{out}-h_{en})-T_{en}(s_{out}-s_{en})$$

式中：h_{in}为流入状态下工质的比焓，kJ/kg；h_{out}为流出状态下工质的比焓，kJ/kg；h_{en}为环境状态下工质的比焓，kJ/kg；s_{in}为流入状态下工质的比熵，kJ/(kg·K)；s_{out}为流出状态下工质的比熵，kJ/(kg·K)；s_{en}为环境状态下工质的比熵，kJ/(kg·K)。

㶲效率是指热力设备或系统有效利用的可用能（㶲）与供给的可用能（㶲）之比，即

$$\eta_{ex}=\frac{\text{有效利用的可用能}}{\text{供给的可用能}}\times 100\% \tag{1-33}$$

（一）典型不可逆过程的做功能力损失

在发电厂能量转换的各种不可逆过程中，存在温差换热、工质节流及工质膨胀（或压缩）三种典型不可逆过程。

1. 有温差换热的做功能力损失

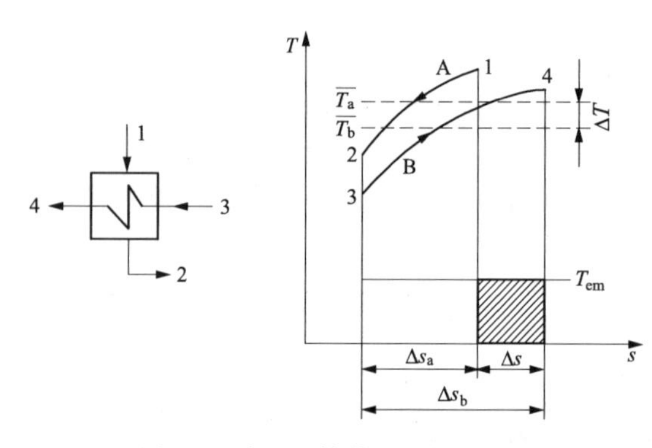

图 1-7　有温差换热过程的 T-s 图

热力发电厂中很多设备本质上都是换热器，例如锅炉内的各个受热面、回热加热器、凝汽器等。换热温差的存在，才能实现热量自发地从高温工质传递至低温工质，但温差换热是一种不可逆过程，将产生做功能力损失。

如图 1-7 所示，工质 A 经过 1-2 过程被冷却，其平均放热温度为 $\overline{T}_a$，放热量为 δq，其熵值减少 Δs_a；工质 B 经过 3-4 过程被加热，其平均吸热温度为 $\overline{T}_b$，其熵增加了 Δs_b。放热和吸热过程的平均换热温差为 ΔT。

不考虑散热损失，根据吸热量与放热量相等的能量平衡方程，有如下关系

$$\delta q=\overline{T}_a\Delta s_a=\overline{T}_b\Delta s_b \tag{1-34}$$

换热过程熵增为

$$\Delta s=\Delta s_b-\Delta s_a=\frac{\delta q}{\overline{T}_b}-\frac{\delta q}{\overline{T}_a}=\delta q\frac{\Delta T}{\overline{T}_a\overline{T}_b}=\frac{\delta q}{\overline{T}_b}\left(\frac{\Delta T}{\overline{T}_b+\Delta T}\right) \tag{1-35}$$

换热过程的做功能力损失见图 1-9 的阴影部分面积，其表达式为

$$\Delta e=T_{en}\Delta s=T_{en}\delta q\frac{\Delta T}{\overline{T}_a\overline{T}_b}=T_{en}\frac{\delta q}{\overline{T}_b}\left(\frac{\Delta T}{\overline{T}_b+\Delta T}\right) \tag{1-36}$$

由式（1-36）可知：环境温度 T_{en}一定时，换热温差越大，熵增和做功能力损失越大；换热量 δq 越大，引起的做功能力损失越大；若 ΔT 和换热量 δq 一定，则换热流体的平均温度越高，做功能力损失越小，即高温换热的做功能力损失较低温换热时小。

2. 工质绝热节流过程的做功能力损失

工质在管内流动，如果流通截面突然发生变化，例如流经阀门或流量孔板等，在缩口处工质的流速突然增加，压力急剧下降，并在缩口附近产生漩涡，流过缩口后流速减慢，压力又回升。这种现象称为节流，如图 1-8 所示。实际上，由于孔板的局部阻力，工质流过孔板后压力总有不同程度的降低，下降的程度取决于管径和缩口的大小、流速的高低及流体的性质等因素。

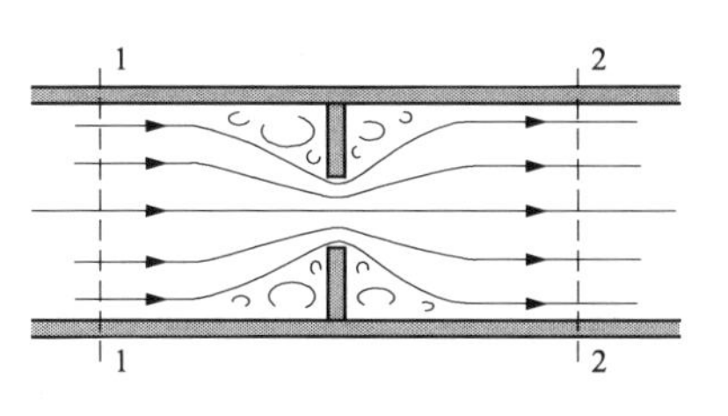

图 1-8　绝热节流示意图

节流是典型的不可逆过程，在缩口附近存在涡流，工质处于不稳定的非平衡状态，所以严格说节流是不稳定流动。但观察发现，在离缩口稍远的 1-1 和 2-2 截面上，流动情况基本稳定，可以近似地用稳定流动能量方程式进行分析。由于两个截面上流速差别不大，动能变化可以忽略；节流过程工质对外不做轴功；此外，由于工质流过两个截面之间的时间很短，与外界的热量交换很少，可以近似认为节流过程是绝热的，即 $q=0$。于是，运用稳定流动能量方程式可得

$$h_2=h_1 \tag{1-37}$$

式中：h_1 为截面 1-1 处工质的比焓；h_2 为截面 2-2 处工质的比焓。

式（1-37）表明，在忽略动能、位能变化的绝热节流过程中，节流前后工质的焓值相等。

蒸汽流经汽轮机进汽调节机构时，可近似认为是绝热节流过程，如图 1-9 中 0-1 过程所示。由热力学第一定律

$$\delta q=\mathrm{d}h-\nu\mathrm{d}p \tag{1-38}$$

式中：q 为热量；h 为焓；ν 为比体积；p 为压力。

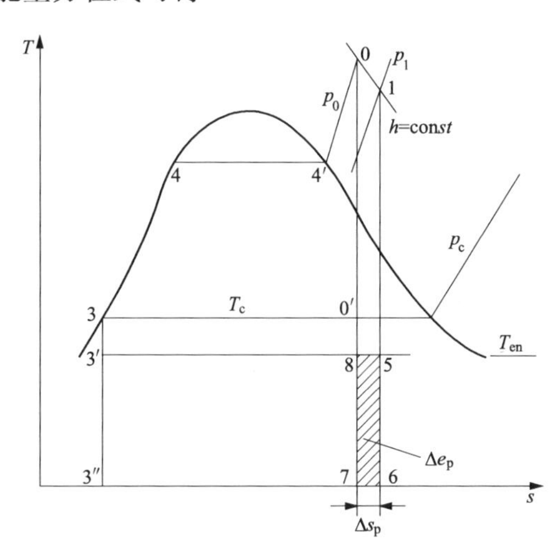

图 1-9　工质绝热节流过程 T-s 图

由于节流前后工质焓不变，即 $\mathrm{d}h=0$，即

$$\mathrm{d}s=-\frac{\nu}{T}\mathrm{d}p \tag{1-39}$$

节流过程的熵产 Δs_p 为

$$\Delta s_p=s_1-s_0=-\int_0^1\frac{\nu}{T}\mathrm{d}p \tag{1-40}$$

做功能力损失如图 1-9 所示的阴影部分面积 5-6-7-8-5 所示，其表达式为

$$\Delta e_p=T_{en}\Delta s_p=T_{en}(s_1-s_0)=-T_{en}\int_0^1\frac{\nu}{T}\mathrm{d}p \tag{1-41}$$

式中：ν 为工质的比体积，m^3/kg；T 为工质的温度，K。

由式（1-41）和图 1-9 可以看出，压降越大，熵增和做功能力损失越大，所以，减少节流过程中的压降是减少节流做功能力损失的有效途径。此外，熵增和做功能力的损失还与工质的比体积和温度有关，在损失相等时，高温高压的蒸汽管道可以采用较大的工质压降，此时可选用小管径的管道（蒸汽流速较高），以节省投资；在相同的压降下，低温或低压蒸

汽（比体积较大）节流产生的做功能力损失，比高温或高压蒸汽（比体积较小）节流产生的做功能力损失大。因此，再热系统的压力损失对热经济性的影响比过热系统压力损失的影响要大得多。

3. 有散热流动过程的做功能力损失

主蒸汽从锅炉过热器流出，经主蒸汽管道进入汽轮机，如图 1-10 中 0-1 过程所示。由于主蒸汽管道长、蒸汽温度高，此过程的散热损失不可忽略。

由于压力损失和散热导致的熵的变化为

$$\Delta s_{\mathrm{p}}=(s_1-s_0)+\frac{h_0-h_1}{T_{\mathrm{en}}}\quad \mathrm{kJ/(kg\cdot K)} \tag{1-42}$$

做功能力损失为

$$\Delta e_{\mathrm{p}}=\Delta s_{\mathrm{p}}T_{\mathrm{en}}=T_{\mathrm{en}}(s_1-s_0)+(h_0-h_1)\quad \mathrm{kJ/kg} \tag{1-43}$$

做功能力损失如图 1-10 阴影部分面积所示。

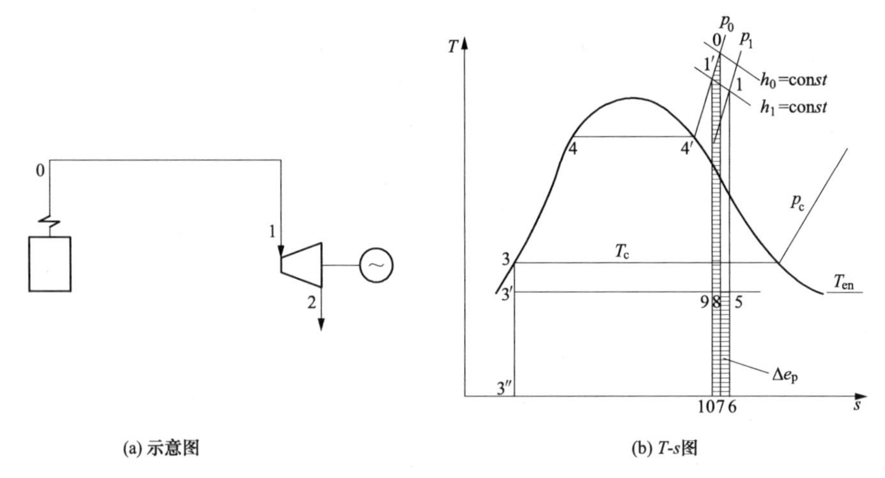

(a) 示意图　　(b) T-s图

图 1-10　有散热流动过程

4. 工质膨胀做功（或压缩）过程的做功能力损失

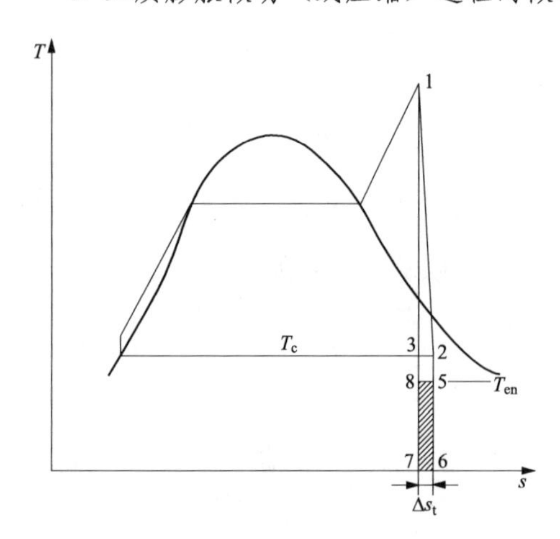

图 1-11　工质膨胀做功过程 T-s 图

蒸汽在汽轮机中不可逆绝热膨胀，水在水泵中不可逆绝热压缩等都属于有摩阻的绝热过程，其做功能力损失如图 1-11 中阴影部分的面积 5-6-7-8-5 所示，其表达式为

$$\Delta e_{\mathrm{t}}=T_{\mathrm{en}}\Delta s_{\mathrm{t}}=T_{\mathrm{en}}(s_5-s_8)\quad \mathrm{kJ/kg} \tag{1-44}$$

式中：Δe_{t} 为膨胀过程中的做功能力损失；Δs_{t} 为膨胀过程中工质熵的变化。

同理，在泵或风机工作时，由于泵或风机内部各种不可逆因素，将使工质的熵增大。因此，绝热压缩过程也要引起做功能力损失。显然，减少工质膨胀或压缩过程做功能力损失的途径是减少过程中的扰动、摩擦以及工质的泄漏等不可逆因素。

(二) 基于熵方法的凝汽式发电机组做功能力损失计算

实际凝汽式电厂能量转换全过程是若干不可逆过程的组合。总的做功能力损失包括：锅炉、管道、汽轮机、凝汽器、回热加热器、给水泵以及机械的与发电机的做功能力损失之和。如图 1-12 所示给出了无回热纯凝汽式机组系统图及做功能力损失分布。图 1-12 中忽略了给水泵的泵功及其损失、管道的散热损失（即 $h_0=h_1$）。

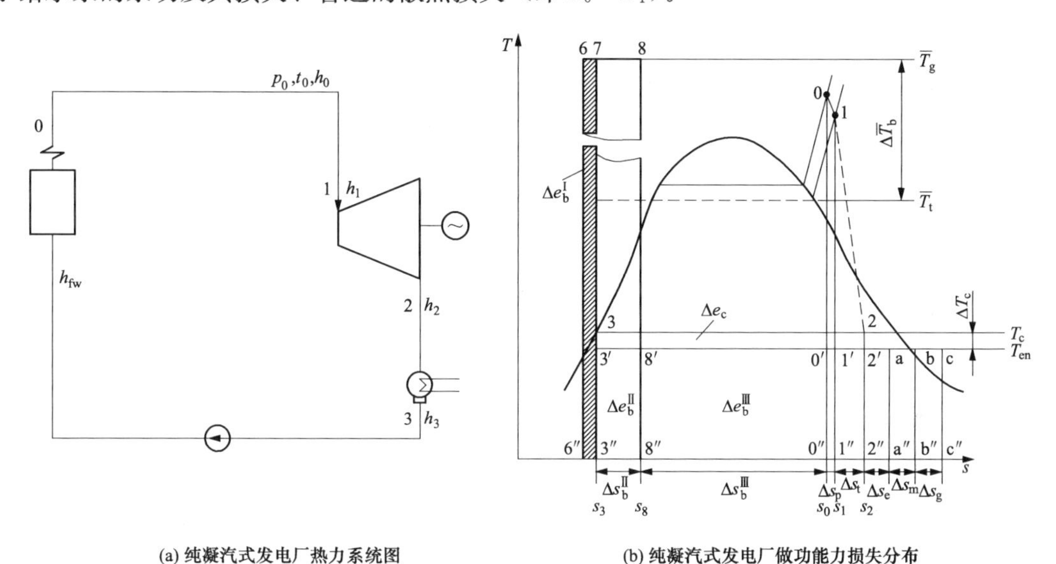

(a) 纯凝汽式发电厂热力系统图　　(b) 纯凝汽式发电厂做功能力损失分布

图 1-12　纯凝汽式发电厂热力系统图及做功能力损失分布

1. 锅炉的做功能力损失

以燃料的化学能 q'（产生 1kg 蒸汽需要燃料提供的化学能）为基准，$\overline{T}_g$ 为燃烧时烟气的平均温度。锅炉设备的做功能力损失由三部分组成：①锅炉散热引起的做功能力损失 Δe_b^{I}，见图 1-12 中面积 6-7-3″-6″-6 面积；②化学能转化为热能引起的做功能力损失 Δe_b^{II}，见图 1-12 中 3′-8′-8″-3″-3′的面积；③工质温差传热引起的做功能力损失 Δe_b^{III}，见图 1-12 中 8′-0′-0″-8″-8′。

(1) 锅炉散热引起的做功能力损失 Δe_b^{I} (kJ/kg) 为

$$\Delta e_b^{I}=q'(1-\eta_b) \tag{1-45}$$

(2) 化学能转变为热能引起的做功能力损失 Δe_b^{II}。

化学能转化为热能引起的熵产 Δs_b^{II}[kJ/(kg·K)]为

$$\Delta s_b^{II}=\frac{q_0}{\overline{T}_g}=\frac{h_0-h_3}{\overline{T}_g}=s_8-s_3$$

化学能转变为热能引起的做功能力损失 Δe_b^{II} (kJ/kg) 为

$$\Delta e_b^{II}=T_{en}\Delta s_b^{II}=T_{en}\frac{q_0}{\overline{T}_g}=T_{en}(s_8-s_3) \tag{1-46}$$

(3) 工质温差传热引起的做功能力损失 Δe_b^{III}。

工质温差传热引起的熵产 Δs_b^{III}[kJ/(kg·K)]为

$$\Delta s_b^{\mathrm{III}} = s_0 - s_3 - \frac{q_0}{T_g} = s_0 - s_8$$

工质温差传热引起的做功能力损失 $\Delta e_b^{\mathrm{III}}$(kJ/kg) 为

$$\Delta e_b^{\mathrm{III}} = T_{en}\Delta s_b^{\mathrm{III}} = T_{en}(s_0 - s_8) \tag{1-47}$$

锅炉总的做功能力损失 Δe_b(kJ/kg) 为

$$\Delta e_b = \Delta e_b^{\mathrm{I}} + \Delta e_b^{\mathrm{II}} + \Delta e_b^{\mathrm{III}} = q'(1-\eta_b) + T_{en}(s_8 - s_3) + T_{en}(s_0 - s_8) \tag{1-48}$$

2. 主蒸汽管道的做功能力损失

蒸汽流过主蒸汽管道时，同时存在着由于压力损失和散热而导致的做功能力损失。为简单计，在此忽略散热导致的做功能力损失。因压力损失引起的做功能力损失见图 1-12 中面积 0′-1′-1″-0″-0′，其表达式 Δe_p(kJ/kg) 为

$$\Delta e_p = T_{en}\Delta s_p = T_{en}(s_1 - s_0) \tag{1-49}$$

3. 汽轮机内部做功能力损失

汽轮机中由于蒸汽膨胀过程有摩阻使熵增加而产生的做功能力损失见图 1-12 中面积 1′-2′-2″-1″-1′，其表达式 Δe_t(kJ/kg)为

$$\Delta e_t = T_{en}\Delta s_t = T_{en}(s_2 - s_1) \tag{1-50}$$

4. 凝汽器中的做功能力损失

凝汽器中由于存在换热温差而导致的熵产 Δs_c[kJ/(kg·K)]为

$$\Delta s_c = \frac{q_c}{T_{en}} - (s_2 - s_3) = \frac{T_c(s_2 - s_3)}{T_{en}} - (s_2 - s_3)$$

凝汽器中的做功能力损失 Δe_c(kJ/kg) 为

$$\Delta e_c = T_{en}\Delta s_c = (T_c - T_{em})(s_2 - s_3) \quad \text{kJ/kg} \tag{1-51}$$

5. 汽轮机机械传动中的做功能力损失

蒸汽在汽轮机中所做的内功 W_i 与汽轮机轴端有效功 $3600P_{ax}$ 之差即为汽轮机机械传动中存在的做功能力损失 ΔE_m，对单位质量的工质有

$$\Delta e_m = (h_1 - h_2)(1-\eta_m) = T_{en}\Delta s_m \quad \text{kJ/kg} \tag{1-52}$$

6. 发电机的做功能力损失

汽轮机轴端有效功 $3600P_{ax}$ 与发电机输出功 $3600P_e$ 之差即为发电机的做功能力损失 ΔE_g，对单位质量的工质有

$$\Delta e_g = (h_1 - h_2)(1-\eta_g)\eta_m = T_{en}\Delta s_g \quad \text{kJ/kg} \tag{1-53}$$

7. 凝汽式发电厂的做功能力损失

每产生 1kg 蒸汽，凝汽式发电厂总的做功能力损失为

$$\Delta e_{cp} = \Delta e_b + \Delta e_p + \Delta e_t + \Delta e_c + \Delta e_m + \Delta e_g \quad \text{kJ/kg} \tag{1-54}$$

全厂㶲效率为

$$\eta_{cp}^{ex} = 1 - \frac{\Delta e_{cp}}{q'} \tag{1-55}$$

（三）基于㶲方法的凝汽式发电机组㶲损失和㶲效率计算

发电厂每一个不可逆能量转换过程均存在㶲损失。对于图 1-12 所示的凝汽式发电厂热力系统，以 1kg 工质作为计算基准，忽略工质在水泵中的焓升，发电厂的㶲损失及㶲效率的

计算方法如下所述。

1. 锅炉㶲效率

锅炉输入㶲包括燃料的化学㶲e_q和省煤器入口处给水焓㶲e_{fw}，输出㶲为锅炉末级过热器出口处的蒸汽焓㶲e_0，由于锅炉不对外做功，故 $w=0$，依据式（1-32）可得锅炉的㶲平衡方程为

$$e_{fw}+e_q=e_0+\Delta e_b \tag{1-56}$$

锅炉的㶲损失 Δe_b可表示为

$$\Delta e_b=e_q+e_{fw}-e_0$$

根据㶲效率的定义，锅炉设备的㶲效率可表示为

$$\eta_b^{ex}=\frac{e_0-e_{fw}}{e_q}=1-\frac{\Delta e_b}{e_q} \tag{1-57}$$

对于换热器，按照相同的分析方法，可以得出换热器㶲损失以及换热器㶲效率类似的计算公式。

2. 管道㶲效率

对于管道系统，$e_q=0$，$w=0$，故主蒸汽管道的㶲平衡方程为

$$e_0=e_1+\Delta e_p \tag{1-58}$$

式中：e_1 为进入汽轮机主蒸汽门前的新蒸汽比㶲，kJ/kg；e_0 为锅炉末级过热器出口处的蒸汽比㶲，kJ/kg。

蒸汽流经主蒸汽管道时由散热和节流等引起的㶲损失可表示为

$$\Delta e_p=e_0-e_1$$

根据㶲效率的定义，主蒸汽管道的㶲效率可表示为

$$\eta_p^{ex}=\frac{e_1}{e_0}=1-\frac{\Delta e_p}{e_0} \tag{1-59}$$

3. 汽轮机㶲效率

对于汽轮机，式（1-32）中的 $e_q=0$，故汽轮机的㶲平衡方程为

$$e_1=w_i+e_2+\Delta e_t \tag{1-60}$$

式中：w_i为蒸汽在汽轮机中所做的比内功，kJ/kg；e_2 为汽轮机的排汽比㶲，kJ/kg。

不可逆膨胀引起的汽轮机内部㶲损失 Δe_t 可表示为

$$\Delta e_t=e_1-w_i-e_2$$

根据㶲效率的定义，汽轮机㶲效率可表示为

$$\eta_t^{ex}=\frac{w_i}{e_1-e_2}=1-\frac{\Delta e_t}{e_1-e_2} \tag{1-61}$$

4. 全厂㶲效率

电厂的总㶲损失为

$$\Delta e_{cp}=\Delta e_b+\Delta e_p+\Delta e_t+\Delta e_c+\Delta e_m+\Delta e_g \tag{1-62}$$

电厂产生 1kg 蒸汽所消耗燃料的㶲值为：$e_q=q'$

全厂㶲效率为

$$\eta_{cp}^{ex}=\frac{3600P_e}{B_{cp}q_1}=1-\frac{\Delta e_{cp}}{q'} \tag{1-63}$$

对比两种分析方法，采用㶲分析方法与熵分析方法所得出的发电厂总㶲损失及全厂总㶲效率的计算表达式完全一致。因此，采用㶲方法或熵方法都可以计算发电厂各热力设备的㶲损失和㶲效率，但无论采用哪一种方法，计算结果应该是相等的，其数值应等于图 1-12 中对应的面积。为了方便记忆，表 1-4 汇总了按朗肯循环工作的简单凝汽式发电厂的㶲损失计算公式及其分布。

表 1-4　　纯凝汽式电厂的㶲损失及计算公式

编号	名称	㶲损所示面积（图 1-14 中的 T-s 图）	㶲损 Δe_j 计算公式（kJ/kg）
1	锅炉的总㶲损失	6-7-3″-6″-6+3′-0′-0″-3″-3′	$\Delta e_b=\Delta e_b^{I}+\Delta e_b^{II}+\Delta e_b^{III}$
1.1	锅炉散热损失	6-7-3″-6″-6	$\Delta e_b^{I}=q'(1-\eta_b)$
1.2	燃料化学能转换成热能的㶲损失	3′-8′-8″-3″-3′	$\Delta e_b^{II}=T_{en}\Delta s_b^{II}=T_{en}\frac{h_0-h_3}{\overline{T}_g}$
1.3	锅炉中有温差换热的㶲损	8′-0′-0″-8″-8′	$\Delta e_b^{III}=T_{en}\Delta s_b^{III}=T_{en}(s_0-s_g)$
2	主蒸汽管道中节流㶲损	0′-1′-1″-0″-0′	$\Delta e_p=T_{en}\Delta s_p=T_{en}(s_1-s_0)$
3	汽轮机不可逆膨胀㶲损	1′-2′-2″-1″-1′	$\Delta e_t=T_{en}\Delta s_t=T_{en}(s_2-s_1)$
4	凝汽器有温差换热的㶲损	3-2-2′-3′-3 或 2′-a-a″-2″-2′	$\Delta e_c=T_{en}\Delta s_c=(T_c-T_{en})(s_2-s_3)$
5	汽轮机机械传动中的㶲损	a-b-b″-a″-a	$\Delta e_m=(h_1-h_2)(1-\eta_m)=T_{en}\Delta s_m$
6	发电机内㶲损	b-c-c″-b″-b	$\Delta e_g=(h_1-h_2)(1-\eta_g)\eta_m=T_{en}\Delta s_g$
发电厂总㶲损失		6-7-3″-6″-6+3-2-2″-3″-3+a-c-c″-a″-a	$\Delta e_{cp}=\Delta e_b+\Delta e_p+\Delta e_t+\Delta e_c+\Delta e_m+\Delta e_g$
凝汽式发电厂㶲效率		$\eta_{cp}^{ex}=1-\frac{\Delta e_{cp}}{q'}$	

五、两种评价方法的比较和应用

热量法、熵方法及㶲方法从不同角度分析了发电厂的热经济性。热量法以热力学第一定律为基础，从数量上计算各设备及全厂的热效率；熵方法和㶲方法均以热力学第二定律为基础，揭示了热功转化过程中由于不可逆性而产生的做功能力的损失（或㶲损失）。熵方法和㶲方法这两种方法指明了热功转化过程的可能性、方向性和条件性。

以如图 1-12 所示的简单凝汽式发电厂为例，该电厂锅炉出口的过热蒸汽参数为 17.95MPa、540℃，锅炉效率 92%；汽轮机进口蒸汽初参数为 16.7MPa、535℃，终参数 4.9kPa，忽略管道散热损失（$h_0=h_1$），汽轮机相对内效率为 90%；机械效率为 99%，发电机效率为 99%；炉膛内烟气平均温度 $\overline{T}_g=2000$℃；环境参数为 0.1MPa、20℃；不计给水泵的消耗功率。产生 1kg 蒸汽需要燃料提供的化学能 q'为 3536.8kJ/kg。

采用热量法和㶲方法对该简单凝汽式发电厂热力性能进行计算所得到的结果见表 1-5。根据计算结果绘制的㶲流图如图 1-13 所示。

表 1-5　　　　　　　　　　　简单凝汽式发电厂的热平衡和㶲平衡

项目		分析方法		
		热量法（%）	㶲方法（%）	
锅炉损失		8.0	Δe_b^{I}	8.0
			Δe_b^{II}	11.9
			$\Delta e_b^{\mathrm{III}}$	37.1
			总和	57.0
管道损失		0	0.2	
冷源损失	汽轮机内部	55.4	3.9	
	凝汽器内部		2.3	
机械损失		0.4	0.4	
发电机损失		0.4	0.4	
全厂效率		35.8	35.8	

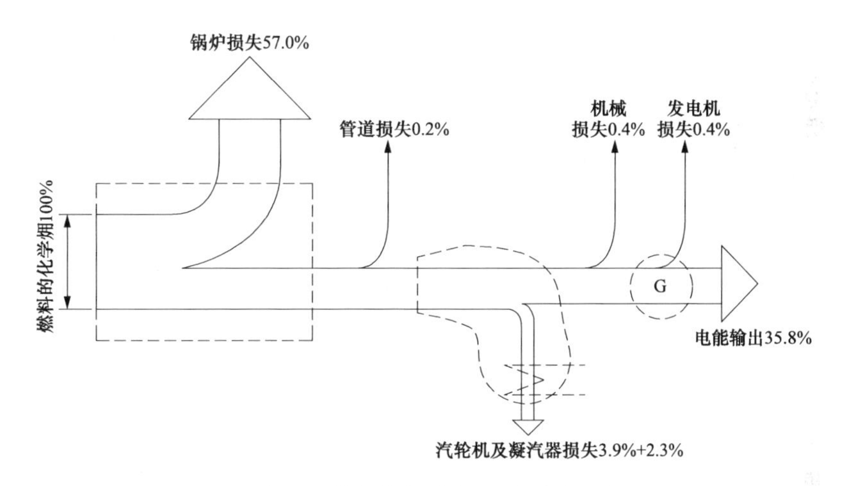

图 1-13　简单凝汽式发电厂的㶲流图

计算结果表明：

（1）在忽略进入炉膛的空气热量及其相应的热量㶲，并认为燃料的低位发热量与其化学㶲相等的情况下，这两种热经济性的分析方法分别计算出的全厂热效率和㶲效率是相等的。对于燃煤电厂，由于 $B_{cp}q_1$ 既是燃料在锅炉中的放热量，在数值上又近似等于燃料的化学能。与电能一样，化学能本身就是其最大做功能力，因此燃煤电厂的 η_{cp}，既是全厂的热效率又是全厂的㶲效率。换言之，对于燃煤的凝汽式电厂，η_{cp} 不仅是数量利用指标，也是质量利用指标。

（2）两种热经济性的分析方法对损失分布给出了完全不同的分析结果。从图 1-5 热流图可知，热量法认为，凝汽器的冷源热损失很大，而锅炉的热损失很小。从图 1-13㶲流图可以看出，㶲方法认为，热力过程的不可逆性是导致电厂热经济性降低的根本原因。由于锅炉内燃烧、传热的严重不可逆性，导致锅炉的做功能力损失最大；而凝汽器中虽然散热量很大，但其品位很低，凝汽器的做功能力损失很小。另外，由于忽略了管道的散热损失，热量法计算得到的管道损失为 0，即管道效率为 100%；但是由于存在管道的摩擦阻力损失，㶲方法计算得到的管道㶲损失为 0.2%。所以要提高电厂热经济性，从㶲方法的角度应减小换热设备中的不可逆传热温差、汽水流动过程中的摩擦阻力、节流和散热损失等。

（3）热量法从数量上计算各热力设备及全厂的热效率，能量损失以散失到环境为准，不区分能量品位的高低，该方法只表明能量转换的结果，不能揭示能量损失的本质原因；熵方法或㶲方法则是以过程的不可逆性为基准，考虑了能量品质的区别，不仅表明能量转换的结果，还能揭示能量损失的部位、数量及损失的原因。热量法和熵方法（㶲方法）从不同的角度丰富了对同一事物不同侧面的认识。

（4）㶲方法也有其不足之处。以锅炉为例，虽然㶲方法能够揭示锅炉产生损失的原因和大小，但并不意味着锅炉具有很大的节能潜力。锅炉所有的㶲损失中，燃烧㶲损失和温差传热㶲损失占绝大部分（见表 1-5）。燃烧导致化学㶲转变为热能，能量发生了质的变化，要避免这项损失，只有不发生燃烧，近期正在研究和发展起来的化学链燃烧方式就是为了减少这项损失；而要减少温差传热㶲损失，就必须提高水蒸气的平均吸热温度（提高主蒸汽温度或给水温度）或降低炉内烟气温度，但这不仅会受到金属材料的限制，还会增加锅炉的传热面积，增大锅炉的占地面积和投资。因此，在目前的技术水平下，锅炉的节能潜力会受到燃烧限制、提高工质温度的限制、传热面积的限制等，这也是㶲方法分析热经济性的弱点。

因此，本书采用热量分析法定量计算发电厂的热经济性，用熵方法或㶲方法定性分析发电厂的热经济性，其定性分析的结果对技术改进方向起着重要的指导作用。

第四节　凝汽式发电厂的主要热经济性指标

凝汽式发电厂的热经济性是用热经济性指标来衡量的。火力发电厂及其热力设备广泛采用热量法来计算发电厂的热经济性指标。热经济性指标体系可分为三类：① 热效率类指标，包括汽轮机组的绝对内效率、汽轮机组的绝对电效率、全厂热效率及各主要设备的热效率等；② 能耗类指标，包括热耗量、煤耗量、汽耗量等；③ 能耗率类指标，包括热耗率、煤耗率和汽耗率等。

本节以如图 1-14 所示的凝汽式电厂热力系统为例，说明各类指标的计算方法。该热力系统有 z 级回热抽汽，高压缸排汽送至再热器吸热，再热后的蒸汽进入中压缸，单位质量工质在再热器中的吸热量为 q_{rh}，高压缸（再热前）有两段抽汽，主蒸汽管道上发生有汽水损失，其流量为 D_l，汽包排污水的流量和焓值分别为 D_{bl}、h'_{bl}。

一、热效率类热经济性指标

1. 汽轮机组的绝对内效率

汽轮机组的绝对内效率的计算公式为

$$\eta_i = \frac{W_i}{Q_0}$$

以图 1-14 为例，说明如何计算汽轮机组的绝对内效率。

（1）汽轮机的实际内功 W_i 的计算。汽轮机的实际做功 W_i 有两种计算方法：

1）W_i 以汽轮机的凝汽流和各级回热汽流的内功之和表示，则实际内功为

$$W_i = D_1(h_0 - h_1) + D_2(h_0 - h_2) + \cdots + D_z(h_0 - h_z + q_{rh}) + D_c(h_0 - h_c + q_{rh})$$

$$=\sum_{j=1}^{z}D_j\Delta h_j+D_c\Delta h_c \tag{1-64}$$

式中：Δh_j为抽汽在汽轮机中的实际焓降，其中对于再热前的回热抽汽，$\Delta h_j=h_0-h_j$；对于再热后的回热抽汽，$\Delta h_j=h_0-h_j+q_{rh}$；$\Delta h_c$为凝汽流在汽轮机内的实际焓降，$\Delta h_c=h_0-h_c+q_{rh}$；$D_j$为第$j$级回热抽汽量；$h_j$为第$j$级回热抽汽焓；$q_{rh}$为再热器吸热量；$D_c$为凝汽流流量；$h_c$为排汽焓。

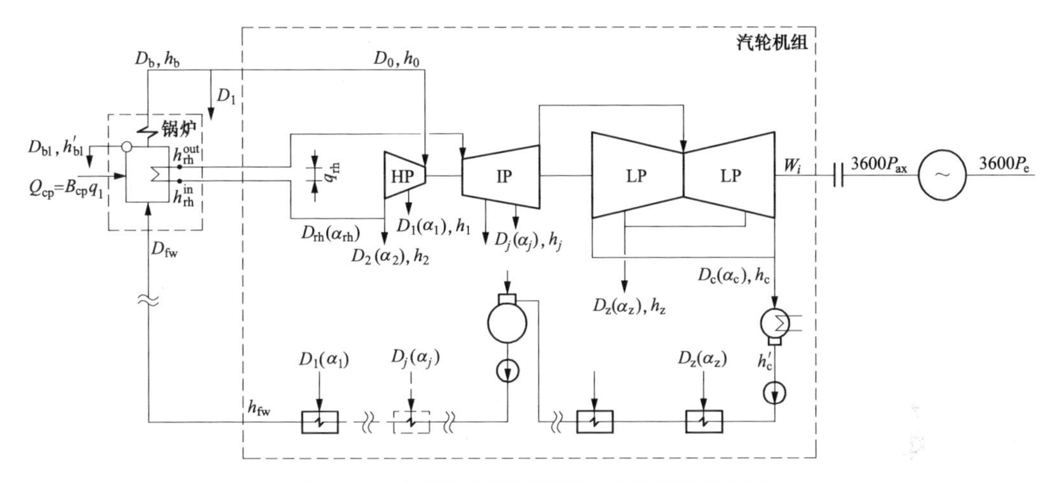

图 1-14　有回热和再热的凝汽式电厂热力系统

2）W_i以输入、输出汽轮机的能量之差表示，则实际内功为

$$W_i=D_0h_0+D_{rh}q_{rh}-\sum_{j=1}^{z}D_jh_j-D_ch_c \tag{1-65}$$

其中

$$D_0=D_1+D_2+\cdots+D_z+D_c=\sum_{j=1}^{z}D_j+D_c \tag{1-66}$$

$$D_{rh}=D_0-D_1-D_2=\sum_{j=3}^{z}D_j+D_c \tag{1-67}$$

式中：D_0为主蒸汽流量；D_{rh}为再热蒸汽流量。

将式（1-66）和式（1-67）代入式（1-65），整理得

$$W_i=D_1(h_0-h_1)+D_2(h_0-h_2)+\cdots+D_z(h_0-h_z+q_{rh})+D_c(h_0-h_c+q_{rh})$$

$$=\sum_{j=1}^{z}D_j\Delta h_j+D_c\Delta h_c\quad \text{kJ/h} \tag{1-68}$$

从式（1-64）和式（1-68）可以看出，两种方法所得的结果是一致的。

汽轮机的实际比内功为

$$w_i=W_i/D_0$$

$$w_i=h_0+\alpha_{rh}q_{rh}-\sum_{j=1}^{z}\alpha_jh_j-\alpha_ch_c=\sum_{j=1}^{z}\alpha_j\Delta h_j+\alpha_c\Delta h_c\quad \text{kJ/kg} \tag{1-69}$$

式中：α_c为汽轮机的排汽系数，$\alpha_c=D_c/D_0$；α_j为汽轮机的各级抽汽系数，$\alpha_j=D_j/D_0$；α_{rh}为再热蒸汽系数，$\alpha_{rh}=D_{rh}/D_0$。

（2）汽轮机组的热耗量。汽轮机组的热耗量也有两种计算方法：

1）由输入、输出汽轮机组的工质（水或水蒸气）所携带的能量之差计算。汽轮机组的研究范围用虚线框示于图 1-14 中，有式（1-70）

$$Q_0 = D_0 h_0 + D_{rh} q_{rh} - D_{fw} h_{fw} \quad kJ/h \tag{1-70}$$

2）由汽轮机组的能量平衡计算。根据汽轮机组的能量平衡，有式（1-71）

$$Q_0 = W_i + \Delta Q_c \tag{1-71}$$

其中

$$\Delta Q_c = D_c (h_c - h'_c)$$

将式（1-65）代入式（1-71），可得

$$\begin{aligned} Q_0 &= D_0 h_0 + D_{rh} q_{rh} - \sum_{j=1}^{z} D_j h_j - D_c h_c + D_c (h_c - h'_c) \\ &= D_0 h_0 + D_{rh} q_{rh} - \left(\sum_{j=1}^{z} D_j h_j + D_c h'_c\right) \end{aligned} \tag{1-72}$$

根据能量平衡：

$$D_{fw} h_{fw} = \sum_{j=1}^{z} D_j h_j + D_c h'_c \quad kJ/h \tag{1-73}$$

将式（1-73）代入式（1-72），可得

$$Q_0 = D_0 h_0 + D_{rh} q_{rh} - \left(\sum_{j=1}^{z} D_j h_j + D_c h'_c\right) = D_0 h_0 + D_{rh} q_{rh} - D_{fw} h_{fw} \quad kJ/h \tag{1-74}$$

从式（1-70）和式（1-74）可以看出，两种方法所得的结果是一致的。

汽轮机组的比热耗为

$$q_0 = h_0 + \alpha_{rh} q_{rh} - \alpha_{fw} h_{fw} \tag{1-75}$$

将式（1-64）代入式（1-71），机组热耗量可写成

$$\begin{aligned} Q_0 = W_i + \Delta Q_c &= \sum_{j=1}^{z} D_j \Delta h_j + D_c \Delta h_c + D_c (h_c - h'_c) \\ &= \sum_{j=1}^{z} D_j \Delta h_j + D_c (h_0 - h'_c + q_{rh}) \end{aligned} \tag{1-76}$$

比热耗 q_0 可写成

$$q_0 = \sum_{j=1}^{z} \alpha_j \Delta h_j + \alpha_c (h_0 - h'_c + q_{rh}) \tag{1-77}$$

式（1-70）～式（1-77）中，h_0、h_j、h_c、h_{fw}分别是新汽、抽汽、排汽、锅炉给水的比焓，kJ/kg；α_j、α_{rh}、α_c 分别是汽轮机进汽为 1kg 时抽汽、再热蒸汽和排汽的份额；D_{rh}为再热蒸汽的流量，kg/h；D_{fw}为锅炉给水流量，kg/h；q_{rh}为 1kg 蒸汽在再热器内的吸热量，kJ/kg；ΔQ_c 为冷源热损失，kJ/h。

（3）凝汽式汽轮机组的绝对内效率。

$$\begin{aligned} \eta_i &= \frac{W_i}{Q_0} = \frac{\sum_{j=1}^{z} D_j \Delta h_j + D_c \Delta h_c}{D_0 h_0 + D_{rh} q_{rh} - D_{fw} h_{fw}} = \frac{\sum_{j=1}^{z} D_j \Delta h_j + D_c (h_0 - h_c + q_{rh})}{\sum_{j=1}^{z} D_j \Delta h_j + D_c (h_0 - h'_c + q_{rh})} \\ &= 1 - \frac{D_c (h_c - h'_c)}{\sum_{j=1}^{z} D_j \Delta h_j + D_c (h_0 - h'_c + q_{rh})} \end{aligned} \tag{1-78}$$

用比内功和比热耗来表示，则 η_i的表达式为

$$\eta_i=\frac{w_i}{q_0}=\frac{\sum_{j=1}^{z}\alpha_j\Delta h_j+\alpha_c\Delta h_c}{h_0+\alpha_{rh}q_{rh}-\alpha_{fw}h_{fw}}=\frac{\sum_{j=1}^{z}\alpha_j\Delta h_j+\alpha_c(h_0-h_c+q_{rh})}{\sum_{j=1}^{z}\alpha_j\Delta h_j+\alpha_c(h_0-h_c'+q_{rh})}$$

$$=1-\frac{\alpha_c(h_c-h_c')}{\sum_{j=1}^{z}\alpha_j\Delta h_j+\alpha_c(h_0-h_c'+q_{rh})} \tag{1-79}$$

式（1-79）中，若如无再热循环，则 $q_{rh}=0$，即为回热循环汽轮机组的绝对内效率；若既无回热也无再热，$q_{rh}=0$，$\alpha_j=0$，该式即为朗肯循环汽轮机组的绝对内效率。

2. 汽轮机组的绝对电效率

汽轮发电机组绝对电效率等于发电机的输出功除以汽轮发电机组的热耗量，其计算表达式为

$$\eta_e=\frac{3600P_e}{Q_0}=\frac{W_i}{Q_0}\frac{3600P_{ax}}{W_i}\frac{3600P_e}{3600P_{ax}}=\eta_i\eta_m\eta_g=\eta_t\eta_{ri}\eta_m\eta_g \tag{1-80}$$

3. 管道效率和锅炉效率

本章已经介绍了全厂热耗量 Q_{cp}（$Q_{cp}=B_{cp}q_1$）和机组热耗量 Q_0［式（1-70)］的计算方法。根据锅炉效率和管道效率的定义式，在求得锅炉热耗量后，就可计算得到管道效率 η_p 和锅炉效率 η_b。

$$\eta_p=\frac{Q_0}{Q_b}$$

$$\eta_b=\frac{Q_b}{Q_{cp}}$$

如图 1-14 所示，考虑再热、排污后，锅炉热耗量为

$$Q_b=D_bh_b+D_{rh}q_{rh}+D_{bl}h_{bl}'-D_{fw}h_{fw}\quad \text{kJ/h} \tag{1-81}$$

式中：D_{bl}为汽包排污水的流量，kg/h；h_{bl}'为汽包排污水的焓值，kJ/kg；D_b为锅炉过热器出口蒸汽流量，kg/h；h_b为锅炉过热器出口焓值，kJ/kg。

根据质量守恒，有

$$D_{fw}=D_b+D_{bl}$$

将上式代入式（1-81)，可得

$$Q_b=D_bh_b+D_{rh}q_{rh}+D_{bl}h_{bl}'-D_{fw}h_{fw}$$
$$=D_b(h_b-h_{fw})+D_{rh}q_{rh}+D_{bl}(h_{bl}'-h_{fw}) \tag{1-82}$$

从式（1-82）可以看出，锅炉热耗量包括三部分：过热器出口主蒸汽在炉内的吸热量、再热蒸汽在炉内的吸热量以及排污水在炉内的吸热量。需要注意的是：式（1-82）并未考虑过热器和再热器减温水的影响，并忽略了给水管道和再热蒸汽管道的散热。

4. 全厂发电热效率

全厂发电热效率 η_{cp}又称为全厂毛热效率，是指发电机的轴端输出功与全厂热耗量之比，计算表达式为

$$\eta_{cp}=\frac{3600P_e}{Q_{cp}}=\frac{3600P_e}{B_{cp}q_1}=\eta_b\eta_p\eta_i\eta_m\eta_g$$

二、能耗类热经济性指标

能耗类热经济性指标反映了生产电功率 P_e 所消耗的能量（或汽量）。能耗类热经济性指标既与设备或系统的热经济有关，又与发电功率（或产量）有关，主要包括全厂热耗量、全厂煤耗量、汽轮机组的热耗量、汽轮机组的汽耗量。

根据全厂的能量平衡，有

$$3600P_e = Q_{cp}\eta_{cp} = B_{cp}q_1\eta_{cp} = B_{cp}q_1\eta_b\eta_p\eta_i\eta_m\eta_g = Q_0\eta_i\eta_m\eta_g = Q_0\eta_e = D_0 w_i\eta_m\eta_g \quad (1\text{-}83)$$

1. 全厂热耗量 Q_{cp}

全厂热耗量 Q_{cp} 是指凝汽式发电厂单位时间内生产电能所消耗的能量，根据式（1-83），有

$$Q_{cp} = B_{cp}q_1 = \frac{Q_b}{\eta_b} = \frac{Q_0}{\eta_b\eta_p} = \frac{3600P_e}{\eta_{cp}} \quad \text{kJ/h} \quad (1\text{-}84)$$

从式（1-84）可以看出，全厂热耗量与发电功率 P_e 和全厂热效率 η_{cp} 有关。

2. 全厂煤耗量 B_{cp}

全厂煤耗量 B_{cp} 表示单位时间内发电厂所消耗的燃料量，根据式（1-83），有

$$B_{cp} = \frac{3600P_e}{\eta_{cp}q_1} \quad \text{kg/h} \quad (1\text{-}85)$$

从式（1-85）可以看出，全厂煤耗量与发电功率 P_e、全厂热效率 η_{cp} 和煤的低位发热量 q_1 有关。

3. 汽轮机组热耗量 Q_0

根据式（1-70）和式（1-83），有

$$Q_0 = D_0h_0 + D_{rh}q_{rh} - D_{fw}h_{fw} = \frac{3600P_e}{\eta_e} \quad \text{kJ/h} \quad (1\text{-}86)$$

从式（1-86）可以看出，汽轮机组热耗量与发电功率 P_e 和汽轮机组的绝对电效率 η_e 有关。

4. 汽轮机汽耗量 D_0

根据式（1-83），有

$$w_iD_0\eta_m\eta_g = 3600P_e \quad (1\text{-}87)$$

根据表达式（1-69），可知汽轮机的实际内功 $w_i = \sum_{j=1}^{z}\alpha_j\Delta h_j + \alpha_c\Delta h_c$，将式（1-69）代入式（1-87），可得

$$D_0\left(\sum_{j=1}^{z}\alpha_j\Delta h_j + \alpha_c\Delta h_c\right)\eta_m\eta_g = 3600P_e \quad (1\text{-}88)$$

将 $\alpha_c = 1 - \sum_{j=1}^{z}\alpha_j$ 代入式（1-88），得

$$D_0 = \frac{3600P_e}{(h_0 - h_c + q_{rh})\eta_m\eta_g} \cdot \frac{1}{1 - \sum_{j=1}^{z}\alpha_jY_j} = D_{c0}\beta \quad \text{kg/h} \quad (1\text{-}89)$$

$$\beta = \frac{1}{1 - \sum_{j=1}^{z}\alpha_jY_j} \quad (1\text{-}90)$$

式中：D_{c0}为机组无回热抽汽时的汽耗量，$D_{c0}=\dfrac{3600P_e}{(h_0-h_c+q_{rh})\eta_m\eta_g}$，kg/h；$\beta$为回热抽汽做功不足而增大的汽耗系数；$Y_j$为回热抽汽做功不足系数。

对于再热前的抽汽，回热抽汽做功不足系数为

$$Y_j=\frac{h_j-h_c+q_{rh}}{h_0-h_c+q_{rh}} \tag{1-91}$$

对于再热后的抽汽，回热抽汽做功不足系数为

$$Y_j=\frac{h_j-h_c}{h_0-h_c+q_{rh}} \tag{1-92}$$

(1) 回热对汽轮机汽耗量的影响。根据式（1-89）和式（1-90），当无回热时，$\beta=1$；有回热时，$\beta>1$。这说明在发电功率一定的情况下，由于回热造成了抽汽做功不足，因此采用回热使得机组的汽耗量增大了；同时，采用回热却使得机组的热经济性提高了，这是因为回热提高了进入锅炉的给水温度，单位质量的工质在炉内的吸热量大大降低了，虽然锅炉蒸发量增大了，但整个炉内吸热量却是下降的。所以严格来讲，汽耗量并不是一个完善的热经济性指标，不能单纯利用汽耗量来比较不同机组之间热经济性的高低。

(2) 再热对汽轮机汽耗量的影响。根据式（1-89），当机组采用再热时，$q_{rh}>0$，这说明在发电功率一定的情况下，采用再热使得机组的汽耗量减少了。这是因为再热使得单位质量的工质在汽轮机内做功量增大，因而汽轮机所需的汽耗量减少。

三、能耗率类热经济性指标

能耗率类热经济性指标是指每生产 1kWh 电能所消耗的能量。主要包括全厂热耗率 q_{cp}、全厂煤耗率 b_{cp}、汽轮机组热耗率 q、汽轮机组汽耗率 d_0。

1. 全厂热耗率 q_{cp}

全厂热耗率指每生产 1kWh 电能，全厂所需消耗的能量，按式（1-93）进行计算。

$$q_{cp}=\frac{Q_{cp}}{P_e}=\frac{3600}{\eta_{cp}}\quad \text{kJ/kWh} \tag{1-93}$$

2. 全厂煤耗率 b_{cp}

全厂煤耗率指每生产 1kWh 电能，全厂所需消耗的煤量，按式（1-94）进行计算。

$$b_{cp}=\frac{B_{cp}}{P_e}=\frac{q_{cp}}{q_1}=\frac{3600}{\eta_{cp}q_1}\quad \text{kg/kWh} \tag{1-94}$$

标准煤的低位发热量为 29307.6kJ/kg(7000kcal/kg)，将其代入式（1-94）中，计算所得的全厂煤耗率称为全厂标准煤耗率，以 b_{cp}^s表示。

$$b_{cp}^s=\frac{3600}{29307.6\eta_{cp}}\approx\frac{0.1228}{\eta_{cp}}\quad \text{kg 标准煤 /kWh} \tag{1-95}$$

3. 汽轮机组热耗率 q

汽轮机组热耗率指每生产 1kWh 电能，汽轮机组所需输入的能量，按式（1-96）进行计算。

$$q=\frac{Q_0}{P_e}=\frac{3600}{\eta_i\eta_m\eta_g}=\frac{3600}{\eta_e}\quad \text{kJ/kWh} \tag{1-96}$$

从式（1-96）可知，汽轮机组热耗率 q 的大小与 η_i、η_m 和 η_g有关。由于 η_m、η_g的数值

在98%~99.5%范围内，且变化不大，因此热耗率 q 的大小主要取决于 η_i。机组热耗率和绝对电效率两者是紧密联系的，知其一就可通过式（1-96）求出另外一个指标，所以热耗率 q 能够反映汽轮机组的热经济性，是发电厂主要的热经济指标之一。

现代凝汽式汽轮机组的热耗率为7300~9200kJ/kWh。

4. 汽轮机组汽耗率 d_0

汽轮机组每生产1kWh的电能所需要的蒸汽量，称为汽轮机组的汽耗率，用符号 d_0 表示，按式（1-97）进行计算。现代凝汽式汽轮机组的汽耗率为3kg/kWh左右。

$$d_0=\frac{D_0}{P_e}=\frac{3600}{w_i\eta_m\eta_g}=\frac{3600}{(h_0-h_c+q_{rh})\eta_m\eta_g}\cdot\frac{1}{1-\sum_{j=1}^{z}\alpha_jY_j}=d_{c0}\beta\quad \text{kg/kWh} \tag{1-97}$$

能耗率指标中热耗率 q 和标准煤耗率 b_{cp}^{s} 与热效率之间是一一对应关系，都是通用的热经济性指标；从式（1-97）可知，汽耗率 d_0 不直接与热效率有关，主要取决于汽轮机的实际比内功 w_i 的大小，因此 d_0 不能单独用作热经济性指标。将 $w_i=q_0\eta_i$ 代入式（1-97）中，有

$$d_0=\frac{3600}{w_i\eta_m\eta_g}=\frac{3600}{q_0\eta_i\eta_m\eta_g} \tag{1-98}$$

由式（1-98）可知，只有当机组比热耗 q_0 一定时，d_0 才能反映汽轮机组的热经济性。

国产汽轮机组的主要热经济性指标见表1-6。

表1-6　国产汽轮机组的主要热经济指标

额定功率 P_e（MW）	η_{ri}（%）	η_i（%）	η_m（%）	η_g（%）	η_e（%）	d_0（kg/kWh）	q（kJ/kWh）
0.75~6	76~82	<30	96.5~98.6	93~96	27.0~28.4	>4.9	>13333
12~25	82~85	31~33	98.6~99	96.5~97.5	29.0~31.9	4.1~4.7	12414~11302
50~100	85~87	37~40	99	98~98.5	35.9~39.0	3.5~3.9	9229~10029
125~200	86~89	43~45	99	99	42.1~44.1	2.9~3.1	8162~8542
300~600	88~90	45~48	99~99.5	99~99.5	44.1~47.5	2.8~3.2	7579~8162
1000	92~92.5	48.9~49.8	99.5	99.5	48.4~49.3	2.7~2.9	7302~7436

四、全厂供电侧热经济性指标

热经济性指标还可划分为发电侧热经济性指标和供电侧热经济性指标。发电侧热经济性指标是基于发电功率 P_e 或发电量的指标，本章前面所述热经济性指标均属于发电侧；供电侧热经济性指标是基于供电功率（P_e-P_{ap}）或供电量的指标。

只有全厂供电侧热经济性指标才能够反映发电厂各方面的工作水平，包括设备健康水平、设备检修工艺及检修质量水平、单元机组发电平均负荷情况、运行调整及操作水平、节能管理、燃料管理、各专业和各层次管理者的管理意识和管理工作水平等，是评价发电厂的设备、系统运行经济性能的总指标。全厂供电侧热经济性指标要包括全厂供电热效率、全厂供电标准煤耗率、全厂供电热耗率。

1. 全厂供电热效率 η_{cp}^{n}

全厂供电热效率也称全厂净效率，即为扣除厂用电功率 P_{ap} 的全厂净效率，以 η_{cp}^{n} 表示。其值等于单位时间内机组的供电量与全厂热耗量的比值。

$$\eta_{cp}^{n}=\frac{3600\times(P_{e}-P_{ap})}{Q_{cp}}=\eta_{cp}(1-\xi_{ap}) \tag{1-99}$$

式中：ξ_{ap} 为厂用电率，%。

厂用电率是指发电厂生产过程中所有辅助设备所消耗的厂用电功率 P_{ap} 与发电功率 P_{e} 的比值，即

$$\xi_{ap}=\frac{P_{ap}}{P_{e}} \tag{1-100}$$

现在大型凝汽式机组（300MW 及以上），平均厂用电率为 4.7%～5.5%；125～200MW 等级机组平均厂用电率为 8.5%。我国 300MW 等级及以上的火力发电机组一般配备汽动给水泵，大大减少了厂用电的消耗，这是大容量机组厂用电率大幅下降的主要原因。

2. 全厂供电标准煤耗率 b_{cp}^{ns}

全厂供电标准煤耗率 b_{cp}^{ns} 是机组每提供 1kWh 电能至电网，所需消耗的标准煤量，按式（1-101）进行计算。

$$b_{cp}^{ns}=\frac{0.1228}{\eta_{cp}^{n}}=\frac{0.1228}{\eta_{cp}(1-\xi_{ap})}=\frac{b_{cp}^{s}}{1-\xi_{ap}}\quad \text{kg 标准煤 /kWh} \tag{1-101}$$

3. 全厂供电热耗率 q_{cp}^{n}

全厂供电热耗率 q_{cp}^{n} 是机组每供 1kWh 电能至电网，所需消耗的能量，按式（1-102）进行计算。

$$q_{cp}^{n}=\frac{3600}{\eta_{cp}^{n}}=\frac{3600}{\eta_{cp}(1-\xi_{ap})}=\frac{q_{cp}}{1-\xi_{ap}} \tag{1-102}$$

五、热经济性指标之间的变化关系

如前所述，全厂的热效率是 5 个分热效率的连乘积，热效率与热耗率、煤耗率之间也是一一对应关系。因此，当某一个热经济指标发生变化，必然会引起其他热经济性指标的变化。

1. 热经济性指标的变化量

一般用热经济性指标的绝对变化量或相对变化量来表示热经济性的变化。当热经济性指标变化的绝对量或相对量为正时，表明机组热经济性得以改善，即热效率提高，热耗率、标准煤耗率降低，反之亦然。若用带“′”的符号表示变化后的热经济性指标，则有：

（1）热经济性指标的绝对变化量为

$$\Delta\eta_{i}=\eta_{i}'-\eta_{i},\quad \Delta q=q-q',\quad \Delta b^{s}=b^{s}-b^{s'} \tag{1-103}$$

（2）热经济性指标的相对变化量（以变化前为基准）为

$$\delta\eta_{i}=\frac{\Delta\eta_{i}}{\eta_{i}},\quad \delta q=\frac{\Delta q}{q},\quad \delta b^{s}=\frac{\Delta b^{s}}{b^{s}} \tag{1-104}$$

（3）热经济性指标的相对变化量（以变化后为基准）为

$$\delta\eta_{i}'=\frac{\Delta\eta_{i}}{\eta_{i}'},\quad \delta q'=\frac{\Delta q}{q'},\quad \delta b^{s'}=\frac{\Delta b^{s}}{b^{s'}} \tag{1-105}$$

2. 分热效率的变化与总热效率的变化之间的关系

以 η_i变化为例，分析全厂热效率 η_{cp}是如何变化的。

$$\eta_i' = \eta_i + \Delta\eta_i = \eta_i(1+\delta\eta_i)$$

$$\eta_{cp}' = \eta_b\eta_p\eta_i'\eta_m\eta_g = \eta_b\eta_p\eta_i(1+\delta\eta_i)\eta_m\eta_g = \eta_{cp} + \eta_{cp}\delta\eta_i \tag{1-106}$$

由式（1-106）可得

$$\delta\eta_i = \frac{\eta_{cp}' - \eta_{cp}}{\eta_{cp}} = \delta\eta_{cp}$$

同理，可以证明 $\delta\eta_i = \delta\eta_e = \delta\eta_{cp}$，$\delta\eta_b = \delta\eta_{cp}$，即某一分热效率的相对变化将引起总热效率产生相同的相对变化值。

3. 分热效率的变化与能耗率的变化之间的关系

以 η_i变化对 q、b^s影响为例，分析分热效率的变化与能耗率变化之间的关系。汽轮机组热耗率的变化与机组绝对内效率变化的关系为

$$\Delta q = q - q' = \frac{3600}{\eta_i\eta_m\eta_g} - \frac{3600}{\eta_i'\eta_m\eta_g} = \frac{3600}{\eta_i\eta_m\eta_g} \times \frac{\eta_i' - \eta_i}{\eta_i'} = q\delta\eta_i'$$

即

$$\delta\eta_i' = \frac{\Delta q}{q}$$

由 $\delta q = \frac{\Delta q}{q}$，可得

$$\delta q = \delta\eta_i' \tag{1-107}$$

全厂标煤耗率的变化与机组绝对内效率变化的关系为

$$\Delta b^s = b^s - b^{s'} = \frac{0.123}{\eta_b\eta_p\eta_i\eta_m\eta_g} - \frac{0.123}{\eta_b\eta_p\eta_i'\eta_m\eta_g} = \frac{0.123}{\eta_b\eta_p\eta_i\eta_m\eta_g} \times \frac{\eta_i' - \eta_i}{\eta_i'} = b^s\delta\eta_i'$$

即

$$\delta\eta_i' = \frac{\Delta b^s}{b^s}$$

由 $\delta b^s = \frac{\Delta b^s}{b^s}$，可得

$$\delta b^s = \delta\eta_i' \tag{1-108}$$

由式（1-107）和式（1-108）可知

$$\delta q = \delta\eta_i' = \delta b^s$$

当分热效率变化不大时，有

$$\delta\eta_i' \approx \delta\eta_i$$

$$\delta\eta_i \approx \delta\eta_i' = \delta q = \delta b^s \tag{1-109}$$

即某一分热效率的相对变化将引起机组和全厂能耗率产生相同的相对变化值。

上述关系在分析热经济性变化时极为有用，使我们知道任一热经济指标的相对变化后，就能直接求出其他与之有关的各热经济指标的相对和绝对变化值。如已知 $\delta\eta_i$，就可求出：$\Delta q = q\delta\eta_i$，$\Delta b^s = b^s\delta\eta_i$，$\Delta B^s = B^s\delta\eta_i$，……

例题：某台火力发电机组全厂发电热效率为 40%，汽轮机组的绝对内效率为 45%，机械效率为 99%，发电机效率为 99%。经过技术改造后，汽轮机组的绝对内效率提升

至45.5%。

求：汽轮机组的热耗率降低了多少？发电标准煤耗率降低了多少？

解：汽轮机组的绝对内效率的相对变化量为

$$\delta\eta_i=\frac{\Delta\eta_i}{\eta_i}=\frac{45.5\%-45\%}{45\%}=0.0111$$

汽轮机组的热耗率为

$$q=\frac{3600}{\eta_i\eta_m\eta_g}=\frac{3600}{45\%\times99\%\times99\%}=8162.4(\mathrm{kJ/kWh})$$

全厂发电标准煤耗率为

$$b_{cp}^{s}=\frac{122.8}{\eta_{cp}}=\frac{122.8}{40\%}=307(\mathrm{g/kWh})$$

汽轮机组热耗率的变化量为

$$\Delta q=q\delta\eta_i=0.0111\times8162.4=90.6(\mathrm{kJ/kWh})$$

发电标准煤耗率的变化量为

$$\Delta b_{cp}^{s}=b_{cp}^{s}\delta\eta_i=0.0111\times307=3.41(\mathrm{g/kWh})$$

由此可以看出，汽轮机组的绝对内效率提高0.5%，就可使汽轮机组热耗率下降90.6kJ/kWh，使发电标准煤耗率下降3.41g/kWh。

第一章复习思考题答案

1-1　凝汽式发电厂的q、η_e、η_{cp}、η_{cp}^{n}、q_{cp}、q_{cp}^{n}、b_{cp}^{ns}、b_{cp}^{n}的物理概念是什么？它们之间的关系是怎样的？为何说供电标准煤耗率是一个比较完善的热经济性指标？

1-2　对于凝汽式发电厂生产过程的最大损失，为何热量法和做功能力法得出的结果不一致？

1-3　评价热力发电厂热经济性的两种基本方法有何特点？两者有何区别？

1-4　热力发电厂热经济性分析中，为何定量计算常用热量法？

1-5　凝汽式发电厂的全厂总效率由哪些效率组成？

1-6　为什么说汽耗率不能独立用作热经济性指标？

1-7　发电厂在完成能量的转换过程中，存在哪些热损失？其中哪一项热损失最大？为什么？各项热损失和效率之间有什么关系？

1-8　热力发电厂中，主要有哪些不可逆损失？怎样才能减少这些过程中的不可逆损失性以提高发电厂热经济性？

1-9　发电厂能量转换过程中存在几种典型的不可逆过程？各自的熵增和㶲损如何计算？

1-10　何为热量㶲、热力学能㶲与焓㶲？

1-11　在进行发电厂热力计算时，主蒸汽压力和温度应该取汽轮机入口哪个部位的数据？

1-12　热耗率、绝对内效率、标准煤耗率等指标的相对变化量存在怎样的关系？

第一章
习题答案

习　题

1-1　如图 1-15 所示，某机组锅炉蒸发量 1871t/h，过热器出口蒸汽焓为 3401kJ/kg，主蒸汽流量为 1852t/h，主蒸汽焓为 3399kJ/kg，再热蒸汽流量为 1572t/h，蒸汽在再热器中的焓升为 522kJ/kg，给水流量为 1890kJ/kg，给水焓为 1193kJ/kg，锅炉排污水量为 19t/h，排污水焓为 1850kJ/kg，机组发电功率为 600MW，锅炉燃煤量 1080t/h，煤的低位发热量为 5000kJ/kg。

计算：全厂热耗量、锅炉的热耗量、汽轮机组的热耗量；全厂热耗率和汽轮机组热耗率；锅炉热效率、管道热效率、全厂热效率；全厂标准煤耗率、汽轮机组的汽耗率。

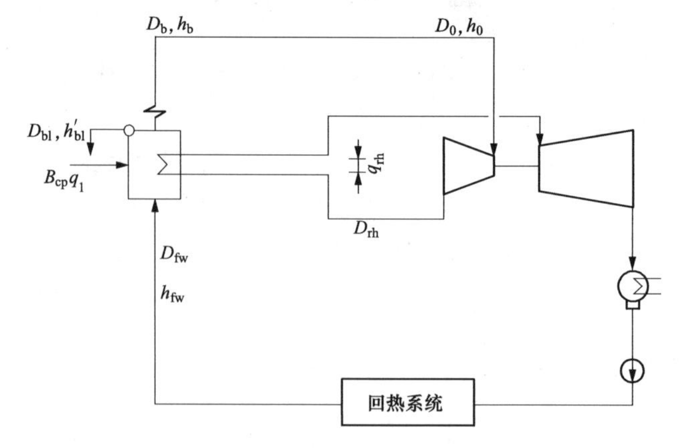

图 1-15　某凝汽式机组简图

1-2　根据习题 1-1 的条件，计算机组的各项热损失，并据此绘制出能流图。

第二章

蒸汽参数及循环形式对发电厂热经济性的影响

本章导读

提高发电厂热经济性可以从三个方面入手，一是改变蒸汽参数，如提高蒸汽初参数和降低蒸汽终参数；二是改变热力循环的形式，包括给水回热循环、蒸汽再热循环；三是采用联合循环，例如热电联产、燃气-蒸汽联合循环、整体煤气化联合循环（IGCC）等。

理论上，热源与冷源的温度决定在此温差范围内的任何热机所能具有的最高热效率。因此，尽可能提高蒸汽动力循环的初参数、降低蒸汽动力循环的终参数，可显著提高该循环的热效率。但是，提高初参数、降低终参数面临着诸多技术限制，如金属材料的限制、排汽湿度的限制、自然条件的限制、冷却面积的限制等，进一步提高蒸汽动力循环的效率应从改变循环形式入手，即采用给水回热循环和蒸汽再热循环。例如，采用一次再热一般可使循环热效率提高6%以上，采用二次再热可使循环热效率再提高2%左右。热电联产是先将高品位的热能用于发电，再将做过功的低品位热能用于供热，做到了“热尽其用”，大大提高了燃料化学能的利用效率。燃气-蒸汽联合循环是利用热力性质不同的工质组成联合动力循环，以高温工质循环的排气（汽）作为低温工质循环的热源，可以实现高于60%的能量利用效率。

本章主要介绍蒸汽参数和循环形式对发电厂热经济性的影响。

第一节　蒸汽参数对发电厂热经济性的影响

蒸汽参数包括初参数和终参数。初参数是指新蒸汽进入汽轮机自动主蒸汽门前的蒸汽压力 p_0 和温度 t_0；终参数是指汽轮机的排汽压力（背压）p_c 或排汽温度 t_c，由于凝汽式汽轮机的排汽是湿饱和蒸汽，其压力和温度有一定的对应关系，通常蒸汽终参数的数值只要表明其中一个即可。

发电厂热效率 $\eta_{cp}=\eta_b\eta_p\eta_t\eta_{ri}\eta_m\eta_g$ 中，机械效率 η_m 和发电机效率 η_g 与蒸汽参数没有直接关系；另外，采取保温等措施得当，锅炉效率 η_b、管道效率 η_p 受蒸汽参数变化的影响也不大。由热力学可知，当改变蒸汽参数时，热力循环的吸热量和放热量以及汽轮机的内部损失会随之改变，从而影响理想循环热效率 η_t 和汽轮机相对内效率 η_{ri}。因此，为分析蒸汽参数对发电厂热经济性的影响，必先分析其对理想循环热效率 η_t 和汽轮机相对内效率 η_{ri} 的影响。

一、蒸汽初参数对电厂热经济性的影响

1. 蒸汽初温对电厂热经济性的影响

（1）蒸汽初温对理想循环热效率 η_t 的影响。假定蒸汽初压 p_0 和排汽压力 p_c 不变，仅

改变初温，热力循环吸热过程的平均温度将随之改变，理想循环热效率也会改变。不同初温的朗肯循环 T-s 图如图 2-1 所示，将理想朗肯循环 1-2-3-4-5-6-1（忽略泵功，3、4 点重合）的初温由 T_0 升高到 T_0' 时，循环变为 1′-2′-3-4-5-6-1′，循环吸热过程平均温度由 $\overline{T}_1$ 升高到了 $\overline{T}_1'$，放热平均温度 $\overline{T}_c$ 在初温升高时保持不变。由 $\eta_t=1-(\overline{T}_c/\overline{T}_1)$、$\eta_t'=1-(\overline{T}_c/\overline{T}_1')$ 可知，初温升高使得理想循环热效率提高。

动画 2.1-蒸汽初参数对理想循环热效率的影响

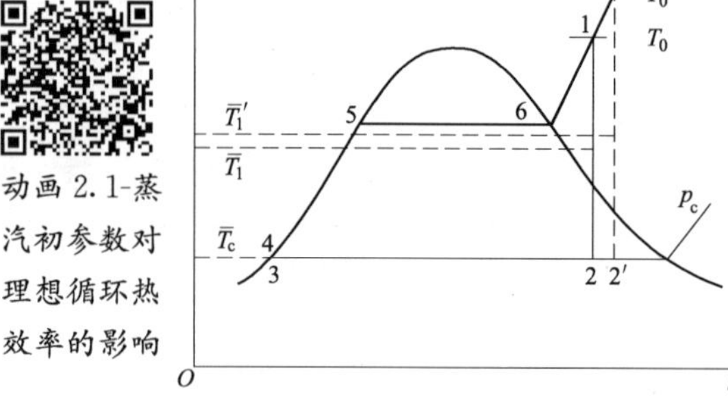

图 2-1　不同初温的朗肯循环 T-s 图

提高初温后的循环 1′-2′-3-4-5-6-1′，也可看作是由基本循环 1-2-3-4-5-6-1 与附加循环 1-1′-2′-2-1 组成的复合循环。显然附加循环的吸热平均温度高于基本循环的吸热平均温度，附加循环的热效率要高于基本循环的热效率。因此，复合循环的热效率必然高于原基本循环的热效率。

若继续提高蒸汽初温，理想循环热效率也将随之进一步提高，即理想循环热效率随蒸汽初温的不断提高而提高；反之，若降低蒸汽初温，则理想循环热效率降低。

（2）蒸汽初温对汽轮机相对内效率 η_{ri} 的影响。当汽轮机的容量（汽耗量）、蒸汽初压一定时，若提高蒸汽的初温，则蒸汽的比体积增大，使进入汽轮机的容积流量增加；在其他条件不变时，需要增加汽轮机高压部分的叶片高度，从而使得叶高损失、漏汽损失和叶轮摩擦损失相对减小；同时，由图 2-1 可知，随着初温的提高，汽轮机排汽点更加接近干饱和蒸汽线，汽轮机末几级叶片中蒸汽的湿度降低，使汽轮机的湿汽损失减小。这些级内损失的减少都将使汽轮机的相对内效率 η_{ri} 提高。

（3）蒸汽初温对汽轮机组绝对内效率 η_i 的影响。由于提高蒸汽初温同时带来理想循环热效率 η_t 和汽轮机相对内效率 η_{ri} 的提高，又因 $\eta_i=\eta_t\eta_{ri}$，所以提高初温，汽轮机组的绝对内效率 η_i 必然增加。反之，初温降低时，汽轮机组的绝对内效率 η_i 随之减小。

2. 蒸汽初压对电厂热经济性的影响

（1）蒸汽初压对理想循环热效率 η_t 的影响。在初温 t_0 和排汽压力 p_c 一定的情况下，若仅提高蒸汽初压 p_0，其热力循环示意如图 2-2 所示。蒸汽初压提高到 p_0' 时，基本循环由 1-2-3-4-5-6-1 改变为 1′-2′-3-4-5′-6′-1′。初压的变化实际上改变了工质吸热过程中预热热、蒸发热和过热热的比例。如图 2-2 所示，随着初压的逐步提高，水的汽化过程和蒸汽过热过程的吸热量占总吸热量的份额逐步减少，而水被加热到饱和状态的预热过程的吸热量所占份额逐渐增加。与汽化和过热过程相比，预热过程的温度要低得多，所以初压提高到某一数值之后，进一步提高初压，总的吸热过程平均温度就不再升高反而降低，理想循环热效率 η_t 也就随之下降。即随着蒸汽初压的升高，存在一使循环热效率开始下降的压力，称之为极限压力。当初压在极限压力范围内时，提高初压可以提高循环吸热过程的平均温度，进而也可提高理想循环热效率 η_t。

η_t 之所以显现出这种变化规律，还可以利用 h-s 图进行解释。蒸汽初压与汽轮机理想比焓降关系曲线如图 2-3 所示，在低于极限压力范围内，随着初压的升高，新蒸汽焓 h_0 虽略有减小，但汽轮机的理想比焓降（即理想比内功 w_a）$w_a=(h_0-h_{ca})$ 先逐渐增大直至最大

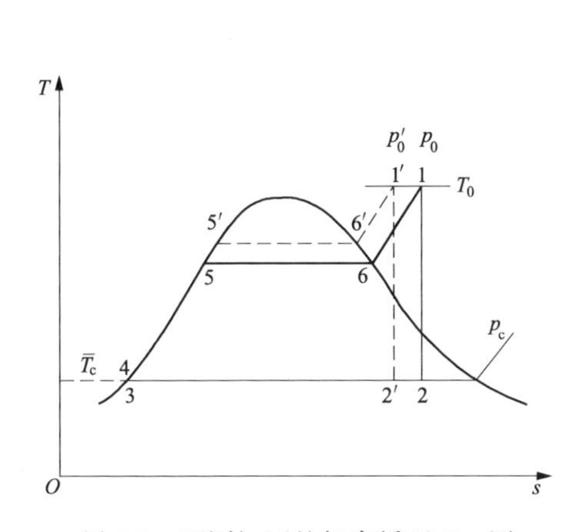

图 2-2　不同初压的朗肯循环 T-s 图

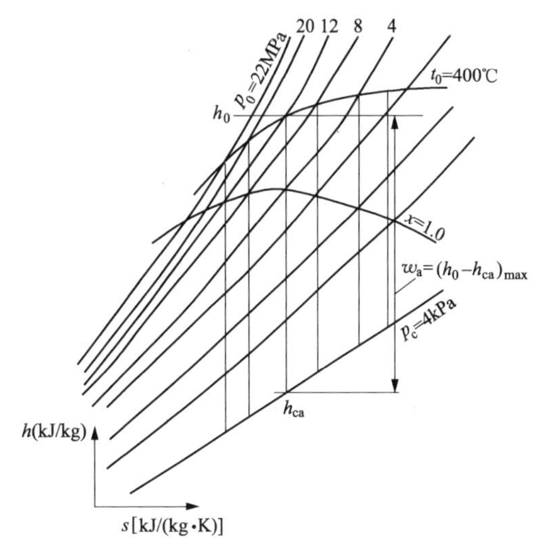

图 2-3　蒸汽初压与汽轮机理想比焓降关系曲线

值（h_0-h_{ca})$_{max}$，然后开始减少。这是因为：随着压力的降低，等温线越来越平坦，且随着熵的增加，等压线呈发散状，这就造成汽轮机的理想比焓降随着初压的升高，先增大后减小；当排汽压力不变时，凝结水焓h_c'不变，而随着初压的提高，新蒸汽焓h_0减小，则 1kg 新蒸汽吸热量$q_0=(h_0-h_c')$随着初压升高，不断降低。根据理想循环热效率η_t计算式，有

$$\eta_t=\frac{w_a}{q_0}=\frac{h_0-h_{ca}}{h_0-h_c'} \tag{2-1}$$

随着初压升高，式（2-1）中分子先增大后减小，分母不断减小，定性分析肯定存在一个使理想循环热效率最高的初压。

上述结论也可通过数学推导得到，由式（2-1）可得

$$\eta_t=\frac{w_a}{q_0}=\frac{w_a}{w_a+q_{ca}}=\frac{1}{1+\dfrac{q_{ca}}{w_a}} \tag{2-2}$$

式中：q_{ca}为冷源热损失。

w_a、q_0、q_{ca}均为熵的单值函数，当w_a/q_{ca}最大时，η_t达最大值。因此，将w_a/q_{ca}对熵s求一阶偏导数并令其等于零，即可获得w_a/q_{ca}的极值点。

$$\frac{\partial\left(\dfrac{w_a}{q_{ca}}\right)}{\partial s}=\frac{q_{ca}\dfrac{\partial w_a}{\partial s}-w_a\dfrac{\partial q_{ca}}{\partial s}}{q_{ca}^2}=0$$

$$\frac{dw_a}{w_a}=\frac{dq_{ca}}{q_{ca}} \tag{2-3}$$

同理，对式（2-1）求一阶偏导数并令其等于零，即

$$\frac{\partial\eta_t}{\partial s}=\frac{\partial\left(\dfrac{w_a}{q_0}\right)}{\partial s}=\frac{q_0\dfrac{\partial w_a}{\partial s}-w_a\dfrac{\partial q_0}{\partial s}}{q_0^2}=0$$

$$\frac{dw_a}{w_a}=\frac{dq_0}{q_0} \tag{2-4}$$

因 $q_0=(h_0-h'_c)$，而 $h'_c=f(p_c)=$常数，式（2-4）可改写为

$$\frac{dw_a}{w_a}=\frac{dh_0}{q_0} \tag{2-5}$$

由式（2-3）和式（2-5）可知，当理想比内功w_a减小的相对值等于冷源热损失 q_{ca}或新蒸汽焓 h_0 减小的相对值时，η_t 达最大值。

为了进一步说明在 t_0、p_c 一定条件下提高蒸汽初压 p_0 的热经济效果，当 $t_0=400$℃，$p_c=0.004$MPa，$h'_c=120$kJ/kg 时，计算得到的循环热效率 η_t 与初压 p_0 的对应关系见表 2-1。

表 2-1　循环热效率 η_t 与初压 p_0 的对应关系

p_0 (MPa)	h_0 (kJ/kg)	h_{ca} (kJ/kg)	$w_a=h_0-h_{ca}$ (kJ/kg)	$q_0=h_0-h'_c$ (kJ/kg)	$\eta_t=w_a/q_0$ (%)	$\delta\eta_t$(%)
4.0	3211	2039	1172	3091	38.0	—
8.0	3128	1918	1220	3018	40.5	6.58
12.0	3057	1832	1225（最大）	2937	41.7	2.96
16.0	2956	1759	1197	2836	42.2	1.19
20.0	2839	1683	1156	2719	42.6（最高）	0.948
24.0	2654	1585	1069	2534	42.1	−1.17

从表 2-1 可以看出，随着 p_0 的提高，η_t 将不断增加，但相对提高幅度 $\delta\eta_t$ 却越来越小。当 p_0 达到 20MPa 时 η_t 为最大。再提高 p_0 的值，η_t 将会下降。

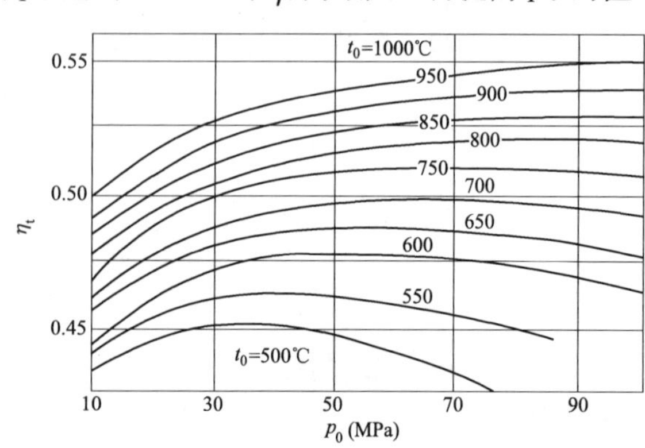

图 2-4　初压与理想循环热效率的关系曲线

如图 2-4 所示的初压与理想循环热效率的关系曲线给出了在不同初温下，初压与 η_t 的关系曲线。由图 2-4 可知，随着初压 p_0 的增加，在极限压力范围内 η_t 是增加的，蒸汽初温 t_0 越高，理想循环热效率 η_t 越大，并且极限压力也越高。例如，蒸汽初温为 500℃时极限压力约为 33.6MPa，蒸汽初温为 600℃时极限压力超过 50MPa，而目前世界范围内火力发电机组的最高初压为 35MPa，还在极限压力范围以内。因此，提高蒸汽初压使理想循环热效率开始下降的极限压力在工程上实际意义不大，尤其是蒸汽初温也在不断提高，极限压力将更加难以达到。综上所述，在目前工程应用压力范围内，可认为初压的提高能够提高理想循环热效率 η_t。

（2）蒸汽初压对汽轮机相对内效率 η_{ri}的影响。当汽轮机的容量、蒸汽初温一定时，若提高蒸汽的初压，则蒸汽的比体积减小，使进入汽轮机的容积流量减小。在其他条件不变时，需要减小汽轮机高压部分的叶片高度，使得叶高损失、漏汽损失和叶轮摩擦损失相对增大。此外，由于汽轮机前几级叶片高度不能小于某一限度，否则就必须采用部分进汽，这又会产生额外的鼓风损失和弧端损失。由图 2-2 可知，随着初压的提高，汽轮机排汽点更加远

离干饱和蒸汽线，使汽轮机末几级叶片中蒸汽的湿度增加，增大了湿汽损失。总之，提高初压将导致汽轮机相对内效率 η_{ri} 下降。

汽轮机的容量不同时，提高蒸汽初压对汽轮机相对内效率的影响程度是不相同的。如图 2-5 所示的汽轮机相对内效率与蒸汽初参数的关系为 20MW 和 80MW 凝汽式汽轮机在各种不同初温下相对内效率与蒸汽初参数的关系曲线。从图 2-5 中可以看出，当初温不变时，初压提高，大容量汽轮机的相对内效率下降较慢，这主要是因为其蒸汽容积流量较大，汽轮机的高压级叶片高度和汽轮机的部分进汽度大，相应的损失将减小；汽轮机的容量越小，影响越大，这是因为汽轮机的容量越小，叶高损失越大，汽轮机的级间间隙相对增大，级间漏汽量相对增加，相应的漏汽损失也增大，其相对内效率随初压的提高而降低得越多。

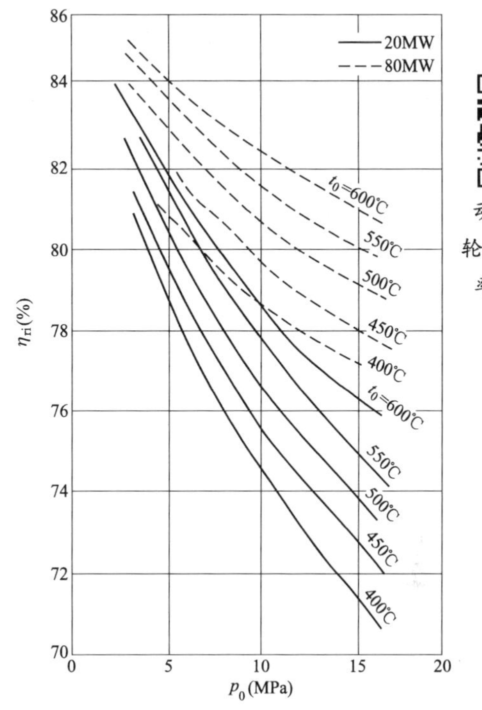

图 2-5 汽轮机相对内效率与蒸汽初参数的关系

动画 2.2-汽轮机相对内效率与蒸汽初参数关系

(3) 蒸汽初压对汽轮机组绝对内效率 η_i 的影响。综上所述，蒸汽初压 p_0 对汽轮机组绝对内效率 η_i 的影响取决于 η_t 和 η_{ri} 的大小。根据 $\eta_i=\eta_t\eta_{ri}$，可得

$$\frac{\partial\eta_i}{\partial p_0}=\frac{\partial(\eta_t\eta_{ri})}{\partial p_0}=\eta_t\frac{\partial\eta_{ri}}{\partial p_0}+\eta_{ri}\frac{\partial\eta_t}{\partial p_0} \quad (2\text{-}6)$$

若 $\partial\eta_i/\partial p_0>0$，则由式（2-6）可得 $\delta\eta_t=\frac{\partial\eta_t}{\eta_t}>\frac{|\partial\eta_{ri}|}{\eta_{ri}}=\delta\eta_{ri}$，即随着 p_0 的提高，若理想循环热效率的相对变化量 $\delta\eta_t$ 大于相对内效率的相对变化量 $\delta\eta_{ri}$，则机组的绝对内效率 η_i 随之提高，否则，η_i 将是下降的。

(4) 提高初压时应采取的措施：如前所述，提高 t_0，η_t、η_{ri}、η_i 均将提高。而提高 p_0，只有当 $\delta\eta_t$ 大于 $\delta\eta_{ri}$ 时，机组的绝对内效率 η_i 才能得到提高。为了提高初压时获得较高的热经济效果，应采取以下措施：

1) 提高初压的同时，增大机组容量。对于小容量汽轮机，提高 p_0 引起的 η_{ri} 下降的程度将更大（即 $\delta\eta_{ri}$ 大），这是由于进汽流量小、叶高损失大造成的。若在提高初压的同时，增大机组容量，使提高 p_0 引起的 η_{ri} 下降的程度远低于 η_t 的增加（$\delta\eta_t>\delta\eta_{ri}$），从而带来 η_i 的提高，这时提高 p_0 是有益的。

按我国现行的蒸汽初参数分类等级，容量一定的汽轮机初参数每提高一级，其相对内效率都有所下降。而这个影响的大小与汽轮机的单机容量有关，汽轮机的单机容量越小，这一影响就越大；反之，则越小。所以，为使汽轮机的相对内效率达到应有的水平，蒸汽初参数总是与汽轮机的容量同时提高。正因如此，人们常常把“高参数”与“大容量”相提并论。

对于供热式机组，因有供热汽流存在，在发出同样功率情况下，其进入汽轮机的蒸汽容积流量比凝汽式机组大得多，因而供热式汽轮机的蒸汽初参数可以比相同功率的凝汽式机组

的蒸汽初参数要高一些，或者说在相同蒸汽初参数情况下，供热式机组的功率可以比凝汽式机组的功率要小些。如采用高蒸汽参数的汽轮机单机功率，凝汽式机组为 50MW，双抽汽式供热机组为 25MW，而高背压（3MPa 以上）供热式机组则为 12MW。

2）提高初压的同时，提高初温。在实际应用中，汽轮机的蒸汽初参数采用配合参数方法确定。所谓配合参数就是保证汽轮机排汽湿度不超过最大允许值所对应的蒸汽初温和初压。对容量和排汽压力一定的汽轮机，如果在提高初压的同时，提高初温，则可以减少汽轮机的湿汽损失和叶高损失，利用提高 t_0 补偿提高 p_0 所引起的 η_{ri} 下降，从而使得 $\delta\eta_t > \delta\eta_{ri}$，因而带来 η_i 的提高。

汽轮机组绝对内效率 η_i 与蒸汽初参数的关系如图 2-6 所示。从图 2-6 中可以看出，初温越高，最佳初压（极限压力）也越高，汽轮机组绝对内效率也越大；在相同的初温、初压下，增大机组容量也可使汽轮机组绝对内效率增加；蒸汽初温一定时，汽轮机的容量越大，最佳初压（极限压力）就越高，这意味着初压进一步提高的空间就越大。

动画 2.3-汽轮机组绝对内效率与蒸汽初参数关系

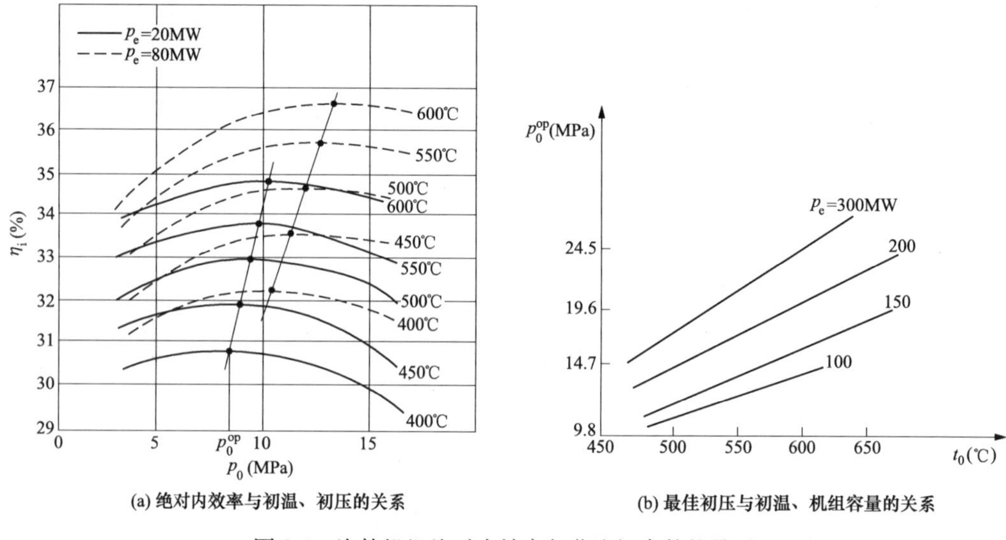

(a) 绝对内效率与初温、初压的关系

(b) 最佳初压与初温、机组容量的关系

图 2-6　汽轮机组绝对内效率与蒸汽初参数的关系

3）提高初压的同时，采用蒸汽中间再热。采用蒸汽中间再热可以降低排汽湿度，减少湿汽损失，既可以提高汽轮机的相对内效率，也可保证汽轮机末几级的安全可靠运行，还为进一步提高初压创造了条件。详见本章第三节。因此，若在提高初压的同时，采用蒸汽中间再热，使得提高 p_0 引起的 η_{ri} 下降程度远低于 η_t 的增加（$\delta\eta_t > \delta\eta_{ri}$），因而可使 η_i 提高。

3. 提高蒸汽初参数受到的限制

（1）提高蒸汽初温受到的限制。提高蒸汽初温受到热力设备金属材料强度的限制。当蒸汽初温 t_0 提高时，钢材的强度极限、屈服点及蠕变极限都会降低得很快，而且在高温下，由于金属发生氧化、腐蚀、结晶变化，热力设备零部件强度大大降低。在非常高的温度下，即使高级合金钢或特殊合金钢也无法应用。此外，从造价角度看，合金钢尤其是高级合金钢比普通碳钢贵得多。由此可知，进一步提高蒸汽初温的可能性主要取决于冶金工业在生产新型耐热合金钢及降低其生产费用方面的进展。

从发电厂技术经济性和运行可靠性角度考虑，中低压机组的蒸汽初温大多选取 390～

450℃，以便广泛采用碳素钢材；高压至亚临界机组的蒸汽初温大多选取500～565℃，这样可以避免采用价格昂贵的奥氏体钢材，而采用低合金元素的珠光体钢材；与珠光体钢相比，奥氏体钢允许在600℃左右的高温条件下使用，而珠光体钢的适宜使用温度在570℃以下；但奥氏体钢材的造价高、膨胀系数大、热导率小，加工和焊接比较困难，并且对温度的适应性能、抗蠕变和抗锈蚀的能力都比较差。目前，超（超）临界参数机组选用回火马氏体钢，蒸汽初温可达600～620℃，700℃级别的耐高温金属材料尚在研发之中。

（2）提高蒸汽初压受到的限制。提高蒸汽初压 p_0 主要受到汽轮机末级叶片容许的最大湿度的限制，在其他条件不变时，对于无再热的机组，随着蒸汽初压力的提高，蒸汽膨胀终点的湿度是不断增加的。这既会影响机组运行的热经济性，使汽轮机的相对内效率降低，同时还会引起叶片的腐蚀，降低其使用寿命，危及设备的安全运行。

根据叶片金属材料的强度计算，一般凝汽式汽轮机的最大湿度不超过12%～14%，大型机组通常限制在10%以下；对调节抽汽式汽轮机，由于凝汽流量较小的缘故，最大容许的湿度可以提高至14%～15%。为了克服湿度的限制，发电厂可以采用蒸汽中间再热来降低汽轮机的排汽湿度。

此外，提高蒸汽初压会使承压部件及管道的壁厚增加，导致非稳态热应力增大，危及设备寿命和运行安全。

4. 蒸汽初参数的选择

提高蒸汽初参数虽可提高发电厂的热经济性，节约燃料，但却使钢材消耗及总投资增加。蒸汽初参数提高虽使蒸汽消耗量有所下降，锅炉受热面有所减少，但承压设备、部件、管道的厚度增加，耐热合金钢用量增加；因汽轮机级数增加，回热抽汽级数和压力增加，使得锅炉、汽轮机、高压加热器、给水泵等造价提高；另一方面，由于提高初参数使汽耗量、煤耗量降低，使得燃料运输、制粉等的设备及其系统，送引风设备、除尘除灰系统，汽轮机低压部分、凝汽设备以及供水设备等的费用相对减少。因此，初参数的选择必须通过复杂的技术经济比较论证后方能确定。

技术经济比较的实质，可概括为钢煤比价。显然，不同国家、地区，一个国家不同时期的钢煤比价是不同的。冶金技术水平越高，钢材特别是耐热高合金钢的价格越低，燃料价格越高，即钢煤比价小，趋向采用更高的蒸汽初参数；反之亦然。不同国家，甚至不同厂家，所采用蒸汽参数系列均有所差异。我国电站设备容量与蒸汽初参数间的匹配关系见表2-2。

表2-2　　我国电站设备容量和蒸汽初参数的匹配关系

设备参数等级	锅炉出口		汽轮机入口		机组额定功率（MW）
	压力（MPa）	温度（℃）	压力（MPa）	温度（℃）	
次中参数	2.55	400	2.35	390	0.75，1.5，3
中参数	3.92	450	3.43	435	6，12，25
高参数	9.9	540	8.83	535	50，100
超高参数	13.83	540/540	12.75 13.24	535/535	200 125
亚临界参数	16.77 17.25，18.72	540/540	16.18 16.67，16.7	535/535 537/537，538/538	300 300，600

续表

设备参数等级	锅炉出口		汽轮机入口		机组额定功率（MW）
	压力（MPa）	温度（℃）	压力（MPa）	温度（℃）	
超临界参数	25.4	571/569	24.2	566/566 538/566	600 660
超超临界参数	26.15，26.25 27.46，27.56	605/603	25 26.25，27	600/600 600/600	1000 1000
	29.25 29.3	605/623	28	600/620	1000（设计中） 1200（设计中）
	32.87	605/613/613	31	600/610/610	1000
		605/623/623		600/620/620	660，1000

二、蒸汽终参数对电厂热经济性的影响

蒸汽终参数是指汽轮机的排汽压力 p_c 或排汽温度 t_c。对于凝汽式汽轮机，其排汽是湿饱和蒸汽，故排汽压力和排汽温度存在一定的对应关系，通常蒸汽终参数的数值只要表明其中的一个即可。在决定机组热经济性的三个主要蒸汽参数—初压、初温和排汽压力中，排汽压力对机组热经济性的影响最大。计算表明，在蒸汽初参数为 9.0MPa/490℃时，排汽温度每降低 10℃，热效率增加 3.5%；排汽压力从 0.006MPa 降低到 0.004MPa，热效率增加 2.2%。

1. 蒸汽终参数对汽轮机组绝对内效率的影响

在蒸汽初参数 p_0、t_0 及循环方式一定的情况下，蒸汽终参数变化对机组绝对内效率（$\eta_i=\eta_t\eta_{ri}$）的影响体现在理想循环热效率 η_t 和汽轮机相对内效率 η_{ri}上。

在蒸汽初参数一定的情况下，降低蒸汽终参数 p_c，将使循环放热过程的平均温度降低，根据 $\eta_t=1-T_c/\overline{T}_1$ 可知，理想循环热效率 η_t 将随着排汽压力 p_c 的降低而增加。如图 2-7 所示为 η_t 随 p_c 变化的曲线。

排汽压力 p_c 降低，对汽轮机相对内效率 η_{ri}不利。一方面，随着排汽压力的降低，汽轮机低压部分蒸汽湿度增大，湿汽损失增大，汽轮机相对内效率下降；另一方面，随着排汽压力的降低，排汽比体积 v_c 增大，例如由 5kPa 降至 4kPa，v_c 将增加 23%，在余速损失一定的条件下，就得用更长的末级叶片或多个排汽口，使凝汽器尺寸增大，投资增加；若排汽面积一定，则排汽余速损失会增大，当 p_c 降至某一数值时，带来的理想比内功的增加等于余速损失增加时，p_c 达到极限背压。

当 p_c 小于极限背压后，汽轮机末级叶栅发生“阻塞”，即蒸汽在动叶栅的斜切部分之外膨胀，末级有效焓降不再增加，反而由于背压降低，凝结水温度下降，最后一级低压加热器抽汽量增大，又使末级功率减小，造成机组热经济性下降。也就是说，在 p_c 降低的初始阶段，理想循环热效率 η_t 的升高起主要作用，故随着 p_c 的降低，汽轮机功率增大；但当 p_c 降低到一定程度时，汽轮机相对内效率 η_{ri}的降低起主要作用，使汽轮机组绝对内效率 η_i开始降低，将汽轮机组绝对内效率开始降低时的排汽压力称为极限背压。因此在极限背压以上，随着排汽压力 p_c 的降低，机组的热经济性是提高的。

值得注意的是，对于在役机组而言，汽轮机末级的通流面积大小已定，已限制了蒸汽的

容积流量，当排汽压力低于极限背压之后，蒸汽膨胀就有一部分要在末级叶片以后进行，并不能增加机组的输出功率，只能增大余速损失，实际上是无益的。如图 2-8 所示为计算得到的汽轮机背压变化引起的汽轮机功率变化曲线。从图 2-8 中可以看出，在背压变化的较大范围内，汽轮机功率呈直线变化，直到背压低于某个值（极限背压）时，再降低背压，汽轮机功率不仅不增加，反而减小。由此可见，在汽轮机运行过程中，汽轮机背压并不是越低越好。几种典型的汽轮机末级叶栅的极限背压见表 2-3。

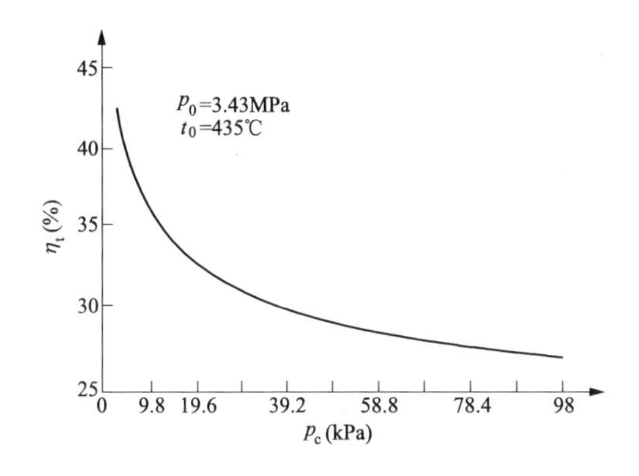

图 2-7　排汽压力与理想循环热效率关系曲线

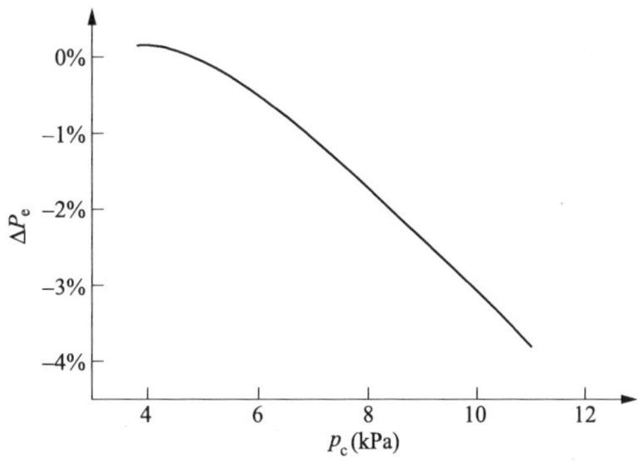

图 2-8　背压变化引起汽轮机功率变化曲线

表 2-3　　几种典型汽轮机末级叶栅的极限背压

单机功率（MW）	低压缸排汽口数量（个）	末级叶片高度（mm）	设计工况下的极限背压（kPa）
200	3	665	3.43
200	2	710	5.29
200	2	800	4.32
300	2	869	4.45
600	4	869	4.45
600	4	1044	3.69
1000	4	1146	3.69

2. 凝汽器压力的确定及其影响因素

排汽终参数与凝汽设备及系统密切相关，排汽压力的大小受制于凝汽器压力。

在理想情况下，忽略蒸汽流动阻力，认为凝汽器汽室内只有蒸汽而没有其他气体，所以凝汽器汽侧的压力处处相等，蒸汽则在汽侧压力相应的饱和温度下凝结。但实际上，真空系统的不严密处会漏入空气，即凝汽器汽侧空间是多组分介质共存，可分为蒸汽和不凝结气体两大组分。由道尔顿定律可知，汽侧空间的总压力 p_c 是组成混合气体的各组元气体分压力之和。

由于不凝结气体总量相对蒸汽量很小，因此，可以认为在主凝结区总压力与蒸汽分压力相等，即凝汽器的压力主要决定于蒸汽分压力，而蒸汽分压力又决定于汽、水共存的热平衡温度（饱和温度）。到了空气冷却区，由于蒸汽已大量凝结，蒸汽中的空气含量增加，使蒸汽的分压力显著低于凝汽器压力，这时所对应的饱和温度才会明显下降。

凝汽器中蒸汽与冷却水的热交换可近似地看成逆流。如图 2-9 所示是蒸汽和冷却水的温

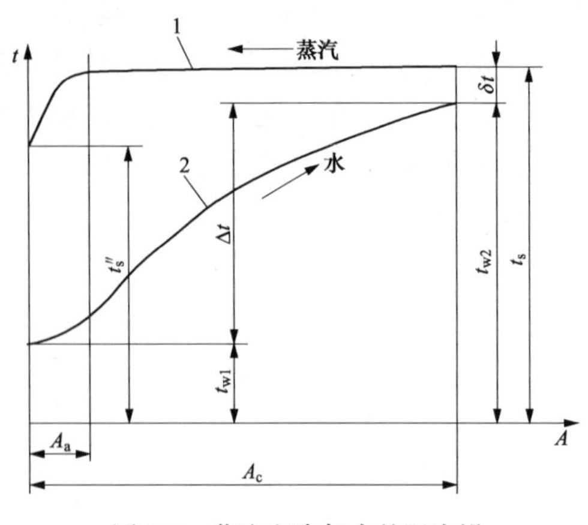

图 2-9　蒸汽和冷却水的温度沿冷却面积变化规律

度沿冷却面积变化规律。图 2-9 中，曲线 1 表示凝汽器内蒸汽凝结温度 t_s的变化，t_s在主凝结区基本不变，在空气冷却区下降较多；汽轮机排汽进入凝汽器，在管束的进口处蒸汽中空气的相对含量很小，凝汽器压力 p_c 即等于蒸汽的分压力 p_s，进口处的蒸汽温度等于凝汽器压力 p_c 相对应的饱和温度 t_s；如果忽略凝汽器蒸汽侧阻力凝汽器压力在主凝结区沿冷却面积不变，相对应的饱和温度也不变。曲线 2 表示冷却水由进口温度 t_{w1} 逐渐吸热上升到出口处的温度 t_{w2}，冷却水温升 $\Delta t = t_{w2} - t_{w1}$。冷却水的进水侧温度较低，与蒸汽的传热温差较大，单位面积的热负荷较大，故此处冷却水温升较快。

如图 2-9 所示，凝汽器内的饱和蒸汽温度可表示为

$$t_s = t_{w1} + \Delta t + \delta t \tag{2-7}$$

式中：t_s为凝汽器压力对应的饱和温度,℃；t_{w1} 为冷却水入口水温,℃；Δt 为冷却水温升,℃；δt 为凝汽器端差,℃。

在主凝结区，总压力 p_c 与蒸汽分压力 p_s相差甚微，p_c 可以用 p_s代替。由于凝汽器内饱和压力和饱和温度存在一一对应的关系，并由式（2-8）可近似计算出凝汽器的压力，即

$$p_c = 9.81 \times \left(\frac{t_s + 100}{57.66}\right)^{7.46} \tag{2-8}$$

式中：p_c 为凝汽器压力，Pa。

由此可见，凝汽器中蒸汽的饱和温度、凝汽器压力均与 t_{w1}、Δt 和 δt 有关。下面进一步分析凝汽器压力的影响因素。

（1）冷却水进口温度。在其他条件不变的情况下，冷却水进口温度越高，凝汽器的压力越高；冷却水进口温度越低，凝汽器压力也就越低。对于特定的机组，冷却水进口温度 t_{w1} 与季节、气温、供水方式、大气的相对湿度、冷却塔的冷却性能等因素有关。冬季时，一般气温较低，冷却水进口温度也低，所形成的凝汽器压力就低，机组运行的热经济性好；夏季时，一般气温偏高，冷却水进口温度高，所形成的凝汽器压力高，机组运行的热经济性差。冷却水的供水方式可分为直流（开式）供水和循环（闭式）供水两种：直流供水系统是以江、河、湖、海为水源的冷却水系统，冷却水泵从上游抽取冷却水，在凝汽器中吸收蒸汽释放的汽化潜热后，再排放到江、河、湖、海中，这样的冷却系统不设置冷却塔；循环供水系统是指冷却水循环使用，其在凝汽器中吸收蒸汽释放的汽化潜热后，冷却水的温度会升高，而后高温冷却水进入湿式冷却塔进行冷却，降温后的冷却水重新进入凝汽器吸热。对于直流供水系统，由于直接从江、河、湖、海中取水，取消了冷却塔内的换热过程，因而可使冷却水进口温度降低，热经济性较好，但是，直流冷却取水量大，耗水费用高，不符合节水节能的要求；并且，直流供水系统直接将热水排入自然环境，存在“热排水”问题，可能会对江、河、湖、海的生态系统产生影响，破坏生态平衡，污染环境。在高度重视环境污染问题

的今天，即使在水资源丰富的地区也不提倡采用直流供水系统。与直流供水系统相比，循环供水系统的冷却水温度高，热经济性稍差，但是不存在环境污染问题，所以现多采用循环供水系统，许多电厂原有的直流冷却系统，也逐步改建成为循环冷却系统。

自然通风逆流湿式冷却塔的冷却性能对冷却水进入凝汽器的温度也有较大的影响。对于循环供水系统，吸热后的冷却水需要在冷却塔内被空气再次冷却，而重复使用。因此，冷却塔的出塔水温就是冷却水进入凝汽器的温度。影响冷却塔出塔水温的因素主要有：气象条件（干球温度、相对湿度等）填料性能及面积、环境风等。详见第三章冷却塔部分的内容。

（2）冷却水温升。当忽略进入凝汽器的其他热量时，蒸汽的凝结放热量等于冷却水的吸热量，用式（2-9）表示，即

$$Q=D_c(h_c-h_c')=D_w(h_{w2}-h_{w1})=D_wc_p(t_{w2}-t_{w1}) \tag{2-9}$$

式中：D_c 为进入凝汽器的蒸汽量，t/h；h_c 为排汽焓，kJ/kg；h_c' 为凝结水焓，kJ/kg；D_w 为冷却水流量，t/h；h_{w1} 为进入凝汽器冷却水的焓值，kJ/kg；h_{w2} 为离开凝汽器冷却水的焓值，kJ/kg；c_p 为冷却水的比定压热容，对于淡水，$c_p=4.187$kJ/(kg·K)。

冷却水温升为

$$\Delta t=\frac{D_c(h_c-h_c')}{4.187D_w}=\frac{h_c-h_c'}{4.187m} \tag{2-10}$$

式中：m 为冷却倍率，$m=D_w/D_c$。

式（2-10）中焓差 $\Delta h=h_c-h_c'$ 表示凝结 1kg 蒸汽所放出的热量。对于电站凝汽式汽轮机，由于凝汽器压力和排汽干度相差不大，Δh 在数值上变化不大，其值在 2140～2220kJ/kg，取其平均值，则有

$$\Delta t\approx\frac{2177}{4.187m}=\frac{520}{m}$$

由此可见，Δt 的大小主要取决于冷却倍率 m，或者说，当汽轮机排汽量 D_c 一定时，主要取决于冷却水量 D_w。D_w 增大，m 越大，Δt 减少，凝汽器压力降低；反之亦然。但在设计工况下，m 越大，循环水泵及其电动机容量越大，循环水管越粗，汽轮机末级叶片因排汽比体积增大而增长，电站投资增加，故设计时恰当的 m 值应在汽轮机组冷端系统最佳参数选择任务中决定。一般情况下，冷却倍率 m 的取值范围见表 2-4。

表 2-4　冷却倍率 m 的取值范围

地区	直流供水		循环供水	直流供水夏季平均水温（℃）
	夏季	冬季		
东北、华北、西北	50～60	30～40	60～70	18～20
中部	60～70	40～50	65～75	20～25
南部	65～75	50～55	70～80	25～30

机组运行时，汽轮机排汽量由外界负荷决定，降低机组排蒸汽压力，主要依靠增加冷却水量来实现。在一般情况下，随着冷却水量的增加，凝汽器真空提高（凝汽器压力下降），汽轮机的功率是逐渐增加的（增量为 ΔP_e），如图 2-10 所示中的 ΔP_e 曲线是以较大的斜率开始上升，而后又趋于平坦，这是因为当汽流在汽轮机末级动叶斜切部分达到膨胀极限时（此时所对应的背压为汽轮机的极限背压），如果冷却水量继续增加，背压再降低下去，只能增

加余速损失，机组功率不会再增加；但是与此同时，随着冷却水量的增加，循环水泵消耗功率的增量 ΔP_{pu} 却越来越多。从理论上讲，只有当（$\Delta P_{e}-\Delta P_{pu}$）达到最大值时，即在 t_{w1} 一定的前提下因提高真空所获得的净效益为最大时的真空才是最佳真空。

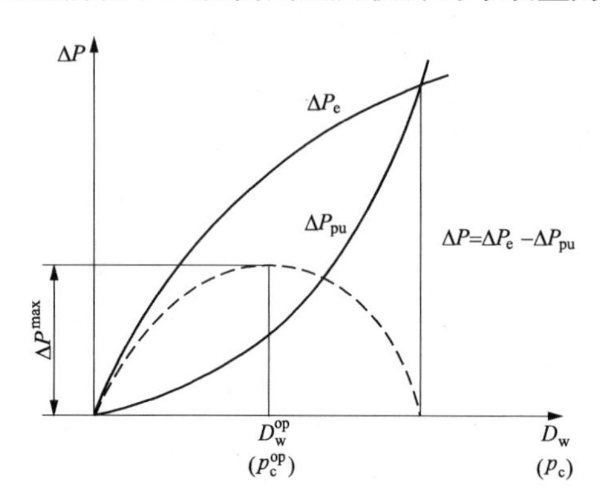

图 2-10　汽轮机功率增量、水泵消耗功率增量与冷却水量的关系

实际运行过程中，冷却水量一般不可连续调节，冷却水量的调节主要依靠循环水泵的开启台数进行调节，即采用调整并联运行的水泵台数来适应系统对水量需求的变化，一般不采用阀门调节，因为阀门调节有节流因素，降低了系统运行的经济性。电厂通常根据实际情况，设置冬季、夏季、春秋季运行方案。例如，冬季工况下实现一机一泵运行，夏季工况下实现一机两泵运行，春秋季工况下实现两机三泵运行。为实现循环水泵的经济调度，降低循环水泵电耗，还可将循环水泵电机改为双速电机，通过改变电动机的极数，实现循环水泵的双速运行。

另外，冷却水量 D_{w} 也可能由于其他原因而降低，如凝汽器内传热管束被杂草、木块、小鱼等堵塞；冷却水管内侧结垢，流动阻力增大；循环水泵局部故障；循环水吸水井水位太低，吸不上水等都可能使冷却水量减少，引起真空降低。

（3）传热端差。减少传热端差可使凝汽器压力下降。根据凝汽器的传热方程可知

$$Q=D_{c}(h_{c}-h_{c}')=A_{c}K\Delta t_{m}=D_{w}c_{p}\Delta t \tag{2-11}$$

式中：A_{c} 为凝汽器的冷却面积，m^{2}；K 为凝汽器的传热系数，$kW/(m^{2}\cdot K)$；Δt_{m} 为排汽和凝结水之间的对数平均传热温差，℃。

Δt_{m} 可由式（2-12）计算，即

$$\Delta t_{m}=\frac{t_{w1}-t_{w2}}{\ln\dfrac{t_{s}-t_{w1}}{t_{s}-t_{w2}}}=\frac{\Delta t}{\ln\dfrac{\Delta t+\delta t}{\delta t}} \tag{2-12}$$

则，凝汽器的传热端差可表示为

$$\delta t=\frac{\Delta t}{e^{\frac{A_{c}K}{4.187D_{w}}}-1} \tag{2-13}$$

根据式（2-13），影响凝汽器端差的主要因素有传热面积、传热系数等。在设计凝汽器时，增大凝汽器的传热面积，可使端差降低，热经济性提高，但是传热面积的增大使得投资增加。因此，设计工况下凝汽器的传热面积需要经过技术经济性比较后才能确定，一般以年总费用为目标函数进行优化。机组运行过程中，热井水位过高、杂物阻塞传热管束以及管束泄漏后的人为堵管均会造成凝汽器传热面积减少，端差增大。

传热系数 K 与冷却水进出口温度、冷却水流速、蒸汽流速和流量、凝汽器结构（含循环水流程数、管子排列方式、管径、管材）冷却表面清洁程度及空气含量等有关。由于凝汽器内的冷却管管壁较薄，因而将冷却水管的圆筒形管壁传热近似看成平壁传热，则传热系数的计算公式为

$$K=\frac{1}{\dfrac{1}{\alpha_{sa}}+\dfrac{\delta}{\lambda}+\dfrac{1}{\alpha_{w}}} \tag{2-14}$$

式中：α_{sa}为蒸汽/空气混合物在冷却水管外壁的凝结放热系数，kW/(m^2·K)；δ为管壁厚度，m；λ为管壁的热导率，kW/(m·K)；α_w为水侧对流换热系数，kW/(m^2·K)。

α_{sa}及α_w的计算请参考有关文献。

根据式（2-14），凝汽器内传热系数与管外壁换热系数、管壁及污垢热导率和冷却水对流传热系数等因素有关。影响管外壁换热系数的主要因素是不凝结气体和管束排列。不凝结气体在管表面附近聚积，形成气膜，相当于增加了气膜导热层，管外壁换热系数减小，凝汽器端差增加；凝汽器的严密性变差、抽气设备性能恶化等都会造成凝汽器内不凝结气体积聚。管束排列不合理，会使冷却管束外表面的水膜厚度增加，增大了传热的热阻；另外，管束排列不合理也易引起凝结水过冷，主要原因是：上层凝结水滴落在下层管束上产生冲击，水滴飞溅破坏流场分布，增大汽流流动阻力，致使凝结水的温度低于凝汽器入口处压力所对应的蒸汽饱和温度，即造成凝结水过冷加剧。

管壁厚度减少、管材的热导率增加，均能够使凝汽器的传热系数增加，端差降低。现代大型凝汽器的管壁厚度一般为1.0～1.5mm，管壁太薄将使传热管束的强度降低，容易引起管束的泄漏。凝汽器传热管束应尽量采用传热性能优良的管材，例如铜，但近年来铜的价格上涨很快，有的电厂为了节省投资而选用不锈钢管；若对耐腐蚀有较高要求时，如选用海水冷却，换热管束需选用钛管。由于循环冷却水较脏，会导致传热管束内壁结垢（主要是物理垢和生物垢），从而增大传热热阻和凝汽器端差，运行中常采用胶球清洗、添加抗生物药剂和酸洗等措施抑制管内结垢。

尽管影响管内对流换热的因素很多，但对结构确定的传热管束，主要因素是管内水的流速。增大管内水的流速可以增强对流传热，但增加流速是以增大循环水泵消耗功率为代价，且管内流速过高还可能会诱发传热管束的振动，一般管内流速为1.5～2.0m/s。

3. 凝汽器的热力特性

凝汽器运行参数偏离设计值时，凝汽器处于变工况运行状态。当机组负荷变化时，凝汽量D_c要发生相应的变化，冷却水进口温度t_{w1}会随着气候等因素而改变，冷却水量D_w也随着循环水泵的运行方式而变化，这些因素均使凝汽器处于变工况下运行，凝汽器内的压力p_c也将发生改变。凝汽器压力p_c随t_{w1}、D_w和D_c变化而变化的规律称为凝汽器的热力特性，或称为凝汽器的变工况特性，而p_c与t_{w1}、D_w和D_c之间的关系曲线，称为凝汽器的热力特性曲线。图2-11是某1000MW机组凝汽器的热力特性曲线，其中额定工况下的冷却水量为112377m^3/h，热负荷为1127.29MW。

由图2-11可见，当冷却水量和冷却水进口温度一定时，凝汽器压力随负荷增大而升高；当冷却水量和机组负荷一定时，凝汽器压力随着冷却水进口温度的升高而升高。

需要指出的是，凝汽器真空恶化不仅影响机组运行的热经济性，还对安全性有重要的影响。低压缸因蒸汽温度升高而变形，使机组内动静之间的间隙变化，间隙消失会引起机组振动；由于铜管和凝汽器壳体的线胀系数不一样，真空频繁变化，会使铜管在管板中的胀紧程度遭到破坏，凝汽器容易发生泄漏；真空恶化时，空气分压力增大，使凝结水中的含氧量增加等。因此一旦真空恶化时，低压缸要喷水减温，机组将被迫减负荷运行或停机。

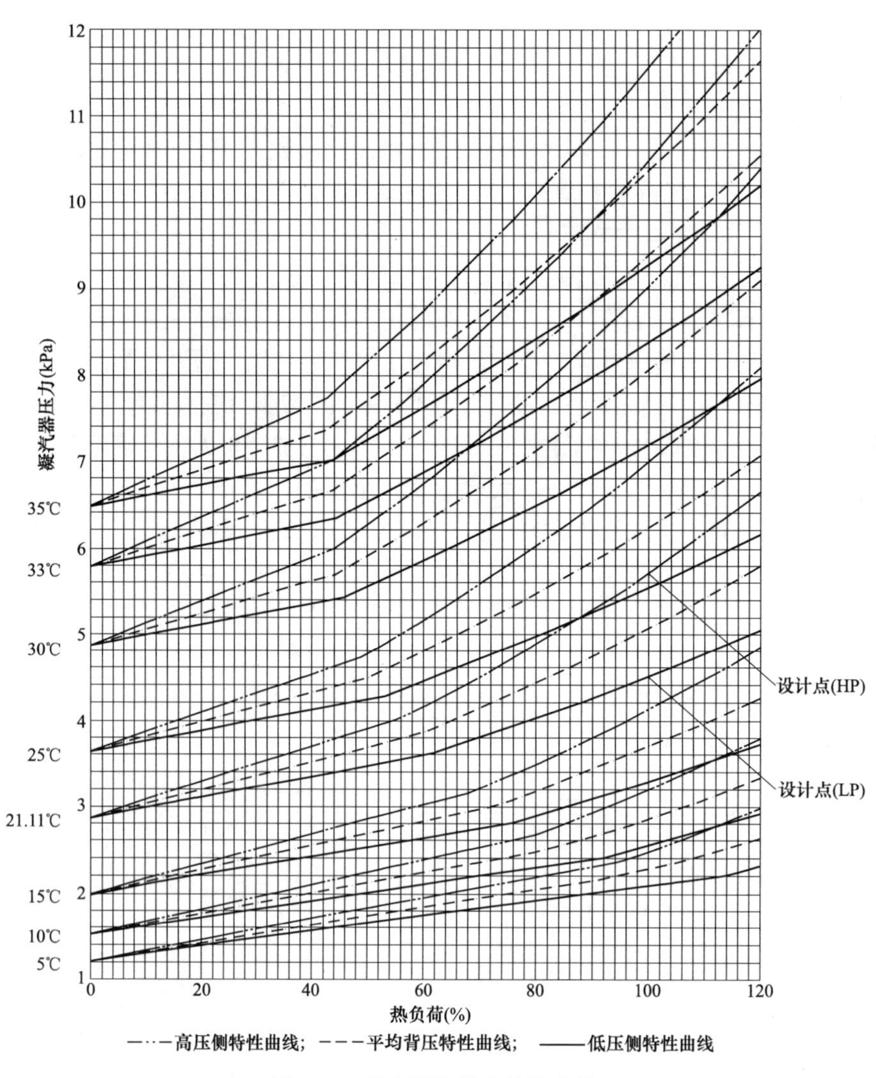

图 2-11　凝汽器的热力特性曲线

4. 降低蒸汽终参数的限制

凝汽式汽轮机的排汽压力 p_c 由排汽温度 t_c 决定，而 t_c 必然受到以下三个方面的限制。

(1) 理论极限：排汽温度 t_c 一定等于或大于冷却水温度，绝不可能低于这个温度。

(2) 技术极限：在机组运行过程中，排汽压力的大小取决于机组负荷、冷却水进口温度的高低、冷却水量的大小以及凝汽器内换热管束的清洁程度等因素。冷却水在凝汽器内冷却汽轮机排汽的过程中，由于冷却水量有限，因此存在冷却水温升 Δt；由于凝汽器的冷却面积不可能无穷大，必然存在一定的传热端差 δt。故一般情况下，$t_c = t_{w1} + (10 \sim 15)$℃。

(3) 经济极限：在保证机组获得最大经济效益条件下，汽轮机排汽压力的降低存在极限背压与最佳真空。

5. 冷端系统优化设计

火电厂的冷端系统设计包括汽轮机低压部分设计、凝汽器设计和冷却水供水系统设计等。汽轮机低压部分设计包括排汽口数目及其面积、末级叶片高度等；凝汽器设计包括凝汽器的冷却面积、流程数、冷却管材及管子几何尺寸（外径、管长）、冷却管内介质流速、冷却水流量及多压凝汽器冷却水系统的连接方式（串联还是并联）等。直流供水系统设计要包括进、排水水工建筑物及其管道、循环水泵及其电动机；循环供水系统设计还应包括冷却塔的淋水面积、冷却水温度；空冷系统设计包括冷却元件数，以及冷却元件表面的空气流速等。

冷端系统优化就是结合具体的厂址自然条件，煤、水、电价和汽轮机冷端主要设备价格，供排水系统主要构筑物的造价和相关的年运行费，进行多方案的经济、技术比较，寻求冷端设备和供水系统主要构筑物最经济的设计参数，由于主要构筑物的规模主要与循环水量相关，因此，冷端系统优化的参数主要包含汽轮机末级配置、凝汽器面积、循环水量三个参数。冷端系统优化一般采用年费用最小法，优化时，应考虑的边界条件有：年本息偿还率、年利用小时数、煤价、水价、气温或水温变化、厂用电率、锅炉效率、最小供电负荷等。

按照年费用最小法，某 1000MW 超超临界机组对机组冷端配置（5 缸 4 排汽或 6 缸 6 排汽）、凝汽器面积、循环水量进行优化，结果如图 2-12 和图 2-13 所示。

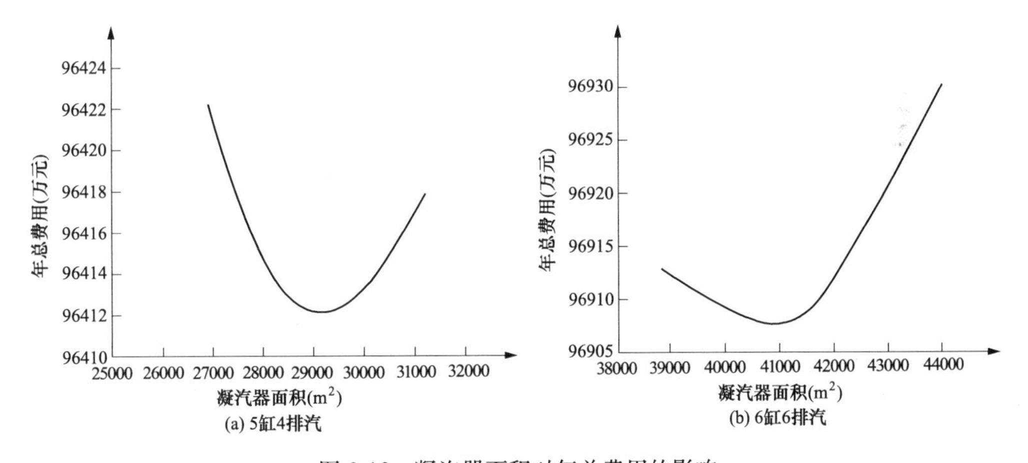

图 2-12　凝汽器面积对年总费用的影响

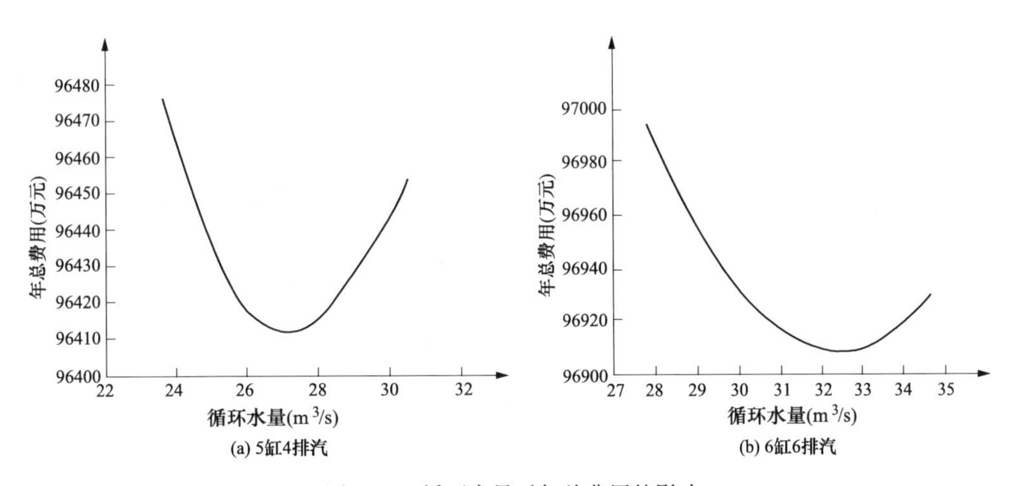

图 2-13　循环水量对年总费用的影响

冷端系统优化结果见表 2-5。由表 2-5 可看出，5 缸 4 排汽方案年总费用小于 6 缸 6 排汽方案，初投资减少1948万元，年总费用减少496万元。因此5缸4排汽方案为最优配置方案，凝汽器换热面积为29158m²，THA工况下设计背压为4.6kPa。

表2-5　冷端系统优化结果

冷端配置	5缸4排汽	6缸6排汽
循环水量（m³/s）	27.07	32.54
循环水泵配置	2机配5泵	2机配5泵
凝汽器换热面积（m²）	29158	41113
THA设计背压（kPa）	4.6	3.68
夏季设计背压（kPa）	9.51	7.93
初投资（万元）	10864	12812
年总费用（万元）	96412	96908

第二节　给水回热循环及其热经济性

一、给水回热循环

朗肯循环平均吸热温度不高的主要原因是水的预热阶段温度太低，因锅炉给水温度就是汽轮机排汽压力对应的饱和温度（一般为30℃左右），此种状态的水在锅炉内与高温烟气热交换温差引起的不可逆损失很大。如果抽出汽轮机中做了部分功的蒸汽加热给水，使给水温度升高，从而使平均吸热温度有较大的升高，减少了换热温差造成的不可逆损失。

给水回热是指在汽轮机的某些中间级后抽出部分蒸汽，送入回热加热器对锅炉给水进行加热的过程，与之相应的热力循环称为给水回热循环。给水回热循环的装置简图和T-s图分别如图2-14和图2-15所示。

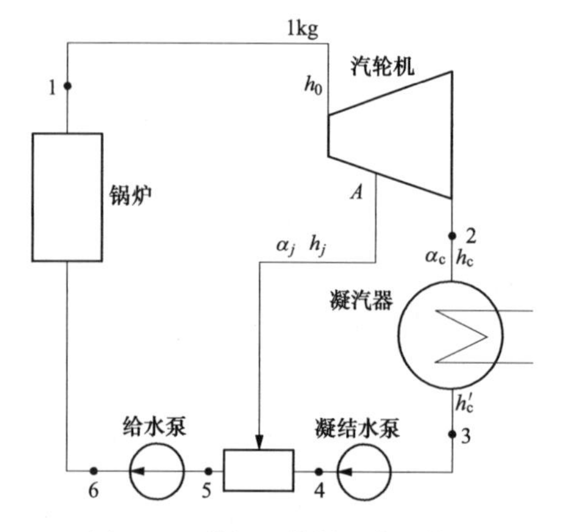

图2-14　单级回热循环装置简图

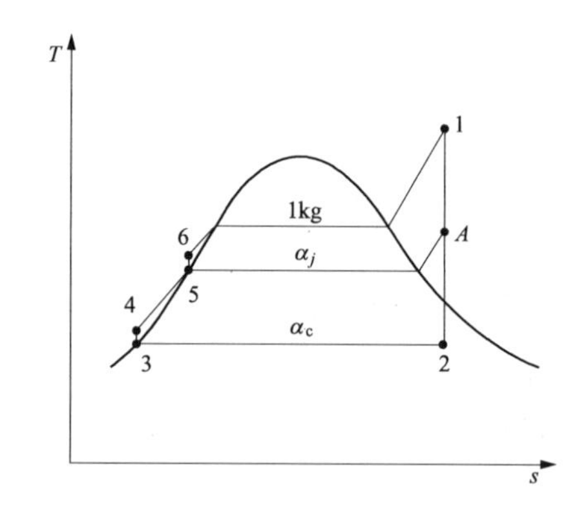

图2-15　单级回热循环的T-s图

采用给水回热以后，一方面，回热使汽轮机进入凝汽器的凝汽量减少了，由热量法可知，汽轮机冷源损失降低了，显然回热抽汽量D_j越大，在机组进汽量D_0一定的情况下，凝汽量$D_c=D_0-\sum D_j$减小得越多，相应的机组冷源损失越小；另一方面，回热提高了锅炉给水温度，使工质在锅炉内的平均吸热温度提高，使锅炉的传热温差降低。同时，汽轮机抽汽加热给水的传热温差比水在锅炉中利用烟气进行加热时温差小得多，因而由做功能力分析法可知，做功能力损失减小了。

二、回热循环对汽轮机组绝对内效率的影响

现以单级回热为例，定量说明回热循环的热经济性。

假定进入汽轮机的蒸汽量为 1kg，回热抽汽量为 $\alpha_j$kg，排向凝汽器的凝汽量为 $\alpha_c$kg，根据质量平衡有 $\alpha_j+\alpha_c=1$（如图 2-14 和图 2-15 所示），则单级回热汽轮机组的绝对内效率为

$$\eta_i=\frac{\alpha_j(h_0-h_j)+\alpha_c(h_0-h_c)}{\alpha_j(h_0-h_j)+\alpha_c(h_0-h_c')}=\eta_i^R\frac{1+A_r}{1+A_r\eta_i^R} \tag{2-15}$$

$$\eta_i^R=\frac{\alpha_c(h_0-h_c)}{\alpha_c(h_0-h_c')}$$

$$A_r=\frac{\alpha_j(h_0-h_j)}{\alpha_c(h_0-h_c)}$$

式中：η_i^R 为同参数、同容量朗肯循环汽轮机组的绝对内效率；A_r 为回热抽汽的动力系数，表明回热汽流所做内功与凝汽流所做内功之比。

因为 $\eta_i^R<1$，$\frac{1+A_r}{1+A_r\eta_i^R}>1$，所以 $\eta_i>\eta_i^R$。由此可知，在其他条件相同的情况下，采用给水回热循环，可使汽轮机组的绝对内效率提高，且回热抽汽动力系数越大，绝对内效率越高。

对于多级无再热的回热循环，若忽略水泵消耗功率，汽轮机组的绝对内效率为

$$\eta_i=\frac{\sum_{j=1}^{z}\alpha_j(h_0-h_j)+\alpha_c(h_0-h_c)}{\sum_{j=1}^{z}\alpha_j(h_0-h_j)+\alpha_c(h_0-h_c')} \tag{2-16}$$

则

$$A_r=\frac{\sum_{j=1}^{z}\alpha_j(h_0-h_j)}{\alpha_c(h_0-h_c)},\eta_i^R=\frac{\alpha_c(h_0-h_c)}{\alpha_c(h_0-h_c')},\eta_i=\eta_i^R\frac{1+A_r}{1+A_r\eta_i^R}$$

由 $\alpha_c+\sum_{j=1}^{z}\alpha_j=1$ 可知，回热抽汽在汽轮机中的做功量 $\sum_{j=1}^{z}\alpha_j(h_0-h_j)$ 越大，则凝汽流做功 $\alpha_c(h_0-h_c)$ 相对越低，冷源损失越少，回热循环汽轮机组的绝对内效率越高。

可见，具有回热抽汽的汽轮机，每 1kg 新蒸汽所做的总内功 w_i 等于 z 级回热抽汽做内功 $w_i^r=\sum_{j=1}^{z}\alpha_j(h_0-h_j)$ 与凝汽流做内功 $w_i^c=\alpha_c(h_0-h_c)$ 之和（无再热），即 $w_i=w_i^r+w_i^c$。由于回热汽流做功后没有冷源热损失，在 w_i 恒定的可比条件下，w_i^r 越大，w_i^c 越小，冷源损失越小，η_i 增加得越多。用回热抽汽所做内功在总内功中的比例 $X_r=w_i^r/w_i$ 来表明回热循环对热经济性的影响程度，X_r 称为“回热抽汽做功比”，显然 X_r 越大，η_i 也越大。对于多级回热循环，压力较低的回热抽汽做功大于压力较高的回热抽汽做功，因此，尽可能利用低压回热抽汽，将会获得更好的效益。

再来看一个极端的例子，当 $w_i^c=0$、$w_i^r=w_i$ 时，即 $X_r=1$、$\eta_i=1$，这就是具有回热抽汽的背压式供热汽轮机，其循环的热经济性是最高的。

综上所述，在蒸汽初参数、终参数相同的情况下，采用回热循环的机组热经济性比朗肯循环机组热经济性有显著提高。

三、影响回热循环热经济性的主要因素

采用给水回热的热力发电厂，影响回热循环热经济性的主要因素有：回热系统给水总焓升在各级加热器之间的给水焓升分配 τ_j、最佳给水温度 t_{fw}^{op} 以及回热级数 z，三者紧密联系，互有影响。为便于讨论，下面逐个予以分析。

1. 给水总焓升（温升）在各级加热器间的分配

给水回热循环是电厂热力系统的基础和核心，对机组和电厂的热经济性起着决定性的作用，而给水总焓升在各级加热器间的分配是影响回热循环热经济性的重要参数之一，直接影响汽轮机组和整个发电厂的热经济性。使汽轮机组绝对内效率 η_i 达到最大值时的给水焓升分配称为理论上的最佳给水焓升分配，此时，回热过程中的㶲损失最小，回热做功比 X_r 最大。实现对加热器给水焓升分配的优化，可以在不增加设备投资和材料消耗的情况下获得一定的经济效益，因此，加热器焓升的优化分配受到了设计和运行部门的普遍重视。

早期的给水焓升分配研究方法主要有雷日金分配法、等焓降分配法、平均分配法、几何级数分配法等，共同特点都是对计算模型的高度简化。虽然这些方法的假定或简化条件略有出入，但却有相近的共识。现以具有 z 级理想回热循环的火电机组热力系统为例，讨论多级回热给水总焓升（温升）在各级加热器中的最佳给水焓升分配方法。所谓理想回热循环，是指全部加热器为混合式加热器，其端差为零，无散热损失，并忽略新蒸汽、各级回热抽汽压力损失以及泵功的影响。以非再热机组全混合式加热器回热系统为例的机组热力系统如图 2-16 所示。

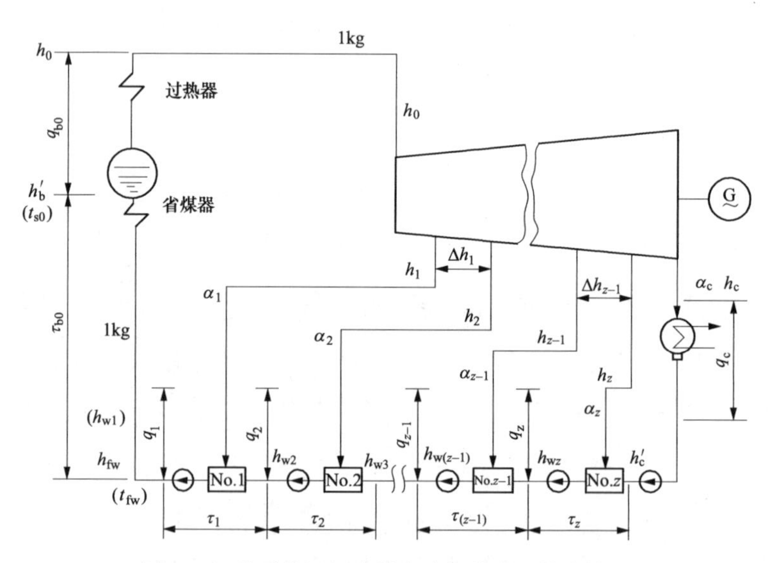

图 2-16 非再热机组全混合式加热器回热系统图

在上述简化及假定条件下，图 2-16 中所示热力系统中各级混合式加热器的抽汽放热量、给水焓升、锅炉吸热量和凝汽器放热量可以表示为

抽汽放热量： $q_j = h_j - h_{wj}$ kJ/kg

给水焓升： $\tau_j = h_{wj} - h_{w,j+1}$ kJ/kg

锅炉吸热量：　$q_0=h_0-h_{fw}=h_0-h'_b+h'_b-h_{w1}=q_{b0}+\tau_{b0}$　kJ/kg

凝汽器放热量：$q_c=h_c-h'_c$　kJ/kg

No. 1 加热器的热平衡方程为

$$\alpha_1 q_1=(1-\alpha_1)\tau_1$$

$$\alpha_1=\frac{\tau_1}{q_1+\tau_1}$$

$$1-\alpha_1=\frac{q_1}{q_1+\tau_1}$$

No. 2 加热器的热平衡方程为

$$\alpha_2 q_2=(1-\alpha_1-\alpha_2)\tau_2$$

$$\alpha_2=\frac{\tau_2}{q_2+\tau_2}\cdot\frac{q_1}{q_1+\tau_1}$$

$$1-\alpha_1-\alpha_2=\frac{q_1}{q_1+\tau_1}\cdot\frac{q_2}{q_2+\tau_2}$$

通过列出各级加热器的能量平衡方程和质量平衡方程，经数学推导，可得第 z 级加热器的抽汽系数（或抽汽流量）的计算式为

$$\alpha_z=\frac{\tau_z}{q_z+\tau_z}\cdot\prod_{j=1}^{z-1}\frac{q_j}{q_j+\tau_j},(z\geqslant 2)$$

由此可得凝汽系数 α_c 为

$$\alpha_c=1-\sum_{j=1}^{z}\alpha_j=\prod_{j=1}^{z}\frac{q_j}{q_j+\tau_j}$$

回热循环汽轮机组的绝对内效率 η_i 为

$$\eta_i=1-\frac{\alpha_c q_c}{h_0-h_{fw}}=1-\frac{q_c}{q_{b0}+\tau_{b0}}\cdot\prod_{j=1}^{z}\frac{q_j}{q_j+\tau_j}=f(q,\tau) \tag{2-17}$$

使 η_i 为最大的回热分配称为最佳给水焓升分配，即按照下列条件对 η_i 求极值。

$$\frac{\partial\eta_i}{\partial h_{w1}}=0,\frac{\partial\eta_i}{\partial h_{w2}}=0,\cdots,\frac{\partial\eta_i}{\partial h_{wz}}=0$$

当循环的蒸汽初、终参数一定时，h_0、h_c、h'_c、h'_b、q_{b0}、q_c 均为常数。下面以 $\frac{\partial\eta_i}{\partial h_{w1}}=0$ 为例，求取第一级加热器的给水焓升 τ_1。

求 $\frac{\partial\eta_i}{\partial h_{w1}}$ 时，$\frac{q_2q_3\cdots q_zq_c}{(q_2+\tau_2)\ (q_3+\tau_3)\ \cdots\ (q_z+\tau_z)}$ 与 h_{w1} 无关，也为常数，且有

$$\tau_{b0}=h'_b-h_{w1},\quad \frac{\partial\tau_{b0}}{\partial h_{w1}}=-1$$

$$\tau_1=h_{w1}-h_{w2},\quad \frac{\partial\tau_1}{\partial h_{w1}}=1$$

$$q_1=h_1-h_{w1},\quad \frac{\partial q_1}{\partial h_{w1}}=q'_1$$

则

$$\frac{\partial\eta_i}{\partial h_{w1}}=\frac{\partial}{\partial h_{w1}}\left[\frac{q_1}{(q_{b0}+\tau_{b0})(q_1+\tau_1)}\right]=0$$

可得 $$(q_{b0}+\tau_{b0})-(q_1+\tau_1)-(q_{b0}+\tau_{b0})\tau_1\frac{q_1'}{q_1}=0$$

$$\tau_1=\frac{q_{b0}+\tau_{b0}-q_1}{1+(q_{b0}+\tau_{b0})\dfrac{q_1'}{q_1}}\quad \text{kJ/kg}$$

同理，由 $\dfrac{\partial\eta_i}{\partial h_{w2}}=\dfrac{\partial}{\partial h_{w2}}\left[\dfrac{q_2}{(q_1+\tau_1)(q_2+\tau_2)}\right]=0$

得：
$$\tau_2=\frac{q_1+\tau_1-q_2}{1+(q_1+\tau_1)\dfrac{q_2'}{q_2}}\quad \text{kJ/kg}$$

按照同样的方法，可推得给水焓升的计算通式为

$$\tau_z=\frac{q_{z-1}+\tau_{z-1}-q_z}{1+(q_{z-1}+\tau_{z-1})\dfrac{q_z'}{q_z}}\quad \text{kJ/kg} \tag{2-18}$$

式（2-18）就是理想回热循环的最佳给水焓升分配的通用计算式。应用式（2-18）及其衍生式时，应注意式中的 q_0 应理解为 q_{b0}。若进一步简化，忽略一些次要因素，即可得出其他更为近似的最佳给水焓升分配的通用计算式。

如蒸汽参数不高，忽略 q 随 τ 的变化，即 $q_z'=0$，则式（2-18）简化为

$$\begin{aligned}\tau_z&=q_{z-1}+\tau_{z-1}-q_z\\&=(h_{z-1}-h_{w(z-1)})+(h_{w(z-1)}-h_{wz})-(h_z-h_{wz})\\&=h_{z-1}-h_z\\&=\Delta h_{z-1}\end{aligned}\quad \text{kJ/kg} \tag{2-19}$$

可见，式（2-19）是将每一级加热器内的给水焓升，取为前一级至本级的蒸汽在汽轮机中的焓降，简称为“焓降分配法”，是苏联学者 B. Я. Рыжикин 提出的，故又称为雷日金法。

若再忽略各级加热器抽汽放热量 q_j 之间的差异，即认为 $q_1=q_2=\cdots=q_z$，则式（2-19）可简化为

$$\tau_z=\tau_{z-1}=\cdots=\tau_2=\tau_1=\frac{h_b'-h_c'}{z+1}\quad \text{kJ/kg} \tag{2-20}$$

这种回热分配的原则是将每一级加热器内水的焓升取为相等，故简称为“平均分配法”，是美国学者 J. K. Salisburg 推导而出的。由于此方法简单易行，因此在汽轮机设计时采用较多。

将 $\tau_z=\tau_{z-1}$代入式（2-19），则有

$$\tau_1=\Delta h_1,\tau_2=\Delta h_2,\cdots,\tau_{z-1}=\Delta h_{z-1},\tau_z=\Delta h_z$$

由于 $\tau_z=\tau_{z-1}=\cdots=\tau_2=\tau_1$，故得

$$\Delta h_z=\Delta h_{z-1}=\cdots=\Delta h_2=\Delta h_1\quad \text{kJ/kg} \tag{2-21}$$

这种回热分配方法特点是将每一级加热器内水的焓升取为汽轮机相应级组的焓降，故简称为“等焓降分配法”。

此外，按照上述类似的推导方法，可导出另一种分配方法，即“几何级数分配法”，其表达式为

$$\frac{\tau_{b0}}{\tau_1}=\frac{\tau_1}{\tau_2}=\cdots=\frac{\tau_{z-1}}{\tau_z}=m \tag{2-22}$$

即各级加热器的给水焓升按照几何级数进行分配，一般 $m=1.01\sim1.04$。

由上可见，雷日金分配法、平均分配法或等焓降分配法都是混合式加热器组成的回热循环最佳焓升分配的近似解。不同分配方法的热经济性结果略有差异，当蒸汽参数不高时，数值上差别不大。国产中、高参数机组采用不同分配方法时所对应的 η_i 值见表 2-6。

表 2-6　　不同回热分配方法的 η_i 值

机组形式	机组初参数、终参数 p_0(MPa)/t_0(℃)/p_c(kPa)	最佳分配方程式	雷日金分配法	平均分配法	焓降分配法
31-50 型	3.43/435/4.9	34.775%	34.727%	34.767%	34.775%
51-50 型	8.826/500/4.9	38.733%	38.720%	38.687%	38.728%
N100-8.82 型	8.826/535/4.9	41.249%	41.211%	41.246%	41.2462%

目前，实际应用的回热循环都是由表面式加热器和混合式加热器或带疏水泵的加热器组成的，采用早期经典的加热器给水焓升分配方法由于均存在不同程度的假设条件，有些假设甚至严重不合理，从而影响到加热器焓升优化分配的精度，越来越不适应当今高参数、大容量、系统结构复杂并且对节能要求越来越高的电厂需求。针对这一现状，目前开展的大型火电机组给水焓升分配方法大致可以归纳为两类：第一类是基于循环函数法或等效热降法，通过对多元函数求偏导、求极值，进而求得给水焓升的优化分配，但其计算方法比较繁杂；第二类是通过建立目标函数和确定约束条件，利用现有的各种数学上的寻优算法来进行仿真，但因他们的基本原理来源于数学推导，不能从机理上揭示回热循环各个物理量之间的关联关系。

2. 最佳给水温度

（1）理论上的最佳给水温度。回热循环汽轮机组绝对内效率最大值所对应的给水温度称为热力学上（或理论上）的最佳给水温度。从 $\eta_i=\dfrac{3600}{d\ (h_0-h_{fw})\ \eta_m\eta_g}$ 可知，当 $q=d(h_0-h_{fw})$ 为最小值时，η_i 有最大值。

热量法分析认为：随着给水温度 t_{fw} 的提高，一方面使得给水焓值 h_{fw} 随之提高，1kg 工质在锅炉内的吸热量（亦即汽轮机的比热耗）$q_0=h_0-h_{fw}+q_{rh}$ 将减少；另一方面与之相应的回热抽汽压力随之上升，抽汽在汽轮机中的做功减少，做功不足系数 Y_j 增加，机组的比内功 w_i 减少。因此，若要维持汽轮发电机组的输出功率一定，则导致机组汽耗率 d 增大，热耗量 Q_0 增加，反之亦然。所以，在理论上存在着最佳的给水温度，在最佳给水温度下，汽轮机组的绝对内效率最大。

做功能力法分析认为：当回热级数 z 一定时，随着给水温度 t_{fw} 的提高，一方面使得锅炉内的平均吸热温度 $\overline{T}_1$ 上升，如忽略炉内烟气平均温度 $\overline{T}_g$ 的变化，则锅炉内平均换热温差 $\Delta\overline{T}_b$ 将下降，换热温差带来的㶲损 Δe_b^{II} 降低；另一方面，在忽略凝汽器热井出口水温 t_c 变化的情况下，每个加热器的换热温差 ΔT_r 将上升，加热器㶲损 Δe_r 增加。因此，在提高给水温度使 Δe_b^{II} 减小而 Δe_r 增加的双重作用下，同样存在最佳给水温度。

单级回热时的 q、d、η_i 与给水温度 t_{fw} 的关系如图 2-17（a）所示，横坐标 t_{fw} 的范围从凝汽器压力下的饱和水温度 t_c 变化到新蒸汽压力下的饱和水温度 t_{s0}。单级回热循环汽轮机组的绝对内效率达到最大值时的给水温度为 $t_{fw}^{op}=\frac{t_{s0}-t_c}{2}$，此温度为回热的最佳给水温度。

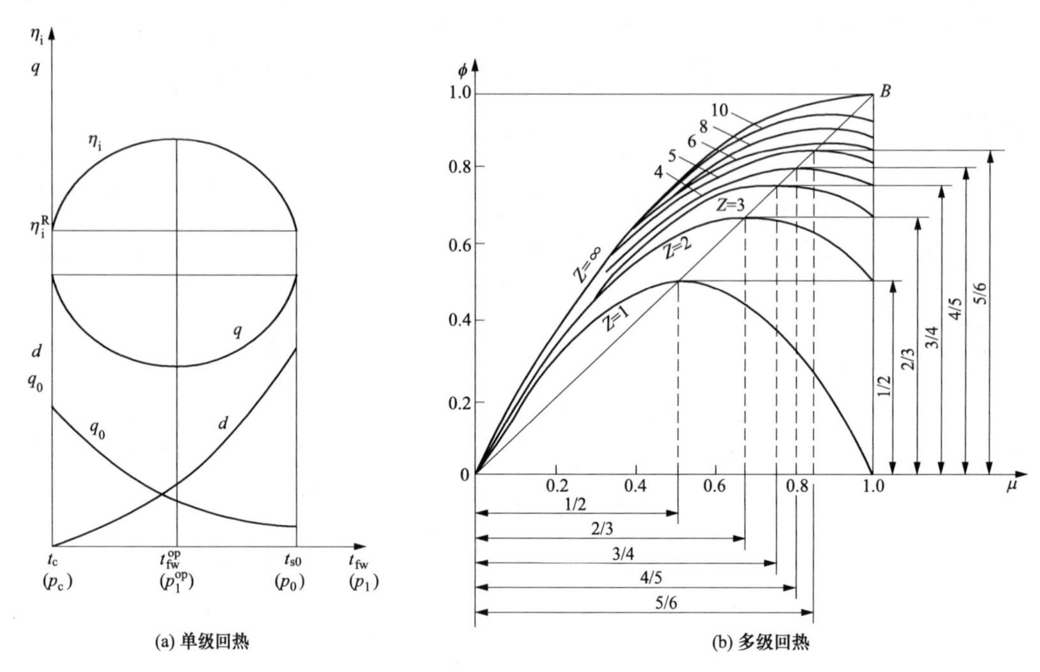

图 2-17　回热级数、给水温度（或最高抽汽压力）与回热经济性

如图 2-17（b）所示为多级回热级数 z 与给水温度 t_{fw} 的关系。图 2-17（b）中，纵坐标 ϕ 为 η_i 相对变化量，其计算式为 $\phi=\frac{\Delta\eta_i^z}{\Delta\eta_i^\infty}$；横坐标 μ 为 t_{fw} 的相对变化量，其计算式为 $\mu=\frac{t_{fw}-t_c}{t_{s0}-t_c}$。

多级回热循环的最佳给水温度与回热级数、回热加热总焓升在各级加热器之间的分配有关。回热级数 z 增加，可利用较低参数的蒸汽来加热给水，同时每级加热器之间的温差减小，削弱了不利因素的影响，使机组热经济性提高，因此，最佳给水温度 t_{fw}^{op} 将上升。

若按照平均分配法进行给水焓升分配时，其最佳给水温度的焓值为

$$h_{fw}^{op}=h_c'+z\tau=h_c'+\frac{z(h_b'-h_c')}{z+1}\quad \text{kJ/kg}$$

若按照焓降分配法，其最佳给水温度的焓值为

$$h_{fw}^{op}=h_c'+\sum_{j=1}^{z}\tau_j=h_c'+(h_0-h_z)\quad \text{kJ/kg}$$

若按几何级数分配法，其最佳给水温度的焓值为

$$h_{fw}^{op}=\tau_z(m^z+m^{z-1}+\cdots+m+1)+h_c'=\tau_z\frac{m^{z+1}-1}{m-1}+h_c'\quad \text{kJ/kg}$$

（2）经济上的最佳给水温度。上述 h_{fw}^{op} 为理论上的最佳给水温度对应的焓值。经济上的最佳给水温度值的确定必须综合考虑技术经济效益。例如：提高给水温度，可使燃料量相对节省，但会使锅炉排烟温度升高，锅炉效率降低，有可能使整个电厂热效率下降；若保持排

烟温度不变，则省煤器受热面须增加，使锅炉设备投资增加；同时，由于汽轮机汽耗量增大，高压缸的流量将增大，而且采用回热后使热力系统复杂化，电厂总投资会增大。

因此经济上最佳给水温度的确定，应在保证系统简单、工作可靠、回热的收益足以补偿和超过设备费用的增加时，才是合理的。实际给水温度值 t_{fw} 要低于理论上的最佳值 t_{fw}^{op}。通常可以取 $t_{fw}=(0.65\sim0.75)t_{fw}^{op}$。国产机组的容量、初参数、给水温度以及回热级数之间的关系见表 2-7。

表 2-7　　国内机组的初参数、容量、回热级数及给水温度

初参数		容　量	回热级数	给水温度	热效率相对增加（%）
p_0(MPa)	t_0/t_{rh}(℃)	P_e(MW)	z	t_{fw}(℃)	$\delta\eta_i=(\eta_i-\eta_i^R)/\eta_i^R$
2.35	390	0.75、1.5、3.0	1～3	105～150	6～7
3.43	435	6、12、25	3～5	145～175	8～9
8.83	535	50、100	6～7	205～225	11～13
12.75	535/535	200	8	220～250	14～15
13.24	550/550	125	7	220～250	14～15
16.18	535/535	300、600	8	250～280	15～16
24.22	538/566	600	8	280～290	比亚临界压力机组增加约 2%
25.00	600/600	1000	8	294.1～298.5	比超临界压力机组增加约 2.5%
26.25	600/600	1000	8	290～299.6	
32.1	600/620/620	1000	8～10	324.6	比一次再热机组增加 1.3%～2.0%

3. 给水回热级数

根据平均分配法的简化条件，q、τ 均为定值，将式（2-20）代入式（2-17）整理得到 $\eta_i=f(z)$ 单值函数表达式，即

$$\eta_i=1-\left(\frac{q}{q+\tau}\right)^{z+1}=1-\frac{1}{\left(1+\frac{\tau}{q}\right)^{z+1}}=1-\frac{1}{\left[1+\frac{h'_b-h'_c}{(z+1)q}\right]^{z+1}} \tag{2-23}$$

式中 $M=\dfrac{h'_b-h'_c}{q}$，则

$$\eta_i=1-\frac{1}{\left(1+\frac{M}{z+1}\right)^{z+1}} \tag{2-24}$$

当循环参数一定时，M 为定值，则当 $z\rightarrow\infty$ 时，有

$$\eta_i=1-\frac{1}{e^M} \tag{2-25}$$

蒸汽初压为 16.7MPa，初温为 537℃，排汽压力为 4.9kPa 时，根据平均分配法得到的汽轮机组绝对内效率 η_i 与回热级数 z 的关系如图 2-18 所示。图 2-18 中 $\Delta\eta_i=\eta_i^z-\eta_i^R$，表示采用 z 级回热循环时机组的绝对内效率与采用朗肯循环时的差值，$\delta\eta_i=\eta_i^z-\eta_i^{z-1}$。

结合式（2-24）和图 2-17、图 2-18，可得出以下结论：

（1）η_i 是 z 的递增函数，又是收敛级数，即回热级数 z 越多，汽轮机组绝对内效率 η_i 越高，如图 2-18 中的 $\Delta\eta_i$ 曲线所示；但提高的幅度却是递减的，如图 2-18 中的 $\delta\eta_i$ 曲线所示。

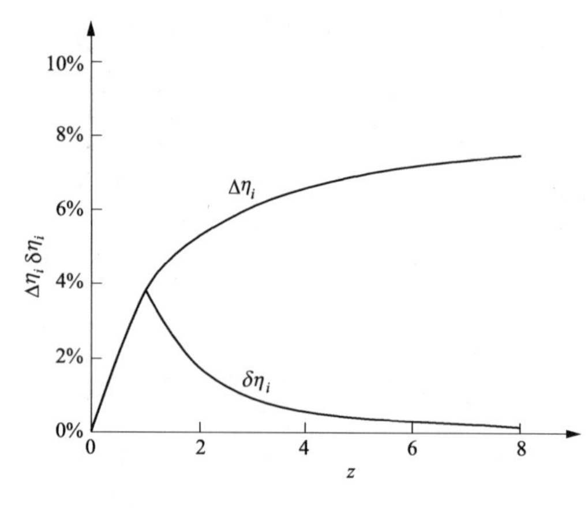

图 2-18　汽轮机组绝对内效率 η_i 与回热级数 z 的关系

（2）t_{fw}一定时，回热的热经济性也是随着 z 的增加而提高，其增长率也是递减的。

（3）z 一定时，有其对应的最佳给水温度 t_{fw}^{op}，即图 2-16 中汽轮机组绝对内效率达到最大值时所对应的给水温度。

（4）在各曲线的最高点附近都比较平坦，表明实际给水温度少许偏离最佳给水温度时，对系统热经济性的影响并不大。所以，力求把给水精确地加热到理论上的最佳给水温度并没有很大的实际意义，这样便可以用少量的热经济性损失来换取更加合理的汽轮机组的结构布局。

（5）回热级数并不是越多越好，应通过技术经济综合比较后确定。通常应该考虑每增加一级加热器所增加的设备投资费用应当能够从节约燃料的收益中得到补偿，同时还要尽量避免发电厂的热力系统过于复杂，以保证机组运行的可靠性。因此，小机组的回热级数一般为 1～3 级，大机组的回热级数一般为 7～10 级。国产凝汽式火电机组的容量与初参数、回热级数及给水温度之间的关系见表 2-7。

第三节　蒸汽中间再热循环及其热经济性

一、蒸汽中间再热的目的

蒸汽中间再热就是将汽轮机高压部分做过功的蒸汽从汽轮机某一中间级（如高压缸出口）引出，送到锅炉的再热器再加热，提高温度后再引回汽轮机，在以后的级中继续膨胀做功，与之相对应的循环称再热循环。蒸汽中间再热循环图和理想一次再热循环的 T-s 图分别如图 2-19 和图 2-20 所示。

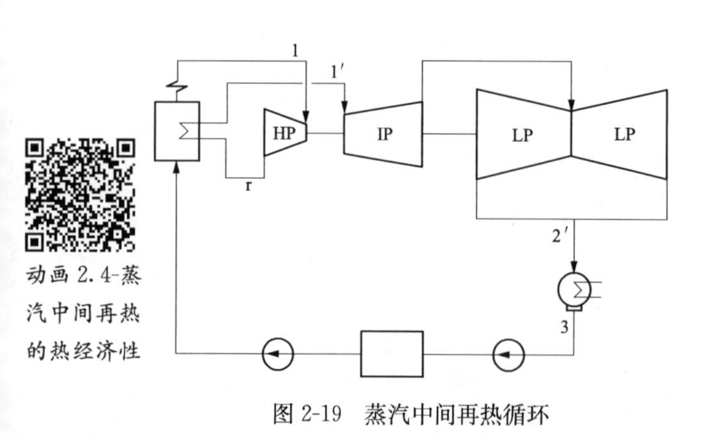

动画 2.4-蒸汽中间再热的热经济性

图 2-19　蒸汽中间再热循环

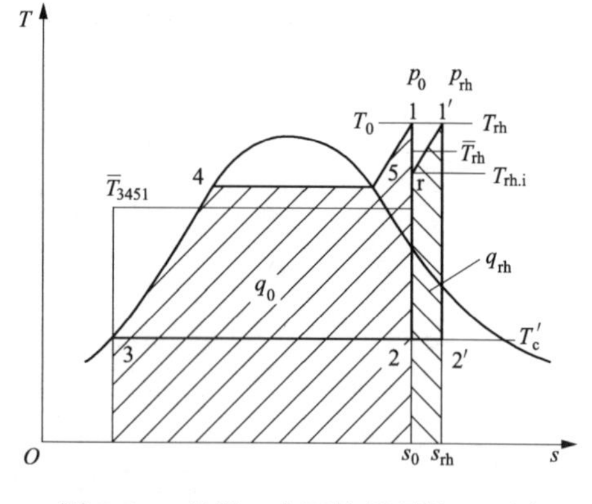

图 2-20　理想一次再热循环的 T-s 图

采用蒸汽中间再热不仅是为了提高发电厂的热经济性，也是为了适应大机组发展的需要。采用朗肯循环时，提高蒸汽初压、降低排汽压力，均会使汽轮机排汽湿度增加，降低了汽轮机的相对内效率，而且蒸汽中水滴冲蚀汽轮机叶片，危及叶片的安全。采用中间再热，是保证汽轮机最终湿度在允许范围内的一项有效措施，不仅可以减少汽轮机排汽湿度，改善汽轮机末几级叶片的工作条件，提高汽轮机的相对内效率；同时由于蒸汽再热，使单位工质的焓降增大了，若汽轮发电机组输出功率不变，则可以减少汽轮机总汽耗量。此外，中间再热的应用，能够采用更高的蒸汽初压，增大单机容量。所以高参数、大容量再热机组是现代火电厂的主要标志之一。

对于核电机组，由于其汽轮机进汽为中低压的微过热蒸汽，采用中间再热的主要目的还是为了安全，提高进入汽轮机低压缸的蒸汽过热度，使汽轮机内的湿度在允许范围内，以保证机组的长期可靠运行。

但是，采用中间再热将使汽轮机的结构、布置及运行方式复杂，金属消耗及造价增大，对调节系统要求高，使设备投资和维护费用增加。因此，通常只在125MW及以上的大功率、超高参数汽轮机组上才采用蒸汽中间再热。

二、蒸汽中间再热的热经济性

（1）再热对汽轮机相对内效率的影响。机组采用蒸汽中间再热后，若功率不变，则其汽耗量比无再热时小，高压缸的相对内效率可能稍有降低；但是由于再热使得蒸汽比体积增大，中压缸的容积流量增大，中压缸的相对内效率得到提高。因此，采用再热使汽轮机进汽量的减少，总的来说不会使汽轮机的相对内效率 η_{ri} 变化太多；而再热使汽轮机的排汽湿度显著减小，湿汽损失大大降低，因此，大容量机组采用蒸汽中间再热可使汽轮机的相对内效率 η_{ri} 提高。

（2）再热对理想循环热效率的影响。如图2-20所示，将蒸汽中间再热循环看作由基本循环（朗肯循环）1-2-3-4-5-1和再热附加循环 $1'$-$2'$-2-r-$1'$ 所组成的复合循环。采用再热后，理想循环热效率 η_t^{rh} 为

$$\eta_t^{rh}=\frac{q_0\eta_t+q_\Delta\eta_\Delta}{q_0+q_\Delta}=\frac{\eta_t+\dfrac{q_\Delta}{q_0}\eta_\Delta}{1+\dfrac{q_\Delta}{q_0}} \tag{2-26}$$

式中：η_t^{rh} 为再热循环的理想循环热效率；η_Δ 为附加循环热效率；q_0 为基本循环吸热量，kJ/kg；q_Δ 为附加循环吸热量，kJ/kg；η_t 为基本循环热效率。

若用 $\delta\eta^{rh}$ 表示再热引起的效率相对变化，则

$$\delta\eta^{rh}=\frac{\eta_t^{rh}-\eta_t}{\eta_t}=\frac{\eta_\Delta-\eta_t}{\eta_t\left(\dfrac{q_0}{q_\Delta}+1\right)}\times 100\% \tag{2-27}$$

从式（2-27）可知：

1）当 $\eta_\Delta>\eta_t$（即 $\overline{T}_{rh}>\overline{T}_{3451}$）时，则 $\delta\eta_t^{rh}>0$，即当附加理想循环热效率大于基本理想循环热效率时，采用蒸汽中间再热后的热经济性提高；且基本循环热效率 η_t 越低，再热加入的热量 q_Δ 越大，再热所得到的热经济效益就越大。

2）当 $\eta_\Delta=\eta_t$（即 $\overline{T}_{rh}=\overline{T}_{3451}$）时，则 $\delta\eta_t^{rh}=0$，即当附加理想循环热效率等于基本理想循环热效率时，采用蒸汽中间再热后的热经济性不变。

3）当 $\eta_\Delta<\eta_t$（即 $\overline{T}_{rh}<\overline{T}_{3451}$）时，则 $\delta\eta_t^{rh}<0$，即当附加理想循环热效率小于基本理想

循环热效率时，采用蒸汽中间再热后的热经济性降低。

要使 $\delta\eta^{rh}$ 能够获得较大的正值，主要取决于再热参数（温度、压力）的合理选择。

三、蒸汽中间再热参数

1. 再热参数的确定方法

再热参数包括再热前、再热后的蒸汽压力和温度四个参数。当蒸汽初、终参数以及循环的其他参数一定时，再热参数的确定方法为：首先选定合理的再热后的蒸汽温度，当采用烟气再热时一般选取再热后的蒸汽温度与初温度相同，或略高于初温；其次根据已选定再热温度，按照实际热力系统计算并选出最佳再热压力；最后，校核蒸汽在汽轮机低压缸内的排汽湿度是否在允许范围内，并从汽轮机结构上的需要进行适当的调整。一般而言，这种调整使得再热压力偏离最佳值时对整个装置热经济性的影响并不大，一般再热压力偏离最佳值10%时，其热经济性相对降低只有 0.01%～0.02%。通常蒸汽再热前在汽轮机内的焓降约为总焓降的 30%。

2. 再热后蒸汽的温度

提高再热后蒸汽温度可以提高再热循环的热效率。从图 2-20 可以看出，在其他参数不变的情况下，提高再热后的温度，可使再热附加循环热效率 η_Δ 提高（吸热平均温度提高），因而再热循环热效率必然提高，同时，汽轮机低压缸的排汽湿度减小，从而提高了汽轮机的相对内效率。所以再热温度的提高，对再热机组的热经济效果总是有利的，再热温度每提高10℃可使再热循环热效率增加 0.2%～0.3%；但是，再热温度的提高，同样要受到高温金属材料的限制。用烟气再热时，一般取再热温度等于或略高于新蒸汽的温度，$t_{rh}^{out}=t_0+(10\sim20)$℃。

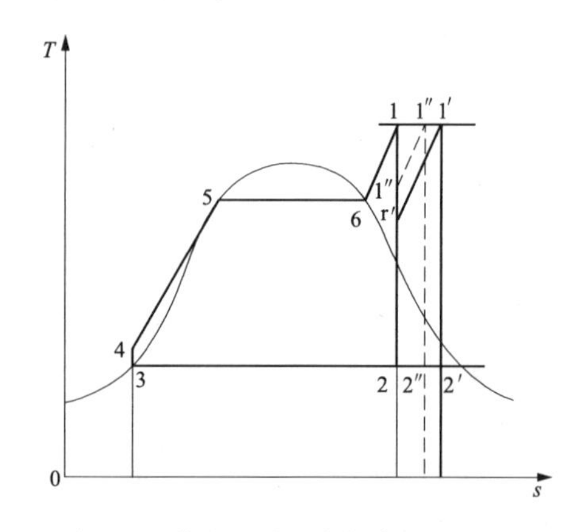

图 2-21　蒸汽再热压力提高后的 T-s 图

3. 最佳再热压力的确定

蒸汽再热压力提高后的 T-s 图如图 2-21 所示，提高再热压力，再热过程线由 r′－1′移向r″－1″，一方面提高了附加循环热效率 η_Δ，另一方面又降低了附加循环加入的热量 q_Δ。η_Δ 的提高导致循环热效率 η_t^{rh} 的提高，而 q_Δ 的降低又使 η_t^{rh} 降低。显然由于这样两个矛盾着的因素共同起作用，结果必定存在一个最佳的再热压力，在这个压力下进行再热可使再热循环热效率 η_t^{rh} 达到最大值。

再热后蒸汽压力 p_{rh} 大多由再热前的蒸汽压力 $p_{rh,i}$ 及再热管道压力损失 Δp_{rh} 来确定，即 $p_{rh}=p_{rh,i}-\Delta p_{rh}$。因此，理论上的最佳再热压力是指再热前的蒸汽压力 $p_{rh,i}$，与再热前的蒸汽温度 $t_{rh,i}$、汽轮机的初终参数（$p_0/t_0/p_c$）回热参数（$z/\tau/t_{fw}$）以及再热方法等有关。当基本循环参数及再热方法一定时，一般应用 $\eta_t^{rh}=f(T_{rh,i})$ 的关系式，在 η_t^{rh} 达到最大值的条件下，求得再热前最佳蒸汽温度 $T_{rh,i}^{op}$，然后间接求取再热前最佳蒸汽压力 $p_{rh,i}^{op}$。

对于采用一次再热的火电机组，如图 2-20 所示，当基本循环参数、基本理想循环吸热量 q_0 以及理想比内功 w_a 均一定时，再热过程所形成的附加理想循环的加入热量 q_Δ、冷源热损失 Δq_{ca} 分别用下列公式表示，即

$$q_{\Delta}=c_{p}(T_{rh}-T_{rh,i})$$
$$\Delta w_{a}=q_{\Delta}-\Delta q_{ca}=c_{p}(T_{rh}-T_{rh,i})-T_{c}(s_{rh}-s_{0})$$
$$\Delta s_{rh}=s_{rh}-s_{0}=c_{p}\ln(T_{rh}/T_{rh,i})$$
$$\eta_{t}^{rh}=\frac{w_{a}^{rh}}{q_{0}^{rh}}=\frac{w_{a}+\Delta w_{a}}{q_{0}+q_{\Delta}}=\frac{w_{a}+c_{p}(T_{rh}-T_{rh,i})-c_{p}T_{c}\ln(T_{rh}/T_{rh,i})}{q_{0}+c_{p}(T_{rh}-T_{rh,i})}=f(T_{rh,i}) \tag{2-28}$$

对式（2-28）求一阶偏导数并令其等于零，有

$$\frac{\partial\eta_{t}^{rh}}{\partial T_{rh,i}}=\frac{\partial}{\partial T_{rh,i}}\left(\frac{w_{a}^{rh}}{q_{0}^{rh}}\right)=0$$
$$q_{0}^{rh}\frac{\partial w_{a}^{rh}}{\partial T_{rh,i}}=w_{a}^{rh}\frac{\partial q_{0}^{rh}}{\partial T_{rh,i}}$$

从而有
$$\eta_{t}^{rh}=\frac{w_{a}^{rh}}{q_{0}^{rh}}=\frac{\dfrac{\partial w_{a}^{rh}}{\partial T_{rh,i}}}{\dfrac{\partial q_{0}^{rh}}{\partial T_{rh,i}}} \tag{2-29}$$

其中
$$\frac{\partial w_{a}^{rh}}{\partial T_{rh,i}}=-c_{p}+c_{p}\frac{T_{c}}{T_{rh,i}}=-c_{p}\left(1-\frac{T_{c}}{T_{rh,i}}\right) \tag{2-30}$$
$$\frac{\partial q_{0}^{rh}}{\partial T_{rh,i}}=-c_{p} \tag{2-31}$$

将式（2-30）和式（2-31）代入式（2-29）得

$$\eta_{t}^{rh}=1-\frac{T_{c}}{T_{rh,i}} \tag{2-32}$$

若采用再热后，整个循环吸热过程的平均温度为 $\overline{T}_{1}$，则其理想循环热效率 η_{t}^{rh} 可用等价卡诺循环的热效率表示为

$$\eta_{t}^{rh}=1-\frac{T_{c}}{\overline{T}_{1}} \tag{2-33}$$

由式（2-32）和式（2-33）可以发现，最佳再热前蒸汽温度 $T_{rh,i}^{op}$正好等于 $\overline{T}_{1}$，即

$$T_{rh,i}^{op}=\overline{T}_{1}=\frac{T_{c}}{1-\eta_{t}^{rh}}\quad \mathrm{K} \tag{2-34}$$

由于 $\overline{T}_{1}$ 是一个未知数，可采用逐步逼近法等方法来求取。首先假定 $T_{rh,i}$，代入式（2-28）求得 η_{t}^{rh}，再代入式（2-34）求 $T_{rh,i}$，反复迭代逼近，直至符合精度要求为止。

对于采用二次再热的火电机组，采用相同的方法，可以得到类似的结论，即

$$T_{rh,i,1}^{op}\approx T_{rh,i,2}^{op}\approx\frac{T_{c}}{1-\eta_{t}^{rh}}\quad \mathrm{K} \tag{2-35}$$

实际应用中，最佳蒸汽再热压力的数值，要根据给定条件进行全面的技术经济比较来确定。除上述条件外，还应考虑汽轮机最高一级的回热抽汽压力、汽缸结构、中间再热管道的布置、材料消耗和投资费用、高中压缸功率分配以及轴向推力平衡等问题。目前，当蒸汽的再热温度等于其初温时，蒸汽的最佳再热压力为其初压的 18%～26%；若再热前有回热抽汽，取 18%～22%；若再热前无回热抽汽，取 22%～26%。

4. 再热压力损失的选择

由汽轮机高压缸排汽，经冷再热管道、再热器和热再热管道返回中压缸入口的蒸汽，因流动阻力而导致压力下降，称为再热压力损失 Δp_{rh}。压力损失的存在降低了机组的热经济性，压力损失每增加 98kPa，汽轮机组热耗率将增加 0.2%～0.3%。减少压力损失，可提高机组的热经济性，但必须增大再热蒸汽管径，因而金属消耗量和投资都要增加。一般取 $\Delta p_{rh}=(8\sim12)\%p_{rh,i}$（$p_{rh,i}$为再热前蒸汽压力）。国产中间再热机组的再热参数和再热压力损失见表 2-8。

表 2-8　　中间再热火电机组的再热参数

汽轮机型号	冷段参数		热段参数		$p_{rh,i}/p_0$ (%)	$\Delta p_{rh,i}/p_{rh,i}$ (%)
	压力（MPa）	温度（℃）	压力（MPa）	温度（℃）		
N125-13.24/550/550	2.55	331	2.29	550	19.3	10.2
N200-12.75/535/535	2.47	312	2.16	535	19.37	12.55
N300-16.18/550/550	3.58	337	3.225	550	22.13	9.92
N600-16.67/537/537	3.71	316.2	3.34	537	22.26	9.97
N600-24.2/538/566	4.85	305	4.29	566	20.04	11.55
N1000-25/600/600	4.73	344.8	4.25	600	18.92	10.14
N1000-25/600/600	6.004	376.5	5.395	600	24.02	10.14
N1000-25/600/600	5.12	353.6	4.61	600	20.48	9.96
N1000-31/600/620/620*	10.9/3.5	418.4/445.8	10.3/3.2	620/620	33.96/10.9	5.5/8.57

*　表示二次再热机组。

为了提高机组热经济性，大机组再热压力损失应取偏小数值，其主要措施为高压缸排汽管上不装止回阀，再热蒸汽管道的管径增大或用双管，少用或不用中间集箱等。

四、中间再热的方法

再热方法的选择取决于再热的目的，与再热参数（再热蒸汽温度 t_{rh}、再热蒸汽管道压力损失 Δp_{rh}）有密切关系，影响再热机组的热经济性和安全性。根据加热介质的不同，再热方法有烟气再热、蒸汽再热以及中间载热质再热。

1. 烟气再热

所谓烟气再热是指利用锅炉内的烟气加热汽轮机超高压缸或高压缸的排汽。以烟气为热源的再热系统如图 2-22 所示，在汽轮机中做过部分功的蒸汽，经再热冷段管道引至安装在锅炉烟道中的再热器中进行再加热，再热后的蒸汽经再热热段管道送回汽轮机的中压缸、低压缸中继续做功。采用这种再热方法，一次再热后的蒸汽温度多在 550～600℃；二次再热后的蒸汽温度多在 566～620℃；700℃级的再热技术正在研发之中。

烟气再热在火力发电厂中得到了广泛应用。一般而言，采用一次中间再热可提高机组热经济性 6%～8%，采用二次中间再热还可再提高 1.5%～2.5%。但是，由于再热蒸汽管道要往返于锅炉房和汽轮机房之间，因而带来了一些不利因素。首先是蒸汽在管道中流动时产生压力损失，使再热的经济效益减少 1.0%～1.5%；其次是再热管道中储存大量蒸汽，一旦汽轮机突然甩负荷，此时若不采取适当措施，就会引起汽轮机超速。为保证机组的安全，在采用烟气再热的同时，汽轮机必须配置高灵敏度和高可靠性的调节系统，并增设必要的旁

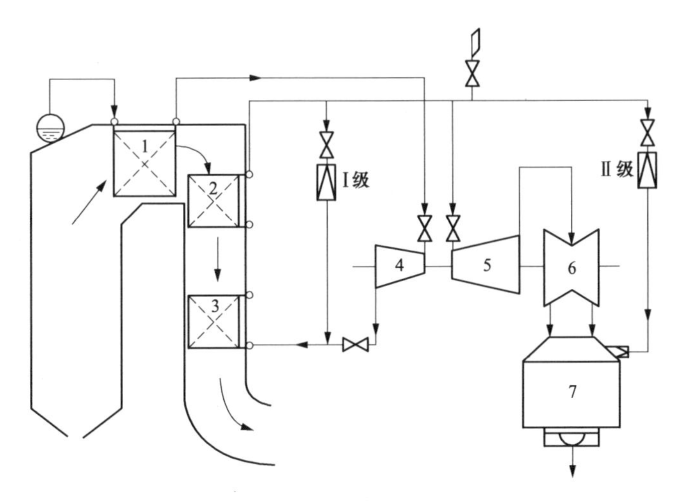

图 2-22 以烟气为热源的再热系统

1—过热器；2—高温再热器；3—低温再热器；4—高压缸；5—中压缸；6—低压缸；7—凝汽器

路系统来保护再热器。另外，由于再热后蒸汽温度高，再热热段管道需要采用高级合金钢，使得系统造价增加。

2. 蒸汽再热

蒸汽再热是指利用汽轮机的新蒸汽或高压缸抽汽为热源来加热再热蒸汽。以蒸汽为热源的再热系统如图 2-23 所示，高压缸排汽经汽水分离后，蒸汽进入再热器，依次利用高压缸抽汽和新蒸汽作为热源加热高压缸的排汽。与烟气再热相比，蒸汽再热后的温度较低，比再热用的汽源温度还要低 10～40℃，相应地再热压力也不高。所以用蒸汽进行再热要比用烟气再热的效果差得多，一般情况下热经济性只能提高 3%～4%。

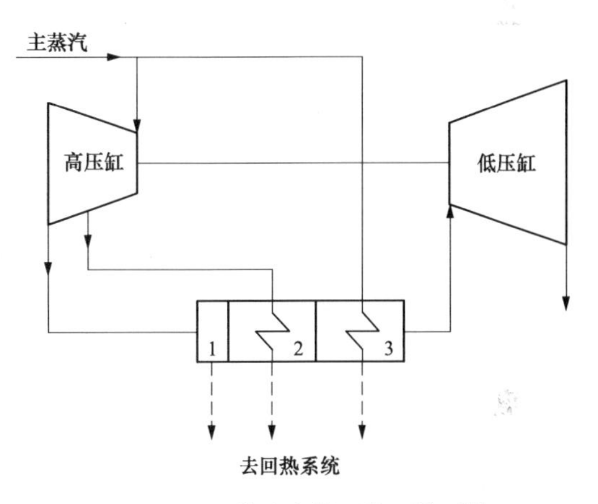

图 2-23 以蒸汽为热源的再热系统

1—汽水分离器；2—一级再热器；3—二级再热器

蒸汽再热器可以布置在汽轮机旁边，从而大大缩短了再热蒸汽管道的长度，使再热管道中的压力损失减小；再热后蒸汽的温度低，因此蒸汽再热系统中再热器和管道的投资少；蒸汽再热系统无须设置汽轮机旁路系统，系统简单，再热蒸汽温度的调节比较方便，所以蒸汽再热在核电站中得到了广泛应用。核电站中汽轮机的主蒸汽是饱和蒸汽或微过热蒸汽，汽轮机高压缸的排汽湿度高达百分之十几。若直接进入低压缸，汽轮机将无法正常运行，必须通过去湿和蒸汽再热来提高进入低压缸蒸汽的过热度。

3. 中间载热质再热

以中间载热质为热源的再热系统如图 2-24 所示，中间载热质再热综合了烟气再热（热经济性高）和蒸汽再热（构造简单）的优点。以中间载热质为热源的再热系统需要两个热交换器：一个装在锅炉设备烟道中，用来加热中间载热质；另一个装在汽轮机附近，用中间载热质对汽轮机的排汽进行再加热。该方法应当保证选用的中间载热质具有一些必要的特征：高温下的化学稳定性；对金属设备没有侵蚀作用；无毒；其比热容要尽可能大，而比体积要尽量小等。

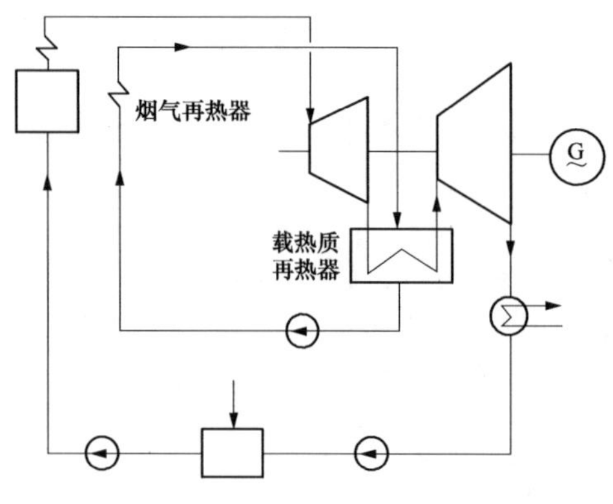

图 2-24　以中间载热质为热源的再热系统

五、再热对回热循环的影响

回热机组采用再热，会削弱回热循环的热经济效果，同时影响回热循环的最佳焓升分配。

1. 再热对回热循环热经济性的影响

与非再热机组一样，再热机组采用给水回热也可以提高机组的热经济性，但再热机组采用给水回热，其效果比非再热机组采用给水回热的效果略差。

热量法认为：再热使 1kg 蒸汽的做功增加，机组功率一定时，新蒸汽流量将减少（可减少 15%～18%）；同时，再热使回热抽汽的温度和焓值都提高了，使回热抽汽量减少，回热抽汽做功减少，凝汽流做功相对增加，冷源损失增加，由回热循环引起热效率的增加值较无再热机组稍低。再热对回热循环热经济性的影响如图 2-25 所示，为采用单级和多级回热有再热和无再热时热经济性变化的差异。

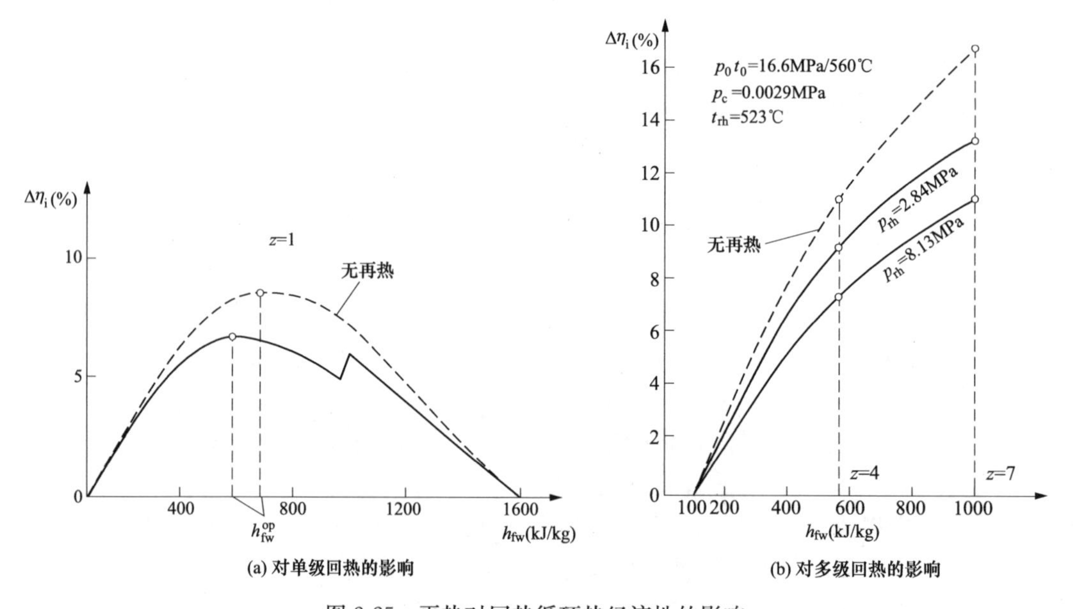

图 2-25　再热对回热循环热经济性的影响

图 2-25 中虚线表示蒸汽无中间再热，实线表示采用蒸汽中间再热。有再热的基础上采用回热，尽管回热热经济性收益受到削弱，但其总的热经济性仍是提高的。

做功能力法分析认为：再热使汽轮机中低压级膨胀过程线移向 h-s 图的右上方，各级抽汽焓和过热度增大，个别抽汽点的过热度高达 150～250℃，使加热器的传热温差增加，不可逆热损失增加。因抽汽过热度增加引起的传热温差增大所带来的热经济损失可用图解法进行分析。如图 2-26 中吸热过程 a-b 的平均吸热温度为 $\overline{T}_w$，饱和蒸汽放热过程 1-2 的平均放热温度为 $\overline{T}_s$，其传热温差为 ΔT_r，做功能力损失（㶲损）如图中 4-5-6-7-4 的面积，即

$$\Delta e_r = T_{en} \cdot \frac{\overline{T}_s - \overline{T}_w}{\overline{T}_s \overline{T}_w} \cdot dq = T_{en} \Delta s_r$$

式中：dq 为传热量。

对于相同的吸热过程 a-b，采用过热蒸汽对水进行加热，放热过程线为 1′-2′-2，其平均放热温度为 $\overline{T}'_s$，传热温差为 $\overline{T}'_r$，做功能力损失（㶲损）如图中 3-5-6-8-3 的面积，即

$$\Delta e'_r = T_{en} \Delta s'_r$$

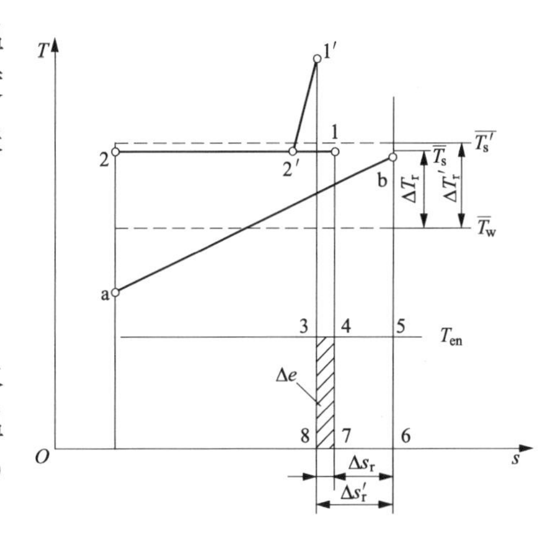

图 2-26 抽汽过热度增大对回热加热器换热的影响

由于过热度的存在，增大了蒸汽的平均放热温度，从而使过热蒸汽换热比饱和蒸汽换热的不可逆热损失（㶲损）增加了 Δe，即

$$\Delta e = \Delta e'_r - \Delta e_r = T_{en}(\Delta s'_r - \Delta s_r)$$

蒸汽的过热度越大，不可逆热损失（㶲损）越大。所以，再热增加了不可逆热损失，从而降低了回热循环的热经济性。

为减小再热后抽汽过热度高对回热热经济性的不利影响，回热加热器一般设置蒸汽冷却器来利用蒸汽的过热度，以提高给水温度，减小加热器端差，进而降低热交换过程的不可逆性。

2. 再热对给水焓升分配的影响

再热对回热循环给水焓升分配的影响主要反映在锅炉给水温度（对应最高一级的抽汽压力）和再热后第一级抽汽压力的选择上。为了减少汽轮机汽缸上的抽汽口，以简化汽轮机结构，一般再热机组把高压缸排汽的一部分作为一级回热抽汽，因此再热机组高压缸排汽的压力是综合考虑最佳再热压力及最佳给水焓升分配确定的。

目前在各级回热焓升分配上，由于高压缸排汽过热度低，而下一级再热后的回热抽汽过热度高，一般采用增大高压缸排汽的抽汽，使这一级加热器的给水焓升为相邻下一级加热器给水焓升的 1.3～1.6 倍，目的是减少给水加热过程的不可逆损失，提高回热的热经济效果。

需强调指出，尽管再热有削弱给水回热效果的一面，但采用再热-回热机组的热经济性仍高于无再热的回热机组。因此，目前国内外大型发电机组均采用再热和给水回热，以提高机组的热经济性，节省燃料，如果中间再热和给水回热配合参数选择合理，则热经济性会更高。

复习思考题

第二章复习思考题答案

2-1 蒸汽初参数对电厂热经济性有什么影响？提高蒸汽初参数受到哪些限制？为什么？

2-2 采用高参数大容量机组的意义是什么？

2-3　降低汽轮机的终参数对机组热经济性有何影响？影响排汽压力的主要因素有哪些？
2-4　何为凝汽器的最佳真空？
2-5　最佳给水温度是如何确定的？
2-6　给水总焓升在各级加热器中如何分配才能使机组的热经济性最好？
2-7　回热加热级数对回热循环热经济性的影响是什么？
2-8　再热的目的是什么？再热的方法及其特点是什么？
2-9　中间再热必须具备哪些条件才能获得比较好的经济效益？
2-10　再热对回热的热经济性有何影响？
2-11　再热参数是如何确定的？

第三章

热力发电厂主要辅助热力设备及系统

本章导读

回热加热器、除氧器、凝汽器是发电厂的主要辅助热力设备。回热加热器是回热循环的核心部件，除氧器的作用是除去给水中溶解的氧气等气体，凝汽器的功能是在汽轮机排汽口形成高度真空，增加蒸汽在汽轮机内的做功量。这些辅助热力设备对机组的安全和经济运行具有重要的影响。

本章主要介绍回热加热器、除氧器、凝汽器等辅助设备的形式、结构、连接方式、热力系统和运行方式等。最后对汽轮机组的原则性热力系统计算进行了介绍，并给出了计算实例。

第一节　回热加热器及系统

为了提高热经济性，现代大型热力发电厂都采用了给水回热循环系统。给水回热循环系统是由回热加热器、回热抽汽管道、给水或凝结水管道、疏水管道、给水泵、凝结水泵及管道附件等组成，其中回热加热器是核心部件。本节主要介绍回热加热器的形式、结构、连接方式和热力系统等。

一、回热加热器的分类与应用

（一）回热加热器的分类

回热加热器是利用汽轮机抽汽加热锅炉给水（或凝结水）的换热设备。回热加热器有以下几种分类方法。

1. 按布置方式进行分类

根据回热加热器的布置方式不同，回热加热器可分为卧式回热加热器和立式回热加热器。

卧式回热加热器的优点是换热管束横向布置，管束外表面积存的水膜比竖管薄，传热过程中热阻小，单根横管传热系数约为竖管的1.7倍，因此卧式回热加热器的传热效果好；卧式回热加热器在结构上还便于将传热面分段布置，壳体内易于布置蒸汽冷却段和疏水冷却段，有利于进一步提高热经济性，另外，在低负荷时可借助布置的高程差来克服自流压差小的问题；卧式加热器的缺点是卧式回热加热器占地面积大。目前，大容量300、600、1000MW机组的高压加热器和低压加热器一般多采用卧式回热加热器。

立式回热加热器占地面积小，便于设备布置和检修，一般应用于200MW及以下机组中。

2. 按水侧压力进行分类

根据加热器水侧压力不同，回热加热器可分为低压回热加热器和高压回热加热器：处在凝结水泵与除氧器之间的加热器，其水侧承受的是凝结水泵出口较低的压力，称为低压回热加热器；处在给水泵与锅炉省煤器之间的加热器，其水侧承受的是给水泵出口较高的压力，称为高压回热加热器。

3. 按传热方式进行分类

根据加热器内部汽、水接触方式的不同，可将回热加热器分为混合式回热加热器和表面式回热加热器。下面分别介绍混合式回热加热器和表面式回热加热器的工作原理及结构特点。

（二）混合式加热器

1. 工作原理

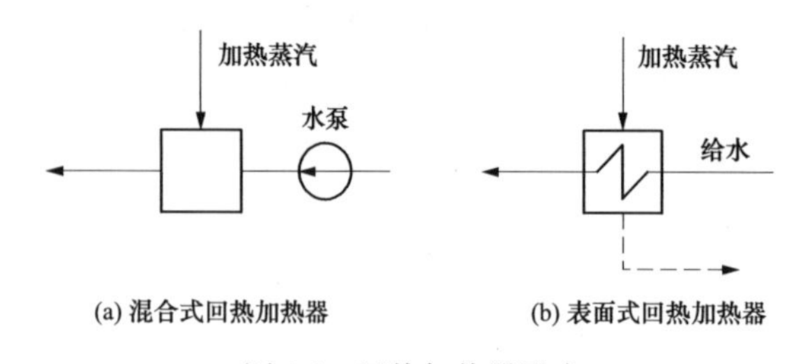

图 3-1　回热加热器形式

混合式回热加热器如图 3-1（a）所示，混合式回热加热器是指加热蒸汽和水在其内部直接混合并进行热量交换的设备。在蒸汽和水的接触过程中，蒸汽释放出热量，水吸收了大部分热量使温度得以升高，理论上能够将水加热到蒸汽压力所对应的饱和温度，其端差为零。当加热器出口水温一定时，混合式回热加热器所需的加热蒸汽压力（或抽汽压力）最低，蒸汽被抽出之前在汽轮机中做功量最大，因此热经济性较表面式回热加热器高。

2. 回热加热器结构

在混合式回热加热器中，为了在有限空间和时间内将水加热到蒸汽压力所对应的饱和温度，要求蒸汽和水的接触面积应尽可能大，时间也应尽可能延长。因此，混合式回热加热器在结构设计时一般采用淋水盘的细流式、压力喷雾的水滴式或水膜式等，且与加热蒸汽成逆向流动和多层横向冲刷。这样，水最终可被加热到接近蒸汽压力下的饱和温度。

混合式回热加热器也可分为卧式和立式两种布置方式，其结构分别如图 3-2 和图 3-3 所示。

立式混合式低压加热器结构如图 3-3 所示，立式混合式加热器内部由水平隔板分为两部分，上部为汽段，下部为水段。其中汽段又分为两级，采用无压水束配水，水自上向下流动，依次通过上、下两层多孔配水槽，而蒸汽则自下向上横向流动。为防止出现向下流动的水束周期性地被蒸汽托住或将水束顶到上一级配水装置中去的情况，需要合理设计蒸汽在加热器内的流速。在水平隔板上装有若干个浮盘式止回阀，为平衡甩负荷时汽、水两段间的压力，安装有平衡管。汽段装有事故溢流管，以防止加热器满水。在加热和冷凝过程中分离出的不凝结气体和部分余汽应引至凝汽器或专设冷却器。采用两台混合式加热器时，两者的连接可通过中继泵，也可采用重力方式，即依靠两者的标高差使水克服阻力，流入下面的加热器。对采用重力式的混合式加热器，其出口可不设置集水箱；对于后接水泵的混合式加热器，为保证泵的可靠运行，应设置一定容积的集水箱。

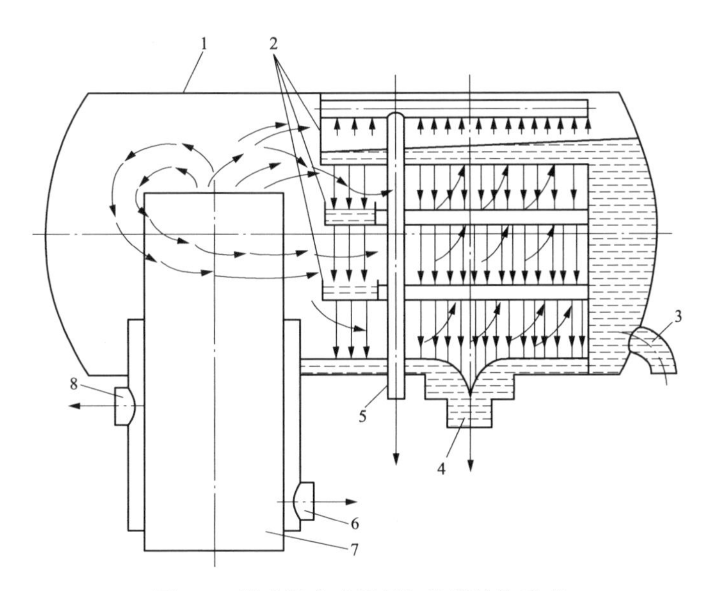

图 3-2　卧式混合式低压加热器结构示意

1—外壳；2—多孔淋水盘组；3—凝结水入口；4—凝结水出口；5—汽气混合物引出口；
6—事故时凝结水到凝结水泵进口集箱的引出口；7—加热蒸汽进口；8—事故时凝结水往凝汽器的引出口

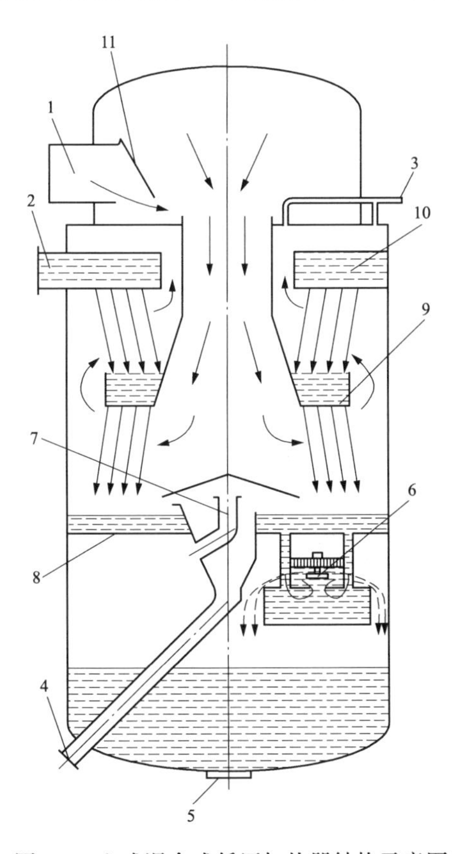

图 3-3　立式混合式低压加热器结构示意图

1—加热蒸汽进口；2—凝结水入口；3—汽气混合物出口；4—排往凝汽器的事故疏水管；5—凝结水出口；
6—水止回阀；7—平衡管；8—水平隔板；9—下层多孔配水槽；10—上层多孔配水槽；11—汽止回阀

对于以除氧为主而设计的混合式加热器，常称为除氧器，将在下一节中介绍。

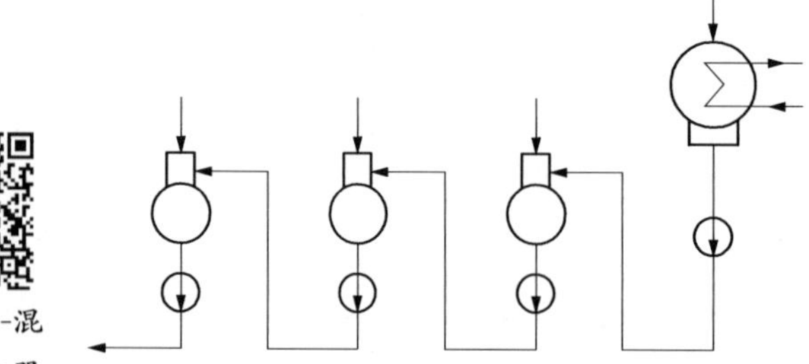

图 3-4　全混合式回热加热器的回热系统

动画 3.1-混合式加热器的回热系统

3. 连接系统

全部由混合式回热加热器组成的回热系统如图 3-4 所示。全部由混合式回热加热器组成的回热系统复杂，安全性、可靠性低，系统投资大。这是因为每台加热器后都需要加装给水泵，用来将水送至压力更高的加热器或锅炉中，在该加热器内凝结水被加热至该加热器压力下对应的饱和水温度，其压力也与加热器内蒸汽压力一致，欲使其在更高压力的混合式加热器内被加热，还得借助于水泵来重复该过程；而且所输送的水是饱和水，温度较高，水泵容易发生空蚀，使工作可靠性降低，在汽轮机变工况时影响更严重。为了保证给水泵工作的可靠性，水泵应有正的吸水压头，需设置一水箱并安装在适当的高度，水箱还要具有一定的容量来确保机组负荷波动时运行的可靠性。另外，每台加热器都必须装设备用水泵，这就使系统更复杂，投资大，厂用电耗也会增大。设备多、造价高、主厂房布置复杂、土建投资大、安全可靠性低，使得该系统的应用受到了限制。现代电厂中，一般只有除氧器采用混合式加热器。

为了提高回热系统的热经济性、减少汽轮机叶片结垢、避免低压加热器的氧化腐蚀，美国、英国和苏联的某些 300、500、600、800、1000MW 大型机组的低压加热器，部分（在真空状态下工作）或全部采用混合式，在设计和运行上取得了许多成功的经验。由于采用了能“干转”（即抗空蚀）的无轴封泵及重力式回热系统，减少了水泵的数量，提高了系统的安全可靠性。

混合式低压加热器采用重力式连接的回热系统如图 3-5 所示，这种布置方式是将压力较低的混合式低压加热器放在相邻的压力较高的混合式加热器上方，被加热后的凝结水依靠布置高差形成的重力压头，自流入其下部压力较高的混合式加热器中，再利用水泵将凝结水送入下一组混合式低压加热器组中。由于厂房高度有限，通常只是将相邻的两台或三台混合式加热器串联叠置布置。与图 3-4 所示全混合式加热器的回热系统相比，显然水泵数量减少了，热力系统也简单了。

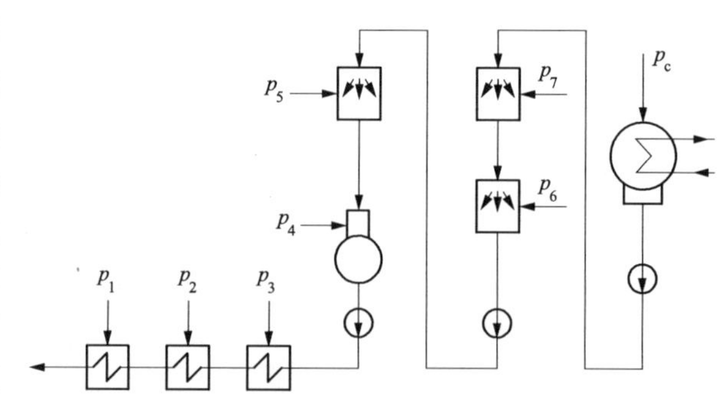

图 3-5　采用重力式低压加热器的回热系统

4. 混合式回热加热器及其系统特点

总结起来，混合式回热加热器及其系统具有以下优点：

（1）可以将水加热至接近该级加热器压力所对应的饱和水温度，端差为零，热经济性较表面式加热器高。

（2）混合式回热加热器本身结构简单，金属耗量少，造价低，投资少。

（3）便于汇集各种不同参数的汽、水流量，如疏水、补充水、扩容蒸汽等。

（4）可以兼做除氧设备使用，避免高温金属受热面的氧腐蚀。

混合式回热加热器及其系统的主要缺点是：

（1）混合式回热加热器所组成的回热系统复杂，系统安全可靠性下降，热力系统投资增加。

（2）厂用电增加，运行费用增大。

（三）表面式回热加热器

1. 工作原理

表面式回热加热器如图 3-1（b）所示，加热蒸汽与水在加热器内通过金属管壁进行传热，通常水在管内流动，加热蒸汽在管外冲刷放热后产生相变，凝结而成的水称为加热器的疏水，疏水温度一般为加热器壳体内蒸汽压力下的饱和温度（有疏水冷却器除外）。传热过程中，由于金属壁面热阻的存在，加热器出口水的温度往往低于加热器蒸汽侧压力下的饱和温度，加热器出口水的温度与加热器蒸汽侧压力下的饱和温度的差值称为加热器的传热端差。端差越大，要加热到同一出口水温所需的加热蒸汽的压力越高，则加热蒸汽从汽轮机抽出之前做功量越少，降低了发电厂的热经济性。

2. 加热器结构

表面式回热加热器在结构上可分为水侧（管侧）和汽侧（壳侧）两部分。水侧由传热面管束的管内部分和水室（或分配、汇集联箱）所组成，其承受与之相连的凝结水泵或给水泵的压力；汽侧由加热器外壳及管束外表间的空间构成，汽侧通过抽汽管与汽轮机抽汽口相连，承受相应的抽汽压力，故汽侧压力远低于水侧。为适应热膨胀要求，表面式回热加热器的金属换热面管束一般设计成 U 形、蛇形和螺旋形。按被加热水的引入和引出方式，表面式加热器又可分为水室结构和集箱结构两大类，采用 U 形管束的加热器一般为水室结构；采用蛇形或螺旋形管束的加热器一般为集箱结构。

（1）管板-U 形管束立式回热加热器。管板-U 形管式加热器有卧式和立式两种。如图 3-6 所示为管板-U 形管束立式加热器，这种加热器的换热面由铜管或钢管形成的 U 形管束组成，采用焊接或胀接的方法固定在管板上，整个管束插入加热器圆形壳体内，管板上部有用法兰连接的进、出口水室，水从与进水管连接的进口水室流入 U 形管束，吸热后的水从与出水管连接的出口水室流出。加热蒸汽从进汽管进入加热器壳体上部，借导流板的作用不断改变流动方向，成 S 形流动，反复横向冲刷管束外壁并凝结放热，冷凝后的疏水汇集到加热器下部的水空间，并经疏水管排出。

该立式加热器的优点是占地面积小，便于安装和检修，结构简单，外形尺寸小，管束管径较粗、阻力小，管子损坏不多时，可采用堵管的办法快速抢修；缺点是当压力较高时，管板的厚度加大，薄管壁管子与厚管板的连接工艺要求高，对温度敏感，运行操作严格，换热效果较差。目前，多在中、小机组和部分大机组中采用。

（2）管板-U 形管束卧式加热器。现代大容量机组一般多采用管板-U 形管束卧式加热器，其结构如图 3-7 所示，该加热器由壳体、管板、水室、U 形管束和隔板等组成。加热器的壳体采用轧钢板制造，U 形管束先用胀接或焊接的方法固定在管板上，再放入加热器壳体内，并用专门的骨架固定，以免产生振动。

壳体的右侧是加热器的水室，采用人孔盖自密封式结构，人孔盖及活动接头与水室壁连

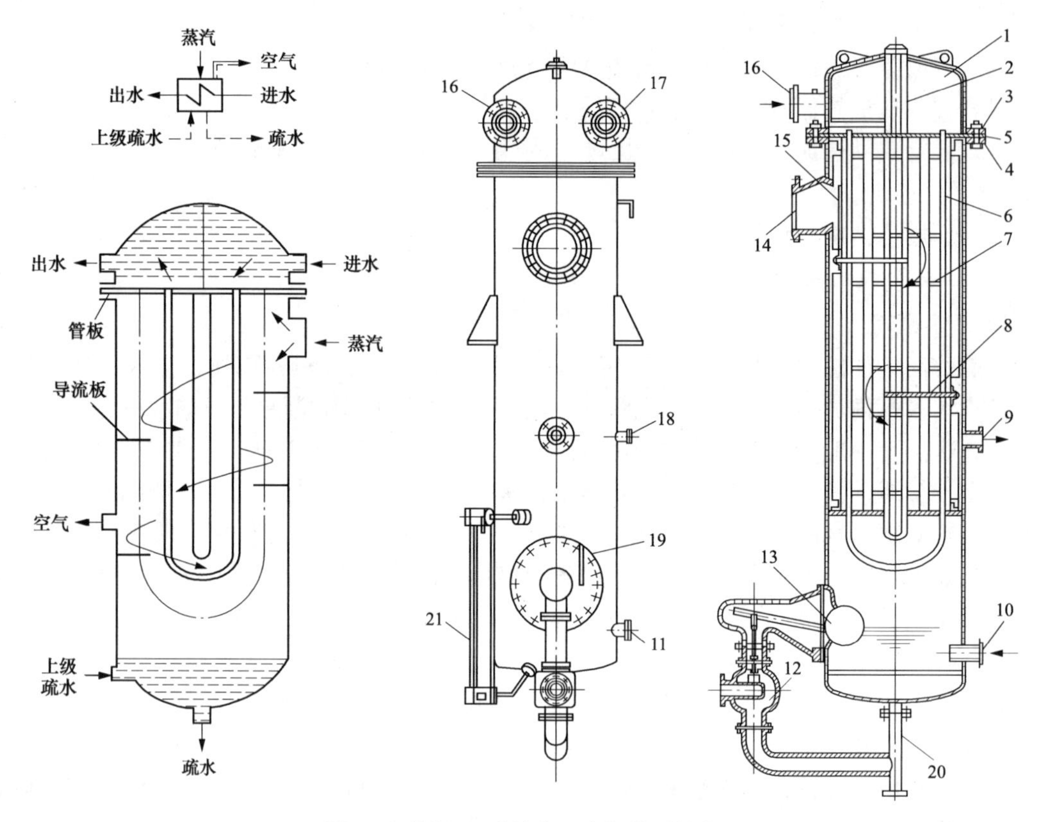

图 3-6　管板-U 形管束立式加热器结构

1—水室；2—拉紧螺栓；3—水室法兰；4—壳体法兰；5—管板；6—U 形管束；7—支架；8—导流板；9—抽空气管；10、11—上级疏水进口管；12—疏水器；13—疏水器浮子；14—进汽管；15—护板；16、17—进出水管；18—上级加热器来的空气入口管；19—手柄；20—排疏水管；21—水位计

接。加热器运行时，人孔盖被水压由内向外压紧在水室内壁上，水室压力越高，密封性越好。水室内靠近出水侧有一分流隔板，将进、出水隔开，分流隔板与给水出水管的内套管相焊接，并固定在管板上。水室上还有排气接管、安全阀座和化学清洗接头。

给水由进口连接管进入水室下部，通过 U 形管束吸热后，从出水管流出。加热蒸汽在管束外流动，凝结放热后的疏水进入下一级加热器。为了防止蒸汽和上级疏水入口处管子受冲击，在蒸汽和上级疏水入口处的管束上装有防护板（防冲板），以分散汽流和水流，减少冲击。

三段式加热器的工作过程如图 3-8 所示，为了减小加热器的端差和疏水对较低压力加热器抽汽的排挤，提高电厂的热经济性，该加热器的换热面分成三个部分（或三段）：过热蒸汽冷却段、蒸汽凝结段和疏水冷却段，这种三段式加热器在大容量机组中常作为高压加热器。如图 3-8 所示，带蒸汽冷却段和疏水冷却段的管板-U 形管式加热器的工作过程是：回热抽汽先引入过热蒸汽冷却段，利用抽汽的过热热对给水进行加热，并降低蒸汽的过热度；被加热的水离开该段时，其温度接近、等于甚至超过加热器汽侧压力下的饱和温度；通常离开该段的蒸汽温度仍保持 15～20℃的过热度（有的是 30℃），不致使过热蒸汽在该段凝结；加热蒸汽从过热蒸汽冷却段出来，进入蒸汽凝结段；在凝结段，蒸汽凝结放出的汽化潜热将

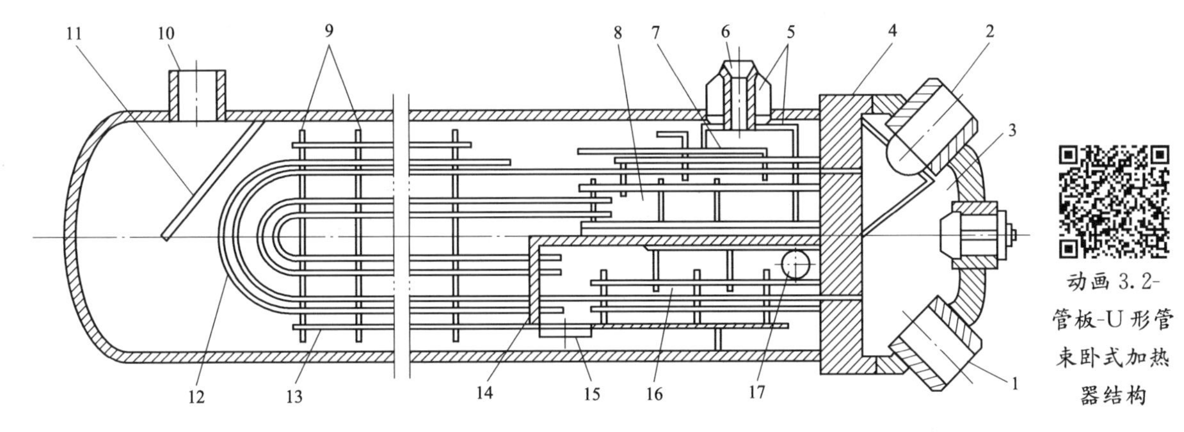

动画 3.2-管板-U形管束卧式加热器结构

图 3-7　管板-U 形管束卧式加热器结构

1—给水进口；2—给水出口；3—水室；4—管板；5—遮热板；6—蒸汽进口；7、11—防冲板；8—过热蒸汽冷却段；9—隔板；10—上级疏水进口；12—U 形管；13—拉杆和定距管；14—疏水冷却段端板；15—疏水冷却段进口；16—疏水冷却段；17—疏水出口

管束内的水加热；凝结段产生的疏水进入疏水冷却段，对刚进入加热器温度较低的给水进行加热，并使疏水温度降低。

如图 3-7 所示，过热蒸汽冷却段位于给水的出口端，由给水出口端一定长度的管段组成，并用包壳板、套管和遮热板将该段管子封闭；过热蒸汽从套管进入本段，采用套管的目的是将高温蒸汽与入口管座根部、壳体及管板隔开，避免产生太大的热应力；在过热蒸汽冷却段内还设有隔板，可以使蒸汽以给定的速度均匀地通过管束，使其达到良好的传热效果，同时还可以使蒸汽保留有足够的过热度来保证蒸汽离开该段时呈干燥状态，防止湿蒸汽冲蚀管子。蒸汽从过热蒸汽冷却段流出后进入蒸汽凝结段，该传热段的换热面积最大；蒸汽在该段均匀地自上而下流动并逐渐凝结，凝结时放出的汽化潜热将给水加热；蒸汽凝结段也有一组隔板，起着支承和防振作用；不凝结气体由管束中心部位的排气管排出，排气管沿整个凝结段设置，确保不凝结气体及时有效地排出加热器，以保证良好的传热效果。疏水冷却段位于给水进口侧，采用内置式全流程虹吸式结构；包壳板把该段的所有管束密封起来，并用一块较厚的端板将蒸汽凝结段和疏水冷却段分开，防止蒸汽漏入该段；凝结水由加热器底部的疏水冷却段进口进入，由一组隔板引导向上流动，进一步放热后由疏水冷却段顶部、壳体侧面的疏水口流出；带疏水冷却段的加热器，必须保持一个规定的液位，避免蒸汽漏到疏水冷却段中造成汽水两相流动而冲蚀管子，并保证疏水端差满足设计要求。

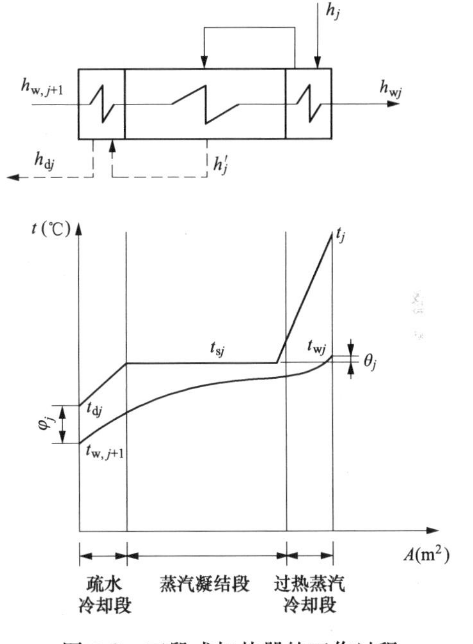

图 3-8　三段式加热器的工作过程

（3）蛇形管式高压加热器。随着国内电力工业的快速发展，高参数、大容量机组的数量

在不断增加，机组参数的提高和容量的增大，使得高压加热器的设计参数也随之增高。例如1000MW超超临界二次再热机组，高压加热器管程的设计压力已达到44MPa，壳程的设计温度已达到500℃以上。参数的提高大大增加了高压加热器的设计难度，同时对原材料提出了更高的要求，制造难度也更大。大容量机组U形管式高压加热器的管板厚度随着设计参数的提高而显著增加，相关试验及制造经验表明，管板的临界厚度约为500mm。当管板厚度超过500mm的临界值时，瞬时温度梯度将在管板和水室筒身连接处产生应力峰值，随之在此连接区域容易产生裂纹，在启动、汽轮机跳闸或者高参数运行时，加热器易遭受热应力冲击。根据制造厂估算，1000MW超超临界二次再热机组单列布置的U形管高压加热器的管板厚度已超过700mm，目前的设计制造能力已无法实现。另外，1000MW超超临界机组采用单列U形管式高压加热器时，水室半球形封头的板材规格也已超过国家标准所允许的范围。因此，高参数不仅使得传统U形管式高压加热器换热管束的泄漏频率显著增加，而且使得该形式加热器的选材、设计、制造难度加大。在此背景下，蛇形管式高压加热器在超超临界机组上得到了较多应用。

蛇形管式高压加热器的结构如图3-9所示，蛇形管式高压加热器属于集箱结构的加热器，主要由进出口集管、蛇形管束及支撑装置、壳体、管外导流包壳、固定支座和滑动支座等组成。其中，进出口集管和蛇形管束是关键部件，进出口集管的材质为厚壁锻件，进出口集管上分布着与蛇形管数量相同的短接头，蛇形管束的两端分别焊接在进出口集管的短接头上。给水通过进口集管进入蛇形管束，经过3或4个流程后，通过出口集管流出。蛇形管束相较于U形管，形状更为复杂，具有更多的弯头，为提高蛇形管束部分的刚性以及避免蛇形管束的流致振动，蛇形管束在安装好后会插入波形板对管系进行加固。壳体封头上设有人孔装置，以备检查维修使用。

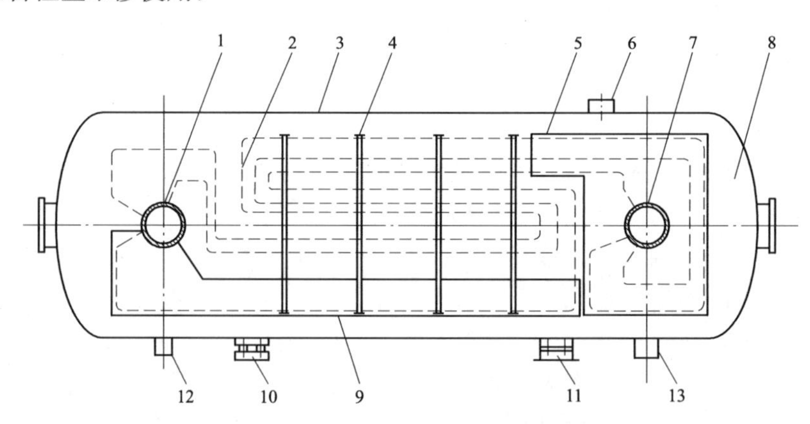

图3-9 蛇形管式高压加热器的结构

1—给水进口集管；2—蛇形管；3—加热器壳体；4—支撑装置；5—蒸汽冷却段包壳；6—蒸汽进口；7—给水出口集管；8—封头；9—疏水冷却段包壳；10—滑动支座；11—固定支座；12—正常疏水出口；13—危急疏水出口

蛇形管式加热器的换热面由蒸汽冷却段、凝结段和疏水冷却段组成。在蒸汽冷却段内，蒸汽在折流圈的引导下，沿着管子与管内给水作对流传热，蒸汽流出该段时，尚有20℃左右的过热度。蛇形管式高压加热器疏水冷却段为部分流量浸没式结构，疏水浸没整个段，其优点是疏水水位波动对机组变工况运行的影响较小。

超超临界机组蛇形管式和U形管式高压加热器的性能比较见表3-1。

表3-1　　超超临界机组蛇形管式和U形管式高压加热器的性能比较

项目	U形管式加热器	蛇形管式加热器
加热器结构	采用管板-U形管式结构，U形管直径小，管壁薄，热阻小；可采用虹吸式疏水冷却段，总换热面积小；布置紧凑，外形尺寸小，设备质量轻	采用集管-蛇形管式结构，蛇形管直径大，管壁厚，热阻大；采用浸没式疏水冷却段，总换热面积大；采用3～4个管程，外形尺寸大，设备质量重
热应力适应性	管板较厚，管板与壳体连接处的热应力集中，发生泄漏的可能性较大	蛇形管式高压加热器采用在集管上开孔来代替U形管式高压加热器传统的管板设计，集管厚度一般在70～120mm，仅有管板厚度的15%左右，热应力分布比较均匀
可靠性	U形管式高压加热器的管板与U形管束采用角焊缝和胀接连接，当机组频繁启停、变负荷运行时易发生管口泄漏	蛇形管式高压加热器通过集管上的短接头与蛇形管焊接连接，可对焊缝进行100%射线检测，运行中不易发生泄漏，运行可靠性高
温升速率限制（℃/min）	5～10	>25
运行寿命	超超临界机组中，U形管式高压加热器的平均寿命期望值为12～15年	超超临界机组中，蛇形管式高压加热器的平均寿命期望值为35～50年
加工制造难易程度	管板钻孔难度大；管束可以采用穿管方式进行装配，周期短；容易焊接	集管厚度小，钻孔容易；蛇形管式高压加热器应按序号进行装配，工序复杂，装配周期长；蛇形管与集管短接头的焊接由手工焊接完成，焊接质量不易控制
水位控制	可采用虹吸式疏水冷却段，对水位控制要求高	采用浸没式疏水冷却段，对水位控制要求低

（4）管板-U形管式低压加热器。带疏水冷却段的管板-U形管式加热器如图3-10所示，一般只包括蒸汽凝结段和疏水冷却段（或内置式疏水冷却器）。加热蒸汽先进入蒸汽凝结段，凝结放热后再进入疏水冷却段；管束中的水先进入疏水冷却段吸热，再经蒸汽凝结段吸热后引出；低压加热器所承受的压力和温度比高压加热器低，所用材料等级也比高压加热器低，结构简单，壳体和管板也薄些；传热管一般用耐腐蚀的不锈钢材料，以防止漏入的空气腐蚀管道。

疏水冷却段在卧式低压加热器中有虹吸式和全浸没式两种结构形式。虹吸式如图3-10（a）所示，虹吸式疏水冷却段串联在给水系统中，全部给水都流经疏水冷却段所包围的传热管束，其包壳截面占据一个完整给水流程。虹吸式疏水冷却段布置在给水入口靠近管板处，在运行中依靠两级低压加热器间的压力差和一定的静压头进行虹吸。在疏水冷却段的包壳内布置了许多中间折流板，以组织疏水流动轨迹和增高疏水流速。另外，疏水冷却段的端板、中间折流板要求有一定的厚度和小管孔直径。运行中虹吸式结构只要求在壳体中有一个较低的而又淹没疏水冷却段吸入口的正常水位就可以；但是若水位过低，疏水冷却段吸入口露出水面，虹吸将被破坏，丧失水封作用，大量蒸汽将涌入疏水冷却段，使疏水过冷度减小

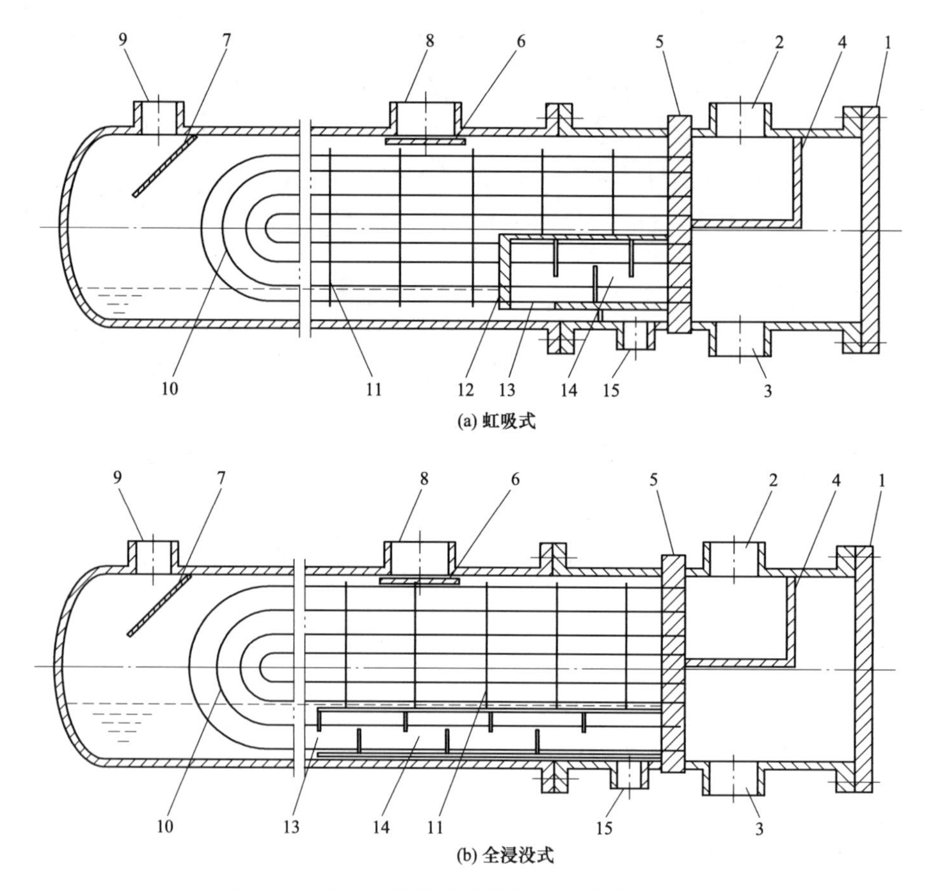

图 3-10 带疏水冷却段的管板-U 形管式加热器

1—端盖；2—给水出口；3—给水进口；4—水室分隔板；5—管板；6、7—防冲板；8—蒸汽进口；9—上级疏水进口；10—U 形管；11—隔板；12—疏水冷却段端板；13—疏水冷却段进口；14—疏水冷却段；15—疏水出口

并引起冲蚀和振动，同时蒸汽直接排入下一级加热器，对加热器造成极大的危害。另外，端板加工及包壳部分的焊接要求高，不能发生任何泄漏，否则运行时可能发生蒸汽穿过端板管孔间隙或穿过包壳漏入疏水冷却段的现象，最终导致虹吸破坏而使疏水冷却段失去作用。

全浸没式如图 3-10（b）所示，全浸没式疏水冷却段的给水侧并联在给水系统中，即部分给水流经疏水冷却段。由于全浸没式疏水冷却段的外壳全部浸没在疏水平面以下，在运行中无须虹吸式那种吸入静压头。低水位时，即使蒸汽进入疏水冷却段包壳内，也不会失去水封作用。在包壳内同样设置一定数量的中间折流板，以组织疏水流动轨迹和增高疏水流速，达到增强传热效果的目的。全浸没式疏水冷却段常用在位于凝汽器喉部的末级和次末级低压加热器中。

容量为 300MW 及以上机组的末级和次末级低压加热器的抽汽压力很低，蒸汽的容积流量很大，所需的抽汽管道直径大。由于抽汽口对着凝汽器，常将末级和次末级低压加热器布置在凝汽器的喉部，二者通常采用组合式结构（或称对分式），如图 3-11 和图 3-12 所示。大容量机组汽轮机通常有两个低压缸，每个低压缸均有末级和次末级抽汽，即每个低压缸对应的凝汽器喉部各布置一台组合式低压加热器。

组合式低压加热器的结构如图 3-12 所示，为卧式、管板-U 形管式、四流程结构。组合式低压加热器的管束采用左右布置的形式，壳程通过在壳体中间设置 1 块垂直隔板，将整个壳体分为两个相互独立的腔室。管程主要由圆柱形水室、水室分程隔板、管板、末级低压加热器管束、次末级低压加热器管束组成。如图 3-12（b）所示，凝结水从凝结水进口进入水室的左下方Ⅰ，流入左侧 U 形管束，和末级抽汽进行换热后，返回水室左上方Ⅱ，再流入水室的右下方Ⅲ，进入右侧 U 形管束，和次末级抽汽进行换热，然后返回水室右上方Ⅳ，从凝结水出口管流出，流向上一级低压加热器。

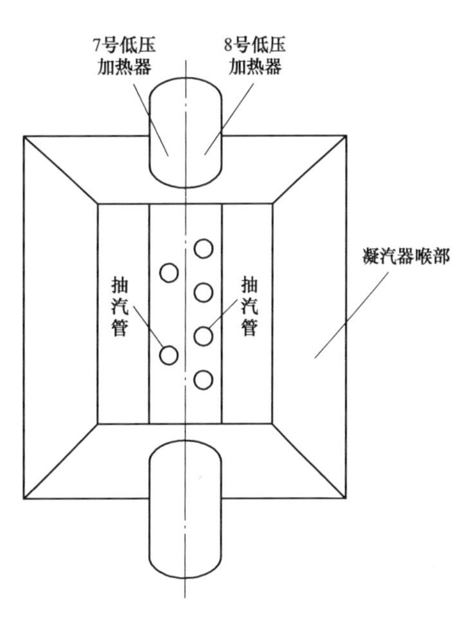

图 3-11　末两级低压加热器在凝汽器喉部的布置示意

3. 连接系统

典型表面式加热器的连接系统如图 3-13 所示。混合式除氧器后配置的给水泵将其前后的表面式加热器以水侧压力分成低压加热器和高压加热器两组。其中，低压加热器凝结水侧承受的是压力较低的凝结水泵的出口压力，高压加热器给水侧承受的是比锅炉压力还要高的给水泵出口压力。高压加热器的疏水利用相邻两个加热器间的压差逐级自流至相邻抽汽压力较低的加热器汽侧，最终汇集至除氧器；低压加热器的疏水也采用逐级自流方式最终汇集至凝汽器热井。

大容量超（超）临界机组的高压加热器有单列布置和双列布置两种形式。单列布置即常规的加热器布置，每台高压加热器均只设一台，给水泵出口的给水全部顺次通过各台加热器，这也是目前普遍采用的布置方式；双列布置通常是每台高压加热器均并联配置两台容量为 50%的加热器。采用双列布置的高压加热器连接系统如图 3-14 所示。

在加工制造方面，由于超超临界大容量机组高压加热器的参数和容量均较高，对单列布置高压加热器的制造工艺要求越来越高，加工制造的难度也越来越大。特别是高压加热器的球形水室、管板厚度随着机组参数及容量的提高而逐渐加大、加厚，壳体、封头的直径及壁厚均大于双列高压加热器，高压加热器的外形尺寸也逐渐加大，加工周期会相应增加。

在系统复杂性方面，双列高压加热器系统由于每级高压加热器均为 50%容量，其抽汽、加热器疏水及高压给水等系统均为双路，系统较为复杂；而采用单列高压加热器，高压给水系统简单，阀门较少，管道布置简洁方便，便于运行及维护，单列高压加热器配置还能降低除氧间高度，进而减少主厂房造价。

在检修方面，单列高压加热器系统潜在的泄漏点较少，其检修工作量更少，加热器所处位置更加宽敞，便于检修维护。

在运行方面，采用双列高压加热器配置的给水系统运行方式较为灵活，对负荷的适应性较好。当任一高压加热器故障时，同列高压加热器可同时从给水系统中退出，给水快速切换到该列给水旁路运行，此时运行的另一列高压加热器仍可通过 50%～55%容量的给水流量，这样可以减少给水温度的降低对锅炉的热冲击，同时提高机组运行的经济性；而采用单列高压加热器时，当其中任意一台高压加热器出现故障，则需要解列全部高压加热器，此时锅炉

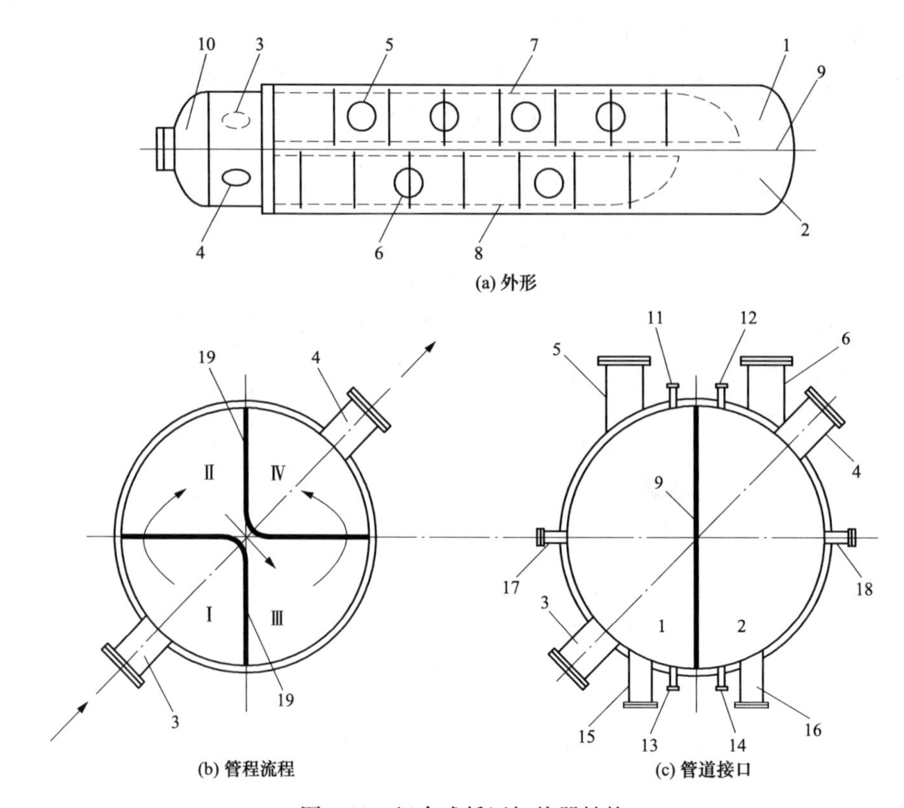

图 3-12　组合式低压加热器结构

1—末级低压加热器；2—次末级低压加热器；3—进水管；4—出水管；5—末级低压加热器进汽管；6—次末级低压加热器进汽管；7—末级低压加热器传热管束；8—次末级低压加热器传热管束；9—垂直隔板；10—水室；11—末级低压加热器汽侧排气口；12—次末级低压加热器汽侧排气口；13—末级低压加热器汽侧放水门；14—次末级低压加热器汽侧放水门；15—末级低压加热器疏水出口；16—次末级低压加热器疏水出口；17—末级低压加热器抽空气口；18—次末级低压加热器抽空气口；19—分程隔板

动画 3.3-表面式加热器的回热系统

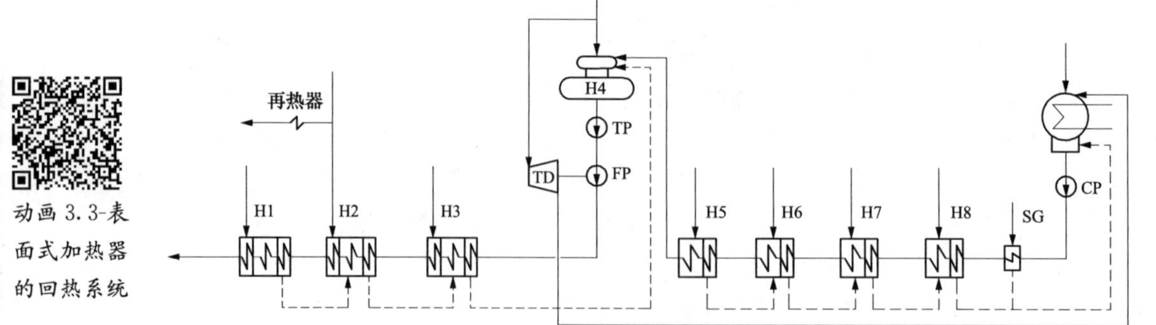

图 3-13　典型表面式加热器的连接系统

TD—给水泵汽轮机；TP—前置泵；FP—给水泵；SG—轴封加热器；CP—凝结水泵

进水温度将显著降低，使汽轮机组的热耗增加。根据大型机组高压加热器出力对机组热耗率影响的研究，高压加热器出口水温每降低 1℃，将使汽轮机热耗率上升 2kJ/kWh 左右，由于单台高压加热器事故而影响汽轮机热耗率的增加，单列高压加热器要比双列高压加热器高

110kJ/kWh 左右。

目前，日本600MW以上的超临界和超超临界机组大多配置单台容量为50%的双列高压加热器，欧洲600MW以上的超临界和超超临界机组则大多配置单台容量为100%的单列高压加热器。受制造能力的限制，国内初期投运的1000MW超超临界一次再热机组多采用单台容量为50%的双列U形管式高压加热器，如华电国际邹县发电厂四期项目、华能玉环发电厂、绥中发电厂二期项目等。随着设计与制造技术的提升，目前1000MW超超临界一次再热机组多采用单台容量为100%的单列U形管式高压加热器，如上海外高桥第三发电厂、平顶山第二发电厂等。对于1000MW超超临界二次再热机组，由于其较高的设计参数，单列U形管式高压加热器无法满足设计要求，因而国内投运的二次再热机组均采用双列U形管式高压加热器，如华能莱芜发电有限公司和国电泰州发电有限公司二期项目等。随着目前国内蛇形管式高压加热器设计与制造技术的提高，使得1000MW超超临界二次再热机组采用单列高压加热器也成为可能。

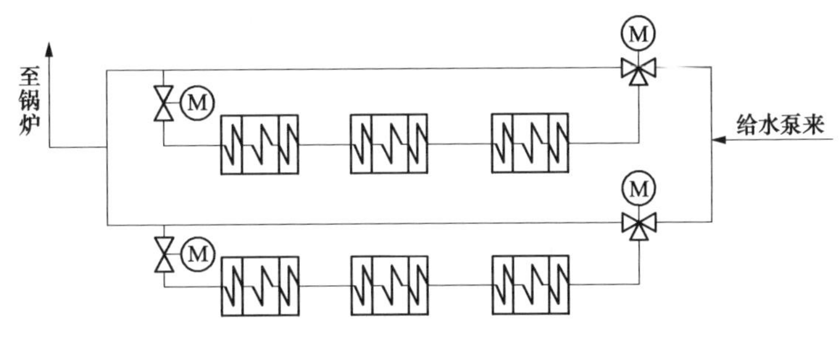

图 3-14　双列布置的高压加热器

4. 表面式回热加热器及其系统的特点

综上所述，与混合式回热加热器系统相比，表面式回热加热器存在端差，热经济性低于混合式回热加热器；加热器本身金属耗量大，内部结构复杂，制造比较困难，造价较高；不能除去水中的氧和其他气体，未能有效地保护高温金属部件的安全。但是，表面式回热加热器所组成的回热系统简单，投资少，系统运行的安全可靠性高。通过技术经济的全面综合分析与比较，为了确保机组运行的可靠性，绝大多数电厂都选用热经济性比较差的表面式回热加热器组成回热系统，只有除氧器采用混合式回热加热器，以满足给水除氧的要求。

二、表面式回热加热器及系统的热经济性

1. 表面式回热加热器的端差

（1）端差的定义。表面式回热加热器的端差存在上端差 θ 和下端差 φ 之分。表面式回热加热器的上端差 θ 又称为出口端差，是指表面式加热器汽侧压力下的饱和水温度 t_{sj} 与加热器出口给水温度 t_{wj} 之间的差值，即 $\theta_j=t_{sj}-t_{wj}$；表面式回热加热器的下端差 φ 又称为入口端差，是指离开疏水冷却段的疏水温度 t_{dj} 与加热器进口水温度 $t_{w,j+1}$ 之间的差值，即 $\varphi_j=t_{dj}-t_{w,j+1}$。一般不加特别说明时，加热器的端差就是指上端差。回热加热器的端差示意如图 3-15 所示。

需要注意的是：由于存在抽汽管道压力损失 Δp_j，因此加热器汽侧压力是指 p_j'，而不是抽汽口处的压力 p_j。

（2）端差对机组热经济性的影响。热量分析法认为，当汽轮机的轴端输出功 $W_i=W_i^c+W_i^r$ 一定时，回热抽汽做功比 $X_r=W_i^r/W_i$ 仅取决于回热汽流所做内功量 W_i^r 的变化。机组的初参数、终参数以及回热抽汽参数（z、p_j、h_j）一定时，$W_i^r=\sum_{j=1}^{z}D_jw_{ij}$，其大小仅取决于

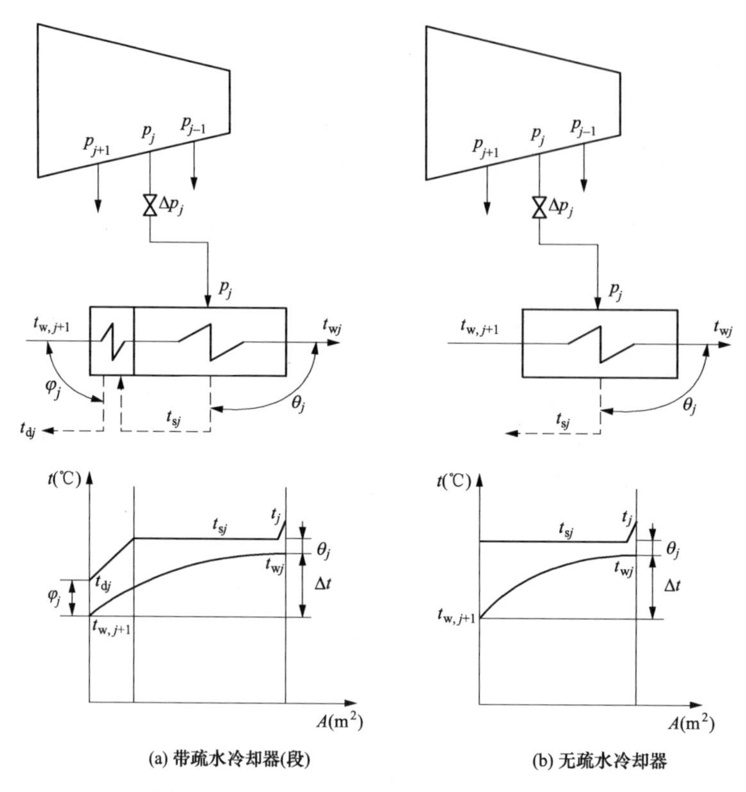

图 3-15　回热加热器的端差与抽汽管道压降

各级抽汽量 D_j 的变化趋势。对于 1kg 的回热抽汽而言，低压抽汽的回热做功量大于高压抽汽的回热做功量，故凡使高压抽汽量增加、低压抽汽量减少的因素，都会带来回热抽汽做功比 X_r减小、热经济性降低的结果；反之，使高压抽汽量减少、低压抽汽量增加的因素，就会增大 X_r，提高热经济性。因此，端差对机组热经济性的影响可以从两个方面来理解：

一方面，如保持加热器出口水温 t_{wj}不变，由 $\theta=t_{sj}-t_{wj}$ 可知，端差 θ 减小意味着 t_{sj} 不需要原来那样高，回热抽汽压力可以降低一些，回热抽汽做功比 X_r增加，热经济性变好。另一方面，如加热器汽侧压力不变，t_{sj} 不变，由 $\theta=t_{sj}-t_{wj}$ 可知，端差 θ 减小意味着本级（第 j 级）出口水温 t_{wj}升高，给水在本级（第 j 级）加热器内的吸热量将增大，从而导致蒸汽在本级（第 j 级）加热器内的放热量、本级（第 j 级）抽汽量增加；与此同时，给水在高一级（第 $j-1$ 级）加热器内的吸热量将减少，从而导致蒸汽在高一级（第 $j-1$ 级）加热器内的放热量、高一级（第 $j-1$ 级）抽汽量减少。即端差的改变，最终将会导致相邻两个加热器的抽汽量发生变化，当端差减小时，会使得高压抽汽量减少、低压抽汽量增加，从而回热抽汽做功比 X_r增加，热经济性得到改善。例如：一台大型机组全部高压加热器的端差降低 1℃，机组热耗率可降低约 0.06%。

（3）影响端差的主要因素。从上面的分析可以看出，端差大小将直接影响机组的热经济性。端差越小，机组的热经济性就越高。但加热器端差究竟选择多少为宜，需通过技术经济比较来确定。表面式加热器的端差 θ 按式（3-1）进行计算。

$$\theta=\frac{\Delta t}{e^{\frac{KA}{Gc_p}}-1} \quad ℃ \tag{3-1}$$

式中：A 为换热面积，m^2；Δt 为水在加热器中的温升，℃；K 为传热系数，kJ/(m^2 · h · ℃)；G 为被加热水的流量，kg/h；c_p 为水的比定压热容，kJ/(kg · ℃)。

由式（3-1）可见，设计加热器时，端差的减小是以增大换热面积和投资为代价的。我国某制造厂为节省成本，将端差增加 1℃，金属换热面积减少了 $4m^2$。因此在设计阶段，应根据钢材、燃料比价，通过技术经济比较确定相对合理的端差。一般，当加热器无过热蒸汽冷却段时，$\theta=3\sim6$℃；有过热蒸汽冷却段时，$\theta=-1\sim2$℃；下端差一般推荐 5～10℃。当钢材价格相对较高时，端差可取大值；当燃料价格相对较高时，端差应取小值；机组容量大，θ 减小的效益好，θ 应选较小值。例如 ABB 公司 600MW 超临界燃煤机组，四台低压加热器设计端差均为 2.8℃；东芝 350MW 机组的四台低压加热器设计端差也为 2.8℃；国产优化引进型 350MW 机组的最后三台低压加热器设计端差均为 2.7℃；东方汽轮机厂 660MW 超超临界二次再热机组的四台高压加热器的设计端差分别为－1.7、0、0、0℃，五台低压加热器的设计端差均为 2.8℃；上海汽轮机厂 1000MW 超超临界二次再热机组的四台高压加热器的设计端差分别为－1.7、0、－1.7、0℃，五台低压加热器的设计端差均为 2.8℃。

根据式（3-1），机组运行过程中，影响加热器端差的主要因素有：

1）受热面结垢：受热面结垢使传热系数 K 减小，运行中加热器端差增大。

2）汽侧空气排出不畅：加热器汽侧空气排出不畅，将导致加热器汽侧积聚的空气增多，空气会附着在管子表面形成空气层，从而阻碍蒸汽与管内水的热交换，使传热系数 K 减小，加热器端差增大。为此，加热器应设置排空气管路，保持排气管畅通，避免阻塞现象。

3）疏水水位过高：若疏水调节阀失灵，疏水水位过高而淹没受热面使实际换热面积 A 下降，导致加热器端差增大。

4）旁路阀关闭不严：加热器水侧旁路阀关闭不严，部分凝结水（或给水）走旁路，将导致加热器出口水温降低，端差增大。

5）加热器水室隔板泄漏：水室隔板发生泄漏，部分水直接从进口水室流入出口水室，而不再流经加热器传热管束吸热，将导致加热器出口水温降低，端差增大。

6）堵管率高：若加热器某根传热管发生泄漏，检修时需要将该管两端堵住，不再进水。相当于减少了加热器的传热面积 A，导致加热器端差增大。

7）机组负荷：机组负荷对加热器端差也有一定的影响。

2. 抽汽管道压降 Δp_j

（1）抽汽管道压降的定义。回热抽汽流经抽汽管道时，由于管壁的摩擦阻力、局部阻力以及阀门节流等原因，必然存在一定的抽汽管道压降。因此，抽汽管道压降 Δp_j 是指汽轮机第 j 级抽汽口压力 p_j 和第 j 级加热器汽侧压力 p_j' 之差值，即 $\Delta p_j=p_j-p_j'$，如图 3-15 所示。当机组稳定运行时，汽轮机抽汽口压力 p_j 保持不变，因此抽汽管道压降的变化将导致加热器汽侧压力 p_j' 发生改变。

（2）抽汽管道压降对机组热经济性的影响。做功能力法分析认为，由于存在抽汽管道压降 Δp_j，使该级抽汽利用时产生能量贬值，进而使得回热过程的熵增加，㶲损 Δe_r增加，机组热经济性下降。

热量法分析认为，若加热器端差不变，抽汽管道压降 Δp_j 加大，则加热器汽侧压力 p_j' 及其对应的饱和温度 t_{sj} 随之减小，进而引起加热器出口水温 t_{wj} 降低，导致汽轮机高压抽汽量相对增加，低压抽汽量相对减少，回热抽汽做功比 X_r 下降，从而使得机组热经济性降低。

（3）影响抽汽管道压降的主要因素。抽汽管道压降 Δp_j 与蒸汽在管道内的流速和局部阻力（阀门、管道附件的数量和类型）有关。

管道内介质的设计流速越高，阻力损失越大，但可使抽汽管管径减小，投资降低，也使抽汽管道更便于布置；管道内介质的设计流速越低，阻力损失越小，但抽汽管管径增大，投资增加，也使得抽汽管道布置困难。因此，管内蒸汽流速需通过技术经济性比较方能确定。我国 DL/T 5054—2016《火力发电厂汽水管道设计规范》推荐的抽汽管道介质流速为：过热蒸汽管道 35～60m/s；饱和蒸汽管道 30～50m/s；湿蒸汽管道 20～35m/s。

抽汽管道上弯头的数量、阀门的数量和类型也是影响抽汽管道压降的重要因素。抽汽管道内壁要光滑，应尽量采用直管段，减少弯头的数量。为了降低抽汽管道压降，凝汽式机组的回热抽汽都采用非调整抽汽，抽汽管道上不设置流动阻力大的调节阀。对于抽汽管道上必须设置的阀门或管道附件，应根据其作用和功能尽量选择阻力小的类型。通常，抽汽管道上必须设置的阀门有关断阀和止回阀，关断阀起到隔离的作用，即将加热器与汽轮机本体隔离开，便于加热器的检修；止回阀的作用是防止加热器及抽汽管道内的汽水倒流进入汽轮机，以避免汽轮机超速和防止汽轮机进水。一般情况下，末一级和末二级加热器因布置在凝汽器喉部、抽汽管道较粗、汽水倒流的危害性较小等原因，其抽汽管道上不设置任何阀门。

机组运行过程中，影响抽汽管道压降的主要因素有：

1）抽汽管道上阀门未全开，导致节流损失增加，抽汽管道压降增大。

2）机组负荷降低时，抽汽量减少，管内蒸汽流速下降，抽汽管道压降相应减小。

（4）抽汽管道压降的范围。通过技术经济比较，一般加热器的抽汽管道压降 Δp_j 不应大于抽汽压力 p_j 的 10%，对于大型机组则取 4%～6%较合适。高压加热器抽汽压力高，蒸汽比体积小，容积流量小，抽汽管道压降取较小值；低压加热器抽汽压力低，蒸汽比体积大，容积流量大，抽汽管道压降取较大值。我国典型机组的抽汽管道压降 $\Delta p_j/p_j$ 值见表 3-2。

表 3-2　　我国典型机组的抽汽管道压降 $\Delta p_j/p_j$ 值　　（%）

机组名称	1号	2号	3号	4号	5号	6号	7号	8号	9号	10号
某 600MW 亚临界直接空冷机组（三高三低一除氧）	3.0	3.0	5.0	5.0	5.0	5.0	5.0		—	—
某 600MW 超临界机组（三高四低一除氧）	3.0	3.0	3.0	3.0	3.0	3.0	5.4	3.0		—
某 600MW 超超临界机组（三高四低一除氧）	3.0	3.0	5.0[1]	5.0	5.0	5.0	5.2	3.8		
某 660MW 超超临界二次再热机组（四高五低一除氧）	2.9	2.9	2.9	5.0[1]	4.9	5.2	4.9	5.4	4.2	6.3
某 1000MW 超超临界机组（三高四低一除氧）	3.0	2.9	3.0	5.0	5.0	5.0	5.0	4.6		
某 1000MW 超超临界二次再热机组（四高五低一除氧）	2.9	2.9	2.9	2.9	4.7	4.7	4.7	4.9	4.8	4.8

注　该级抽汽先经过外置式蒸汽冷却器，压力损失包括抽汽流经外置式蒸汽冷却器的压降。

三、蒸汽冷却器及其热经济性分析

1. 问题的提出

随着火电机组向高参数、大容量发展步伐的加快，特别是超超临界参数以及二次再热的应用，大大提高了汽轮机中、低压缸部分回热抽汽的过热度，尤其是再热后第一、二级抽汽的过热度。如上海石洞口第二发电厂 600MW 超临界机组再热后第一级抽汽过热度高达256℃，沙角 C 电厂 660MW 机组也达到了 247.5℃，华能安源 660MW 超超临界机组一次、二次再热后第一级抽汽的过热度分别高达 260、325.8℃。这使得再热后各级回热加热器内的汽水换热温差增大，㶲损增加，亦即不可逆损失加大，从而削弱了回热效果。

大容量机组的回热系统通常采用蒸汽冷却器（段）来利用回热抽汽的过热度。为此，让过热度较大的抽汽先经过一个蒸汽冷却器（段）降低温度后，再进入回热加热器，这样不但减少了加热器内汽水换热的不可逆损失，而且还可不同程度地提高压加热器出口水温，减小加热器端差，改善回热系统的热经济性。

2. 蒸汽冷却器的分类

蒸汽冷却器有内置式和外置式两种。内置式蒸汽冷却器即前面所述的过热蒸汽冷却段，如图 3-7 和图 3-8 所示，内置式蒸汽冷却器实际上是在加热器内隔离出一部分传热面积，使加热蒸汽先流经该段传热面，将过热度降低后再流至加热器的凝结段，通常离开蒸汽冷却段的蒸汽温度仍保持有 15～20℃的过热度，以使过热蒸汽在该段内不被冷凝为疏水。由此可知，内置式蒸汽冷却器只提高了本级加热器出口水温，由于冷却段面积有限，回热经济性改善较小，一般可提高经济性 0.15%～0.20%。内置式蒸汽冷却器没有独立的加热器外壳，可节省钢材和投资。

外置式蒸汽冷却器是一个独立的换热器（具有独立的加热器外壳），连接系统如图 3-16 所示。外置式蒸汽冷却器具有较大的换热面积，消耗钢材多，投资大，但其布置灵活，既可降低本级加热器的端差，又能直接提高最终给水温度，从而获得更高的热经济性。

3. 蒸汽冷却器对机组热经济性的影响

内置式蒸汽冷却器提高了本级加热器的出口水温，引起该级回热抽汽量增大，并使高一级回热抽汽量减少，因而可提高回热抽汽做功比 X_r，使机组热经济性提高。

采用外置式蒸汽冷却器，如用来提高给水温度 t_{fw}，一方面，给水温度提高使机组热耗下降，且这时给水温度的提高不是靠最高一级抽汽压力的提高，而是利用压力较低的抽汽过热度的质量来实现的，故不会增大该级抽汽做功不足系数；另一方面，采用外置式蒸汽冷却器的那级抽汽，热焓也降低，亦即蒸汽冷却器使该级抽汽焓由 h_j 降至 h_j^s，因还要用来提高给水温度，抽汽量将增大，使回热抽汽做功比 X_r 提高，又进一步降低了热耗。故外置式蒸汽冷却器可使机组的热经济性提高的更多，其循环热效率提高 0.3%～0.5%。

4. 蒸汽冷却器的连接方式

蒸汽冷却器的蒸汽进、出口连接通常比较简单，而水侧的连接有不同的方式。

大多数内置式蒸汽冷却器的水侧连接采用顺序连接方式，即按加热器所处抽汽位置依次连接，如图 3-16 所示。外置式蒸汽冷却器的水侧连接视回热系统的回热级数、蒸汽冷却器的个数以及与主水流的连接关系而异，主要有与主水流串联和并联两种方式，如图 3-16 所示。其中，串联连接时，外置式蒸汽冷却器水侧引出点和汇入点之间没有回热加热器，如图

3-16（b）（d）所示；并联连接时，外置式蒸汽冷却器水侧引出点和汇入点之间存在回热加热器，进入蒸汽冷却器的给水仅仅是总给水量的一小部分，以给水不致在蒸汽冷却器中沸腾为准，最后与主水流混合后送往锅炉省煤器，如图 3-16（a）（c）所示。图 3-16（c）（d）中，均采用了两台外置式蒸汽冷却器，分别为与主水流分流两级并联和与主水流串联两级并联。在实际回热系统中，内置式和外置式蒸汽冷却器常常联合使用，图 3-16 中的连接方式都属于这种情况。

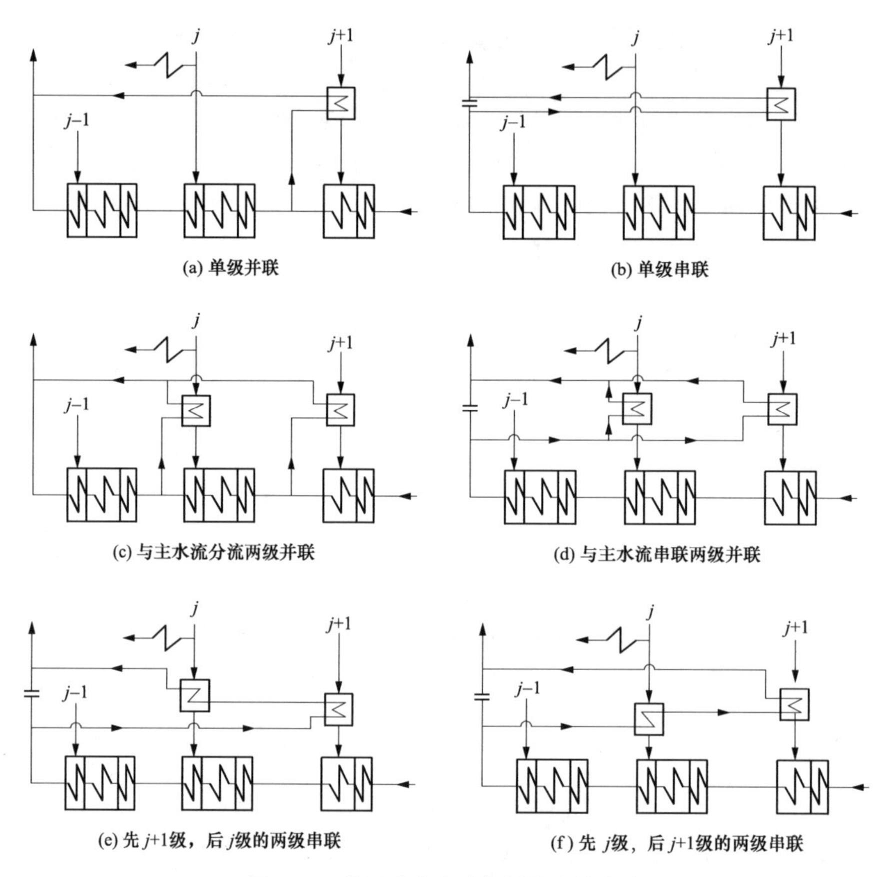

图 3-16　外置式蒸汽冷却器的连接方式

外置式串联连接方式的优点是外置式蒸汽冷却器的进水温度高，与蒸汽换热平均温差小，冷却器内㶲损小，效益比较显著；缺点是流经蒸汽冷却器的给水流量大，给水系统的阻力增大，给水泵耗功稍多。

外置式并联连接方式的优点是给水系统的阻力较串联系统小，泵功消耗减少。缺点是进入蒸汽冷却器的给水温度较低，换热温差较大，冷却器内㶲损稍大；又由于主水流中分流了一部分到冷却器，使进入较高压力加热器的水流量减小，相应地回热抽汽量减少，回热抽汽做功减少，热经济性稍逊于串联式。并联连接方式中给水分流量大小对热经济性的影响较大。

需要指出的是，蒸汽冷却器本质上是汽-水换热器，一般过热蒸汽与水的传热系数仅为蒸汽凝结换热时的 5%～30%，故从技术经济角度看，较小的抽汽过热度不宜采用蒸汽冷却器（否则会导致蒸汽冷却器的传热面积和投资增大），小机组也不宜采用蒸汽冷却器。例如，某 1000MW 超超临界二次再热机组，其第 2 级抽汽和第 4 级抽汽过热度较大，为此在 2 号和 4 号高压加热器分别设置外置式蒸汽冷却器，以提高机组热经济性，如图 3-17 所示。外置式蒸汽冷却器采用与主水流串联两级并联方式布置，2、4 号蒸汽冷却器大约通过 35％额定流量的给水，其余部分由并联旁路通过。通过经济性比较，设置两级外置式蒸汽冷却器加热给水后，可提高锅炉给水温度约 10℃，机组热耗率下降 15～20kJ/kWh。

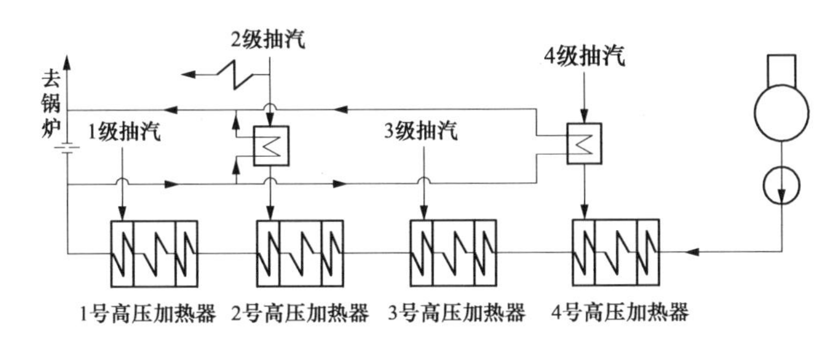

图 3-17　1000MW 机组中与主水流串联两级并联的外置式蒸汽冷却器

四、表面式加热器的疏水连接方式和疏水装置

1. 表面式加热器的疏水连接方式

加热蒸汽在表面式加热器内冷凝成疏水后，为保证加热器内换热过程的连续进行，必须将疏水收集并汇集于系统的主水流中，疏水的连接方式有疏水逐级自流的连接方式和采用疏水泵的连接方式两种。

（1）疏水逐级自流的连接方式。如图 3-18（a）所示，疏水逐级自流方式是指利用相邻加热器间汽侧压差，使压力较高的疏水自流至相邻压力较低的加热器，疏水逐级自流直至与主水流（主给水或主凝结水）汇合。

（2）采用疏水泵的连接方式。如图 3-18（b）所示，疏水泵方式是借助疏水泵将加热器的疏水与水侧主水流汇合，汇入地点通常是该级加热器出口的主水流中。

动画 3.4-采用疏水逐级自流方式

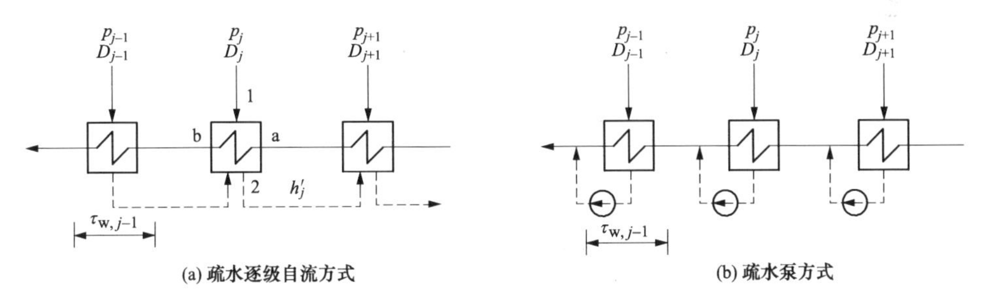

(a) 疏水逐级自流方式　　(b) 疏水泵方式

图 3-18　表面式加热器的疏水连接方式

动画 3.5-采用疏水泵方式

2. 疏水方式对机组热经济性的影响

所有疏水方式中，疏水逐级自流方式的热经济性最差，采用疏水泵方式的热经济性最好，仅次于没有疏水的混合式加热器。

研究疏水方式对机组热经济性的影响，本质上是疏水的热量在哪儿被利用热经济性最高的问题。第 j 级加热器的疏水自流进入第（$j+1$）级，其热量在（$j+1$）级加热器内被利用；利用疏水泵将第 j 级加热器的疏水汇入本级加热器的出口，提高了第（$j-1$）级加热器的入口水温，即疏水的热量实质上在第（$j-1$）级加热器内被利用。

热量法分析认为，两种不同疏水方式对回热抽汽做功比 X_r 的影响程度是不同的。

（1）当采用疏水逐级自流方式时，如图 3-18（a）所示，由于第 j 级加热器的疏水热量进入了第（$j+1$）级加热器，排挤了部分低压回热抽汽，使得 D_{j+1} 减小；而压力较高的第（$j-1$）级加热器的进口水温比采用疏水泵方式要低，水在其中的焓升 $\tau_{w,j-1}$ 及相应的回热抽汽量 D_{j-1} 增加。这种疏水逐级自流方式造成高压抽汽量增加、低压抽汽量减少，从而使 X_r 减小，机组循环热效率 η_i 减小，热经济性降低。

（2）当采用疏水泵方式时，如图 3-18（b）所示，因第 j 级加热器的疏水被送入本级加热器的水侧出口，完全避免了对第（$j+1$）级低压抽汽的排挤，同时还预热了进入第（$j-1$）级加热器的水流，使第（$j-1$）级的高压抽汽量减少，故热经济性比较高。

从做功能力法的角度进行分析，不同疏水方式对回热过程㶲损 Δe_r 的影响是不一样的。

当采用疏水逐级自流方式时，压力较高的第（$j-1$）级加热器水侧的进水温度比采用疏水泵方式稍低，加热器汽侧压力不变时，蒸汽放热过程的平均温度 $\overline{T}_s$ 不变，水侧出口水温不变，水吸热过程的平均温度 $\overline{T}_w$ 因进水温度降低而下降，第（$j-1$）级加热器内换热温差 $\Delta T_{r,j-1}$ 及相应的㶲损 $\Delta e_{r,j-1}$ 增大；同时在压力较低的第（$j+1$）级加热器内，因第 j 级加热器疏水压力由 p_j' 节流降低到 p_{j+1}'，产生压降损失 $\Delta p=p_j'-p_{j+1}'$，热能被贬值利用，㶲损增大为 $\Delta e_{r,j+1}=T_{en}\Delta s$，如图 3-20（b）所示。采用疏水泵方式时，恰恰相反，既不会使第（$j-1$）级加热器㶲损增大，也不会因节流产生㶲损 $\Delta e_{r,j+1}$，故其热经济性较疏水逐级自流方式高。

3. 疏水冷却器（段）及其热经济性分析

（1）疏水冷却器分类。与蒸汽冷却器（段）相似，疏水冷却器有内置式和外置式两种。内置式疏水冷却器即前面所述的疏水冷却段，在加热器内隔离出一部分换热面积，使汽侧疏水先流经该段换热面，降低疏水温度和焓值后再自流到较低压力的加热器中，如图 3-19（a）所示。外置式疏水冷却器实际上是一个独立的水—水换热器，如图 3-19（b）所示，借助主给水或主凝结水管道上孔板造成的压差，使部分主水流流入外置式疏水冷却器吸收疏水热量，降低其温度，疏水的温度和焓值降低后再流入下一级加热器中。

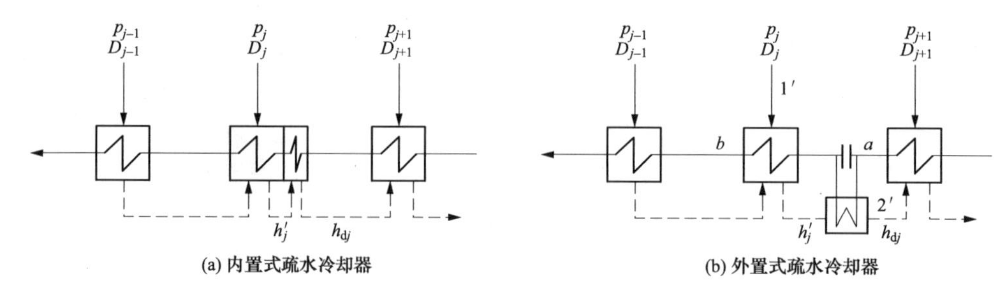

图 3-19　疏水冷却器的分类

加装疏水冷却器（段）后，疏水温度与本级加热器进口水温之差称为下端差，如图 3-15 所示，下端差一般推荐为 5～10℃。例如国产引进型 300MW 机组的 7 台表面式加热器下端差均为 5.5℃，华能石洞口第二电厂 600MW 超临界机组的 7 台表面式加热器从高到低的下端差依次为5.8、5.7、5.7、5.7、5.8、5.7、5.7℃。华电国际邹县发电厂1000MW超超临界机组的7台表面式加热器下端差均为5.6℃。

(2) 设置目的。加热器设置疏水冷却器（段）的目的有两个：一方面，设置了疏水冷却器（段），相当于疏水的热量在第j级加热器得到了部分利用，疏水在压力较低的第$(j+1)$级加热器内放热量减少，减轻了对低压抽汽的排挤，提高了机组的热经济性；另一方面，设置疏水冷却器（段）可避免疏水管道中出现汽液两相流。若无疏水冷却器（段），从本级加热器自流到压力较低压加热器的疏水为饱和水，经过疏水调节阀节流降压后，部分疏水可能会闪蒸成蒸汽而形成汽液两相流动，对管道、阀门、下一级加热器产生冲击、振动等不良后果，可导致管壁减薄、阀门内漏、焊口开裂等，严重影响机组的安全运行。加装疏水冷却器（段）后，从加热器流出的疏水由饱和水变为过冷水，形成汽液两相流动的可能性就大大降低了。

(3) 疏水冷却器（段）对机组热经济性的影响。热量法分析认为，当加装了疏水冷却器后，如图3-19 (b) 所示，因第j级加热器利用了自身部分的疏水热量，利用量为$\delta q=D_j(h'_j-h_{dj})$，减少了疏水对第$(j+1)$级低压抽汽的排挤，故使其热经济性得以改善。

从做功能力法的角度分析，当加装了疏水冷却器后，加热蒸汽在第j级加热器中的放热过程平均温度降低了。如图3-20 (a) 所示，蒸汽放热过程由1-3-2变为1′-3-2′，换热温差由ΔT_r降为$\Delta T'_r$，相应的熵增由Δs降为$\Delta s'$，其㶲损减少$\Delta e_{rj}=T_{en}\delta s$；同时进入第$(j+1)$级加热器的疏水焓值由$h'_j$减至$h_{dj}$，如图3-20 (b) 所示，其对应压降$\Delta p$产生的熵增从$\Delta s$减少为$\Delta s'$，㶲损也下降了，故热经济性得以改善。

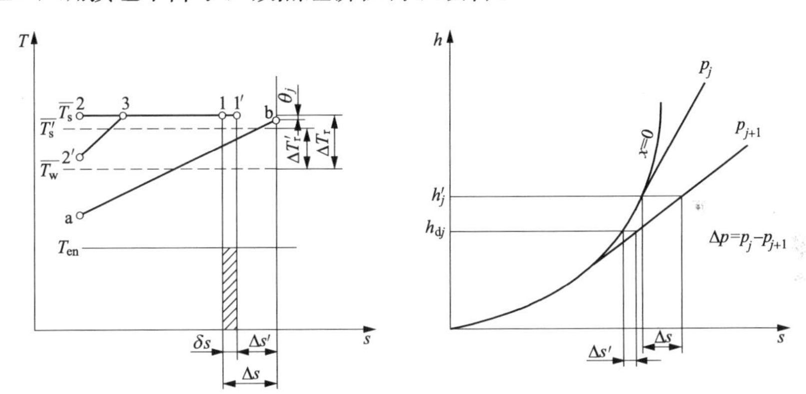

(a) 装设疏水冷却器对j级换热的影响　　(b) 装设疏水冷却器对在第$(j+1)$级发生压降的影响

图3-20　疏水冷却器对机组热经济性的影响

外置式疏水冷却器有独立的加热器外壳，换热面积不受限制，因而疏水热量在本级加热器中利用的程度高，其热经济性高于内置式疏水冷却器。

4. 实际疏水方式的选择

不同疏水方式的热经济性差异在0.15%～0.5%范围内，所以实际疏水方式的选择应通过技术经济比较来确定。

虽然疏水逐级自流方式的热经济性最差，但由于该系统简单可靠、投资小、不需要附加运行费用、维护工作量小而被广泛采用。几乎所有的高压加热器和绝大部分的低压加热器都采用这种方式。大型机组为提高疏水逐级自流方式的热经济性，还普遍设置了疏水冷却器（段）。这种系统同样比较简单，无转动设备，运行可靠，不消耗厂用电，仅需装设一个水-水换热器。但是，疏水冷却器中水与水的传热系数仅为蒸汽凝结换热系数的20%～70%，设置疏水冷却器需要增加加热器的换热面积和投资，故从技术经济角度看，小机组不宜采用疏水冷却器。目前我国大多数300MW及以上机组的回热加热器都设置了疏水冷却器（段）。

尽管采用疏水泵方式的热经济性高，但使系统复杂，投资增大，且需要转动机械，既消耗厂用电，又容易造成疏水泵空蚀，使可靠性降低，维护工作量增大，故并没有得到广泛应用。一般大中型机组仅在末级低压加热器，或相邻的次末级低压加热器采用这种方式，以减少大量疏水直接进入凝汽器而造成的冷源热损失，且可防止其进入热井影响凝结水泵的正常工作。

疏水最后汇入热井比流入凝汽器的热经济性略高，但会稍微提高凝结水泵入口水温，当流入热井疏水量较多时，为保证凝结水泵运行时不空蚀，需要校核该凝结水泵入口的净正水头高度是否能满足要求。

5. 疏水水位对机组运行的影响

维持加热器正常的疏水水位是保证回热经济性和主、辅设备安全运行的重要环节。水位过高，会淹没有效传热面，使端差增大，降低热经济性；若主机突然甩负荷或骤降负荷，在抽汽管道止回门不严密的情况下，有可能使汽水沿抽汽管道倒流进入汽轮机，危及主机安全；此时汽侧压力摆动，还可能导致抽汽管和加热器壳体振动。水位过低或无水位，蒸汽经疏水管进入相邻较低压力的加热器，大量排挤低压抽汽，热经济性降低，并可能使该级加热器汽侧超压、尾部管束受到冲蚀（尤其对内置式疏水冷却器危害更大），同时加速对疏水管道及阀门的冲刷，引起疏水管振动和疲劳破坏。

运行中疏水水位过高可能由以下原因引起：

（1）加热器水位自动调节系统失灵。

（2）加热器疏水调节阀或疏水泵故障。

（3）机组超负荷运行，抽汽量过大。

（4）加热器管子泄漏或破裂。

6. 表面式加热器的疏水装置

表面式加热器的疏水装置的作用是既能不断地将加热器中的疏水排出，又不让蒸汽随疏水一同流出，以维持加热器内一定的汽侧压力和正常的疏水水位。目前发电厂常用的疏水装置有浮子式疏水器、疏水调节阀和U形水封管等。

（1）浮子式疏水器。浮子式疏水器的结构如图3-21所示，主要由浮子、滑阀以及传动机构组成。浮子式疏水器的工作原理是利用浮子随加热器中疏水水位的升降，通过杠杆和其他连杆控制滑阀，使疏水阀开度变化。当疏水水位升高时，浮子升高，带动滑阀将疏水阀开大，疏水量增大；疏水水位降低时，浮子下降，同时带动滑阀下移将疏水阀关小，疏水量减小。浮子降到最低位置时，疏水阀全关，无疏水流出。

浮子式疏水器结构简单，但这种疏水装置的传动部件长期浸泡于水中，易锈蚀、卡涩、磨损而影响正常运行，不便于实现水位的人为调整和远距离控制，多用于压力稍高的低压加热器，或小机组的高压加热器。

（2）疏水调节阀。疏水调节阀有电动和气动两种。电动疏水调节阀常用于高压加热器上，结构如图3-22（a）所示。这种调节主要通过摇杆转动时，带动杠杆及阀杆在上、下轴套之间滑动，使滑阀上移或下移，控制阀门关小或开大，从而调节疏水量。

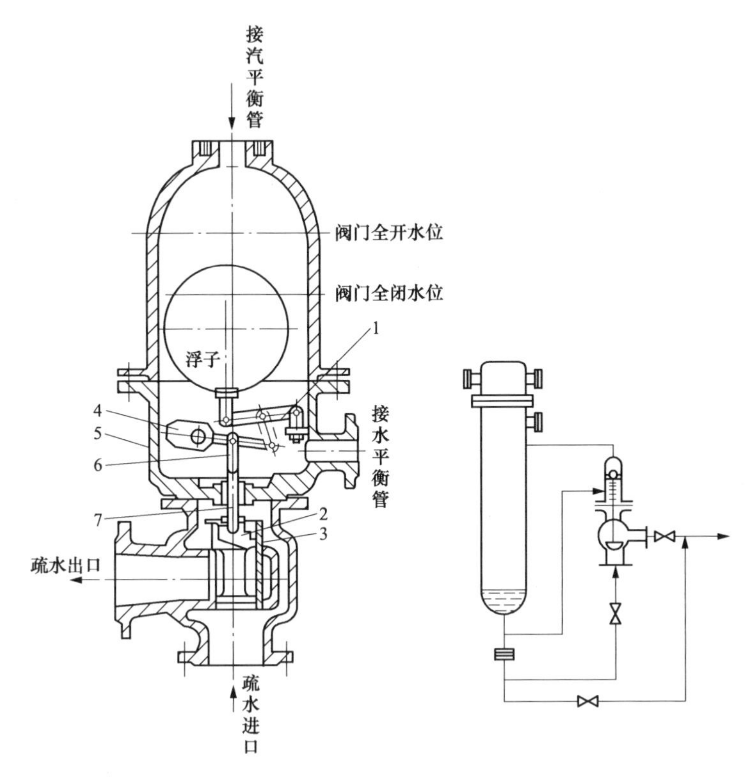

图 3-21　浮子式疏水器

1—浮子杠杆；2—滑阀；3—阀座；4—手柄；5—外壳；6—连杆；7—芯轴

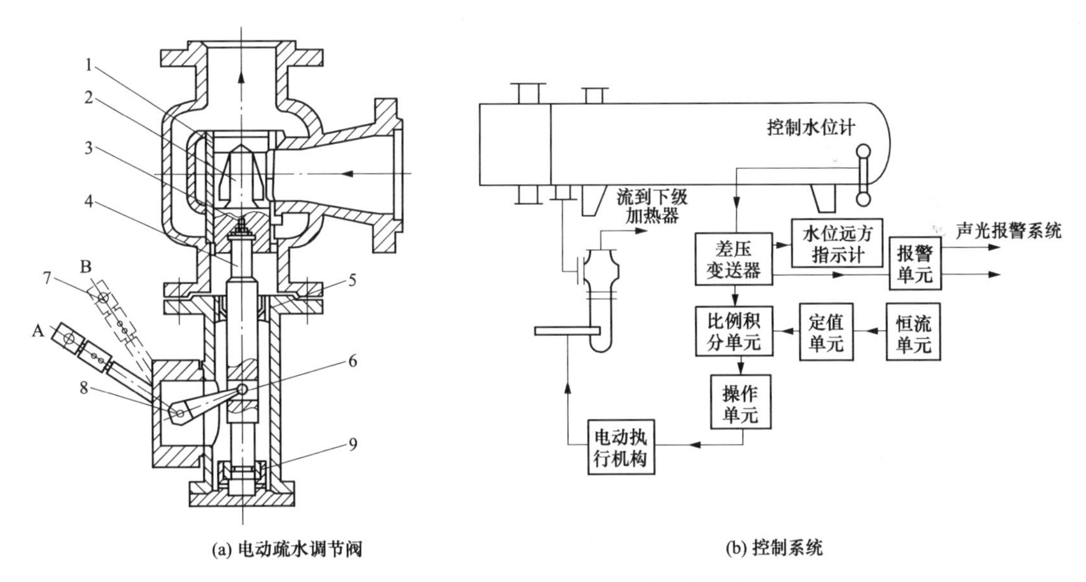

图 3-22　电动疏水调节阀及其控制系统

1—滑阀套；2—滑阀；3—钢球；4—阀杆；5—上轴套；6—杠杆；7—摇杆；8—芯轴；9—下轴套

气动疏水调节阀的结构如图 3-23（a）所示，主要由薄膜气室、推杆、阀杆、阀瓣和套筒等组成。当压力信号输入薄膜气室后，对膜片产生推力，克服弹簧的反作用力，带动推杆上下移动，推杆又带动阀杆和阀瓣运动，并通过阀瓣在套筒内的移动来改变套筒窗口的流通

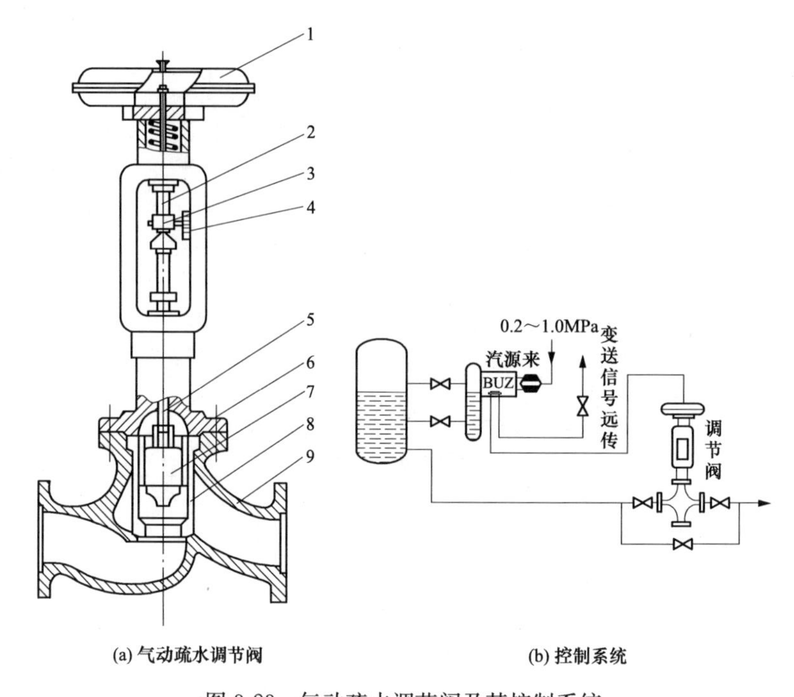

图 3-23　气动疏水调节阀及其控制系统

1—薄膜气室；2—推杆；3—指针；4—标尺；5—阀杆；6—阀盖；7—阀瓣；8—套筒；9—阀体

面积，从而调节疏水量；当膜片产生的推力与弹簧的反作用力平衡时，推杆停止运动，阀门处于某一开度。气动调节阀的控制系统如图 3-23（b）所示，根据加热器内疏水水位的变化，气源压力为 0.2～1.0MPa 的压缩空气经 BUZ 型气动基地式液位仪表控制转化，输出一个压力控制信号至气动疏水调节阀执行机构的薄膜气室中，操纵疏水调节阀，控制疏水量的大小。

气动疏水调节阀关断迅速，保护性能好，运行灵活，安全可靠，便于自动控制，被广泛应用于大容量机组的发电厂中。

（3）多级水封管。单级 U 形水封管如图 3-24（a）所示，工作原理是用 U 形管内一侧高度为 h 的水柱静压力来平衡两容器间的压力差。在平衡状态时，有

$$p_1 = p_2 + \rho g h \tag{3-2}$$

式中：p_1 为加热器侧压力，Pa；p_2 为压力为 p_2 的容器内的压力，Pa；ρ 为凝结水密度，kg/m^3；g 为重力加速度，m/s^2；h 为 U 形管右侧管中疏水水柱高度，m。

当加热器内的疏水量增加时，U 形管左侧管中水位升高，则平衡被破坏，若水位升高为 h_x［图 3-24（a）中所示位置］，则 $p_1+\rho g h_x > p_2+\rho g h$，此时疏水就会在富裕静压 $\rho g h_x$ 的作用下流至压力为 p_2 的容器内。U 形水封管中始终有一段水柱存在，以防止水位过低时蒸汽进入下一级加热器。

U 形水封管的特点是：无转动机械部分，结构简单，维护方便，但占地大，厂里需要挖深坑放置，仅适用于两容器间压差较小的情况。在回热系统中一般应用在低压加热器、轴封加热器等设备的疏水排至凝汽器的管路上。当压差较大时，会使 U 形管太长，现场布置困难，这时则应采用其他形式的疏水排出装置。

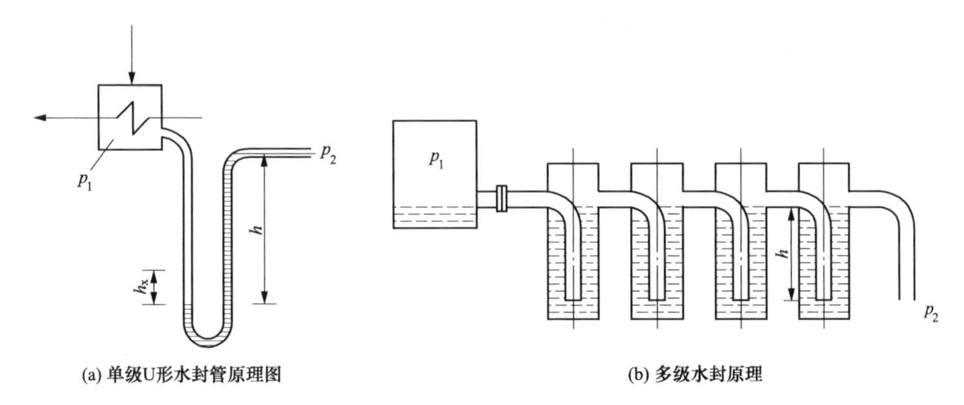

图 3-24　水封工作原理

为了降低水封管高度，低压加热器、轴封加热器等设备的疏水装置多采用多级水封管或水封筒。如图 3-24（b）所示为多级水封的工作原理，可以适用于两容器间压差较大的情况。当每级水封管的高度为 h、级数为 n 时，两容器间的平衡压差为

动画 3.6-高加大旁路系统

$$p_1 - p_2 = n\rho g h \tag{3-3}$$

五、高压加热器的自动保护装置

高压加热器汽水侧压差很大，加之制造工艺缺陷、检修质量差或运行过程中操作不当等原因，常引起加热器给水泄漏、管束破裂事故。为了在高压加热器发生故障时，不致中断锅炉给水或防止高压水倒流进入汽轮机，造成汽轮机水击事故，高压加热器通常设有自动旁路保护装置。自动旁路保护装置的作用是当高压加热器发生故障或管子破裂时，能迅速地切断进入加热器管束的给水，同时又能由旁路向锅炉供水。高压加热器采用的旁路保护系统主要有水压液动旁路保护系统和电气旁路保护系统两种。

1. 水压液动旁路保护系统

如图 3-25 所示为国产高压加热器水压液动旁路保护系统，该系统由入口联成阀、出口止回阀以及控制这些阀门动作的高压水管路系统组成。进口阀与旁通阀共用一个阀瓣，称为

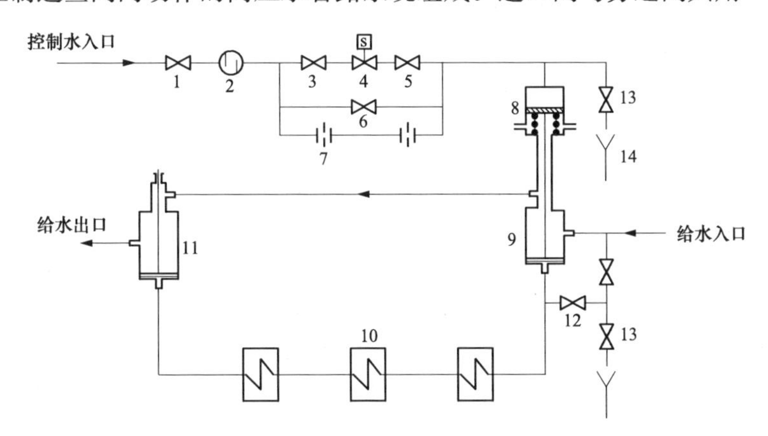

图 3-25　水压液动旁路保护系统

1—控制水关断阀；2—滤网；3、5—截止阀；4—电磁阀；6—电磁阀旁路阀；7—节流孔板；8—水动活塞；9—入口联成阀；10—高压加热器；11—出口止回阀；12—注水/放水阀；13—放水阀；14—漏斗

联成阀，其结构如图 3-26 所示；止回阀位于加热器出口水管上，其结构如图 3-27 所示；联成阀与止回阀通过加热器外部的一根旁通管相连，正常运行时，联成阀在最高极限位置，此时旁通阀门全关，进口阀全开，给水由入口连接管进入加热器内的管束中，经蒸汽加热后顶开止回阀流出。

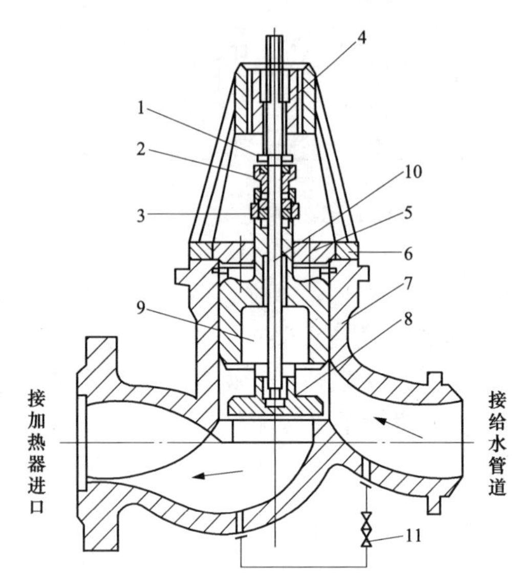

图 3-26　高压加热器进口联成阀

1—限制环；2—填料压盖；3—桥形板；4—阀杆螺母；5—盖板；6—支架；7—密封座；8—阀芯；9—旁路通道；10—阀杆；11—注水阀

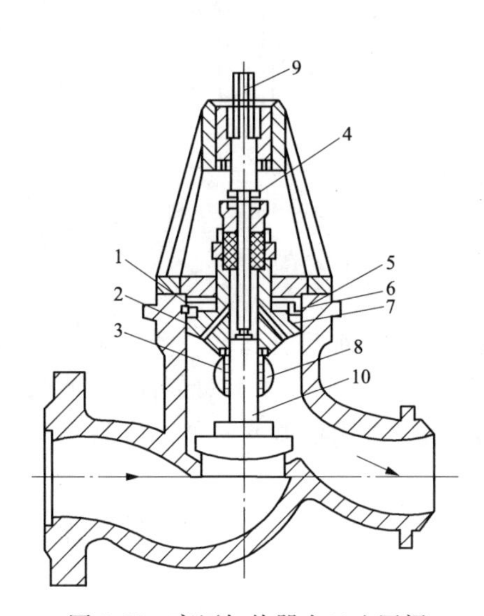

图 3-27　高压加热器出口止回阀

1—止脱箍；2—密封座；3—套筒；4—限制环；5—四合环；6—均压环；7—密封环；8—旁路通道；9—传动杆；10—阀杆

联成阀采用低压凝结水控制的外置活塞式结构，由于三台高压加热器共用一个旁路（称给水大旁路），当任意一台高压加热器故障引起疏水水位升高并超过水位上限时，水位计上电接点接通，开启电磁阀，由凝结水泵来的凝结水经滤网、电磁阀进入联成阀活塞上部，活塞在压力水的作用下，克服下部的弹簧力，强行关闭进口联成阀，中断加热器进水，同时旁通阀打开，出口止回阀由于下部失去水压而落下，给水直接由大旁路送往锅炉。同时，相应高压加热器抽汽管道上的进汽阀和止回阀联锁关闭，该高压加热器解列。当电磁阀失灵时，应手动开启电磁阀的旁路阀使保护装置动作。

投入高压加热器时，可开启联成阀活塞上部的放水阀，使活塞上部泄压；活塞在其下部弹簧力的作用下向上移动，开启进口阀同时关闭旁路阀，给水进入加热器。

2. 电气旁路保护系统

如图 3-28 所示为某 600MW 机组电气旁路保护系统，由高压加热器的进出水阀、旁路阀、事故疏水阀、继电器和信号灯等组成。加热器进出水阀、旁路阀都是电动的，由三台加热器的水位计通过继电器控制；当任一台高压加热器发生故障，加热器水侧水位升高至极限位置时，水位计发出高水位信号送到继电器，继电器动作发出电信号，接通加热器进水阀、出水阀和旁路阀的电气线路，这时加热器进水阀、出水阀自动关闭，旁路阀开启，给水由旁路直供锅炉，同时事故疏水阀打开，排出加热器内的余水；高压加热器抽汽管上的进汽阀和止回阀也自动关闭，三台加热器同时解列。

六、典型机组回热系统举例

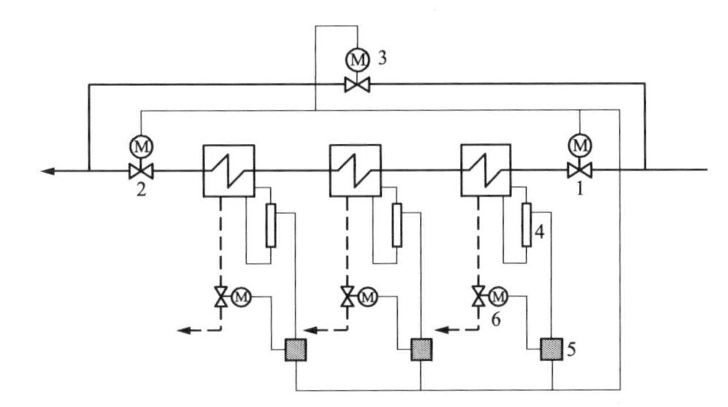

图 3-28　电气旁路保护系统
1—进水阀；2—出水阀；3—旁路阀；
4—水位计；5—继电器；6—事故疏水阀

典型凝汽式机组回热原则性热力系统如图 3-29 所示。图 3-29（a）为 200MW 超高压一次再热机组（三缸三排汽），采用“三高、四低、一除氧”共八级回热抽汽，三台高压加热器都设置了内置式蒸汽冷却器，疏水采用逐级自流方式最终汇入除氧器，其中 2 号高压加热器还配置了外置式疏水冷却器；5、6 号低压加热器疏水采用逐级自流方式；7 号低压加热器采用疏水泵将本级加热器疏水汇入主凝结水管路；8 号低压加热器、轴封加热器疏水自流汇入凝汽器热井。图 3-29（b）为 200MW 超高压一次再热机组（三缸两排汽），采用了外置式蒸汽冷却器 SC3，7 号和 8 号低压加热器均采用疏水泵将本级加热器疏水汇入主凝结水管路。图 3-29（c）为 300MW 及 600MW 亚临界一次再热机组，所有高压加热器均采用内置式蒸汽冷却器和内置式疏水冷却器，所有低压加热器均采用内置式疏水冷却器，不设置疏水泵，采用汽动给水泵。图 3-29（d）为 600MW 及 1000MW 超超临界一次再热机组，6 号低压加热器采用疏水泵将本级加热器疏水汇入主凝结水管路，7 号和 8 号低压加热器设置了外置式疏水冷却器。图 3-29（e）为 660MW 及 1000MW 超超临界二次再热机组，采用“四高、五低、一除氧”共十级回热抽汽，2 号、4 号高压加热器分别设置了一台外置式蒸汽冷却器；9 号、10 号低压加热器设置了一台外置式疏水冷却器，驱动给水泵汽轮机有单独的凝汽器及冷却水系统。

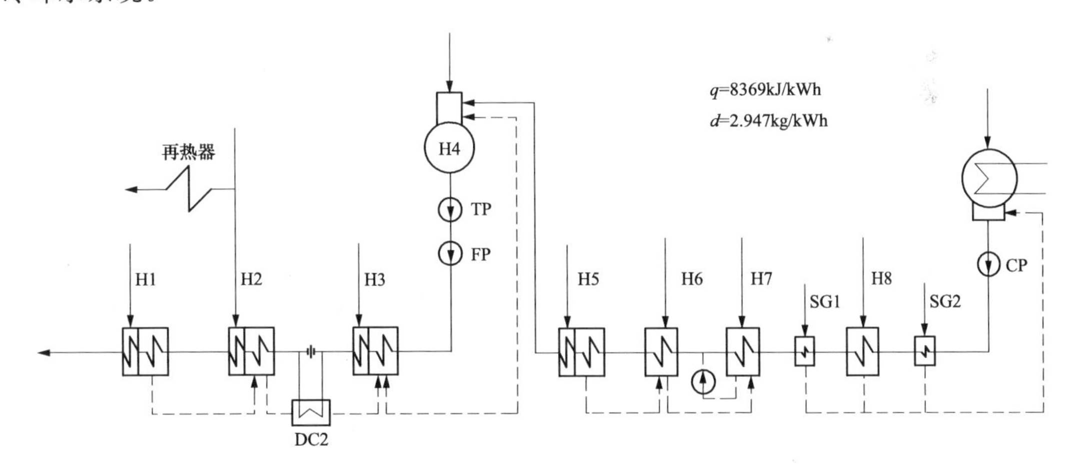

图 3-29　典型凝汽式机组回热原则性热力系统（一）

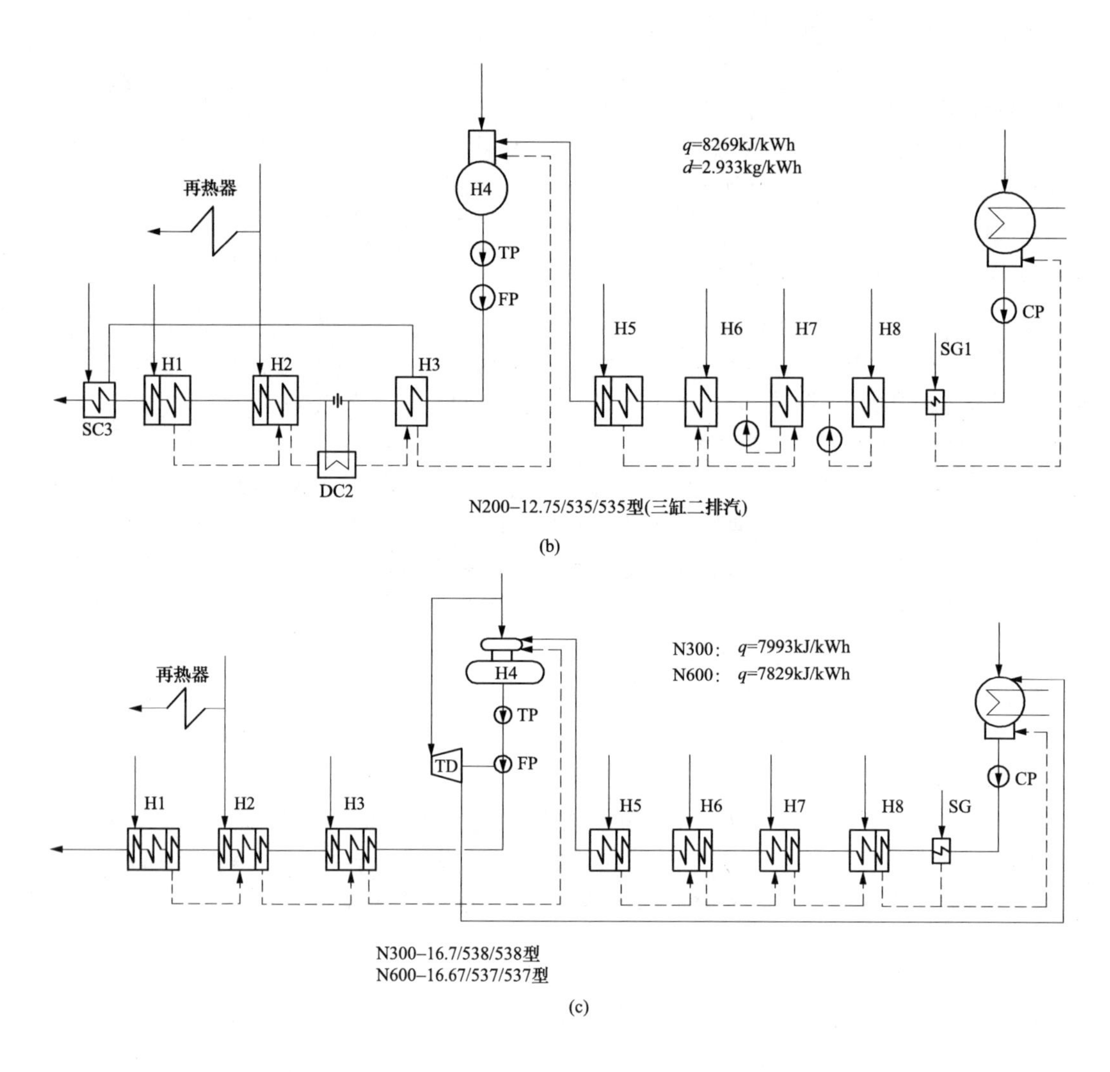

N200-12.75/535/535型(三缸二排汽)

(b)

N300-16.7/538/538型
N600-16.67/537/537型

(c)

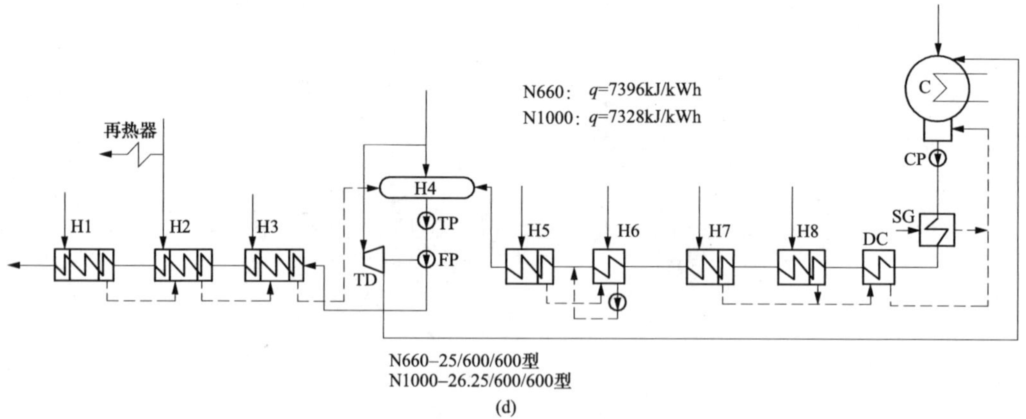

N660-25/600/600型
N1000-26.25/600/600型

(d)

图 3-29 典型凝汽式机组回热原则性热力系统（二）

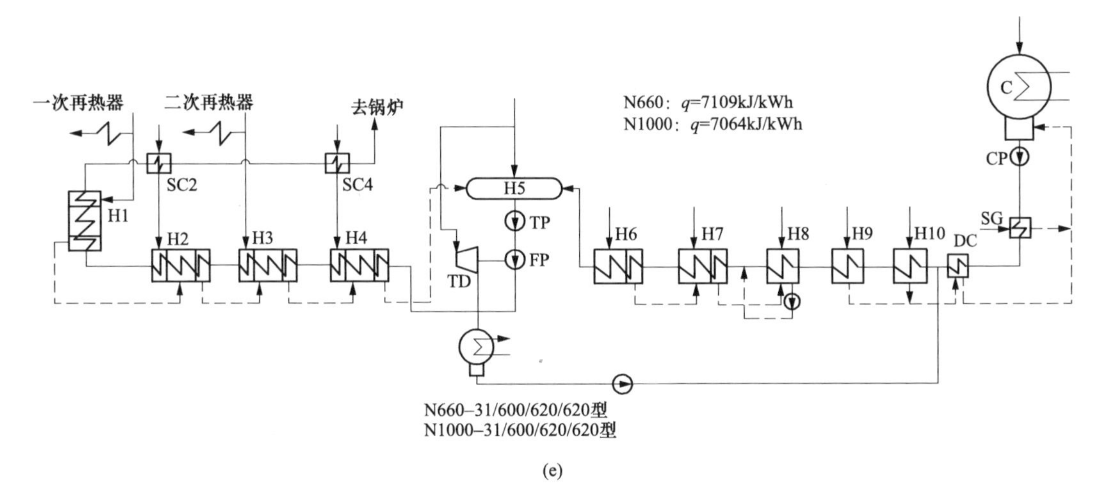

(e)

图 3-29　典型凝汽式机组回热原则性热力系统（三）

SC—蒸汽冷却器；DC—疏水冷却器；TD—给水泵汽轮机；TP—前置泵；

FP—给水泵；SG—轴封加热器；CP—凝结水泵；C—凝汽器

七、回热加热器的运行

1. 加热器对机组安全性和经济性的影响

加热器是回热系统中最主要也是最重要的设备，能否正常投入运行，对机组的安全性和经济性有重要的影响。

从安全角度看，若机组功率不变，停用一台或几台回热加热器时，汽轮机低压通流部分的叶片、隔板以及推力轴承可能过负荷，尤其是最末一级抽汽停用，影响更大。从经济角度看，加热器的停运使给水温度降低，同时使冷源损失增大，降低了循环的热经济性。特别是大容量机组的高压加热器若不能投运，将使机组功率下降8%～10%。另外，高压加热器不能投运还经常使过热汽温偏高。

2. 加热器的启停

高、低压加热器启动前和停运后都要非常注意抽汽管及其电动门、止回门前后的疏水，防止再次启动时引起水冲击。高、低压加热器都可以随主机启停，也可以定压启停。一般说来，高压加热器定压启停的参数太高，对加热器的热冲击太大，容易造成较大的热应力而使加热器泄漏，长时间运行会降低高压加热器的投入率，而随主机启停可以大大减少或避免上述现象的发生。实现随机启停的关键是看高压加热器的疏水在低负荷阶段能否畅通，这是由于主机滑压启动时，抽汽压力很低，加热器疏水管的起端和末端压差太小而使疏水不畅，易导致加热器水位偏高，这是很多大机组高压加热器不能实现随机启停的主要障碍。

加热器投运时，应先投水侧再投汽侧，当加热器需要停运时，先停汽侧后停水侧。投高压加热器应按抽汽压力从低到高的顺序；每台高压加热器的抽汽电动门先小开，后缓慢开大，交替进行，直到三台高压加热器全部正常投入。对于低压加热器，只需启动时保证疏走汽轮机和抽汽管道内疏水并待主机负荷达到一定值时再关闭抽汽管道上的疏水门，一般来说都能实现随机启停。

3. 运行中加热器的主要故障及原因

加热器特别是高压加热器的投入率是电厂运行的一个重要指标。影响高压加热器投入率的主要原因有：

（1）高压加热器系统内泄漏。造成高压加热器泄漏的主要原因有：

1）汽水的冲刷：为增加换热系数，管子壁面通常很薄，其外壁受到蒸汽的不断冲刷变得更薄，传热管束易穿孔或受高压给水的挤压而破裂。

2）管子振动：管系之间蒸汽流速过大，易激发共振。该现象经常发生在过热蒸汽冷却段，尤其是在该段中心、转向以及隔板附近的管道。

3）腐蚀：若给水含氧量过高，给水 pH 值降低，导致管道内壁腐蚀。管道外侧腐蚀主要由于积存空气和积水的原因。无论是在运行中还是在停运中，都要对汽侧和水侧进行防腐保护，以保持良好的传热性能，延长加热器的使用寿命。长期停用的加热器应充氮防腐，不充氮时可以暂时在汽侧充汽、水侧充水，水含氧量应在 50～100mg/L，以减缓腐蚀。运行中需要监测给水的含氧量和 pH 值。汽侧积累过多的空气对防腐不利，对传热也不利，所以应该有启动排气管，还应注意排气管的畅通。

4）超压：突然停炉导致加热器水侧压力突然升高；加热器解列时，抽汽电动门内漏，加热器管内存水被加热变成部分蒸汽，会因定容加热而使水侧压力升高，以致无法控制。

5）材质不良，制造时管壁厚度不均性大。

6）管子焊接或胀接的质量不过关。

7）热应力过大：不论是正常启停、主机故障停运还是高压加热器故障停运后的再启动，只要温升率或温降率过大，热冲击应力均大大升高。如汽侧停汽过快，停汽后仍继续供水，此时，因管壁薄，热胀冷缩快，而管板厚度大，胀缩慢，两者之间的焊口或胀口因出现应力而开缝。

8）管板变形：管板上下表面的温差和压差是管板变形的直接原因。水侧压力远高于汽侧，而汽侧的温度远高于水侧，这样使管板的中心向汽侧突出，而向水室凹下。

（2）疏水水位调节装置及热工自动保护装置发生故障，使水位不稳定。

（3）电动进汽阀关闭不严，致使高压加热器故障时无法在线隔离检修。

（4）危急疏水阀质量差，发生内漏。

（5）加热器水室结合面泄漏，一般是由加热器本体、疏水冷却器、蒸汽冷却器的水室结合面结构不合理造成的。

（6）疏水和排空气管道、水位计、温度测点等连接处泄漏。

（7）给水管道、调节阀、联成阀、安全阀故障。

第二节　除氧原理及除氧器结构

一、给水除氧的必要性

1. 给水除氧的实质

为保证发电厂安全、经济运行，必须将锅炉给水中溶解的气体除去。给水除氧的实质是除去给水中溶解的包括氧气在内的空气。由于主要目的是除去给水中的氧气，因此习惯上将给水除气设备称为除氧器（deaerator），也可称为除气器。

由此可知，除氧器的任务是及时除去锅炉给水中溶解的氧气和其他气体，以防止腐蚀热力设备和影响传热。

2. 水中溶氧的来源

给水中溶解的气体来源有两个：一是空气漏入处于真空下工作的热力设备和管道，并溶解到水中；二是由补充水带入。

虽然空气在水中的溶解度很小，但空气是可以溶解于水中的。也正因为水中溶解了少量的空气，才保证了水生生物呼吸所需要的氧气。凝汽器、低压加热器及其管道等都处于真空条件下工作，空气可以从系统不严密处漏入。当水与漏入的空气接触时，就会有一部分气体溶解于水中。补充水在化学处理过程中也会溶解一些气体。有资料表明，补充水中的含氧量高达 10mg/L，而超临界机组运行中一般要求凝结水的含氧量低于20μg/L，因此补充水溶氧超标近 500 倍。

3. 给水溶氧的危害

(1) 金属腐蚀。给水中溶解的气体会对热力设备造成腐蚀，而且温度越高，腐蚀越严重，降低了金属材料工作的可靠性和使用寿命。其中危害最大的是 O_2，对热力设备或管道会产生氧腐蚀，而水中溶有的 CO_2 会加剧这种腐蚀。在高温条件及水的碱性较弱时，氧腐蚀会加剧，所以应保证给水具有一定的 pH 值。一般情况下，水的 pH 值在 9.2～9.6 范围内的抗腐蚀效果最佳，但凝汽器等铜管系统水的 pH 值通常控制在 8.8～9.2，因为过大的 pH 值反而会加剧腐蚀。

(2) 传热恶化。水中含有的不凝结气体会在换热管束外表面形成空气层，使传热恶化。同时，换热面上沉积的氧化物盐垢也会增大传热热阻，降低机组的热经济性。

(3) 通流部分结垢。生成的氧化物盐垢沉积在汽轮机通流部分，将改变叶片的型线，减小通流面积，不仅使汽轮机功率下降，而且还会增加轴向推力，危及机组的安全运行。

因此，给水中溶有任何气体都是有害的。

4. 给水溶氧的标准

随着锅炉蒸汽参数的提高，对给水的品质要求越来越高，尤其对给水中溶氧量的限制更严格。根据 GB/T 12145—2016《火力发电机组及蒸汽动力设备水汽质量标准》可知：

对工作压力为 3.8～5.88MPa 的汽包炉，给水溶解氧量的标准值应小于或等于 15μg/L。

对工作压力为 5.88MPa 以上的汽包锅炉，给水溶解氧量的标准值应小于或等于 7μg/L。

对亚临界和超临界参数的直流锅炉，给水溶解氧量的标准值应小于或等于 7μg/L。

二、给水除氧的方法

给水除氧的方法有化学除氧法和物理除氧法两种。

1. 化学除氧法

化学除氧法是利用某些化学药剂（如联胺）与水中的溶氧发生化学反应，生成对金属不产生腐蚀作用的稳定化合物而达到除氧的目的。目前在大机组中应用较广的化学除氧法是在给水中加联胺（N_2H_4）。联胺在水中发生如下化学反应：

$$N_2H_4 + O_2 \longrightarrow N_2\uparrow + 2H_2O \quad \text{(除氧)}$$

$$3N_2H_4 \longrightarrow N_2\uparrow + 4NH_3$$

$$NH_3 + H_2O \longrightarrow NH_4OH \quad \text{(提高 pH 值)}$$

联胺与氧发生化学反应的产物是 N_2 和 H_2O，都对热力系统及设备的运行没有任何危害。这种方法的优点是：在除氧的同时还可提高给水的 pH 值，有钝化钢铜表面的优点；此外，在高温水中（温度高于 200℃），N_2H_4 可将 Fe_2O_3 还原为 Fe_3O_4 或 Fe，将 CuO 还原成 Cu_2O 或 Cu，联胺的这些性质可防止锅炉内铁垢和铜垢的生成。这种方法的缺点是：只能除去水中的溶解氧，不能除去其他气体；并且化学药剂价格昂贵，还会生成可溶性盐类；N_2H_4 具有毒性，也被认为是一种致癌物质。因此，发电厂较少单独采用该方法，只是在需要彻底除氧时，将其作为辅助除氧的手段。联胺的加入地点一般在除氧器水箱出口水管上。

N_2H_4 的除氧效果受水的 pH 值、溶液温度及过剩 N_2H_4 量的影响。采用联胺除氧应满足以下条件：

（1）必须使水保持足够高的温度（水温在 150℃以上）。

（2）必须使水维持一定的 pH 值（pH 值在 9～11 之间）。

（3）必须使水中有足够的过剩联胺。

化学除氧法除了加联胺外，还可在中性给水中加入气态氧或过氧化氢，使金属表面形成稳定的钝化膜。也有同时加氧加氨的联合水处理以及开发新型化学除氧剂等方法，在实践中都有较好的效果。

2. 物理除氧法

物理除氧法是借助于物理手段，将水中溶解氧和其他气体除掉。火电厂中应用最广泛的物理除氧法是热力除氧法，其价格便宜，在水中无任何残留物质，同时除氧器作为回热系统中的一个混合式加热器，不仅可以除氧，还可提高给水温度。

三、热力除氧的原理

热力除氧是建立在气体的溶解定律（亦称亨利定律）和分压力定律（亦称道尔顿定律）基础之上。亨利定律反映了气体在水中溶解和离析的规律，道尔顿定律则指出混合气体全压力与各组元气（汽）体分压力之间的关系。亨利定律和道尔顿定律奠定了热力除氧法的理论基础。

1. 亨利定律

亨利定律指出：在一定温度下，当气体溶解过程和离析过程处于动态平衡时（即气体向水中溶解的速度和自水中离析的速度相等时），单位体积水中溶解的气体量 b 与水面上该气体的分压力 p_b 成正比，即

$$b = K_d \frac{p_b}{p_0} \quad \text{mg/L} \tag{3-4}$$

式中：b 为气体在水中的溶解量，mg/L；p_b 为动态平衡时水面上气体的分压力（也称平衡压力），Pa；p_0 为水面上混合气体的全压力，Pa；K_d 为气体的质量溶解度系数，mg/L。

气体质量溶解度系数的大小随气体种类、温度和压力而定，如图 3-30 所示分别为 O_2 和 CO_2 在水中的溶解量与水温、压力的关系曲线。从图 3-30 中可以看出，随着温度的升高，水中溶解的气体量是逐渐降低的，即气体的质量溶解度系数随着温度的升高而降低；随着压力的升高，水中溶解的气体量是逐渐增加的，即气体的质量溶解度系数随着压力的升高而增大。

根据亨利定律，当水面上某种气体实际的分压力（用 p_i 表示）小于水中溶解气体所对应的平衡压力 p_b 时，原来的动态平衡就会被打破。则该种气体在不平衡压差 $\Delta p = p_b - p_i$

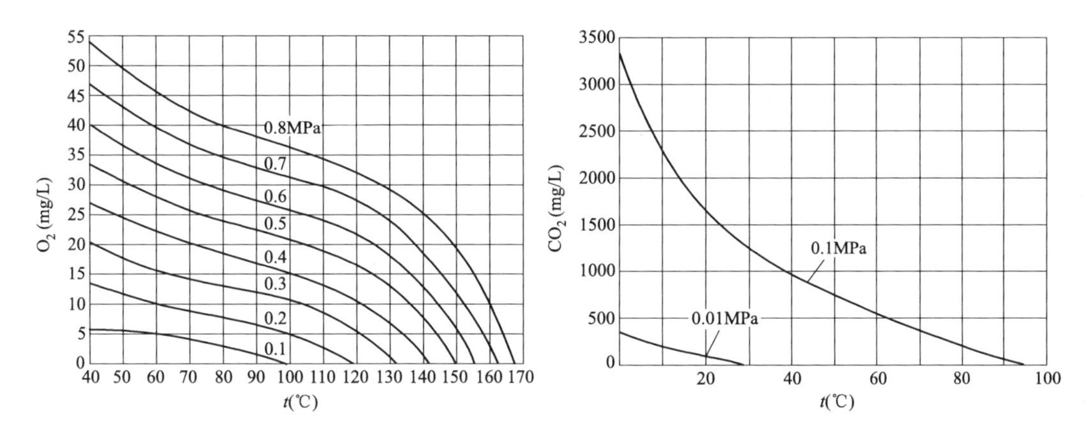

图 3-30 气体在水中的溶解量

的作用下不断从水中离析出来，水面上该气体的分子数和分压力 p_i 增加，而水中溶解的气体量不断减少，其所对应的平衡压力 p_b 也不断降低；当 p_i 与 p_b 重新相等时，建立了新的动态平衡状态，此时离析过程结束。

根据亨利定律，当 $p_i > p_b$ 时，则该种气体在不平衡压差 $\Delta p = p_i - p_b$ 的作用下不断向水中溶解，水面上该气体的分子数和分压力 p_i 减少，而水中溶解的气体量不断增加，其所对应的平衡压力 p_b 也不断升高；当 p_i 与 p_b 重新相等时，建立了新的动态平衡状态，此时溶解过程结束。

因此，要想除去水中溶解的某种气体，只要将水面上该气体的分压力降为零即可，该气体就会从水中完全除掉。将水面上该种气体的分压力降为零需要用到道尔顿定律。

2. 道尔顿定律

道尔顿定律指出：混合气体的全压力等于各组元气体的分压力之和。在除氧器中，水面上混合气体的全压力 p_0 等于水面上各气体的分压力 p_j 与水蒸气的分压力 p_{H_2O} 之和，即

$$p_0 = \sum p_j + p_{H_2O} \tag{3-5}$$

除氧器中的水被定压加热时，随着蒸发的蒸汽量增加，液面上水蒸气的分压力逐渐增大，而其他气体的分压力逐渐降低。当水加热至除氧器压力下的饱和温度时，除氧器内汽空间充满了大量的水蒸气分子，水蒸气的分压力接近或等于全压力，此时水面上其他气体的分压力将趋近于零，这样就创造了使气体从水中离析出的不平衡压差，在此作用下溶解在水中的气体将会从水中逸出而被除去。因此热力除氧器不仅除去了氧气，也除去了其他气体。除氧器顶部设有排气管路，以将分离出来的气体及时排出除氧器，减小水面上气体的分压力，从而使气体从水中离析的不平衡压差得到维持。

四、热力除氧的条件

热力除氧过程是个既传热又传质的过程，因此除氧器需要满足一定的传热条件和传质条件，才能保证除氧效果。

1. 传热方程

传热过程就是把水加热到除氧器工作压力下饱和温度的过程。要达到除氧目的，必须迅速把水加热到除氧器工作压力下的饱和温度，才能使气体在水中的溶解度趋于零。除氧器内的传热方程为

$$Q_d = K_h A \Delta t \quad kJ/h \tag{3-6}$$

式中：Q_d为除氧器内传热量，kJ/h；K_h 为传热系数，kJ/(m^2 · ℃ · h)；A 为汽水接触的传热面积，m^2；Δt 为传热温差,℃。

2. 传质方程

传质过程就是使溶解的气体自水中离析出来的过程。气体离析出水面要有足够的动力（Δp），其传质方程为

$$G = K_m A \Delta p \quad mg/h \tag{3-7}$$

式中：G 为离析气体量，mg/h；K_m 为传质系数，mg/(m^2 · MPa · h)；A 为传质面积（即传热面积），m^2；Δp 为传质不平衡压差，MPa。

3. 保证除氧效果的基本条件

要保证除氧效果，必须迅速把水加热到除氧器工作压力下的饱和温度，这就要求除氧器具有较大的传热量；要保证除氧效果，必须使尽可能多的气体自水中离析出来，这就要求除氧器具有较大的传质量。根据除氧器内的传热方程和传质方程，保证热力除氧效果的基本条件是：

（1）除氧器必须采用混合式换热器，水应在除氧器内均匀喷散成雾状水滴或细小水柱，可以保证被除氧的水与加热蒸汽有足够的接触面积，以保证良好的传热效果和传质效果。

（2）蒸汽与水应逆向流动，从而可以保证较大的传热温差和传质不平衡压差。另外，汽水逆向流动有助于蒸汽将水中逸出的气体带出除氧器。

（3）要有足够的汽水接触空间，使汽水接触时间充分。

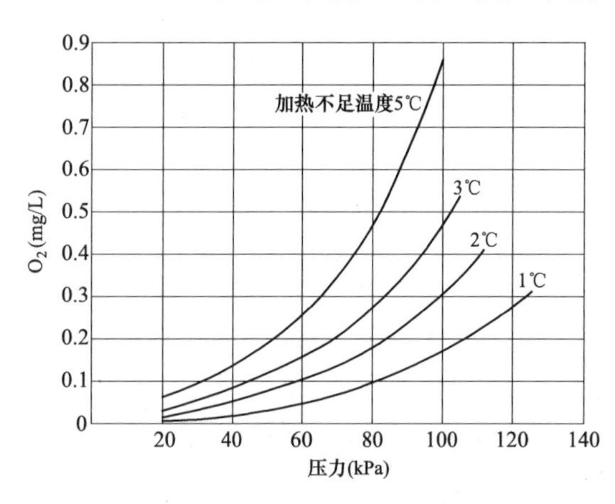

图 3-31 水中残余氧量与加热温度不足的关系

（4）水必须加热到除氧器工作压力下的饱和温度，使水面上水蒸气的分压力接近全压力，气体的分压力趋近于零，这时才能达到最大的传质不平衡压差。即使有少量的加热不足（几分之一摄氏度），都会使除氧效果恶化，水中残余的溶氧增高。如图 3-31 所示为水中残余氧量与加热温度不足之间的关系。随着加热不足温度的增大，水中残余的氧量也增加；在同一加热不足温度下，压力越高，水中残余的氧量也越多。在 1 个标准大气压下，当除氧器内水加热不足温度为 1℃时，水中含氧量就接近 0.2mg/L，大大高于 GB/T 12145—2016《火力发电机组及蒸汽动力设备水汽质量标准》中所规定的限值，况且除氧器的运行压力远高于标准大气压，加热温度不足对除氧效果的影响更为严重。

（5）除氧器的储水箱应设置再沸腾管，以免水箱水温因散热低于除氧器压力下的饱和温度，产生“返氧”现象。

（6）必须把水中逸出的气体及时排走，以保证液面上氧气及其他气体的分压力减至零或最小，使传质的不平衡压差得到维持，否则将发生“返氧”现象。所以除氧器应设置排气口并有足够排气裕量。

（7）应有深度除氧的措施。气体从水中离析出来的过程可分为两个阶段：第一阶段为除氧的初期阶段，此时由于水中溶解的气体较多，不平衡压差较大，气体可以以小气泡的形式克服水的黏滞力和表面张力离析出来，此阶段可以除去水中80%～90%的气体；第二阶段为深度除氧阶段，此时水中还残留着少量气体，不平衡压差较小，这些气体已没有能力克服水的黏滞力和表面张力而逸出，只有靠气体单个分子的扩散作用慢慢离析出来。这时应采取深度除氧措施除去水中残留的少量气体。例如，可以将水形成水膜，减小水的表面张力，同时加大汽水接触面积。也可采取制造水的紊流、蒸汽在水中的鼓泡作用（使气体分子依附在气泡上逸出）等办法。此过程由于扩散速度较慢，使热力除氧不够彻底，对于给水品质要求严格的亚临界及超临界参数的大型机组，还可采用化学除氧法作为辅助除氧手段。

五、除氧器的类型

1. 按工作压力进行分类

热力发电厂中的除氧器按工作压力不同，可分为真空式除氧器、大气式除氧器和高压除氧器。

（1）真空式除氧器。真空式除氧器进行除氧时的工作压力低于大气压。真空式除氧器通常不是一个单独的除氧设备，而是借助于凝汽器内的高真空，在凝汽器底部热井内布置适当的除氧装置，对凝结水和补充水进行初步除氧，以减轻主凝结水管道和低压加热器的氧腐蚀。凝结水除氧常用的方法有：

1）回热式凝汽器。现代凝汽器一般为回热式凝汽器，即凝汽器中间留有蒸汽通路，部分蒸汽可以直接流向凝汽器底部加热凝结水，使凝结水的温度能够接近或达到凝汽器压力下的饱和温度，降低了凝结水的过冷度。一方面可以提高机组运行的经济性，另一方面由于凝结水的过冷度减小，可使凝结水中溶氧析出，降低了凝结水的含氧量，有利于机组的安全运行。如图3-68所示的汽流向心式和向侧式凝汽器都属于此类。

影响此类凝汽器除氧能力的主要因素是管束设计的合理性以及凝汽器特性与抽气器特性的匹配关系；运行条件下凝汽器的蒸汽负荷、漏入空气量、冷却水进口温度等也有一定程度的影响。因此，为了保证凝汽器在各种运行条件下的除氧能力，除了采用回热式凝汽器、合理设计管束、配置合适的抽气器外，设计除氧热井往往也是必要的。

2）淋水盘式真空除氧装置。为了减少凝结水中的含氧量，一般在大型机组凝汽器的热水井内还专门设置了凝结水的除氧装置。如图3-32所示为凝汽器内布置的淋水盘式凝结水真空除氧装置，主要由集水板、淋水盘和溅水板组成。凝结水进入热井时，首先流入带有许多小孔的淋水盘2，水从小孔流下，形成水帘，凝结水表面积增大，被从上面流入的蒸汽加热；当凝结水被加热到热井压力下的饱和温度时，就可将溶于水中的氧气和其他气体除掉；水帘落下，落在溅水板5（由角铁组成）上，溅成水滴，表面积又增大，可进一步被蒸汽加热、除氧；被除去的气体经过许多根空气导管3导入空气冷却区，最后由抽气器抽出。正常运行时可使凝结水含氧量降至20～30μg/L。

如图3-33所示是某660MW超超临界火电机组凝汽器热井内淋水盘式真空除氧装置。该凝汽器形式为双背压、双壳体、单流程、表面式，由高压凝汽器与低压凝汽器组成，凝汽器设计压力为4.55/5.71kPa。热井布置在管束的下方，低压凝汽器热井设有假底板，所形成的凝结水依靠重力通过连通管引入高压凝汽器热井中水平放置的淋水盘，再经淋水盘上的小孔流下，形成水帘，凝结水表面积增大并被从上面流下的蒸汽加热至相应的饱和温度，完

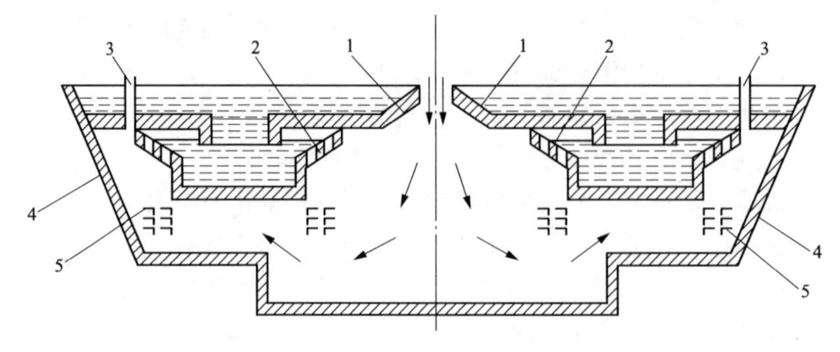

图 3-32　淋水盘式真空除氧装置

1—集水板；2—淋水盘；3—空气导管；4—热水井；5—溅水板

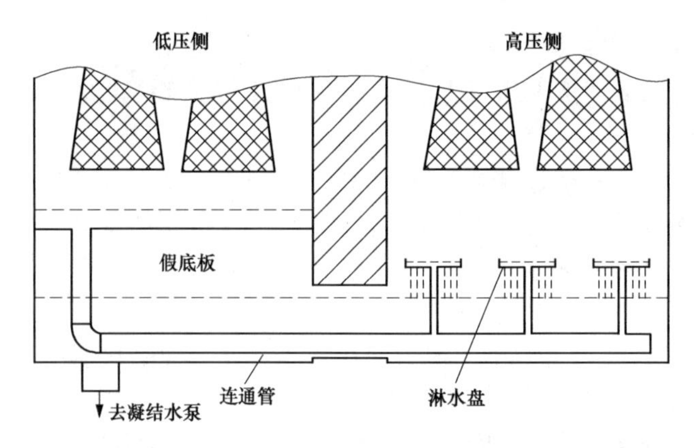

图 3-33　双压凝汽器热井内凝结水真空除氧装置

成对凝结水的除氧。凝结水除氧后，由布置在热井中的凝结水出水管引出，出水管处设有滤网，以过滤杂质、消除涡流，保证凝结水泵正常运行。

这种真空除氧装置一般在 60%额定负荷以上工作时的除氧效果较好，满负荷效果最好。但有的机组在低负荷或启动时，由于进入凝汽器的蒸汽量少，蒸汽在上部管束就已凝结，不能到达热井加热凝结水，使凝结水的过冷度增加，而且凝汽器压力低，漏入的空气量会增大，也会使凝结水的含氧量升高，这时真空除氧效果较差。

3）鼓泡除氧。鼓泡除氧的基本原理是：压力较高的蒸汽通过小孔喷入热井的凝结水中，利用所产生的强烈鼓泡作用，使蒸汽与凝结水的接触面积显著增加，从而使凝结水得到充分的加热与除氧。实践证明，鼓泡除氧装置能保证凝结水在任何工况下的深度除氧。鼓泡除氧装置的加热蒸汽可取自汽轮机的抽汽。

如图 3-34 所示为某 300MW 机组凝汽器热井的鼓泡除氧装置简图。鼓泡板 1 和阻流板 6 是该装置的基本元件，鼓泡板上开有数条间隙为 3mm 的直缝。凝结水经孔口 3 自凝汽器 2 落到板 11 上，再经与板 11 相连的齿形阻流板 10 泄流至鼓泡板 1 上。来自集汽管 9 的加热蒸汽（鼓泡蒸汽）进入腔室 8，集汽管上沿长度均匀布置许多喷嘴，蒸汽从集汽管喷嘴喷出后，再从鼓泡板上的缝隙高速喷入鼓泡板上方的鼓泡箱 12 中，形成一道道蒸汽“墙”，当凝结水向出口方向流动时，就与这一道道蒸汽“墙”相遇，此时凝结水受到强烈地搅动，汽水接触面大了，凝结水被迅速加热到相应压力下的饱和温度。除氧后的凝结水经鼓泡箱出口落入热井中。

(2) 大气压力式除氧器。大气压力式除氧器的工作压力略高于大气压（约0.118MPa），从而可将水中离析出的气体自动排入大气而不需要任何抽气设备。由于工作压力低，造价低，土建费用低，大气压力式除氧器适宜于中、低参数的发电厂，热电厂补充水及生产返回水的除氧设备也多选用大气压力式除氧器。

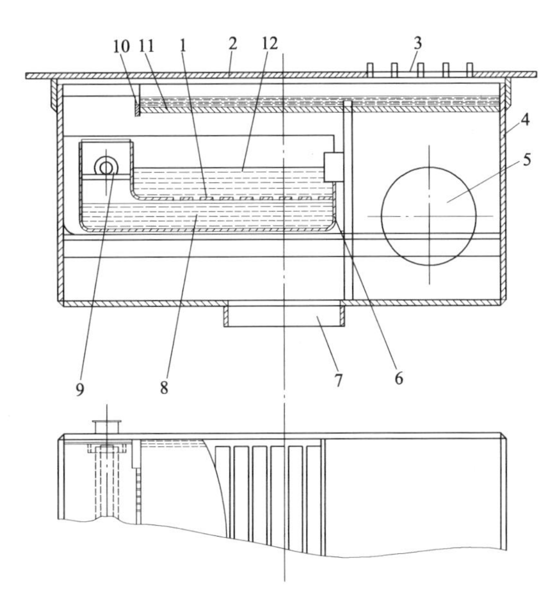

图 3-34　某 300MW 机组凝汽器热井鼓泡除氧装置

1—鼓泡板；2—凝汽器；3—矩形孔；4—热井；5—人孔；6—阻流板；7—凝结水出口；8—蒸汽腔室；9—集汽管；10—齿形阻流板；11—板；12—鼓泡箱

(3) 高压除氧器。高压除氧器的工作压力比较高，一般高于 0.343MPa。高参数大容量机组均采用高压除氧器，其原因主要有：采用高压除氧器，汽轮机相应抽汽口的位置随除氧器压力的升高而向前移动，可以减少系统中造价昂贵、运行条件苛刻的高压加热器的台数，节省投资，提高运行的可靠性。采用高压除氧器，可在高压加热器故障停用时供给锅炉较高温度的给水，从而减小对锅炉运行的影响。除氧器的工作压力越高，其饱和温度也越高，气体在水中的溶解度系数就会减小，在水中的离析过程加快，有利于提高除氧效果。采用高压除氧器能防止除氧器发生“自生沸腾”现象。“自生沸腾”是指过量的热疏水及其他辅助蒸汽进入除氧器时，其放热量就可将水加热到除氧器压力下的饱和温度，从而使除氧器内的给水不需要回热抽汽就能自己沸腾的现象。采用高压除氧器，可以减少高压加热器的疏水量及疏水在除氧器内的放热量，增加凝结水量及凝结水在除氧器内的吸热量，有利于防止除氧器发生“自生沸腾”现象。

但除氧器工作压力提高后，其本身的造价也要增加，同时给水泵的工作环境恶化，容易发生空蚀，而采用提高静压头和设置前置泵等措施又增加了投资，使给水泵造价和土建费用都有一定的上升。

2. 按除氧塔布置方式进行分类

按除氧塔布置方式，除氧器可分为立式除氧器、卧式除氧器和内置式除氧器（无除氧塔）。

如图 3-35 (a) 所示，立式除氧器是立式除氧塔垂直布置于给水箱之上。为满足除氧塔排水、除氧塔与给水箱之间的压力平衡要求，立式除氧器需在给水箱上开设直径较大的孔，孔径达到给水箱直径的 0.4～0.8 倍。大直径开孔使除氧塔和给水箱连接处产生较大应力和变形，给除氧器的安全运行带来了隐患。

如图 3-35 (b) 所示，卧式除氧器实际上是由卧式除氧塔与给水箱两个独立组成的长圆筒连接而成。二者用下水管和蒸汽管焊接连通，现场焊接安装工作量小，易于保证焊接质量；卧式除氧器高度比立式小，便于布置，并节省投资；立式除氧器一般只有一个排气口，而卧式除氧器沿长度方向上可布置多个排气口，有利于气体被及时排除，保证除氧效果。

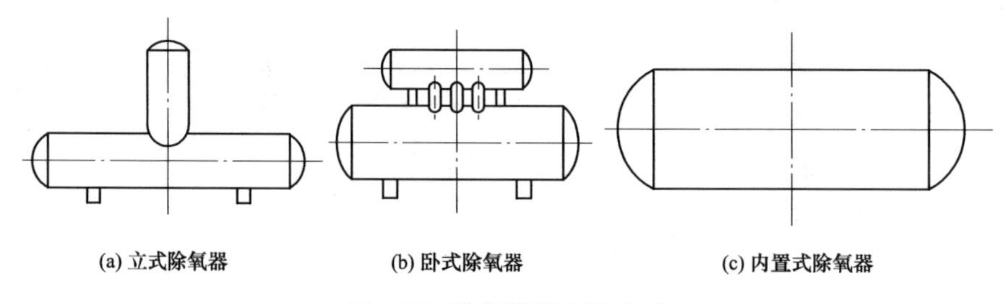

图 3-35　除氧塔的布置方式

内置式除氧器是一种新型除氧器，舍弃了传统除氧器的除氧塔，只保留了除氧器的水箱部分，如图 3-35（c）所示。内置式除氧器将除氧塔内的除氧部件转移到除氧器的水箱中，在给水箱内同时实现除氧和蓄水功能。内置式除氧器取消了传统除氧器的大直径开孔，减小了除氧器的局部应力，提高了除氧器运行的安全性，且采用了新型雾化喷嘴，改善了除氧效果。

3. 按运行方式进行分类

按照除氧器的运行方式，可分为定压运行除氧器和滑压运行除氧器。定压运行除氧器的工作压力始终保持恒定，其值不随机组负荷而变化。我国国内定压运行除氧器的额定工作压力一般为 0.588MPa，相应地除氧器出口水温在 158～160℃范围，一般用于高压和超高压的机组。滑压运行除氧器的工作压力随机组负荷而变化，但在机组启动或极低负荷时会采用定压运行。滑压运行除氧器一般应用于亚临界、超临界和超超临界的机组。

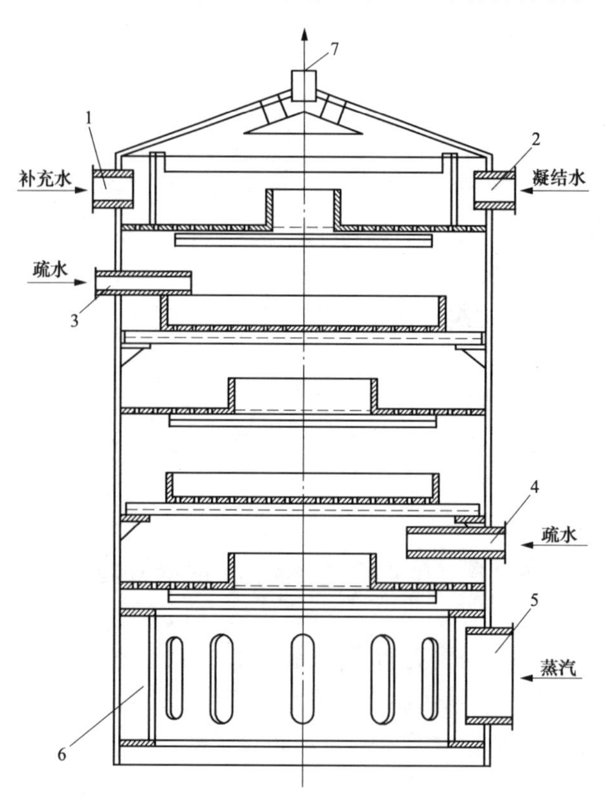

图 3-36　大气压力式淋水盘除氧器

1—补充水管；2—凝结水管；3—疏水箱来疏水管；4—高压加热器来疏水管；5—进汽管；6—蒸汽室；7—排气管

4. 按除氧塔结构进行分类

按除氧塔结构分，除氧器可分为淋水盘式、喷雾式、填料式、膜式、喷雾填料式和喷雾淋水盘式。本书后续将详细介绍典型除氧器的结构。

六、典型除氧器的结构

1. 淋水盘式除氧器

淋水盘式除氧器一般为大气压力式，采用立式除氧塔。大气压力式淋水盘除氧器如图 3-36 所示，需要除氧的凝结水和补充水进入除氧器顶部的环形配水槽，由其带齿形边缘流出，依次落入下面各层交替放置的环形和圆形淋水盘（5～8 层）。淋水盘小孔直径为 4～6mm，每层淋水盘高度约为 100mm。由小孔落下的水形成表面积很大的细流，均匀布满除氧器截面空间。加热蒸汽由除氧器底部的蒸汽分配箱（汽室）进入，与落下的水滴逆向流动，沿淋水盘形成的汽弯曲通道上升，并将水加热至饱和温度。同时由疏水箱来的疏水及高压加热器来的疏水，因其温度较高，从除氧器中间位置进入进行除氧，蒸汽携带着沿途逸出的气体向上流动，最后由顶部经排气管排至大气，被除掉气的给水下落到除氧器下方的给水箱中。

淋水盘式除氧器是一种老式结构的除氧器，外形尺寸大，制造工作量大，检修困难，在正常工况下除氧效果良好。但对进水温度和负荷要求苛刻，适应能力差，当进水温度低于70℃及超负荷运行时，淋水盘易形成溢流，除氧效果恶化。另外，淋水盘的小孔易被水垢和铁锈堵塞影响除氧器的功率，其除氧指标达不到高参数电厂的要求，故在中、低压电厂中应用较多。在水箱内设置再沸腾管或在低层加装蒸汽鼓泡装置，可使上述缺点得到一定程度的克服。

2. 喷雾填料式除氧器

如图 3-37 所示，凝结水由除氧器中部中心管进入，再由中心管流入环形配水管 2，在环形配水管上装若干喷嘴 3，水经喷嘴雾化，形成表面积很大的小水滴。一次加热蒸汽由加热蒸汽管 1 从塔顶部进入喷雾层，喷出的蒸汽对雾状小水珠进行第一次加热，进行初期除氧，汽水间传热面积很大，可以获得较高的热负荷强度，水被迅速地加热到除氧器压力对应的饱和温度。在这个阶段，水中溶解的气体有 80%～90%可以以小气泡形式逸出，水中残余含氧量为 0.05～0.1mg/L。在喷雾层除氧后，还能够进一步深度除氧，其措施是在喷雾层下面串联一个填料层 13。填料层是由很多 Ω 形不锈钢片、小瓷环、丝网屑或玻璃纤维压制的圆环或蜂窝状填料以及不锈角钢等堆集而成，其比表面积（单位体积的表面积）很大，一般可达 $200m^2/m^3$ 左右，能将水分散成很大的水膜，水的表面张力减小，残留的 10%～20%气体很容易扩散到水的表面，然后被从除氧器底部向上流动的二次加热蒸汽带走。分离出来的气体和少量蒸汽从除氧器顶部排气管 17 排走，除氧后的水则向下流入除氧器给水箱中。

喷雾填料式除氧器的主要优点是：传热面积大，负荷适应性强，在除氧器负荷变动时（如低压加热器故障停用或进水温度降低），除氧效果无明显变化；能够深度除氧，除氧后水的含氧量可小于 7μg/L。但这种除氧器的除氧性能与给水雾化效果好坏有很大关系。

3. 喷雾淋水盘式除氧器

喷雾淋水盘式除氧器由除氧塔和除氧水箱组成，而除氧塔主要由除氧塔筒体、凝结水进水室、喷雾除氧段、深度除氧段、出水管、蒸汽连通管、排气管、恒速喷嘴等组成。除氧塔有立式和卧式布置两种，目前大容量机组的除氧塔都采用卧式结构。如图 3-38 和图 3-39 所示分别为卧式喷雾淋水盘式除氧器除氧塔的横向结构图和纵向结构图。除氧塔壳体由圆形筒身和两端封头焊接而成，凝结水进水室由弓形不锈钢罩板、两端挡板和筒体焊接制成。除氧塔上部空间为喷雾除氧段，下部为深度除氧段。

喷雾淋水盘式除氧器的工作过程是：凝结水由进水管进入水室，在其压力的作用下将均匀布置在弓形罩板上的恒速喷嘴打开，呈圆锥形水膜从喷嘴中喷出，进入喷雾除氧段。在这个空间，加热蒸汽与水膜充分接触，很快把凝结水加热到除氧器压力下的饱和温度，除去绝大多数溶解在水中的气体，完成初期除氧。加热蒸汽由除氧塔两端进汽管进入，经布汽孔板均匀分配后从栅架底部进入深度除氧段，再向上流入喷雾段，与凝结水形成逆向流动。穿过喷雾段并喷洒在布水槽钢上的凝结水，被布水槽钢均匀地分配给淋水盘箱。在淋水盘箱中，

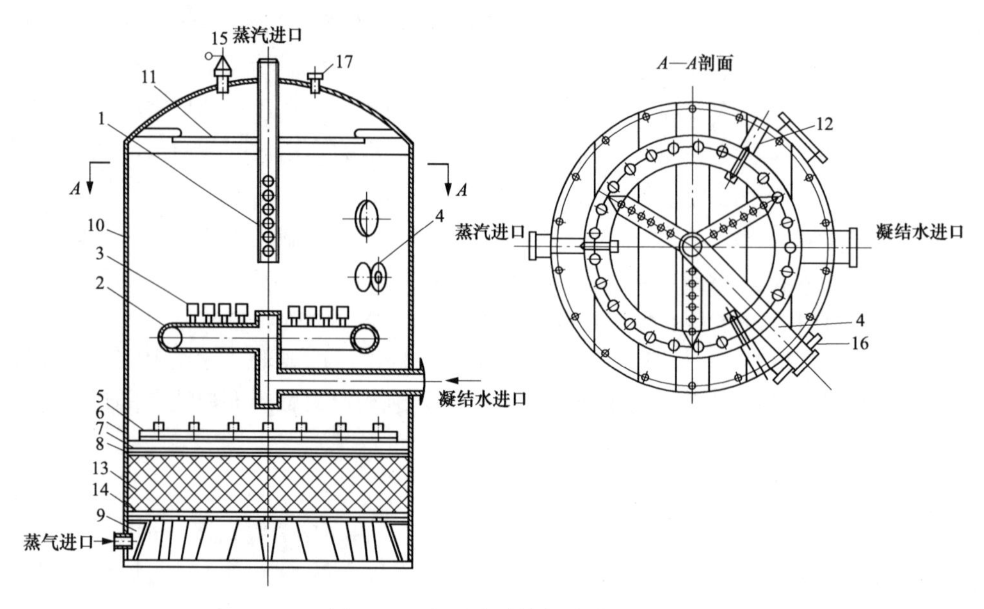

图 3-37　高压喷雾填料式除氧器

1—加热蒸汽管；2—环形配水管；3—喷嘴；4—高压加热器疏水进水管；5—淋水区；6—支撑圈；7—滤板；8—支撑圈；9—进汽室；10—筒身；11—挡水板；12—吊攀；13—不锈钢Ω形填料；14—滤网；15—弹簧安全阀；16—人孔；17—排气管

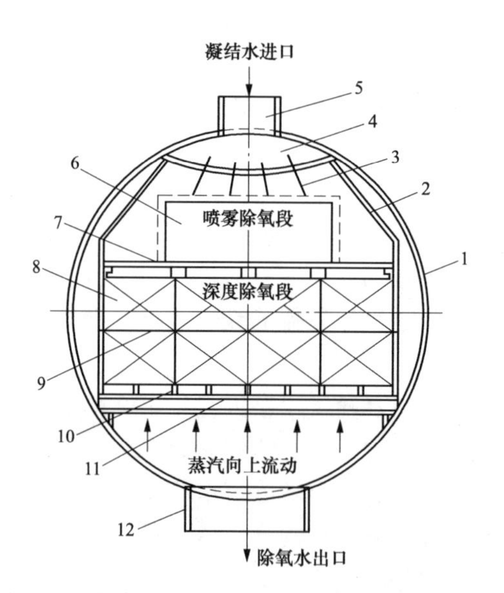

图 3-38　喷雾淋水盘式除氧器的除氧塔横向结构图

1—除氧器外壳；2—侧包板；3—恒速喷嘴；4—凝结水进水室；5—凝结水进水管；6—喷雾除氧空间；7—布水槽钢；8—淋水盘箱；9—深度除氧空间；10—栅架；11—工字钢托架；12—出口水管

凝结水从上层的小槽钢两侧分流入下层的小槽钢中，经过十几层上下彼此交错布置的小槽钢后，被分成无数细流，使其有足够的时间与加热蒸汽充分接触，凝结水不断沸腾，残余在水中的气体在淋水盘中进一步离析出来，完成深度除氧。离析出的气体，通过水室上部的排气管排入大气。除氧后的水从除氧塔下部的下水管流入除氧水箱，并由给水泵升压后经过各级

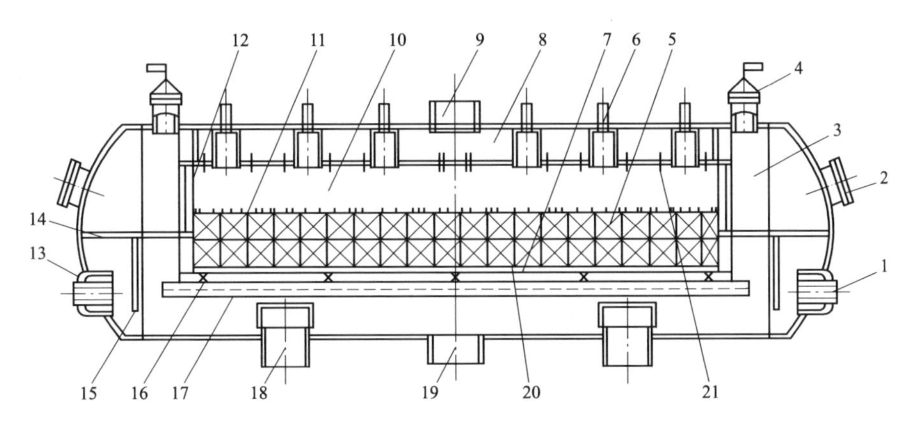

图 3-39　喷雾淋水盘式除氧器的除氧塔纵向结构图

1、13—进汽管；2—搬物孔；3—除氧塔；4—安全阀；5—淋水盘箱；6—排气管；7—栅架；
8—凝结水进水室；9—凝结水进水管；10—喷雾除氧空间；11—布水槽钢；
12—喷雾除氧段人孔门；14—进口平台；15—布汽孔板；16—工字梁；17—基平面角铁；
18—蒸汽连通管；19—出口水管；20—深度除氧段；21—恒速喷嘴

高压加热器加热后送至锅炉。

除氧塔卧式布置的除氧器在长度方向上可布置较多的恒速喷嘴，能保证除氧器滑压运行时的除氧效果；同时也可布置多个排气口，有利于离析出的气体及时排出，以免二次溶氧，影响除氧效果；与除氧水箱的连接方便，只需一根或两根下水管和两根蒸汽连通管即可。因此，在很多 300MW 以上的机组上得到了应用。

除氧器给水箱用于储存已除过氧的水，同时能为给水泵连续稳定运行提供保障。除氧水箱位于除氧塔下方，由筒身和两端封头焊接而成。除氧塔与除氧水箱通过下水管和蒸汽平衡管相连，除氧器水箱与除氧塔组合如图 3-40 所示。水箱筒体上装设有各种不同规格的对外接管，在两端的封头上开有人孔门供检修用。水箱内设有控制除氧器水位过高的溢流装置，在机组运行过程中，当给水箱水位超过溢流水位时，水自动流出，防止给水箱水位过高而发生事故。给水箱还设有启动加热装置或再沸腾管，将蒸汽送入水箱水面以下，用于加热除过氧的水，防止因水箱散热而导致的“返氧”发生；还能利用蒸汽的鼓泡作用辅助除去给水中的溶解气体；在机组启动前，还可利用辅助汽源的蒸汽加热除氧水箱中的水，使锅炉启动时给水溶氧量达标。水箱上还装设了安全阀、压力表、温度计、水位计等，以保证除氧器的安全运行。

除氧水箱是凝结水泵和给水泵之间的缓冲容器。在机组启动、负荷大幅度变化、凝结水系统故障或除氧器进水中断等异常情况下，能保证在一定时间内（600MW 机组为 5～10min）不间断向锅炉供水。给水箱的储水量是指给水箱正常水位至水箱出水管顶部水位之间的储水量。对于单机容量在 200MW 及以下的机组，除氧器给水箱的储水量不应小于 10min 的锅炉最大连续蒸发量时的给水消耗量；对于单机容量在 300MW 及以上的机组，除氧器给水箱的储水量不应小于 5min 的锅炉最大连续蒸发量时的给水消耗量。

4. 旋膜式除氧器

旋膜式除氧器内的热交换方式不同于喷雾淋水盘式除氧器的珠状传热、传质，而是以高速旋转的水膜与加热蒸汽进行热质交换，属于传热效率极高的紊流换热。旋膜式除氧器设有

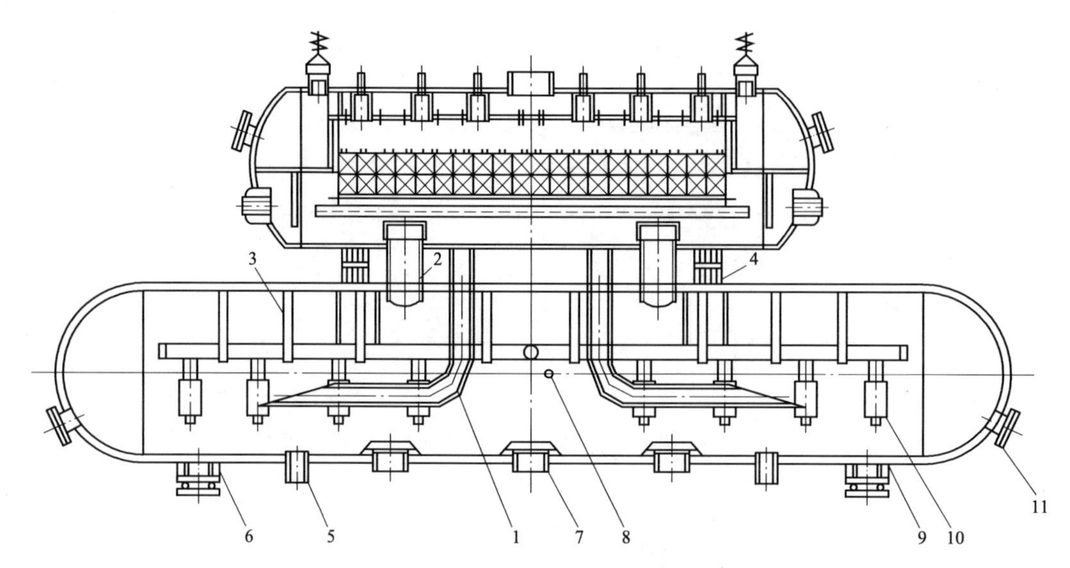

图 3-40　除氧器水箱与除氧塔组合示意图

1—下水管；2—汽平衡管；3—吊架；4—上支座；5—放水口；6—活动支座；
7—出水口；8—溢流管；9—固定支座；10—启动加热装置；11—人孔

两级除氧。第一级为旋膜器除氧，其位于除氧塔上部，水中溶氧的 90%以上将在这里被分离；第二级为水篦组填料层深度除氧，水膜裙室落下的除氧水在水篦子上重新分配、成膜、加热，然后流经填料层，除氧水被再次加热，残余氧被析出，总体的除氧效率可达到 98%以上。两级除氧组件之间的空间为水膜裙室。

如图 3-41 所示为旋膜式除氧器的卧式除氧塔结构图。旋膜式除氧器的工作过程是：旋膜管上端的一个或几个截面处钻若干小孔，小孔与管壁相切且向下倾斜 8°～13°（如图 3-42 所示）。这样既可保证在较低负荷时锥形水膜有较大的扩散角，使相邻水膜相互重叠，又可保证在较高压差时旋膜管上部不会冒水。凝结水进入除氧塔内布置的水室后，在压差的作用下从小孔切向射入管内，在小孔的出口处产生射流运动。水进入旋膜管后沿内壁旋流而下，形成中空的旋转水膜，从上而下高速旋转流动。由于水膜的高速旋转，在靠近水膜处形成低压区，使得大量蒸汽被卷吸入水膜内，从而使凝结水迅速被加热。因而，射流强化了传热传质过程，可以在极短时间内，很小的行程上，吸收大量的加热蒸汽。由于离心力的作用，在旋膜管出口处将形成很薄的锥形水膜裙。加热蒸汽则自下而上，在管中通过并与水进行热质交换。旋膜式除氧器的传热传质过程主要发生在旋膜管内。由于水旋转流动的特性，而且水成膜状，有利于氧的解析与扩散，有利于传热传质过程的顺利进行。形成的水膜裙下落，与上升的蒸汽相遇，大大加快了水和加热蒸汽的热交换，强化了汽水热交换的效果。初步除氧的水经分配器均匀地分配至填料层，在填料层中水再次被分离成水膜状，使水的表面张力大大降低，且有足够的停留时间与蒸汽接触，水中残余的气体在填料层被进一步析出，使除氧器出水含氧量达到标准。

如图 3-43 所示为旋膜式除氧器的立式除氧塔结构图。旋膜式除氧器的一级除氧组件由旋膜管、连通管及隔板等组成。旋膜管主要由一组垂直安装的不锈钢管组成，外径一般为 ϕ108 或 ϕ133。旋膜管上部钻有与管壁相切且向下倾斜的小孔，作为凝结水的喷孔；旋膜管

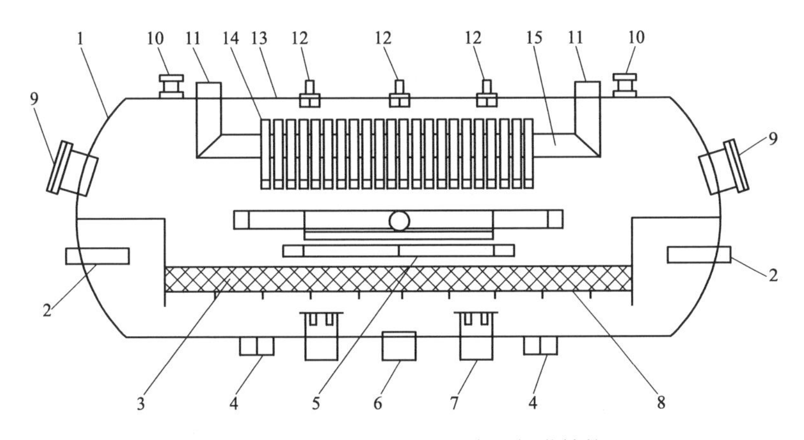

图 3-41　旋膜式除氧器的卧式除氧塔结构图

1—封头；2—进汽口；3—填料；4—支座；5—高压加热器疏水管；6—下水管；7—汽平衡管；8—二级除氧组件；9—人孔；10—安全阀；11—凝结水进口；12—排气口；13—筒体；14—旋膜管；15—水室

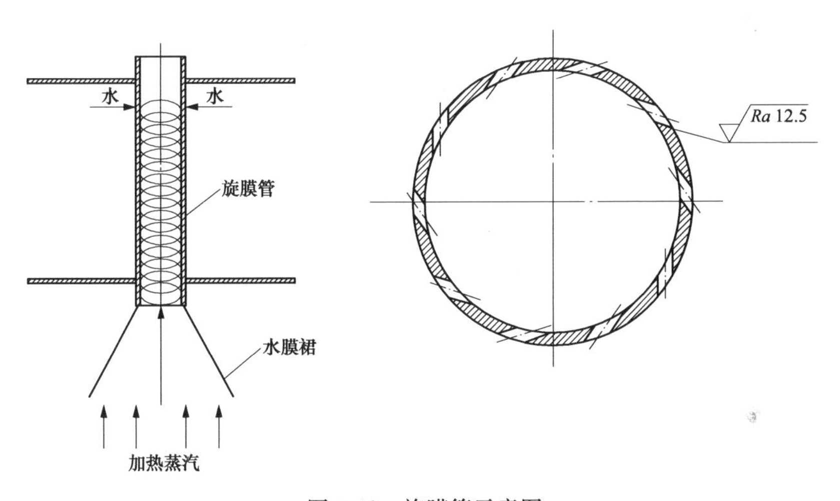

图 3-42　旋膜管示意图

下部也钻有小孔，作为蒸汽的喷孔。除氧塔上部有三层隔板，与旋膜管外壁焊接，将空间分为水室（在上部）和汽室（在下部）。水室入口一般装有具有喷射器原理的混合管，能将不同压力的水混合后送入水室；汽室则接入一股蒸汽，经过旋膜管下部小孔喷入旋膜管内部，与水膜裙混合并进行传热传质，增强除氧效果。有资料表明，三层隔板能使旋膜管在低压甚至真空条件下运行，能够适应除氧器滑压运行的要求。在隔板的一定位置上设置一些贯穿上中下隔板的连通管，其作用是导回汽水分离室内分离下来的积水和旋膜管带出的积水，排出除氧塔水膜裙室上部的气（汽）体，并在管内使两种介质进行换热。

旋膜管上的喷孔蒸汽量对水的一次加热有很大作用，要求蒸汽快速地与水混合。但若蒸汽流量过大、流速过高则会破坏水膜，因此要求汽腔喷孔布置均匀且蒸汽流速不宜过高。经试验表明，汽腔中的蒸汽量为总加热蒸汽量的 12％～18％为宜。

水膜裙室落下的除氧水在水篦子上重新分配、成膜、加热。水篦子一般 3～4 层，由不锈钢管中心剖开或角钢制作，各层相互交叉排列，等距焊接在一个框架上，篦条面积不小于

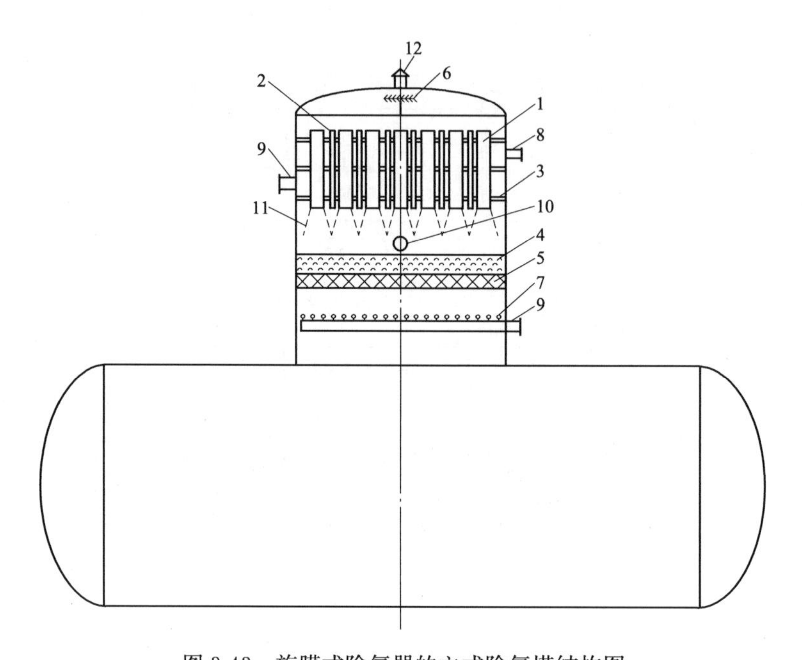

图 3-43　旋膜式除氧器的立式除氧塔结构图

1—旋膜器；2—连通管；3—隔板；4—水篦子；5—网波填料；6—汽水分离器；7—蒸汽喷头；8—进水口；9—蒸汽进口；10—高压加热器疏水管；11—水膜裙；12—排气口

总截面面积的 50%。水篦子的作用除了进一步延续和扩展水的表面积外，对来自水膜裙的不均匀分布水流也有均化作用。从水篦子落下的除氧水将流经不锈钢网波填料，除氧水被再次加热，残余氧析出，使除氧水中的含氧量达到设计规定。网波填料一般为 2～3 层，是由 0.1mm×0.4mm 扁不锈钢丝编制成的具有 Ω 形孔的网带，固定在框架内，其比表面积依其卷制的松紧来调整。网波填料具有空隙率大（一般可达 95%以上）比表面积高（可达 $1800m^2/m^3$）压力损失小、分离效率高等优点。

5. 内置式除氧器

内置式除氧器也称无除氧塔式除氧器，将除氧塔内具有除氧功能的部件转移至除氧器给水箱中，在水箱内将除氧、蓄水功能融为一体。内置式除氧器的优点是取消了传统除氧器的大直径开孔，减小了除氧器的局部应力，提高了除氧器的安全运行系数，还采用新型喷嘴、吹扫管、二次泡沫器等高效除氧元件置于给水箱汽侧空间，提高了除氧效果，实现了除氧塔和给水箱的一体化。内置式除氧器的凝结水进水喷嘴是其关键部件，主要有两种形式，一种是射汽型喷嘴，另一种是碟形喷嘴（disc-type spray device）。

（1）装设射汽型喷嘴的内置式除氧器。如图 3-44 所示是装设射汽型喷嘴的内置式除氧器结构示意图，主要由射汽型喷嘴组件、吹扫汽管、泡沫汽管等关键设备组成。内置式除氧器的正常水位通常设在除氧器纵向中心线上或稍高的位置，在除氧器的汽侧空间布置 4～6 个射汽型喷嘴组件，这些喷嘴组件沿除氧器纵向均匀布置。喷嘴组件为套管型，内管是蒸汽管，外管是进水管。每个喷嘴组件上装有 4～5 只射汽型喷嘴，一般呈水平方向喷射，以便获得较长的喷射距离。吹扫管呈环形布置，在吹扫管上有许多向下倾斜的小喷嘴，吹扫环管布置在水位线以上。泡沫汽总管位于水箱底部，沿除氧器纵向设置了若干泡沫汽支管，在每根支管上安装 4 个二次泡沫器。泡沫汽总管和支管采用导向支架固定在水箱底部，以便承受可能发生的水冲击。泡沫器接口管设在除氧器顶部，以防止除氧器中的水通过泡沫汽管和抽汽管倒流入汽轮机。

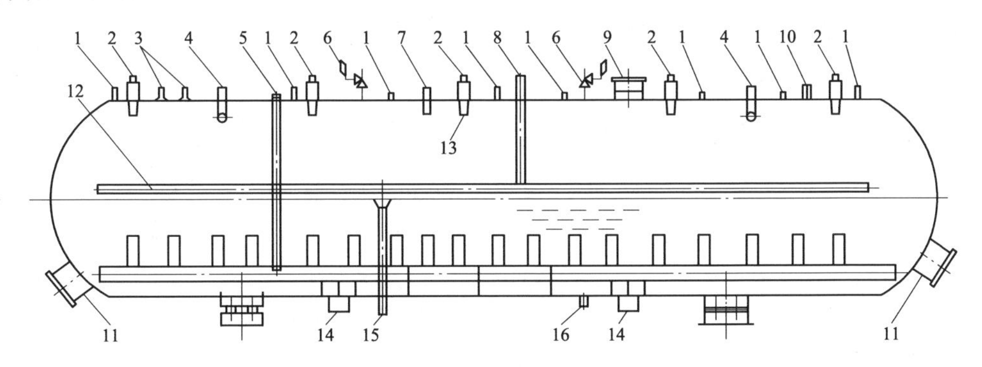

图 3-44　装设射汽型喷嘴的内置式除氧器

1—排气管；2—喷嘴进汽管和喷嘴进水管；3—法兰螺栓加热蒸汽管；4—给水再循环管；5—泡沫蒸汽管；6—安全阀；7—高压加热器疏水管；8—吹扫蒸汽进口；9—通风管；10—连续排污蒸汽管；11—人孔；12—吹扫管；13—射汽喷嘴；14—出水管；15—溢流管；16—放水管

1）射汽型喷嘴。如图 3-45 所示，射汽型喷嘴由壳体和射汽喷管组成。在壳体圆周壁上开设了若干切向进水槽，进水从壳体外侧通过切向进水槽进入壳体内侧，并形成数股旋转水流。射汽喷管将蒸汽压力能转变成速度能，在射汽喷管出口处的蒸汽达到较高的流速，形成一股高速射汽流。这股高速射汽流一方面在壳体内带动旋转水流向前流动，并在喷嘴出口处撞击旋转水流，增加了水流雾化动力；另一方面这股高速射汽流在壳体内就与旋转水流接触，提前了汽水热交换时间。在离开喷嘴后，这股蒸汽自雾化锥体中心向四周扩散，使雾化水滴及时获得均匀加热。

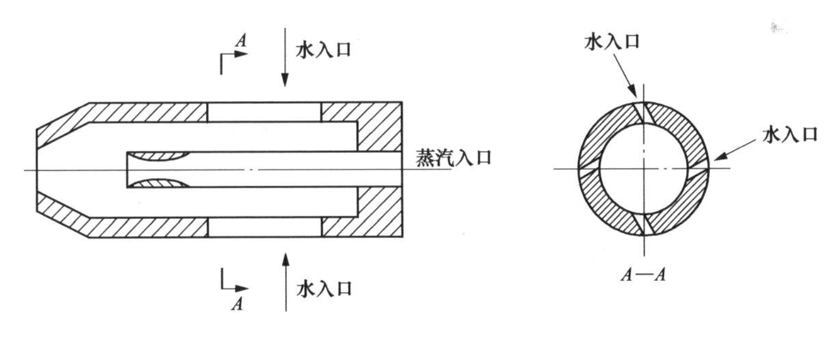

图 3-45　射汽型喷嘴

由于射汽型喷嘴同时具备压力雾化和蒸汽雾化功能，因而增强了对水流的雾化强度，获得较大的传热面积和传质时间，即使在低负荷时，依靠蒸汽雾化功能也能使水流获得所需要的传热面积，达到满负荷时一样的除氧效果。

2）吹扫管。试验数据表明，在除氧器水位线处，水侧氧气浓度与汽侧氧气浓度之差一般不大，较小的浓度差使得氧气扩散动力不足，加上水的表面张力增加了水侧氧气向汽侧扩散的阻力，影响了除氧效果。为此，在除氧器水位线上方设置了一条环形吹扫管，在吹扫管上安装了若干吹扫口，利用加热蒸汽作为吹扫汽源，及时吹掉水面上的氧气和其他气体，增大水位线两侧的氧气浓度差，增加氧气的扩散动力。同时，利用吹扫蒸汽喷出的速度能，不断吹出水花扰动水面，减少了水的表面张力，增加了扩散表面积，提高氧气的逸出速度。

吹扫管中的蒸汽除了用于促进水中的氧气及时逸出外，吹扫后的蒸汽自下向上流动，不断加热喷嘴喷出的雾化水，自雾化锥体外表面向锥体内部传热，与射汽管喷出的蒸汽自雾化锥体内部向锥体外表面传热同时进行，使雾化水受热均匀，提高了雾化水的加热温升速度。

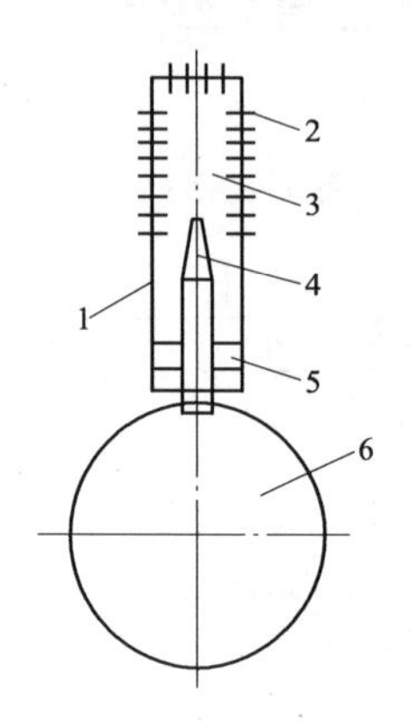

图 3-46　二次泡沫发生器

1—泡沫管；2—小孔；3—泡沫腔；4—蒸汽喷嘴；5—旋流片；6—泡沫蒸汽母管

3）泡沫发生器。传统除氧器给水箱底部通常有一根再沸腾管，可用于启动时加热冷水。由于再沸腾管产生的紊流强度不大，往往使得除氧器的启动时间较长，一般为 5～8h。为提高紊流强度，内置式除氧器加装了二次泡沫发生器，如图 3-46 所示。

泡沫发生器由蒸汽喷嘴、旋流片、泡沫管组成。蒸汽喷嘴安装在除氧器底部的蒸汽管道上，当加热蒸汽从蒸汽喷嘴喷出后，加热蒸汽的压力能转变成速度能，带动泡沫管下部的水通过旋流片后一边旋转，一边向上流动，在泡沫管腔室内喷射蒸汽与水混合，产生一次泡沫。形成了一次泡沫的汽水混合物通过泡沫管四壁上的小孔流到泡沫管外侧，带动泡沫管周围的水流动，除了一部分蒸汽在一次泡沫流动中随着放热被凝结外，多余的蒸汽在泡沫管外围与水混合紊流，形成第二次泡沫，并把多余热量传递给混合流动的水。二次泡沫使混合水受到充分加热，达到饱和温度并逸出水中氧气。这种泡沫器因为能产生两次泡沫，所以又称二次泡沫器。

二次泡沫发生器设置在内置式除氧器的水位线以下，增强了水下紊流强度，缩短了冷水加热时间。试验表明，除氧器的冷水加热时间一般可缩短到 2～3h。二次泡沫发生器不仅可以用于启动，也可以用于正常运行。当除氧器进水温度较低或进水含氧量较高时，使用二次泡沫发生器可进行深度除氧，降低出水中的含氧量，其作用与传统除氧器内的再沸腾管原理相似，作用相同。但由于内部结构不同，二次泡沫器产生的泡沫量大、加热速度快、除氧效果好。

（2）装设碟形喷嘴的内置式除氧器。如图 3-47 所示为装设碟形喷嘴的内置式除氧器结构示意图。除氧器加热蒸汽有两路汽源（除氧器进汽分配示意图如图 3-48 所示），分别为来自汽轮机的第四级抽汽和来自辅汽集箱的辅助蒸汽，第四级抽汽引入底部主要用于加热给水和深度除氧；辅助蒸汽引入本体内经分配管后均匀布置在汽水空间，供启动时加热用。

该型除氧器内部同样设置有初级除氧区和深度除氧区。在初级除氧阶段，凝结水经过高压喷嘴形成发散的锥形水膜向下进入初级除氧区，水膜在这个区域内与上行的过热蒸汽充分接触，迅速将水加热到除氧器压力下的饱和温度。大部分氧气可以从凝结水中析出，在每个喷嘴的周围设有四个排气口，以及时排除析出的氧气。

在深度除氧阶段，经过初步除氧的水落入水空间流向出水口，加热蒸汽排管沿除氧器筒体轴向布置，加热蒸汽通过排管从水下送入除氧器，与水混合并将水加热，同时对水流进行扰动，达到对水进行深度除氧的目的。水在除氧器中的流程越长，则对水进行深度除氧的效果越好。未凝结的加热蒸汽（此时为饱和蒸汽）携带不凝结气体逸出水面流向喷嘴的排气区

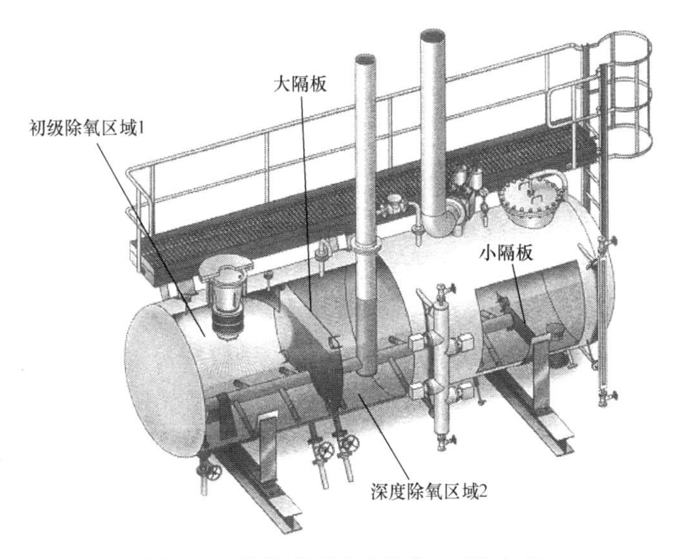

图 3-47　装设碟形喷嘴的内置式除氧器

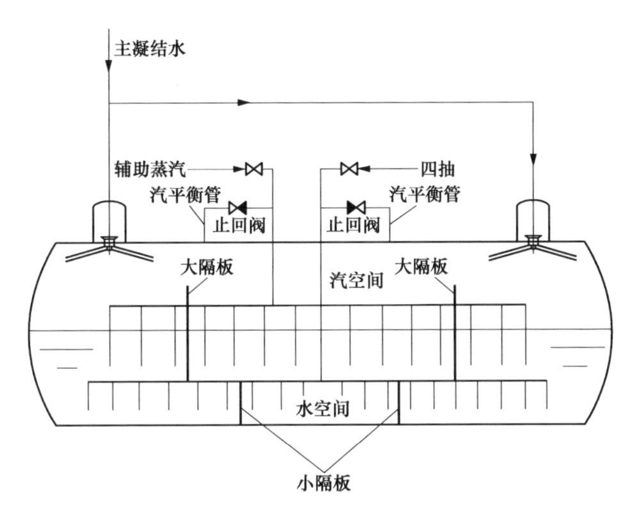

图 3-48　除氧器进汽分配示意图

域，当离析出来的气体积聚到一定浓度后，随同少量的蒸汽由排气口排出。

装设碟形喷嘴的内置式除氧器，其主要部件由壳体、恒速喷嘴、加热蒸汽管、隔板、蒸汽平衡管、排气口、出水管、安全门、测量装置、人孔、支座等组成。内置式除氧器的外形及接口如图 3-49 所示。筒体上有供检修用的人孔门，筒体上还设有两个支座，一个固定支座，一个活动支座。为防止除氧器内部压力过大还装设两个安全阀，另外还有水位计和溢流装置等。在水箱内部设有隔板，以增强除氧效果，控制出水流量。

碟形喷嘴是内置式除氧器的关键部件，其结构如图 3-50 所示。内置式除氧器两侧一般分别安装有一个碟形喷嘴，凝结水分两路进入除氧器。喷嘴的作用在于使凝结水形成适当的水膜，以获得最佳的水滴，既增大水与蒸汽的接触表面积，又缩短气体离析的路径。如图 3-50（c）所示，碟形喷嘴由 9 个喷水圆盘和 4 个加强环组成，每个喷水圆盘由上、下两个不

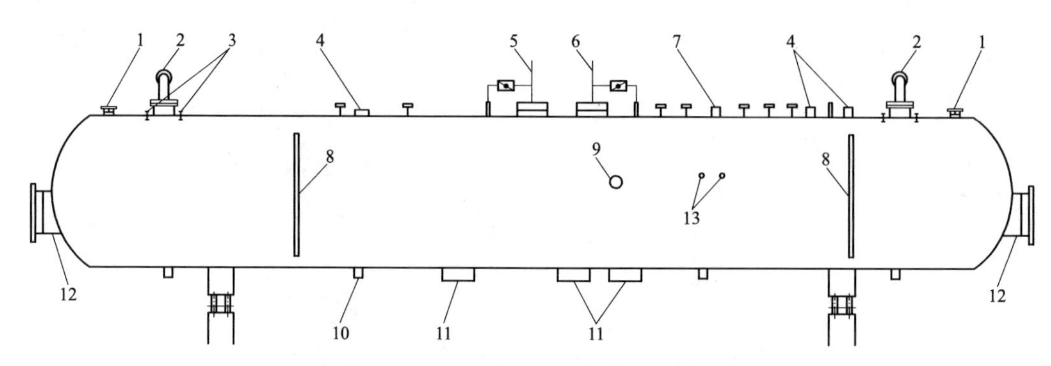

图 3-49　内置式除氧器的外形及接口

1—安全阀；2—进水口；3—排气口（每个喷嘴周围四个）；4—再循环接口；5—四抽供汽接口；6—辅汽供汽接口；7—高压加热器疏水接口；8—就地水位计；9—溢流口；10—放水口；11—出水口；12—人孔；13—压力测点

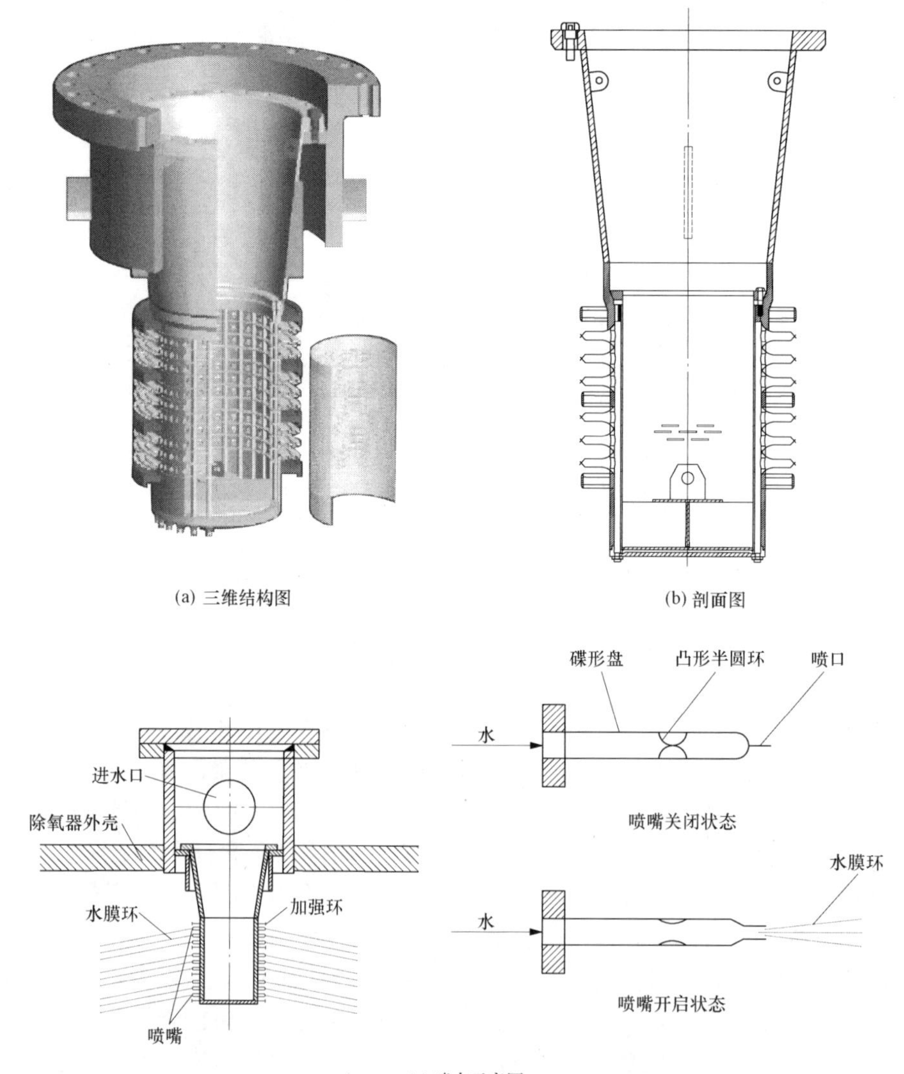

图 3-50　Stork 碟形喷嘴

锈钢碟形盘组成，其内侧边缘各有一个凸形半圆环。在水压作用下，具有弹性的上下碟形盘间产生位移，使碟形盘内侧的一对凸形半圆环之间产生“张口”，形成一道环形截面，进水通过环形截面和碟形盘的外缘口喷出，形成一层水膜环。当进水流量减少时，进水压力降低，上下碟形盘在弹力作用下，内侧一对凸形半圆环之间的环形截面减小，喷嘴的喷水量相应减小；在没有进水时，一对凸形半圆环全部关闭，喷嘴停止喷水。因此，碟形喷嘴喷出的水膜能够始终保持稳定的形态，适应机组滑压运行。碟形喷嘴正常工作时，加热蒸汽自下而上加热水膜环，逸出的氧气自喷嘴两侧的排气口排向大气。

如图 3-48 和图 3-49 所示，每个加热蒸汽管路上均设有蒸汽平衡管，并在蒸汽平衡管上装有止回阀，起到平衡供汽管和除氧器压力的作用。在正常运行时，蒸汽平衡管不起作用；但当供汽压力突降时，止回阀打开，使除氧器的压力跟随汽源压力一同变化，减小除氧器和供汽管的压差，从而防止供汽管内进水。

（3）内置式除氧器的特点。内置式除氧器的主要特点有：

1）价格低于常规有除氧塔的除氧器。

2）除氧间高度降低了 3～4m，可节省土建费用。

3）排气损失低，可节省运行费用。

4）负荷适应性强，在 10%～110%额定负荷范围时，均能保证出水含氧量小于 5μg/L。

5）单容器结构，系统设计简单，避免应力裂纹，抗震性能优越，质量较轻，振动小。

6）采用的碟形喷嘴无转动部件，免维护，可靠性高。

7）除氧介质可以为过热蒸汽、饱和蒸汽、湿蒸汽，也可以为蒸汽/水混合物（1%蒸汽）和热水。

第三节　除氧器的热力系统及运行

一、除氧器的热平衡及自生沸腾

1. 除氧器的热平衡

除氧器实际上就是一个混合式加热器，可以汇集发电厂各处来的不同参数的蒸汽和疏水。在发电厂实际运行中，有时要改进热力系统，改变进入除氧器的水量、水温和工作压力，这时就需要进行除氧器的热平衡计算，以确定工况变化后除氧器的负荷和所需的加热蒸汽量，据此判断系统连接是否合理。

如图 3-51 所示，连接到除氧器的汽水工质主要有汽轮机的第 4 段抽汽（α_4），从低压加热器来的需要除氧的凝结水（α_{c4}），高压加热器来的疏水（α_{d3}），连续排污扩容器来的扩容蒸汽（α_f），门杆漏汽（α_{lv}），轴封漏汽（α_{sg}）。对于如图 3-51 所示的除氧器局部热力系统，需要满足质量平衡和热平衡，有：

质量平衡方程：

$$\alpha_{fw}=\alpha_4+\alpha_{d3}+\alpha_f+\alpha_{lv}+\alpha_{sg}+\alpha_{c4} \tag{3-8}$$

热平衡方程：

$$\alpha_4 h_4+\alpha_{d3} h_{d3}+\alpha_f h_f''+\alpha_{1v} h_{1v}+\alpha_{sg} h_{sg}+\alpha_{c4} h_{w5}=\alpha_{fw} h_{w4} \tag{3-9}$$

将式（3-8）代入式（3-9），并整理可得

$$\begin{aligned}&\alpha_4(h_4-h_{w5})+\alpha_{d3}(h_{d3}-h_{w5})+\alpha_f(h''_f-h_{w5})+\\&\alpha_{1v}(h_{1v}-h_{w5})+\alpha_{sg}(h_{sg}-h_{w5})=\alpha_{fw}(h_{w4}-h_{w5})\end{aligned}\tag{3-10}$$

当考虑除氧器的散热损失时，热平衡中进入除氧器的热量还应乘以除氧器效率 η_h 或抽汽焓的利用系数 η'_h。则有

$$\alpha_4=\frac{\alpha_{fw}(h_{w4}-h_{w5})/\eta_h-\alpha_{d3}(h_{d3}-h_{w5})-\alpha_f(h''_f-h_{w5})-\alpha_{1v}(h_{1v}-h_{w5})-\alpha_{sg}(h_{sg}-h_{w5})}{h_4-h_{w5}}\tag{3-11}$$

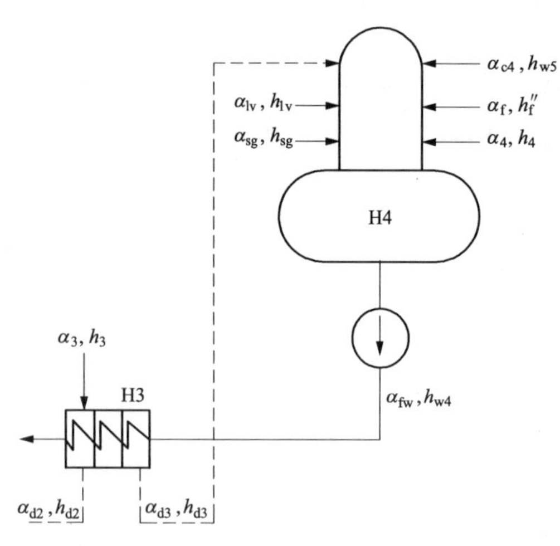

图 3-51　除氧器局部原则性热力系统

2. 除氧器的自生沸腾及防止措施

在除氧器的热力计算中，若求得的抽汽系数 α_4 为零或负值，说明不需要回热抽汽，仅凭其他进入除氧器的蒸汽和疏水就能将需要除氧的水加热到除氧器工作压力下的饱和温度，此时除氧器会发生“自生沸腾”现象。

发生“自生沸腾”时，除氧器的加热蒸汽会减至最小或零，致使除氧器内压力会不受限制地升高，排气量增大，带来较大的工质损失和热量损失。另一方面，由于回热抽汽管道上的抽汽止回阀关闭，使原设计的除氧器内部汽、水逆向流动受到破坏，分离出来的气体难以排出除氧器，使除氧效果恶化。

为防止除氧器“自生沸腾”现象的发生，除氧器应采用滑压运行，设计工况下滑压运行的除氧器回热抽汽量比定压运行除氧器高（原因将在本节“三、除氧器的运行方式”详述），具有较大的裕量，可有效防止“自生沸腾”现象的发生；也可将接入除氧器的一些放热工质，如排污扩容器来的蒸汽、轴封漏汽、门杆漏汽引至他处；还可设置高压加热器疏水冷却器来降低疏水焓后再引入除氧器；此外还可采用高压除氧器，以减少高压加热器数目来降低进入除氧器的疏水量及其放热量，增加进入除氧器的凝结水量及其吸热量。

二、除氧器原则性热力系统的基本要求

由于除氧器是混合式加热器，其进出口连接的汽、水管道和设备较多，且出口处必须有给水泵。因此，对除氧器原则性热力系统的要求是：①有稳定的除氧效果；②给水泵不空蚀；③具有较高的回热经济性。

除氧器原则性热力系统中水系统的连接和上述要求关系不大，即主凝结水和高压加热器疏水进入除氧器，除氧后的给水进入给水泵。但除氧器的运行方式和汽系统的连接与上述要求关系密切。

三、除氧器的运行方式

除氧器的运行方式有定压运行和滑压运行两种。

1. 定压运行

定压运行是指除氧器在运行过程中工作压力始终不变的运行方式。要维持除氧器的定压运行，在进汽管道上应装设压力调节阀，以便将较高压力的抽汽降至除氧器工作压力。另外，为保证低负荷时除氧器的定压运行和除氧效果，进汽管道上还应有切换到较高压力抽汽

的切换阀。由于除氧器进汽管道上装设的阀门较多，节流损失较大，因此这种运行方式多应用在中小型机组上。

定压运行的除氧器，其汽源的连接方式有两种：单独连接定压运行和前置连接定压运行。

（1）单独连接定压运行。单独连接定压运行系统如图 3-52（a）所示。由于除氧器定压运行，在除氧器的进汽管道上装设了压力调节阀和切换到上一级抽汽的切换阀。除氧器所用的加热蒸汽来自汽轮机的回热抽汽（一般为第四段抽汽），进汽管道上靠近除氧器处设有压力调节阀，用于调节进汽压力，以维持除氧器内工作压力的恒定。当机组低负荷运行，本级抽汽压力过低而满足不了除氧器运行压力要求时，通过切换阀切换至高一级抽汽并关闭原级抽汽，来保证除氧器定压运行。这种连接方式，压力调节阀会使抽汽节流损失增大，抽汽管道上的压降增大，除氧器出口水温降低，引起高一级的回热抽汽量增大，除氧器本级抽汽量减少，从而导致回热做功比降低，机组的热经济性下降。在低负荷时，为了满足除氧器工作压力的需要，原级抽汽关闭，切换阀开启，切换到高一级抽汽，这样会使回热抽汽级数减少，所以这种连接方式的热经济性很差，多用于中、高压发电厂带基本负荷的机组中。

（2）前置连接定压运行。前置连接定压运行系统如图 3-52（b）所示。这种方式是在系统中增加了一台前置高压加热器与除氧器共用同一级回热抽汽。尽管除氧器进汽管道上有压力调节阀，但只是在前置高压加热器与除氧器间起着分配加热量的作用，前置高压加热器出口水温不受压力调节阀的影响，仍能达到较高的温度（汽侧压力下的饱和温度与端差的差值），所以就不存在因装有压力调节阀而使机组热经济性降低的情况，其热经济性高于单独连接定压运行方式。但该连接系统增加了一台高压加热器，设备投资增加，系统复杂，运行和维护工作量增大，因此该连接系统应用并不广泛。

2. 滑压运行

滑压运行是指除氧器的工作压力随机组负荷与抽汽压力的变化而变化的运行方式。滑压运行除氧器的汽源连接方式如图 3-52（c）所示，除氧器的进汽管道上不设压力调节阀和切换阀，因此在滑压范围内（一般 20%～100%额定负荷），除氧器压力随机组负荷而变化，避免了加热蒸汽的节流损失，热经济性高于定压运行。为确保除氧器在启动和低负荷（20%以下）时仍能自动向大气排气，除氧器用汽需切换至辅助蒸汽，并维持定压运行，此时压力的调节通过辅助蒸汽管道上的压力调节阀来实现。对于单元制机组，除氧器所用辅助蒸汽来自辅助蒸汽联箱，而辅助蒸汽联箱的汽源一般来自汽轮机高压缸排汽、某级抽汽或启动锅炉。与单独连接定压运行方式相比，滑压运行方式关闭正常抽汽时所对应的机组负荷由 70%降到 20%；与前置连接定压运行方式相比，其出口水温无端差，所以该连接方式的热经济性是最高的，适合于再热机组和调峰机组。

3. 定、滑压运行热经济性比较

如图 3-53 所示比较了除氧器不同运行方式的热经济性。图 3-53 中，横坐标为负荷率（P/P_e），纵坐标为滑压运行除氧器和定压运行除氧器机组绝对内效率 η_i^y 与 η_i^c 的相对变化 $\delta\eta_i$，$\delta\eta_i=(\eta_i^y-\eta_i^c)/\eta_i^c$。

图 3-53 表明定压运行除氧器的热经济性在整个负荷调节范围内都比滑压运行差，原因主要有：

（1）在额定负荷或高负荷下（通常高于 70%额定负荷），除氧器定压运行时，压力调节

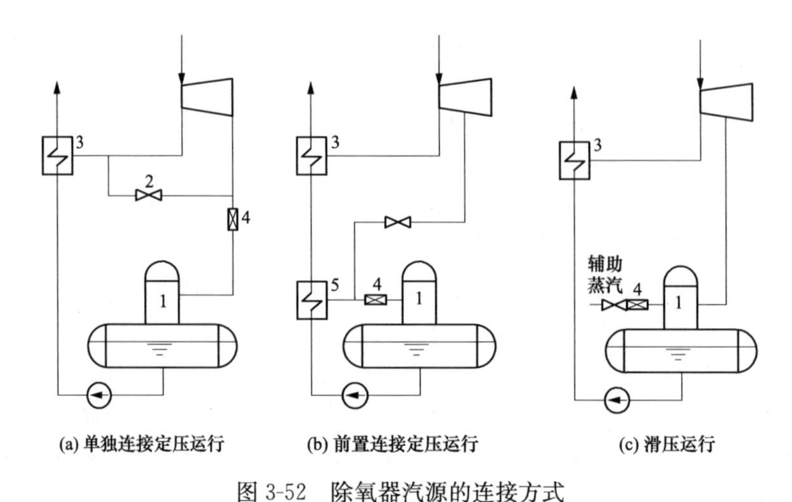

图 3-52 除氧器汽源的连接方式

1—除氧器；2—切换阀；3—3 号高压加热器；4—压力调节阀；5—前置高压加热器

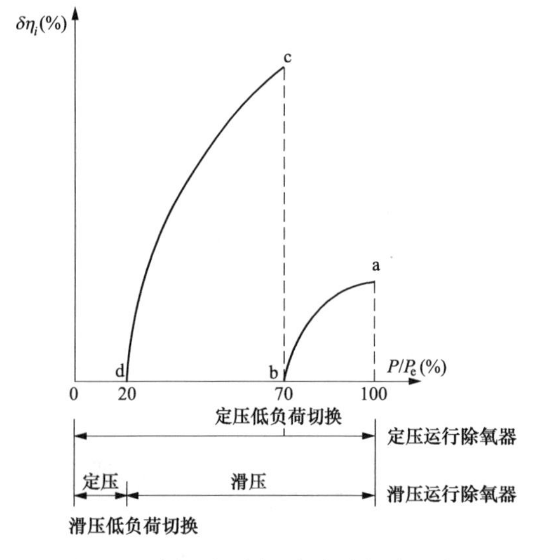

图 3-53 除氧器不同运行方式的热经济性

阀的节流损失导致抽汽管压降增大，除氧器出口水温降低，引起本级抽汽量减少，高一级抽汽量增加，回热做功比降低，热经济性下降。如图 3-53 中的 a-b 过程（负荷率从 100%降至 70%）所示，随着负荷的降低，汽轮机抽汽口的压力下降，抽汽管上压力调节阀的开度逐渐增大，节流损失逐渐减小，因而 $\delta\eta_i$随之下降；负荷率降至 70%负荷时，压力调节阀全开，节流损失达到最小，$\delta\eta_i$为零。

（2）当负荷率从 70%继续降低时，定压运行的除氧器需要切换到高一级抽汽，并停用原级抽汽，减少了一级回热抽汽，回热热经济性大幅下降；同时，抽汽管上压力调节阀开度变小，产生了较大的节流损失。图 3-53 显示在汽源切换后，$\delta\eta_i$产生了突变，热经济性的下降达到极值；而后，随着压力调节阀的逐渐开启，节流损失减小，$\delta\eta_i$随之不断下降（c-d 过程）。

（3）低负荷时，高压加热器疏水压力降低，当除氧器定压运行时，高压加热器疏水与除氧器的压差减少，因而高压加热器的疏水在低负荷时还要切换到低压加热器，高压加热器疏水将排挤低压加热器的抽汽，从而导致回热热经济性降低，疏水切换管路的存在也增加了系统和运行操作的复杂性。

（4）由于定压运行除氧器需要在较高负荷时就进行汽源切换，为避免切换后的损失过大，在回热系统设计时往往有意把除氧器中水的焓升取得比其他回热级小很多（即不把除氧器作为一级独立的加热器看待），从而破坏了回热的最佳分配，使汽轮机绝对内效率降低。而滑压运行除氧器在极低负荷（通常 20%额定负荷）时才需要进行汽源和运行方式的切换，除氧器可作为一级独立回热加热器处理，这使回热的焓升分配更合理，更接近最佳值。另外，给水在滑压运行除氧器中焓升增大还可防止“自生沸腾”现象的产生。

有关资料表明，对于100～150MW中间再热机组除氧器采用滑压运行后，额定负荷时可提高机组效率0.1%～0.15%，而70%以下负荷时可提高效率0.3%～0.5%；对于超临界600MW机组，额定负荷工况下除氧器滑压运行比定压运行可降低热耗率9.2kJ/kWh。GB 50660—2011《大中型火力发电厂设计规范》中规定：除氧器应采用滑压运行方式。

四、除氧器滑压运行时的不利影响

除氧器是混合式加热器，首先要求其有稳定的除氧效果并保证给水泵不空蚀。当机组处于稳定运行工况时，除氧器滑压运行对除氧效果和给水泵安全运行等性能几乎没有影响；当机组负荷发生变化时，滑压运行除氧器内的压力、水温以及给水泵入口水温均会随机组负荷而变化，但是，除氧器内压力与水温变化速度不同，给水温度的变化由于热惯性的原因总滞后于工作压力的变化。因此，机组负荷变化将对滑压运行除氧器的除氧效果和给水泵安全运行产生影响。机组负荷缓慢变化时，这种影响较小；负荷骤变时，温度变化的滞后性较强，影响也较大。

1. 负荷骤升时的影响

当汽轮机负荷突然增加时，除氧器内的工作压力将随着抽汽压力的升高而很快上升，除氧器内的水来不及在此瞬间达到新压力下的饱和温度，除氧器内的给水由原饱和状态变为未饱和状态，除氧塔内的水蒸气遇压力升高夹带着空气一起重新落入水中，出现“返氧”现象，除氧效果将变差。这一过程一直要持续到除氧器内水温达到新压力下的饱和温度，除氧效果才能恢复。

当汽轮机负荷突然增加时，除氧器内的工作压力相应升高，因为水温变化的滞后性，除氧器内及下水管中的水温低于新压力下的饱和温度，给水泵入口水过冷，不会发生汽化，给水泵运行更安全。

2. 负荷骤降时的影响

当汽轮机负荷突然降低时，除氧器内的压力将随着抽汽压力的降低而降低，由于除氧水箱的热容量较大，水温瞬间来不及下降，部分水必然要发生闪蒸，相当于二次除氧。所以在汽轮机骤减负荷时，滑压运行除氧器的除氧效果会变好。

当汽轮机负荷突然降低时，除氧器内压力的突然下降会使除氧器水箱、下水管及给水泵入口的部分水汽化，从而使给水泵空蚀的危险性增加。

由此可见，当除氧器采用滑压运行时，除氧效果下降主要发生在机组负荷突然增大的工况下；而给水泵空蚀，主要发生在机组负荷突然降低时。因此，要实现除氧器的滑压运行，提高机组的热经济性，必须保证变工况暂态过程中除氧器的除氧效果和给水泵的安全运行。

五、除氧器滑压运行时应采取的措施

（一）负荷骤升时

机组升负荷时，为解决除氧效果恶化的问题，可采取的措施有：① 控制升负荷速度在每分钟5%负荷以内，以改善给水温度变化的滞后性；② 缩减除氧器的滑压范围。滑压范围过大，水温滞后情况更甚；③ 机组升负荷过程中，快速投入加装在给水箱内的再沸腾管或内置式加热器，直接对水箱中的水进行加热，使水温的变化迅速跟上压力的变化，除氧效果可得到很大的改善。

（二）负荷骤降时

对于机组降负荷过程中，给水泵入口水的汽化则需要通过对滑压除氧器的热力系统进行暂态工况计算，以选择合适的给水泵容量、布置高度和泵吸入管的管径及其他必要措施。

1. 暂态过程中给水泵不空蚀的条件

除氧器滑压运行时，给水泵最危险的工况是汽轮机甩满负荷，此时进入除氧器的抽汽量骤然降至零，除氧器压力短时间内由额定值降至大气压力（下降速度最大）。应该指出，无论单元制机组的除氧器是否滑压运行，满负荷下全甩负荷的暂态工况，都是给水泵面临的最危险工况。为安全起见，对于滑压运行除氧器暂态工况的分析计算都是在以满负荷下全甩负荷的最危险工况来考虑的。

在任何工况下，水泵不汽蚀的条件需要满足

$$NPSH_a \geqslant NPSH_r \tag{3-12}$$

即水泵的有效空蚀余量 $NPSH_a$（又称有效净正吸水头）要大于水泵的必需空蚀余量 $NPSH_r$。有效空蚀余量 $NPSH_a$是指在泵吸入口处，单位质量液体所具有的超过汽化压力的富余压头，可由下式计算。

$$NPSH_a = \frac{p_d}{\rho g} + H_d - \frac{\Delta p}{\rho g} - \frac{p_v}{\rho g} \tag{3-13}$$

式中：p_d 为除氧器的工作压力，Pa；H_d为泵入口水柱静压头，m；Δp 为泵吸入管的压力降，Pa；p_v 为泵入口水温对应的饱和压力，Pa；ρ 为水的密度，kg/m^3。

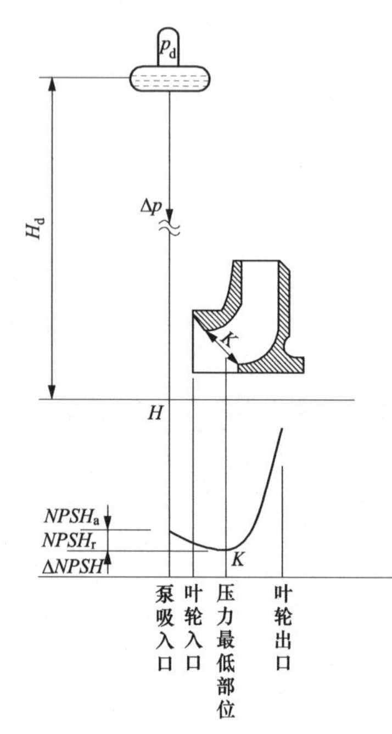

图 3-54　水泵吸入系统及离心泵内压力变化

必需空蚀余量 $NPSH_r$是指泵吸入口至泵叶轮流道内介质压降的总和，表征了泵本身的抗空蚀性能，$NPSH_r$越小，说明水泵抗空蚀的性能越好。必需空蚀余量 $NPSH_r$与水泵的吸入口形状、结构尺寸、转速和流量有关，与吸入系统的条件无关。水泵吸入系统及离心泵内压力变化如图 3-54 所示，介质从泵吸入口到叶轮出口的流程中，其压力先下降，到叶轮流道内的 K 处压力变为最低，此后，由于叶片对介质做功，压力就很快上升。

因此给水泵要保证正常运行不发生空蚀，必须在介质压力最低部位满足以下条件。

$$\Delta NPSH = NPSH_a - NPSH_r \geqslant 0 \tag{3-14}$$

$$\frac{p_d}{\rho g} + H_d - \frac{\Delta p}{\rho g} - NPSH_r \geqslant \frac{p_v}{\rho g} \tag{3-15}$$

式（3-14）表示的物理意义是：只要泵内部最低压力处的压力值还高于水泵入口水温对应的汽化（饱和）压力，给水泵就不会发生空蚀。

水泵流量对 $NPSH_a$ 和 $NPSH_r$ 均有较大影响，$NPSH_a$和 $NPSH_r$随流量的变化关系如图 3-55 所示。在 $p_d/\rho g$ 和 H_d保持不变的情况下，若流量增加，由于吸入系统管路中的压力损失 Δp 增大，$NPSH_a$随之减小，因而发生空蚀的可能性增大。在稳态运行工况下，由于除氧器水箱中的水温与给水泵入口水温一致，即$\frac{p_d}{\rho g}=\frac{p_v}{\rho g}$，$NPSH_a=H_d-\frac{\Delta p}{\rho g}$，$NPSH_r$却随流量的增加而增大，如图3-55所示。$NPSH_a$与$NPSH_r$这两条曲线的交点A处，$NPSH_a=NPSH_r$，即为临界点，该点所对应的流量$Q_A$称为临界流量。在确定的水泵吸入条件下，要保证泵在运行时不发生空蚀，则必须使其流量Q小于Q_A。此外，由于水泵在小流量运行时使泵内水温升高，将使其对应的汽化压力p_v增加，所以还必须使$Q>Q_{min}$，只有满足$Q_{min}<Q<Q_A$时给水泵运行才安全。

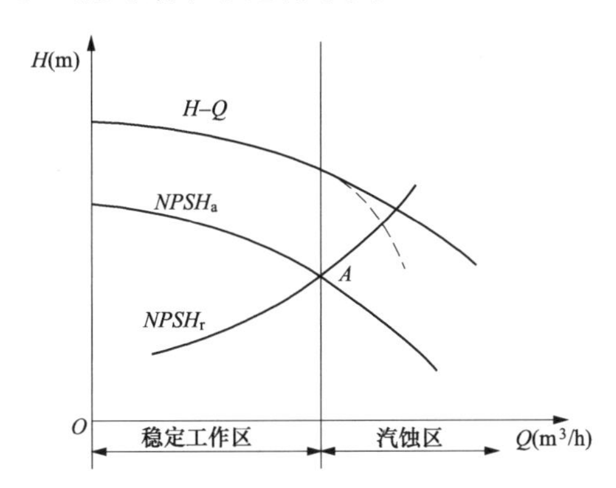

图3-55　$NPSH_a$和$NPSH_r$随流量的变化关系

2. 暂态过程中给水泵空蚀余量的变化规律

由式（3-15）可得

$$\Delta NPSH=\left(H_d-\frac{\Delta p}{\rho g}-NPSH_r\right)-\left(\frac{p_v}{\rho g}-\frac{p_d}{\rho g}\right)\geqslant 0 \tag{3-16}$$

令

$$\Delta h=H_d-\frac{\Delta p}{\rho g}-NPSH_r$$

$$\Delta H=\frac{p_v}{\rho g}-\frac{p_d}{\rho g}$$

则

$$\Delta NPSH=\Delta h-\Delta H\geqslant 0$$

式中：Δh为除氧器稳态工况时防止水泵空蚀的富裕压头，m；ΔH为除氧器暂态工况时富裕压头的下降值，m。

稳定工况下若忽略水泵入口管道的散热损失，可认为除氧水箱水温与泵入口水温相同，即$p_v=p_d$，$\Delta H=0$，$\Delta NPSH=\Delta h=$定值。所以在稳态工况，$\Delta h>0$时水泵不会发生空蚀。

但在暂态工况，即负荷骤降过程，尤其是汽轮机从满负荷全甩负荷的最危险的暂态过程中，除氧器汽源中断，即压力迅速从额定值降为大气压，将引起泵内最低压头、泵入口处水温和除氧器压头随暂态过程的开始而发生变化。因此，应研究泵内最低压头、除氧器压头和汽化压头在暂态过程的变化规律，制定防止泵空蚀的措施，确保除氧器滑压运行全工况范围内给水泵的安全。

如图3-56所示有三条曲线，显示了泵内最低压头、除氧器压头和汽化压头从稳态工况到暂态工况的变化规律，图中横坐标为时间τ，min；纵坐标为压头H，m。为清晰起见，对图 3-56 做了适当简化，即：暂态过程中进入除氧器的凝结水温不变，给水流量 D_{fw} 也不变。这样 Δp、$NPSH_r$ 就不变，使整个暂态过程 $\Delta h = H_d - \frac{\Delta p}{\rho g} - NPSH_r =$ 定值。

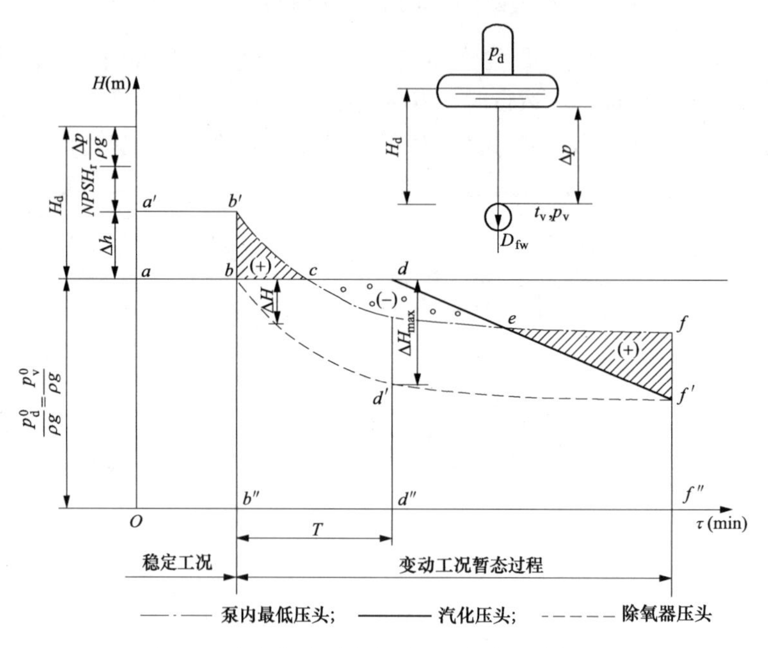

图 3-56　负荷骤降过程给水泵运行的安全性分析

实线 b-c-d-e-f′代表给水泵内水温所对应的汽化压头 $p_v/\rho g$，在暂态开始的一段时间，泵入口水温滞后于 p_d 的下降，在吸入管段内存水流完前，t_v 保持不变，t_v 所对应的汽化压头 $p_v/\rho g$ 也不变，图 3-56 上为 b-d 水平线。在吸入管内存水流完后，降低温度的水进入水泵内，其汽化压头开始下降（d 点），滞后时间 T 与吸入管容积和给水泵流量有如下关系。

$$\text{滞后时间 } T = \frac{\text{吸入管容积}}{\text{给水泵流量}} = \frac{V}{Q} = \frac{L}{W} \tag{3-17}$$

式中：V 为吸入管容积，$V=AL$，m^3；Q 为给水泵流量，$Q=AW$，m^3/s；A 为管子横断面积，m^2；L 为吸入管总长度，m；W 为吸入管中水流速，m/s。

另一条用虚线代表的是除氧器压头 $p_d/\rho g$。负荷骤降开始，除氧器压力由额定值降为大气压，除氧水箱的水发生“闪蒸”现象，产生大量蒸汽阻止除氧器压力下降，因此其压头沿着 b-d′-f′的虚线缓慢变化。由于吸入管容积相对于给水箱要小得多，因此给水泵中汽化压头下降速度大于除氧器压头下降速度，表现为 d-e-f′曲线较 b-d′-f′曲线陡。

还有一条点画线 b′-c-e-f 代表的是泵内最低压头 $p_d/\rho g + H_d - \Delta p/\rho g - NPSH_r$。暂态过程中，因流量不变，$\Delta p/\rho g$ 和 $NPSH_r$ 不变，$p_d/\rho g$ 逐渐减小，所以泵内最低压头随暂态过程的继续而逐渐减小，且与 $p_d/\rho g$ 的变化同步，在图上体现为 b′-c-e-f 与 b-d′-f′平行。

负荷骤降开始后（$b'bb''$以右），三条曲线按各自的规律变化，由于 ΔH 在逐渐增大，使 $\Delta NPSH$ 随之逐渐减小，到达 c 点时，$\Delta h = \Delta H$，$\Delta NPSH = 0$，这是空蚀发生的临界点；过了 c 点则 $\Delta h < \Delta H$，$\Delta NPSH < 0$，泵内产生空蚀，威胁给水泵和锅炉的安全；到达滞后时间 T 时（即 d 点），ΔH 达到最大值，水泵空蚀最严重；到 e 点时 $\Delta h = \Delta H$，空蚀停止。

由以上变化规律可知，只要在暂态过程中使泵内最低压头大于泵内水温所对应的汽化压头，水泵就不会发生空蚀。从图 3-56 上看，使曲线 b′-c-e-f 与 b-d-e-f′不相交，给水泵就是安全的。

3. 防止给水泵空蚀的措施

防止滑压运行除氧器暂态过程中水泵空蚀的措施主要有：

(1) 增加除氧器水箱水位与水泵吸入口之间的垂直高度 H_d。这可以提高给水泵入口水柱的静压头，使给水泵入口处压力高于水温对应的饱和压力，可以有效防止给水泵入口发生汽化，这是定压和滑压运行除氧器都采取的措施。增加垂直高度 H_d，一方面要求除氧器高位布置，一般滑压运行除氧器水箱的标高都要在 20m 以上，才能满足给水泵入口有效空蚀余量的要求，但这也会增加土建费用；另一方面，要求给水泵低位布置，因此电动给水泵及其前置泵一般布置在机房内 0m 层，汽动给水泵的前置泵通常也布置在机房内 0m 层。

(2) 减小水泵入口水管中水流的阻力。入口水管内壁要光滑，减少水平段（即减少弯头），减少无关紧要的阀门和测点，降低管内水流速度（即增大入口水管管径）等。

(3) 缩短滞后时间。适当提高水泵吸入管的设计流速，使冷水尽快到达水泵入口；开启再循环泵，使一部分给水泵出口水返回除氧器水箱汽空间，保持水箱水位并保证水泵入口的倒灌高度，也可防止给水泵汽蚀；给水泵入口水过冷的措施如图 3-57 所示，在给水泵入口注入冷水，冷水可来自主凝结水管路，或者水泵入口装设一冷却器，使低压加热器的凝结水冷却水泵入口的“热”水。

(4) 适当增加给水箱储水量，靠负荷骤降时存水闪蒸出的蒸汽来延缓除氧器压力的下降。

(5) 装设能快速投入的备用汽源，可以阻止除氧器压力的下降速度。备用汽源可用经减温减压后的新蒸汽或其他辅助汽源。

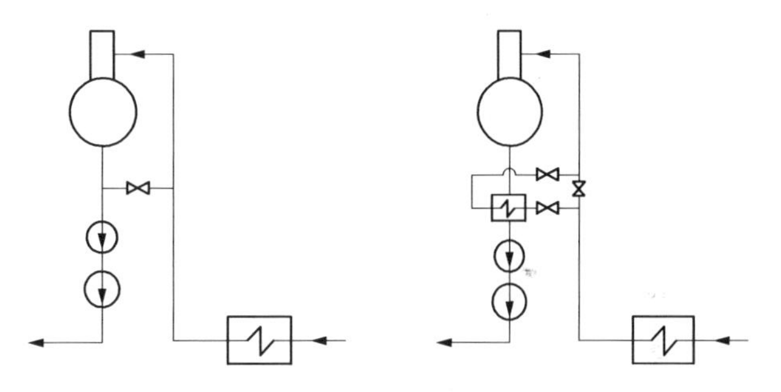
图 3-57　给水泵入口水过冷的措施

(6) 给水泵前串联低转速前置泵。必需汽蚀余量与水泵转速有关，即转速越高，必需汽蚀余量越大。为了获得较高的初压，给水泵转速往往非常高，其必需汽蚀余量较大。如给水泵转速为 5000～6000r/min 时，其 $NPSH_r$约为 20m。在主给水泵入口串联一低转速前置泵，除氧器下水管的水先进入前置泵，水升压后再进入主给水泵。前置泵转速低，必需汽蚀余量小，抗汽蚀能力强，如转速为 1500r/min 时，$NPSH_r$仅为 9m。前置泵提高了主给水泵入口水压力，相当于增加了有效汽蚀余量，因而主给水泵发生汽蚀的可能性大大降低。

配置了前置泵的机组，除氧器的安装高度也可降低，从而减少土建费用。如粤电集团有限公司沙角 C 电厂 660MW 机组的除氧器布置在汽轮机 12m 标高的运转层。所以，增设前置泵较单纯提高除氧器安装高度更经济实用。

(7) 改进水泵结构，降低必需汽蚀余量。如给水泵进口第一级采用双吸叶轮，可以降低给水泵入口流速，使 $NPSH_r$减少；叶轮特殊设计，以改善叶片入口处的液流状况；在离心叶轮前面增设诱导轮，以提高进入叶轮的液流压力。

(8) 开启给水再循环管路。在机组启动或低负荷时，由于流经水泵的水量较少，不足以把叶轮摩擦产生的热量带走，从而导致给水汽化，发生水泵汽蚀。在这种情况下，给水再循环阀门（也称最小流量阀）打开，给水从给水泵出口经节流后返回给水箱，从而增加了流经水泵的给水流量，防止低负荷时给水泵的汽蚀。

六、除氧器的热力系统

1. 单元机组除氧器的热力系统

除氧器的热力系统由除氧器及其相关抽汽、备用汽源、凝结水、给水、疏水、空气等管路构成。如图 3-58 所示是某单元机组除氧器的热力系统。

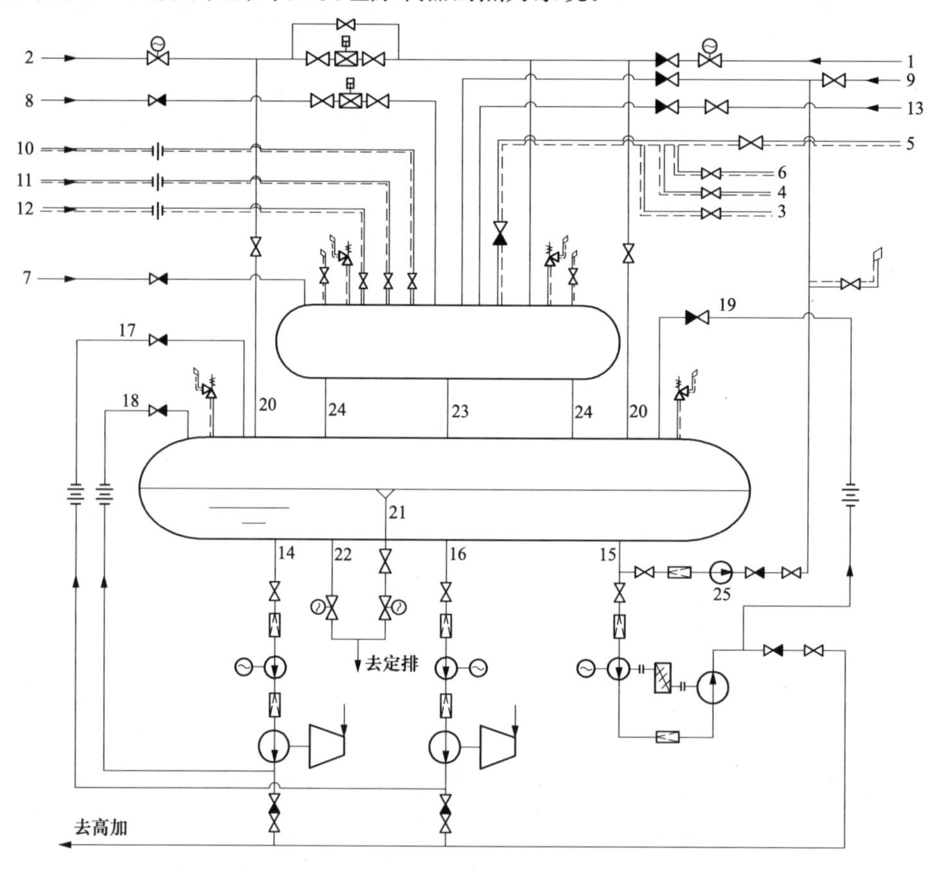

图 3-58　除氧器热力系统

1—第四段抽汽；2—辅助蒸汽；3、4—汽轮机高中压门杆漏汽；5—高压轴封漏汽；
6—给水泵汽轮机高压门杆漏汽；7—连续排污扩容蒸汽；8—高压加热器疏水；9—主凝结水；
10～12—高压加热器运行排气；13—锅炉暖风器疏水；14～16—低压给水管道；
17～19—给水泵再循环管；20—去加热装置或再沸腾管的蒸汽管道；21—溢水管；
22—放水管；23—下水管；24—汽平衡管；25—除氧器启动循环泵

除氧器的正常加热蒸汽来自第四级抽汽，抽汽管道上装有止回阀防止蒸汽倒流。机组启动、甩负荷或低负荷时加热蒸汽来自辅助蒸汽联箱，辅助蒸汽通过调节阀后进入除氧器。第四级抽汽和辅助蒸汽还通过两根蒸汽管道引入除氧水箱中的加热装置或再沸腾管。汽轮机高、中压门杆漏汽和高压轴封漏汽、给水泵汽轮机高压门杆漏汽汇集后，通过止回阀引入除氧器。三台高压加热器的运行排气分别经过节流后进入除氧器。锅炉连续排污扩容器的蒸汽也引入除氧器。

经低压加热器加热后的主凝结水、高压加热器的疏水和锅炉暖风器的疏水自除氧塔上部引入，除氧后进入除氧水箱。为防止凝结水倒流，在进入除氧器之前的主凝结水管道、高压加热器的疏水管道和锅炉暖风器疏水管道上均装有止回阀。

除氧水箱中的水通过三根低压给水管道，分别引入两台汽动给水泵和一台电动给水泵。三台给水泵的再循环管从给水泵出口引出，节流后接入除氧水箱。装设再循环管的目的是防止给水泵在启、停和低负荷时因水流量过小而发生空蚀。

为防止除氧器水位过高，便于除氧器检修时放尽水，除氧水箱还有连接到定期排污扩容器的溢水管和放水管。在除氧器热力系统中还设有启动循环泵，作用是机组启动前，可使除氧水箱中的除盐水循环加热，以尽快除氧。除氧水箱中的水通过手动闸阀、滤网、启动循环泵和止回阀引至除氧器主凝结水进水管路中。

除氧塔和除氧水箱之间设有一根下水管和两根汽平衡管，汽平衡管的作用是维持除氧塔和除氧水箱中压力一致。除氧塔和除氧水箱均设有安全阀，防止除氧器超压。

2. 无专用除氧器的热力系统

在通常条件下，给水中的溶解氧对金属设备有腐蚀作用，所以目前电厂广泛采用热力除氧法来除氧，从而将给水中的溶氧量维持在规定范围内（一般 7μg/L 以下）。

但是研究表明，当水中电解质浓度非常小（水的电导率为 0.1μΩ/cm）且保持中性工况时，溶解氧就不再对钢铁有腐蚀性，相反溶解氧能促使钢铁表面形成保护膜，从而抑制氧腐蚀。为了促使保护膜的形成，在水质保持高纯度且呈中性的条件下，向水中添加适量的气态氧或过氧化氢，防腐效果会更好，这种方法称给水中性工况处理。给水中性工况处理时，水中溶氧浓度维持在 200μg/L 左右，远远大于给水溶氧标准 7μg/L。因此，给水在中性工况下，回热系统中除氧器的设置已无必要。

另外，有的机组不仅凝汽器内的管束采用铜管，而且末级和次末级低压加热器的管束也采用铜管，这样对于高参数大容量机组，尤其是超临界压力机组来说，汽轮机通流部分就面临氧化铜的威胁。尽管经过凝结水精处理设备除去了凝汽器中的氧化铜，但低压加热器中的氧化铜还存在。为此，可将表面式低压加热器换成混合式加热器，取消铜管，不仅消除了氧化铜的威胁，而且加热器的结构简化、加热器的造价降低。同时，通过凝汽器和混合式加热器的二次除氧，凝结水中的溶氧量在 5μg/L 以下，系统中也不用再设置除氧器。因此出现了无除氧器的热力系统，是在给水中性工况处理和混合式低压加热器的基础上发展起来的。

如图 3-59 所示为超临界压力机组无专用除氧器的热力系统。图 3-59 中 7 号、8 号低压加热器采用真空混合式加热器，且布置位置足够高，确保水泵 CP2 和 CP3 运行可靠。为防止加热器满水，还设有事故放水管。汽动给水泵的轴封环形密封水由凝结水泵 CP3 提供，并回流至 4 号和 7 号加热器中。在汽动给水泵前装有混合器 M，既可收集高压加热器的疏水，又可起缓冲水箱作用，对给水泵稳定运行提供了较好条件。

无除氧器热力系统也存在给水泵和凝结水泵之间相互影响等问题，我国也在积极探索中。

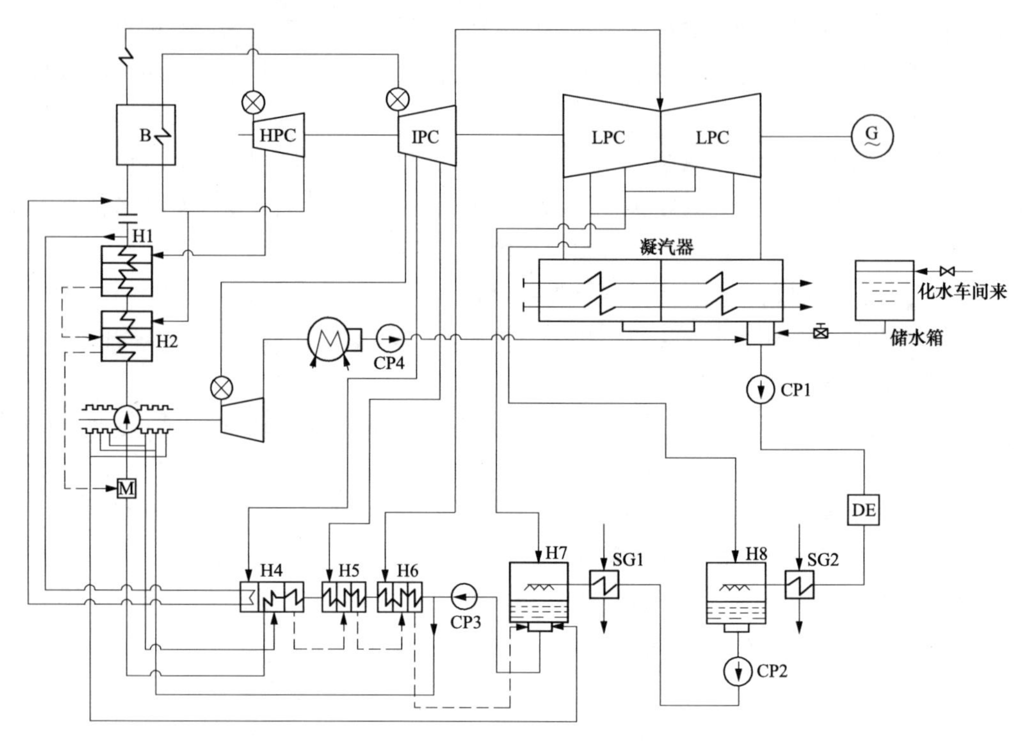

图 3-59 超临界压力机组无专用除氧器的热力系统

七、除氧器的参数监测与常见故障

（一）除氧器运行监督

除氧器的运行应以保证良好稳定的除氧效果和给水泵的安全为主要目的。除氧器在运行中，机组负荷、蒸汽压力、进水温度、给水箱水位等因素的变化，都会影响到给水除氧效果和给水泵的安全运行。因此，在除氧器运行中应主要监视给水溶氧量、除氧器压力、给水温度和给水箱水位。

1. 溶氧量

在除氧器运行中，应定期化验给水溶氧量是否在正常范围内，要求给水溶氧量符合规定标准。

除氧器进水温度太低或进水量过大、喷嘴雾化不良、淋水盘堵塞等，均会导致除氧效果恶化。因此，除氧器内部构件应保持良好的工作状态，除氧器的进水量和进水温度应满足设计要求。为防止除氧加热不足，应及时或经常使再沸腾管投入运行。

通过试验确定除氧器排气门的开度。排气门的开度大，可使分离出的气体及时排出，排气量增大，给水中的溶氧量降低，但同时工质的损失也会增加；排气门的开度小，工质的损失减少，但排除的气体量少，给水中的溶氧量指标变差。因而，需要通过试验确定除氧器排气门的最佳开度。

对于具有一、二次蒸汽加热的除氧器，应调整一、二次蒸汽分配比例。若一次加热蒸汽阀门开度偏小，会使二次蒸汽压力升高，有可能形成蒸汽把水托起的现象，使蒸汽的自由通路减少，直接影响除氧效果；而一次蒸汽阀门开度过大时，二次蒸汽量将会不足，亦将会影响深度除氧的效果。

2. 除氧器压力和给水温度

除氧器压力和给水温度是正常运行中需要监视的主要指标，要求二者相互对应，即除氧水的温度达到除氧器压力下的饱和温度。当除氧器内压力突然升高，水温会暂时低于对应的饱和温度，导致给水溶氧量增加；当压力升得过高时，会引起安全门动作，严重时甚至导致除氧器爆裂损坏；当除氧器压力突然降低，会导致给水泵入口空蚀，影响给水泵安全运行。因此，应特别注意负荷变化过程中的除氧器压力和给水温度。

3. 给水箱水位

给水箱水位的稳定是保证给水泵安全运行的重要条件之一。水位过低会使给水泵入口处的富裕静压头减少，甚至使给水泵发生空蚀，威胁锅炉上水，造成停炉等事故；水位过高，将可能导致汽轮机轴封进水，抽汽管发生水击，或者造成除氧器满水，引起除氧器振动及排气带水等。因此，给水箱应能自动或手动调节到规定的正常水位。

（二）除氧器运行中的常见故障

除氧器运行中常常会发生一些异常情况，如排气带水、振动、水位异常、压力下降等。

1. 排气带水

在运行工况发生较大变化时，除氧器可能发生排气带水现象，其主要原因是：排气阀开度过大，造成排气速度过高而携带水滴；内部汽流速度过大等。

2. 除氧器的振动

发生振动时，除氧器内部会有撞击声，排气阀喷水，就地压力表指针摆动较大。如果振动较大时，会使除氧器外部的保温层脱落，汽水管道法兰连接处松动，焊缝开裂，引起汽水泄漏。

除氧器振动的原因有：启动时暖管不充分，突然进入大量低温水，造成汽、水冲击；淋水盘式除氧器负荷过负荷，盘内水溢流阻塞汽流通道；再循环管的流速过高；除氧器结构有缺陷，如淋水盘严重缺陷、淋水孔堵塞、喷嘴锈蚀不能正常工作、填料移位等。

3. 除氧器水位异常

除氧器在运行过程中，水箱中的水位应维持在正常水位（一般为水箱中心线上下 50mm 左右），水位的调节是通过由主凝结水量、主给水量和水箱水位组成的三冲量给水调节系统进行的。当水位超限时，溢水阀自动打开，多余的水通过溢水管流入凝汽器或定期排污扩容器；当水位达到高水位时，发出报警信号并关闭抽汽管道上的阀门。在低水位时，发出报警信号；在极低水位时，发出报警信号并停运给水泵。

除氧器水位过高的主要原因是：进水量过大；锅炉突然降负荷；凝汽器泄漏；给水泵故障。当水位过高的现象发生时，水位调节系统会自动减小进水量，若自动失调应改为手动操作；若是锅炉突降负荷引起，应查明锅炉原因并及时处理；若是凝汽器泄漏引起，应对凝汽器查漏并及时补漏；若是运行的给水泵故障，应启动备用给水泵。

除氧器水位过低的主要原因是：进水量减少或补充水中断；事故放水阀误开；锅炉进水突然增加或排污水量增大；凝结水泵再循环阀门开度过大。

4. 除氧器压力下降

运行中除氧器压力下降的原因主要有：进水量过大，进水温度过低；抽汽电动隔离阀或抽汽止回阀误关或未完全打开；排气阀开度过大；安全阀误动或机组甩负荷。

第四节 除盐水制备及补充系统

热力发电厂的生产过程中，汽水工质承担着能量传递与转换的作用。在汽水循环过程中，由于相应的设备、管道及其附件中存在的缺陷（管道泄漏）或工艺需要（排污）等，不可避免地存在着数量不等的汽、水工质损失，同时伴有热量损失。为了维持系统内工质的平衡和热力系统的正常运行，损失的工质必须予以补充。

一、火力发电厂的汽水损失

根据产生损失的不同部位，发电厂汽水工质损失可分为内部损失和外部损失两大类。

内部损失是指在发电厂内部热力设备及系统造成的工质损失。内部损失包括正常性工质损失和偶然性工质损失，如热力设备和管道的暖管疏放水、锅炉受热面的蒸汽吹灰、重油加热及雾化用汽、凝汽器抽气设备和除氧器排气口排出的蒸汽、轴封用汽、汽水取样、锅炉排污等均属于工艺上要求的正常性工质损失；而各热力设备、管道或附件等的不严密处泄漏的工质损失（跑冒滴漏）属于非正常性工质损失。

外部损失是指发电厂对外供热设备及系统造成的汽水工质损失。外部损失与热负荷性质（采暖、通风等）供热方式（直接或间接供汽、开式或闭式水网）以及回水质量（如是否含油、是否被热用户污染等）有关，变化范围很大，有的甚至完全不能回收，回水率为零。

发电厂的汽水损失，既是工质损失，又有热量损失，不仅影响发电厂的热经济性，有的还危及设备的安全运行和使用寿命。减少工质损失的技术措施主要有：

（1）选择合理的热力系统及汽水回收方式，尽量回收工质并利用其热量。例如加装轴封冷却器、采用自密封的轴封系统、回收和利用锅炉排污水等。

（2）改进工艺过程。如蒸汽吹灰改为压缩空气吹灰，机组由额定参数启动改为滑参数启动等。

（3）提高安装检修质量。如用焊接取代法兰连接等。

除上述硬件设施改进外，另外不可忽视的是软件方面的改善，如运行优化管理、运行维护人员素质的提高和相应的监督机制，考核管理办法的完善等。

我国 GB 50660—2011《大中型火力发电厂设计规范》中规定，火电厂各项正常汽水损失见表 3-3。

表 3-3　　火电厂各项正常汽水损失

<table>
<tr><th>序号</th><th colspan="2">损失类别</th><th>正常损失</th></tr>
<tr><td rowspan="3">1</td><td rowspan="3">厂内汽水循环损失</td><td>1000MW 级机组</td><td>为锅炉最大连续蒸发量的 1.0%</td></tr>
<tr><td>300MW 级、600MW 级机组</td><td>为锅炉最大连续蒸发量的 1.5%</td></tr>
<tr><td>125MW 级、200MW 级机组</td><td>为锅炉最大连续蒸发量的 2.0%</td></tr>
<tr><td>2</td><td colspan="2">汽包锅炉排污损失</td><td>根据计算或锅炉厂资料，但不少于 0.3%</td></tr>
<tr><td>3</td><td colspan="2">闭式热水网损失</td><td>热水网水量的 0.5%～1.0%或根据具体工程情况确定</td></tr>
<tr><td>4</td><td colspan="2">火力发电厂其他用水、用汽损失</td><td rowspan="4">根据具体工程情况确定</td></tr>
<tr><td>5</td><td colspan="2">对外供汽损失</td></tr>
<tr><td>6</td><td colspan="2">厂外其他用水量</td></tr>
<tr><td>7</td><td colspan="2">间接空冷机组循环冷却水损失</td></tr>
</table>

注　厂内汽水循环损失包括锅炉吹灰、凝结水精处理再生及闭式冷却水系统等汽水损失。

二、汽水质量标准

我国国家标准 GB/T 12145—2016《火力发电机组及蒸汽动力设备水汽质量》规定，火力发电厂的蒸汽、锅炉给水、锅炉水、汽轮机凝结水、锅炉补充水、疏水、生产返回水、热网补充水的汽水质量应满足下述要求，其他水质要求可参见上述标准的具体规定。

1. 蒸汽质量标准

为了防止汽轮机内部积盐，汽包炉和直流炉的主蒸汽质量应符合表 3-4 的规定。如某 1000MW 超超临界二次再热机组的 HG-2752/32.87/10.61/3.26-YM1 型直流锅炉对蒸汽品质要求是：钠小于或等于 2μg/kg（期望值小于或等于 1μg/kg），二氧化硅小于或等于 10μg/kg（期望值小于或等于 5μg/kg），铁小于或等于 5μg/kg（期望值小于或等于 3μg/kg），铜小于或等于 2μg/kg（期望值小于或等于 1μg/kg），氢电导率（25℃）小于或等于 0.10μS/cm（期望值小于或等于 0.08μS/cm）。

表 3-4　　主蒸汽质量标准

过热蒸汽压力（MPa）	钠（μg/kg）		氢电导率（25℃）（μS/cm）		二氧化硅（μg/kg）		铁（μg/kg）		铜（μg/kg）	
	标准值	期望值	标准值	期望值	标准值	期望值	标准值	期望值	标准值	期望值
3.8～5.8	≤15	—	≤0.30	—	≤20	—	≤20	—	≤5	—
5.9～15.6	≤5	≤2	≤0.15*	—	≤15	≤10	≤15	≤10	≤3	≤2
15.7～18.3	≤3	≤2	≤0.15*	≤0.10*	≤15	≤10	≤10	≤5	≤3	≤2
>18.3	≤2	≤1	≤0.10	≤0.08	≤10	≤5	≤5	≤3	≤2	≤1

* 表面式凝汽器、没有凝结水精除盐装置的机组，蒸汽的脱气氢电导率标准值不大于 0.15μS/cm，期望值不大于 0.10μS/cm；没有凝结水精除盐装置的直接空冷机组，蒸汽的脱气氢电导率标准值不大于 0.3μS/cm，期望值不大于 0.15μS/cm。

2. 锅炉给水质量标准

（1）给水质量标准。为了减少蒸发段的腐蚀结垢、保证蒸汽品质，锅炉给水质量应符合表 3-5 的规定。其中，液态排渣炉和燃油地锅炉给水的硬度、铁和铜含量，应符合比其压力高一级锅炉的规定。

表 3-5　　给水质量标准

控制项目		标准值和期望值	过热蒸汽压力（MPa）					
			汽包炉				直流炉	
			3.8～5.8	5.9～12.6	12.7～15.6	>15.6	5.9～18.3	>18.3
氢电导率（25℃）（μS/cm）		标准值	—	≤0.3	≤0.3	≤0.15[a]	≤0.15	≤0.10
		期望值	—	—	—	≤0.10	≤0.10	≤0.08
硬度（μmol/L）		标准值	≤2.0	—	—	—	—	—
溶解氧[b]（μg/L）	AVT（R）	标准值	≤15	≤7	≤7	≤7	≤7	≤7
	AVT（O）	标准值	≤15	≤10	≤10	≤10	≤10	≤10
铁（μg/kg）		标准值	≤50	≤30	≤20	≤15	≤10	≤5
		期望值	—	—	—	≤10	≤5	≤3

续表

控制项目	标准值和期望值	过热蒸汽压力（MPa）					
		汽包炉				直流炉	
		3.8～5.8	5.9～12.6	12.7～15.6	>15.6	5.9～18.3	>18.3
铜（μg/kg）	标准值	≤10	≤5	≤5	≤3	≤3	≤2
	期望值	—	—	—	≤2	≤2	≤1
钠（μg/kg）	标准值	—	—	—	—	≤3	≤2
	期望值	—	—	—	—	≤2	≤1
二氧化硅（μg/kg）	标准值	应保证蒸汽 SiO_2 符合表 3-2 的规定			≤20	≤15	≤10
	期望值				≤10	≤10	≤5
氯离子（μg/L）	标准值	—	—	—	≤2	≤1	≤1
TOCi（μg/L）	标准值	—	≤500	≤500	≤200	≤200	≤200

[a] 没有凝结水精除盐装置的水冷机组，给水氢电导率不应大于 0.30μS/cm。

[b] 加氧处理的溶解氧指标按表 3-5 控制。

（2）给水调节控制指标。为了防止水汽系统的腐蚀，需对给水进行加药、除氧或加氧等调节处理。当给水采用全挥发处理时，给水的调节控制应符合表 3-6 的规定；当给水采用加氧处理时，给水的调节控制应符合表 3-7 的规定。如 HG-2752/32.87/10.61/3.26-YM1 型直流锅炉的给水质量标准为：二氧化硅小于或等于 10μg/L（期望值小于或等于5μg/L）；溶解氧小于或等于 30～150μg/L（加氧工况），小于或等于 7μg/L（挥发处理）；铁小于或等于 5μg/L（期望值小于或等于 3μg/L）；铜小于或等于 2μg/L（期望值小于或等于 1μg/L）；钠小于或等于 2μg/L（期望值小于或等于 1μg/L）；pH＝8.0～9.0（无铜系统、加氧处理），9.0～9.6（无铜系统、挥发处理）；氢电导率（25℃）小于 0.15μS/cm（期望值小于 0.10μS/cm）（加氧处理），小于 0.2μS/cm（期望值<0.15μS/cm）（挥发处理）；TOC≤200μg/L；氯离子小于或等于 1μg/L；联氨 10～50μg/L（挥发处理）。

表 3-6　全挥发处理给水的调节控制指标

炉型	过热蒸汽压力（MPa）	pH（25℃）	联氨（μg/L）	
			AVT（R）	AVT（O）
汽包炉	3.8～5.8	8.8～9.3	—	—
	5.9～15.6	8.8～9.3（有铜给水系统） 9.2～9.6[a]（无铜给水系统）	≤30	—
	>15.6			
直流炉	>5.9			

[a] 凝汽器管为铜管和其他换热器管为钢管的机组，给水 pH 值宜为 9.1～9.4，并控制凝结水铜含量小于 2μg/L。无凝结水精除盐装置、无铜给水系统的直接空冷机组，给水 pH 值应大于 9.4。

表 3-7　加氧处理给水 pH 值、氢电导率和溶解氧的含量

pH(25℃)	氢电导率（25℃）（μS/cm）		溶解氧（μg/L）
	标准值	期望值	标准值
8.5～9.3	≤0.15	≤0.10	10～150[a]

注　采用中性加氧处理的机组，给水的 pH 值宜为 7.0～8.0（无铜给水系统），溶解氧宜为 50～250μg/L。

[a] 氧含量接近下限时，pH 值应大于 9.0。

3. 凝结水质量标准

对于汽轮机组的凝结水，要求凝结水泵的出口水质应符合表 3-8 的规定；经精除盐装置后的凝结水质量应符合表 3-9 的规定。

表 3-8　　凝结水泵出口水质

锅炉过热蒸汽压力（MPa）	硬度（μmol/L）	钠（μg/L）	溶解氧[a]（μg/L）	氢电导率（25℃）（μS/cm）	
				标准值	期望值
3.8～5.8	≤2.0	—	≤50	—	
5.9～12.6	≈0	—	≤50	≤0.3	—
12.7～15.6	≈0	—	≤40	≤0.3	≤0.2
15.7～18.3	≈0	≤5[b]	≤30	≤0.3	≤0.15
>18.3	≈0	≤5	≤20	≤0.2	≤0.15

[a] 直接空冷机组凝结水溶解氧浓度标准值为小于 100μg/L，期望值小于 30μg/L。配有混合式凝汽器的间接空冷机组凝结水溶解氧浓度宜小于 200μg/L。

[b] 凝结水有精除盐装置时，凝结水泵出口的钠浓度可放宽到 10μg/L。

表 3-9　　凝结水除盐后的水质

锅炉过热蒸汽压力（MPa）	氢电导率（25℃）（μS/cm）		钠		氯离子		铁		二氧化硅	
			（μg/L）							
	标准值	期望值	标准值	期望值	标准值	期望值	标准值	期望值	标准值	期望值
≤18.3	≤0.15	≤0.10	≤3	≤2	≤2	≤1	≤5	≤3	≤15	≤10
>18.3	≤0.10	≤0.08	≤2	≤1	≤1	—	≤5	≤3	≤10	≤5

4. 锅炉锅炉水质量标准

汽包炉锅炉水的电导率、氢电导率、二氧化硅和氯离子含量，根据水汽品质专门试验确定，也可按照表 3-10 的指标进行控制，锅炉水磷酸根含量与 pH 值指标可按照表 3-11 的指标进行控制。

表 3-10　　汽包炉锅炉水的电导率、氢电导率、二氧化硅和氯离子含量标准

锅炉汽包压力（MPa）	处理方式	二氧化硅	氯离子	电导率（25℃）（μS/cm）	氢电导率（25℃）（μS/cm）
		（mg/L）			
3.8～5.8	锅炉水固体碱化剂处理	—	—	—	—
5.9～10.0		≤2.0[a]	—	<50	—
10.1～12.6		≤2.0[a]	—	<30	—
12.7～15.6		≤0.45[a]	≤1.5	<20	—
>15.6	锅炉水固体碱化剂处理	≤0.10	≤0.4	<15	<5[b]
	锅炉水全挥发处理	≤0.08	≤0.03	—	<1.0

[a] 汽包内有清洗装置时，其控制指标可适当放宽，锅炉水二氧化硅浓度指标应保证蒸汽二氧化硅浓度符合标准。

[b] 仅适用于锅炉水氢氧化钠处理。

表 3-11　　汽包炉锅炉水磷酸根含量与 pH 值标准

锅炉汽包压力（MPa）	处理方式	磷酸根（mg/L）	pH（25℃）	
		标准值	标准值	期望值
3.8～5.8	锅炉水固体碱化剂处理	5～15	9.0～11.0	—
5.9～10.0	锅炉水固体碱化剂处理	2～10	9.0～10.5	9.5～10.0
10.1～12.6	锅炉水固体碱化剂处理	2～6	9.0～10.0	9.5～9.7
12.7～15.6	锅炉水固体碱化剂处理	≤3[a]	9.0～9.7	9.3～9.7
>15.6	锅炉水固体碱化剂处理	≤1[a]	9.0～9.7	9.5～9.6
>15.6	锅炉水全挥发处理	—	9.0～9.7	—

[a] 控制锅炉水无硬度。

5. 锅炉补给水质量标准

锅炉补给水质量的高低，将直接影响锅炉给水的品质。因此，锅炉补给水的质量应能保证给水质量符合标准规定。锅炉补给水质量可按照表 3-12 的指标进行控制。

表 3-12　　锅炉补给水质量指标

锅炉汽包压力（MPa）	二氧化硅（μg/L）	除盐水箱进水电导率（25℃）（μS/cm）		除盐水箱进水电导率（25℃）（μS/cm）	TOCi[a]（μg/L）
		标准值	期望值		
5.9～12.6	—	≤0.20	—	≤0.40	—
12.7～18.3	≤20	≤0.20	≤0.10	≤0.40	≤400
>18.3	≤10	≤0.15	≤0.10	≤0.40	≤200

[a] 必要时监测。对于供热机组，补给水 TOCi 含量应满足给水 TOCi 含量合格。

6. 减温水质量标准

锅炉出口蒸汽采用喷水混合减温时，其减温水的质量应保证减温后蒸汽中的钠、铁和二氧化硅的含量符合表 3-4 的规定。

7. 疏水和生产回水质量标准

疏水和生产回水的回收利用应保证给水质量符合表 3-5 的规定。有凝结水精除盐装置的机组，回收到凝汽器的疏水和生产回水的质量可按照表 3-13 的指标进行控制。回收到除氧器的热网疏水质量可按照表 3-14 的指标进行控制。生产回水还应根据生产的性质，增加必要的化验项目。

表 3-13　　回收到凝汽器的疏水和生产回水的质量

名称	硬度（μmol/L）		铁（μg/L）	TOCi（μg/L）
	标准值	期望值		
疏水	≤2.5	≈0	≤100	—
生产回水	≤5.0	≤2.5	≤100	≤400

表 3-14　　　　回收到除氧器的热网疏水质量

炉型	锅炉过热蒸汽压力（MPa）	氢电导率（25℃）（μS/cm）	钠离子（μg/L）	二氧化硅（μg/L）	铁（μg/L）
汽包炉	12.7～15.6	≤0.30	—	—	≤20
	>15.6	≤0.30	—	≤20	
直流炉	5.9～18.3	≤0.20	≤5	≤15	
	超临界压力	≤0.20	≤2	≤10	

8. 闭式循环冷却水质量标准

对于采用闭式循环冷却水系统的机组，冷却水的质量按照表 3-15 的指标进行控制。

表 3-15　　　　闭式循环冷却水的质量

材质	电导率（25℃）（μS/cm）	pH（25℃）
全铁系统	≤30	≥9.5
含铜系统	≤20	8.0～9.2

9. 热网补水质量标准

对于供热机组的热网系统，其补水质量应符合：总硬度小于 600μmol/L，悬浮物小于 5mg/L。

三、补给水的制备

在热力发电厂中，水质的优劣关系到机组能否安全经济运行，若锅炉补给水不加处理或处理不当，水质达不到质量标准而直接进入热力系统，则会给热力设备、管道、阀门和附件等带来严重后果，如结垢、积盐和腐蚀等。所以，发电厂的补充水必须进行处理，处理后的水质应满足表 3-12 中的相关指标。

补水水质取决于锅炉补给水处理系统的处理效果。因此，锅炉补给水处理系统应根据进水水质、给水及锅炉水质量标准、补给水率、设备和药品的供应条件，以及环境保护的要求等因素，经技术经济比较后确定补给水的合理制取方式，主要原则如下：

（1）补充水质应保证机组热力设备安全运行的要求。对中参数及以下热电厂的补充水，必须是软化水（除去水中的钙、镁等硬垢盐）；对高参数发电厂的补充水，必须是除盐水（既要除去水中的钙、镁等硬垢盐，也要除去水中的硅酸盐）；对亚临界压力汽包锅炉和超临界压力直流锅炉的补充水，除了要除去水中的钙、镁、硅酸盐外，还要除去水中的钠盐，同时对凝结水还要进行精处理，以确保机组启停时产生的腐蚀产物、SiO_2 和铁等金属能被处理掉。凝结水精处理装置可分为低压系统（有凝结水升压泵）和中压系统（无凝结水升压泵）两种。补充水除盐一般都采用化学法，目前，采用离子交换树脂制取的化学除盐水，品质已能满足亚临界和超临界压力直流锅炉高品质补水的要求，并且其成本较低，故在发电厂获得广泛应用。

（2）补充水应除氧。为了确保热力设备的运行安全，补充水应进行除氧。一般凝汽式机组，可不设单独的补充水除氧器，而只需在凝汽器热井加装真空除氧装置，即可满足要求。对补充水量较大的供热机组，采用真空除氧装置不能保证凝结水含氧量合格的情况下，应另设大气压力式补充水除氧器，对补充水先行除氧，然后再汇入热力系统。

(3) 补充水量能够自动调节。在热力系统中，水量的自动调节一般以水位高低作为反馈信号，因此补充水宜引入有水位指示、大空间的热力设备。

四、火力发电机组的补充水系统

1. 补给水量的确定

正常补给水量应根据发电厂全部正常汽水损失的数量来确定，火力发电厂的各项正常汽水损失见表 3-3。因此，为了保证机组汽水系统的平衡，维持发电厂的连续正常运行，必须不断地向热力系统补充足够数量、品质合格的水。补给水量可用式（3-18）计算，即

$$D_{ma}=D_{li}+D_{lo}=D_{l}+D'_{bl}+D_{lo} \tag{3-18}$$

式中：D_{ma}为补充水量，kg/h；D_{li}为电厂内部汽水损失量，kg/h；D_{l}为汽轮机组的汽水损失，kg/h，为计算简单，通常认为此部分汽水损失发生在主蒸汽管道上；D_{lo}为电厂外部汽水损失量，kg/h；D'_{bl}为锅炉侧的汽水损失，主要包括锅炉排污水损失量，kg/h。

需要注意的是：补给水系统的最大容量还应该考虑机组启动或事故时而增加的水量。因此，为了确保机组热力系统的补给水量，机组设计时，补给水系统应符合下列规定：

(1) 在进入凝汽系统前，宜按系统的需要装设补给水箱和补给水泵，若经济性合理，也可利用锅炉补给水处理系统的除盐水箱，可不另设补给水箱。

(2) 300MW 级以下的凝汽式机组补给水箱的容积不宜小于 50m^3；300MW 级凝汽式机组补给水箱的容积不宜小于 100m^3；600MW 级凝汽式机组补给水箱的容积不宜小于 300m^3；1000MW 级凝汽式机组补给水箱的容积不宜小于 500m^3。

(3) 工业抽汽供热式机组补给水箱的容积宜根据热负荷情况而定。

(4) 亚临界及以下参数湿冷机组补给水泵可不设置备用；超临界或超超临界参数湿冷机组应根据补给水接入凝汽器的接口位置确定是否设置备用，其总功率须按照锅炉启动时的补给水量要求选择。

(5) 空冷机组正常运行用补给水泵宜设置备用，其中 1 台应兼做启动用补给水泵。

另外，对于闭式热力网的补水装置，正常补水流量不应小于供热系统循环流量的 2%，事故补水量不应小于供热系统循环流量的 4%。

2. 补给水引入回热系统地点的选择

动画 3.7-高参数机组化学补水引入回热系统

补充水引入回热系统的地点选择应考虑两个方面的影响：第一要考虑补充水量随系统工质损失的大小进行水量调节的方便性；第二要考虑补充水引入回热系统不同地点对机组运行热经济性的影响程度。

在热力系统中，水量的调节一般以水位的高低作为反馈信号，因此补充水宜引入有水位指示、大空间的热力设备，例如汽包、除氧器及凝汽器等。由于汽包内温度、压力都较高，补充水引入其中对机组的安全和经济运行有诸多不利影响，因此在机组回热系统中，适宜补充水引入的设备有凝汽器和除氧器。如图 3-60 所示给出了补充水引入回热系统的三种主要方式，其中，如图 3-60（a）所示为补充水引入到除氧器，如图 3-60（b）所示为补充水引入到凝汽器喉部。若补充水引入凝汽器喉部，一方面可利用汽轮机排汽加热补充水，回收利用一部分排汽余热，减少冷源热损失，还可在凝汽器中实现补水的初步除氧；另一方面，与补充水引入到除氧器相比，全部补水流经低压加热器，充分利用了低压回热抽汽，回热抽汽做功比 X_r较大，提高了热经济性。总之，补水引入凝汽器要比引入除氧器热经济性高，但其水量调节要考虑热井水位和除氧器水位的双重影响，增加了调节的复杂性。

通常，大中型凝汽式机组补充水引入凝汽器，小型机组引入除氧器。DL/T 561—2013《火力发电厂水汽化学监督导则》中规定，补充水补入凝汽器时，应补至凝汽器喉部，并采用雾化喷淋措施以利于不凝结气体逸出。如图 3-60（c）所示为补充水引入到补充水除氧器，对于补水量较大的热电厂，如果补水进入凝汽器，将会造成凝结水溶氧量超标，导致低压加热器及其管道、阀门氧化腐蚀。因此补水量较大的热电厂通常设置大气压力式的补充水除氧器，补水除氧后再汇入到同级回热抽汽加热器的水侧出口处，采用这种汇入方式的混合温差最小，带来的不可逆损失最小，热经济性最高。

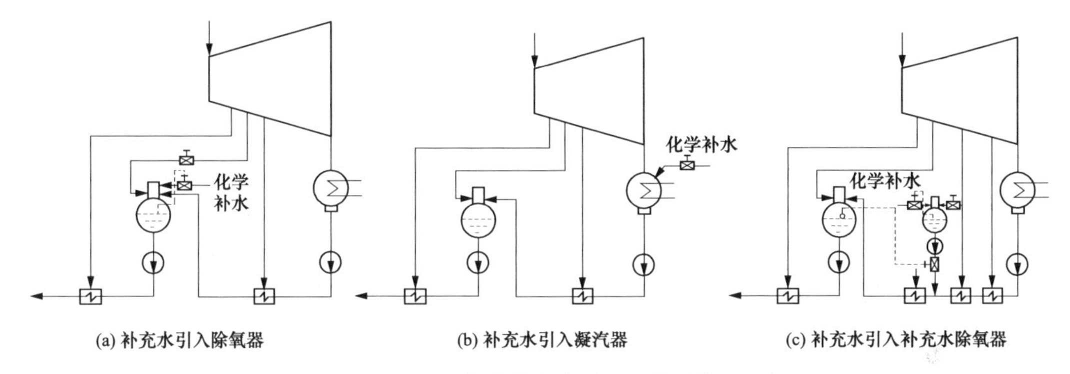

图 3-60　化学补充水引入回热系统

3. 实际补水系统举例

如图 3-61 所示是某凝汽式机组的除盐水补充系统。从化学水车间来的除盐水先进入除盐水箱（一般布置于汽轮机房外），从除盐水箱至凝汽器喉部通常设置三路补水管路，其中两路设置补水泵，另一路不设置补水泵。在机组启动、凝汽器大量灌水或补水量较大时开启补水泵，经补水调节阀后进入凝汽器喉部；当机组正常运行，补水量较小时，停止补水泵，依靠除盐水箱与凝汽器喉部间的压差将补水吸入凝汽器内，以节省厂用电。

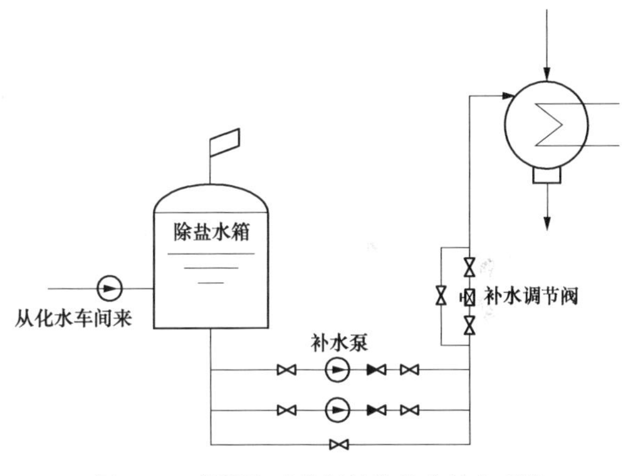

图 3-61　某凝汽式机组的除盐水补充系统

第五节　锅炉排污及利用系统

一、排污系统的作用和组成

从锅炉排出含杂质多的锅炉水，经扩容器和热交换器回收部分工质和热量，最后排入地沟或其他管道的系统称为锅炉排污系统。锅炉排污系统可分为连续排污和定期排污两种，主要用于自然循环的汽包锅炉上，随着给水品质的提高，现代直流锅炉已不再设置排污系统。

1. 排污系统的作用

锅炉水中的各种杂质（各种溶解盐类和泥渣）是由给水带入的。随着给水在蒸发段中不断蒸发，除了少量盐分被蒸汽带走外，绝大部分留在锅炉水中，使锅炉水含盐浓度不断提高，以至影响到蒸汽品质。为此，必须把一部分含盐量较高的锅炉水连续排至锅炉外，使锅炉水的含盐浓度稳定在规定的范围之内，从而可减小蒸汽湿度及含盐量，保证良好的蒸汽品质，同时消除或减轻蒸发受热面管内结垢，这就是连续排污的作用。

定期排污的作用是排除锅炉水中相对密度较大的泥渣、腐蚀物及沉淀物，由于泥渣、腐蚀物及沉淀物常常积聚在锅内最低处，定期排污就是在锅内最低处定期（3～7天进行一次）进行的短时间（约30s）排污。

2. 排污系统的组成

排污系统由排污管道、阀门、节流孔板、扩容器、热交换器和流量计、压力表等组成。

为提高运行的热经济性，对连续排污要求回收工质和热量，连续排污系统中常设置连续排污扩容器。连续排污管应从锅炉水含盐浓度最高点引出，对两段蒸发系统，应从盐段引出；对不分段蒸发的系统，则沿汽包长度设置取水管，均匀取水。取水管上开有孔径为4～5mm的取水小孔，孔中的水流速度一般应大于2m/s，取水管内的水流动阻力应小于小孔的阻力。在凝汽式发电厂中，锅炉排污量不大，此时为确保连续排污顺利进行，系统中需要配备调节灵敏的小流量排污装置，除节流孔板外，还配有针形调节阀。

定期排污系统中，排污引出点应设在泥渣、腐蚀物及沉淀物最易沉积的地方，一般设在水冷壁下集箱或下降管下端。为了防止定期排污时对水冷壁水循环的影响和排污阀门的磨损，排污管上应配有节流孔板。当定期排污阀全开时，排污量就决定于节流孔板的孔径。此时应设置汽包事故放水管，在汽包满水时可以紧急放水。定期排污开启时使下降管流速增加，水冷壁内工质流速降低，壁温上升。若定期排污水直接排入地沟，则在排入地沟前需对其进行降温，以防止排污水进入地沟时大量汽化。

二、锅炉的排污率

锅炉排污量 D_{bl} 与锅炉额定蒸发量 D_b 之比称为锅炉排污率 β_{bl}，即

$$\beta_{bl}=\frac{D_{bl}}{D_b}\times100\% \tag{3-19}$$

式中：D_{bl} 为锅炉排污量，kg/h；D_b 为锅炉额定蒸发量，kg/h；β_{bl} 为锅炉排污率，%。

给水带入的盐量应与排污水带出的盐量、蒸汽带走的盐量之和相平衡，即

$$(D_b+D_{bl})S_{gs}=D_{bl}S_{ls}+D_bS_q \tag{3-20}$$

式中：S_{gs} 为给水含盐量，mg/L；S_{ls} 为锅炉水含盐量，mg/L；S_q 为蒸汽含盐量，mg/L。

将式（3-19）代入式（3-20），整理后得到给水含盐量、锅炉水含盐量、蒸汽含盐量与锅炉排污率的关系为

$$S_{ls}=\frac{100+\beta_{bl}}{\beta_{bl}}S_{gs}-\frac{100}{\beta_{bl}}S_q\quad \text{mg/L} \tag{3-21}$$

当蒸汽含盐量 S_q 很小可忽略不计时，排污率可写作：

$$\beta_{bl}=\frac{S_{gs}}{S_{ls}-S_{gs}}\times100\% \tag{3-22}$$

由此可知，允许的锅炉水含盐量一定时，给水含盐量增大，排污率就增大；或者允许的锅炉水含盐量较低时，排污率也增大。

锅炉水含盐量与给水含盐量之比，称为锅炉水浓缩度，以 m 表示。

$$m=\frac{S_{ls}}{S_{gs}} \tag{3-23}$$

于是，锅炉排污率也可用 m 表示为

$$\beta_{bl}=\frac{1}{m-1}\times 100\% \tag{3-24}$$

锅炉水浓缩度增加，排污率就降低。在自然循环锅炉上常用两段蒸发，在盐段进行排污，可提高排污水的浓度，以降低排污率。

排污率增大意味着工质和热量损失增加，所以发电厂中对锅炉排污率有一定限制。GB 50660—2011《大中型火力发电厂设计规范》和 DL/T 561—2013《火力发电厂水汽化学监督导则》中规定："对于汽包炉，应根据锅炉水水质，决定期排污污方式及排污量，并按水质变化进行调整，总排污量不应小于蒸发量的 0.3%"。

三、锅炉连续排污扩容系统及其经济性分析

为了确保蒸汽品质，锅炉需要排污，而排污就意味着工质和热量损失。因此，尽可能回收工质和利用这部分热量也是排污系统的任务之一。

连续排污时，工质和热量的回收利用系统随机组形式不同而有所差异，如图 3-62 所示是火电厂常用的回收利用系统。如图 3-62（a）所示，为了降低排污水压力，同时回收部分工质，连续排污水首先接入连续排污扩容器，在其中骤然降压，使部分排污水迅速汽化；扩容出来的洁净蒸汽接入电厂低压蒸汽系统，可供除氧器和其他生产用汽。扩容器内剩余的含盐浓度更高的排污水一般排入定期排污扩容器，经再次扩容降压、降温后排入地沟或废水处理系统。在热电厂中，这部分排污水还可作为热媒送入热网，进一步利用其热量。

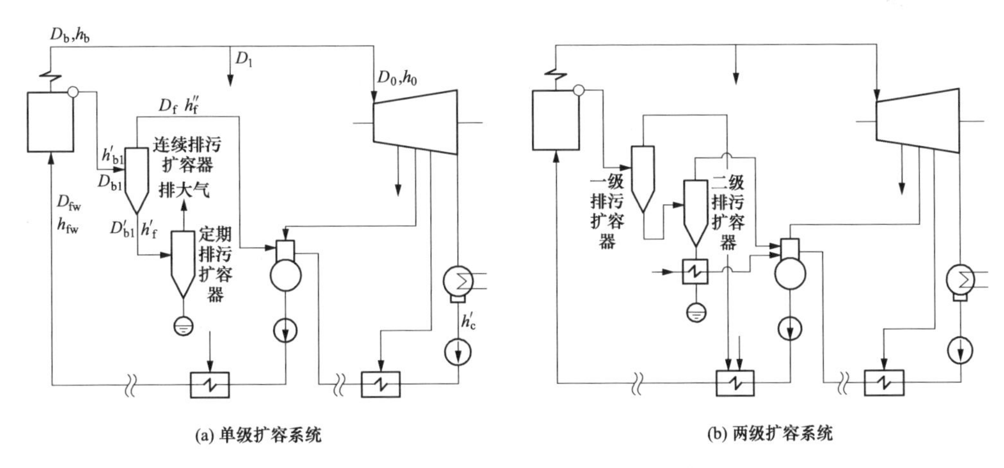

图 3-62 锅炉连续排污扩容利用系统

动画 3.8-单级连续排污利用系统

动画 3.9-双级连续排污利用系统

根据扩容器的物质平衡、热平衡，可以求出扩容蒸汽量 D_f 和未扩容的排污水量 D_{bl}'。

扩容器的物质平衡式： $$D_{bl}=D_f+D_{bl}' \quad \text{kg/h} \tag{3-25}$$

扩容器的热平衡式： $$D_{bl}h_{bl}'\eta_f=D_f h_f''+D_{bl}'h_f' \quad \text{kJ/h} \tag{3-26}$$

将式（3-25）代入式（3-26），可得工质回收率α_f为

$$\alpha_f=\frac{D_f}{D_{bl}}=\frac{h'_{bl}\eta_f-h'_f}{h''_f-h'_f}=f(p_f) \tag{3-27}$$

式中：D_{bl}为锅炉连续排污水量，kg/h；D_f、D'_{bl}分别为扩容蒸汽、未扩容的排污水量，kg/h；h'_{bl}为排污水比焓，即汽包压力下的饱和水比焓，kJ/kg；h'_f、h''_f分别为扩容器压力下的饱和水比焓、干饱和蒸汽比焓，kJ/kg；η_f为扩容器效率，一般取0.97～0.99。

式（3-27）的分子为1kg排污水在扩容器内的放热量，取决于汽包压力和扩容器压力；分母为扩容器压力下1kg排污水的汽化潜热，在压力变化范围不大时，近似为常数。因此，当汽包压力一定时，$D_f(\alpha_f)$值取决于扩容器的压力p_f。p_f越低，$D_f(\alpha_f)$值越大，回收的工质数量就越多，但回收工质的能级越低；p_f越高，$D_f(\alpha_f)$值越小，回收的工质数量就越少，但回收工质的能级越高，其所替代的回热抽汽返回汽轮机做功能力越强。因此，回收工质存在“数量”和“质量”上的矛盾，扩容器的压力需经优选并考虑扩容蒸汽汇入点的压力来综合确定。在热力系统中，通常将扩容蒸汽引入除氧器，因此扩容器的压力等于除氧器压力加上扩容蒸汽管道的压力损失，此时工质回收率α_f=30%～50%。

如图3-62（b）所示为两级串联的连续排污利用系统。锅炉连续排污水先进入压力较高的一级连续排污扩容器，未扩容蒸发的排污水再进入压力较低的二级连续排污扩容器。当该级扩容器压力与单级扩容利用系统的扩容器压力相同时，可近似认为两种系统回收的工质数量基本相同。但两级串联系统中一级连续排污扩容器回收的蒸汽能级较高，其引入的加热器汽侧压力也较高，排挤回热抽汽的做功也较小，造成凝汽器附加冷源损失也较少。所以，两级排污利用系统以系统复杂、投资高为代价，获得了更高的热经济效益。一般只有采用直接供汽的高压热电厂，返回水率低，补水量大，锅炉排污量多的情况下才考虑采用。

四、某300MW机组锅炉排污系统

如图3-63所示为某300MW汽包锅炉排污系统。连续排污水由汽包引出并进入连续排污扩容器，在连续排污水管道上还装设一套流量测量孔板，以便于监视排污水流量。连续排污扩容器产生的蒸汽，经1个关断闸阀和1个止回阀送至除氧器。当连续排污扩容器故障检修时，关闭闸阀，切断与汽包的联系；止回阀是为了防止蒸汽倒流进入连续排污扩容器。为简化排污系统，在连续排污扩容器后不设排污水冷却器，从连续排污扩容器流出的排污水直接进入定期排污扩容器，经再次扩容降压、降温后排入地沟或废水处理系统。

锅炉定期排污系统主要为安全性而设置，因此可不考虑工质的回收。锅炉的紧急放水、定期排污水、锅炉检修或水压试验后的放水、锅炉点火升压过程中对水循环系统进行冲洗的放水、过热器和再热器的下集箱及出口集汽箱的疏水等均进入锅炉定期排污扩容器，部分水闪蒸为蒸汽，未扩容的饱和水进入定期排污冷却水箱。闪蒸出的蒸汽可由开式水对其进行进一步降温，而后排入大气。

该系统中，当连续排污系统不能使用时或机组在非正常工况需要增加排污水量时，排污水可通过连通管道直接从连续排污管路排向定期排污扩容器，而不需要经过连续排污扩容器。

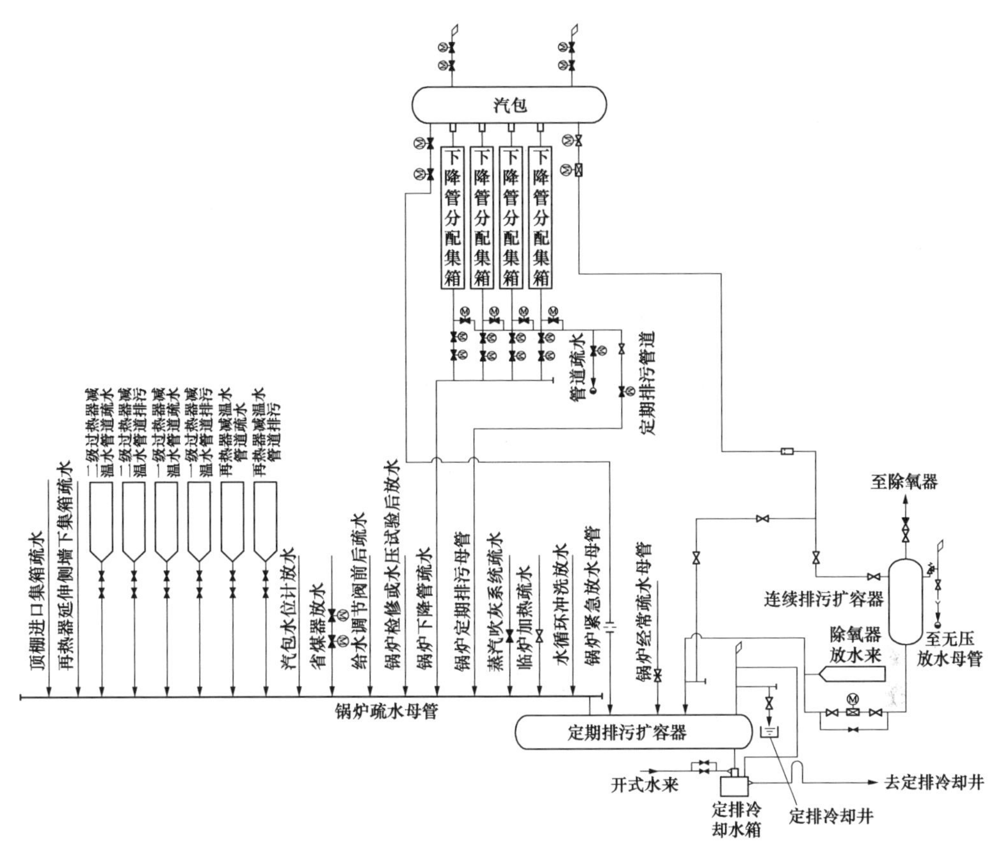

图 3-63　某 300MW 机组汽包锅炉排污利用系统

第六节　电站凝汽设备及系统

提高汽轮机装置的热经济性主要有两个途径：一是提高汽轮机的相对内效率；二是提高装置的循环热效率。减小汽轮机各项级内损失，改善通流部分的设计等是提高汽轮机相对内效率的主要措施；提高工质吸热平均温度、降低放热平均温度均可提高装置的循环热效率，而其中降低工质的放热平均温度是依靠电站凝汽设备及系统实现的。

本节介绍电站凝汽系统包含的主要设备，即凝汽器（湿冷或空冷）抽空气设备、冷却塔、循环水泵或空冷风机等。具体内容请扫描二维码获取。

第七节　机组原则性热力系统计算

机组原则性热力系统计算也称为回热系统热力计算，是全厂原则性热力系统计算的基础和核心，二者既有联系又有区别。

一、计算目的

机组原则性热力系统的计算目的为:

(1) 确定某工况时机组的热经济性指标和各部分的汽水流量。

(2) 根据最大工况时的各项汽水流量，选择有关的辅助设备及汽水管道。

(3) 确定某些工况下汽轮机的功率或新汽耗量。

(4) 新机组本体热力系统定型设计。

机组热经济性指标对于汽轮机或发电厂的设计、运行都非常重要。设计工况的指标是所有工况中最具有代表性的，因此，设计工况下回热原则性热力系统计算最为普遍，当汽轮机制造厂设计新型机组，设计和运行部门对厂家给出的回热系统局部修改时，以及运行电厂汽轮机大修前后等，都通过此项计算来确定机组的热经济性指标。

在最大和设计工况下，机组原则性热力系统计算所得的各部分汽水流量，是选择机组有关辅助热力设备和汽水管道的重要依据。

二、计算类型

汽轮机组原则性热力计算分为“定功率计算”和“定流量计算”两种。在给定发电功率下进行的热力计算称为“定功率计算”。定功率计算的任务，是在一定的功率下，计算发出这些功率所必需的汽轮机新汽量、各级抽汽量、机组的热经济性指标。定功率计算在电力设计院、电厂运行部门应用较多。在汽轮机主蒸汽流量给定的情况下进行的热力计算，以确定汽轮发电机的功率及其相应的热经济性指标，称之为“定流量计算”，一般汽轮机制造厂应用较多。定流量计算与定功率计算在本质上没有什么不同，使用的公式也都完全一样，如果计算正确，在相同的条件下，二者计算得到的结果应该完全一致。

按照计算时的汽轮机膨胀过程线是否已知，热力计算又分为“设计计算”和“校核计算”两种。若汽轮机的汽态过程线已经给出，各抽汽口的压力、温度和比焓均为已知，通过选择合理的设计参数（如抽汽压力损失、加热器端差、疏水端差等），确定出热力系统的状态，则属于设计计算。设计计算的主要任务是确定各级抽汽的抽汽系数，以便计算汽轮机组的内功率、效率和热经济性指标。通常，电力设计部门如果已经得到了汽轮机的定型设计数据和膨胀过程线，汽轮机及其回热系统的结构已经确定，所做额定工况计算即为设计计算，汽轮机制造厂通过合理设计各加热器的传热面积来保证设计指标的实现。

所谓校核计算是指在系统的所有热力设备已经制成，各传热面积已经确定的情况下，计算由于热力系统的某种工况改变而引起的汽水参数、流量以及热经济性指标的变化。校核计算时，不仅汽轮机的进汽量为未知，而且热力系统的状态，包括汽态膨胀过程线、各加热器进、出水比焓等均不知道。因此，校核计算的基本特征是迭代计算。

三、计算的基本公式

计算汽轮机组原则性热力系统的热经济性，必须已知计算工况下机组的类型、容量、初终参数、回热参数、再热参数及供热抽汽参数、回热系统的连接方式、机械效率和发电机效率，所采用的基本公式可分为四类，即热平衡方程、物质平衡方程、汽轮机功率方程、热经济指标计算式。

1. 热平衡方程

加热器的热平衡计算是回热系统计算的最基本部分。通过各级加热器的热平衡式，可以

求出各级抽汽量 D_j 或抽汽份额 α_j。加热器热平衡式一般有两种写法，即

$$吸热量=放热量\times\eta_h$$

或

$$\sum 流入热量\times\eta_h'=\sum 流出热量 \tag{3-28}$$

式中：η_h 为加热器效率；η_h' 为流入热量中蒸汽比焓的利用系数。

为了在同一热力系统计算中采用相同的标准，应统一采用 η_h 或 η_h'，故热平衡式的写法在同一个热力系统计算中也采用同一方法，一般情况下都采用加热器效率 η_h。

2. 物质平衡方程

通过汽轮机的物质平衡求凝汽量 D_c 或凝汽系数 α_c，即

$$D_c=D_0-\sum_{j=1}^{z}D_j \quad \alpha_c=1-\sum_{j=1}^{z}\alpha_j \tag{3-29}$$

3. 汽轮机功率方程

汽轮机功率方程为

$$3600P_e=W_i\eta_m\eta_g=D_0w_i\eta_m\eta_g \tag{3-30}$$

定功率计算时可求主蒸汽量 D_0，定流量计算时可求出汽轮机组的输出功率 P_e。

4. 热经济性指标计算式

根据第一章热经济性指标的计算公式可以得到热耗率、热效率和汽耗率等主要热经济性指标。

四、计算方法

机组原则性热力系统计算的方法有很多，有常规热平衡方法、等效焓降法、循环函数法、矩阵分析法和偏微分分析法等。其中，常规热平衡方法是最基本也是最重要的一种方法，是热力学第一定律在发电厂热力系统计算中的直接表述，是一种单纯的汽水流量平衡和能量平衡方法，沿用已久。理论上其他各种方法都可以由常规热平衡方法推导出来，掌握了该方法有助于更好地理解和掌握其他方法。因此，本书只介绍常规热平衡方法，其他方法可参考相关专著。

常规热平衡方法以单个加热器为研究对象，通过逐级列出各个加热器的汽水质量平衡和能量平衡方程，以得到各级加热器的抽汽流量或抽汽系数，并利用功率方程和循环吸热量方程，最终求得系统或全厂的热经济性指标、机组输出功率或主蒸汽耗量等。

常规热平衡计算法的核心，实际上是对由 z 个加热器热平衡方程式、一个汽轮机功率方程式或一个凝汽器物质平衡式所组成的（$z+1$）个线性方程组进行求解，可解出（$z+1$）个未知数（z 个抽汽份额 α_j 和一个凝汽份额 α_c）。这（$z+1$）个线性方程组可用绝对量，也可用相对量来表示。常规热平衡方程组的求解方法有两种：并联解法和串联解法。并联解法是指用计算机对线性方程组进行求解；串联解法是指按照“由高到低”的次序，依次独立求得各未知量的方法。串联解法可以避开解方程组的麻烦，既可用于手算，亦可用于计算机求解，也是本课程所使用的方法。

回热加热器与其相应的疏水方式一起，构成不同的类型，其热平衡计算的方法、公式也有所不同，不同类型回热加热器热平衡式的拟定如图 3-64 所示。为了便于热力系统的分析计算，对于回热系统的各级加热器，分为表面式加热器和汇集式加热器两类。表面式加热器是指疏水方式为逐级自流的加热器，如图 3-64（a）所示，其特征是疏水热量没有在本级加热器内被利用，对于末级低压加热器，当其疏水自流入凝汽器本体时，其疏水热量最终散失

在环境中，也属于表面式加热器；汇集式加热器是指混合式加热器［如图 3-64（b）］所示或带疏水泵的表面式加热器［如图 3-64（c）所示］，其疏水汇集于本级加热器的进口或出口，另外，当末级低压加热器疏水自流并汇集于凝汽器热井或凝结水泵入口时［如图 3-64（d）所示］，由于疏水热量得以返回系统，亦属于汇集式加热器。

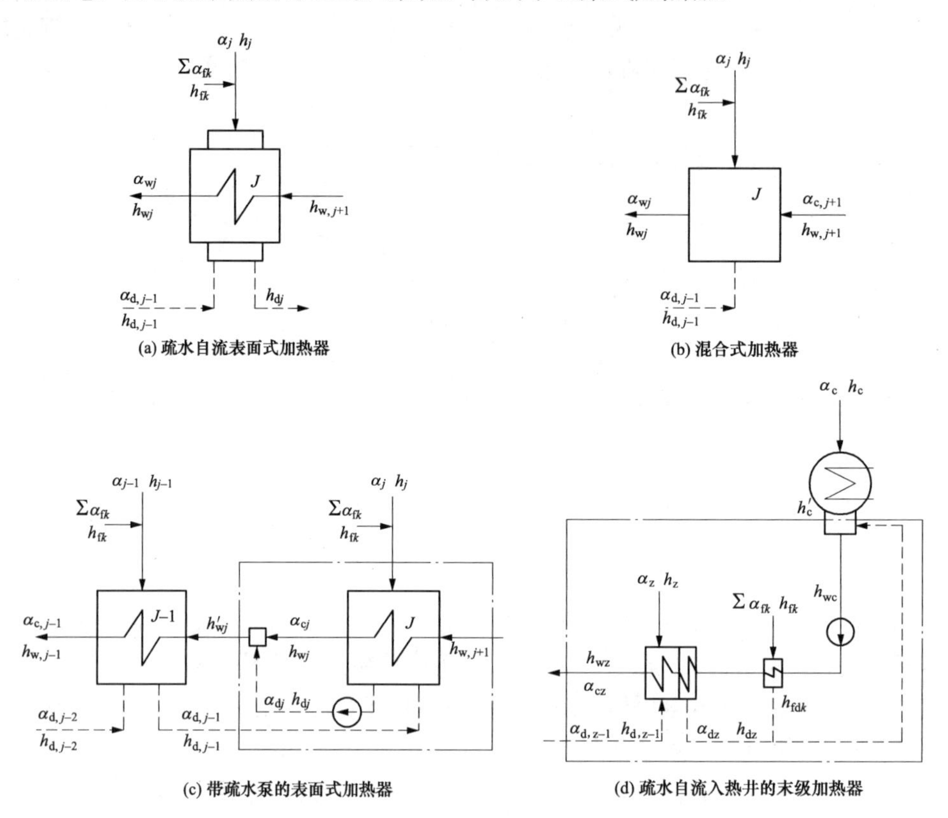

图 3-64 不同类型回热加热器热平衡式的拟定

拟定热平衡方程时，最好根据需要与简便的原则，选择最合适的热平衡范围。热平衡范围将直接影响到整个热力系统计算的繁杂程度。热平衡范围可以是一个加热器或数个相邻加热器，乃至全部加热器或包括一个水流混合点与加热器所组成的整体。不同类型加热器的热平衡方程具体拟定方法如下。

1. 疏水自流表面式加热器

如图 3-64（a）所示，疏水自流式加热器的特点是汽侧、水侧互不混合，疏水靠压差自流至下一级加热器。流量为 α_{wj} 的给水，吸热后比焓增加 $\tau_j = h_{wj} - h_{w,j+1}$。蒸汽放热包括两部分，一是抽汽放热量 $\alpha_j(h_j - h_{dj})$，另一部分是各辅助汽源放热量 $\sum\alpha_{fk}(h_{fk} - h_{dj})$。疏水放热量为 $\alpha_{d,j-1}(h_{d,j-1} - h_{dj})$。根据加热器的热平衡方程式，得到

$$[\alpha_j(h_j - h_{dj}) + \alpha_{d,j-1}(h_{d,j-1} - h_{dj}) + \sum\alpha_{fk}(h_{fk} - h_{dj})]\eta_h = \alpha_{wj}(h_{wj} - h_{w,j+1}) \quad (3\text{-}31)$$

$$\alpha_j = \frac{\alpha_{wj}(h_{wj} - h_{w,j+1})/\eta_h - \alpha_{d,j-1}(h_{d,j-1} - h_{dj}) - \sum[\alpha_{fk}(h_{fk} - h_{dj})]}{h_j - h_{dj}} \quad (3\text{-}32)$$

式（3-32）为疏水自流式加热器抽汽份额的计算通式，其中若加热器没有辅汽汇入，则 $\sum\alpha_{fk} = 0$。

2. 混合式加热器

如图 3-64（b）所示，混合式加热器的特点是加热器内汽、水全部混合。由于进、出水量不等，在热平衡式中同时出现α_{wj}和$\alpha_{c,j+1}$两个未知数，打乱了原有的“从高到低”的计算顺序。为此，结合加热器的物质平衡方程，需经适当推导，得到混合式加热器抽汽份额的计算公式。为简化，推导热平衡式时先不考虑η_h，待整理完毕，再以η_h的形式计及加热器效率的影响。根据流入、流出热量相等，有

$$\alpha_j h_j + \sum(\alpha_{fk} h_{fk}) + \alpha_{c,j+1} h_{w,j+1} + \alpha_{d,j-1} h_{d,j-1} = \alpha_{wj} h_{wj} \tag{3-33}$$

由物质平衡方程，有

$$\alpha_{c,j+1} = \alpha_{wj} - \alpha_j - \alpha_{d,j-1} - \sum\alpha_{fk} \tag{3-34}$$

将式（3-34）代入式（3-33），并化简得

$$[\alpha_j(h_j - h_{w,j+1}) + \alpha_{d,j-1}(h_{d,j-1} - h_{w,j+1}) + \sum\alpha_{fk}(h_{fk} - h_{w,j+1})]\eta_h = \alpha_{wj}(h_{w,j} - h_{w,j+1}) \tag{3-35}$$

$$\alpha_j = \frac{\alpha_{wj}(h_{w,j} - h_{w,j+1})/\eta_h - \alpha_{d,j-1}(h_{d,j-1} - h_{w,j+1}) - \sum[\alpha_{fk}(h_{fk} - h_{w,j+1})]}{h_j - h_{w,j+1}} \tag{3-36}$$

式（3-36）为混合式加热器抽汽份额的计算通式，形式上与疏水自流式加热器完全相同。区别仅在于将加热器的疏水比焓h_{dj}用加热器的进水比焓$h_{w,j+1}$代替。这种方法消除了一个未知数$\alpha_{c,j+1}$，避开了联解方程组的问题，使计算得到简化。

3. 带有疏水泵的加热器

如图 3-64（c）所示，带有疏水泵的加热器是将本级疏水α_{dj}通过疏水泵送至本级加热器出口水管路上，与主凝结水α_{cj}汇合后送至上一级加热器入口。当顺序计算至第$j-1$级加热器时，由于多了未知量h'_{wj}而使计算无法进行；若先计算第j级，由于疏水量$\alpha_{d,j-1}$未知亦无法进行。对于此种情况，可行的算法有：

（1）方程组解法。分别就$j-1$级加热器、混合点和j级加热器列写热平衡方程式和物质平衡方程式，然后联立求解线性方程组。

对于第$j-1$级加热器，热平衡式和物质平衡式分别为

$$\alpha_{j-1} = \frac{\alpha_{c,j-1}(h_{w,j-1} - h'_{wj})/\eta_h - \alpha_{d,j-2}(h_{d,j-2} - h_{d,j-1}) - \sum[\alpha_{fk}(h_{fk} - h_{d,j-1})]}{h_{j-1} - h_{d,j-1}} \tag{3-37}$$

$$\alpha_{d,j-1} = \alpha_{d,j-2} + \alpha_{j-1} + \sum\alpha_{fk} \tag{3-38}$$

对于混合点：热平衡式和物质平衡式分别为

$$\alpha_{c,j-1} \cdot h'_{wj} = \alpha_{cj} \cdot h_{wj} + \alpha_{dj} \cdot h_{dj} \tag{3-39}$$

$$\alpha_{c,j-1} = \alpha_{cj} + \alpha_{dj} \tag{3-40}$$

对于第j级加热器，热平衡式和物质平衡式分别为

$$\alpha_j = \frac{\alpha_{cj}(h_{wj} - h_{w,j+1})/\eta_h - \alpha_{d,j-1}(h_{d,j-1} - h_{dj}) - \sum[\alpha_{fk}(h_{fk} - h_{dj})]}{h_j - h_{dj}} \tag{3-41}$$

$$\alpha_{dj} = \alpha_{d,j-1} + \alpha_j + \sum\alpha_{fk} \tag{3-42}$$

联立上述 6 个方程可解出 6 个未知数：α_{j-1}、α_j、$\alpha_{d,j-1}$、α_{dj}、α_{cj}、h'_{wj}。

（2）试算法。给定h'_{wj}初值，依次做如下计算：

1）计算第$j-1$级加热器：按式（3-67）和式（3-68）分别计算出α_{j-1}和$\alpha_{d,j-1}$。

2）计算第j级加热器：选取图 3-64（c）虚线框作为第j级加热器的计算范围，按

式（3-41）计算出 α_j。

3）计算混合点：按式（3-39）和式（3-40）计算出 h'_{wj} 值。

4）将 h'_{wj} 的计算值和 h'_{wj} 初值比较，若二者不等，则以 h'_{wj} 计算值取代 h'_{wj} 初值，重复步骤1）、2）、3）。如此迭代逼近，直至二者相等或其误差小于规定值。

用第二种方法实际上可以实现"从高到低"的顺序计算，十分便于计算机求解。即使手算，一般只需要重复一次，最多两次即可达到要求。如果初值取得合适，可一次达到要求。根据经验，对于凝汽式机组，可取初值 $h'_{wj}=h_{wj}+2.5$。

4. 疏水自流入热井的加热器

如图 3-64（d）所示为第 z 级加热器疏水自流入凝汽器热井，与凝结水混合后以比焓 h_{wc} 进入第 z 级加热器水侧，h_{wc} 就成为这种连接方式增加的一个未知数。显然仅列写第 z 级加热器的热平衡不可能求出两个未知数 α_z 和 h_{wc}，必须再增加热井的热平衡式和物质平衡方程式，三个平衡式即可求出三个未知数 α_z、α_c 和 h_{wc}。能量平衡式和质量平衡式如下

$$[\alpha_z(h_z-h_{dz})+\alpha_{d,z-1}(h_{d,z-1}-h_{dz})+\sum\alpha_{fk}(h_{fk}-h_{fdk})]\eta_h=\alpha_{cz}(h_{wz}-h_{wc}) \tag{3-43}$$

$$\alpha_c h'_c+\alpha_{dz}h_{dz}+\sum\alpha_{fk}h_{fdk}=\alpha_{cz}h_{wc} \tag{3-44}$$

$$\alpha_c+\alpha_z+\alpha_{d,z-1}+\sum\alpha_{fk}=\alpha_{cz} \tag{3-45}$$

这种解联立方程虽然可以求出结果，但较为复杂，尤其是在汽水流量进出系统比较多的情况下。为此，将热平衡计算范围扩大到如图 3-64（d）中点画线所框出的范围，则可避开 h_{wc}，简化了计算，即

$$\alpha_c h'_c+\alpha_z h_z+\alpha_{d,z-1}h_{d,z-1}+\sum\alpha_{fk}h_{fdk}=\alpha_{cz}h_{wz} \tag{3-46}$$

$$\alpha_c=\alpha_{cz}-\alpha_z-\alpha_{d,z-1}-\sum\alpha_{fk} \tag{3-47}$$

联立求解，即

$$[\alpha_z(h_z-h'_c)+\alpha_{d,z-1}(h_{d,z-1}-h'_c)+\sum\alpha_{fk}(h_{fk}-h'_c)]\eta_h=\alpha_{cz}(h_{wz}-h'_c) \tag{3-48}$$

$$\alpha_z=\frac{\alpha_{cz}(h_{wz}-h'_c)/\eta_h-\alpha_{d,z-1}(h_{d,z-1}-h'_c)-\sum\alpha_{fk}(h_{fk}-h'_c)}{h_z-h'_c} \tag{3-49}$$

式（3-49）形式上与混合式加热器抽汽份额的计算公式完全相同。

五、计算步骤

常规热平衡计算方法的步骤如下：

1. 整理原始数据

根据汽轮机组的有关原始数据，整理出各计算点的抽汽比焓值，编制汽水参数表。

（1）确定计算点汽水焓值。汽轮机的各级抽汽压力损失、加热器端差、疏水端差，用于计算主凝结水（或主给水）的进、出口比焓，是机组热力系统设计、计算的重要数据，通常都是由汽轮机厂家直接给出。在进行计算时作为常数取定，列于汽水参数表内。

需要整理的汽水焓值主要包括主蒸汽比焓 h_0、各级抽汽比焓 h_j、排汽焓 h_c，各级加热器出口水比焓 h_{wj}、疏水比焓 h_{dj} 及凝汽器凝结水比焓 h'_c，再热蒸汽吸热量 q_{rh} 等。主蒸汽比焓由主蒸汽压力和温度确定，$h_0=f(p_0,t_0)$；各级抽汽比焓由各级抽汽压力和抽汽温度确定，$h_j=f(p_j,t_j)$；再热器进口蒸汽比焓由再热器进口蒸汽压力和温度确定，$h_{rh}^{in}=f(p_{rh}^{in},t_{rh}^{in})$；再热器出口蒸汽比焓由再热器进口压力、再热器压力损失和再热后蒸汽温度确定，$h_{rh}^{out}=f(p_{rh}^{in},\Delta p_{rh},t_{rh}^{out})$；再热蒸汽吸热量等于再热器出口与进口蒸汽的焓差，$q_{rh}=h_{rh}^{out}-h_{rh}^{in}$；汽轮机排汽焓可由排汽压力和干度确定或由低压缸进口状态和相对内效率确定，$h_c=$

$f(p_c, x)$；加热器汽侧压力由抽汽压力和抽汽管压降确定，$p_j' = p_j - \Delta p_j$；加热器出口水焓由加热器水侧出口温度和压力确定，$h_{wj} = f(t_{wj}, p_{pu})$，其中高压加热器水侧压力可取给水泵出口压力，低压加热器水侧压力可取凝结水泵出口压力；若加热器无内置式疏水冷却器，则加热器疏水为饱和状态，其出口疏水温度和出口疏水比焓由加热器汽侧压力确定，$t_{dj} = f(p_j')$，$h_{dj} = f(p_j')$；若加热器具有内置式疏水冷却器，则加热器出口疏水温度由加热器进口水温和入口端差确定，$t_{dj} = t_{w,j+1} + \varphi_j$，加热器出口疏水比焓由加热器汽侧压力和疏水温度确定，$h_{dj} = f(p_j', t_{dj})$。

(2) 合理选择和假定某些未给出的数据。需要合理选择和假定的数据主要包括：主蒸汽压力损失，一般取 $\Delta p_0 = (3\% \sim 7\%) p_0$；再热系统压力损失，一般取 $\Delta p_{rh} = 10\% p_{rh}$；抽汽管道压力损失，一般选 $\Delta p_j = (3\% \sim 8\%) p_j$；加热器效率 η_h（或加热蒸汽比焓的利用系数 η_h'），一般取 $\eta_h = 0.98 \sim 0.99$（$\eta_h' = 0.985 \sim 0.995$）；机械效率，一般取 $\eta_m = 0.99$；发电机效率，一般取 $\eta_g = 0.98 \sim 0.99$。

2. 给水泵焓升和给水泵汽轮机耗汽量的计算

工质在给水泵内的焓升 τ_{pu} 按式（3-50）计算，即

$$\tau_{pu} = \frac{v_{pu}(p_{pu} - p'_{pu}) \times 10^3}{\eta_{pu}} \tag{3-50}$$

式中：v_{pu} 为给水平均比体积，m^3/kg；p'_{pu} 为给水泵进口压力，MPa；p_{pu} 为给水泵出口压力，MPa；η_{pu} 为给水泵效率。

为提高效率，大机组的给水泵都用给水泵汽轮机直接驱动。在热力系统计算中，需要计算出给水泵汽轮机的进汽量 D_{pt} 或进汽份额 α_{pt}。给水泵汽轮机的进汽来自汽轮机某一级抽汽，蒸汽在给水泵汽轮机中的实际比焓降 Δh_{pt} 即为给水泵汽轮机的进汽比焓 h_{pt}^0 与排汽比焓 h_{ptc} 之差。考虑了给水泵汽轮机的机械效率 η_{ptm} 后，其能量平衡式为

$$\alpha_{pt} \Delta h_{pt} \eta_{ptm} = \alpha_{fw} \tau_{pu} \tag{3-51}$$

式中：α_{pt} 为给水泵汽轮机的进汽份额；α_{fw} 为给水泵流量份额；Δh_{pt} 为给水泵汽轮机的实际比焓降，$\Delta h_{pt} = h_{pt}^0 - h_{ptc}$。

3. 回热系统计算

按照加热器抽汽压力“从高到低”的次序，依次进行各回热加热器的计算，求得各抽汽量 D_j（或 α_j）、凝汽量 D_c（或 α_c）、给水流量 D_{fw}（或 α_{fw}）和汽轮机比内功 w_i。这一步计算结束时，需要利用物质平衡方程式校核凝汽系数 α_c 的计算误差，一般要求相对误差不超过±0.2%。

4. 汽轮机组热经济指标计算

根据回热系统计算结果，求出汽轮机组的汽耗量 D_0、汽耗率 d、热耗量 Q_0、热耗率 q 以及汽轮机组绝对内效率 η_i、绝对电效率 η_e。

六、计算实例

某 1000MW 超超临界机组的原则性热力系统如图 3-65 所示，求在下列已知条件下该汽轮机组的热经济性指标。

已知：汽轮机组为超超临界压力、一次中间再热、单轴、四缸四排汽、双背压、反动凝汽式汽轮机。该机组有八级回热抽汽，分别给“三高、四低、一除氧”供汽。各回热抽汽压力和温度、加热器上下端差、水侧压力、抽汽管道压力损失见表 3-16。

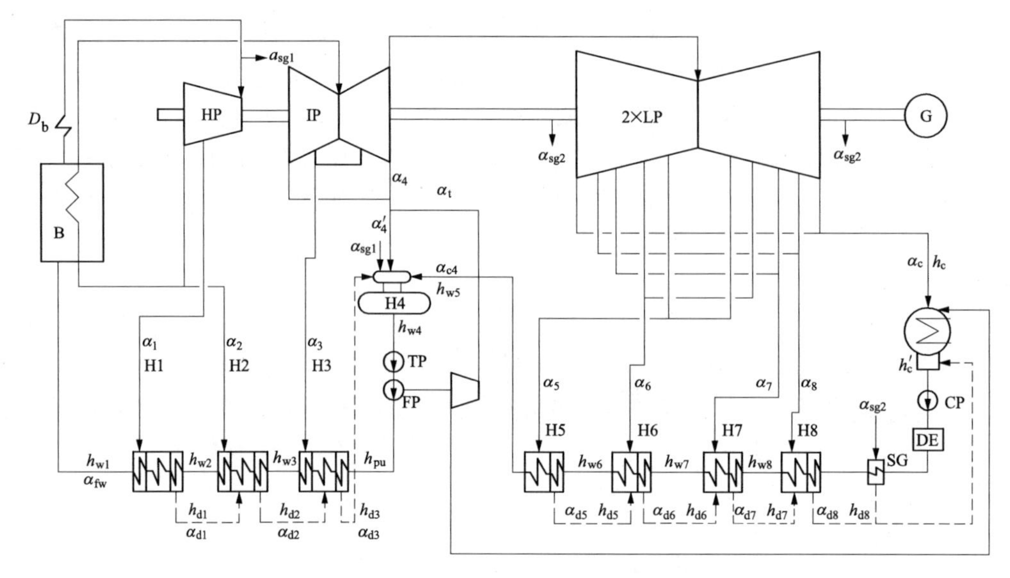

图 3-65 某 1000MW 超超临界机组的原则性热力系统

CP—凝结水泵；DE—除盐设备；FP—主给水泵；SG—轴封加热器；TP—前置泵

表 3-16 **回热加热器参数**

项目	单位	回热加热器								
		H1	H2	H3	H4	H5	H6	H7	H8	SG
抽汽压力 p_j	MPa	8.039	4.673	1.739	0.8628	0.2624	0.1234	0.0584	0.0248	
抽汽温度 t_j	℃	420.7	342.8	459.1	356	216.2	137.8	$x=0.99$	$x=0.952$	
加热器上端差 θ	℃	−1.7	0	0	0	2.8	2.8	2.8	2.8	
加热器下端差 φ	℃	5.6	5.6	5.6	0	5.6	5.6	5.6	5.6	
水侧压力 p_t	MPa	31.78	31.78	31.78	0.8197	1.72	1.72	1.72	1.72	
抽汽管道压力损失 δp_j	%	3	3	3	5	4.3	5	5	5	
轴封或门杆漏汽份额 α_{sg}					0.005					0.001
轴封或门杆漏汽焓值 h_{sg}	kJ/kg				3491.2					3136.1

初蒸汽参数：$p_0=25$MPa，$t_0=600$℃。

再热蒸汽参数：热段 $p_{rh}=4.205$MPa，$t_{rh}=600$℃；

冷段 $p'_{rh}=p_2=4.673$MPa，$t'_{rh}=t_2=342.8$℃。

低压缸平均排汽压力和排汽干度：$p_c=0.0049$MPa，$X_c=0.9044$。

机组的机械效率：$\eta_m=0.996$，发电机效率 $\eta_g=0.9906$。

加热器效率：$\eta_h=100\%$。

给水泵汽轮机排汽压力：$p_{ptc}=0.0056$MPa。

给水泵汽轮机排汽焓：$h_{ptc}=2455.1$kJ/kg。

给水泵汽轮机机械效率：$\eta_{ptm}=0.99$。

给水泵出口压力：$p_{pu}=31.78$MPa。

给水泵效率：$\eta_{pu}=0.92$。

除氧器水箱水面至给水泵入口的垂直高度：$H=21.6$m。

凝结水泵出口压力：$p_{cp}=1.724$MPa。

解：

1. 整理数据

根据该工况下的汽水状态，查表并整理出回热系统计算点汽水焓值，列于表 3-17 中。针对汽轮机组进行原则性热力系统计算，不考虑锅炉侧及蒸汽管道的汽水损失，汽轮机主汽门前的流量份额 $\alpha_0=1$，根据质量守恒，给水流量份额 $\alpha_{fw}=1$。

表 3-17　　机组回热系统计算点汽水参数

	项目	单位	H1	H2	H3	H4	H5	H6	H7	H8	SG	排汽
汽侧	抽汽压力	MPa	8.039	4.673	1.739	0.8628	0.2624	0.1234	0.0584	0.0248	0.095	0.0049
	抽汽温度	℃	420.7	342.8	459.1	356	216.2	137.8	$x=$0.99	$x=$0.952	—	$x=$0.9044
	抽汽比焓	kJ/kg	3197.3	3060.2	3381.0	3173.8	2900.5	2750.0	2629.5	2505.4	3136.1	2329.1
	抽汽管道压力损失	%	3	3	3	5	4.3	5	5	5	—	—
	加热器汽侧压力	MPa	7.798	4.533	1.687	0.820	0.251	0.117	0.055	0.024	—	—
	汽侧压力下饱和温度	℃	293.19	257.85	203.93	171.42	127.58	104.14	83.96	63.67	98.2	32.54
水侧	水侧压力	MPa	31.78	31.78	31.78	0.82	1.72	1.72	1.72	1.72	1.72	—
	加热器上端差	℃	−1.7	0	0	0	2.8	2.8	2.8	2.8	—	—
	出口水温	℃	294.89	257.85	203.93	171.42	124.78	101.34	81.16	60.87	—	—
	出口水焓	kJ/kg	1302.3	1125.0	883.2	725.4	525.1	425.9	341.1	256.2	—	—
	进口水温	℃	257.85	203.93	176.00	124.78	101.34	81.16	60.87	—	—	—
	进口水焓	kJ/kg	1125.0	883.2	762.7*	525.1	425.9	341.1	256.2	—	—	—
	加热器下端差	℃	5.6	5.6	5.6	—	5.6	5.6	5.6	5.6	—	—
	疏水温度	℃	263.45	209.53	181.60	—	106.94	86.76	66.47	—	—	—
	疏水比焓	kJ/kg	1151.6	896.5	770.5	—	448.4	363.3	278.2	—	—	136.3

* 考虑给水泵焓升后，H3 入口水焓为 725.4＋37.33＝762.7kJ/kg，由该处的压力及焓值查得 H3 进口水温度为 176.0℃。

2. 计算各级回热抽汽量和凝汽量

（1）由高压加热器 H1 热平衡计算 α_1。高压加热器 H1 的热平衡为

$$\alpha_1(h_1-h_{d1})\eta_h=\alpha_{fw}(h_{w1}-h_{w2})$$

则

$$\alpha_1=\frac{\alpha_{fw}(h_{w1}-h_{w2})/\eta_h}{h_1-h_{d1}}=\frac{1.0\times(1302.3-1125.0)}{3197.3-1151.6}=0.0867$$

H1 疏水份额 α_{d1} 为

$$\alpha_{d1}=\alpha_1=0.0867$$

（2）由高压加热器 H2 热平衡计算 α_2。高压加热器 H2 的热平衡为

$$[\alpha_2(h_2-h_{d2})+\alpha_{d1}(h_{d1}-h_{d2})]\eta_h=\alpha_{fw}(h_{w2}-h_{w3})$$

$$\alpha_2=\frac{\alpha_{fw}(h_{w2}-h_{w3})/\eta_h-\alpha_{d1}(h_{d1}-h_{d2})}{h_2-h_{d2}}$$

$$=\frac{1}{3060.2-896.5}\times[1.0\times(1125.0-883.2)-0.0867\times(1151.6-896.5)]$$

$$=0.1015$$

H2 疏水份额 α_{d2} 为

$$\alpha_{d2}=\alpha_{d1}+\alpha_{2}=0.0867+0.1015=0.1882$$

由高压缸的物质平衡可得再热蒸汽份额 α_{rh} 为

$$\begin{aligned}\alpha_{rh}&=1-\alpha_{sg1}-\alpha_{1}-\alpha_{2}\\&=1-0.005-0.0867-0.1015\\&=0.8068\end{aligned}$$

(3) 由高压加热器 H3 热平衡计算 α_3。高压加热器 H3 的进口水焓未知，故应先计算给水泵的焓升 τ_{pu}。

给水泵入口静压 p'_{pu} 为

$$p'_{pu}=p'_{4}+\frac{1}{v}\cdot g\cdot H_{pu}=0.81966+\frac{9.8\times21.6}{0.001116\times10^{6}}=1.0093\text{MPa}$$

式中：p'_4 为除氧器内压力；v 为水的比体积。

给水泵内工质焓升 τ_{pu} 为

$$\begin{aligned}\tau_{pu}&=h_{pu}-h_{w4}=\frac{v_{pu}(p_{pu}-p'_{pu})\times10^{3}}{\eta_{pu}}\\&=\frac{0.001116\times(31.78-1.0093)\times10^{3}}{0.92}\\&=37.33\text{kJ/kg}\end{aligned}$$

高压加热器 H3 进口水焓 h_{pu}（即给水泵出口水焓）为

$$h_{pu}=h_{w4}+\tau_{pu}=725.36+37.33=762.69\text{kJ/kg}$$

根据高压加热器 H3 的热平衡，可得

$$[\alpha_{3}(h_{3}-h_{d3})+\alpha_{d2}(h_{d2}-h_{d3})]\eta_{h}=\alpha_{fw}(h_{w3}-h_{pu})$$

$$\begin{aligned}\alpha_{3}&=\frac{\alpha_{fw}(h_{w3}-h_{pu})/\eta_{h}-\alpha_{d2}(h_{d2}-h_{d3})}{h_{3}-h_{d3}}\\&=\frac{1}{3381.0-770.5}\times[1.0\times(883.2-762.69)-0.01882\times(896.5-770.5)]\\&=0.0371\end{aligned}$$

H3 疏水份额 α_{d3} 为

$$\alpha_{d3}=\alpha_{d2}+\alpha_{3}=0.1882+0.0371=0.2253$$

(4) 由除氧器 H4 热平衡计算 α_4。第四级抽汽份额 α_4 等于除氧器用汽量 α'_4 与给水泵汽轮机用汽量 α_{pt} 之和，即

$$\alpha_{4}=\alpha'_{4}+\alpha_{pt}$$

根据给水泵汽轮机和给水泵的能量平衡关系，可求出小汽轮机抽汽系数 α_{pt}，即

$$\alpha_{pt}=\frac{\alpha_{fw}\tau_{pu}}{(h_{4}-h_{ptc})\eta_{ptm}}=\frac{1.0\times37.33}{(3173.8-2455.1)\times0.99}=0.0525$$

根据除氧器的热平衡和物质平衡，可得

$$[\alpha'_{4}(h_{4}-h_{w5})+\alpha_{sg1}(h_{sg1}-h_{w5})+\alpha_{d3}(h_{d3}-h_{w5})]\eta_{h}=\alpha_{fw}(h_{w4}-h_{w5})$$

$$\begin{aligned}\alpha'_{4}&=\frac{1}{h_{4}-h_{w5}}[\alpha_{fw}(h_{w4}-h_{w5})/\eta_{h}-\alpha_{sg1}(h_{sg1}-h_{w5})-\alpha_{d3}(h_{d3}-h_{w5})]\\&=\frac{1}{3173.8-525.1}\times[1.0\times(725.4-525.1)-0.005\times(3491.2-525.1)-\end{aligned}$$

$0.2253\times(770.5-525.1)]$

$=0.0491$

进入除氧器的凝结水流量份额 α_{c4} 为

$$\alpha_{c4}=\alpha_{fw}-\alpha'_4-\alpha_{sg1}-\alpha_{d3}=0.7206$$

第四级抽汽份额 α_4 为

$$\alpha_4=\alpha'_4+\alpha_{pt}=0.0491+0.0525=0.1016$$

（5）由低压加热器 H5 热平衡计算 α_5。根据低压加热器 H5 热平衡，可得

$$\alpha_5(h_5-h_{d5})\eta_h=\alpha_{c4}(h_{w5}-h_{w6})$$

$$\alpha_5=\frac{\alpha_{c4}(h_{w5}-h_{w6})/\eta_h}{h_5-h_{d5}}$$

$$=\frac{0.7206\times(525.1-425.9)}{2900.5-448.4}$$

$$=0.0291$$

H5 疏水份额 α_{d5} 为

$$\alpha_{d5}=\alpha_5=0.0291$$

（6）由低压加热器 H6 热平衡计算 α_6。根据低压加热器 H6 热平衡，可得

$$[\alpha_6(h_6-h_{d6})+\alpha_{d5}(h_{d5}-h_{d6})]\eta_h=\alpha_{c4}(h_{w6}-h_{w7})$$

$$\alpha_6=\frac{\alpha_{c4}(h_{w6}-h_{w7})/\eta_h-\alpha_{d5}(h_{d5}-h_{d6})}{h_6-h_{d6}}$$

$$=\frac{0.7206\times(425.9-341.1)-0.0291\times(448.4-363.3)}{2750.0-363.3}$$

$$=0.0246$$

H6 疏水份额 α_{d6} 为

$$\alpha_{d6}=\alpha_{d5}+\alpha_6=0.0291+0.0246=0.0537$$

（7）由低压加热器 H7 热平衡计算 α_7。根据低压加热器 H7 热平衡，可得

$$[\alpha_7(h_7-h_{d7})+\alpha_{d6}(h_{d6}-h_{d7})]\eta_h=\alpha_{c4}(h_{w7}-h_{w8})$$

$$\alpha_7=\frac{\alpha_{c4}(h_{w7}-h_{w8})/\eta_h-\alpha_{d6}(h_{d6}-h_{d7})}{h_7-h_{d7}}$$

$$=\frac{0.7206\times(341.1-256.2)-0.0537\times(363.3-278.2)}{2629.5-278.2}$$

$$=0.0241$$

H7 疏水份额 α_{d7} 为

$$\alpha_{d7}=\alpha_{d6}+\alpha_7=0.0537+0.0241=0.0778$$

（8）由低压加热器 H8、轴封冷却器 SG、热井所构成局部系统的热平衡计算 α_8。凝汽器压力下饱和水焓 $h'_c=136.3$kJ/kg。

根据该局部系统的热平衡和物质平衡得

$$[\alpha_8(h_8-h'_c)+\alpha_{sgz}(h_{sgz}-h'_c)+\alpha_{d7}(h_{d7}-h'_c)]\eta_h=\alpha_{c4}(h_{w8}-h'_c)$$

$$\alpha_8=\frac{1}{h_8-h'_c}[\alpha_{c4}(h_{w8}-h'_c)/\eta_h-\alpha_{sgz}(h_{sgz}-h'_c)+\alpha_{d7}(h_{d7}-h'_c)]$$

$$=\frac{1}{2505.4-136.3}[0.7206\times(256.2-136.3)-0.001\times(3136.1-136.3)-$$

$0.0778\times(278.2-136.3)]$

$=0.0305$

H8 疏水份额 α_{d8} 为

$$\alpha_{d8}=\alpha_{d7}+\alpha_{8}=0.0778+0.0305=0.1083$$

（9）排汽份额 α_c 的计算。由热井物质平衡计算排汽份额 α_c，即

$$\begin{aligned}\alpha_c&=\alpha_{c4}-\alpha_{d8}-\alpha_{pt}-\alpha_{sgz}\\&=0.7206-0.1083-0.0525-0.001\\&=0.5588\end{aligned}$$

由汽轮机物质平衡校核排汽份额，可得

$$\alpha_c=1-\sum_{j=1}^{8}\alpha_j-\alpha_{sg1}-\alpha_{sg2}=0.5588$$

两种方法的计算结果完全一致，证明计算结果正确。

3. 汽轮机比内功的计算

汽轮机比内功 w_i 为

$$\begin{aligned}w_i&=h_0+\alpha_{rh}q_{rh}-\sum_{j=1}^{8}\alpha_j h_j-\alpha_{sg1}h_{sg1}-\alpha_{sg2}h_{sg2}-\alpha_c h_c\\&=1334.4(\text{kJ/kg})\end{aligned}$$

各级抽汽及漏汽的份额及比内功列于表 3-18 中。

表 3-18　　比内功汇总表

项目	份额 α	焓 h(kJ/kg)	比内功 w_i(kJ/kg)
第 1 段抽汽	0.0867	3197.3	25.48
第 2 段抽汽	0.1015	3060.2	43.76
第 3 段抽汽	0.0371	3381.0	26.73
第 4 段抽汽	0.1016	3173.8	94.32
第 5 段抽汽	0.0291	2900.5	35.02
第 6 段抽汽	0.0246	2750.0	33.22
第 7 段抽汽	0.0241	2629.5	35.47
第 8 段抽汽	0.0305	2505.4	48.76
凝汽流	0.5588	2329.1	990.68
漏汽 α_{sg1}	0.005	3491.2	0.00
漏汽 α_{sg2}	0.001	3136.1	0.97
合计			1334.4

4. 汽轮机组的热经济性指标

汽轮机组的比热耗为

$$q_0=\alpha_0 h_0+\alpha_{rh}q_{rh}-\alpha_{fw}h_{fw}=2681.7(\text{kJ/kg})$$

汽轮机组的绝对内效率 η_i 为

$$\eta_i=w_i/q_0=49.76(\%)$$

汽轮机组的绝对电效率 η_e 为

$$\eta_e=\eta_i\eta_m\eta_g=49.09(\%)$$

汽轮机组的热耗率为

$$q=3600/\eta_e=7332.9(\text{kJ/kWh})$$

汽轮机组的汽耗率为

$$d=q/q_0=2.73(\mathrm{kg/kWh})$$

七、常规热平衡法的简洁计算方法

常规热平衡方法计算工作量大，在以手工计算为主要计算形式的时代，严重制约了其广泛应用。特别是当热力系统比较复杂或热力系统进行多方案比较时，直接应用常规热平衡分析法往往很烦琐。另外，常规热平衡计算方法的通用性也不高，目前在热力系统定量分析中一般也不方便直接采用。特别是随着计算机的普及，这些不足表现得越来越明显。以常规热平衡方法为基础，结合矩阵思想所形成的简捷算法就是在这种背景下发展起来的。

该方法的特点在于模型采用矩阵形式表达，突出特点是“数”与“形”的结合，即矩阵结构与热力系统结构一一对应，矩阵中的元素数值与热力系统中相关参数一一对应。当热力系统结构或参数发生改变时，只需要调整矩阵的结构和矩阵元素数值即可，使热力系统的计算通用性更佳，非常适合于编制通用计算程序。

对于热力系统分析计算所需的繁多的热力参数等原始资料，将其整理为三类：其一是给水在加热器中的焓升，以 τ_j 表示，按加热器编号有 τ_1、τ_2、τ_3、…、τ_z；其二是蒸汽在加热器中的放热量即抽汽放热量，用 q_j 表示，按加热器编号有 q_1、q_2、q_3、…、q_z；其三是疏水在加热器中的放热量即疏水放热量，用 γ_j 表示，按加热器编号有 γ_1、γ_2、γ_3、…、γ_z。针对不同形式的加热器，定义抽汽放热量 q_j、给水焓升 τ_j 及疏水放热量 γ_j 如下。

对于疏水自流式加热器，有

$$\left.\begin{aligned}q_j&=h_j-h_{\mathrm{d}j}\\ \tau_j&=h_{\mathrm{w}j}-h_{\mathrm{w},j+1}\\ \gamma_j&=h_{\mathrm{d},j-1}-h_{\mathrm{d}j}\end{aligned}\right\}\tag{3-52}$$

对于汇集式加热器，有

$$\left.\begin{aligned}q_j&=h_j-h_{\mathrm{w},j+1}\\ \tau_j&=h_{\mathrm{w}j}-h_{\mathrm{w},j+1}\\ \gamma_j&=h_{\mathrm{d},j-1}-h_{\mathrm{w},j+1}\end{aligned}\right\}\tag{3-53}$$

由式（3-52）和式（3-53）可知，两类加热器给水焓升 τ_j 的计算式是一样的；而抽汽放热量 q_j、疏水放热量 γ_j 却是不同的。由式（3-53）可知，汇集式加热器的抽汽放热量 q_j、疏水放热量 γ_j 都是以进水焓 $h_{\mathrm{w},j+1}$ 为基准，不是热力学意义上的放热量，简称以进水焓为基准的抽汽放热量 q_j、疏水放热量 γ_j。这样处理，在联解（$z+1$）次方程组，计算各级回热抽汽份额时，能够由加热器汽侧压力，从高到低依次解出 α_1、α_2、…、α_z，而不必求解加热器进口水份额。更重要的是，经过这样处理后，可方便地整理出用矩阵形式表示的热力系统汽水分布状态方程，详见后续内容。

这样，式（3-31）、式（3-35）、式（3-48）均可简化为

$$(\alpha_j q_j+\alpha_{\mathrm{d},j-1}\gamma_j+\sum\alpha_{\mathrm{fk}}q_{\mathrm{fk}})\eta_{\mathrm{h}}=\alpha_{\mathrm{w}j}\tau_j\tag{3-54}$$

$$\alpha_j=\frac{\alpha_{\mathrm{w}j}\tau_j/\eta_{\mathrm{h}}-\alpha_{\mathrm{d},j-1}\gamma_j-\sum\alpha_{\mathrm{fk}}q_{\mathrm{fk}}}{q_j}\tag{3-55}$$

对于带疏水泵的表面式加热器，只要以进水焓为基准计算 q_j 和 γ_j，也可用上两式计算 α_j。

以常规热平衡为基础导出的简捷算法是通过其核心矩阵 q-γ-τ 方程来计算各级加热器的

抽汽流量或抽汽份额，为求解最终的热经济性指标，还需要结合吸热量方程和功率方程来实现。以图 3-65 所示的汽轮机组原则性热力系统为例，采用相对量计算，根据式（3-54），各级加热器的热平衡方程式经整理后可写作

$$
\begin{aligned}
&\alpha_1 q_1 = \tau_1 \\
&\alpha_1 \gamma_2 + \alpha_2 q_2 = \tau_2 \\
&\alpha_1 \gamma_3 + \alpha_2 \gamma_3 + \alpha_3 q_3 = \tau_3 \\
&\alpha_1 \gamma_4 + \alpha_2 \gamma_4 + \alpha_3 \gamma_4 + \alpha_4 q_4 + \alpha_{sg1} q_{sg1} = \tau_4 \\
&\alpha_1 \tau_5 + \alpha_2 \tau_5 + \alpha_3 \tau_5 + \alpha_4 \tau_5 + \alpha_5 q_5 + \alpha_{sg1} \tau_5 = \tau_5 \\
&\alpha_1 \tau_6 + \alpha_2 \tau_6 + \alpha_3 \tau_6 + \alpha_4 \tau_6 + \alpha_5 \gamma_6 + \alpha_6 q_6 + \alpha_{sg1} \tau_6 = \tau_6 \\
&\alpha_1 \tau_7 + \alpha_2 \tau_7 + \alpha_3 \tau_7 + \alpha_4 \tau_7 + \alpha_5 \gamma_7 + \alpha_6 \gamma_7 + \alpha_7 q_7 + \alpha_{sg1} \tau_7 = \tau_7 \\
&\alpha_1 \tau_8 + \alpha_2 \tau_8 + \alpha_3 \tau_8 + \alpha_4 \tau_8 + \alpha_5 \gamma_8 + \alpha_6 \gamma_8 + \alpha_7 \gamma_8 + \alpha_8 q_8 + \alpha_{sg1} \tau_8 + \alpha_{sg2} q_{sg2} = \tau_8
\end{aligned}
\tag{3-56}
$$

写成矩阵方程为

$$
\begin{bmatrix}
q_1 \\
\gamma_2 & q_2 \\
\gamma_3 & \gamma_3 & q_3 \\
\gamma_4 & \gamma_4 & \gamma_4 & q_4 \\
\tau_5 & \tau_5 & \tau_5 & \tau_5 & q_5 \\
\tau_6 & \tau_6 & \tau_6 & \tau_6 & \gamma_6 & q_6 \\
\tau_7 & \tau_7 & \tau_7 & \tau_7 & \gamma_7 & \gamma_7 & q_7 \\
\tau_8 & \tau_8 & \tau_8 & \tau_8 & \gamma_8 & \gamma_8 & \gamma_8 & q_8
\end{bmatrix}
\begin{bmatrix} \alpha_1 \\ \alpha_2 \\ \alpha_3 \\ \alpha_4 \\ \alpha_5 \\ \alpha_6 \\ \alpha_7 \\ \alpha_8 \end{bmatrix}
+
\begin{bmatrix}
0 \\
\gamma_2 & 0 \\
\gamma_3 & \gamma_3 & 0 \\
\gamma_4 & \gamma_4 & \gamma_4 & q_{sg1} \\
\tau_5 & \tau_5 & \tau_5 & \tau_5 & 0 \\
\tau_6 & \tau_6 & \tau_6 & \tau_6 & \gamma_6 & 0 \\
\tau_7 & \tau_7 & \tau_7 & \tau_7 & \gamma_7 & \gamma_7 & 0 \\
\tau_8 & \tau_8 & \tau_8 & \tau_8 & \gamma_8 & \gamma_8 & \gamma_8 & q_{sg2}
\end{bmatrix}
\begin{bmatrix} 0 \\ 0 \\ 0 \\ \alpha_{sg1} \\ 0 \\ 0 \\ 0 \\ \alpha_{sg2} \end{bmatrix}
=
\begin{bmatrix} \tau_1 \\ \tau_2 \\ \tau_3 \\ \tau_4 \\ \tau_5 \\ \tau_6 \\ \tau_7 \\ \tau_8 \end{bmatrix}
\tag{3-57}
$$

简记为

$$[\mathbf{A}][\boldsymbol{\alpha}] + [\mathbf{A}_f][\boldsymbol{\alpha}_f] = [\boldsymbol{\tau}]$$

式中，系数矩阵 $[\mathbf{A}]$、$[\mathbf{A}_f]$ 为 n 阶下三角矩阵，n 为主加热器的级数，矩阵中的元素 a_{ij}（i 为行，j 为列），当 $i<j$ 时，$a_{ij}=0$；当 $i>j$ 时，有两种情况，如果 i 级加热器接收 j 级加热器的疏水，$a_{ij}=\gamma_i$，否则 $a_{ij}=\tau_i$；当 $i=j$ 时，系数矩阵 $[\mathbf{A}]$ 中 $a_{ii}=q_i$，有辅助蒸汽汇入时，系数矩阵 $[\mathbf{A}_f]$ 中 a_{ii} 等于辅助蒸汽的放热量，否则为 0。$[\boldsymbol{\alpha}]$、$[\boldsymbol{\alpha}_f]$ 分别为各级加热器抽汽份额、辅助蒸汽份额所组成的列向量，$[\boldsymbol{\tau}]$ 为各级给水焓升所组成的列向量。

由式（3-57）可见，该矩阵方程的结构与发电厂热力系统的结构具有一一对应的关系，只要热力系统的结构一定，即可按照上述规则方便地写出相应的矩阵方程。系统结构变化可改变状态方程结构，运行环境、运行方式和设备性能改变只改变方程中某些元素的数值。因

此该矩阵方程是电厂热力系统分析计算的通用方程，在此将其定义为发电厂热力系统汽水分布状态通用方程。

以图 3-65 所示的汽轮机组原则性热力系统为例，根据表 3-17 中数据，可得各级回热加热器 q-γ-τ 的数值，见表 3-19。

表 3-19　　q-γ-τ 的数值

项目	q	γ	τ
第 1 级抽汽	2045.7	0	177.4
第 2 级抽汽	2163.6	255.1	241.8
第 3 级抽汽	2610.5	126.0	120.5
第 4 级抽汽	2648.7	245.4	200.3
第 5 级抽汽	2452.0	0	99.2
第 6 级抽汽	2386.7	85.1	84.8
第 7 级抽汽	2351.2	85.1	84.9
第 8 级抽汽	2369.1	141.9	119.9
漏汽 α_{sg1}	$\alpha_{sg1}=0.005$，$q_{sg1}=2966.1$		
漏汽 α_{sg2}	$\alpha_{sg2}=0.001$，$q_{sg2}=2999.8$		

由此，可得系数矩阵 $[\boldsymbol{A}]$、$[\boldsymbol{A}_\mathrm{f}]$ 分别为

$$[\boldsymbol{A}]=\begin{bmatrix} 2045.7 & 0 & 0 & 0 & 0 & 0 & 0 & 0 \\ 255.1 & 2163.6 & 0 & 0 & 0 & 0 & 0 & 0 \\ 126.0 & 126.0 & 2610.5 & 0 & 0 & 0 & 0 & 0 \\ 245.4 & 245.4 & 245.4 & 2648.7 & 0 & 0 & 0 & 0 \\ 99.2 & 99.2 & 99.2 & 99.2 & 2452.0 & 0 & 0 & 0 \\ 84.8 & 84.8 & 84.8 & 84.8 & 85.1 & 2386.7 & 0 & 0 \\ 84.9 & 84.9 & 84.9 & 84.9 & 85.1 & 85.1 & 2351.3 & 0 \\ 119.9 & 119.9 & 119.9 & 119.9 & 141.9 & 141.9 & 141.9 & 2369.1 \end{bmatrix}$$

$$[\boldsymbol{A}_\mathrm{f}]=\begin{bmatrix} 0 & 0 & 0 & 0 & 0 & 0 & 0 & 0 \\ 255.1 & 0 & 0 & 0 & 0 & 0 & 0 & 0 \\ 1260 & 126.0 & 0 & 0 & 0 & 0 & 0 & 0 \\ 245.4 & 245.4 & 245.4 & 2966.1 & 0 & 0 & 0 & 0 \\ 99.2 & 99.2 & 99.2 & 99.2 & 0 & 0 & 0 & 0 \\ 84.8 & 84.8 & 84.8 & 84.8 & 85.1 & 0 & 0 & 0 \\ 84.9 & 84.9 & 84.9 & 84.9 & 85.1 & 85.1 & 0 & 0 \\ 119.9 & 119.9 & 119.9 & 119.9 & 141.9 & 141.9 & 141.9 & 2999.8 \end{bmatrix}$$

经求解，可得各级抽汽份额为

$$[\alpha]=[0.0867\quad 0.1015\quad 0.0371\quad 0.0491\quad 0.0291\quad 0.0246\quad 0.0241\quad 0.0305]^\mathrm{T}$$

所得结果与常规计算方法得到的结果完全一致。注意，第四级抽汽量未包括给水泵汽轮机的耗汽量。

复习思考题

第三章复习思考题答案

3-1　为什么现代大容量机组的回热系统以表面式加热器为主？

3-2　简述单列高压加热器和双列高压加热器各自的优缺点。

3-3 什么是表面式加热器的上端差、下端差？他们对热力系统的热经济性有何影响？

3-4 影响加热器端差的因素主要有哪些？

3-5 回热抽汽管道压降是如何产生的？回热抽汽管道压降的大小对回热系统热经济性有何影响？

3-6 采用疏水冷却器、蒸汽冷却器的作用是什么？在 $T\text{-}s$ 图上说明其做功能力损失的变化？

3-7 回热系统的疏水方式有几种？实际机组回热系统的疏水方式是怎样选择的？

3-8 简述加热器疏水水位对机组运行的影响，如何保证疏水水位？

3-9 为什么现代发电厂多采用热力除氧法？化学除氧的应用情况是怎样的？

3-10 为什么超临界参数的发电厂给水要彻底除氧？而凝结水要全部精处理？

3-11 热除氧的机理是什么？必要条件和充分条件各是什么？

3-12 为什么大机组除氧器采用滑压运行方式？

3-13 除氧器采用滑压运行后对提高热力系统的热经济性有哪些优点？

3-14 什么是除氧器的自身沸腾现象？有何危害？防止发生自身沸腾的措施有哪些？

3-15 说明除氧器滑压运行和定压运行的概念，并进行其热经济性的比较。

3-16 给水泵不空蚀的条件是什么？如何来防止给水泵空蚀？

3-17 除氧器运行中的主要故障有哪些？

3-18 发电厂的汽水损失由哪些？怎样减少这些损失？

3-19 补充水如何汇入热力系统？补充水汇入位置对发电厂热经济性的影响如何？

3-20 锅炉连续排污扩容器的压力如何确定？有无最佳值？为何连续排污扩容蒸汽一般引至除氧器？

3-21 冷端系统由哪些主要设备组成？其作用是什么？湿冷机组和空冷机组的冷端系统有何异同？

3-22 现代大型火电机组的凝汽设备必须满足哪些基本要求？其考核指标是什么？

3-23 如何来确定水冷凝汽器的压力？

3-24 影响凝汽器传热端差的主要因素有哪些？如何来减小传热端差？

3-25 凝汽器的真空是否越高越好？为什么？凝汽器的最佳真空是什么？

3-26 简述自然通风逆流湿式冷却塔的组成特点及其工作原理。

3-27 影响湿式冷却塔循环水出塔水温的主要因素是什么？

3-28 凝汽器的抽真空设备主要有哪些？简述水环式真空泵的工作原理。

3-29 为什么要设置胶球自动清洗系统？其工作原理是什么？

3-30 发电厂为什么要采用空冷系统？主要包括哪几种类型？其特点是什么？

3-31 环境风对空冷凝汽器的运行性能有何影响？如何来减小其不利影响？

3-32 简述海勒式间接空冷系统的特点及其工作原理。

3-33 简述哈蒙式间接空冷系统的特点及其工作原理。

第四章

热电联产及其热经济性

本章导读

热电联产机组可以大幅度提高能源的利用效率，具有节约能源、改善环境、提高供热质量、减少 CO_2 排放等综合效益，也是提高人民生活质量的公益性基础设施，符合国家可持续发展战略。

本章主要讨论热负荷的特性、热电厂的热经济性、对外供热系统及设备等相关内容。

第一节 热负荷及其载热质

一、热负荷及其特性

通过热网向热用户供应的不同用途的热量，称为热负荷。当热量的用途不同时，热负荷的需求量（单位时间供应的热量 GJ/h，或流量 t/h）、热负荷随时间变化的规律（即热负荷特性）、热用户对载热质的种类（蒸汽或热水）及参数（压力、温度）的要求都是不同的，这就要求研究不同种类热负荷的特性及变化规律，并作为热电联产设计、运行和经济分析的重要依据。

热负荷按其用途可分为采暖、通风、空气调节（夏季制冷、冬季采暖）、生活热水和生产工艺等。热负荷按其随时间变化的性质可分为季节性热负荷和全年性热负荷两大类。采暖、通风和空气调节热负荷属于季节性热负荷，其与室外温度、湿度、风速、风向及太阳辐射热等气候条件关系密切，其中影响最大的是室外温度，因此，一年之中变化很大，但在一天之中波动相对较小（年变化大，日变化小）；生活热水和生产工艺热负荷属于全年性热负荷，气候条件对生活热水和生产工艺热负荷影响较小，即在全年中变化不大，但日变化较大。

（一）季节性热负荷

1. 采暖设计热负荷

采暖热负荷是指在保持室内一定温度的情况下，用以补偿房屋向外散热损失所需要的热量。采暖热负荷是城市集中供热系统的主要热负荷，占全部热负荷的 80%～90%。采暖设计热负荷的估算可以采用体积热指标法或面积热指标法等。选用热指标时，总建筑面积大，围护结构热工性能好，窗户面积小，采用较小值；反之采用较大值。

体积热指标法 $$Q_{\mathrm{h}}=q_{\mathrm{V,h}}(1+\mu)V_0(t_{\mathrm{i}}-t_{\mathrm{o}}^{\mathrm{d}})\times 10^{-3}\quad \mathrm{kW} \tag{4-1}$$

面积热指标法 $$Q_{\mathrm{h}}=q_{\mathrm{A,h}}A\times 10^{-3}\quad \mathrm{kW} \tag{4-2}$$

式中：Q_{h}为采暖设计热负荷，kW；M 为建筑物空气渗透系数，一般民用建筑物取 $\mu=0$，对于工业建筑物必须考虑 μ 值，不同建筑物的 μ 值是不同的，μ 值可从有关手册中查得；

$q_{V,h}$为建筑物的采暖体积热指标，W/(m^3 · ℃)，表示各类建筑物，在室内外温差1℃时，每1m^3建筑物外围体积的采暖热负荷，取值大小与建筑物的构造和外形有关，其值可查有关设计规范；V_0为建筑物的外围体积，m^3；t_i为采暖室内计算温度,℃；t_o^d为采暖室外计算温度,℃；A为建筑物的建筑面积，m^2；$q_{A,h}$为建筑物的采暖面积热指标，W/(m^2 · ℃)，表示每1m^2建筑面积的采暖设计热负荷，可按表4-1选值。

表 4-1　　采暖面积热指标　　[W/(m^2 · ℃)]

建筑物类型	住宅	居住区综合楼	学校办公	医院托幼	旅馆	商店	食堂餐厅	影剧院展览馆	大礼堂体育馆
热指标	58～64	60～67	60～80	65～80	60～70	65～80	115～140	95～115	115～165
冷指标	40～45	45～55	50～70	55～70	50～60	55～70	100～130	80～105	100～150

注　适用于华北、东北和西北地区，已包含5%热网损失。

采暖室内计算温度t_i一般指距地面2m以内人们活动区域的平均空气温度，其高低主要决定于人体的生理热平衡要求、生活习惯、人民生活水平的高低、生产要求、国家的经济情况等因素，各国有不同的规定数值。根据GB 50736—2012《民用建筑供暖通风和空气调节设计规范》的规定，我国民用建筑物的采暖室内计算温度在严寒和寒冷地区主要房间采用18～24℃，夏热冬冷地区主要房间采用16～22℃。

采暖室外计算温度t_o^d的选取在采暖热负荷计算中是一个非常重要的问题。单纯从技术观点来看，采暖系统的最大功率恰好等于当地出现最冷天气时所需要的热负荷的情况是最理想的，但这往往同采暖系统的经济性相违背。t_o^d既不是当年当地的最低气温，更不是当地历史上的最低气温，而是取一个比最低室外温度稍高的较合理温度，原因有三：①极低的室外温度出现得很少（并非每年都遇到），并且持续时间不长，有时只连续几小时而已；②采暖的房间有热惯性，如果只在短时间内破坏其热平衡状态，对室内温度并不会有多大影响；③如果以最低室外温度作为设计供热系统和选择采暖设备的依据，还会造成设备和投资的浪费，但若以较高的室外温度作为依据，虽投资减少，但会造成设备容量偏小，在较长的时间里不能保持必要的室内温度，达不到采暖的目的和要求。因此，正确地确定和合理地选择采暖室外计算温度是一个技术与经济相统一的问题。

在广泛调查研究的基础上，结合我国的具体情况，采用当地历年平均每年不保证5天的日平均温度作为采暖室外计算温度，即在20年统计期间，总共有100天的实际日平均温度低于所取的采暖室外计算温度t_o^d。按照GB 50019—2015《工业建筑供暖通风和空气调节设计规范》的规定，我国北部几个大城市的采暖室外计算温度为：哈尔滨－24.2℃、乌鲁木齐－19.7℃、沈阳－16.9℃、长春－21.1℃、银川－13.1℃、太原－10.1℃，北京－7.6℃、石家庄－6.2℃、张家口－13.6℃、呼和浩特－17℃、济南－5.3℃、西安－3.4℃。对于设计规范中未列入的地区，可按式（4-3）确定。

$$t_o^d = 0.57t_{lp} + 0.43t_{p,min} \text{℃} \tag{4-3}$$

式中：t_{lp}为累年最冷月平均温度,℃；$t_{p,min}$为累年最低日平均温度,℃。

各地的采暖期天数和起止日期均有规定。我国采用全昼夜室外平均温度＋5℃为开始或停止采暖的时期。各城市的采暖起止时间，可查有关手册，如北京的采暖期为当年的11月15日至次年的3月15日。

2. 通风设计热负荷

为了保证室内空气具有一定的温湿度和清洁度，需要对生产厂房、公共建筑和居住建筑进行通风或空气调节。通风热负荷为加热从机械通风系统进入建筑物的室外空气的耗热量。采用强迫通风的系统才有通风热负荷，在供暖季节其任务是将室外冷空气加热至规定的室内温度。建筑物的通风设计热负荷，可采用通风体积热指标法或百分数法进行概算。

通风体积热指标法为

$$Q_v = q_{V,v} V_0 (t_{i,v} - t_{o,v}^{d}) \times 10^{-3} \quad \text{kW} \tag{4-4}$$

百分数法为

$$Q_v = K_v Q_h \quad \text{kW} \tag{4-5}$$

式中：Q_v为建筑物通风设计热负荷，kW；$q_{V,v}$为通风体积热指标，表示建筑物在室内外温差1℃时，每$1m^3$建筑物外围体积的通风热负荷，W/(m^3·℃)；V_0为建筑物的外围体积，m^3；$t_{i,v}$为通风室内计算温度，℃；$t_{o,v}^{d}$为通风室外计算温度，℃；K_v为计算建筑物通风热负荷系数，一般取0.3～0.5。

通风体积热指标$q_{V,v}$值，取决于建筑物的性质和外围体积。当建筑物的内、外部体积一定时，通风体积热指标的大小主要与通风次数有关，而通风次数取决于建筑物性质和要求，可由生产、采暖通风资料提供。工业厂房的通风体积热指标$q_{V,v}$值，可参考有关设计手册选用。对于一般的民用建筑，室外空气无组织地从门窗等缝隙进入，预热这些空气到室温所需的渗透和侵入耗热量，已计入采暖热负荷中，不必另行计算。

建筑物的通风室内计算温度$t_{i,v}$一般取采暖室内计算温度，冬季通风室外计算温度$t_{o,v}^{d}$，应采用历年最冷月平均温度，历年最冷月系指历年逐月平均气温最低的月份。每当室外气温低于该通风室外计算温度时，因时间不长可采用部分空气再循环以减少换气次数，而总耗热量却不再增加，这样可提高通风设备的利用率，降低运行费用和节约投资。

需要注意的是，百分数法主要用于有通风空调的民用建筑，如旅馆、体育馆等。

3. 空调设计热负荷

（1）空调冬季采暖热负荷。空调冬季热负荷主要包括围护结构的散热量和加热新风耗热量。

$$Q_a = q_a A \times 10^{-3} \quad \text{kW} \tag{4-6}$$

式中：Q_a为空调冬季设计采暖热负荷，kW；q_a为空调热指标，W/m^2，按表4-2选取；A为空调建筑物的建筑面积，m^2。

（2）空调夏季制冷热负荷。空调夏季制冷热负荷主要包括围护结构传热、太阳辐射、人体及照明散热等形成的制冷热负荷和新风制冷热负荷。

$$Q_c = \frac{q_c A \times 10^{-3}}{\text{COP}} \quad \text{kW} \tag{4-7}$$

式中：Q_c为空调夏季设计制冷热负荷，kW；q_c为空调冷指标，W/m^2，按表4-2选取；A为空调建筑物的建筑面积，m^2；COP为吸收式制冷机的制冷系数，可取0.7～1.2。

表4-2　空调热指标和冷指标　（W/m^2）

建筑物类型	办公	医院	旅馆	商店、展览馆	影剧院	体育馆
热指标	80～100	90～120	90～120	100～120	115～140	130～190
冷指标	80～110	70～100	80～110	125～180	150～200	140～200

注　适用于华北、东北和西北地区。

（二）全年性热负荷

1. 生活热水设计热负荷

生活热水热负荷是指日常生活供应的热水的用热量，例如洗脸、洗澡、洗衣服、洗刷器皿等消耗热水的热量。热水供应热负荷的大小主要取决于热水用量。生活热水热负荷全年都存在，在一年的各季节内变化不大，但小时用水量变化较大。

生活热水平均小时热负荷 $Q_{hw,av}$ 可按式（4-8）计算：

$$Q_{hw,av}=\frac{c_{pw}m\rho(V\times10^{-3})(t_h-t_1)}{3600T}=0.001163\frac{mV(t_h-t_1)}{T}\quad kW \tag{4-8}$$

式中：c_{pw} 为水的比定压热容，$c_{pw}=4.1868$kJ/(kg·℃)；m 为用热水单位数（住宅为人数，公共建筑为每日人次数，床位数等）；ρ 为水的密度，按 $\rho=1000$kg/m^3 计算；V 为每个用热水单位每天的热水用量，查设计规范获得，L/d；t_h 为生活热水温度，查设计规范获得，一般为 60～65，℃；t_1 为冷水计算温度，取最低月平均水温，无此资料可查设计规范获得，℃；T 为每天供水小时数，对住宅、旅馆、医院等，一般取 24h，h/d；0.001163 为公式简化和单位换算后的数值，$0.001163=4.1868\times10^3/(3600\times1000)$。

计算城市居住区生活热水平均热负荷 $Q_{hw,av}$ 还可用估算公式，即

$$Q_{hw,av}=q_wA\times10^{-3}\quad kW \tag{4-9}$$

式中：q_w 为居住区生活热水热指标，W/m^2，应根据建筑物类型，采用实际统计资料得出，也可按表 4-3 取用；A 为居住区的总建筑面积，m^2。

表 4-3 生活热水日平均热指标 （W/m^2）

用水设备情况	居住区生活热水热指标
住宅没有生活热水设备，只对公共建筑供热水	2～3
全部住宅有淋浴设备，并供给生活热水	5～15

注 包括 10%管网热损失。

2. 生产工艺设计热负荷

生产工艺热负荷是指生产过程的加热、烘干、蒸煮、清洗、熔化等工艺或拖动机械的动力设备（如汽锤、拖动水泵的汽轮机、压气机等）所需要的热量，其大小和变化规律完全取决于工艺性质、生产设备的形式及生产的工作制度。全年内变化不大，但每昼夜的变化较大。

生产工艺热负荷的参数大致可分为三种：低温供热，供热温度在 130℃以下，一般用 0.4～0.6MPa 的蒸汽供应；中温供热，供热温度在 130～250℃，一般用 0.8～1.3MPa 的蒸汽供应；高温供热，供热温度在 250～300℃之间。

由于生产工艺热负荷的用热设备繁多，用热方式不同，企业工作时间的差异，所以生产工艺热负荷难以用统一固定的数学公式计算，一般按实测方法确定。在个别情况下，也可以用传热方程来确定生产工艺热负荷。

当用热设备或热用户很多时，各个工厂或车间的最大生产工艺热负荷不可能同时出现，为了使供热系统的设计和运行更接近实际情况，热网的最大生产工艺热负荷取为

$$Q_{w,max}=k_{sh}\sum Q_{sh,max}\quad kW \tag{4-10}$$

式中：$\sum Q_{sh,max}$为经核实后的各工厂（或车间）的最大生产工艺热负荷之和，kW；k_{sh}为生产工艺热负荷的同时使用系数，一般可取0.6～0.9，当各用户生产性质相同、生产负荷平稳且连续生产时间较长，同时使用系数取较高值，反之取较低值。

当热源（如热电厂）的蒸汽参数与各工厂用户使用的蒸汽压力和温度参数不一致时，确定热电厂出口热网的设计流量应进行必要的换算，换算公式为

$$D=\frac{3600Q_{w,max}}{(h_r-h_r')\eta_h}=\frac{k_{sh}\sum D_{g,max}(h_g-h_g')}{(h_r-h_r')\eta_h}\quad \text{kg/h} \tag{4-11}$$

式中：D为热源出口的设计蒸汽流量，kg/h；h_r、h_r'为热源出口蒸汽的比焓与凝结水的比焓，kJ/kg；$D_{g,max}$为各工厂核实的最大蒸汽流量，kg/h；h_g、h_g'为各工厂使用蒸汽的比焓和凝结水比焓，kJ/kg；η_h为热网效率，一般取η_h=0.9～0.95。

二、热负荷图

热负荷图是热负荷随室外温度或时间的变化图，反映了热负荷的变化规律。热负荷图对供热系统设计、技术经济分析和运行管理等均具有重要意义。根据目的和用途不同，热负荷图可分为热负荷时间图、热负荷随室外温度变化图和热负荷持续时间图。

1. 热负荷时间图

用来描述某一时间期限内热负荷变化规律的曲线，称为热负荷时间曲线，特点是图中热负荷的大小按照它们出现的先后顺序排列。热负荷时间图中的时间期限可长可短，可以是一天、一个月或一年，相应称为全日热负荷图、月热负荷图和年热负荷图。

（1）全日热负荷图。全日热负荷图以时间为横坐标，小时热负荷为纵坐标，从0时至24时绘制。全日热负荷图图形的面积为全日耗热量。全日热负荷图的形状与热负荷的性质和用户系统的用热情况有关，如图4-1所示。

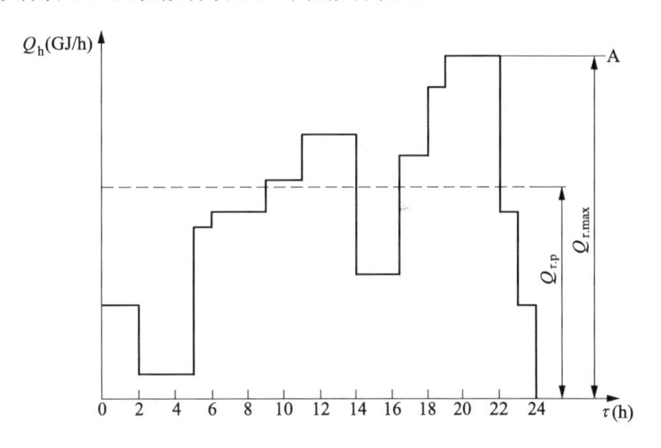

图4-1　典型的热水供应全日热负荷图

全年性热负荷受室外温度影响不大，在全天中每小时的变化较大，因此，对生产工艺热负荷，必须绘制日热负荷图为设计供热系统提供基础数据。一般来说，工厂生产不可能每天一致，冬夏期间总会有差别。因此，需要分别绘制出冬季和夏季典型工作日的日生产热负荷图，由此确定生产的最大、最小热负荷和冬季、夏季平均热负荷值。

季节性的采暖、通风等热负荷，大小主要取决于室外温度，在全天中每小时的变化不大（对工业厂房供暖、通风热负荷，受工作制度影响而有些规律性的变化）。季节性热负荷的变化规律通常用其随室外温度变化图来反映。

各类相同性质日热负荷图的叠加图，是热电厂或区域锅炉房运行的重要参考资料。

（2）年热负荷图。年热负荷图表示一年中各月份热负荷变化规律图，以一年中的月份（1～12月）为横坐标，以每月的热负荷为纵坐标绘制的负荷时间图。如图4-2所示为典型全年热负荷图。年热负荷图是规划供热系统运行，确定设备检修计划和安排职工休假日等

方面的基本参考资料。对季节性的采暖、通风热负荷，可根据该月份的室外平均温度确定，热水供应热负荷按平均小时热负荷确定，生产工艺热负荷可根据日平均热负荷确定。

2. 热负荷随室外温度变化图

采暖、通风等季节性热负荷的大小，主要取决于当地的室外温度。以室外温度为横坐标，以热负荷为纵坐标绘制的热负荷随室外温度变化图能很好地反映季节性热负荷的变化规律。如图 4-3 所示为一个居住区的热负荷随室外温度的变化，开始采暖的室外温度定为+5℃。图 4-3 中曲线 1 为采暖热负荷随室外温度的变化曲线，从中可以看出，采暖热负荷与室外温度呈线性关系；曲线 2 为冬季通风热负荷随室外温度的变化曲线，当室外温度 t_o在通风室外计算温度 $t_{o,v}^d$和+5℃（$t_{o,v}^d \leqslant t_o < 5$）期间，冬季通风热负荷与室外温度呈线性关系，当室外温度 t_o低于冬季通风室外计算温度 $t_{o,v}^d$时，通风热负荷为最大值，不再随室外温度改变；曲线 3 为热水供应热负荷随室外温度的变化曲线，由于热水供应热负荷受室外温度的影响较小，因而呈一条水平直线，但在夏季，热水供应热负荷比冬季要低。将上述三条线的热负荷在纵坐标上的表示值相加，得到曲线 4，表示该居住区的总热负荷随室外温度变化的曲线图。

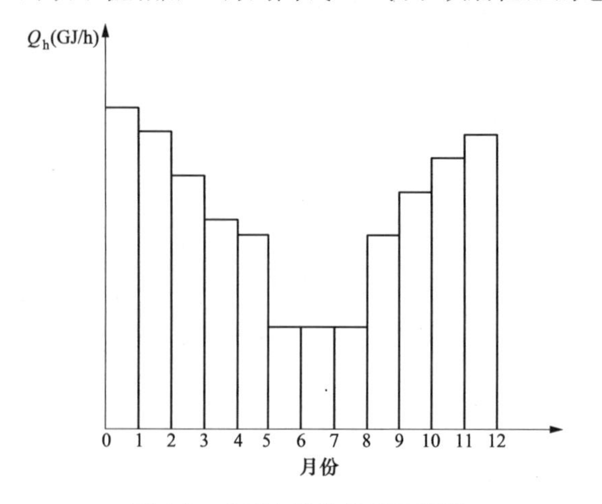

图 4-2　典型全年热负荷示意图

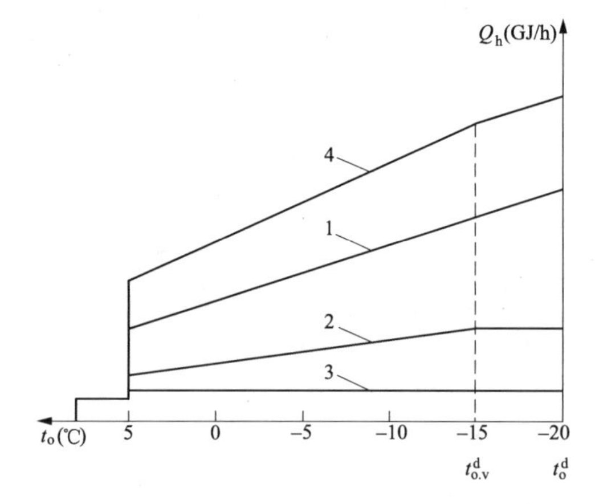

图 4-3　热负荷随室外温度变化示意图

1—采暖热负荷；2—通风热负荷；
3—热水供应热负荷；4—总热负荷

3. 热负荷持续时间图

热负荷持续时间图是表示不同小时用热量的持续性曲线，季节性热负荷持续时间图表示了季节性热负荷在采暖期不同小时用热量的持续性曲线，描述了由不同室外气温持续时间确定的热负荷变化规律。该曲线上横坐标表示大于或等于某热负荷的总小时数，纵坐标表示热负荷。热负荷持续时间图的特点是热负荷按其数值的大小来排列，可以直观方便地分析各种热负荷的年耗热量，还可以用来计算有关经济指标，是确定热电联产系统的最佳热化系数、优化选择供热设备的依据（包括热网供、回水温度的最佳值、供热设备的经济工况、各供热设备间的热负荷分配等）。特别是在制定经济合理的供热方案时，热负荷持续时间图是简便、科学的分析计算手段。所以热负荷持续时间图是集中供热系统规划、设计、运行及技术经济分析的重要资料。

（1）采暖热负荷年持续时间图。由前面的分析可知，采暖热负荷的大小随环境温度的变化而变化。如果把一个采暖期内的热负荷按其大小及持续时间依次排列并绘制成图，即为采暖热负荷年持续时间图，如图 4-4 所示。

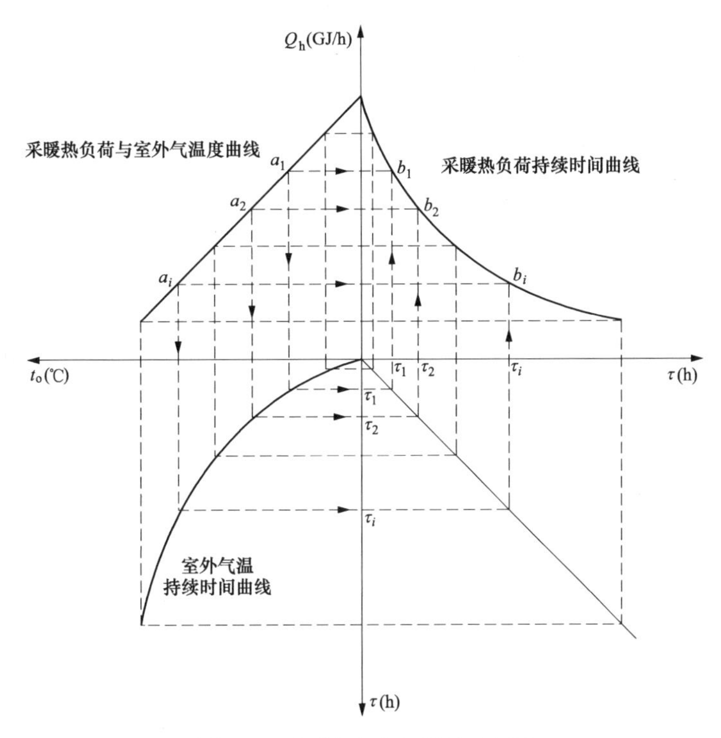

图 4-4 采暖热负荷年持续时间图

在图 4-4 中，横坐标的左半边为室外温度 t_o，纵坐标为采暖热负荷 Q_h，横坐标的右半边表示小于或等于某一室外温度的持续小时数 τ。第Ⅰ象限反映的是不同采暖热负荷所持续的时间，同时也反映出基本与尖峰热负荷的分配情况，曲线与横坐标轴之间包围的面积为全年供热量 Q_h^a；第Ⅱ象限反映出热负荷随外界环境温度变化的关系。查阅当地气象资料可绘制出室外气温 t_o与持续时间 τ 的关系曲线（第Ⅲ象限）。绘制采暖热负荷年持续时间曲线时，根据某一室外温度，由采暖热负荷与室外温度曲线（第Ⅱ象限）和室外气温持续时间曲线（第Ⅲ象限）分别得到该室外温度所对应的采暖热负荷 a_1及持续时间 τ_1，这样在第Ⅰ象限就可确定一个点 b_1，同理也可由采暖热负荷 a_2及持续时间 τ_2确定点 b_2，以此类推可以确定点 b_3、…、b_i、…；把 b_1、b_2、b_3、…连接起来，就得到了采暖热负荷年持续时间曲线。

（2）生产工艺热负荷持续时间图。生产工艺热负荷持续时间图的绘制要比采暖热负荷年持续时间图复杂，而且与实际的差距也较大。一般来说，工厂生产不可能每天一致，冬、夏期间一般会有所差别。因此，需要分别绘制出冬季和夏季典型工作日的全日生产工艺热负荷图，并由此来确定生产工艺的最大、最小热负荷和冬季、夏季的平均热负荷值。根据我国供热工程设计规范之要求，至少要有冬季和夏季典型日的生产工艺热负荷时间图作为依据来绘制生产工艺热负荷年持续时间图。如图 4-5 所示给出了一个典型生产工艺热负荷持续时间图。

图 4-5（a）（b）表示冬季和夏季典型日的生产工艺热负荷图，其横坐标为一昼夜的小时时刻，纵坐标为热负荷，若生产工艺热负荷 Q_a在冬季和夏季的每天工作小时数为（m_1＋m_2)h 和（m_3＋m_4)h，冬季和夏季的工作天数为 N_d和 N_x，则在横坐标持续小时数 n_a＝

$(m_1+m_2)N_d+(m_3+m_4)N_x$处，引垂直线交生产工艺热负荷$Q_a$值于$a$点。以此类推，可绘制出生产工艺热负荷按照大小排列的持续时间曲线图。

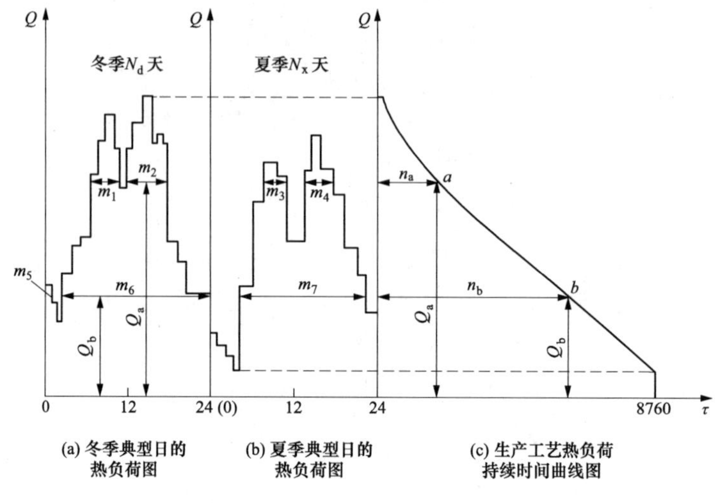

$n_a=(m_1+m_2)N_d+(m_3+m_4)N_x$； $n_b=(m_5+m_6)N_d+m_7N_x$

图 4-5 生产工艺热负荷持续时间图

如热电厂同时具有生产工艺热负荷和民用热负荷（采暖、通风和热水供应），热电厂的总热负荷持续时间曲线图可将两个持续时间曲线图叠加得出。

事实上，绘制切合实际的生产工艺热负荷持续时间图是很难做到的，对以热电厂为热源的集中供热系统，各类热用户的总热负荷持续时间图主要是用于热电厂选择供热机组的机型、台数等，对集中供热系统的网络设计的用处不是很大。

三、热网载热质及其选择

由热源向热用户输送和分配热量的管道及其设备系统，称为热网。在供热系统中，用来传送热能的媒介物质称为供热载热质。热电厂的供热载热质有蒸汽和热水两种，相应的热网分别称为汽网和水网，两者的比较见表 4-4。

表 4-4　供热载热质的性能比较

项目	载热质	
	热水	蒸汽
供热适应性	供热适应性一般。有时难以满足工艺热负荷的温度要求。但近年通过高温水（可达 250℃）供热，并在用户处设置换热设备，可将高温水转化成蒸汽	供热适应性强。可适应于各类热负荷，特别是某些工艺过程必须用蒸汽，如汽锤、蒸汽搅拌、动力用汽等
供热距离	供热距离远。一般可达 10km，最远可达 30km，每千米温降仅 1℃，热网运行损失小	供热距离较近。一般为 3～5km，最远可达 10km，每千米温降较水网大，每千米压降 0.10～0.12MPa
热化发电量	热化发电量大。由于水网可利用汽轮机的低压抽汽，增大热化发电量，尤其是能实现热网水的多级加热，可进一步提高热经济性	热化发电量小。由于每千米压降大，因此在满足供热参数的要求时，需提高汽轮机抽汽压力，热化发电量减少，热经济性较低

续表

项目	载热质	
	热水	蒸汽
供热蒸汽的凝结水回收率	回收率高达100%。由于水网是在热电厂内利用汽轮机的抽汽通过表面式换热器加热，抽汽的凝结水几乎全部回收	回收率很低，甚至为零。因为用热过程中蒸汽品质往往受到污染，从而造成凝结水回收率低，热电厂补水量大，增加化学水处理的投资与运行费用，降低热经济性
供热质量	供热速度慢；密度大，蓄热能力强，能进行量、质的调节；负荷变化大时仍可较稳定运行，水温变化缓和，不会出现局部过热现象	供热速度快；密度小，只能进行量调节；运行中可能出现局部过热现象；事故时，由于汽网蓄热能力小，温度变化剧烈
热网系统设计	由于水的密度大，因高度差而形成的静压差大，对水力工况要求严格，热网设计时需考虑管网的静压差	蒸汽密度小，静压差比水要小很多
输送载热质的电能消耗	需要装设热网水循环泵，输送载热质的电能消耗大	输送载热质的电能消耗小。若凝结水不回收时，电能消耗为零；当凝结水回收时，需增加凝结水返回热电厂的水泵耗电量
事故时载热质的泄漏量	载热质的泄漏量大。同样的泄漏点，由于水的比体积小，故泄漏量大	载热质的泄漏量小，漏点不大时可继续运行
热用户用热设备投资	用热设备投资大	用热设备投资小。蒸汽的温度和传热系数比水高，因此可减小换热器面积，降低设备造价
供热效率	供热总效率约90%，管道热损失占5%，热水渗漏损失占2%～3%，热交换损失较小	供热总效率约60%，管道损失占5%～8%；蒸汽渗漏损失占3%，凝结水被污染无法回收的损失占10%以上
供热管网使用寿命	使用寿命长，理论上20～30年	使用寿命短，一般为5年
管网维修管理工作量	维修管理工作量较小	维修管理工作量较大，特别是疏水器磨损较大

综上分析，热网载热质的选择较为复杂，应在满足供热的前提下，根据热电厂、热网和热用户用热设备的投资、运行方式和费用等综合因素确定。一般而言，采暖、通风、热水负荷广泛用水作载热质，工艺热负荷一般用蒸汽作载热质。由于水网比汽网的热损失小，机组的热化效果好，凝结水回收率高且供热距离远，对节能降耗及环保也较为有利，故能采用热水供热的地方，都应尽量采用。在国外，很多生产工艺过程用高温水代替蒸汽，如烘干、浓缩、溶解反应釜等；汽锤、水煤气生成、制蒸馏水、烟道吹灰等也可在热用户处把高温水通过汽水换热器转换成蒸汽。

第二节 热电联合生产及总热耗量的分配

热能和电能的生产分单一能量生产和联合能量生产两种形式，即热电分产和热电联产。

一、热电分产

热力设备只用来供应单一能量（热能或电能）的方式称为热电分产，如供热锅炉房只供应热能（载热质为蒸汽和热水），凝汽式发电厂只供应电能，如图4-6（a）所示。对于凝汽式发电厂，即使提高了蒸汽参数、采用了回热和再热等措施，在目前的技术条件下，其热效率仍很难超过50%。燃料燃烧释放出的热能中有大部分没有得到有效利用，从热量法的角

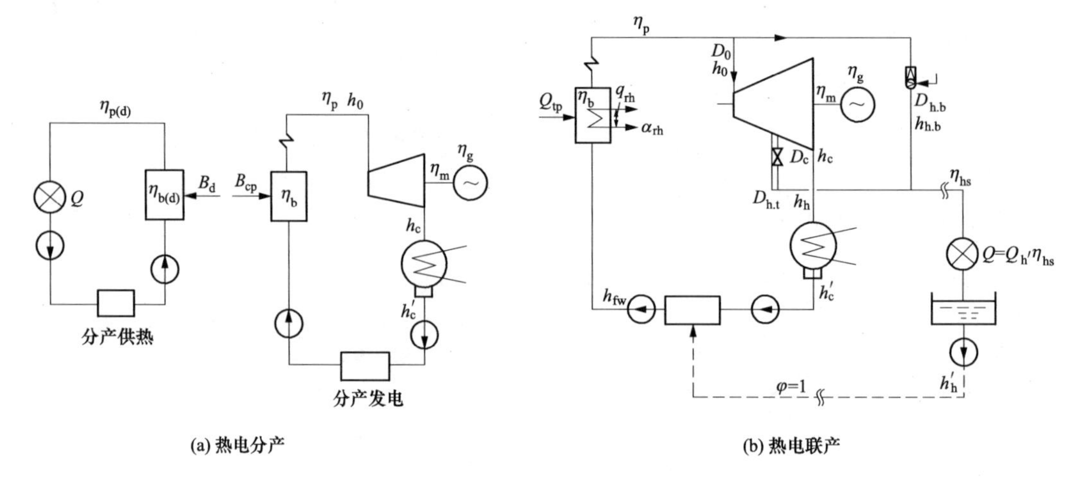

图 4-6　热电分产和热电联产

度看，汽轮机排汽在凝汽器中散失到环境中的能量占很大部分。这部分能量数量大、品位低，所以火力发电厂常常将这些热量作为废热丢弃到环境中。而与此同时，厂矿企业、房屋采暖、通风和生活热水需要大量的压力较低、品位不高的热能。这些热能若用工业锅炉或采暖热水锅炉直接供给，由于工业锅炉和热水锅炉效率低，则要多消耗大量的燃料。从热力学第二定律的角度看，此过程将燃料高品位的化学能转化成了低品位的热能，转化过程存在较大的㶲损失。

综上可知，热电分产对一次能源的利用极不合理，不符合“温度对口，梯级利用”的科学用能原则❶。

二、热电联产

1. 热电联产的概念

热电联产能够减少或避免发电厂中的冷源热损失。如图 4-6（b）所示，先将蒸汽高品位的热能在汽轮机内转化为机械能并发电，再将已经做过功的低品位热能供给热用户的能量生产方式称为热电联产。这种既发电又供热的电厂称为热电厂，其热力循环称之为供热循环。汽轮机内既发电又供热的蒸汽称为热电联产汽流，只发电未供热的蒸汽称为凝汽流；热电联产汽流的发电量称为热化发电量，热电联产汽流的供热量称为热化供热量。

热电联产机组不仅发电而且利用已在汽轮机中做了功的部分或全部低品位热能用于对热用户供热，其特点是先将燃料化学能转化为高品位的热能用以发电，再将已做了功的低品位热能用以对外供热，符合“温度对口，梯级利用”的用能原则。由于对外供热的蒸汽没有冷源损失（从热力学原理讲，热用户是热功转换的冷源），达到“热尽其用”的目的，实现了能量的梯级利用，使热电厂的热经济性大为提高。

需要说明的是，图 4-6（b）还示出锅炉产生的一股新蒸汽经减压减温后直接向热用户供应热量，但这股供热汽流并未在汽轮机内发电，本质上是将燃料的化学能直接转化为热能供给热用户，从而使能量大幅度贬值。因此，这股供热汽流仍属于分产供热。

❶ 吴仲华先生于 20 世纪 80 年代提出基于热能品位概念的“温度对口，梯级利用”的理念，作为普遍适用的热能利用原理。

2. 基于热量法的热电联产热经济性分析

下面从热量法的角度，分析如图 4-7 所示的具有相同初参数的纯凝汽式机组（朗肯循环）和背压式供热机组（供热循环）的热经济性。如图 4-8 所示为朗肯循环、供热循环的 T-s 图。如图 4-8（a）所示，理想朗肯循环的热效率 η_t 和实际朗肯循环热效率 η_i 分别为

$$\eta_t = \frac{w_a}{q_0} = \frac{h_0 - h_{ca}}{h_0 - h_c'} < 1 \tag{4-12}$$

$$\eta_i = \frac{w_i}{q_0} = \frac{h_0 - h_c}{h_0 - h_c'} < 1 \tag{4-13}$$

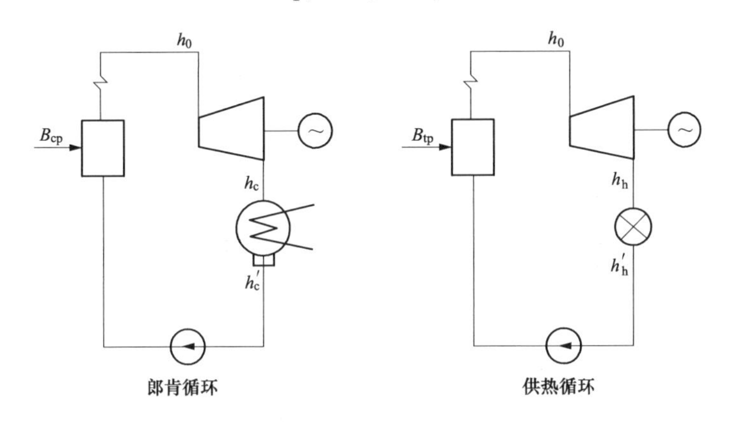

图 4-7　朗肯循环和供热循环

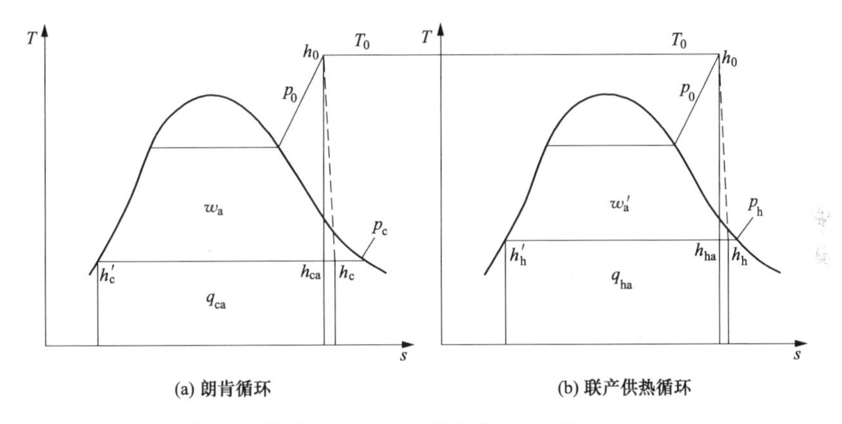

图 4-8　朗肯循环和热电联产供热循环的 T-s 图

如图 4-8（b）所示的供热循环，提高压缸排汽压力成为背压机对外供热，热电联产循环中理想供热循环的热效率 η_{th}、实际供热循环热效率 η_{ih} 分别为

$$\eta_{th} = \frac{w_a' + q_{ha}}{q_0'} = \frac{(h_0 - h_{ha}) + (h_{ha} - h_h')}{h_0 - h_h'} = 100\% \tag{4-14}$$

$$\eta_{ih} = \frac{w_i' + q_h}{q_0'} = \frac{(h_0 - h_h) + (h_h - h_h')}{h_0 - h_h'} = 100\% \tag{4-15}$$

式中：w_a、w_a' 分别为朗肯循环、供热循环的理想比内功，kJ/kg；w_i、w_i' 分别为朗肯循环、供热循环的实际比内功，kJ/kg；q_0、q_0' 分别为朗肯循环、供热循环的吸热量，kJ/kg；q_h、q_{ha} 分别为供热循环的实际对外供热量、理想对外供热量，kJ/kg；h_0 为主蒸汽焓，kJ/

kg；h_c、h_{ca}、h'_c 分别为朗肯循环实际的、理想的排汽焓以及该排汽压力 p_c 下的饱和水焓，kJ/kg；h_h、h_{ha}、h'_h 分别为供热循环实际的、理想的排汽焓以及该排汽压力 p_h 下的饱和水焓，kJ/kg。

由图 4-8 及式（4-12）～式（4-15）分析可知：纯供热循环的 η_{th}、η_{ih} 均为 100%，因为做过功的全部蒸汽用以对外供热，完全无冷源损失，使得热电厂热经济性提高；但为了适应供热参数的要求，须将排汽压力提高（即 $p_h>p_c$），这样会使汽轮机中的做功量减少。对于图 4-6（b）所示的抽汽凝汽式供热机组，可视为背压式机组和凝汽式机组复合而成，热电联产汽流的绝对内效率 η_{ih} 仍为 100%，但凝汽流的绝对内效率 η_{ic} 比相同参数、相同容量的凝汽式机组的绝对内效率 η_i 还要低，原因是：① 抽汽凝汽式供热机组加装了调节抽汽用的回转隔板或节流阀，有节流导致的不可逆损失；② 抽汽凝汽式供热机组偏离设计工况时效率降低；③热电厂必须建在热负荷中心地带，有时采用城市中水作为冷却水的补给水，供水条件比凝汽式电厂差，导致凝汽器运行压力高，热经济性差。

三、供热机组的类型

供热机组主要有背压式（B、CB 型）抽汽凝汽式（C 型、CC 型）和凝汽-采暖两用机（NC 型、NCB 型）三种类型。

1. 背压式供热机组

排汽压力高于大气压的汽轮机称为背压式汽轮机。背压式机组可分为两种：纯背压机（B 型）和抽汽背压机（CB 型）。纯背压式供热机组热力系统如图 4-9（a）所示，没有凝汽器，蒸汽在汽轮机内做功后具有一定压力，通过热网管路输送给热用户使用，无冷源热损失。这种供热机组带额定负荷时热经济性高，且结构简单，投资省。但背压机的电功率取决于热负荷（“以热定电”），而热负荷又随热用户的需要而改变，难于同时满足电网对电负荷、热用户对热负荷的需要，所差的电容量需由电网补偿，增加了电力系统的备用容量；在偏离设计工况时，热化发电量锐减，机组相对内效率急剧降低，热经济性下降，因此，有全年稳定性工业热负荷时才可采用背压式机组。抽汽背压式机组如图 4-9（b）所示，在排汽供热的同时，还有一级较排汽压力高的调节抽汽可供热，适用于两种不同参数的热负荷，且低压蒸汽热用户用热量较大的情况。

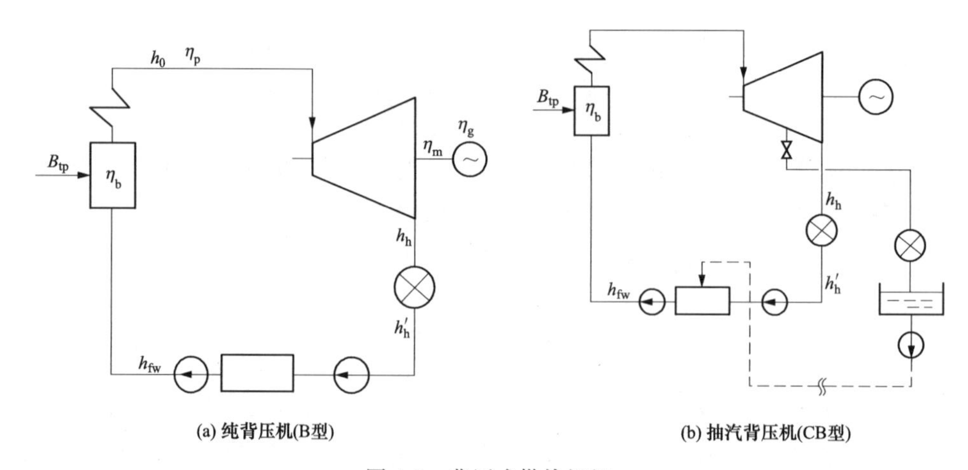

图 4-9　背压式供热机组

2. 抽汽凝汽式供热机组

蒸汽在调节抽汽式汽轮机中膨胀至一定压力时，被抽出一部分供给热用户，其余蒸汽则继续在汽轮机内做功，乏汽送往凝汽器，这种机组称为抽汽凝汽式供热机组，如图4-6（b）所示。抽汽凝汽式供热机组可分为单抽（C型）和双抽（CC型）两种。这种机组能自动调节热、电出力，保证供汽量和供汽参数，即热和电在一定范围内是自由负荷，从而可以在满足热用户要求的同时参加电负荷调峰。电负荷有一定的超负荷能力，通常其最大电功率为额定功率的1.2倍。抽汽凝汽式汽轮机同时存在热电联产汽流和凝汽流，其热电联产汽流因没有冷源损失，热效率高（$\eta_{ih}=100\%$），但其凝汽流发电的绝对内效率低于同参数同容量的凝汽式机组的绝对内效率（$\eta_{ic}<\eta_{i}$）。故整个抽汽凝汽式供热机组的热经济性仍低于背压式供热机组，主要取决于热电联产汽流所占比例的大小。当热负荷偏离设计工况后，整机的热经济性变差，特别是当热负荷很低时，大大偏离设计工况，凝汽流发电量大增，热化发电量减小，热经济性急剧降低。

3. 凝汽-采暖两用式供热机组

凝汽-采暖两用机组专为季节性的采暖热负荷而设计，可分为NC型和NCB型。

NC型两用机组是在原凝汽式机组的中、低压联通管上安装了蝶阀，在采暖期以减少电功率来满足对外供热的需要，热力系统如图4-10（a）所示。与抽汽凝汽式供热机组供应季节性采暖热负荷相比，NC型两用机组具有以下特点：

在非采暖期，NC型两用机组为凝汽式机组，其热耗率仅比同容量的凝汽式机组高0.2%～0.3%，热耗率增加的部分主要由蝶阀的节流损失所造成；但比单抽凝汽式供热机组在非采暖期纯凝汽运行时的热经济性高。抽汽凝汽式供热机组在非采暖季节汽轮机的调节阀远远没有开足，高压通流部分的负荷降低，变工况幅度大，总的热效率降低2%～3%。

在采暖期，NC型两用机组为热电联产，热经济性大为提高，但比单抽凝汽式供热机组在采暖期运行时的热经济性稍低。因为，NC型两用机在采暖期是属于非设计工况运行，而单抽凝汽式供热机组在采暖期属于设计工况运行。

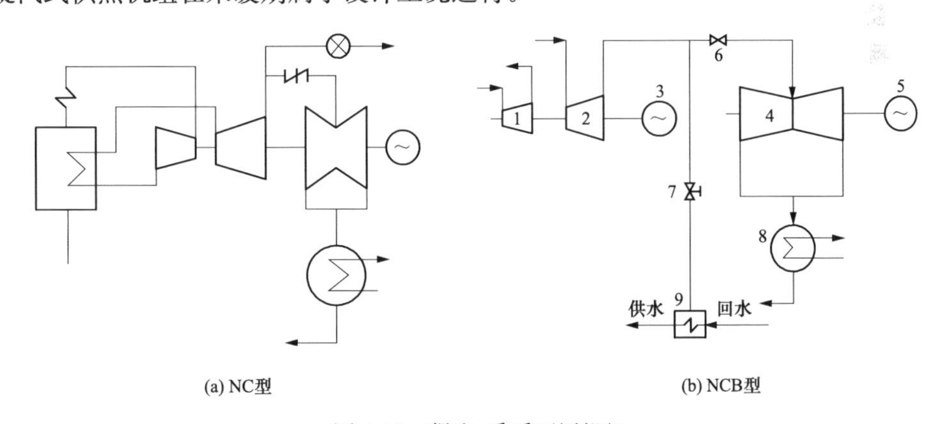

(a) NC型　　(b) NCB型

图4-10　凝汽-采暖两用机组

NCB新型供热机组是根据采暖供热需求趋势而设计的一种新型机型。该机同时具有背压、抽汽凝汽和纯凝汽三种运行功能。NCB机组分单轴和双轴两种方案。单轴方案的设计思想是在高中压缸和低压缸之间加装3S自动同步离合器，在进汽量不低于机组额定工况进汽量35%时就可解列低压缸，高中压缸按背压方式单独运行。NCB新型供热机组双轴方案采用两轴分别带动两台发电机，如图 4-10（b）所示。其工作原理如下：在非供热期，供热抽汽控制阀 7 全关，汽轮机呈凝汽工况（N）运行，具有纯凝汽式汽轮机发电效率高的特点；在正常供热期，供热抽汽控制阀 7、低压缸调节阀 6 都处于调控状态，汽轮机呈抽汽工况（C）运行，具有抽汽-凝汽供热汽轮机的优点，可根据外界热负荷调整供热抽汽量，且可以保持较高的发电效率；在尖峰供热期，供热抽汽控制阀 7 全开，低压缸调节阀 6 全关，低压缸部分处于低速盘车状态，可随时投运，汽轮机呈背压工况（B）运行，具有背压供热汽轮机的优点，可做到最大供热能力。

四、热电厂总热耗量 Q_{tp} 的分摊方法

对于热电分产而言，发电和供热是各自独立的两个系统，因此，其发电和供热所消耗的能量是明确的。但是对于热电联产机组而言，有电、热两种产品，热电联产机组的总热耗量 Q_{tp} 需要在电、热两种产品之间进行合理地分摊，因为这关系到电、热两种产品的生产成本及价格的确定。由于同一联产汽流既发电又供热，发电和供热汽流的参数和品位不同，这使得总热耗量的分摊、热电联产热经济性指标的确定比热电分产要复杂和困难得多。为了确定热电联产机组电能和热能的生产成本及其分项热经济性指标，必须将热电厂的总热耗量在两种能量产品之间进行合理地分配。

国内外学者对热电联产机组总热耗量的分配进行了许多研究，提出了各种不同的分配方法，各类方法都有一定的合理性，也有其相应的局限性，但尚未有较为科学的、统一的、各方（电厂和热用户）都能认可的能耗分摊方法。目前，比较典型的热电联产机组总热耗量的分摊方法有：热量法（热电联产效益归电厂）、实际焓降法（热电联产效益归热用户）、做功能力法（热电联产效益折中分配）。无论采用何种方法，一般都是先确定一种产品的热耗量，另一种产品的热耗量即可由热电联产机组的总热耗量减去已分配的热耗量来确定。下面简要介绍几种典型的分配方法。

以如图 4-6（b）所示的单抽凝汽式供热机组为例，其总热耗量 Q_{tp} 为供热方面的热耗量 $Q_{tp(h)}$ 和发电方面的热耗量 $Q_{tp(e)}$ 之和，主蒸汽流量 D_0 为热电联产汽流 $D_{h,t}$ 和凝汽流 D_c 之和。其中凝汽流 D_c 属于分产发电，不存在热耗量的分配问题，只有热电联产汽流 $D_{h,t}$ 的热耗量需要在两种产品之间进行分配。

1. 热量法

热量法是将热电厂的总热耗量按生产电、热两种能量（产品）的用热数量比例来进行分配的方法，其核心是只考虑能量的数量，不考虑能量在质量（或品位）上的差别。

热电厂总热耗量 Q_{tp} 与汽轮机组热耗量 Q_0 有如下关系：

$$Q_{tp}=\frac{Q_0}{\eta_b\eta_p}=\frac{D_0(h_0-h_{fw}+\alpha_{rh}q_{rh})}{\eta_b\eta_p}\quad \text{kJ/h} \tag{4-16}$$

式中：Q_{tp} 为热电厂总热耗量，kJ/h；Q_0 为汽轮机组热耗量，kJ/h；h_0 为主蒸汽焓，kJ/kg；h_{fw} 为给水焓，kJ/kg；q_{rh} 为再热器焓升，kJ/kg；D_0 为主蒸汽流量，kg/h；α_{rh} 为再热蒸汽份额；η_b 为热电联产机组的锅炉效率；η_p 为热电联产机组的管道效率。

按热量法分配热电厂总热耗量时，分配到供热方面的热耗量 $Q_{tp(h)}$，仍认为是从热电厂锅炉出口直接引出的集中供热量，则分配到供热方面的热耗量为

$$Q_{tp(h)}=\frac{Q_h}{\eta_b\eta_p}=\frac{Q_{h,t}+Q_{h,b}}{\eta_b\eta_p}=\frac{D_{h,t}(h_h-h_h')+D_{h,b}(h_{h,b}-h_h')}{\eta_b\eta_p}\quad \text{kJ/h} \tag{4-17}$$

式中：Q_h、$Q_{h,t}$、$Q_{h,b}$分别为热电厂总的供热量、热化供热量、主蒸汽减温减压后的分产供热量，kJ/h；h_h为联产供热抽汽焓，kJ/kg；$h_{h,b}$为主蒸汽减温减压后的分产供热蒸汽焓，kJ/kg；h'_h为热网返回水比焓，kJ/kg；$D_{h,t}$为热电联产供热蒸汽流量，kg/h；$D_{h,b}$为主蒸汽减温减压后的分产供热蒸汽流量，kg/h。

热电厂供热管网的散热损失用热网效率η_{hs}来反映。这样，在相同的热负荷Q（热用户处的用热量）情况下，热电厂供热量Q_h与热用户热负荷Q的关系为$Q_h=Q/\eta_{hs}$。则式（4-17）还可表示为

$$Q_{tp(h)}=\frac{Q}{\eta_b\eta_p\eta_{hs}}\quad \text{kJ/h} \tag{4-18}$$

式中：Q为热用户的热负荷，kJ/h；η_{hs}为热网效率。

分配到发电方面的热耗量为

$$Q_{tp(e)}=Q_{tp}-Q_{tp(h)} \tag{4-19}$$

在按照热量法分摊总热耗量Q_{tp}时，分配到供热方面的热耗量$Q_{tp(h)}$被人为地按锅炉新蒸汽直接供热的方式处理，其实质为分产供热。若将分配到供热方面的热耗量$Q_{tp(h)}$占热电厂总热耗量Q_{tp}的份额称为热电分摊比β_{tp}，则有

$$\beta_{tp}=\frac{Q_{tp(h)}}{Q_{tp}}=\frac{D_{h,t}(h_h-h'_h)+D_{h,b}(h_{h,b}-h'_h)}{D_0(h_0-h_{fw}+\alpha_{rh}q_{rh})} \tag{4-20}$$

若无主蒸汽减温减压后的分产供热，则$D_{h,b}=0$，式（4-20）简化为

$$\beta_{tp}=\frac{Q_{tp(h)}}{Q_{tp}}=\frac{D_{h,t}(h_h-h'_h)}{D_0(h_0-h_{fw}+\alpha_{rh}q_{rh})}$$

供热式机组的联产供热汽流先发电后供热，属于热电联产，全无冷源损失，热经济性高，应是节约燃料的。但是热量法分配供热方面的热耗量时，仅从热能数量利用的观点来分配热耗，没有考虑热能质量（品位）上的差别，即不论供热蒸汽参数的高低，一律将本是热电联产供热人为地作为锅炉集中供热亦即分产供热来处理，而未考虑实际联产供热汽流已在汽轮机中做过功、能级降低的实际情况。据此计算得到的供热热耗量$Q_{tp(h)}$、供热煤耗量$B_{tp(h)}$是几种分配方法中最大者，相应地分配到发电方面的热耗量$Q_{tp(e)}$、发电煤耗量$B_{tp(e)}$是几种分配方法中最小者。这种方法将热电联产的节能热经济效益全部由发电部分独占，热用户仅获得了热电厂高效率锅炉取代低效率小锅炉的好处，但以热网效率η_{hs}表示的供热管网的散热损失，使之又打了折扣。这种分配方法对电厂有利，因此也简称为“好处归电法”。在这种分摊方法下，无论供热参数高低，只要供热量一定，热用户分摊到的供热热耗量就是定值，因此不利于鼓励热用户降低用热参数，也不能调动电厂改进热功转换技术的积极性，从而使热电联产总的热经济性降低。

2. 实际焓降法

实际焓降法是按联产供热汽流在汽轮机中少做的功（实际焓降不足）占主蒸汽在汽轮机中实际做功的比例来计算供热方面的热耗量。即热电联产汽流在供热方面分摊的热耗量为

$$Q^t_{tp(h)}=\frac{D_{h,t}(h_h-h_c)}{D_0(h_0-h_c+\alpha_{rh}q_{rh})}Q_{tp}\quad \text{kJ/h} \tag{4-21}$$

式中：$D_{h,t}$为热电厂联产供热蒸汽流量，kg/h；h_c为汽轮机排汽比焓，kJ/kg。

如图4-6（b）所示，若电厂还有新蒸汽直接减压减温后对外供热，这部分供热量属于

分产供热，供热方面分摊到的热耗量还应加上分产供热的热耗量 $Q_{tp(h)}^{b}$，其值按式（4-22）进行计算，即

$$Q_{tp(h)}^{b}=\frac{D_{h,b}(h_{h,b}-h'_{h})}{\eta_{b}\eta_{p}} \quad kJ/h \tag{4-22}$$

式中：$D_{h,b}$为主蒸汽减温减压后的分产供热蒸汽流量，kg/h；$h_{h,b}$为主蒸汽减温减压后的分产供热蒸汽焓，kJ/kg。

则供热方面的总热耗量 $Q_{tp(h)}$ 为

$$Q_{tp(h)}=Q_{tp(h)}^{t}+Q_{tp(h)}^{b} \quad kJ/h \tag{4-23}$$

分摊到发电方面的热耗量为

$$Q_{tp(e)}=Q_{tp}-Q_{tp(h)}$$

实际焓降法分配热电厂的总热耗量 Q_{tp}是按照热电联产供热汽流在汽轮机中的做功不足与主蒸汽的整机实际焓降之比来分配的，热电联产汽流的冷源损失 $D_{h,t}(h_{c}-h'_{c})$ 全部由发电部分承担，热用户未分摊任何热功转换过程中的冷源损失和不可逆损失，即热电联产的节能效果全部由热用户独占，所以该方法也称为“好处归热法”。据此计算得到的供热热耗量 $Q_{tp(h)}$供热煤耗量 $B_{tp(h)}$是几种分配方法中最小者，相应地分配到发电方面的热耗量 $Q_{tp(e)}$发电煤耗量 $B_{tp(e)}$是几种分配方法中的最大者。试想一下，如果利用汽轮机的排汽进行供热，有 $h_{h}=h_{c}$，根据式（4-21），联产供热方面分摊到的热耗量为 0，这显然是不合理的。

这种热耗量的分摊方法，考虑了供热抽汽的品位差别，热用户要求的供热参数越高，分摊到的热耗量越大，所以可鼓励热用户主动降低供热参数，从而提高热电联产的节能效果。但是，对于电厂而言，联产汽流却因供热引起实际焓降不足而少发了电，且调整抽汽式汽轮机的供热调节装置不可避免地会增加流动阻力，从而使该机组凝汽发电部分的效率降低、热耗增大，使热电厂发电方面不但得不到好处，反而多耗煤。

3. 做功能力法

做功能力法是按热电联产供热蒸汽与主蒸汽的最大做功能力的比例来分配热电厂的总热耗量 Q_{tp}，即把热电联产汽流的热耗量按蒸汽的最大做功能力在电、热两种产品之间分配。

供热蒸汽的做功能力为

$$e_{h}=h_{h}-T_{en}s_{h} \tag{4-24}$$

新蒸汽的做功能力为

$$e_{0}=h_{0}-T_{en}s_{0} \tag{4-25}$$

式中：e_{0}为新蒸汽的比㶲，kJ/kg；e_{h}为供热抽汽的比㶲，kJ/kg；h_{0}为新蒸汽的比焓，kJ/kg；h_{h}为供热抽汽的比焓，kJ/kg；s_{0}新蒸汽的比熵，kJ/(kg·K)；s_{h}为供热抽汽的比熵，kJ/(kg·K)；T_{en}为环境温度，K。

按此方法，热电联产汽流在供热方面分摊的热耗量 $Q_{tp(h)}^{t}$ 为

$$Q_{tp(h)}^{t}=\frac{D_{h,t}e_{h}}{D_{0}e_{0}}Q_{tp} \quad kJ/h \tag{4-26}$$

如图 4-6（b）所示，若电厂还有新蒸汽直接减压减温后对外供热，这部分供热量属于分产供热，供热方面分摊到的热耗量还应加上分产供热的热耗量 $Q_{tp(h)}^{b}$，其值按式（4-22）进行计算。

供热方面的总热耗量 $Q_{tp(h)}$ 为

$$Q_{tp(h)} = Q_{tp(h)}^{t} + Q_{tp(h)}^{b} \quad kJ/h$$

分配到发电方面的热耗量为

$$Q_{tp(e)} = Q_{tp} - Q_{tp(h)} \tag{4-27}$$

这种分配方法以热力学第一定律及第二定律为依据，同时考虑了热能的数量和质量差别，将热电联产的经济效益较合理地分配给电、热两种产品，理论上较为合理。但是因供热式汽轮机的排汽温度与环境温度相差较小，此方法与实际焓降法的分配结果相差无几，也就是说，热电联产的好处，大部分仍归于热用户所得，发电企业方面分摊所得好处不足以补偿因汽轮机绝对内效率降低而多耗的热量，所以热电厂方面仍不能接受这种分配方法。

综上所述可见，上述三种分配方法均有局限性。相对而言，热量法的分配较为简单，已经成为长期采用的一种方法。热量法是按热电厂生产两种能量的数量关系来分配，将不同参数蒸汽的供热量按等价处理，没有反映两种能量在质量上的差别，但使用上较为方便，因此得到广泛运用。而实际焓降法和做功能力法却不同程度地考虑了能量质量上的差别；供热蒸汽压力越低时，供热方面分配的热耗量越少，可鼓励热用户在可能的情况下降低用汽的压力，从而降低热价；但实际焓降法中，热电联产得到的效益全归于供热会挫伤热电厂的积极性；而做功能力法，有较为完善的热力学理论基础，但在使用上极为不方便，因而后两种方法未得到广泛使用。总之，热电联产总热耗量的分配应充分考虑热电厂节约能源、保护环境、保证热用户的供热要求等社会效益，本着热、电共享的原则合理分摊。因此，从理论上探讨热电厂热耗量的合理分配，仍是热化事业中迫切需要解决的问题。

第三节　热电厂的主要热经济指标

热电厂的主要热经济指标比凝汽式发电厂要复杂得多，主要原因有：同一股联产汽流既发电又供热，电能与热能两种产品质量不等价；供热参数不同，也导致热能质量（品位）不同；此外，当热电厂有主蒸汽经减温减压后直接供热时，热电厂内还同时存在热电分产。迄今为止，尚未有可与凝汽式发电厂相类比的，同时可反映能量的数量与质量，且计算简便的单一热电厂用的热经济性指标。目前，热电厂只能采用既有总指标，又有分项指标的综合指标来评价热电联产的经济效益。

一、热电厂总的热经济指标

热电厂总的热经济指标包括热电厂的燃料利用系数 η_{tp}、热化发电率 ω 和热电比 R_{tp}。

1. 热电厂的燃料利用系数

热电厂的燃料利用系数又称为热电厂总热效率，是指热电厂生产电、热两种产品的总能量与其消耗的燃料能量之比，即

$$\eta_{tp} = \frac{3600P_e + Q_h}{Q_{tp}} = \frac{3600P_e + Q_h}{B_{tp}q_1} \tag{4-28}$$

式中：P_e为热电厂每小时的发电量，kWh/h，实质上就是机组的发电功率，故用符号 P_e表示；Q_h为热电厂每小时的供热量，kJ/h；Q_{tp}为热电厂总的热耗量，kJ/h；q_l为燃料的低位发热量，kJ/kg；B_{tp}为热电厂每小时的煤耗量，kg/h。

热电厂的燃料利用系数 η_{tp}是数量指标，燃料利用系数 η_{tp}将高品位的电能进行简单的单位折算后与低品位的热能直接相加，不能表明热、电两种能量在品位上的差别，只能表明燃

料能量在数量上的有效利用程度。

热力发电厂运行时，热电厂的燃料利用系数可能在相当大的范围内变动，尤其是装有调整抽汽式供热机组的热电厂：①当热负荷为零时，由于其绝对内效率比相同蒸汽初参数的凝汽式机组还低，所以 η_{tp} 也会比凝汽式发电厂的热效率 η_{cp} 低；②供热式机组带高热负荷时，η_{tp} 可高达 70%～80%；③当供热式机组停运时，发电量为零，直接用锅炉新蒸汽经减温减压后对外供热，没有按质用能，但 $\eta_{tp}\approx\eta_b\eta_p$ 仍很高，这显然是不合理的。

热电厂的燃料利用系数 η_{tp} 既不能比较供热机组之间的热经济性，也不能比较热电厂间的热经济性，因此不能作为评价热电厂热经济性的单一指标。在设计电厂时，燃料利用系数 η_{tp} 用以估计电厂燃料的消耗量。

2. 供热式机组的热化发电率

热化发电率只与热电联产汽流生产的电能和热能有关，热电联产汽流生产的电能称为热化发电量，以 $P_{e,h}$ 计；热电联产汽流供出的热量称为热化供热量，以 $Q_{h,t}$ 计。单位时间内，质量不等价的热化发电量 $P_{e,h}$ 与热化供热量 $Q_{h,t}$ 的比值称为热化发电率，也叫单位供热量的电能生产率，用 ω 表示，即

$$\omega=\frac{P_{e,h}}{Q_{h,t}}\quad \text{kWh/GJ} \tag{4-29}$$

式中：$P_{e,h}$ 为每小时热电联产汽流的发电量（又称为热化发电量），kWh/h；$Q_{h,t}$ 为每小时热电联产汽流的供热量（又称为热化供热量），GJ/h。

如图 4-11 所示为供热机组的简化热力系统图，该系统的 z 级回热抽汽中，其中有一级调节抽汽的大部分用以对外供热，很小一部分用来作为该级回热加热器的加热蒸汽。对外供热抽汽的焓值为 h_h，经热用户并与补水混合后返回到第 k 级加热器出口。对外供热蒸汽的热化发电量称为外部热化发电量，用 $P^o_{e,h}$ 表示；z 级回热抽汽用以加热给水（凝结水），其实质也是热电联产，供热返回水引入回热加热器增加的各级回热抽汽所发出的电量称为内部热化发电量，用 $P^i_{e,h}$ 表示。

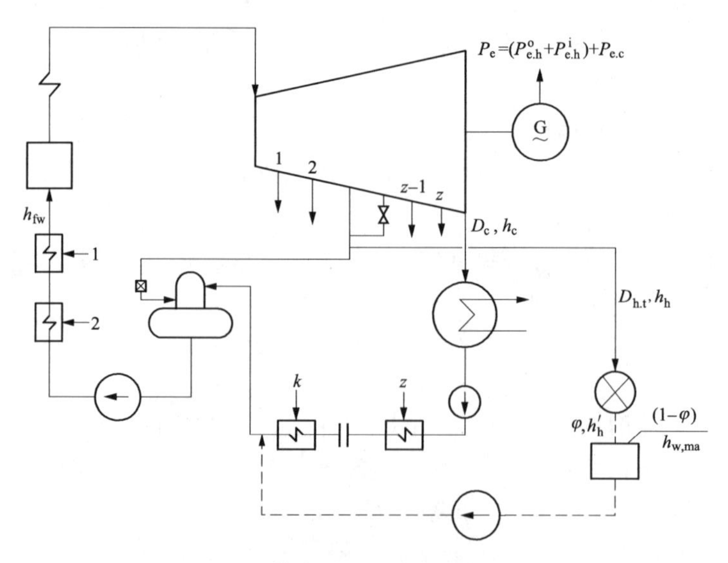

图 4-11　供热机组的简化热力系统图

若不考虑蒸汽的再热，则总的热化发电量 $P_{e,h}$ 为

$$P_{e,h}=P_{e,h}^{o}+P_{e,h}^{i}=\frac{D_{h,t}(h_0-h_h)\eta_m\eta_g}{3600}+\frac{\sum_{j=1}^{z}\Delta D_j(h_0-h_j)\eta_m\eta_g}{3600}\quad \text{kWh/h} \tag{4-30}$$

式中：$D_{h,t}$为热化供热汽流流量，kg/h；ΔD_j为各级抽汽加热供热返回水所增加的回热抽汽量，kg/h；h_j为各级回热抽汽的比焓，kJ/kg；z 为回热加热级数。

由图 4-11 可知，热化供热量 $Q_{h,t}$为

$$Q_{h,t}=\frac{D_{h,t}(h_h-\varphi h_h')}{10^6}\quad \text{GJ/h} \tag{4-31}$$

式（4-31）中考虑了热网中的工质损失，返回水率为 φ，φ 在 0～1 之间，热网补充水率为 $1-\varphi$，补充水的比焓为 $h_{w,ma}$，两者混合后的热网返回水的比焓 h_{hw}^{m}为

$$h_{hw}^{m}=\varphi h_h'+(1-\varphi)h_{w,ma}\quad \text{kJ/kg} \tag{4-32}$$

式中：h_h'为供热返回水的比焓，即供热蒸汽的凝结水比焓，kJ/kg，若 $\varphi=1$，则 $h_{hw}^{m}=h_h'$。

综上所述可得

$$\omega=\frac{P_{e,h}}{Q_{h,t}}=\frac{P_{e,h}^{o}+P_{e,h}^{i}}{Q_{h,t}}=\omega_o+\omega_i=\omega_o(1+e)\quad \text{kWh/GJ} \tag{4-33}$$

式中：ω_o为外部热化发电率，kWh/GJ；ω_i为内部热化发电率，kWh/GJ；e 为相对热化发电份额。

其中

$$\omega_o=\frac{P_{e,h}^{o}}{Q_{h,t}}=\frac{278\eta_m\eta_g(h_0-h_h)}{h_h-\varphi h_h'}\quad \text{kWh/GJ} \tag{4-34}$$

$$\omega_i=\frac{P_{e,h}^{i}}{Q_{h,t}}=\frac{278\sum_{j=1}^{z}\Delta D_j(h_0-h_j)\eta_m\eta_g}{D_{h,t}(h_h-\varphi h_h')}\quad \text{kWh/GJ} \tag{4-35}$$

$$e=\frac{\omega_i}{\omega_o}=\frac{P_{e,h}^{i}}{P_{e,h}^{o}}=\frac{\sum_{j=1}^{z}\Delta D_j(h_0-h_j)}{D_{h,t}(h_0-h_h)} \tag{4-36}$$

热化发电率的实际计算难点在于对内部热化发电率的计算。对外供热汽流的回水汇入回热系统，应根据汇入时不可逆损失为最小的原则，并非固定不变；其次，由于回水对各级加热器抽汽产生影响，计算各级抽汽加热供热返回水所增加的回热抽汽量非常烦琐，有兴趣的同学可参考相关文献。一般情况下，内部热化发电量在总热化发电量中所占的份额不大，近似计算中 ω_i可以忽略不计。

影响热化发电率 ω 的因素有供热机组的初参数、再热参数、回热参数、抽汽参数、回水温度、回水率、补充水温度、技术完善程度以及回水所流经的加热器的级数等，任一因素的改善都可提高热化发电率。对外供热量一定时，热化发电率越高，则热化发电量也越大，从而可以减少系统凝汽发电量，节省更多的燃料。这说明 ω 可用作评价同类型、同参数供热机组热经济性的质量指标。

应强调指出的是，热化发电率 ω 既不能用来比较凝汽式发电厂和热电厂之间的热经济性，也不能用来比较供热参数不同的热电厂之间的热经济性，只能用来比较供热参数相同的供热机组之间的热经济性，所以不能作为评价热电厂热经济性的单一指标。另外，上述公式

是针对非再热机组导出的，对于再热机组，采用类似的方法，可导出相应的计算公式。

3. 热电厂的热电比 R_{tp}

热电比 R_{tp} 为供热机组热化供热量与发电量之比，即

$$R_{tp}=\frac{Q_{h,t}}{3600P_e}=\frac{Q_{h,t}}{3600(P_{e,h}+P_{e,c})} \tag{4-37}$$

对背压式供热机组，其排汽的热量全部被利用，得到的热电比最大。对于调节抽汽式供热机组，因抽汽量是可调节的，热电比随供热负荷的变化而变化；当抽汽供热量最大时，凝汽流量很小，热电比最大，但此时低压缸效率较低，整体热电比低于同等水平下背压式供热机组；当供热负荷为零时，相当于一台凝汽轮机组，其热电比也为零。

与热化发电率 ω 一样，热电比 R_{tp} 也只能用来比较供热参数相同的供热机组之间的热经济性，不能用来比较供热参数不同的热电厂之间的热经济性，更不能用来比较凝汽式发电厂和热电厂之间的热经济性，所以也不能作为评价热电厂热经济性的单一指标。

综上可见，η_{tp}、ω、R_{tp} 在应用上均有其条件和局限性，不能作为综合评价热电厂热经济性的单一指标。

二、热电厂分项计算的主要热经济指标

1. 发电方面的主要热经济指标

热电厂发电方面的主要热经济指标有发电热效率、发电热耗率和发电标准煤耗率。

热电厂发电热效率为

$$\eta_{tp(e)}=\frac{3600P_e}{Q_{tp(e)}} \tag{4-38}$$

热电厂发电热耗率为

$$q_{tp(e)}=\frac{Q_{tp(e)}}{P_e}=\frac{3600}{\eta_{tp(e)}} \quad \text{kJ/kWh} \tag{4-39}$$

热电厂发电标准煤耗率为

$$b^s_{tp(e)}=\frac{B^s_{tp(e)}}{P_e}=\frac{3600}{q_l\eta_{tp(e)}}\approx\frac{0.1228}{\eta_{tp(e)}} \quad \text{kg 标准煤 /kWh} \tag{4-40}$$

发电热效率 $\eta_{tp(e)}$ 发电热耗率 $q_{tp(e)}$ 发电标准煤耗率 $b^s_{tp(e)}$ 三个指标，知其一便可求得其余两个。

2. 供热方面的主要热经济指标

热电厂供热方面的主要热经济指标有供热热效率和供热标准煤耗率。

热电厂供热热效率为

$$\eta_{tp(h)}=\frac{Q}{Q_{tp(h)}} \tag{4-41}$$

如果按热量法分摊总热耗量，有

$$Q_{tp(h)}=\frac{Q}{\eta_b\eta_p\eta_{hs}}$$

则，式（4-41）为

$$\eta_{tp(h)}=\frac{Q}{Q_{tp(h)}}=\eta_b\eta_p\eta_{hs} \tag{4-42}$$

热电厂供热标准煤耗率为

$$b_{tp(h)}^{s}=\frac{B_{tp(h)}^{s}}{Q/10^{6}}=\frac{10^{6}}{q_{l}\eta_{tp(h)}}=\frac{34.1}{\eta_{tp(h)}}\quad kg/GJ \tag{4-43}$$

式中：Q 为热用户需要的热量，kJ/h。

$\eta_{tp(h)}$、$b_{tp(h)}^{s}$两个指标，知其一即可求得另外一个。

第四节　热电厂的经济性分析

一、热电联产机组的节煤量分析

1. 比较的基础

热电厂的节煤量是指在能量（热负荷 Q，电负荷 P_e）供应相等的原则下，热电联产与热电分产方式相比节省的燃料量。如图 4-6（a）（b）所示分别为热电分产及热电联产系统示意图。热电分产时，电能由电力系统中的凝汽式发电厂（称为代替凝汽式机组）生产，热能由分散的供热小锅炉供应。

设代替凝汽式机组的锅炉效率 η_b、管道效率 η_p、汽轮机机械效率 η_m和发电机效率 η_g与热电联产机组的相同；热电联产机组的锅炉效率 η_b远高于分产供热小锅炉的效率 $\eta_{b(d)}$，即 $\eta_b>\eta_{b(d)}$；热电厂供热管网的散热损失用热网效率 η_{hs}来反映。在相同的热负荷 Q（热用户处的用热量）情况下，联产机组的供热量 Q_h与热用户热负荷 Q 的关系为$Q_h=Q/\eta_{hs}$。

热电联产机组较热电分产总节煤量包括供热方面的节煤量和发电方面的节煤量两部分，即

$$\begin{aligned}\Delta B^{s}&=B_{dp}^{s}-B_{tp}^{s}=(B_{d}^{s}+B_{cp}^{s})-[B_{tp(h)}^{s}+B_{tp(e)}^{s}]\\&=[B_{d}^{s}-B_{tp(h)}^{s}]+[B_{cp}^{s}-B_{tp(e)}^{s}]=\Delta B_{h}^{s}+\Delta B_{e}^{s}\end{aligned} \tag{4-44}$$

式中：ΔB^{s} 为热电联产机组较热电分产总节煤量，kg/h；B_{dp}^{s}为热电分产系统总标准煤耗量，kg/h；B_{tp}^{s}为热电联产系统总标准煤耗量，kg/h；B_{d}^{s} 为分产供热的标准煤耗量，kg/h；B_{cp}^{s}为分产发电的标准煤耗量，kg/h；$B_{tp(h)}^{s}$为热电联产机组在供热方面的标准煤耗量，kg/h；$B_{tp(e)}^{s}$为热电联产机组在发电方面的标准煤耗量，kg/h；ΔB_{h}^{s} 为热电联产机组较热电分产在供热方面的节煤量，kg/h；ΔB_{e}^{s} 为热电联产机组较热电分产在发电方面的节煤量，kg/h。

2. 热电联产机组较热电分产在供热方面的节煤量分析

根据能量守恒，分产供热的标准煤耗量 B_{d}^{s} 和煤耗率 b_{d}^{s}，可由下列热平衡式求得

$$B_{d}^{s}q_{l}\eta_{b(d)}\eta_{p(d)}=Q\times 10^{6} \tag{4-45}$$

则

$$B_{d}^{s}=\frac{Q\times 10^{6}}{29720\eta_{b(d)}\eta_{p(d)}}=\frac{34.1Q}{\eta_{b(d)}\eta_{p(d)}}\quad kg/h \tag{4-46}$$

分产供热时每吉焦（GJ）用热量的标准煤耗率 b_{d}^{s} 计算公式为

$$b_{d}^{s}=\frac{B_{d}^{s}}{Q}=\frac{34.1}{\eta_{b(d)}\eta_{p(d)}}\quad kg/GJ \tag{4-47}$$

式中：b_{d}^{s} 为分产供热的标准煤耗率，kg/GJ；Q_h为分产供热的供热量，GJ/h；Q 为分产供热的热用户热负荷，GJ/h；$\eta_{b(d)}$为分产供热的锅炉效率；$\eta_{p(d)}$为分产供热的管道效率。

按热量法分配热电联产总耗煤量 B_{tp}^{s}时，联产机组在供热方面的标准煤耗量 $B_{tp(h)}^{s}$和标准

煤耗率 $b^{s}_{tp(h)}$ 可由下列热平衡式求得

$$B^{s}_{tp(h)} q_1 \eta_b \eta_{hs} = Q \times 10^6 \tag{4-48}$$

即

$$B^{s}_{tp(h)} = \frac{Q \times 10^6}{29270 \eta_b \eta_p \eta_{hs}} = \frac{Q_h \eta_{hs} \times 10^6}{29270 \eta_b \eta_p \eta_{hs}} = \frac{34.1 Q_h}{\eta_b \eta_p} \quad \text{kg/h} \tag{4-49}$$

$$b^{s}_{tp(h)} = \frac{B^{s}_{tp(h)}}{Q} = \frac{34.1}{\eta_b \eta_p \eta_{hs}} = \frac{34.1}{\eta_{tp(h)}} \quad \text{kg/GJ} \tag{4-50}$$

式中：$b^{s}_{tp(h)}$ 为热电联产机组供热的标准煤耗率，kg/GJ；η_b 为热电联产机组的锅炉效率；η_p 为热电联产机组的管道效率；η_{hs} 为热电联产机组的热网效率；$\eta_{tp(h)}$ 为热电厂的供热热效率。

热电联产机组较热电分产在供热方面的节煤量 ΔB^{s}_{h} 为

$$\Delta B^{s}_{h} = B^{s}_{d} - B^{s}_{tp(h)} = 34.1 Q_h \left[\frac{\eta_{hs}}{\eta_{b(d)} \eta_{p(d)}} - \frac{1}{\eta_b \eta_p} \right] \tag{4-51}$$

由式（4-51）可以看出，在供热量 Q_h 一定时，热电联产机组较热电分产在供热方面的节煤条件是 $\Delta B^{s}_{h} > 0$，即

$$\Delta B^{s}_{h} = 34.1 Q_h \left[\frac{\eta_{hs}}{\eta_{b(d)} \eta_{p(d)}} - \frac{1}{\eta_b \eta_p} \right] > 0 \tag{4-52}$$

若考虑到分产供热的管道效率和热电联产机组的管道效率相差不多，$\eta_{p(d)} \approx \eta_p$，则热电联产机组较热电分产在供热方面的节煤条件为

$$\eta_b > \frac{\eta_{b(d)}}{\eta_{hs}} \tag{4-53}$$

由式（4-53）可以看出，在供热方面，热电联产机组之所以能够节煤，其主要原因是热电联产时的大锅炉取代了分产供热的小锅炉，热电联产机组大锅炉的效率通常在 92%以上，远远高于分产供热小锅炉的效率（通常 70%左右），即 $\eta_b \gg \eta_{b(d)}$。

3. 热电联产机组较热电分产在发电方面的节煤量分析

热电分产时，电能由电力系统中的代替凝汽式机组生产。当发电功率为 P_e 时，分产发电的标准煤耗量 B^{s}_{cp} 为

$$B^{s}_{cp} = b^{s}_{cp} P_e = \frac{0.1228 P_e}{\eta_b \eta_p \eta_i \eta_m \eta_g} \quad \text{kg/h} \tag{4-54}$$

热电联产机组的发电量等于供热汽流发电量（热化发电量）和凝汽流发电量之和，即

$$P_e = P_{e,h} + P_{e,c} \tag{4-55}$$

热电联产机组在发电方面的标准煤耗量为

$$B^{s}_{tp(e)} = b^{s}_{e,h} P_{e,h} + b^{s}_{e,c} P_{e,c} = \frac{0.1228}{\eta_b \eta_p \eta_{ih} \eta_m \eta_g} P_{e,h} + \frac{0.1228}{\eta_b \eta_p \eta_{ic} \eta_m \eta_g} P_{e,c} \quad \text{kg/h} \tag{4-56}$$

由于联产供热汽流没有冷源损失，因此 $\eta_{ih} = 100\%$，则

$$B^{s}_{tp(e)} = \frac{0.1228}{\eta_b \eta_p \eta_m \eta_g} P_{e,h} + \frac{0.1228}{\eta_b \eta_p \eta_{ic} \eta_m \eta_g} P_{e,c} \quad \text{kg/h} \tag{4-57}$$

式中：b^{s}_{cp} 为代替凝汽式机组的发电标准煤耗率，kg/kWh；P_e、$P_{e,h}$、$P_{e,c}$ 分别为每小时的发电量、供热汽流每小时的发电量、凝汽流每小时的发电量，kW · h/h；η_b、η_p、η_m、η_g 分别为热电联产机组或代替凝汽式机组的锅炉效率、管道效率、机械效率、发电机效率；η_i、η_{ih}、η_{ic} 分别为代替凝汽式机组汽轮机的绝对内效率、热电联产机组供热汽流的绝对内效

率、热电联产机组凝汽流的绝对内效率，$\eta_{ic}<\eta_i<\eta_{ih}=1$。

由式（4-54）和式（4-57）可知，热电联产机组较热电分产在发电方面的节煤量为

$$\Delta B_e^s = B_{cp}^s - B_{tp(e)}^s = P_{e,h}(b_{cp}^s - b_{e,h}^s) - P_{e,c}(b_{e,c}^s - b_{cp}^s)$$
$$= \frac{0.1228}{\eta_b\eta_p\eta_m\eta_g}\left[\frac{P_e}{\eta_i} - \left(P_{e,h} + \frac{P_{e,c}}{\eta_{ic}}\right)\right] \tag{4-58}$$

将式（4-55）代入式（4-58），可得

$$\Delta B_e^s = \frac{0.1228}{\eta_b\eta_p\eta_m\eta_g}\left[P_{e,h}\left(\frac{1}{\eta_i}-1\right) - P_{e,c}\left(\frac{1}{\eta_{ic}}-\frac{1}{\eta_i}\right)\right] \tag{4-59}$$

式（4-59）第一项为热电联产机组供热汽流发电 $P_{e,h}$较分产发电的节煤量，节煤的主要原因是 $\eta_{ih}>\eta_i$；第二项是热电联产机组凝汽流发电 $P_{e,c}$反而较代替凝汽式电站多耗煤量，多耗煤的主要原因是 $\eta_{ic}<\eta_i$。

将热化发电量占整个机组发电量的比值定义为热化发电比，用 X 表示，即

$$X = \frac{P_{e,h}}{P_e} \tag{4-60}$$

将 $X=P_{e,h}/P_e$ 代入式（4-59），可得

$$\Delta B_e^s = \frac{0.1228P_{e,h}}{\eta_b\eta_p\eta_m\eta_g}\left[\left(\frac{1}{\eta_{ic}}-1\right) - \frac{1}{X}\left(\frac{1}{\eta_{ic}}-\frac{1}{\eta_i}\right)\right] \tag{4-61}$$

在式（4-58）中，第一项 $P_{e,h}(b_{cp}^s - b_{e,h}^s)$ 为热电联产机组在发电方面有利于节煤的因素，是热电厂理论上节约燃料的最大值，因为供热机组的供热汽流发电后，其冷源热量又用于供热，并未像代替凝汽式机组那样损失掉，故称“联产节能”。第二项 $P_{e,c}(b_{e,c}^s - b_{cp}^s)$ 为热电联产机组在发电方面不利于节煤的因素，是热电联产机组凝汽流发电多消耗的燃料，原因有：①供热机组的容量及蒸汽初参数一般均低于代替凝汽式机组；②抽汽式供热机组的凝汽流一般要通过调节抽汽用的回转隔板或调节阀，增大了凝汽流的节流损失；③抽汽式供热机组非设计工况运行效率低，如采暖用单抽式机组在非采暖期运行时就是这种情况；④热电厂必须建在热负荷附近，有的采用城市中水作为冷却水的补充水，供水条件比凝汽式机组差，导致排汽压力高，热经济性有所降低。从第一项中扣除第二项，才是热电联产机组在发电方面的实际节煤量。

下面针对单抽凝汽式、背压式和采暖-凝汽两用式这 3 种类型供热机组，讨论在发电方面的节煤条件。

（1）单抽凝汽式供热机组在发电方面的节煤条件。根据式（4-58），单抽凝汽式供热机组的节煤条件为

$$\Delta B_e^s = P_{e,h}(b_{cp}^s - b_{e,h}^s) - P_{e,c}(b_{e,c}^s - b_{cp}^s) = P_{e,h}(b_{e,c}^s - b_{e,h}^s) - P_e(b_{e,c}^s - b_{cp}^s) > 0 \tag{4-62}$$

即

$$X_c = \frac{P_{e,h}}{P_e} > \frac{b_{e,c}^s - b_{cp}^s}{b_{e,c}^s - b_{e,h}^s} = \frac{\dfrac{1}{\eta_{ic}} - \dfrac{1}{\eta_i}}{\dfrac{1}{\eta_{ic}} - 1} = [X_c] \tag{4-63}$$

式中：$[X_c]$ 为单抽凝汽式供热机组的临界热化发电比，即热电联产机组在发电方面的节煤量 $\Delta B_e^s=0$ 时的热化发电比。

可见，只有当实际热化发电比 X_c 大于临界热化发电比 $[X_c]$ 时，才能使 $\Delta B_e^s>0$，热电联产机组在发电方面才能较热电分产节煤，否则不节煤，甚至多耗煤。

由式（4-63）可以看出，$[X_c]$ 取决于 η_i、η_{ic}。代替凝汽式机组的 η_i 越高，供热机组的 η_{ic} 越低，则 $[X_c]$ 越大，要求热化发电量占机组总发电量的比例越大，即节煤的条件越苛刻。η_i、η_{ic} 与供热机组和代替凝汽式机组的蒸汽初终参数、回热系统及再热系统的完善程度等有关，表 4-5 给出了 η_i、η_{ic}、$[X_c]$ 与蒸汽初参数的关系。

表 4-5　η_i、η_{ic}、$[X_c]$ 与蒸汽初参数的关系

p_0（MPa）	t_0/t_{rh}（℃）	η_i	η_{ic}	$[X_c]$
3.43	435	0.29	0.26	0.134
8.83	550	0.36	0.325	0.140
12.75	565	0.39	0.355	0.143
16.67	540/540	0.40	0.362	0.149
23.54	585/585	0.45	0.41	0.155

分析表 4-5 可知，单抽凝汽式机组与代替凝汽式机组的蒸汽初参数不同，其 $[X_c]$ 值也不相同。当两者蒸汽的初参数在同一档次时，$[X_c]$ 值一般在 13%～16%；当单抽凝汽式机组较代替凝汽式机组的蒸汽初参数低一档次时，$[X_c]$ 值一般大于 40%；当单抽凝汽式机组较代替凝汽式机组蒸汽初参数低两档时，$[X_c]$ 值一般大于 50%。

（2）背压式供热机组在发电方面的节煤条件。式（4-58）是针对单抽凝汽式供热机组推导得到的节煤量计算公式，并不完全适用于背压式机组。背压式供热机组的发电量全部为热化发电量，没有凝汽流的发电量，且背压式供热机组的发电量是由热负荷决定的，根据能量供应相等的比较原则，发电量不足的部分（$P_e-P_{e,h}$）要由电力系统补偿，补偿容量的煤耗率按电网中火电机组的平均标准煤耗率 b_{av}^s 计算。

经简单推导可得背压机组的节煤条件为

$$\Delta B_e^s=P_{e,h}(b_{cp}^s-b_{e,h}^s)-P_{e,cs}(b_{av}^s-b_{cp}^s)>0 \tag{4-64}$$

将 $P_{e,cs}=P_e-P_{e,h}$ 代入式（4-64），可得

$$\Delta B_e^s=P_{e,h}(b_{av}^s-b_{e,h}^s)-P_e(b_{av}^s-b_{cp}^s)>0 \tag{4-65}$$

$$X_B=\frac{P_{e,h}}{P_e}>\frac{b_{av}^s-b_{cp}^s}{b_{av}^s-b_{e,h}^s}=\frac{\dfrac{1}{\eta_i^{av}}-\dfrac{1}{\eta_i}}{\dfrac{1}{\eta_i^{av}}-1}=[X_B] \tag{4-66}$$

式中：η_i^{av} 为电网中火电机组汽轮机的平均绝对内效率；$[X_B]$ 为背压式供热机组的临界热化发电比。

根据式（4-66），电网中汽轮机的平均绝对内效率 η_i^{av} 越高，$[X_B]$ 的值越低，节煤条件越容易实现。随着技术的进步，电网中火电机组的初参数和汽轮机的平均绝对内效率 η_i^{av} 越来越高，$[X_B]$ 的值不断下降，背压式供热机组在发电方面的节煤条件较易实现。

（3）采暖-凝汽两用式供热机组在发电方面的节煤条件。在额定热负荷情况下，抽汽式供热机组可以满足发电负荷。但是，采暖-凝汽两用机组虽然也是抽汽供热，但其供热是在减小发电量的基础上运行的，这一点与背压式供热机组相同，其供热期间少发的电量

$P_{e,cs}=P_e-P_{e,h}-P_{e,c}$也由电网补偿，这部分的发电标准煤耗率为$b_{av}^s$。

经推导可得采暖-凝汽两用式供热机组在发电方面的节煤条件为

$$\Delta B_e^s=P_{e,h}(b_{cp}^s-b_{e,h}^s)-P_{e,c}(b_{e,c}^s-b_{cp}^s)-P_{e,cs}(b_{av}^s-b_{cp}^s)>0 \tag{4-67}$$

将$P_{e,c}=P_e-P_{e,h}-P_{e,cs}$代入式（4-67），可得

$$\Delta B_e^s=P_{e,h}(b_{e,c}^s-b_{e,h}^s)-P_e(b_{e,c}^s-b_{cp}^s)-P_{e,cs}(b_{e,c}^s-b_{av}^s)>0 \tag{4-68}$$

$$X_{NC}=\frac{P_{e,h}}{P_e}>\frac{b_{e,c}^s-b_{cp}^s}{b_{e,c}^s-b_{e,h}^s}-\frac{P_{e,cs}}{P_e}\frac{b_{e,c}^s-b_{av}^s}{b_{e,c}^s-b_{e,h}^s}=\frac{\dfrac{1}{\eta_{ic}}-\dfrac{1}{\eta_i}}{\dfrac{1}{\eta_{ic}}-1}-\frac{P_{e,cs}}{P_e}\frac{\dfrac{1}{\eta_{ic}}-\dfrac{1}{\eta_i^{av}}}{\dfrac{1}{\eta_{ic}}-1}=[X_{NC}] \tag{4-69}$$

式中：$[X_{NC}]$为采暖-凝汽两用式供热机组的临界热化发电比。

4. 热电联产机组较热电分产总的节煤量分析

将式（4-61）和式（4-51）代入式（4-44），即可求出热电联产较热电分产节约的标准煤量为

$$\Delta B^s=\frac{0.1228P_{e,h}}{\eta_b\eta_p\eta_m\eta_g}\left[\left(\frac{1}{\eta_{ic}}-1\right)-\frac{1}{X}\left(\frac{1}{\eta_{ic}}-\frac{1}{\eta_i}\right)\right]+34.1Q_h\left(\frac{\eta_{hs}}{\eta_{b(d)}\eta_{p(d)}}-\frac{1}{\eta_b\eta_p}\right)\quad \text{kg/h} \tag{4-70}$$

在式（4-70）中，第一项为热电联产机组在发电方面的节煤量ΔB_e^s；第二项为热电联产机组在供热方面的节煤量ΔB_h^s。

以上公式中的煤耗量B、发电量（P_e、$P_{e,h}$、$P_{e,c}$）用热量Q等均以小时计，在实际计算时，往往需要计算热电联产较热电分产的全年节煤量，这时煤耗量、发电量、用热量均应以全年计，与以小时计量之间有如下关系：全年供热量$Q_h^a=Q_h\tau_u^h$，全年热化发电量$P_{e,h}^a=\omega Q_h\tau_u^h$，全年发电量$P_e^a=P_e\tau_u$，其中$\tau_u^h$为供热机组的年供热小时数；$\omega$为供热机组的热化发电率；$\tau_u$为火电厂全年设备利用小时数。将这些关系代入式（4-70）即可求得全年节煤量为

$$\Delta B_a^s=\frac{0.1228\times10^{-3}P_{e,h}^a}{\eta_b\eta_p\eta_m\eta_g}\left[\left(\frac{1}{\eta_{ic}}-1\right)-\frac{1}{X}\left(\frac{1}{\eta_{ic}}-\frac{1}{\eta_i}\right)\right]+34.1\times10^{-3}Q_h^a\left(\frac{\eta_{hs}}{\eta_{b(d)}\eta_{p(d)}}-\frac{1}{\eta_b\eta_p}\right)\quad \text{t/a} \tag{4-71}$$

二、热化系数

为了提高供热机组的设备利用率及经济性，不仅要根据热负荷的大小及特性合理地选择供热机组的容量和形式，还应有一定容量的尖峰锅炉配合供热，构成以热电联产为基础，热电联产与热电分产相结合的能量供应系统。在高峰热负荷时，热量大部分来自供热式汽轮机的抽汽或背压排汽，不足部分由尖峰锅炉直接供给，前者为热化供热量（又称联产供热量），后者为分产供热量。热化供热量在总供热量中所占的比例是否合理，将影响热电联产供热系统的综合经济性。

1. 热化系数α_{tp}的定义

热化系数包括以小时计的热化系数α_{tp}和以年计的热化系数α_{tp}^a，通常采用的是小时热化系数，简称为热化系数，以α_{tp}表示。热化系数是指供热机组每小时的最大热化供热量$Q_{h,t}^{max}$与每小时的最大热负荷Q_h^{max}之比，即

$$\alpha_{tp}=\frac{Q_{h,t}^{max}}{Q_h^{max}} \tag{4-72}$$

热化系数及理论最佳热化系数如图 4-12 所示，曲线 $abcd$ 为全年热负荷的持续时间曲线，横坐标为热负荷的持续小时数，纵坐标为小时热负荷。热化系数以全年非季节性热负荷（曲线 fd）为基础，叠加了全年季节性热负荷（曲线 abc）。图上纵坐标所注 $Q_{h,t}^{max}$、Q_{h}^{max} 之比即为小时热化系数。该持续时间曲线下的面积 $abcdeoa$ 表示全年热负荷 Q_{h}^{a}，面积 $a'bcdeoa'$ 表示供热机组全年热化供热量 $Q_{h,t}^{a}$。供热机组全年热化供热量 $Q_{h,t}^{a}$ 与全年热负荷 Q_{h}^{a} 之比称为年热化系数 α_{tp}^{a}。

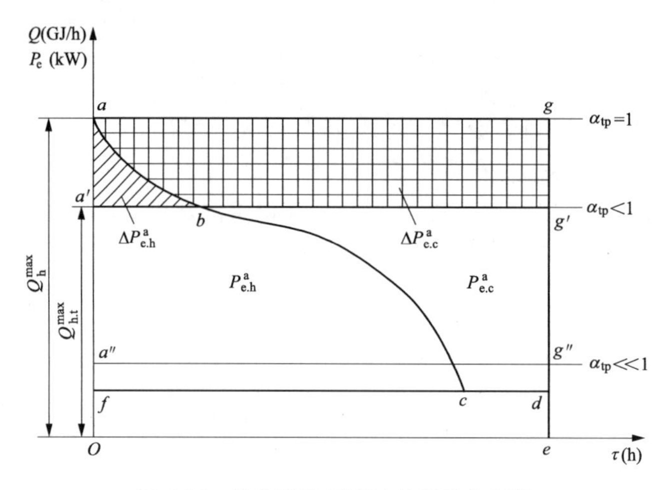

图 4-12　热化系数及理论最佳热化系数

$$\alpha_{tp}^{a}=\frac{Q_{h,t}^{a}}{Q_{h}^{a}}=\frac{\text{面积}\,a'bcdeoa'}{\text{面积}\,abcdeoa} \tag{4-73}$$

2. 理论最佳热化系数

对已经投运的热电厂而言，其设备及投资已经确定，因此运行中应当设法提高其热化供热的比例，使运行的热化系数接近或等于设定值，从而使热化发电比 X 增大，提高热电联产的节煤量。对于新建或扩建的热电厂而言，热化系数反映了能量供应系统内热电联产机组供热容量与尖峰锅炉供热容量的比例。热化系数决定了新建供热机组的容量，影响着整个供热系统的投资和经济性，需要通过技术经济比较确定最佳的热化系数。

如图 4-12 所示，按一定比例绘制的面积 $ageoa$ 表示整个能量系统内总的发电量，面积 $a'g'eoa'$ 表示全年热电联产机组的发电量 P_{e}^{a}，面积 $agg'a'a$ 表示全年代替凝汽式机组的发电量。面积 $aba'a$ 表示分产供热设备的供热量。一次调节抽汽式汽轮发电机组的热化发电量与其热化供热量成正比，选择适当的纵坐标比例，便可使热化发电量持续时间曲线与热化供热量持续时间曲线相重合。以该热化供热量持续曲线为界，将 P_{e}^{a} 划分为 $P_{e,h}^{a}$、$P_{e,c}^{a}$ 两部分，面积 $a'bcdeoa'$ 也表示全年热化发电量 $P_{e,h}^{a}$，面积 $bg'dcb$ 表示该热电联产机组全年凝汽流发电量 $P_{e,c}^{a}$。

如果热化系数 $\alpha_{tp}=1$，则热化供热量在全年范围内均能够满足最大热负荷的需要，不需设置分产供热设备。但是全年最大热负荷持续时间比较短，大部分时间内热负荷都小于最大热负荷，因而使得供热机组的热化发电量 $P_{e,h}$ 降低，热化发电比下降；而凝汽流发电量 $P_{e,c}$ 升高，但凝汽流发电的效率要低于代替凝汽式机组，使得这部分发电的煤耗量增加；在非采暖期只剩下很少的热水热负荷，热化发电量很小，几乎全部为凝汽流发电，远不如代替凝汽式机组发这部分电经济，故经济性大为降低。因此，从全年综合经济性最优的角度分析，$\alpha_{tp}=1$ 不可取。如果热化系数 $\alpha_{tp}=0$，所有热负荷都是由分产供热设备来提供，由于分产供热锅炉效率比较低，与联产供热相比，分产供热的耗煤量大大增加。因此，$\alpha_{tp}=0$ 也不可取。

当 $0<\alpha_{tp}<1$ 时，供热机组的最大供热量比最大热负荷小，需设置分产供热设备提供不足的热负荷 ΔQ_h，与 $\alpha_{tp}=1$ 相比需增大整个能量供应系统内代替凝汽式机组容量。随着 α_{tp} 从 1 逐渐减小，分产设备供应的热负荷 ΔQ_h 逐渐增大，供应这部分热负荷要比联产供热机组多耗燃料；同时，不足的发电量（$\Delta P_{e,h}^{a}+\Delta P_{e,c}^{a}$）由代替凝汽式机组提供，其中代替凝汽式机组发电 $\Delta P_{e,h}^{a}$ 比联产机组的供热汽流要多耗煤，代替凝汽式机组发电 $\Delta P_{e,c}^{a}$ 比联产机组凝汽流要少消耗煤。当 α_{tp} 较大值时，$\Delta P_{e,c}^{a}\gg\Delta P_{e,h}^{a}$，整个能量系统的煤耗量是降低的；当 α_{tp} 达到一最佳值，整个能量系统的煤耗量达到最低，热电联产较热电分产的节煤量达到最大；当 α_{tp} 继续降低时，由于 $\Delta P_{e,h}^{a}>\Delta P_{e,c}^{a}$ 且分产供热能耗的增加，整个能量系统的煤耗量反而会升高。

因此，在 $0<\alpha_{tp}<1$ 范围内必有一个理论上最佳热化系数，使热电联产较热电分产的节煤量达到最大，即该地区能量供应系统总煤耗量为最小。理论上的最佳热化系数，是以热电联产系统热经济性最佳为目标，其值大小取决于全年热负荷持续时间图的形状和 η_i、η_{ic} 二者的差值。全年热负荷持续时间图越呈尖峰形，则热化系数的最佳值越小；代替凝汽式机组与热电联产机组凝汽流发电效率差值越大，热化系数的最佳值就越小。对工业热负荷，理论上的最佳热化系数为 0.7～0.8；对采暖热负荷，理论上的最佳热化系数为 0.5～0.6。

工程上的最佳热化系数是以热电联产系统技术经济最佳为目标的。工程上采用技术经济比较所确定的最佳热化系数要比理论上的最佳热化系数小，一般为 0.5～0.7。

三、供热机组容量、参数和机型的选择

供热机组的选择需根据热负荷的种类与特性及其中近期发展规划，通过对不同装机方案进行技术经济比较，最后确定机组的类型、容量和参数。供热机组的选择与最佳热化系数的确定是一致的，以节煤量作为比较的基础。

1. 供热机型选择

对全年性热负荷，如生产工艺热负荷等，由于其全年比较稳定，一般选用背压式或抽汽式机组，具体以两种机型的节煤量为基础，再通过全面的技术经济比较确定。

对季节性热负荷，如采暖、通风热负荷，由于全年中只有少数时间才需要，一般选用凝汽-采暖两用式（NC 型或 NCB 型）供热机组或抽汽凝汽式供热机组，具体也是以两种机组的节煤量为基础，再通过全面的技术经济比较确定。

当一台机组既要承担季节性热负荷，又要同时承担全年性热负荷时，应装设抽汽凝汽式供热机组或 NCB 新型供热机组，具体也是以两种机组的节煤量为基础，再通过全面的技术经济比较确定。

总之，机组的形式主要是根据热负荷种类和特性以及热负荷的中近期发展规划来确定。如果供热范围内热负荷的结构比较复杂，在热电厂内也可以选用两种不同形式的供热机组进行配合供热。

2. 供热机组容量的选择

供热机组的总发电容量，即热电厂的发电容量取决于热负荷的种类、大小和最佳热化系

数，可按式（4-74）进行估算。

$$P_{e,tp}=(\omega^{i}Q_{i}^{max}\alpha_{tp}^{i}+\omega^{h}Q_{h}^{max}\alpha_{tp}^{h})/X \tag{4-74}$$

式中：Q_i^{max} 为工业最大热负荷，GJ/h；Q_h^{max} 为采暖的最大热负荷，GJ/h；ω^i 为某一初参数时工业热负荷的热化发电率，kWh/GJ；ω^h 为某一初参数时采暖热负荷的热化发电率，kWh/GJ；α_{tp}^{i} 为该地区工业供热系统的热化系数最佳值；α_{tp}^{h} 为该地区采暖供热系统的热化系数最佳值；X 为热化发电比。

3. 蒸汽初参数的选择

提高供热式汽轮机蒸汽初参数 p_0、t_0，对热电厂热经济性的影响要比凝汽式电厂大。以抽汽式供热机组为例，提高 p_0、t_0 时，1kg 供热汽流的热化比内功 w_i^h 增加的比例大于凝汽流比内功 w_i^c 增加的比例，即热化发电比 X 提高，从而使热电厂更容易节约燃料和能够更多地节约燃料。另外，由于供热式汽轮机对外供热抽汽量比回热抽汽量大得多，故供热式汽轮机的新汽耗量 D_0 比相同初参数、相同容量凝汽式汽轮机就大得多，削弱了提高蒸汽初压使汽轮机相对内效率 η_{ri} 降低的不利影响。供热式汽轮机在提高初参数时最低容量的匹配，可比凝汽式汽轮机小 1～2 挡。例如，我国凝汽式机组容量 50MW 以上时，蒸汽初参数才采用高压（$p_0=8.83$MPa，$t_0=535$℃），而供热式汽轮机容量 25MW 以上即可采用高压蒸汽初参数，如 CC25 型供热机组。背压式机组的整机焓降小，新汽耗量大，提高蒸汽初参数后的最低容量更小，如 B12 型就可采用高压蒸汽初参数。对于抽汽式汽轮机，因其供热工况时凝汽流量很小，保证汽轮机安全运行的允许蒸汽终湿度也比凝汽式汽轮机大。一般允许 $1-x_c=14\%\sim15\%$。综上所述，提高蒸汽初参数对供热式汽轮机和热电厂热经济性的影响远远大于凝汽式汽轮机和凝汽式电厂。

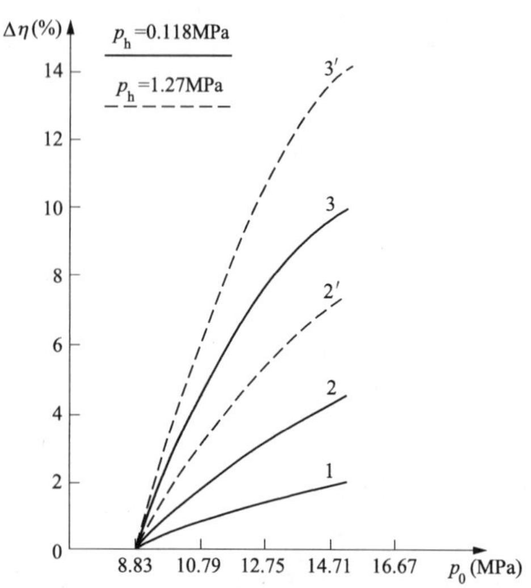

图 4-13　蒸汽初压与供热机组热效率的关系

1—$Q_h=0$；2、2′—$Q_h=209$GJ/h；3、3′—$Q_h=376$GJ/h

如图 4-13 所示为蒸汽初压 p_0 与供热机组抽汽供热量 Q_h、抽汽压力 p_h 以及供热机组热效率相对提高值 $\delta\eta$ 之间的关系曲线。从图 4-13 可以看出：①提高 p_0，在任何抽汽供热量、任何抽汽压力下，$\delta\eta$ 是提高的；②当供热量 Q_h 一定时，提高初压 p_0 时，供热机组热效率提高且随 Q_h 的增加而增加，而且机组供热时的提高值比不供热时的高；③调节抽汽压力高时，提高初压使机组热效率提高的幅度比调节抽汽压力低时明显。当然提高初压需相应地提高初温，才能保证排汽湿度在允许范围内。

四、例题

如图 4-14 所示为某 300MW 热电联产机组，主汽压力 $p_0=16.7$MPa，主汽温度 $T_0=537$℃，主蒸汽焓为 $h_0=3394.1$kJ/kg，主蒸汽熵为 $s_0=6.4116$kJ/(kg·K)，主蒸汽流量 $D_0=980$t/h，再热蒸汽流量 $D_{rh}=812.3$t/h，再热器中的焓升 $q_{rh}=499.4$kJ/kg，给水焓为 $h_{fw}=1202.6$kJ/kg，锅炉效率 $\eta_b=93\%$，管道效率 $\eta_p=99\%$，机械效率 $\eta_m=99\%$，发电机效率 $\eta_g=99\%$，热网效率 $\eta_{hs}=97\%$，排汽焓 $h_c=2527.2$kJ/kg，供热蒸汽焓 $h_h=2962.1$kJ/kg，供热蒸汽熵 $s_h=7.3757$kJ/(kg·K)，热网返回水焓 $h_h'=435.4$kJ/kg，供热蒸汽流量 $D_{h,t}=500$t/h，环境温

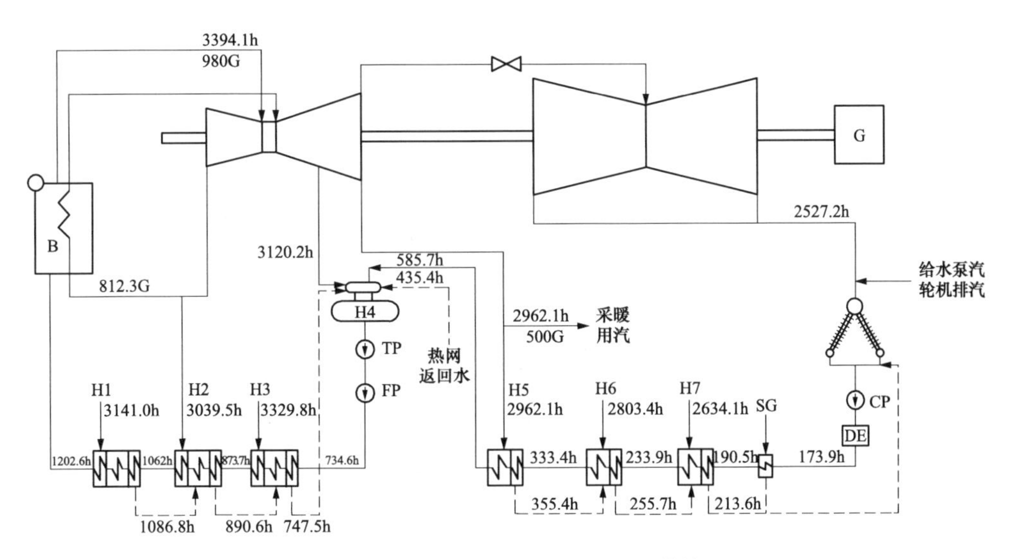

图 4-14　CZK300-16.7/0.4/537/537 型供热机组

度 0℃，不考虑工质损失。额定供热工况下机组的发电功率为 229.047MW。

求该热电厂总的热经济性指标；按三种方法分别计算供热方面和发电方面的热耗量；计算分项热经济性指标。

解：

1. 热电厂总的热经济性指标

汽轮机组的热耗量为

$$Q_0 = D_0(h_0 - h_{fw}) + D_{rh}q_{rh} = [980\times10^3\times(3394.1-1202.6) + 812.3\times10^3\times499.4]/10^6 = 2553.3(\text{GJ/h})$$

热电厂总热耗量为

$$Q_{tp} = \frac{Q_0}{\eta_b\eta_p} = 2773.3(\text{GJ/h})$$

热电厂对外供热量等于其热化供热量，即

$$Q_h = Q_{h,t} = D_{h,t}(h_h - h'_h) = 500\times10^3\times(2962.1-435.4) = 1263.4(\text{GJ/h})$$

供给热用户的热量为

$$Q = Q_{h,t}\eta_{hs} = 1263.4\times0.97 = 1225.5(\text{GJ/h})$$

热电厂的燃料利用系数为

$$\eta_{tp} = \frac{3600P_e + Q_h}{Q_{tp}} = \frac{3600\times229.047\times10^{-3} + 1263.4}{2773.3} = 75.29(\%)$$

外部热化发电量为

$$P^o_{e,h} = \frac{D_{h,t}(h_0 - h_h + q_{rh})\eta_m\eta_g}{3600} = \frac{500\times10^3\times(3394.1-2962.1+499.4)\times0.99\times0.99}{3600} = 126786.8(\text{kW})$$

不计内部热化发电量，则热化发电率为

$$\omega=\frac{P_{e,h}^{\circ}}{Q_{h,t}}=\frac{126786.8}{1263.4}=100.4(\mathrm{kWh/GJ})$$

热电比 R_{tp} 为

$$R_{tp}=\frac{Q_{h,t}}{3600P_e}=\frac{1263.4\times10^6}{3600\times229047}=1.53$$

2. 热电厂总热耗量的分配

(1) 热量法。按照热量法，分配到供热方面的热耗量为

$$Q_{tp(h)}=\frac{Q_{h,t}}{\eta_b\eta_p}=1372.2(\mathrm{GJ/h})$$

分配到发电方面的热耗量为

$$Q_{tp(e)}=Q_{tp}-Q_{tp(h)}=2773.3-1372.2=1401.1(\mathrm{GJ/h})$$

热电分摊比 β_{tp} 为

$$\beta_{tp}=\frac{Q_{tp(h)}}{Q_{tp}}=\frac{1372.2}{2773.3}=0.495$$

(2) 实际焓降法。按照实际焓降法，分配到供热方面的热耗量为

$$Q_{tp(h)}=\frac{D_{h,t}(h_h-h_c)}{D_0(h_0-h_{fw})+D_{rh}q_{rh}}\times Q_{tp}=\frac{500\times(2962.1-2527.2)}{980\times(3394.1-2527.2)+812.3\times499.4}$$
$$=480.4(\mathrm{GJ/h})$$

分配到发电方面的热耗量为

$$Q_{tp(e)}=Q_{tp}-Q_{tp(h)}=2773.3-480.4=2292.9(\mathrm{GJ/h})$$

热电分摊比 β_{tp} 为

$$\beta_{tp}=\frac{Q_{tp(h)}}{Q_{tp}}=0.173$$

(3) 做功能力法。供热蒸汽的做功能力为

$$e_h=h_h-T_{en}s_h=2962.1-273.15\times7.3757=947.4(\mathrm{kJ/kg})$$

新蒸汽的做功能力为

$$e_0=h_0-T_{en}s_0=3394.1-273.15\times6.4116=1642.7(\mathrm{kJ/kg})$$

按照做功能力法，分配到供热方面的热耗量为

$$Q_{tp(h)}=\frac{D_{h,t}e_h}{D_0e_0}Q_{tp}=816.0(\mathrm{GJ/h})$$

分配到发电方面的热耗量为

$$Q_{tp(e)}=Q_{tp}-Q_{tp(h)}=2773.3-816.0=1957.3(\mathrm{GJ/h})$$

热电分摊比 β_{tp} 为

$$\beta_{tp}=\frac{Q_{tp(h)}}{Q_{tp}}=0.294$$

3. 分项热经济性指标

按热量法、实际焓降法、做功能力法分摊热电厂总的热耗量，并计算各分项热经济性指标，计算结果见表 4-6。

表 4-6 分项热经济性指标计算结果

项目		计算公式	热量法	实际焓降法	做功能力法
发电方面	发电热效率	$\eta_{tp(e)}=\frac{3600P_e}{Q_{tp(e)}}$	58.85%	35.96%	42.13%
	发电热耗率(kJ/kWh)	$q_{tp(e)}=\frac{3600}{\eta_{tp(e)}}$	6117.2	10011.1	8545.0
	发电标准煤耗率[kg/kWh(标准煤)]	$b^s_{tp(e)}=\frac{0.1228}{\eta_{tp(e)}}$	0.2087	0.3415	0.2915
供热方面	供热热效率	$\eta_{tp(h)}=\frac{Q}{Q_{tp(h)}}$	89.3%	255.1%	150.2%
	供热标准煤耗率[kg/GJ(标准煤)]	$b^s_{tp(h)}=\frac{34.1}{\eta_{tp(h)}}$	38.19	13.37	22.70

从表 4-6 可以看出，按热量法分配热电厂总的热耗量，发电方面的热效率是最高的，相应地发电热耗率和标准煤耗率是最低的，而供热方面的标准煤耗率是最高的，即热电联产的好处全归了热电厂侧；按实际焓降法分配热电厂总的热耗量，发电方面的热效率是最低的，相应地发电热耗率和标准煤耗率是最高的，而供热方面的标准煤耗率是最低的，即热电联产的好处全归了热用户侧。从表 4-6 可以看出，按实际焓降法和做功能力法分配热电厂总的热耗量，计算得到的供热热效率高于 100%，这显然也不符合常理，说明供热方面分配到的热耗量偏少，热用户的用热成本偏低。

第五节 热电厂的对外供热系统

热电厂的对外供热系统根据采用的载热质不同分为两种方式，一种是利用蒸汽对外供热，另一种是利用热水对外供热。

一、以蒸汽为载热质的供热系统及其设备

蒸汽供热系统常有直接供汽和间接供汽两种方式。

1. 直接供汽系统

直接供汽系统是将汽轮机的抽汽、排汽或新蒸汽经减温减压后通过热网系统直接向热用户供热。如图 4-15（a）所示，背压式汽轮机的排汽全部通过热网直接送往热用户，蒸汽在热用户放热后生成的凝结水再返回电厂。根据凝结水回收的完善程度和热用户对凝结水的污染情况，凝结水的返回水率一般在 0%～100%范围内变化。直接抽汽对外供汽系统是将汽轮机的可调整抽汽通过热网直接向热用户供热，如图 4-15（b）所示。与背压式汽轮机比较，抽汽式汽轮机的主要优点是对热负荷波动的适应性较好，当热负荷降低、减少供热抽汽量时，进入凝汽器的蒸汽量可以增加一些，汽轮机仍可以照常运行。

如图 4-15（b）所示，由锅炉引来新蒸汽经减压减温器后直接供汽，属于分产供热，多在供热式机组排汽或抽汽数量不足时使用。减压减温器的作用是将较高参数的蒸汽降低到需要的压力和温度。该设备不仅用于热电厂的供热系统，凝汽式发电厂也常配备该设备，如将降压减温后的蒸汽用于加热重油，或作除氧器的备用汽源，在单元式机组中也是旁路系统的

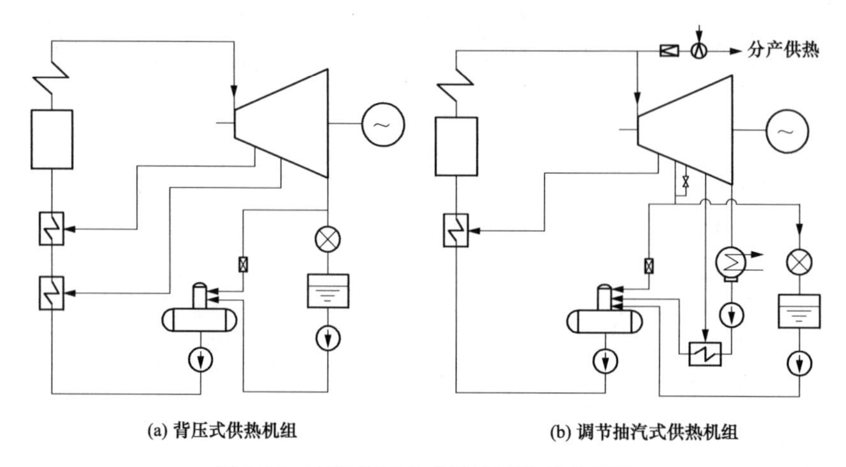

图 4-15　直接供汽方式的原则性热力系统

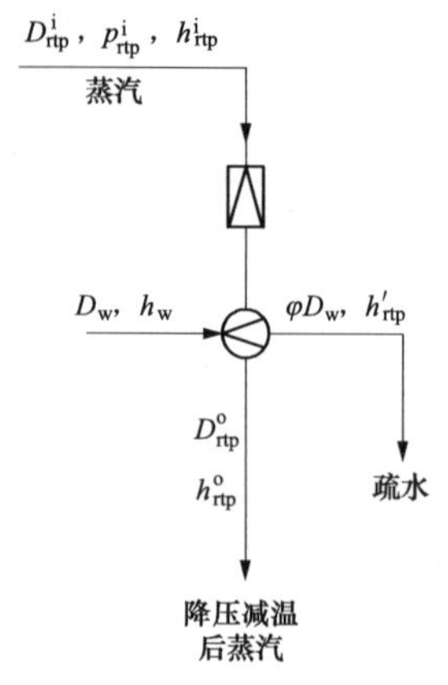

图 4-16　减压减温器原则性热力系统

重要部件。如图 4-16 所示为减压减温器的原则性热力系统，其工作原理是，通过节流部件降低蒸汽的压力，通过喷入低温水降低蒸汽的温度，通常情况下蒸汽先减压再减温。

减压减温器出口蒸汽参数应满足供热需要，所需减温水量 D_w 可通过物质平衡式、热平衡式联解求得，即

物质平衡式：　$$D^{i}_{rtp}+D_w=\varphi D_w+D^{o}_{rtp} \tag{4-75}$$

热平衡式：　$$D^{i}_{rtp}h^{i}_{rtp}+D_wh_w=\varphi D_wh'_{rtp}+D^{o}_{rtp}h^{o}_{rtp} \tag{4-76}$$

式中：φ 为减温水中未汽化的水量占总喷水量的份额，一般为 0.3 左右；h_w 为减温水比焓，kJ/kg；h^{i}_{rtp} 为进入减压减温器的蒸汽比焓，kJ/kg；h^{o}_{rtp} 为离开减压减温器的蒸汽比焓，kJ/kg；D^{i}_{rtp} 为进入减压减温器的蒸汽流量，kg/h；D^{o}_{rtp} 为离开减压减温器的蒸汽流量，kg/h；h'_{rtp} 为减压减温器出口压力下的饱和水比焓，kJ/kg。

如图 4-17 为减压减温器的全面性热力系统，自锅炉来的新汽由进汽阀 1 进入减压阀 2、节流至所需压力，而后进入减温器 3，与给水泵或凝结水泵来的减温水进行混合减温，减压阀 2 和减温器 3 都配有自动调节装置，以控制其出口汽压、汽温稳定在允许的规定范围内。减压减温器还应配有安全阀、疏排水设备，备用的减压减温器应处于热备用状态。

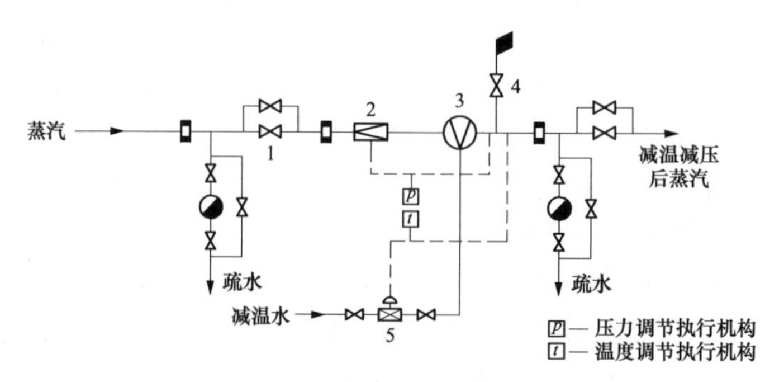

图 4-17　减温减压器的全面性热力系统

2. 间接供汽系统

间接供汽系统是将汽轮机的抽汽先送入蒸汽发生器中，将其中的水加热成压力稍低的二次蒸汽，然后二次蒸汽再供热网，如图 4-18 所示。间接供汽方式的最大好处是热电厂供热抽汽的凝结水可以全部回收，从而减少大量的化学补水以及由此带来的各种费用。但间接供汽系统中需要设置一套蒸汽发生器及其相应的管道部件，使热电厂供热系统复杂，投资和运行费用增加。另外，蒸汽发生器体积庞大，金属耗量大，投资大，端差大（一般 15～25℃），为保证供热压力，不得不提高抽汽压力，使得汽轮机组的热经济性下降。目前，间接供汽方式已基本不再采用。

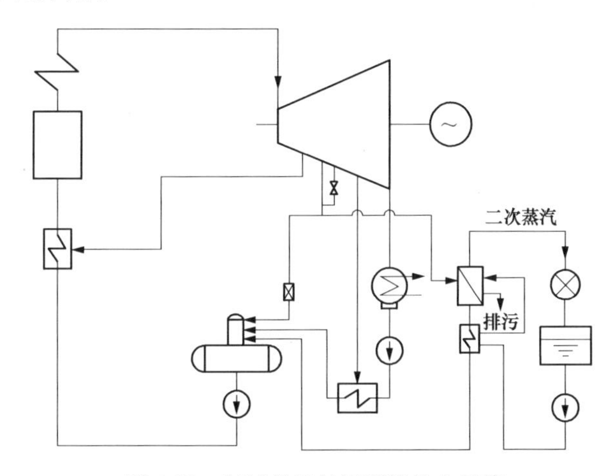

图 4-18　间接供汽的原则性热力系统

二、以水为载热质的供热系统及其设备

水网供热系统以水为载热质提供采暖、通风等热负荷，也称为水网供热系统，一般由热网加热器、热网循环水泵、热网加热器的疏水泵、热网补水泵、热网补水除氧器等设备及其连接管道组成。为了提高热电联产的热经济性，一般不是按季节性热负荷的最大值来配置一台热网加热器，而是配置水侧串联的两台热网加热器或配置水侧并联的多台热网加热器。

如图 4-19 所示，该供热系统采用了两个串联的热网加热器进行分级加热，分别为基载加热器（BH）和峰载加热器（PH）。热网回水经热网水泵 HP 升压后依次流经基载加热器 BH 和峰载加热器 PH。基载加热器 BH 在供热期间一直运行，承担了季节性热负荷的基本负荷，故称为基载热网加热器。汽轮机抽汽压力一般为 0.118～0.245MPa，热网出口水温可以达到 110℃左右，能够满足热用户大多数情况下的需要。峰载加热器 PH 的抽汽压力为 0.78～1.27MPa，可将 BH 出口来的热网水继续加热至 130～150℃或更高，因其仅在采暖期内最冷天气短时间工作（当基载加热器出口温度不能满足要求时投入使用），承担季节性热负荷的尖峰负荷，故称为峰载热网加热器。热网加热器的疏水采用逐级自流方式，即峰载加热器 PH 的疏水自流到基载加热器 BH，再由热网疏水泵 HDP 送至回热系统，峰载加热器 PH 和基载加热器 BH 均设有至高压除氧器的备用疏水管路。峰载加热器 PH 和基载加热器 BH 还设有抽空气管路，经节流后引至凝汽器。

如图 4-19 所示的供热系统还有一直接供汽管路，供热蒸汽的凝结水经生产返回水管路

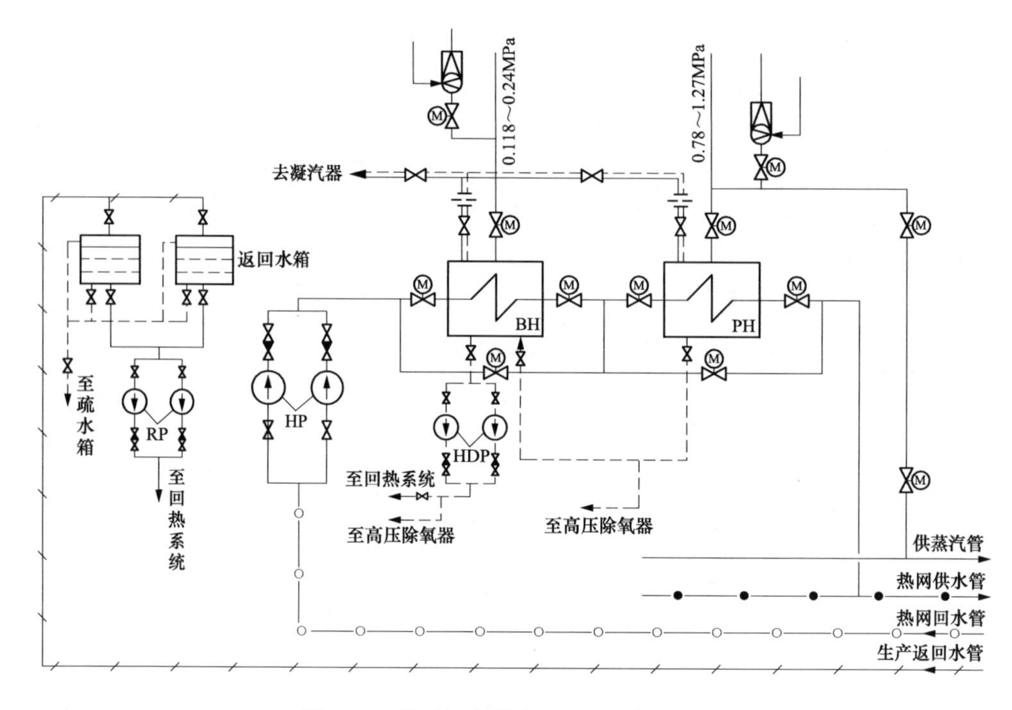

图 4-19　热网加热器串联布置的供热系统

送至返回水箱，再由返回水泵 RP 送至回热系统。

如图 4-20 所示的供热系统采用了水侧并联的四台热网换热器，分别为 1 号机组的 1、2 号热网加热器和 2 号机组的 1、2 号热网加热器。四台加热器的组合能够满足最小、平均、最大热负荷的需求，当四台热网换热器中任何一台加热器故障停止运行时，另外三台热网换热器仍能满足 75%的热负荷，符合供热可靠性要求。四台热网加热器用蒸汽分别来自 1、2 号机组汽轮机的抽汽，疏水经两级外置式冷却器冷却后送入凝汽器。在一级疏水冷却器内，疏水直接加热热网回水；在二级疏水冷却器内，热网疏水进一步加热主凝结水系统的凝结水，使轴封加热器后凝结水在进入 7 号低压加热器前被加热，热网疏水被冷却至 65℃后进入凝汽器热井。这样设计的优点是：不仅热网疏水的热量得以利用，而且热网疏水经化学精处理装置后进入热力系统，保证了进入锅炉给水系统的水质。热网返回水水温 70℃，经回水滤网及热网水泵加压后，进入热网加热器，经过热交换后升温至 130℃，进入城市热力网送至各二级换热站。部分热网返回水还进入两台一级疏水冷却器去冷却热网疏水至 95℃。供热系统设置四台热网循环水泵，采用液力耦合器调速，既保证了流量调节，又达到了节能目的。热网补水采用化学除盐水，或采用工业水站内软化的方式，补水经热力除氧后由两台补水泵送至热网返回水母管。两台机组选用 1 台大气压力式除氧器以满足热网系统补水除氧的要求，补充水除氧器的汽源与供热抽汽为同级汽源。为满足定压运行需要，在进入除氧器的蒸汽管上设置压力调节阀。热网的调节，一般有量调和质调两种，量调为通过改变转速调整热网循环水泵流量，质调为调整热网循环水出水温度，在整个热网运行期间内，两种调节方式均会采用。

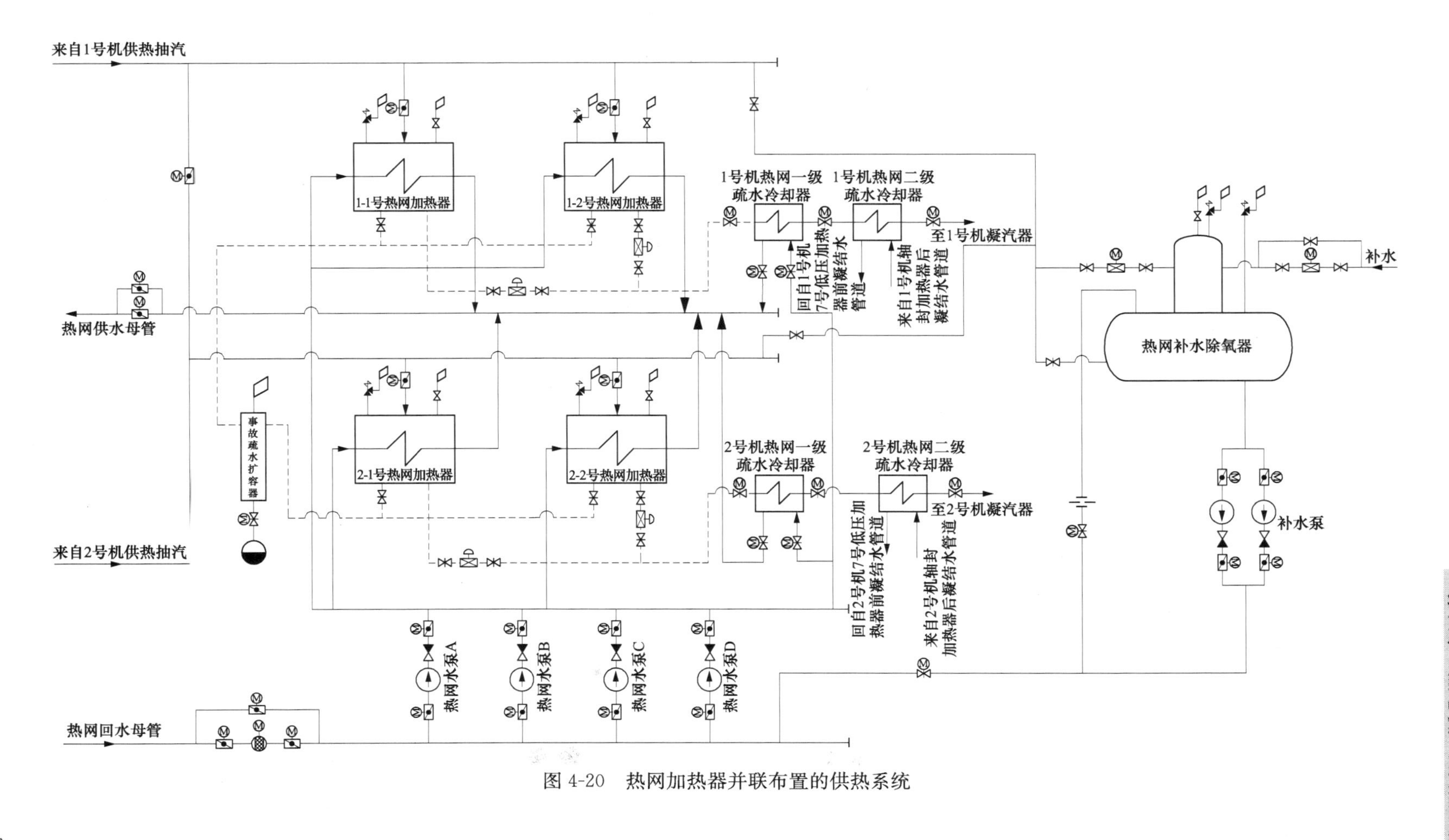

图 4-20　热网加热器并联布置的供热系统

如图 4-21 所示是高参数热电厂的原则性热力系统。该系统有两段供热抽汽，高压供热抽汽来自汽轮机第 6 段抽汽，低压供热抽汽来自汽轮机第 7 段抽汽，分别进入峰载加热器和基载加热器。供热抽汽疏水采用逐级自流方式，即峰载加热器的疏水进入基载加热器，基载加热器的疏水进入外置式疏水冷却器，而后经热网疏水泵送至 7 号加热器出口。该水网供热系统还在凝汽器中划出部分加热管束 TB，热网水返回热电厂先引入 TB 加热，再依次进入疏水冷却器、基载加热器、峰载加热器、尖峰热水锅炉。热网补充水除氧后送入热网水泵入口。

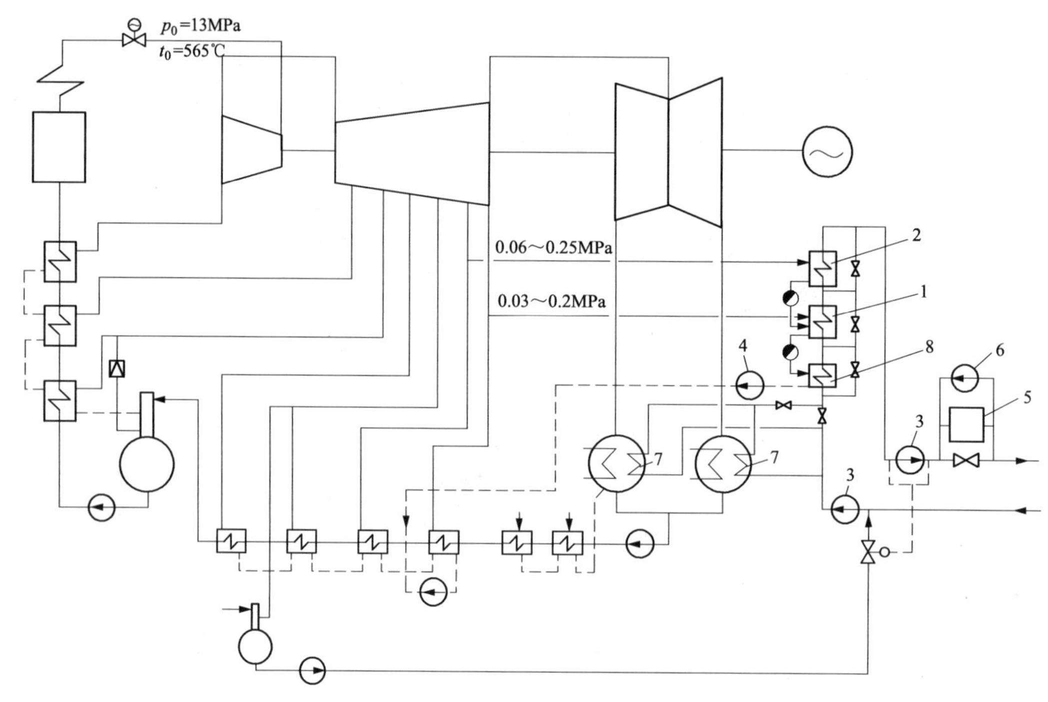

图 4-21 高参数热电厂热网加热器的原则性热力系统

1—基载加热器；2—峰载加热器；3—热网水泵；4—热网疏水泵；
5—尖峰热水炉；6—循环水泵；7—凝汽器内热网水加热管束；8—疏水冷却器

三、回收汽轮机乏汽余热用于供热方案

近年来，随着社会的日益发展与技术进步，国家对资源节约、环境保护、能源的综合利用等方面的要求逐步提高。从热力学第一定律的角度看，电厂中经由冷端系统排放的热损失占到燃料总发热量的 50%以上。虽然这些热能属于低品位热能，但是如果回收汽轮机乏汽余热用于供热，则可节省大量高品质的汽轮机抽汽，节能效果显著。目前，汽轮机乏汽余热回收方案主要有：汽轮机高背压供热、吸收式热泵、大温差集中供热、蒸汽喷射器等。

1. 汽轮机高背压供热

汽轮机高背压运行供热技术在理论上可以实现很高的能效，国内外都有很多成功的研究成果和运行经验。所谓高背压供热是指提高汽轮机运行背压，使凝汽器成为水网供热系统的基载加热器，利用热网水代替冷端系统中的循环冷却水吸收汽轮机乏汽余热，吸热后的热网水在热网系统中进行闭式循环，从而有效地利用了汽轮机排汽所释放的汽化潜热。当需要更

高的供热温度时，则在峰载加热器中进行二级加热。如图 4-22（a）所示，先利用汽轮机乏汽加热热网返回水，从而回收乏汽余热，而后利用汽轮机抽汽在峰载加热器中加热热网水至供水温度。当供热量较小时，仅通过凝汽器加热热网水即可满足供热要求；在供热高峰期，凝汽器和峰载加热器联合加热热网水，从而达到热网要求的供水温度。

直接空冷机组采用高背压供热技术需要增设一个热网凝汽器，如图 4-22（b）所示。中低压连通管上设置有供热蝶阀，峰载加热器的供热用汽从中低压连通管引出。在汽轮机主排汽管上增设一排汽支管至热网凝汽器，排汽通过热网凝汽器加热热网返回水，热网凝汽器的疏水引至直接空冷机组的排汽装置；利用汽轮机中压缸排汽在峰载加热器再次加热热网水，峰载加热器的疏水引回除氧器。

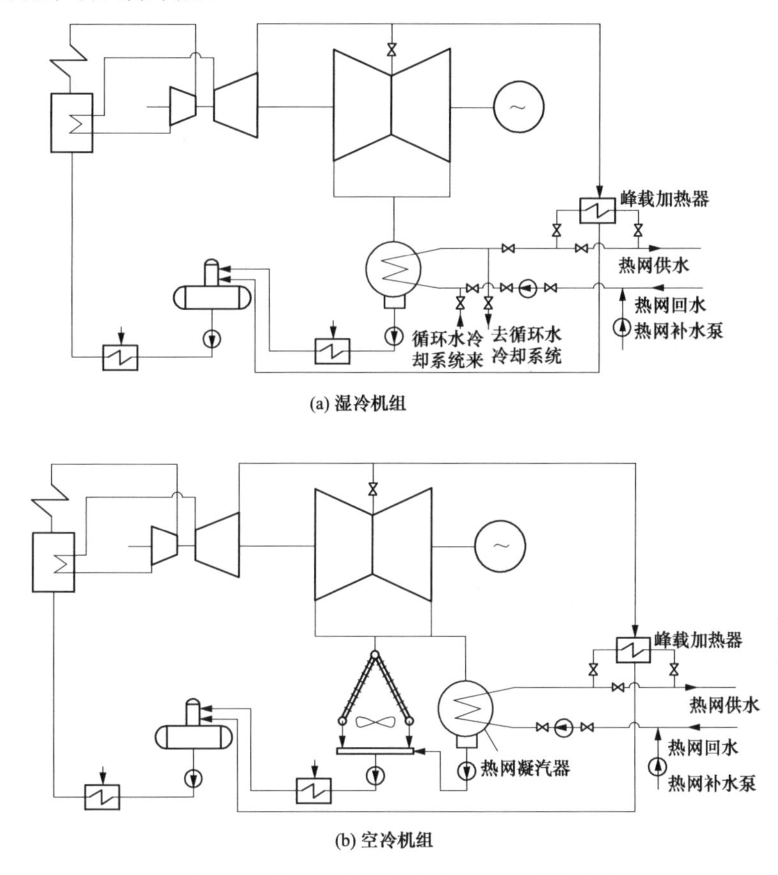

(a) 湿冷机组

(b) 空冷机组

图 4-22　凝汽式汽轮机高背压运行系统流程

尽管汽轮机背压提高后，在相同的进汽量下与纯凝工况相比，发电量减少了，并且汽轮机的相对内效率也有所降低，但因降低了热力循环中的冷源损失，系统总的热效率仍会有很大程度的提高。

高背压运行供热技术主要受以下几方面的限制：

（1）高背压运行机组类似于背压式供热机组，汽轮机的进汽量决定于用户热负荷的大小，所以发电功率受热负荷的制约，因此只适用于热负荷比较稳定的供热系统。

（2）汽轮机背压提高后，会影响汽轮机组的发电热效率。

（3）背压升高会使机组的末级出口蒸汽温度过高，且蒸汽的容积流量过小，从而引起机组的强烈振动，危及运行安全。因此，凝汽式汽轮机改造为高背压供热时，需对机组进行严格的变工况性能计算，对排汽缸结构、轴向推力的改变、末级叶轮的改造等方面做严格校核和一定改动后方可以实行。

2. 吸收式热泵供热方案

吸收式热泵全称为第一类溴化锂吸收式热泵，是在高温热源（蒸汽、热水、燃气、燃油、高温烟气等）驱动的条件下，提取低温热源（地热水、循环冷却水、城市废水等）的热能，输出中温的工艺或采暖热水的一种技术。吸收式热泵具有安全、节能、环保等优点，符合国家有关能源利用方面的产业政策，是国家重点推广的高新技术之一。

溴化锂吸收式热泵是以蒸汽为驱动热源，溴化锂浓溶液为吸收剂，水为蒸发剂，利用水在低压真空状态下低沸点沸腾的特性，提取低品位余热源的热量，通过吸收剂回收热量并转换制取工艺性或采暖用的热水。回收余热的吸收式热泵供热系统有两种类型，一种是回收循环水余热，这种方式在湿冷机组中应用较多；另一种是直接回收排汽余热，这种方式在空冷机组中应用较多。

如图 4-23 为回收循环水余热的热泵供热系统。在该系统中，先利用部分汽轮机抽汽驱动溴化锂吸收式热泵，将热网返回水加热至 80℃左右，同时回收部分循环水余热，而后再利用汽轮机抽汽在峰载加热器中将热网水从 80℃加热至 130℃左右。

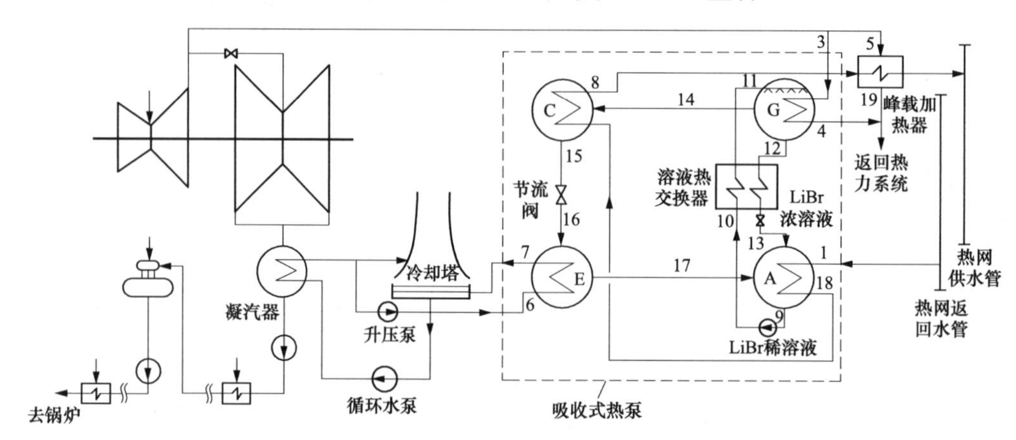

图 4-23　回收循环水余热的吸收式热泵供热系统

溴化锂吸收式热泵是利用溴化锂溶液的吸收特性，实现热量从低温热源向高温热源的传递。如图 4-23 所示，利用汽轮机部分抽汽，将进入发生器（G）的溴化锂稀溶液 11 加热，水汽化后，溴化锂稀溶液变为浓溶液 12；溴化锂浓溶液通过溶液热交换器预热进入发生器的稀溶液 10，而后进入吸收器（A），在其中吸收来自蒸发器（E）的水蒸气 17 而变成稀溶液 9；在吸收过程中放出的热量用于加热热网水 1，溴化锂稀溶液 9 被泵打入发生器，从而完成溶液的循环；发生器中受热汽化的水蒸气 14 则进入冷凝器（C）被冷凝成水，其放出的热量也被用于加热热网水；冷凝器内凝结形成的水 15 节流后进入蒸发器，在其中被循环水加热成饱和蒸汽 17，而后进入吸收器，被从发生器来的浓溶液 13 吸收，如此反复循环。热网返回水则依次在吸收器、冷凝器和峰载加热器内吸热，而后给热用户供热。

直接回收排汽余热的吸收式热泵供热系统如图 4-24 所示。部分汽轮机排汽直接进入吸收式热泵的蒸发器，将冷凝器来的水加热成饱和蒸汽 17，排汽凝结产生的凝结水返回直接空冷机组的排汽装置。系统的其他部分与图 4-23 相同，不再赘述。

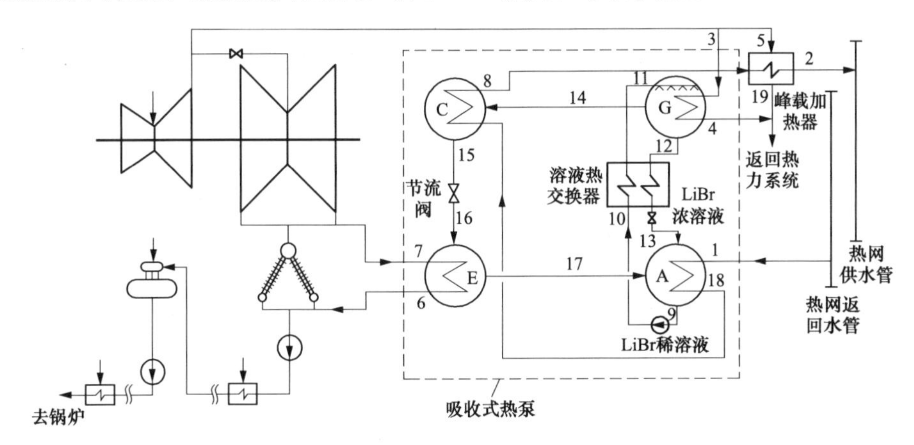

图 4-24　直接回收排汽余热的吸收式热泵供热系统

对于理想吸收式热泵供热循环，如果忽略溶液泵的机械功和其他热损失，由热力学第一定律可得如下热平衡关系式。

$$Q_e + Q_g = Q_a + Q_c \tag{4-77}$$

吸收式热泵的能效比 COP 为获得的工艺或采暖用热媒热量与为了维持机组运行而需加入的高温驱动热源热量的比值，即

$$COP = \frac{Q_a + Q_c}{Q_g} = \frac{Q_e + Q_g}{Q_g} = 1 + \frac{Q_e}{Q_g} \tag{4-78}$$

式中：Q_g为发生器热负荷，即驱动蒸汽在发生器的放热量，kW；Q_a为吸收器热负荷，kW；Q_c为冷凝器热负荷，即热网循环水在冷凝器的吸热量，kW；Q_e为蒸发器热负荷，即回收电厂余热热量，kW。

由式（4-78）可以看出，吸收式热泵的供热量等于从电厂循环水（或排汽）吸收的热量Q_e和驱动热源的补偿热量Q_g之和，即吸收式热泵的制热性能系数 COP 永远大于 1，供热量始终大于消耗的高品位热源的热量。如图 4-25 所示，运行中热网返回水温度、排汽压力等因素对 COP 有较大的影响。热网返回水温度越低、排汽压力越高，吸收式热泵的 COP 值越大。当前技术条件下，COP 一般在 1.65～1.85，即系统制热量是补偿热量的 1.65～1.85

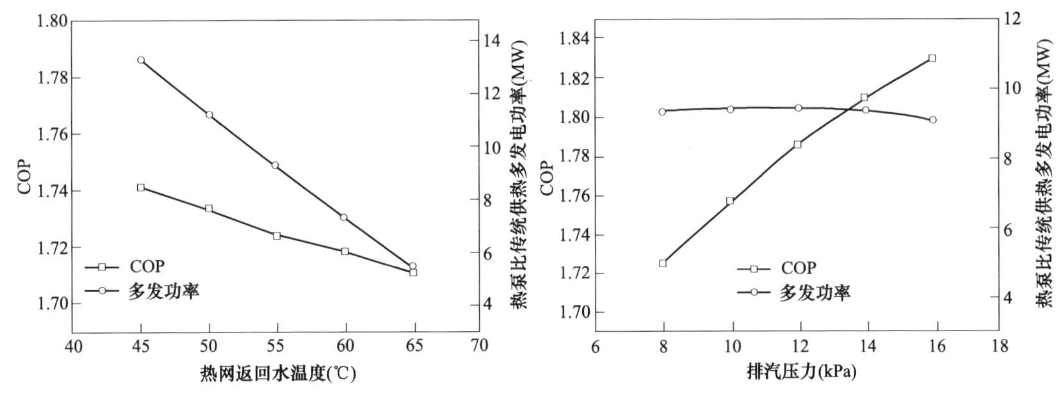

图 4-25　吸收式热泵 COP 的影响因素

倍。而常规直接加热方式的热效率一般按90%计算，即COP值仅为0.9。采用吸收式热泵替代常规直接加热方式在获得工艺或采暖用热量相同的条件下，可节省总燃料消耗量的40%以上，节能效果显著。

吸收式热泵供热可以回收汽轮机乏汽余热，具有明显的节能效果，但同时在应用中存在着以下不足：①由于热网回水温度相对较高，为了达到回收余热的目的，需要的热泵容量大，导致电厂热泵设备占地面积大；②由于热网回水温度相对较高，一般电厂回收余热要求较高的排汽参数才能达到一定的节能效果，但排汽压力的提高使得机组的热效率会下降。

3. 大温差集中供热系统

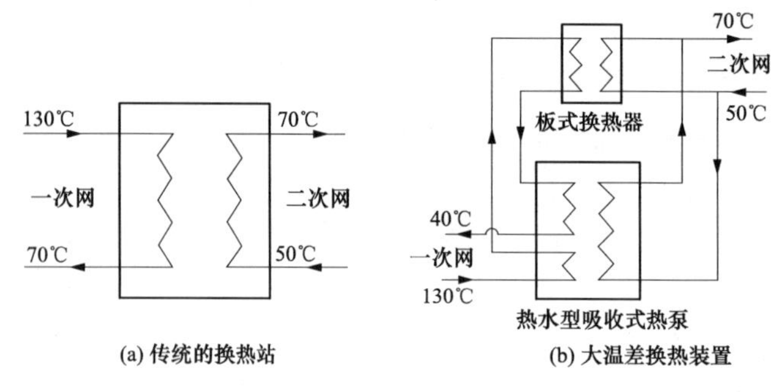

图4-26　传统换热站与大温差换热装置

如图4-26所示，传统供热机组一次网热水（通常130℃）进入换热站，利用换热器将二次网水从50℃加热至70℃，一次网热水返回温度为70℃。在大温差集中供热系统中，利用热水型吸收式热泵和板式换热器替代传统换热站中的水-水换热器，以一次网高温热水为热源驱动大温差换热装置，即一次网供水按顺序流经发生器浓缩溴化锂溶液，在板式换热器中作为高温侧加热二次网热水，进入蒸发器作为低温余热源，经整个过程降温后返回电厂；经过大温差换热装置后，一次网的温差由传统供热机组的60℃增加得到了90℃，在不改变供热系统结构的情况下，使得热网的供热能力提升了50%。

如图4-27所示为大温差供热系统示意图，该系统由汽轮机、凝汽器、蒸汽吸收式热泵、峰载换热器、热水吸收式热泵、水-水板式换热器以及连接管路和附件组成。热网回水依次流经蒸汽吸收式热泵、峰载换热器吸热，水温达到130℃进入二次网换热站，而后依次流经热水吸收式热泵的发生器、板式换热器、热水吸收式热泵的蒸发器，水温降至40℃进入热网回水管路；二次热网水依次在热水吸收式热泵和板式换热器吸热后，水温达到70℃给热用户供热。

大温差集中供热系统的主要特征是：热网供热温差大，是常规热网运行温差的1.5～2.0倍，这样会大幅度增加热网的输送能力，同时由于供热回水温度低，无保温和热应力补偿问题，对于新建管网来说可以减小管材尺寸，节约管网建设投资，进而可以降低回水管网和整个管网的投资；利用循环冷却水作为吸收式热泵的低位热源，优点是尽可能大限度地回收电厂发电过程中产生的余热；在二次网换热站采用热水吸收式热泵和水-水换热器组合的方式加热二次网供热热水，增大了一次热网的供、回水温差，同时热泵不需要外来能源做驱动力。

4. 蒸汽喷射器供热

喷射器是一种能够利用高温高压流体引射低温低压流体的装置，是一种具有泵的工作特性的工艺装置，可以在不直接消耗机械能的情况下提高流体的压力。在实际生产中，喷射器主要有两方面的应用：①提供低压环境，常用作抽真空装置来抽吸工质，例如射汽抽气器和

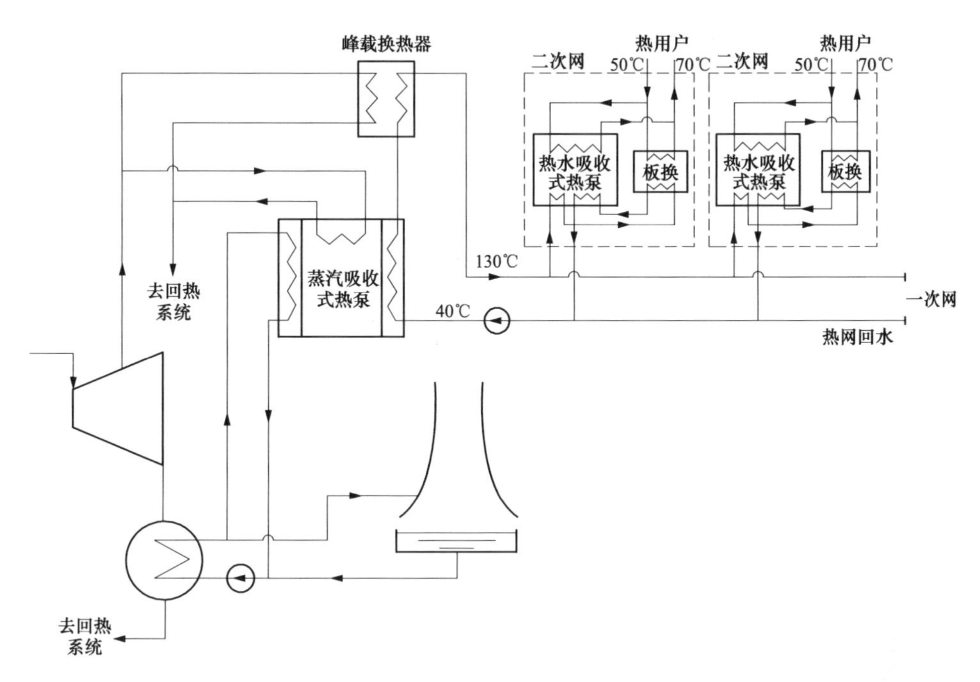

图 4-27　大温差集中供热系统流程

射水抽气器；②提升混合流体的压力。

如图 4-28 所示为单级蒸汽喷射器简图。高温高压的工作流体在喷嘴内将自身的静压能转换为动能，工作流体进入喷嘴收缩段后，不断加速，同时压力减小，在喷嘴等截面喉部，工作流体速度加速到音速，在喷嘴扩张段，工作流体的速度继续增大，压力减小，在喷嘴扩张段出口喷出；喷出的超音速射流在喷嘴出口处形成低压区，卷吸引射流体到吸入室内；工作流体和引射流体在混合室内相互混合，流体之间发生能量、质量和动量的混合，流体之间产生湍流现象，相邻流层间不断发生滑动和混合，在混合室出口，混合流体的速度和压力逐渐一致；最后，在扩压段内，两种流体继续进行能量交换，混合流体速度减小，压力增加，在扩压段出口处克服背压排出，完成喷射器的增温增压工作。

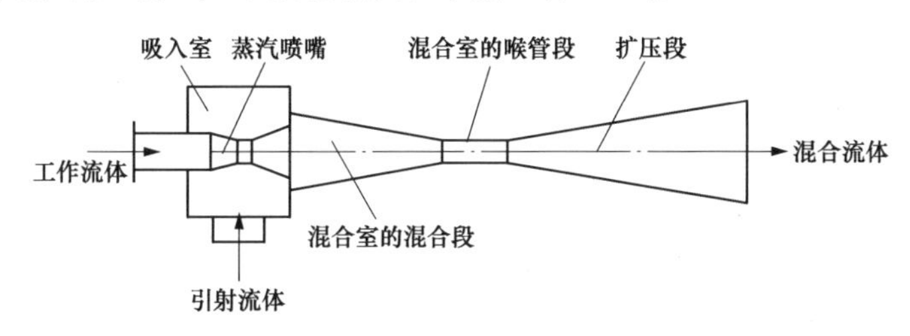

图 4-28　单级蒸汽喷射器

如图 4-29 所示的供热系统采用高背压＋蒸汽喷射器＋尖峰加热器的供热方式，即热网回水经过三级加热至所需温度。凝汽器作为一级加热器，热网返回水首先在凝汽器吸收排汽的汽化潜热，此时汽轮机高背压运行；部分汽轮机排汽被高压蒸汽（来自中压缸排汽）经蒸汽喷射器，引射至二级加热器，继续加热从凝汽器出来的热网水。在初末寒期由于供热量低，只投用凝汽器和蒸汽喷射器即可满足热网需求；在极寒期，凝汽器及蒸汽喷射器已经满足不了热网供水温度的要求，需要投入峰载加热器进行三级加热。

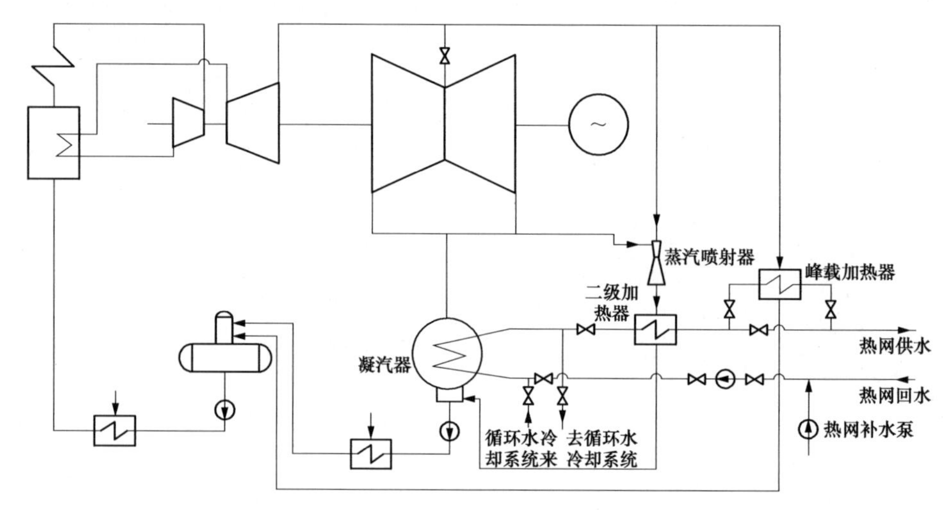

图 4-29　采用蒸汽喷射器回收乏汽余热的供热系统

第四章复习思考题答案

复习思考题

4-1　热负荷有哪几种类型？各有何特点？

4-2　热网载热质有哪几种？各有何优缺点？

4-3　为什么要对热电厂总热耗量进行分配？目前主要分配方法有几种？它们之间有何异同？

4-4　为什么说热量法分配热电厂的总热耗量是将热化的好处全归于发电方面？

4-5　热电厂的热经济性指标是怎样表示的？与凝汽式电厂热经济性指标的表示方法有何异同？

4-6　什么是供热机组的热化发电率 ω、热化发电比 X？为什么说热化发电率是评价供热设备的质量指标？供热返回水的流量和温度对供热循环的热化发电率有什么影响？对整个循环的热经济性有何影响？

4-7　热化发电率增大是否一定节省燃料？为什么？

4-8　热水供热系统为什么要设置基本热网加热器和尖峰热网加热器？

4-9　热电联产发电是否一定节煤？为什么？

4-10　热电厂设置减温减压装置的作用是什么？其系统主要由哪些设备组成？

4-11　说明热化系数的含义及热化系数最优值的含义，为什么说热化系数值 $\alpha_{tp}<1$ 才是经济的？

4-12　热化发电率 ω、热化发电比 X、热电比 R_{tp}的作用是什么？其区别是什么？

4-13　为什么不能将热化系数 α_{tp}作为热电厂的单一热经济性指标看待？

4-14　用临界热化发电比［X_c］选择三类供热机组的前提是什么？有何特点？

4-15　高背压供热时，汽轮机组的绝对内效率如何变化？为什么？

第五章

发电厂原则性热力系统

本章导读

热力发电厂热力系统是由锅炉、汽轮机、发电机三大主机和相应的附属设备连接起来的系统，按应用目的和编制原则的不同，热力发电厂热力系统可以分为原则性热力系统和全面性热力系统。

本章主要介绍热力系统的拟定原则，列举了不同容量的典型原则性热力系统，最后对发电厂原则性热力系统的计算方法进行了讲解。

第一节　热力系统及拟定原则

一、热力系统

热力发电厂是由锅炉、汽轮机、发电机三大主机和相应的附属设备组成的一个有机整体，将热力发电厂主辅热力设备按照热功转换及安全生产要求用管道及管道附件连接起来的系统称为发电厂的热力系统。按应用目的和编制原则的不同，热力发电厂热力系统可以分为原则性热力系统和全面性热力系统。用规定的符号来表示热力设备及他们之间的连接关系时就构成了相应的热力系统图。按照目的和作用的不同，热力系统图也分为原则性热力系统图和全面性热力系统图。

发电厂原则性热力系统表明了能量转换与利用的基本过程，反映了发电厂动力循环中工质的基本流程、能量转换与利用过程的技术完善程度和热经济性的高低。因此，简捷、清晰是发电厂原则性热力系统的特点，在相同参数下凡是热力过程重复、作用相同的设备、管道均不示出。设计发电厂时，拟定其原则性热力系统是一项非常重要的工作，决定了发电厂各局部系统的组成，如锅炉、汽轮机及其主蒸汽、再热蒸汽管道连接系统、给水回热加热系统、锅炉连续排污利用系统、补充水系统、热电厂对外供热系统等，同时又决定了发电厂的热经济性。拟定的原则性热力系统不同，带来的经济效果也不同，应按照国家能源政策和行业标准合理地确定原则性热力系统，并结合正确的理论分析和综合的经济论证，才能使设计的发电厂获得较好的经济效益。另外，对原则性热力系统图的了解、运用和改进，也是从事热力系统设计工作人员的一项基本素质。

发电厂的全面性热力系统是在原则性热力系统的基础上充分考虑到发电厂生产所必需的连续性、安全性、可靠性和灵活性后所组成的实际热力系统。所以，发电厂中所有的热力设备、管道及附件，包括主、辅设备，主管道及旁路管道，正常运行与事故备用的设备或管道，机组启动、停机、保护及低负荷切换运行的管路、管制件都应该在发电厂全面性热力系统中反映出来。这是其与原则性热力系统的根本区别。发电厂全面性热力系统一般由下列局部系统组成：主蒸汽和再热蒸汽系统、旁路系统、回热加热（回热抽汽及疏水）系统、给水系统、除氧系统、主凝结水系统、补充水系统、锅炉排污系统、疏放水系统、供热系统、厂内循环水系统和锅炉启动系统等。

拟定发电厂的全面性热力系统可以汇总主辅热力设备、各类管子（不同管材、不同公称压力、管径和壁厚）及其附件的数量和规格，提出订货用清单；可以进行主厂房布置和各类管道系统的施工设计，是发电厂设计、施工和运行工作中非常重要的指导性设计文件。总之，发电厂全面性热力系统对发电厂设计而言，会影响到投资和各种钢材的耗量；对施工而言，会影响施工工作量和施工周期；对运行而言，会影响到热力系统运行调度的灵活性、可靠性和经济性；对检修而言，会影响到各种切换的可能性及备用设备投入的可能性。

二、发电厂类型和容量的确定

发电厂的设计必须按国家规定的基本建设程序进行。发电厂设计的程序为：初步可行性研究、可行性研究、初步设计、施工图设计。根据国家的国民经济发展规划与要求以及上级下达任务，通过综合的技术经济比较及可行性研究论证确定发电厂的性质及其规划容量。发电厂的性质包括电厂的形式（凝汽式或供热式、新建或扩建）及其在电网中的作用，即是否并入电网，是承担基本负荷、中间负荷还是调峰负荷。总之，根据电网结构及其发展规划、燃料资源及供应状况、供水条件、交通运输、地质地形、地震及占地拆迁、水文、气象、废渣处理、施工条件、环境保护要求和资金来源等，通过综合分析比较确定电厂规划容量、分期建设容量及建成期限。涉外工程要考虑供货方或订货方所在国的有关情况。

若该地区只有电负荷，可建凝汽式电厂；当有供热需要，且供热距离与技术经济条件合理时，应优先考虑热电联产机组。新建或扩建的发电厂应以煤为主要燃料。燃烧低热值煤（低质原煤、洗中煤、褐煤等）的凝汽式发电厂宜建在燃料产地附近；有条件时，应建坑口发电厂。在天然气供应有保证的地区可考虑新建、扩建或改建燃气-蒸汽联合循环电厂，以提高发电厂的经济性，改善电网结构和满足环境保护的要求。

在选择机组容量时，应考虑各国对机组功率等术语的定义。通常国际上对大容量机组功率等常用术语有如下定义：

(1) 额定工况（turbine heat acceptance，THA）。额定工况一般指机组热耗率验收工况或热耗率保证工况（THA 工况），是指汽轮机在额定进汽参数，额定背压，回热系统正常投运，补给水率为 0%，不带厂用汽（除非合同另有规定），机组能连续运行，发电机出线端的输出功率为额定功率时的工况。有补汽阀时应关闭（临界开启）。

在 THA 工况下，汽轮机的热耗率一般为最低，故该工况也称为经济连续运行工况或设计工况。此工况也是机组的热耗率验收工况，机组正常投运后应对此工况进行试验验证，达不到热耗率保证值应按合同规定向制造商索赔，以补偿发电成本的增加。

THA 工况是唯一的“设计工况”，其他都是“变工况”，目的是在给定的初、终参数条件下达到循环热效率及内效率最高或汽轮机组热耗率最低。为此，汽轮机的配汽设计力求使阀门开度处于“最佳阀点”；通流部分设计力求使级速比达到最佳且动叶无冲角；热力系统设计应力求使给水温度、再热压力达到技术经济最佳，抽汽口位置达到最佳布置。设计工况也可理解为变工况的“基准工况”，有了设计工况就可以理解变工况的性质与变化幅度及主要参数的变化规律，也就掌握了变工况特性。

发电厂应尽可能接近此工况运行，以取得最大的经济效益。

（2）铭牌工况（turbine rated load，TRL）。TRL 工况是指汽轮机在额定进汽参数，回热系统正常投运，补给水率为 3%，背压为夏季指定高背压（国内工程一般指 33℃水温下对应的凝汽器压力，在 11～12kPa 之间，为统一起见，往往指定为 11.8kPa），无厂用汽，机组能连续运行，发电机出线端的输出功率为额定功率时的工况。汽轮机有补汽阀时部分开启。

TRL 工况为功率保证工况，在此工况下若达不到保证功率，应按合同规定进行罚款，以补偿设备容量的不足，故也称为能力工况或夏季工况。

（3）最大连续输出工况（turbine maximum continuous rating，TMCR）。TMCR 工况是指汽轮机在额定进汽参数，额定背压，回热系统正常投运，补给水率为 0%，进汽量为 100%的铭牌工况进汽量，机组能连续运行时的工况。汽轮机有补汽阀时部分开启。亦即保持 TRL 工况流量等运行条件不变，背压降至额定背压，补给水率由 3%降至零时的工况。

TMCR 工况也属于功率保证工况，与 TRL 工况并无本质区别，主要反映机组的微增能力的大小，即背压变化对功率影响的能力。

（4）调节阀全开工况（valve wide open，VWO）。VWO 工况是指汽轮机在额定进汽参数，额定背压，回热系统正常投运，补给水率为 0%，调节阀和补汽阀（若有）全开，进汽量不小于 105%的铭牌工况进汽量，机组能连续运行时的工况。

VWO 工况的流量比 TRL 工况大约高 5%，比 THA 工况大约高 10%，相应各监视段压力及再热压力也同幅增高。10%的流量裕量除了补偿夏季背压升高及系统泄漏存在时功率约下降 5%外，还应考虑机组老化、设计制造误差及带厂用汽等因素同时存在时功率下降约 5%的补偿；反之，如上述各不利因素不是同时出现，则机组持有约 5%的调频能力。

此工况功率可期待但不能保证，或根据用户要求仅做短时演示。

（5）高压加热器切除工况。在 THA 工况基础上，停运全部高压加热器，适当减少主蒸汽流量以保持额定功率不变的工况称为高压加热器全部切除工况。

高压加热器事故率较高，切除可能性较大，与个别切除相比，全部切除对锅炉、汽轮机的影响最大。最终给水温度将比额定值降低 100～120℃，锅炉必须进行有关核算，汽轮机进汽量必须减少，否则切除后各通流段有可能过负荷而损坏。

国产 300MW 汽轮机此工况流量约为 THA 工况的 85%，热耗率相应增高 3.5%左右。

（6）阀门全开、超压 5%工况（VWO+5%）。在阀门全开工况基础上，保持其他条件不变，仅将初压提高 5%的工况称为阀门全开、超压 5%工况，即汽轮机的最大通流能力工况。

使汽轮机在 VWO 工况基础上，不靠增加通流能力而仅提高进汽压力即可获得近 5%的额外调尖峰能力。此时的流量应是 THA 工况的约 115%，功率也相应增加约 15%。

此工况仅偶尔用于电网高尖峰负荷时期。

（7）带厂用汽工况。在 THA 工况基础上，保持额定功率、蒸汽初终参数等不变，适当增加主蒸汽流量，以补偿厂用汽抽出后功率下降，这样的工况称为带厂用汽工况。

该工况是电厂实际需要的工况。与采用其他热源（如辅助锅炉）方案相比，此方案不仅系统简单，经济性也高，原因是抽汽循环属于热电联产。

考虑到 THA 工况验收时，厂用汽较难隔离，如用户同意，此工况也可替代 THA 工况。厂用汽量一般只占额定主蒸汽量的3%～6%，相应此工况的流量应比THA工况增加1.5%～3%。

三、主要设备的选择原则

1. 汽轮机组

(1) 汽轮机形式。汽轮机应按照电力系统负荷的要求，确定承担基本负荷还是变动负荷。对电网中承担变动负荷的机组，其设备和系统性能应满足调峰要求，并应保证机组的寿命期；没有供热负荷时，应选用凝汽式机组；当有一定数量、稳定的供热需要，且供热距离与技术经济条件合理时，应优先选用高参数、大容量的抽汽供热式机组；在大城市或工业区的大型热电厂，当冬季采暖负荷较大时，宜选用单机容量200、300MW的凝汽-采暖两用机，使供热机组的初参数接近或等于系统中的主力机组，以节约更多燃料；全年有稳定可靠的热负荷时，宜选用背压式机组或带抽汽的背压式机组，并应与抽汽式供热机组配合使用，以提高运行的安全经济性。

(2) 容量和参数。各汽轮机制造厂生产的汽轮机形式、单机容量及其蒸汽参数，是通过综合的技术经济比较或优化确定的。选定汽轮机单机容量，其蒸汽初参数、回热级数也随之确定。

发电厂的机组容量应根据系统规划容量、负荷增长速度和电网结构等因素进行选择，最大机组容量不宜超过系统总容量的10%。这样，当最大一台机组发生事故时，电网安全和供电质量（电压和频率）才能得到一定保证，以便迅速启动事故备用机组，保证安全供电。我国电网容量超过10000MW的大电网已越来越多，因此符合采用高效率大容量中间再热式汽轮机组的条件。近年建设的大型凝汽式火电厂汽轮机组大多为600～1000MW，其蒸汽参数为超临界压力或超超临界压力。

(3) 汽轮机台数。电厂容量、汽轮机单机容量确定了，全厂的汽轮机台数即随之确定。为便于管理，一个厂的机组台数以不超过6台，机组容量等级以不超过两种为宜。同容量主机设备宜采用同一制造厂的同一类形式或改进型，这样可使主厂房投资减少，布置紧凑、整齐，备品配件通用率高，占用流动资金少，便于人员培训和运行管理。

2. 锅炉

(1) 锅炉类型。大型火电厂锅炉几乎都采用煤粉炉，其热效率高，可达90%～94%，容量不受限制。锅炉水循环方式与蒸汽初参数有关，通常亚临界参数以下多采用自然循环汽包炉，循环安全可靠，热经济性高；亚临界参数可采用自然循环或强制循环，后者能满足调峰工况下承担低负荷时水循环的安全；超临界参数只能采用强制循环直流炉。选择锅炉必须适应燃用煤种的煤质特性及现行规定中的煤质允许变化范围。对燃煤及其灰分应进行物理、化学试验与分析，以取得煤质的常规特性数据和非常规特性数据，使煤粉在锅炉内最大限度地稳定着火、燃烧和良好燃尽。

(2) 锅炉参数。选定了汽轮机，锅炉的出口蒸汽参数即随之确定。大容量锅炉过热器出口额定蒸汽压力为汽轮机额定进汽压力的105%；对于亚临界及以下参数机组，锅炉过热器出口额定蒸汽温度宜比汽轮机额定进汽温度高3℃；对于超临界参数机组，宜比汽轮机额定蒸汽温度高5℃；对于亚临界及以下机组，冷段再热蒸汽管道、再热器、热段再热蒸汽管道额定工况下的压降，宜分别为汽轮机额定工况高压缸排汽压力的1.5%～2.0%、5%、3.5%～3.0%；对于超（超）临界参数机组，再热蒸汽系统总压降宜在汽轮机额定功率工况下高压缸排汽压力的 7%～9%范围内确定，其中冷再热蒸汽管道、再热器、热再热蒸汽管道的压力降宜分别为汽轮机额定功率工况下高压缸排汽压力的 1.3%～1.7%、3.5%～4.5%、2.2%～2.8%，再热器出口额定蒸汽温度宜比汽轮机中压缸额定进汽温度高 2℃为宜，主要是为减少主蒸汽和再热蒸汽的压降和散热损失，提高循环热效率。

(3) 锅炉容量与台数。凝汽式发电厂的中间再热机组宜一机配一炉，不设置备用锅炉。锅炉的最大连续蒸发量应与汽轮机调节阀全开工况下进汽量相匹配。若机组允许超压，则宜与汽轮机调节阀全开，且超压工况下的进汽量相匹配。当上述进汽量由于汽轮机制造厂标准化的原因使裕度过大时，可不要求锅炉随之加大。由于锅炉在最大连续蒸发量下可连续运行，故可不计入调节裕度，仅需要计入制造厂设计和制造误差以及运行恶化对汽耗的影响。对装有供热式机组的发电厂，选择锅炉容量和台数时，应核算在最小热负荷工况下，汽轮机的进汽量不得低于锅炉最小稳定燃烧的负荷（一般不宜小于 1/3 锅炉额定负荷），以保证锅炉的安全稳定运行。

第二节　发电厂原则性热力系统举例

一、亚临界参数机组的发电厂原则性热力系统

1. 典型 300MW 亚临界机组的原则性热力系统

如图 5-1 所示为引进型 300MW 亚临界机组的发电厂原则性热力系统。汽轮机为上海汽轮机厂生产，配上海锅炉厂生产的 SG-1025/18.1-M319 型亚临界自然循环汽包锅炉及哈尔滨电机厂生产的 QFSN-300-2 型水氢氢冷发电机。汽轮机为亚临界、一次中间再热、单轴双缸双排汽反动凝汽式汽轮机。高中压缸为双层合缸反流结构，即由高中压外缸、高压内缸和中压内缸组成；低压缸则是三层缸结构，由钢板焊接而成，对称双流布置。本机组有 8 级非调整抽汽，第 1～3 级抽汽供 3 台高压加热器；第 4 级抽汽供除氧器、给水泵汽轮机及辅助蒸汽用汽；第 5～8 级抽汽供 4 台低压加热器用汽。此外，中压联合汽门阀杆漏汽 K 接入第 3 级抽汽管道上，锅炉连续排污扩容器的扩容蒸汽和高压轴封漏汽 S 接入除氧器。除氧器为滑压运行，滑压范围为 0.147～0.883MPa，给水泵汽轮机的排汽接入主机凝汽器内。

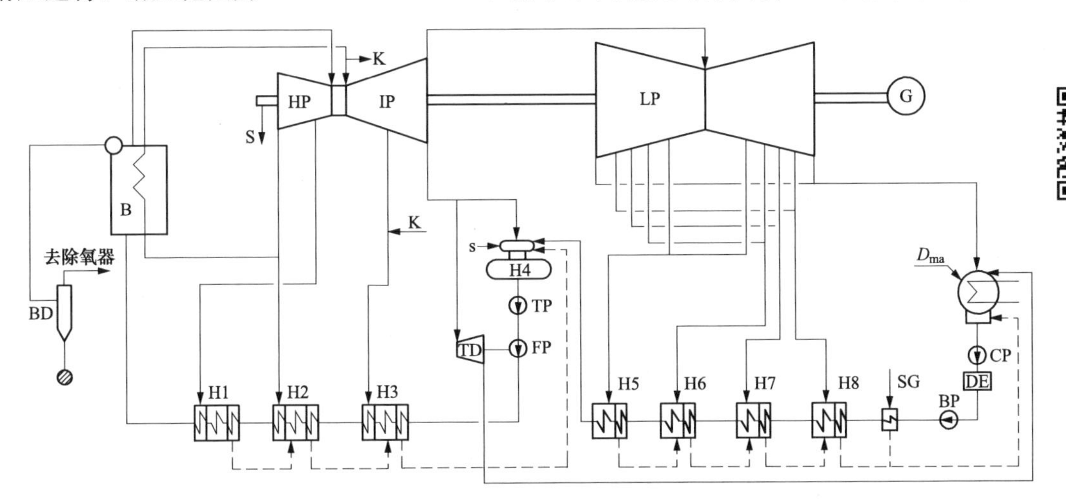

彩图 5.1

图 5-1　引进型 300MW 亚临界机组的发电厂原则性热力系统

高、低压加热器均设有内置式疏水冷却器，且高压加热器还设有内置式蒸汽冷却器。加热器疏水采用逐级自流方式，高压加热器疏水流入除氧器，低压加热器疏水最后汇入凝汽器热井。凝结水系统设置有轴封加热器 SG 和凝结水精处理装置 DE。凝结水精处理采用低压系统，凝结水依次流经凝结水泵 CP、精处理装置 DE、凝结水升压泵 BP、轴封加热器 SG、四台低压加热器后进入除氧器。给水从给水箱经前置泵 TP、主给水泵 FP 及三台高压加热器进入锅炉。抽汽压力最低的 H7、H8 低压加热器位于凝汽器喉部。化学补充水从凝汽器喉部补入热力系统。

该机组在 THA 工况下，汽轮机进汽量为 918.4t/h，能发出额定功率 300MW，汽轮机组的热耗率为 7993kJ/kWh。在阀门全开、超压 5%（即 VWO+5%OP）工况下，机组最大进汽量为 1025t/h，最大功率达到 329MW。

2. 典型 600MW 亚临界机组的原则性热力系统

如图 5-2 所示为 N600-16.67/537/537 型机组的发电厂原则性热力系统。该机组采用哈尔滨汽轮机厂制造的亚临界、一次中间再热、单轴、反动式、四缸四排汽汽轮机。该机组汽轮机由高压缸 HP、中压缸 IP 和 2 个双流程低压缸 LP 组成。高、中压缸均采用内、外双层缸形式，铸造而成；低压缸为三层缸结构，由钢板焊接制成。汽轮机高、中、低压转子均为有中心孔的整锻转子。汽轮机高、中压缸采用分缸结构，以减少单个转子的长度。汽轮机高压缸 HP 采用单流结构，中压缸 IP 采用对称双流结构，两个低压缸也都采用了对称双流结构。第 1 级回热抽汽来自汽轮机高压缸；第 2 级回热抽汽从再热冷段管道抽出，以减少高压缸上的开孔数量；第 3、4 级回热抽汽分别来自汽轮机中压缸，并采用两侧对称布置；第 5～8 级回热抽汽来自汽轮机的低压缸，每个低压缸回热抽汽均采用对称布置，分别来自两个低压缸的左、右两侧。

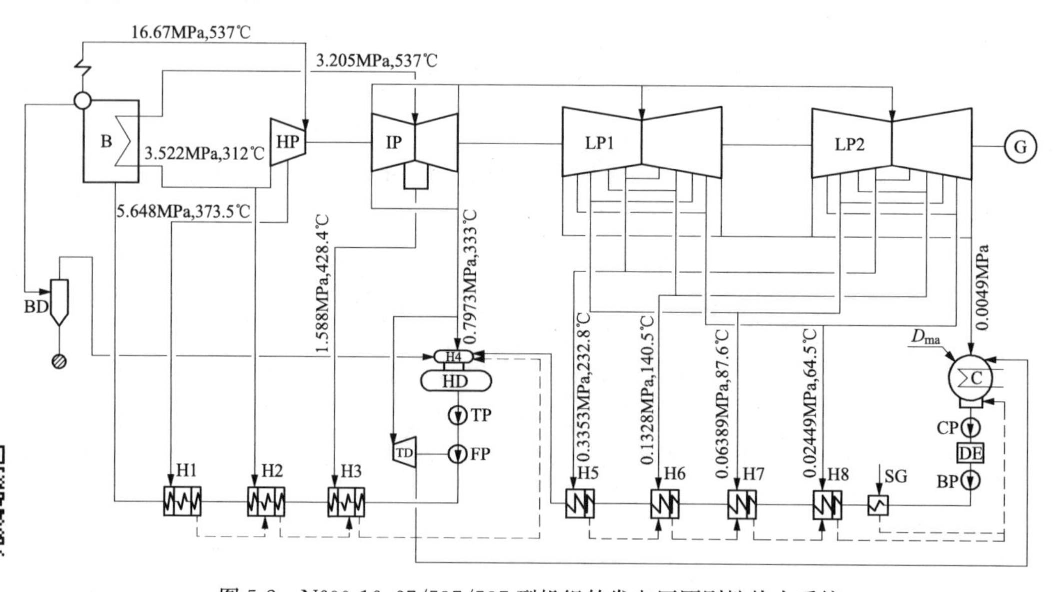

彩图 5.2

图 5-2 N600-16.67/537/537 型机组的发电厂原则性热力系统

该机组采用低压凝结水精处理装置。凝结水由凝结水泵 CP 引出后，送入凝结水精处理装置 DE 进行除盐处理，然后由凝结水升压泵 BP 升压后，经轴封加热器 SG 进入四台低压加热器和 1 台除氧器。给水从给水箱经前置泵 TP、主给水泵 FP 及三台高压加热器进入锅炉。该机组采用汽动给水泵，给水泵汽轮机用汽来自汽轮机的第 4 级抽汽（中压缸排汽），给水泵汽轮机的排汽接入主凝汽器。

三台高压加热器为卧式结构，均设有内置式蒸汽冷却器和疏水冷却器，三台高压加热器的疏水采用逐级自流方式汇入除氧器。四台低压加热器均为卧式结构，设有内置式疏水冷却器，四台低压加热器疏水也采用逐级自流方式，最后汇入凝汽器热井；H7、H8 低压加热器为双列布置，二者共用一个壳体，共有两台，分别布置在高、低压凝汽器的喉部空间。

该机组配亚临界压力强制循环汽包炉；采用一级连续排污利用系统，扩容器分离出的扩容蒸汽送入高压除氧器。该机组设计热耗率为 7829kJ/kWh，最大功率为 654MW，锅炉效率为 92.08%。

3. 引进型 600MW 亚临界机组的原则性热力系统

如图 5-3 所示为元宝山电厂引进法国阿尔斯通-大西洋公司的 N600-17.75/540/540 型机组的发电厂原则性热力系统。该机组采用亚临界一次中间再热、单轴、四缸四排汽汽轮机，

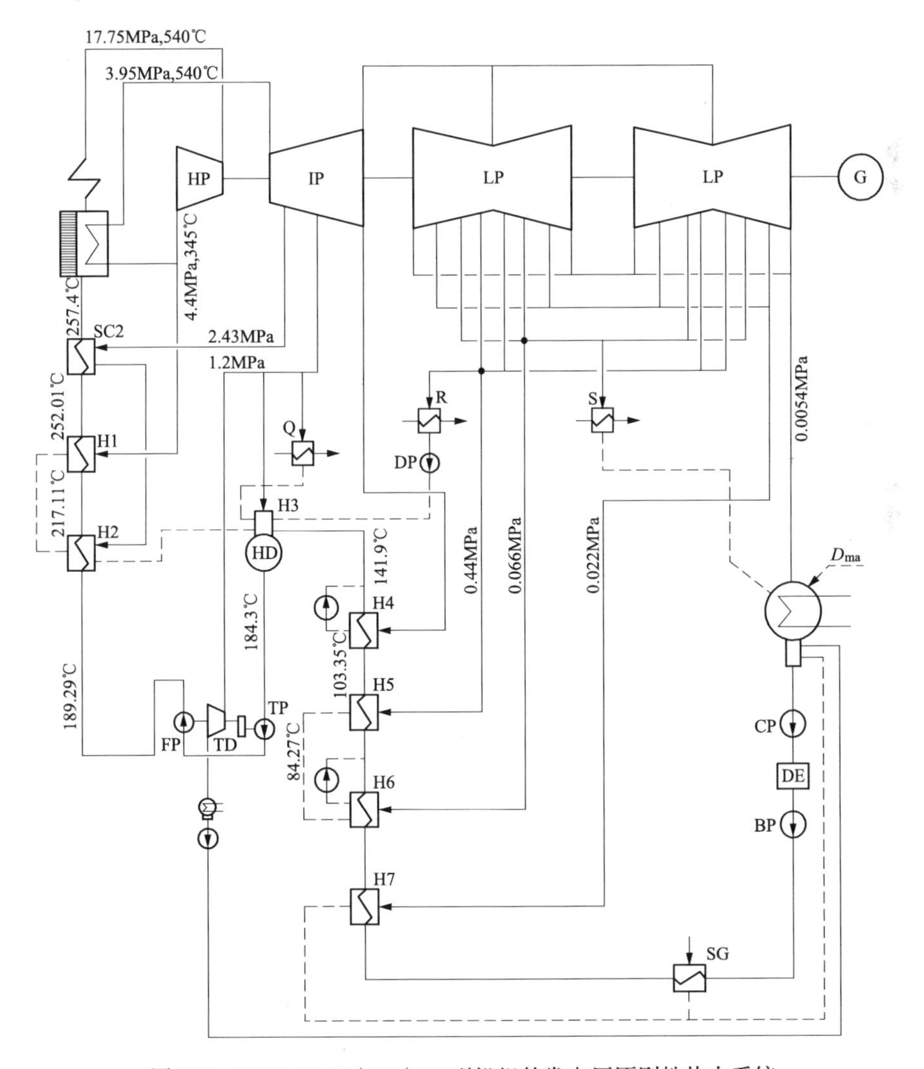

彩图 5.3

图 5-3　N600-17.75/540/540 型机组的发电厂原则性热力系统

高压缸、中压缸、低压缸均为双层缸结构，不设法兰加热装置。汽轮机高压缸 HP 和中压缸 IP 均采用单流结构，二者反向布置，以平衡轴向推力；两个低压缸 LP 均为对称双流布置。锅炉为德国斯太米勒公司制造的亚临界压力本生直流锅炉，其出口蒸汽参数为 18.6MPa/545℃/545℃，最大连续蒸发量为 1832.65t/h。锅炉设计热效率为 91.5%，汽轮机组设计热耗率为 7808.4kJ/(kW·h)。

该机组具有七级回热抽汽，即 2 台双列并联高压加热器、1 台高压滑压运行除氧器、4 台卧式低压加热器组成回热系统，其中 H2 高压加热器带有外置式蒸汽冷却器 SC2。汽轮机高压缸无回热抽汽口，第 1 级抽汽来自再热冷段管道；中压缸有 3 级抽汽，分别供给高压加热器 H2、除氧器和低压加热器 H4；该汽轮机每个低压缸回热抽汽采用对称布置，第 5～7 级回热抽汽分别来自两个低压缸的左、右两侧。第 3 级抽汽除供除氧器外，还供给水泵汽轮机及热网加热器 Q 用汽；第 5、6 级抽汽还分别供暖风器 R 和生水加热器 S 用汽。高压加热器的疏水采用逐级自流方式，最终汇入除氧器。H4、H6 低压加热器设置有疏水泵，将加热器的疏水送至本级加热器出口主凝结水管路；H5、H7 低压加热器的疏水采用逐级自流方式；给水泵及其前置泵均由给水泵汽轮机驱动，给水泵汽轮机配有单独的小凝汽器及凝结水泵，其凝结水进入主凝汽器热井。

二、超临界参数机组的发电厂原则性热力系统

1. 超临界 500MW 机组的原则性热力系统

如图 5-4 所示为俄罗斯设计的 500MW 超临界燃煤机组的发电厂原则性热力系统。锅炉为一次中间再热直流锅炉，由波道尔斯克机器制造厂生产，型号为 ПП-1650-25-$545_{КТ}$。锅

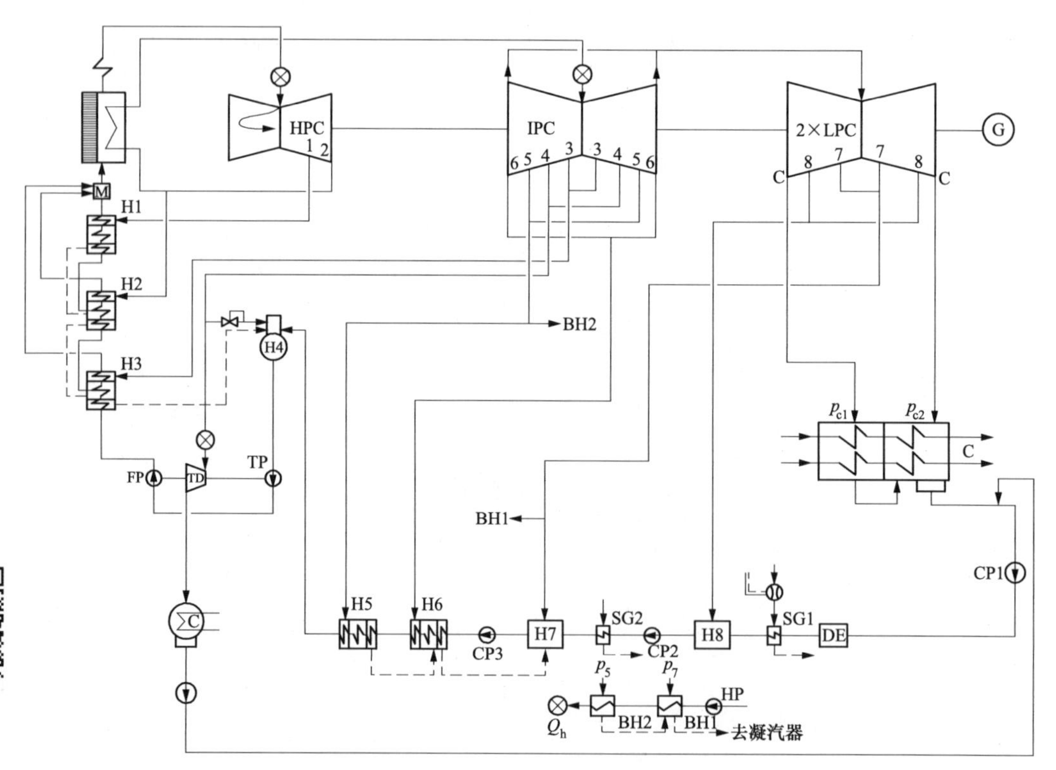

彩图 5.4

图 5-4　超临界 K-500-240-4 型机组的发电厂原则性热力系统

炉蒸发量为1650t/h，出口蒸汽参数为25MPa/545℃。该机组采用四缸四排汽、单轴、冲动凝汽式汽轮机，由某金属工厂制造，型号为K-500-240-4型，机组热耗率为7842.6kJ/kWh。汽轮机由高压缸、中压缸和2个低压缸组成，中、低压缸均为对称双流式布置。主蒸汽经主汽门、调节汽门进入高压缸，并反向流经调速级和5个压力级后，经内外缸的夹层，转180°后顺向流经6个压力级以平衡轴向推力。

该机组有八级回热抽汽，即“三高四低一除氧”，其中H7、H8为接触式（混合式）低压加热器，配置两台轴封加热器SG1、SG2，凝汽器为双背压，即循环水依次流经低压、高压凝汽器；全部凝结水精处理，有三台凝结水泵CP1、CP2、CP3；主给水泵FP、前置泵TP均为给水泵汽轮机TD驱动，汽源由第四级抽汽供给；给水泵汽轮机有单独的凝汽器，凝结水排往主凝汽器热井（主凝结水管）；第五、七级抽汽还分别引至水侧串联的热网加热器BH2、BH1，用以加热供采暖用的热网水。

2. 超临界600MW机组的原则性热力系统

如图5-5所示为N600-24.2/566/566型超临界机组的发电厂原则性热力系统。机组采用上海电气集团股份有限公司生产的超临界、一次中间再热、三缸四排汽、单轴、双背压、凝汽式汽轮机。汽轮机额定进汽流量为1764.3t/h，额定背压为4.95kPa，THA工况热耗率为7483.5kJ/kWh。发电机采用上海电气集团股份有限公司生产的水-氢-氢冷式发电机。锅炉采用东方电气股份有限公司生产的超临界参数变压运行直流炉，采用“W”火焰燃烧方式，Π型布置。锅炉最大连续蒸发量为1851.782t/h，过热器出口蒸汽参数为25.4MPa/571℃/569℃，锅炉设计热效率为91.8%。

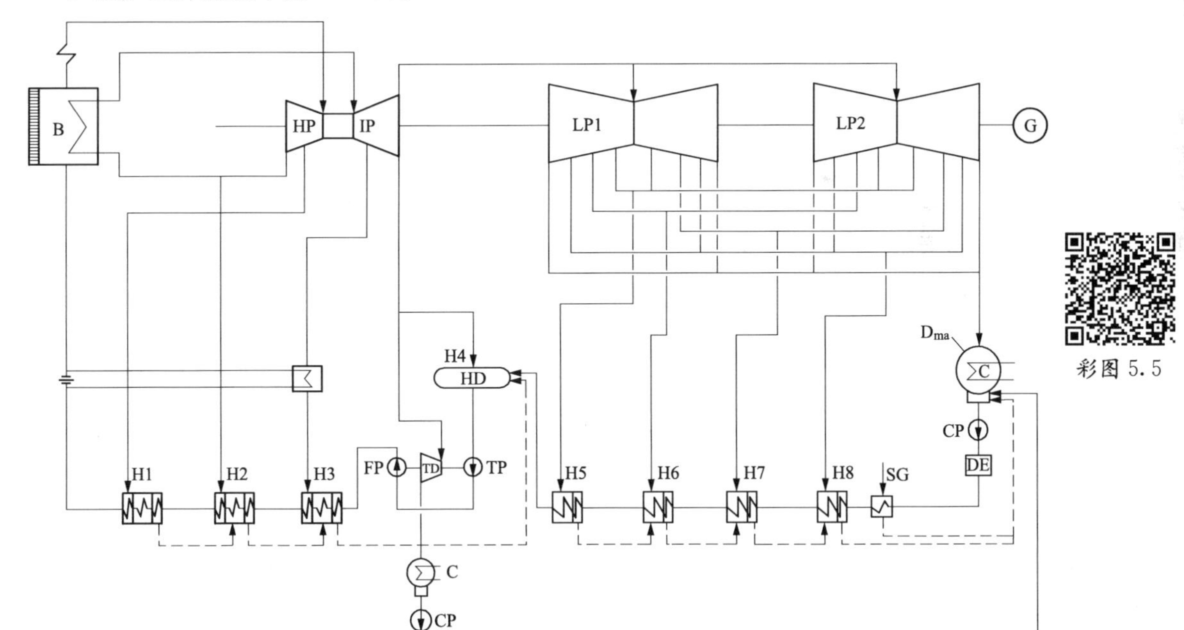

彩图 5.5

图5-5　N600-24.2/566/566型超临界机组的发电厂原则性热力系统

汽轮机共有八级非调整抽汽，分别供“三高、四低、一除氧”。3台高压加热器均有内置式蒸汽冷却器和疏水冷却器，高压加热器H3还设置有外置式蒸汽冷却器，用于提高给水温度。高压加热器疏水逐级自流入内置式除氧器，除氧器采用卧式布置、滑压运行。4台低压加热器均带有内置式疏水冷却器，疏水逐级自流至凝汽器热井。补充水由主凝汽器补入，凝结水系统采用中压凝结水精处理系统，来自凝汽器的凝结水经凝结水泵升压后进入中压凝结水精处理装置，再经轴封冷却器，四台低压加热器后进入除氧器。给水泵 FP 及其前置泵 TP 同轴布置，均为给水泵汽轮机驱动。给水泵汽轮机用汽来自第四级抽汽，给水泵汽轮机采用独立凝汽器，凝结水泵将凝结水送至主机凝结水系统。

3. 超临界 660MW 空冷机组的原则性热力系统

如图 5-6 所示为 N660-24.2/566/566 型超临界空冷机组的发电厂原则性热力系统。机组采用哈尔滨汽轮机厂生产的超临界、一次中间再热、单轴、两缸两排汽、直接空冷凝汽式汽轮机。THA 工况下，汽轮机进汽量为 1898.8t/h，背压为 13kPa，汽轮机组热耗率为 7788.6kJ/kWh。发电机采用哈尔滨电机厂生产的 QFSN-660-2 型水-氢-氢冷式发电机。锅炉采用哈尔滨锅炉厂生产的超临界、单炉膛、一次再热、平衡通风、紧身封闭岛式布置、固态排渣、全钢构架、全悬吊结构、切圆燃烧、Π 型变压直流锅炉。锅炉最大连续蒸发量为 2110t/h，额定蒸汽参数为 25.4MPa/571℃/569℃，锅炉设计热效率为 92.7%。

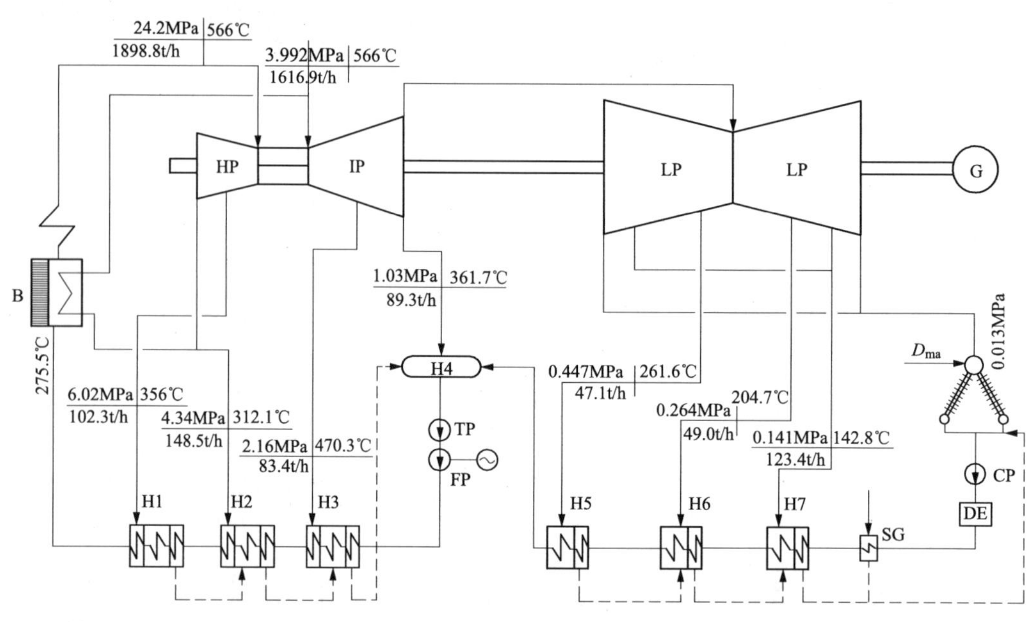

彩图 5.6

图 5-6 N660-24.2/566/566 型超临界空冷机组的发电厂原则性热力系统

汽轮机共有七级非调整抽汽，分别供“三高、三低、一除氧”，即第一、二、三级抽汽向三台高压加热器供汽，第四级抽汽供至除氧器和辅助蒸汽系统；第五、六、七级抽汽向三台低压加热器供汽。系统设三台全容量、单列、卧式、双流程高压加热器，三台高压加热器均有内置式蒸汽冷却器和疏水冷却器。高压加热器疏水在正常运行时采用逐级自流疏水方式，最后汇至卧式内置除氧器。三台低压加热器为卧式、双流程形式，均带有内置式疏水冷却器，疏水逐级自流至排汽装置。凝结水系统采用中压凝结水精处理系统，仅设凝结水泵，不设凝结水升压泵，系统较简单。排汽装置热井中的凝结水由凝结水泵升压后，经中压凝结水精处理装置、轴封加热器和三级低压加热器后进入除氧器。该机组为了降低空冷系统的热负荷，给水泵没有采用给水泵汽轮机驱动，而是配置了 3×35%容量的电动调速给水泵，正常运行时三台电动给水泵同时运行，不设备用。给水由除氧器水箱经前置泵升压后进入电动给水泵，再经三台高压加热器加热后进入锅炉省煤器。

三、超超临界参数机组的发电厂原则性热力系统

600MW 及以上超超临界火力发电机组已成为我国新建火电厂的首选，具有运行效率高、污染物排放少等特点，是目前世界范围内最先进的火力发电技术。

1. 超超临界 600MW 级一次再热机组的原则性热力系统

如图 5-7 所示为 N660-25/600/600 型超超临界机组的发电厂原则性热力系统。机组采用上海汽轮机厂生产的超超临界、一次中间再热、单轴、四缸四排汽、双背压、反动凝汽式汽轮机。汽轮机由一个单流高压缸、一个双流中压缸和两个双流低压缸组成，其中高压缸通流级数为 17 级，中压缸通流级数为 2×15 级，低压缸通流级数为 2×2×7 级。高压缸设计内效率为 90.05%，中压缸设计内效率为 92.96%，低压缸设计内效率为 89.77/89.88%，汽轮机总的相对内效率为 90.65%。汽轮机采用全周进汽＋补汽阀的滑压运行方式，第一级采用斜置喷组，取消了调节级，设置了过负荷补汽阀；机组在额定工况以下时，调节阀保持全开；在迅速增加负荷时，采用补汽阀调节，机组无须节流就具备了非常好的调频能力，与不采用补汽阀相比，避免了不必要的节流损失，有效降低了机组的热耗率。机组额定工况下的输出功率为 660MW，热耗率为 7350kJ/kWh，排汽压力为 4.9kPa，给水温度为 290℃；TMCR 工况下的输出功率为 694.7MW，热耗率为 7396kJ/kWh；VWO 工况下的输出功率为 717.7MW，热耗率为 7411kJ/kWh。

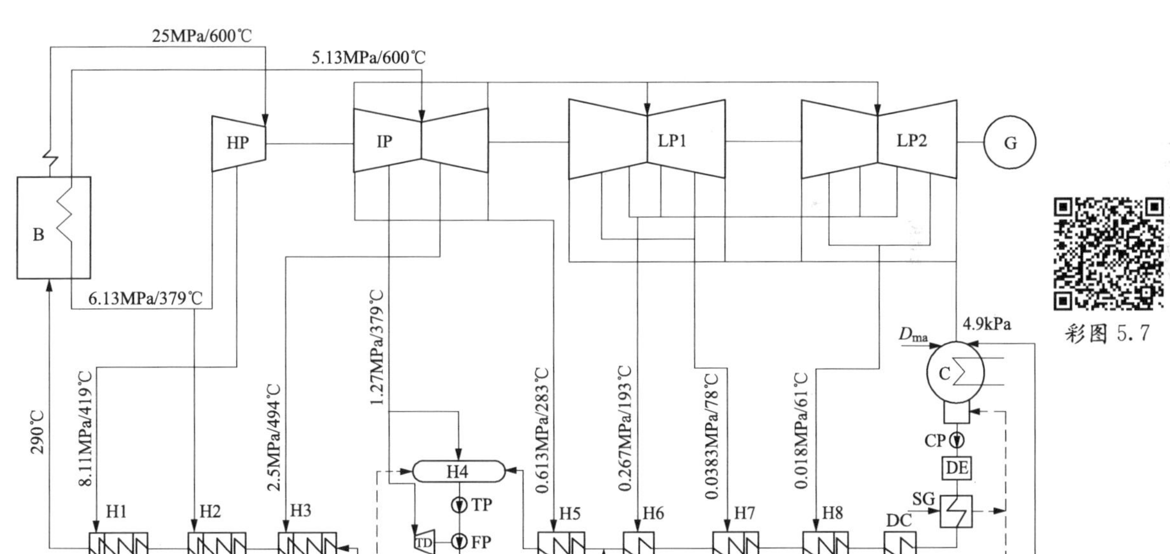

图 5-7　N660-25/600/600 型超超临界机组的发电厂原则性热力系统

锅炉为上海锅炉厂生产的 SG-2037/26.15-M626 型超超临界参数、四角切向燃烧方式、一次中间再热、单炉膛平衡通风、固态排渣、露天布置、Π 形变压运行直流锅炉。过热器汽温通过煤水比调节和三级减温水来控制，再热器汽温采用烟气挡板调温、燃烧器摆动和过量空气系数的变化调节，两级再热器之间连接管道上设置微量喷水。锅炉最大连续蒸发量为

2037t/h，过热器出口蒸汽参数为 26.15MPa/605℃，再热器出口蒸汽温度为 603℃，锅炉热效率为 93.75%。

回热系统由三台高压加热器、一台除氧器、四台低压加热器组成，分别由汽轮机的 8 级非调整抽汽供汽。采用无头内置卧式除氧器，有效容积为 235m³，额定功率为 2037t/h。除氧器采用滑压运行，最高工作压力为 1.309MPa，最低工作压力为 0.147MPa，进水温度为 156.4℃，出水温度为 191.4℃。高压加热器设有内置式蒸汽冷却器和疏水冷却器，低压加热器仅有内置式疏水冷却器。高压加热器疏水采用逐级自流方式自流到除氧器内；低压加热器 H5 疏水自流到 H6，然后由疏水泵打入低压加热器 H6 水侧出口；低压加热器 H7、H8 疏水采用自流方式，流经独立设置的疏水冷却器 DC 后与轴封加热器疏水汇集并自流进入凝汽器热井。凝汽器热井中的凝结水由凝结水泵 CP 升压后，经中压凝结水精处理装置 DE、轴封加热器 SG、疏水冷却器和四台低压加热器后进入除氧器。除氧水从给水箱经前置泵 TP、主给水泵 FP 及三台高压加热器进入锅炉。给水泵汽轮机排汽引入主凝汽器，补给水由主凝汽器补入。

2. 超超临界 1000MW 级一次再热机组的原则性热力系统

超超临界 1000MW 一次中间再热机组的发电厂原则性热力系统如图 5-8 所示。机组采用单轴、一次中间再热、四缸四排汽、凝汽式汽轮机，与最大蒸发量为 3000t/h 级别的超超临界变压运行直流锅炉及 1000MW 水-氢-氢冷发电机配套。机组回热系统为典型的“三高、四低、一除氧”形式，回热系统与如图 5-7 所示的超超临界 660MW 机组基本相同，不再赘述。

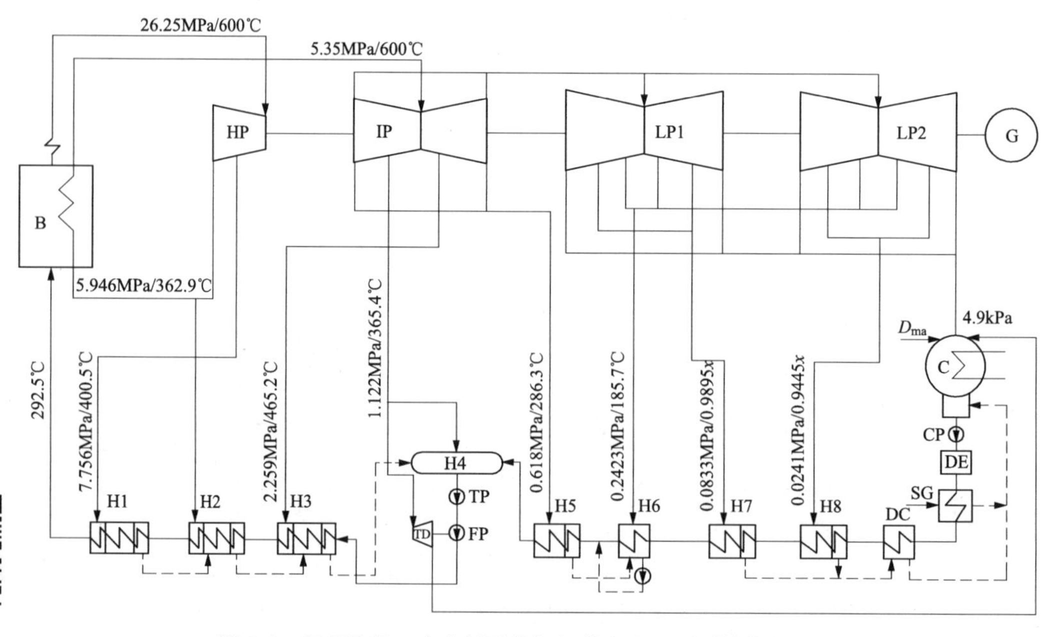

彩图 5.8

图 5-8 超超临界一次中间再热机组的发电厂原则性热力系统

超超临界 1000MW 机组的高压加热器有单列配置和双列配置两种形式，单列配置即各级采用单台容量为 100%的高压加热器，而双列配置即每一级加热器采用 2 台容量为 50%的高压加热器。

单列配置高压加热器虽然系统简单、管道简洁，但对于高压加热器的制造工艺要求很高，而双列配置高压加热器制造工艺要求较低。同时，采用双列配置高压加热器时，某一列高压加热器解列后，另一列高压加热器可继续运行，因此对机组热耗率的影响大大减小。目前，我国1000MW机组中，上海汽轮机厂生产的机组采用单列配置高压加热器，而东方汽轮机厂和哈尔滨汽轮机厂生产的机组均采用双列配置高压加热器。

双列配置高压加热器也可采用两种布置方式，即分层布置和同层布置。分层布置高压加热器的疏水可利用势位差，在机组启动或低负荷运行时比较有利，且汽水管道柔性较好，对设备接口的推力小，但管道较长且长短不等，存在管阻偏差，也不便于运行巡视；同层布置高压加热器可以减少一层平台，并降低除氧框架的层高，节省厂房建设成本，设备、阀门、仪表集中，便于运行巡视。对于大容量机组，高压给水系统应力求简捷、阻力小、阀门少、管道短。

3. 超超临界325MW二次再热机组的原则性热力系统

如图5-9所示为美国艾迪斯通电厂超超临界325MW二次中间再热机组，其额定功率为325MW，最大功率为360MW。汽轮机为双轴，高压轴发电功率为145MW，低压轴为180MW。主蒸汽设计参数为34.5MPa/650℃，两次再热蒸汽温度均为566℃，后主蒸汽参数降低至31MPa/610℃运行。该机组有八级非调整抽汽，回热系统为“五高、两低、一除氧”。表面式加热器的疏水全部采用逐级自流，DC7、DC8分别为H7、H8的外置式疏水冷却器。WAH为暖风器，ECL为低压省煤器，用以回收锅炉排烟余热，提高锅炉效率。为降低高压加热器水侧压力，提高其工作可靠性，给水采用两级加压系统，采用背压式给水泵汽轮机TD驱动调速给水泵FP2，正常工况其汽源来自第一次再热冷段蒸汽，给水泵汽轮机排汽进入第四级抽汽管道。

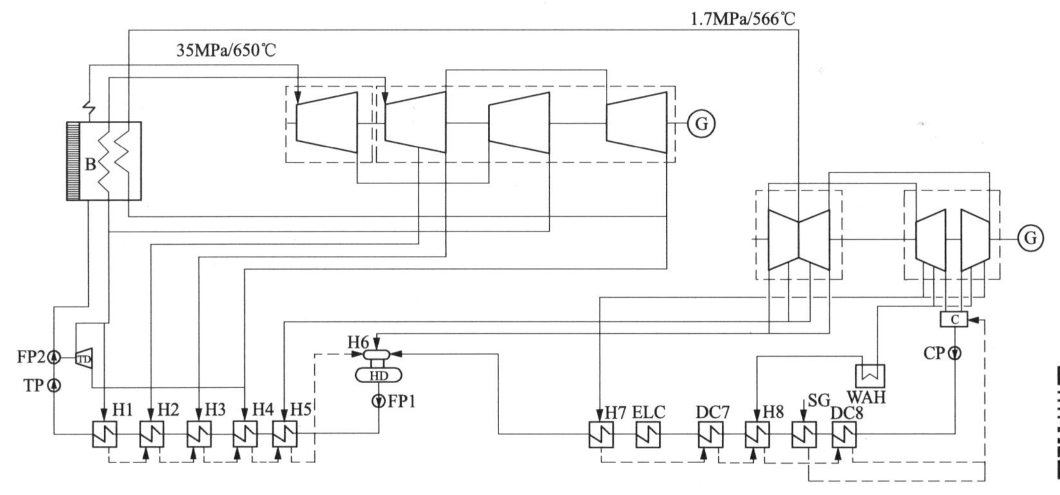

图5-9 超超临界325MW二次中间再热机组的发电厂原则性热力系统

彩图5.9

4. 超超临界660MW二次再热机组的原则性热力系统

如图5-10所示为N660-31/600/620/620型二次再热机组的发电厂原则性热力系统。采用上海汽轮机厂引进的西门子汽轮机，为超超临界、二次中间再热、单轴、五缸四排汽、凝汽式汽轮发电机组。汽轮机最大连续功率为697.749MW，额定功率为660MW。该机组取消了调节级，采用全周进汽滑压运行方式，同时采用补汽技术。汽轮机包括一个单流超高压缸、一个单流高压缸、一个双流中压缸和两个双流低压缸串联布置。汽轮机五根转子分别由六只径向轴承来支承，除超高压转子由两个径向轴承支承外，其余四根转子，均只有一只径向轴承支承。汽轮机的整个通流部分共设 82 级，均为反动级。超高压部分 17 级；高压部分为 13 级；中压部分为双流式，每一分流为 14 级，共 28 级；低压部分为两缸双流式，每一分流为 6 级，共 24 级。

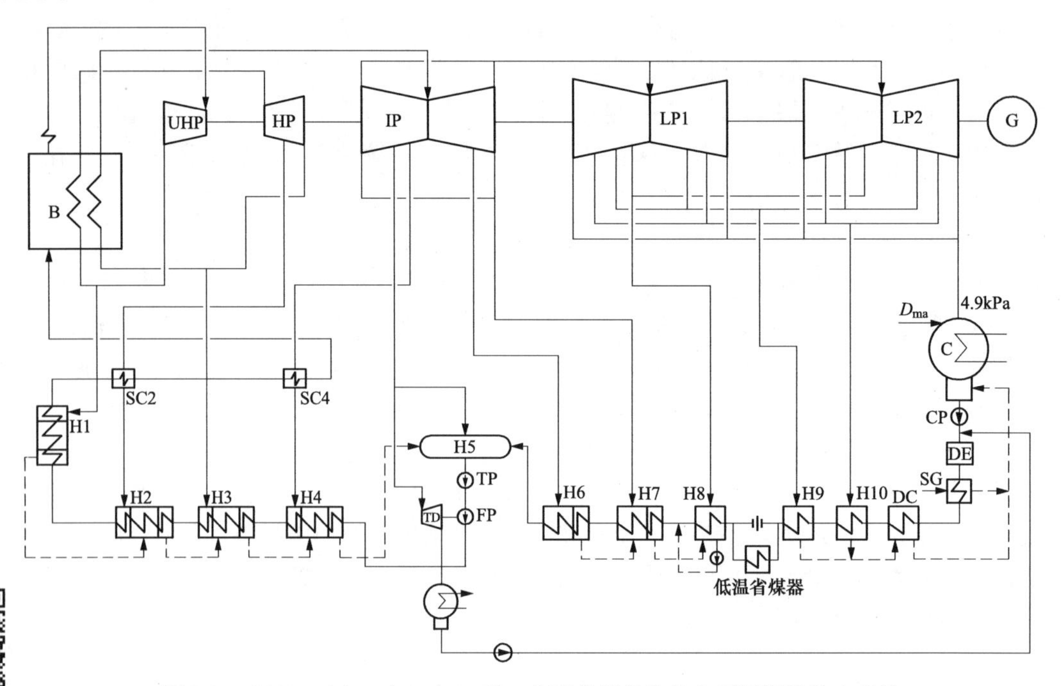

彩图 5.10

图 5-10　N660-31/600/620/620 型二次再热机组的发电厂原则性热力系统

锅炉为东方电气股份有限公司设计制造的超超临界参数变压运行直流炉，锅炉型号为 DG1785.49/32.45-II14。采用 II 形布置，单炉膛、二次中间再热、前后墙对冲燃烧方式、平衡通风、固态排渣、全钢架悬吊结构、露天布置。

回热系统具有十级回热抽汽，分别给 4 台高压加热器、5 台低压加热器和 1 台除氧器供汽。高压加热器单列布置，采用卧式 U 形型管表面式加热器，高压加热器内部设有过热蒸汽冷却段、蒸汽凝结段和疏水冷却段三段，H2 和 H4 还分别设置有外置式蒸汽冷却器。高压加热器及外置式蒸汽冷却器采用管板、U 形管全焊接结构。高压加热器疏水采用逐级自流，最终汇集到除氧器。H6、H7 两台低压加热器设置有内置式疏水冷却器，疏水采用逐级自流方式；H8 采用疏水泵方式将疏水汇集至 H8 加热器出口主凝结水管路上；H9、H10 设置有外置式疏水冷却器 DC，其疏水在疏水冷却器冷却后自流进入热井；H8 和 H9 之间安装有低温省煤器，利用烟气的低温余热加热凝结水，凝结水经低温省煤器加热后回水至低压加热器 H8 入口的主凝结水管道。

5. 超超临界 1000MW 二次再热机组的原则性热力系统

如图 5-11 所示为某电厂 N1000-31/600/620/620 型超超临界二次再热机组的发电厂原则性热力系统，是世界上单机容量最大的二次再热燃煤发电机组。采用上海汽轮机厂制造的

N1000-31/600/620/620 型超超临界、二次中间再热、单轴、五缸四排汽、双背压、十级回热抽汽、反动凝汽式汽轮机。与最大连续蒸发量为 2752t/h 的二次再热直流锅炉及 QFSN-1000-2 型水-氢-氢冷发电机配套。机炉热力系统采用单元制布置。

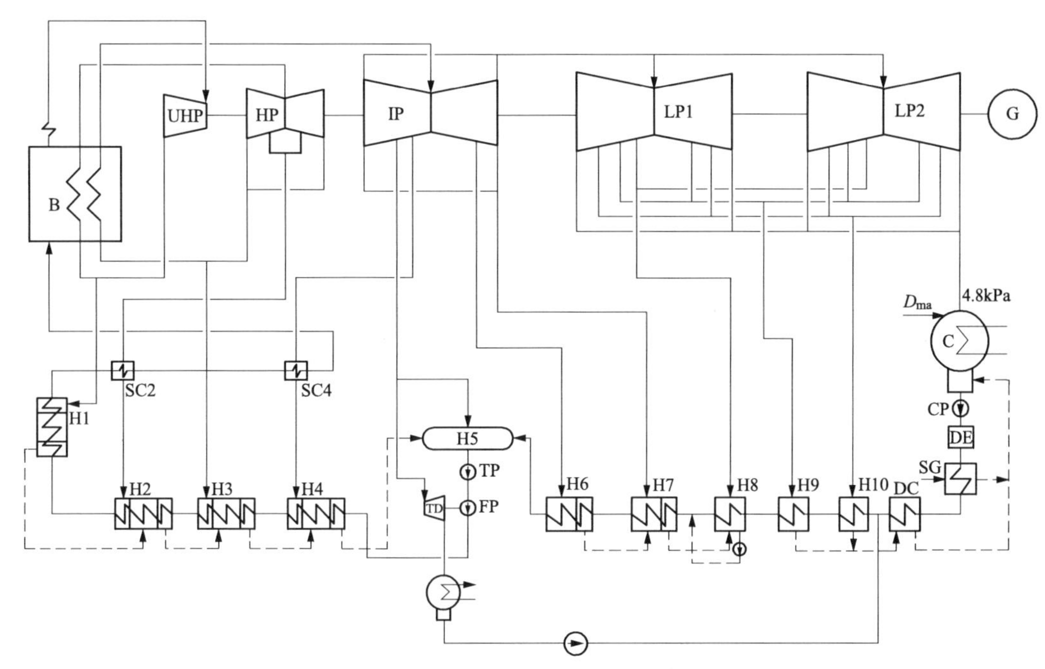

彩图 5.11

图 5-11　N1000-31/600/620/620 型超超临界二次再热机组的发电厂原则性热力系统

汽轮机的整个通流部分由一个单流超高压缸、一个双流高压缸、一个双流中压缸和两个双流低压缸组成。共设 87 级反动级，其中超高压部分 15 级，包括 1 级低反动度级和 14 级扭叶片级；高压部分为 2×13 级，包括 1 级低反动度级和 12 级扭叶片级；中压部分为 2×13 级，包括 1 级低反动度级和 12 级扭叶片级；低压部分为 2×2×5 级，包括 4 级扭叶片级和标准低压末 1 级。汽轮机总内效率为 91.17%，其中超高压缸效率为 89.44%，高压缸效率为 92.14%，中压缸效率为 93.04%，低压缸效率为 89.84%。

额定工况下，汽轮机的主蒸汽流量为 2672.8t/h，主蒸汽参数为 31MPa/600℃，一次再热蒸汽参数为 10.3MPa/620℃；二次再热蒸汽参数为 3.2MPa/620℃，排汽压力为 4.8kPa；给水温度为 324.7℃，热耗率为 7064kJ/kWh。共有 10 级回热抽汽，分别供给 4 台高压加热器，5 台低压加热器和 1 台除氧器。

锅炉为 HG-2752/32.87/10.61/3.26-YM1 型二次再热超超临界参数变压运行直流锅炉，采用塔式布置、单炉膛、水平浓淡燃烧器低 NO_x 分级送风燃烧系统、四角切圆燃烧方式，炉膛采用螺旋管圈和垂直膜式水冷壁、带再循环泵的启动系统。过热蒸汽调温方式以水煤比为主，同时设置二级八点喷水减温器；再热蒸汽主要采用分隔烟道调温挡板和烟气再循环调温，同时燃烧器的摆动对再热蒸汽温度也有一定的调节作用，在高、低温再热器连接管道上还设置有事故喷水减温器。锅炉设计热效率为 94.87%。

回热系统由四台高压加热器、一台滑压运行除氧器、五台低压加热器组成，分别由汽轮机的 10 级非调整抽汽供汽。高压加热器设有内置式蒸汽冷却器和疏水冷却器，且高压加热器 H2 和 H4 装有外置式蒸汽冷却器 SC2 和 SC1，以实现蒸汽过热度的跨级利用；低压加热器 H6 和 H7 设置有内置式疏水冷却器。高压加热器疏水采用逐级自流方式自流到除氧器内；低压加热器 H6 和 H7 疏水自流到 H8，然后被疏水泵打入低压加热器 H8 水侧出口；低压加热器 H9、H10 疏水采用自流方式，流经独立设置的疏水冷却器 DC 后与轴封加热器疏水汇集并自流进入凝汽器热井。采用双背压凝汽器，平均运行背压为 4.8kPa。给水泵汽轮机单独设置一台凝汽器，其凝结水打入单独设置的疏水冷却器的水侧出口。凝汽器热井中的凝结水由凝结水泵 CP 升压后，经中压凝结水精处理装置 DE、轴封加热器 SG、疏水冷却器 DC 和五台低压加热器后进入除氧器。除氧水从给水箱经前置泵 TP、主给水泵 FP、四台高压加热器以及外置式蒸汽冷却器 SC2、SC1 后进入锅炉。

四、供热机组的发电厂原则性热力系统

如图 5-12 所示为国产 CC200-12.75/535/535 型双抽凝汽式机组的热电厂原则性热力系统。锅炉为 HG-670/140-YM9 型自然循环汽包炉，采用两级连续排污扩容利用系统，其扩容蒸汽分别引入高压除氧器 HD 和大气压力式除氧器 MD 中，其排污水经冷却器 BC 冷却后排入地沟。补充水进入大气压力式除氧器 MD。汽轮机有八级回热抽汽，其中第三、六级为调整抽汽，其调压范围分别为 0.78～1.27MPa、0.118～0.29MPa。第三级抽汽一路供工艺热负荷 HIS 直接供汽，回水通过回水泵 RP 进入主凝结水管混合器 M2；另一路供采暖系统中峰载加热器 PH 用汽，第六级抽汽除供 H5 用汽外，还作采暖系统的基载加热器 BH 用汽及除氧器 MD 的加热蒸汽。采暖系统两级热网加热器 PH 和 BH 的疏水逐级自流经外置式疏水冷却器 HDC 后用热网疏水泵 HDP 打入凝结水管上的混合器 M1。从热用户返回的热网水，先引至凝汽器内的加热管束 TB，热网水先利用乏汽余热加热，再依次流经 HDC、BH、PH 吸热。第二、四级回热抽汽分别通过外置式蒸汽冷却器 SC2、SC3 后供高压加热器 H2 和高压除氧器 HD 用汽。SC2、SC3 与高压加热器 H1 为出口主给水串联两级并联方式，H2 另设置一外置式疏水冷却器 DC2。

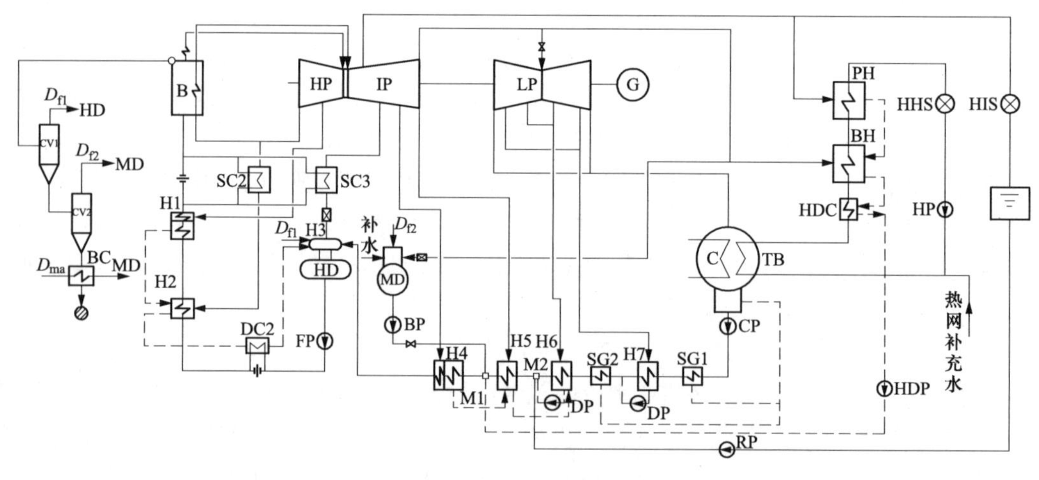

彩图 5.12

图 5-12 国产 CC200-12.75/535/535 型双抽凝汽式机组的发电厂原则性热力系统

在最大工业抽汽量 50t/h、采暖抽汽量 350t/h 时，机组发电功率为 136.88MW，此工况下机组热耗率为 4949.7kJ/kWh。夏季工况采暖热负荷为零时，机组可凝汽运行带电负荷 200MW，机组热耗率为 8444.3kJ/kWh。

如图 5-13 所示为苏联超临界压力单采暖抽汽 T-250/300-23.54-2 型供热机组的发电厂原则性热力系统。机组采用 950t/h 直流锅炉，锅炉过热器出口蒸汽参数为 25.8MPa/545℃，再热器出口蒸汽温度为 545℃，给水温度 260℃，锅炉效率为 93.3%。汽轮机主蒸汽参数为 23.54MPa/540℃，再热蒸汽温度为 540℃，最大功率为 300MW。回热系统为“三高、五低、一除氧”，除氧器滑压运行。给水泵由背压给水泵汽轮机 TD 驱动，正常工况时汽源来自中压缸 IP1 的抽汽，其排汽至低压加热器 H5。三台高压加热器疏水逐级自流汇合于除氧器，低压加热器 H6、H7、H8 各带一台疏水泵，将疏水打入各自出口凝结水管路；低压加热器 H9、轴封加热器 SG1、SG2 及抽气器冷却器 EJ 的疏水排入凝汽器热井。

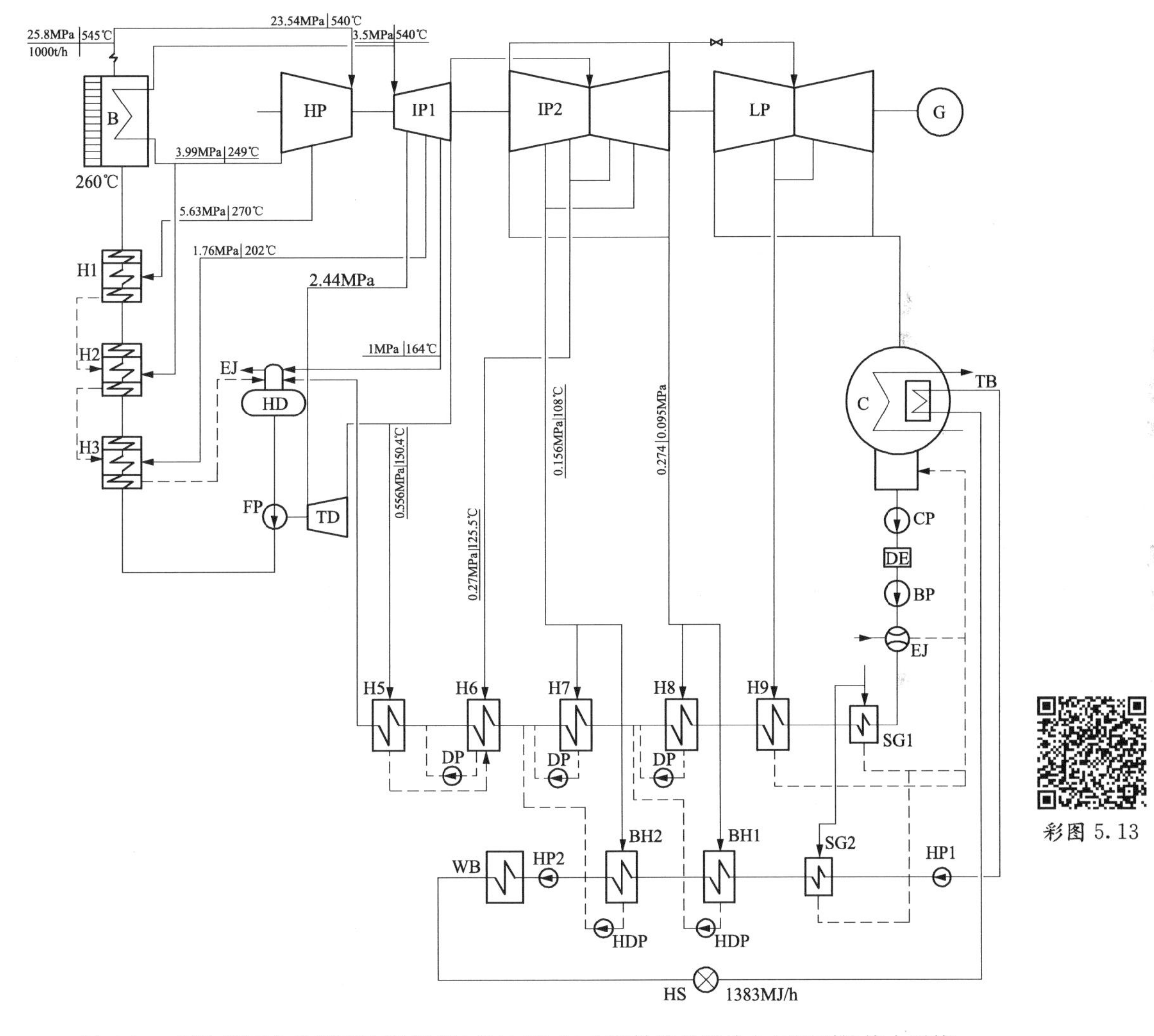

图 5-13 超临界压力单采暖抽汽 T-250/300-23.54-2 型供热机组热电厂原则性热力系统

该厂采暖系统以水为载热质，热负荷为 1383MJ/h。热网系统由内置于凝汽器的加热管束 TB，热网水泵 HP1，轴封加热器 SG2、基载热网加热器 BH1、BH2、热网水泵 HP2，热水锅炉 WB、热网疏水泵 HDP 以及热用户 HS 组成。基载热网加热器 BH1、BH2 的加热蒸汽分别来自第八、七级回热抽汽，其疏水由热网疏水泵 HDP 打入主凝结水管。汽轮机有九级回热抽汽，第八级抽汽为调整抽汽，其调压范围为 0.0274～0.095MPa，该级抽汽还供低压加热器 H8 用汽。

该机组的特点为：①通流部分可适应大抽汽量的要求；②在控制上能满足电、热负荷各自在大范围变化的需要，互不影响；③可抽汽、纯凝汽方式运行。该机组纯凝汽方式运行时的热耗率为 7900kJ/kWh，采暖期供热工况时发电热耗率为 6300kJ/kWh，相应的标准煤耗率为 0.2158kg/kWh。

五、火电厂单机容量最大机组的发电厂原则性热力系统

目前世界上最大的单轴 1200MW 凝汽式机组发电厂的原则性热力系统如图 5-14 所示，

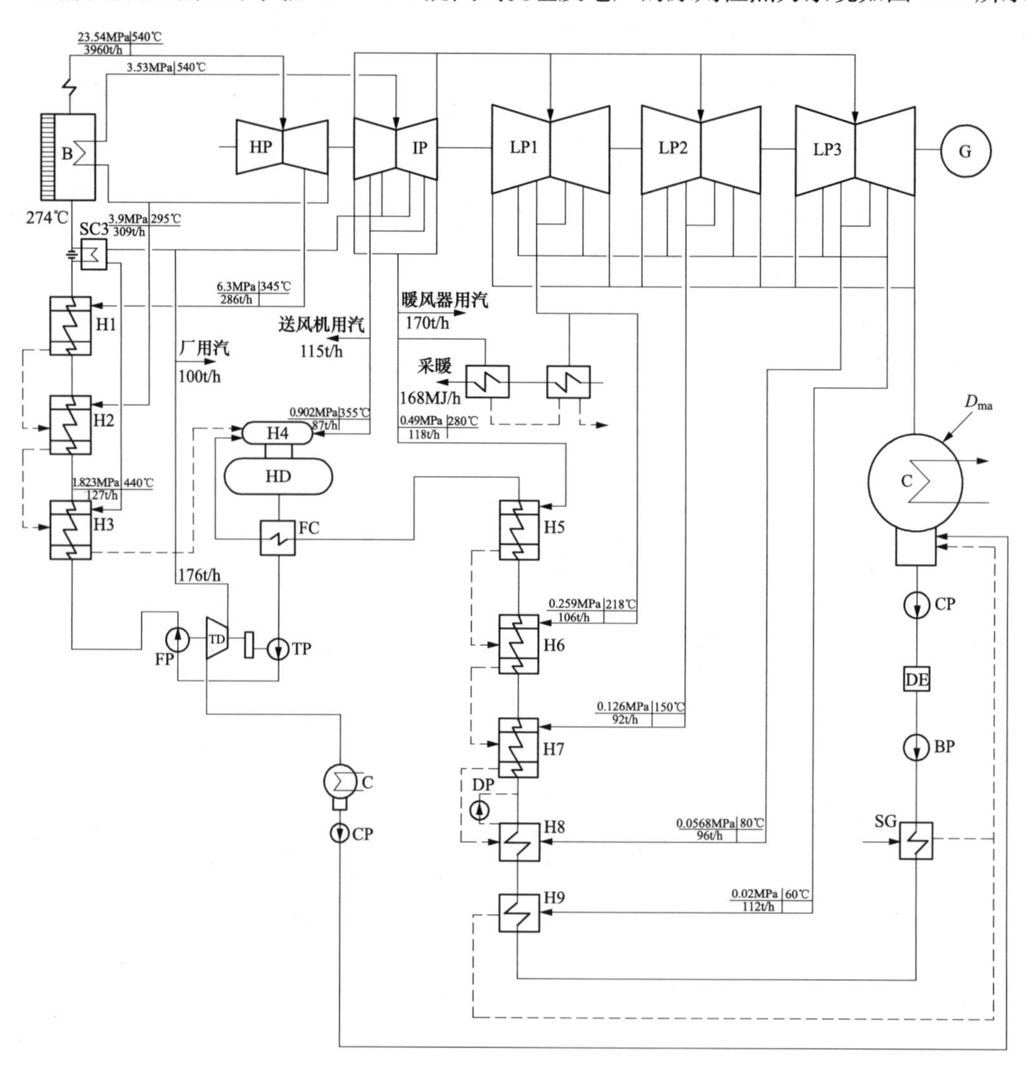

彩图 5.14

图 5-14　单轴 1200MW 凝汽式机组的发电厂原则性热力系统

安装在俄罗斯科斯特罗马发电厂。机组采用 K1200-23.54/540/540 型超临界压力一次中间再热、单轴五缸（一个双流高压缸、一个双流中压缸和三个双流低压缸）六排汽冲动凝汽式汽轮机，配蒸发量为 3960t/h 的燃煤直流锅炉。新蒸汽先进入高压缸左侧通流部分，再回转 180°进入右侧通流部分，第一级抽汽供高压加热器 H1 用汽，高压缸排汽一部分供高压加热器 H2 用汽，其余蒸汽在再热器中再热后依次进入中、低压缸。机组共有九级非调整抽汽，分别供给三台高压加热器、滑压除氧器和五台低压加热器用汽。三台高压加热器和三台低压加热器 H5～H7 均设有内置式蒸汽冷却器和疏水冷却器。高压加热器 H3 汽源是再热后第一级抽汽，另设一外置式蒸汽冷却器 SC3 降低蒸汽过热度，与高压加热器 H1 出口给水串联并将给水温度提高到 274℃。高压加热器疏水逐级自流至除氧器，三台高压加热器均为双列布置，两台除氧器为并列滑压运行。给水系统装有两台半容量汽动调速给水泵 FP，并带前置泵 TP 同轴运行。驱动给水泵汽轮机 TD 为凝汽式，汽源来自第三级抽汽，功率为 25MW，其排汽进入小凝汽器，凝结水由凝结水泵 CP 送至主凝汽器热井。给水系统还有一台半容量电动给水泵作为备用（图 5-14 中未画出）。除氧器水箱出水管上还设有暂态工况时才投入的给水冷却器 FC，以加速降低进入前置泵 TP 的给水温度。低压加热器 H5～H7 疏水均逐级自流至低压加热器压器 H8，再用疏水泵 DP 打入该级出口主凝结水管中。低压加热器 H9 与轴封加热器 SG 的疏水自流入主凝汽器热井，化学补水进入凝汽器。

该电厂每台锅炉的三台送风机均由凝汽式汽轮机驱动，功率为 7MW。汽源为第四级抽汽。厂内采暖由第六、五级抽汽分级加热，以提高其热经济性。此外第五级抽汽还供暖风器用汽。凝结水需全部精处理，采用低压系统，由凝结水泵 CP、精处理设备 DE 和凝结水升压泵 BP 组成。额定工况下该机组的热耗率为 7660kJ/kWh。

如图 5-15 所示为世界上最大双轴 1300MW 凝汽式机组的发电厂原则性热力系统。数台

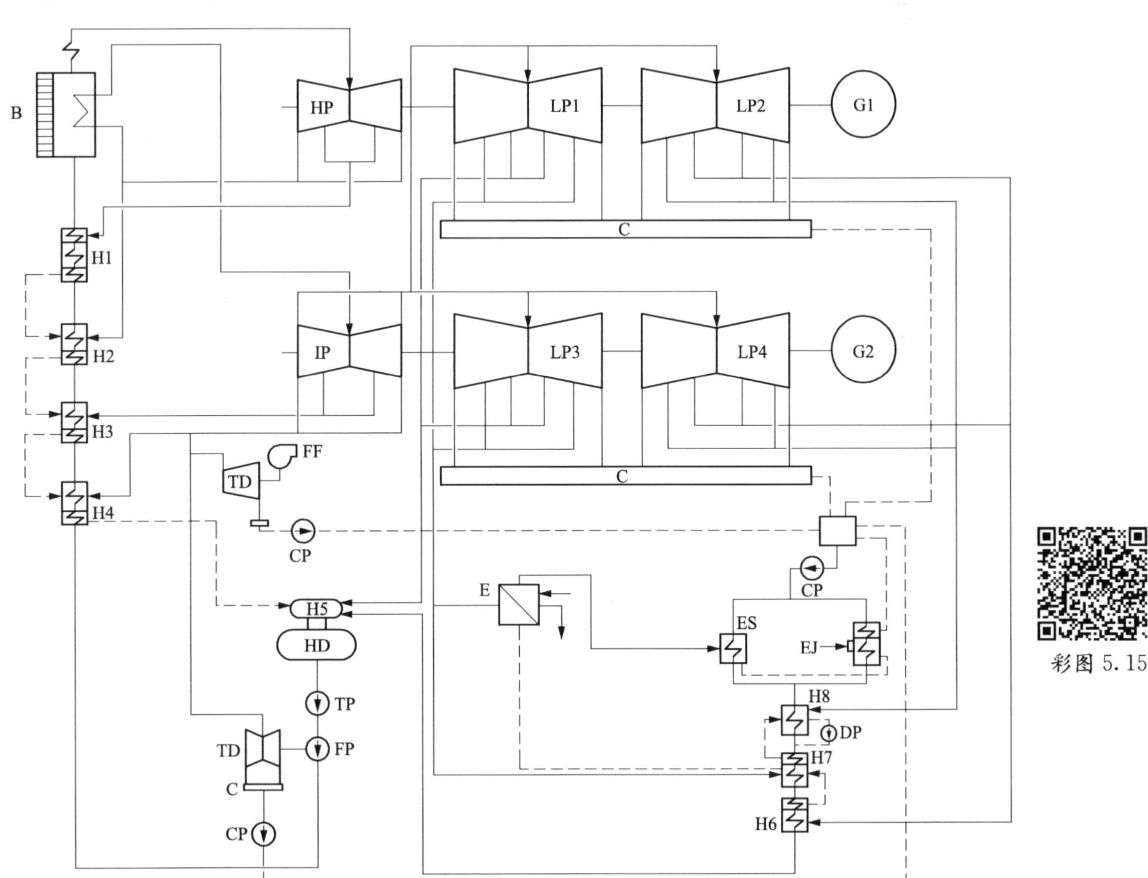

彩图 5.15

图 5-15　双轴 1300MW 凝汽式机组的发电厂原则性热力系统

该型机组分别装在美国坎伯兰、加绞和阿莫斯等电厂。该机组采用超临界压力、一次再热、双轴、六缸八排汽凝汽式汽轮机。机组分高压轴和低压轴，高压轴由双流高压缸、两个双流低压缸和发电机组成；低压轴由双流中压缸、两个双流低压缸和发电机组成，两轴功率相等。该机组有八级非调整抽汽，回热系统为“四高、三低、一滑压除氧”。高压加热器 H1 有内置式蒸汽冷却器，除低压加热器 H8 外，所有表面式加热器均带有内置式疏水冷却器。高压加热器为双列布置，疏水逐级自流至除氧器。低压加热器 H6、H7 疏水逐级自流至 H8 后，用疏水泵 DP 打入该级出口主凝结水管中。给水泵 FP 和送风机 FF 分别由凝汽式汽轮机 TD 驱动，其汽源在正常工况时来自第四级抽汽，给水泵汽轮机均自带小凝汽器和小凝结水泵，凝结水被送入主凝汽器热井。电厂补充水采用热力法由蒸汽发生器 E 产生的蒸馏水来补充。蒸发器一次加热汽源为第七级抽汽，产生的二次蒸汽经专设的蒸汽冷却器 ES 冷却为蒸馏水，再经过抽气器冷却器 EJ 后进入主凝汽器热井。

六、核电厂二回路原则性热力系统

如图 5-16 所示为大亚湾核电厂二回路原则性热力系统，由蒸汽发生器二次侧、汽水分离再热器、汽轮发电机组、凝汽器、凝结水泵、给水泵、加热器等设备及主要设备之间的管线和阀门组成。该电厂采用压水堆核电机组，汽轮机额定容量 900MW，为饱和蒸汽、中间再热、冲动式中压汽轮机组。汽轮机由 1 个双流高压缸和 3 个双流低压缸组成，最大额定功率为 983.8MW，蒸汽发生器 SG 出口处蒸汽参数为 6.71MPa/283℃，蒸汽流量为 5808t/h，机组热耗率为 10629kJ/kWh。

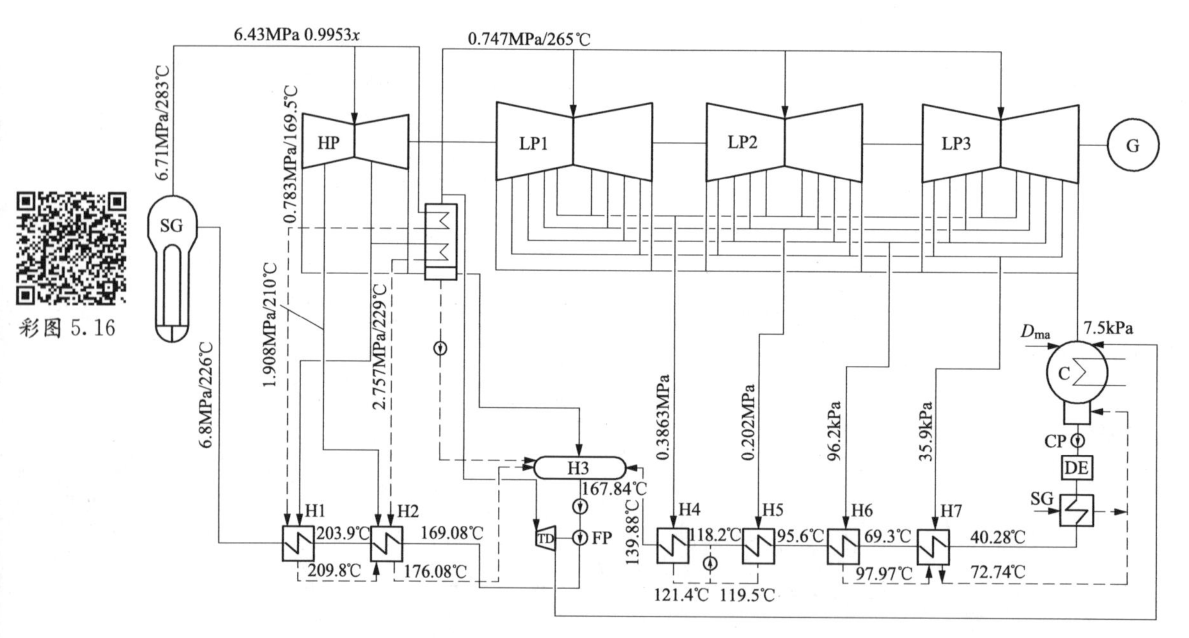

图 5-16 大亚湾核电厂二回路原则性热力系统

该机组主蒸汽系统分为核岛部分和常规岛部分。核岛部分由法国法马道公司供货，反应堆的冷却剂在蒸汽发生器内加热二回路的给水，使之成为饱和蒸汽，连接在 3 台蒸汽发生器上部的 3 条主蒸汽管道穿出安全壳，经主蒸汽隔离阀管廊后将主蒸汽送入汽轮机厂房；常规岛部分由英国通用电气公司供货，3 条主蒸汽管道在汽轮机厂房内汇集于蒸汽母管，大部分主蒸汽进入汽轮机高压缸做功，其余部分送到汽水分离再热器用于加热高压缸的排汽；高压缸的排汽通过8根冷再热管道送往位于低压缸两侧的两台汽水分离再热器，在那里进行汽水分离和再热；分离出的疏水经疏水泵送至除氧器，饱和蒸汽则由高压缸抽汽和新蒸汽对其进行两次再热；高压缸抽汽放热后形成的疏水流至高压加热器H2，新蒸汽放热后形成的疏水流至高压加热器H1；从汽水分离再热器出来的再热蒸汽（压力0.747MPa、温度265℃）经6根管道分别送往3台低压缸继续膨胀做功。

该机组二回路系统为“两高、四低、一除氧”，高压加热器H1、H2和低压加热器H4、H5均为双列布置，各列承担50%的水流量。高压缸有三级抽汽，高压缸中间级后的抽汽分别供高压加热器H1、H2，经汽水分离后的部分高压缸排汽作为除氧器用汽。低压缸有四级抽汽，分别来自三个低压缸的左、右两侧。高压加热器的疏水逐级自流汇入除氧器，低压加热器H4、H5的疏水依靠疏水泵汇集于H5出口主凝结水管路，H6、H7、SG的疏水逐级自流入凝汽器热井。

从图5-16可以看出，压水堆核电厂二回路原则性热力系统与燃煤火力发电厂的原则性热力系统基本相同。两者的主要区别有：

（1）二回路主蒸汽系统一般采用母管式单元制系统。常见的压水堆核电厂有多台蒸汽发生器向一台汽轮机供汽，需有蒸汽母管，因蒸汽流量大，要用多条蒸汽管引至汽轮机。由蒸汽母管连接的几个反应堆及一台汽轮机组成一个单元，即所谓的母管式单元制系统。

（2）设有整机蒸汽旁路排放系统。从安全角度考虑，压水堆核电厂蒸汽系统设有整机蒸汽旁路排放系统，当紧急停堆或大幅度甩负荷时，以避免一回路过热和二回路主蒸汽安全阀和快速释放阀动作，并维持一回路平均温度在规定值内；在反应堆启、停过程中（反应堆余热导出系统未投入或已退出）导出堆内热量。旁路系统的容量，根据核电站设计的不同，通常在50%～100%范围内，此值大大高于常规火力发电厂旁路系统的容量。

（3）核电汽轮机高、低压缸之间装有汽水分离再热装置。压水堆核电厂产生的是饱和蒸汽，通过汽轮机膨胀做功，如果不采取措施，低压缸末级的排汽湿度将达到24%左右，大大超出了12%～15%的允许范围。因此，在压水堆核电厂的汽轮机高、低压缸之间都设有汽水分离再热器，对汽轮机高压缸排出的湿蒸汽进行汽水分离和再热，目的是降低低压缸内的湿度，改善汽轮机的工作条件，提高汽轮机的相对内效率，防止和减少湿蒸汽对汽轮机零部件的腐蚀、侵蚀，可见汽水分离器对整个机组的可靠性有重要影响。

汽水分离再热系统主要有五个设备：汽水分离再热器、分离水收集器、凝结水收集器、分离水收集器排水泵、凝结水收集器排水泵。为提高经济性，现代核电汽轮机组一般采用两级再热，第一级再热的蒸汽来自高压缸抽汽，第二级再热的加热蒸汽用新蒸汽。从高压缸出来的湿蒸汽在汽水分离再热器先进行汽水分离，然后进行再热变成具有一定过热度的过热蒸汽。汽水分离器中被分离出来的水排放到分离水收集器中。作为热源的新蒸汽或高压缸抽汽在再热器中对湿蒸汽进行加热，其凝结水进入凝结水收集器。分离水收集器排水泵将分离水收集器里的水输送到除氧器或主凝结水管道。凝结水收集器排水泵将凝结水收集器里的凝结水送到某台高压加热器或给水管道。

第三节 发电厂原则性热力系统计算

一、计算内容与目的

发电厂原则性热力系统的计算（简称全厂热力计算）是电力设计部门为规划电厂主、辅热力设备配置，选择锅炉、汽轮机及设计汽水管道的最终计算。具体地说，全厂热力计算是在已知机组原则性热力系统及回热系统全部汽、水参数的基础上，为得到全厂热经济性指标或为电厂的设计、运行、机组检修等提供基础数据而进行的计算。

通常，需要进行全厂原则性热力系统计算的主要场景有：①论证发电厂原则性热力系统的新方案；②新型汽轮机本体的定型设计；③电厂采用非标准设计；④扩建电厂时，新旧设备共用的热力系统；⑤对运行的电厂热力系统作较大的改进；⑥发电厂原则性热力系统的优化设计；⑦分析研究发电厂热力设备的某一特殊运行方式，如高压加热器切除后，由于汽态膨胀线升高而必须限制的机组最大功率；夏季工况冷却水温很高时，汽轮机凝汽器真空的低限与负荷控制等。

发电厂原则性热力系统计算的主要目的是确定在不同负荷工况下各部分汽水流量及其参数、发电量、供热量及全厂性的热经济指标，由此可衡量热力设备的完善性、热力系统的合理性、运行的安全性和全厂的经济性；根据最大负荷工况的计算结果，可作为发电厂设计时选择锅炉、热力辅助设备、各种汽水管道及其附件的依据；对凝汽式电厂，可以校核最不利工况下（例如夏季背压升高时）机组的最大功率，为电厂的设计、运行、机组检修等提供基础数据；对于仅有全年性工艺热负荷的热电厂，确定电、热负荷均为最大时工况和电负荷为最大、热负荷为平均值工况时的热经济性指标；对于有季节性热负荷的热电厂，计算热负荷为零的夏季工况时的热经济性指标，同时还要校核热电厂在最大热负荷时汽轮机的最小凝汽流量。

二、计算类型

按照计算时所依据的条件，全厂性热力计算也分为“定功率计算”和“定流量计算”两种。在给定发电功率下进行的全厂性热力计算称为“定功率计算”。定功率计算的任务，是在一定的功率下，计算发出这些功率所必需的汽轮机新汽量、各级抽汽量、机组和全厂的热经济性指标。在汽轮机新汽流量给定的情况下进行的全厂性热力计算，以确定汽轮发电机的功率及其相应的热经济性指标，称之为“定流量计算”。如在汽轮机最大进汽量工况下，计算其最大功率就属于定流量计算。定流量计算与定功率计算在本质上没有什么不同，使用的公式也都完全一样，如果计算正确，在相同的条件下，二者计算得到的结果应该完全一致。

三、计算原始资料

进行全厂原则性热力系统的设计计算时，所需原始资料包括：

(1) 已拟定好的发电厂原则性热力系统图。

(2) 给定（或已知）的电厂计算工况。对于凝汽式电厂，计算工况主要包括 THA、TRL、TMCR、VWO、阻塞背压工况、高压加热器全停工况、低压加热器停运工况、75%THA 工况、50%THA 工况、40%THA 工况、30%THA 工况等。对于热电厂，还要再加上额定供热工况和最大供热工况等。

(3) 汽轮机、锅炉及热力系统的主要技术数据。如汽轮机、锅炉的形式、容量；汽轮机初、终参数、再热参数；汽轮机的相对内效率 η_{ri}、机械效率 η_m、发电机效率 η_g等；锅炉过热器出口参数、再热器出口参数、汽包压力、给水温度、锅炉效率和排污率等；热力系统中各回热抽汽参数、各级回热加热器进出水参数及疏水参数；加热器效率、轴封系统的有关数据等。

(4) 给定工况下辅助热力系统的有关数据。如化学补充水温、暖风器、厂内采暖、生水加热器等耗汽量及其参数；驱动给水泵和风机的给水泵汽轮机的耗汽量及参数（或给水泵汽轮机的功率、相对内效率、进出口蒸汽参数和给水泵、风机的效率等）；厂用汽水损失；锅炉连续排污扩容器及其冷却器的参数、效率等。对于供采暖的热电厂还应有热水网温度调节图、热负荷与室外温度关系图（或给定工况下热网加热器进出口水温）热网加热器效率、热网效率等。

四、计算的基本公式

无论是机组原则性热力系统计算，还是全厂原则性热力系统计算，采用的四个基本公式为热平衡方程、物质平衡方程、汽轮机功率方程、热经济指标计算式。详见本书第三章第七节。

五、计算过程与步骤

与机组的原则性热力系统计算方法一样，发电厂的原则性热力系统计算也有传统的常规计算方法、等效焓降法以及循环函数法等，本节只叙述常规计算方法。常规计算法的核心，实际上是对由 z 个加热器热平衡方程式和一个汽轮机物质平衡式所组成的$(z+1)$个线性方程组进行求解，可解出（$z+1$）个未知数（z 个抽汽系数 α_j 和一个凝汽系数 α_c）；然后根据汽轮机功率方程式求得所需要的新汽耗量或机组功率等。

常规计算方法有两种基本的形式：并联解法和串联解法。并联解法是指用计算机对线性方程组进行求解的方法；串联解法是指按照“由高到低”的次序，依次独立求得各未知量的方法。串联解法可以避开解方程组的麻烦，既可用于手算，亦可用于计算机求解。本节例题就是使用该方法进行计算。

全厂原则性热力系统计算的步骤主要有：

1. 整理原始数据，编制汽水参数表，绘制汽态过程线

根据汽轮机、锅炉制造厂提供的有关原始数据，整理出各计算点的抽汽比焓值，编制汽水参数表。在 h-s 图上，绘出蒸汽在汽轮机中的膨胀过程线。

(1) 确定计算点汽水焓值。汽轮机的各级抽汽压力损失、加热器端差、疏水端差，用于计算主凝结水（或主给水）的进、出口比焓，是机组热力系统设计、计算的重要数据，通常都是由汽轮机厂家直接给出。在进行全厂热力系统计算时作为常数取定，列于汽水参数表内。需要整理的汽水焓值主要包括新蒸汽比焓 h_0、各级抽汽比焓 h_j、排汽焓 h_c，各级加热器出口水比焓 h_{wj}、疏水比焓 h_{dj} 及凝汽器凝结水比焓 h_c'，再热蒸汽吸热量 q_{rh}等。这些汽水参数的具体计算方法详见第三章第七节。

对于进、出热力系统的辅助系统汽水参数（如锅炉连续排污利用系统、暖风器等）、漏汽的参数，应按照其来源处、返回处的参数加以确定。对于门杆漏汽、轴封漏汽、厂用汽、汽水泄漏等小汽水流量，若给出值为绝对量，则在计算时均应采用绝对量进行计算。

轴封加热器的进汽比焓平均值、均压箱所收集各路轴封漏汽后的混合比焓值等，应事先按照加权平均的原则计算出来，并列于汽水参数表中备用。

(2) 合理选择和假定某些未给出的数据。一般取主蒸汽管道压力损失 $\Delta p_0=(3\%\sim7\%)p_0$，再热系统压力损失 $\Delta p_{rh}=10\%p_{rh}$，抽汽管道压力损失 $\Delta p_j=(3\%\sim8\%)p_j$；当加热器效率 η_h（或加热蒸汽比焓的利用系数 η_h'）、机械效率 η_m、发电机效率 η_g 未给出时，一般可以在如下范围内选取：$\eta_h=0.98\sim0.99$（$\eta_h'=0.985\sim0.995$）；$\eta_m=0.99$；$\eta_g=0.98\sim0.99$。

当锅炉效率未给定时，可参考同参数、同容量、燃用煤种相同的同类工程的锅炉效率选取。汽包压力未给出时，可近似按过热器出口压力的 1.25 倍选取。锅炉连续排污扩容器压力的确定，应视该扩容器出口蒸汽引至何处而定，若引至除氧器，还需考虑除氧器滑压运行或定压运行而定，并选取合理的压力损失，最后才能确定锅炉连续排污利用系统中有关汽水的比焓值。

2. 辅助热力系统计算

全厂原则性热力系统通常按照“先外后内”，再“从高到低”的顺序进行计算。即为便于计算，先从“外部的”辅助热力系统（如锅炉连续排污利用系统、热电厂的供热系统等）开始计算，而后计算机组“内部的”回热系统。这样在计算回热系统时，所有辅助汽水流量和参数均为已知量。

锅炉连续排污利用系统的计算见本书第三章第五节。

对于暖风器系统，若未给出暖风器耗汽量 D_{nf}，则应根据锅炉空气预热器最低进风温度的要求，按照锅炉制造厂提供的风量和冬季环境温度，以及暖风器的抽汽点参数，计算出 D_{nf}备用。

对于热电厂，根据热负荷图（或给定工况下热网加热器的进出口水温）热网加热器效率、热网效率等计算出供热抽汽量。

给水泵焓升和给水泵汽轮机耗汽量的计算详见第三章第七节。

3. 全厂物质平衡计算

全厂物质平衡计算的任务，主要是确定补水量 D_{ma}、锅炉出口蒸汽量 D_b和给水流量 D_{fw}与主蒸汽流量 D_0的关系。

4. 回热系统计算

按照加热器压力“从高到低”的次序，依次进行各回热加热器、轴封加热器、凝汽器的计算，求得各抽汽量 D_j（或 α_j）、凝汽量 D_c（或 α_c）、给水流量 D_{fw}（或 α_{fw}）和汽轮机比内功 w_i。这一步计算结束时，需要利用物质平衡方程式校核凝汽系数 α_c的计算误差，一般要求相对误差不超过±0.2%。

5. 汽轮机组热经济指标计算

根据回热系统计算结果，求出汽轮机组的汽耗量 D_0、汽耗率 d、热耗量 Q_0、热耗率 q 以及汽轮机组绝对内效率 η_i、绝对电效率 η_e。

6. 全厂热经济指标计算

计算锅炉热负荷 Q_b、管道热效率 η_p、全厂热耗率 q_{cp}、全厂热效率 η_{cp}、发电标准煤耗率 b_{cp}^s、供电标准煤耗率 b_{cp}^{ns}等。

六、全厂与机组原则性热力系统计算的异同

机组原则性热力系统计算是全厂原则性热力系统计算的基础与核心，二者之间存在密切关联。由于全厂原则性热力系统还涉及锅炉、管道、辅助热力系统等，二者在计算范围、内容和步骤上亦存在不同之处。

1. 共同点

机组和全厂原则性热力计算有许多共同之处，主要体现在以下几方面：

（1）计算的实质是联立求解多元一次线性方程组，独立方程式的个数恒等于未知量的个数，按照一定的顺序消去某些未知量，总是可解的。

(2) 计算原理和基本公式是相同的，即各换热设备的质量平衡方程、热平衡方程以及汽轮机功率方程是一致的。

(3) 既可用汽水流量的绝对量来计算，也可以采用相对量（相对于 1kg 主蒸汽）来计算，最后再根据汽轮机功率方程求得汽轮机的汽耗量以及各汽水流量的绝对量。

(4) 二者的计算步骤相近。

2. 不同点

全厂热力系统计算与机组原则性热力系统计算不同之处主要有以下几点：

(1) 计算范围和要求不同。机组原则性热力系统计算仅计算机组热经济性指标，而全厂原则性热力系统计算则包括了锅炉、管道、汽轮机组和辅助热力系统在内的全厂范围的计算，需合理选取锅炉热效率、厂用电率，以最终求得全厂的热经济性指标，如 η_{cp}、q_{cp}、b_{cp}^{s} 和 η_{cp}^{n}、q_{cp}^{n}、b_{cp}^{ns}。

(2) 某些量的物理概念不同。由于全厂热力系统计算涉及全厂范围，较机组原则性热力系统计算要增加全厂的物质平衡和辅助热力系统计算等内容，因而某些量的物理概念发生了变化。例如汽轮机的汽耗量 D_0，就不能只包括参与做功的那部分蒸汽量 D_0'，还应包括与汽轮机运行有关的非做功的汽耗，如阀杆漏汽 D_{lv}、射汽抽气器汽耗量 D_{ej}（通常以取自主蒸汽管道上考虑）、高压缸前轴封漏汽 D_{sg}' 等均应包括在汽轮机汽耗量 D_0 内。锅炉蒸发量 D_b 不仅包括汽轮机新汽耗量 D_0，还应考虑汽轮机组的汽水损失 D_l（通常以取自主蒸汽管道考虑）。由于全厂物质平衡的变化和辅助热力系统引入汽轮机回热系统时带入的热量，使汽轮机组的热耗量与机组回热系统计算用的热耗量在物理概念上也不一样了。

现以如图 5-17 为例加以具体说明。根据质量平衡方程，有如下关系式：

汽轮机汽耗量：
$$D_0 = D_0' + D_{lv} + D_{ej} + D_{sg}' \tag{5-1}$$

锅炉蒸发量：
$$D_b = D_0 + D_l \tag{5-2}$$

全厂补水量：
$$D_{ma} = D_{bl}' + D_l \tag{5-3}$$

全厂给水量：
$$D_{fw} = D_b + D_{bl} = D_0 + D_l + D_f + D_{bl}' = D_0 + D_f + D_{ma} \tag{5-4}$$

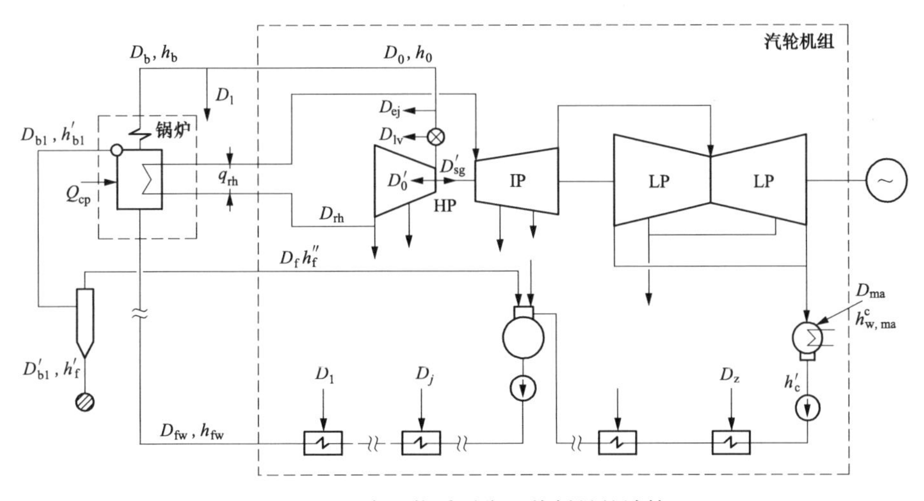

图 5-17　全厂物质平衡和热耗量的计算

若采用相对量表示，将以上各式方程两边同时除以 D_0，则上式各值均可化为以 1kg 汽轮机汽耗量为基准的相对值，如 α_b、α_{ma}、α_{fw}等。

根据如图 5-17 所示的汽轮机组范围（虚框所示），可得机组热耗量为

$$Q_0 = D_0 h_0 + D_{rh} q_{rh} + D_f h_f'' + D_{ma} h_{w,ma}^c - D_{fw} h_{fw} \tag{5-5}$$

将 $D_{fw} = D_b + D_{bl} = D_0 + D_f + D_{ma}$ 代入式（5-5），可得

$$Q_0 = D_0 (h_0 - h_{fw}) + D_{rh} q_{rh} + D_f (h_f'' - h_{fw}) - D_{ma} (h_{fw} - h_{w,ma}^c) \tag{5-6}$$

如图 5-17 所示，锅炉热耗量为

$$\begin{aligned} Q_b &= D_b h_b + D_{rh} q_{rh} + D_{bl} h_{bl}' - D_{fw} h_{fw} \\ &= D_b (h_b - h_{fw}) + D_{rh} q_{rh} + D_{bl} (h_{bl}' - h_{fw}) \end{aligned} \tag{5-7}$$

（3）计算步骤上也不完全一样。为便于计算，凡对回热系统有影响的外部系统，如辅助热力系统中的锅炉连续排污利用系统、对外供热系统等，应先进行计算。因此在全厂原则性热力系统计算中应按照“先外后内，由高到低”的顺序进行。

七、某 600MW 亚临界空冷机组的全厂原则性热力系统计算

某 600MW 亚临界空冷机组的全厂原则性热力系统如图 5-18 所示，求在下列已知条件下该机组 THA 工况时（P_e=600MW）的全厂热经济指标。

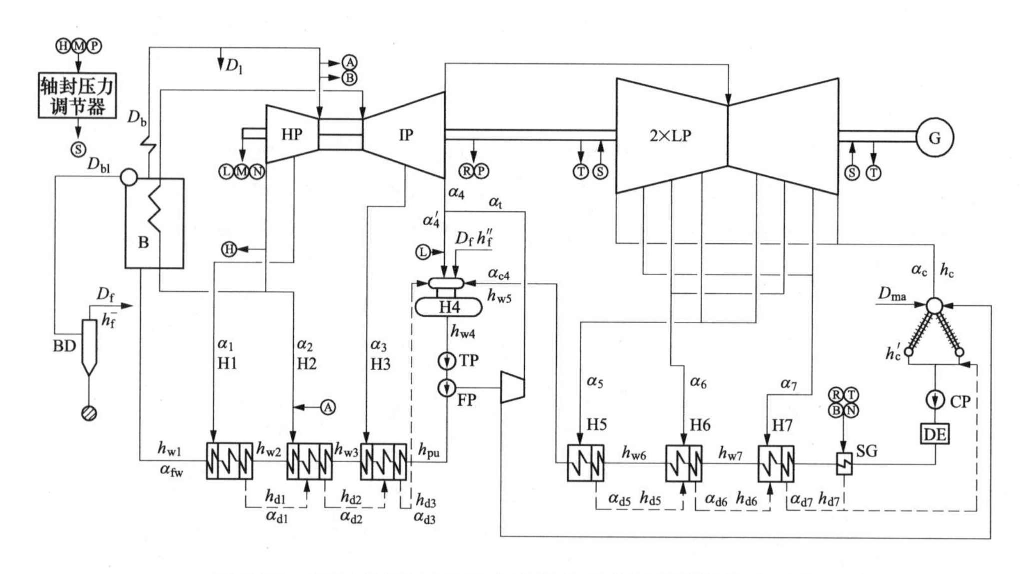

图 5-18 某 600MW 亚临界空冷机组的全厂原则性热力系统

已知：

1. 汽轮机形式与参数

汽轮机由哈尔滨汽轮机厂生产，采用亚临界、冲动反动联合式、一次中间再热、单轴、三缸（高中压合缸和两个低压缸）四排汽直接空冷凝汽式汽轮机。

汽轮机型号：NZK600-16.7/538/538-2。

蒸汽初参数：p_0=16.67MPa，t_0=538℃。

再热蒸汽参数：热段（中压缸进汽）p_{rh}=3.323MPa，t_{rh}=538℃；

冷段（高压缸排汽）$p_{rh}' = p_2$=3.693MPa，$t_{rh}' = t_2$=320℃。

低压缸排汽压力：p_c=0.015MPa，X_c=0.9285。

额定功率：P_e=600MW。

该机组有七级回热抽汽，分别给“三高、三低、一除氧”供汽。THA 工况下各回热抽汽的压力和温度、加热器上下端差、水侧压力、抽汽管道压力损失见表 5-1。轴封及门杆漏汽参数见表 5-2。

表 5-1　　回热加热器参数

项目	单位	回热加热器						
		H1	H2	H3	H4	H5	H6	H7
抽汽压力 p_j	MPa	5.718	3.693	1.794	0.8408	0.3199	0.1893	0.1025
抽汽温度 t_j	℃	380	320	444	335.6	220.8	167	107.8
加热器上端差 θ	℃	−1.7	0	0	0	2.8	2.8	2.8
加热器下端差 φ	℃	5.6	5.6	5.6	0	5.6	5.6	5.6
水侧压力 p_t	MPa	19.6706	19.6706	19.6706	0.7988	1.724	1.724	1.724
抽汽管道压力损失 δp_j	%	3	3	5	5	5	5	5

表 5-2　　轴封及门杆漏汽流量与参数

序号	符号	来源点	汇入点	流量份额	焓值（kJ/kg）
1	L	高压缸轴封漏汽	除氧器	0.00346845	3025.1
2	N	高压缸轴封漏汽	轴封加热器	0.00006555	3025.1
3	M	高压缸轴封漏汽	均压箱	0.00070461	3025.1
4	A	高压缸门杆漏汽	H2	0.00044789	3399.0
5	B	高压缸门杆漏汽	轴封加热器	0.00019117	3399.0
6	R	中压缸轴封漏汽	轴封加热器	0.00006008	3131.0
7	P	中压缸轴封漏汽	均压箱	0.00043697	3131.0
8	T	低压缸轴封漏汽	轴封加热器	0.00056806	3061.0
9	S	轴封压力调节器	低压缸	0.00128906	3061.0*
10	H	再热冷段	轴封压力调节器	0.00014748	3025.1

* 轴封供汽 S 的焓值取 H、M、P 漏汽焓值的加权平均。

2. 锅炉形式和参数

锅炉采用武汉锅炉股份有限责任公司制造的 WGZ2080/17.51-1 型亚临界强制循环汽包炉，采用四角切圆燃烧，单炉膛 Ⅱ 型布置，一次中间再热，平衡通风，全钢构架，半露天布置，刮板捞渣机固态连续排渣。

过热蒸汽出口参数：p_b=17.23MPa，t_b=541℃。

再热蒸汽进口参数：$p_{rh(b)}^{in}$=3.62MPa，$t_{rh(b)}^{in}$=318.6℃。

再热蒸汽出口参数：$p_{rh(b)}^{o}$=3.43MPa，$t_{rh(b)}^{o}$=541℃。

锅炉效率：η_b=0.9261。

汽包连续排污量：D_{bl}=0.01D_b。

汽包排污水压力：p_{bl}=20.4MPa。

排污扩容器工作压力：p_f=0.90MPa。

排污扩容器的热效率：η_f=0.98。

3. 管道系统热力参数

机组的汽水损失：D_l=0.01D_b。

主汽调门及进汽管道压力损失率：β_1=1.43%。

再热蒸汽及管道：压力损失率 β_2=10%。

中压联合汽门及管道压力损失率：β_3=1.43%。

中低压连通管：压力损失率 β_4=2%。

4. 其他数据

机电效率：$\eta_{mg}=\eta_m\eta_g$=0.989。

加热器效率：η_h=100%。

厂用电率：ξ_{ap}=0.045。

给水泵汽轮机排汽压力：p_{ptc}=0.0165MPa。

给水泵汽轮机排汽焓：h_{ptc}=2536.82kJ/kg。

给水泵汽轮机机械效率：η_{ptm}=0.99。

给水泵出口压力：p_{pu}=19.6706MPa。

给水泵效率：η_{pu}=0.83。

除氧器水箱水面至给水泵入口的垂直高度：H=21.6m。

凝结水泵出口压力：p_{cp}=1.724MPa。

补水温度：t_{ma}=25℃，补水焓 h_{ma}=104.77kJ/kg。

解：

1. 整理数据

主蒸汽、再热蒸汽及排污扩容器计算点参数见表 5-3。根据 THA 工况下的汽水状态，查表并整理出回热系统计算点汽水焓值见表 5-4。该机组的汽态膨胀过程线，如图 5-19 所示。

表 5-3　主蒸汽、再热蒸汽及排污扩容器计算点汽水参数表

汽水参数	单位	锅炉过热器（出口）	汽轮机高压缸（入口）	锅炉汽包排污水	连续排污扩容器	再热器入口	再热器出口
压力 p	MPa	17.23	16.67	20.4	0.90	3.62	3.43
温度 t	℃	541	538	367.4	175.36	318.6	541
汽焓 h	kJ/kg	3401.1	3399.0	—	2773.0	3023.7	3545.2
水焓 h_w	kJ/kg	—	—	1849.8	742.7	—	—
再热蒸汽焓升 q_{rh}	kJ/kg	—	—	—	—	521.5	

表 5-4　机组回热系统计算点汽水参数

	项目	单位	H1	H2	H3	H4	H5	H6	H7	SG	排汽
汽侧	抽汽压力	MPa	5.718	3.693	1.794	0.8408	0.3199	0.1893	0.1025	0.095	0.015
	抽汽温度	℃	380	320	444	335.6	220.8	167	107.8	—	x_c=0.9285
	抽汽比焓	kJ/kg	3132.0	3025.1	3347.7	3131.0	2907.7	2804.7	2691.5	3136.1(2)	2428.7

续表

项目		单位	H1	H2	H3	H4	H5	H6	H7	SG	排汽
汽侧	抽汽管道压力损失	%	3	3	5	5	5	5	5	—	—
	加热器汽侧压力	MPa	5.546	3.582	1.704	0.7988	0.3039	0.1798	0.0974	—	—
	汽侧压力下饱和温度	℃	270.5	243.9	204.43	170.35	133.97	116.88	98.87	98.2	53.97
水侧	水侧压力	MPa	19.6706	19.6706	19.6706	0.7988	1.724	1.724	1.724	1.724	—
	加热器上端差	℃	−1.7	0	0	0	2.8	2.8	2.8	—	—
	出口水温	℃	272.2	243.90	204.43	170.35	131.17	114.08	96.07	—	—
	出口水焓	kJ/kg	1192.8	1058.1	879.8	720.7	552.4	479.8	403.8	—	225.9
	进口水温	℃	243.90	204.43	173.68(1)	131.17	114.08	96.07	—	—	—
	进口水焓	kJ/kg	1058.1	879.8	745.7	552.4	479.8	403.8	—	—	—
	加热器下端差	℃	5.6	5.6	5.6	0	5.6	5.6	5.6	—	—
	疏水温度	℃	249.50	210.03	179.28	—	119.68	101.67	—	—	—
	疏水比焓	kJ/kg	1083.2	898.4	760.4	—	502.5	426.2	—	—	—

注 1. 考虑给水泵焓升后，H3 入口水比焓为 720.7＋24.98＝745.7kJ/kg，由该处的压力及焓值查得 H3 进口水温度为 173.68℃。

2. 轴封加热器进口蒸汽的焓值取 R、T、B、N 漏汽焓值的加权平均。

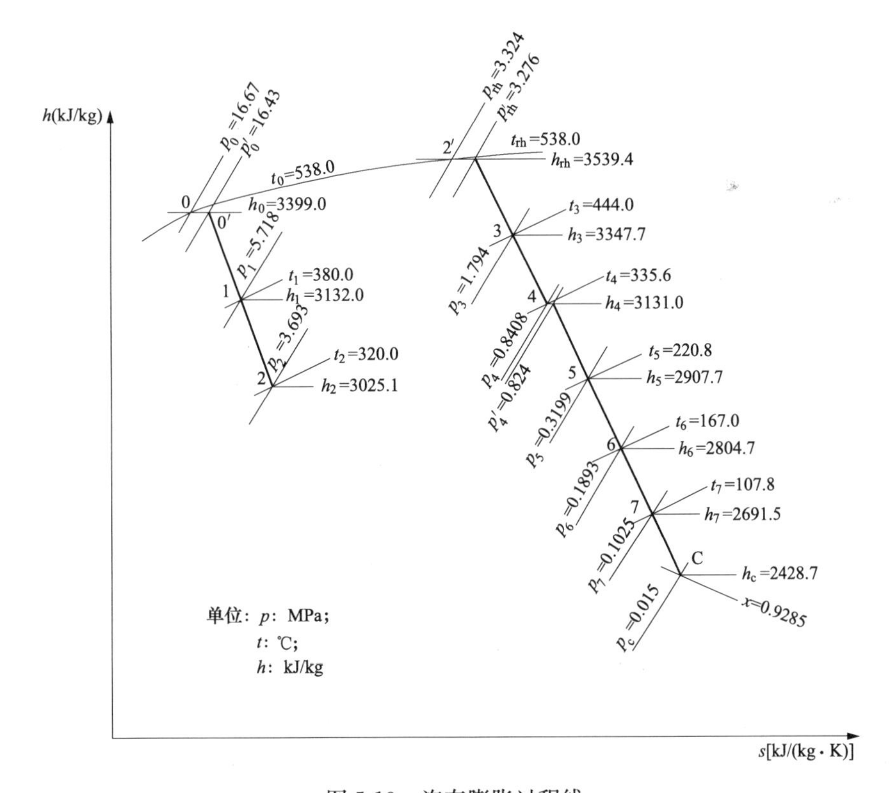

图 5-19 汽态膨胀过程线

2. 全厂物质平衡

汽轮机主汽门前的流量份额 $\alpha_0=1$，由 $\alpha_1+\alpha_0=\alpha_b$ 及 $\alpha_1=0.01\alpha_b$，可得

$$\alpha_b=\frac{\alpha_0}{0.99}=1.01010101$$

$$\alpha_1=\alpha_{bl}=0.01\alpha_b=0.01010101$$

(1) 连续排污扩容器产生的蒸汽份额。由锅炉排污扩容器的热平衡方程，可得到扩容器产生的蒸汽份额为

$$\alpha_{bl}h'_{bl}\eta_f=\alpha_f h_f+(\alpha_{bl}-\alpha_f)h'_f$$

$$\alpha_f=\frac{\alpha_{bl}(h'_{bl}\eta_f-h'_f)}{h_f-h'_f}=\frac{0.01010101\times(1849.8\times0.98-742.7)}{2773.0-742.7}=0.00532391$$

(2) 凝汽器补充水份额为

$$\begin{aligned}\alpha_{ma}&=(\alpha_{bl}-\alpha_f)+\alpha_1\\&=(0.01010101-0.00532391)+0.01010101\\&=0.01487811\end{aligned}$$

(3) 锅炉省煤器进口给水流量份额：

$$\alpha_{fw}=\alpha_b+\alpha_{bl}=1.01010101+0.01010101=1.020202$$

3. 计算各级回热抽汽量和凝汽量

(1) 由高压加热器 H1 热平衡计算 α_1：

高压加热器 H1 的热平衡为

$$\alpha_1(h_1-h_{d1})\eta_h=\alpha_{fw}(h_{w1}-h_{w2})$$

则

$$\begin{aligned}\alpha_1&=\frac{\alpha_{fw}(h_{w1}-h_{w2})/\eta_h}{h_1-h_{d1}}\\&=\frac{1.02020202\times(1192.8-1058.1)/1}{3132.0-1083.2}\\&=0.067074\end{aligned}$$

H1 疏水份额 α_{d1} 为

$$\alpha_{d1}=\alpha_1=0.067074$$

(2) 由高压加热器 H2 热平衡计算 α_2。高压加热器 H2 的热平衡为

$$[\alpha_2(h_2-h_{d2})+\alpha_{d1}(h_{d1}-h_{d2})+\alpha_A(h_A-h_{d2})]\eta_h=\alpha_{fw}(h_{w2}-h_{w3})$$

$$\begin{aligned}\alpha_2&=\frac{\alpha_{fw}(h_{w2}-h_{w3})/\eta_h-\alpha_{d1}(h_{d1}-h_{d2})-\alpha_A(h_A-h_{d2})}{h_2-h_{d2}}\\&=\frac{1}{3025.1-898.4}\times[1.02020202\times(1058.1-879.8)/1-0.067074\times(1083.2-\\&\quad 898.4)-0.00044789\times(3399.0-898.4)]\\&=0.079177\end{aligned}$$

H2 疏水份额 α_{d2} 为

$$\alpha_{d2}=\alpha_{d1}+\alpha_2+\alpha_A=0.067074+0.079177+0.00044789=0.146699$$

由高压缸的物质平衡可得再热蒸汽份额 α_{rh} 为

$$\begin{aligned}\alpha_{rh} &= 1-\alpha_A-\alpha_B-\alpha_L-\alpha_M-\alpha_N-\alpha_H-\alpha_1-\alpha_2\\ &= 1-0.00044789-0.00019117-0.00346845-0.00070461-0.00006555-\\ &\quad 0.00014748-0.067074-0.079177\\ &= 0.848723\end{aligned}$$

（3）由高压加热器 H3 热平衡计算 α_3。高压加热器 H3 的进口水焓未知，故应先计算给水泵的焓升 τ_{pu}。

给水泵入口静压 p'_{pu} 为

$$p'_{pu}=p'_4+\rho gH=0.7988+\frac{9.8\times 21.6}{0.00111\times 10^6}=0.9895\text{MPa}$$

式中：p'_4 为除氧器内压力。

给水泵内工质焓升 τ_{pu} 为

$$\begin{aligned}\tau_{pu} &= \frac{\nu_{pu}(p_{pu}-p'_{pu})\times 10^3}{\eta_{pu}}\\ &= \frac{0.00111\times(19.6706-0.9895)\times 10^3}{0.83}\\ &= 24.98(\text{kJ/kg})\end{aligned}$$

高压加热器 H3 进口水焓 h_{pu}（即给水泵出口水焓）为

$$h_{pu}=h_{w4}+\tau_{pu}=720.7+24.98=745.7\text{kJ/kg}$$

根据高压加热器 H3 的热平衡，可得

$$[\alpha_3(h_3-h_{d3})+\alpha_{d2}(h_{d2}-h_{d3})]\eta_h=\alpha_{fw}(h_{w3}-h_{pu})$$

$$\begin{aligned}\alpha_3 &= \frac{\alpha_{fw}(h_{w3}-h_{pu})/\eta_h-\alpha_{d2}(h_{d2}-h_{d3})}{h_3-h_{d3}}\\ &= \frac{1}{3347.7-760.4}\times[1.02020202\times(879.8-745.7)/1-0.146699\times(898.4-763.4)]\\ &= 0.045061\end{aligned}$$

H3 疏水份额 α_{d3} 为

$$\alpha_{d3}=\alpha_{d2}+\alpha_3=0.146699+0.045061=0.191760$$

（4）由除氧器 H4 热平衡计算 α_4。第四段抽汽份额 α_4 等于除氧器用汽量 α'_4 与给水泵汽轮机用汽量 α_{pt} 之和，即

$$\alpha_4=\alpha'_4+\alpha_{pt}$$

根据给水泵汽轮机和给水泵的能量平衡关系，可求出小汽轮机抽汽系数 α_{pt}，即

$$\alpha_{pt}=\frac{\alpha_{fw}\cdot\tau_{pu}}{(h_4-h_{ptc})\eta_{ptm}}=\frac{1.020202\times 24.98}{(3131.0-2536.82)\times 0.99}=0.043322$$

根据除氧器的热平衡和物质平衡，可得

$$[\alpha'_4(h_4-h_{w5})+\alpha_f(h_f-h_{w5})+\alpha_L(h_L-h_{w5})+\alpha_{d3}(h_{d3}-h_{w5})]\eta_h=\alpha_{fw}(h_{w4}-h_{w5})$$

$$\begin{aligned}\alpha'_4 &= \frac{1}{h_4-h_{w5}}[\alpha_{fw}(h_{w4}-h_{w5})/\eta_h-\alpha_f(h_f-h_{w5})-\alpha_L(h_L-h_{w5})-\alpha_{d3}(h_{d3}-h_{w5})]\\ &= \frac{1}{3131.0-552.4}\times[1.020202\times(720.7-552.4)/1-0.00532391\times(2773-\\ &\quad 552.4)-0.00346845\times(3025.1-552.4)-0.191759\times(760.4-552.4)]\\ &= 0.043208\end{aligned}$$

进入除氧器的凝结水流量份额 α_{c4} 为

$$\alpha_{c4}=\alpha_{fw}-\alpha_4'-\alpha_L-\alpha_{d3}-\alpha_f=0.776442$$

第四段抽汽份额 α_4 为

$$\alpha_4=\alpha_4'+\alpha_{pt}=0.043208+0.043322=0.086530$$

（5）由低压加热器 H5 热平衡计算 α_5。根据低压加热器 H5 热平衡，可得

$$\alpha_5(h_5-h_{d5})\eta_h=\alpha_{c4}(h_{w5}-h_{w6})$$

$$\begin{aligned}\alpha_5&=\frac{\alpha_{c4}(h_{w5}-h_{w6})/\eta_h}{h_5-h_{d5}}\\&=\frac{0.776442\times(552.4-479.8)/1}{2907.7-502.5}\\&=0.023437\end{aligned}$$

H5 疏水份额 α_{d5} 为：$\alpha_{d5}=\alpha_5=0.023437$

（6）由低压加热器 H6 热平衡计算 α_6。根据低压加热器 H6 热平衡，可得

$$[\alpha_6(h_6-h_{d6})+\alpha_{d5}(h_{d5}-h_{d6})]\eta_h=\alpha_{c4}(h_{w6}-h_{w7})$$

$$\begin{aligned}\alpha_6&=\frac{\alpha_{c4}(h_{w6}-h_{w7})/\eta_h-\alpha_{d5}(h_{d5}-h_{d6})}{h_6-h_{d6}}\\&=\frac{0.776442\times(479.8-403.8)/1-0.023437\times(502.5-426.2)}{2804.7-426.2}\\&=0.024061\end{aligned}$$

H6 疏水份额 α_{d6} 为

$$\alpha_{d6}=\alpha_{d5}+\alpha_6=0.023437+0.024061=0.047498$$

（7）由低压加热器 H7、轴封冷却器 SG、凝汽器热井构成一整体的物质平衡和热平衡计算 α_7。轴封冷却器的进汽量 α_{SG} 为

$$\alpha_{SG}=\alpha_B+\alpha_N+\alpha_R+\alpha_T=0.00088486$$

轴封冷却器的进汽焓值 h_{SG} 为

$$\begin{aligned}h_{SG}&=\frac{\alpha_B h_B+\alpha_N h_N+\alpha_R h_R+\alpha_T h_T}{\alpha_{SG}}\\&=\frac{(0.00019117\times3399.0+0.00006555\times3025.1+0.00006008\times3131.0+0.00056806\times3061.0)}{0.00088486}\\&=3136.1(\mathrm{kJ/kg})\end{aligned}$$

由凝汽器压力 $p_c=0.015\mathrm{MPa}$，得凝汽器压力下饱和水焓 $h_c'=225.9\mathrm{kJ/kg}$。

根据该整体系统的热平衡和物质平衡得

$$[\alpha_7(h_7-h_c')+\alpha_{SG}(h_{SG}-h_c')+\alpha_{d6}(h_{d6}-h_c')]\eta_h=\alpha_{c4}(h_{w7}-h_c')$$

$$\begin{aligned}\alpha_7&=\frac{1}{h_7-h_c'}[\alpha_{c4}(h_{w7}-h_c')/\eta_h-\alpha_{SG}(h_{SG}-h_c')+\alpha_{d6}(h_{d6}-h_c')]\\&=\frac{1}{2691.5-225.9}[0.776442\times(403.8-225.9)-0.00088486\times(3136.1-225.9)-\\&\quad 0.047498\times(426.2-225.9)]\\&=0.051119\end{aligned}$$

H7 疏水份额 α_{d7} 为

$$\alpha_{d7}=\alpha_{d6}+\alpha_7=0.047498+0.051119=0.098617$$

（8）排汽份额 α_c 的计算。由热井物质平衡计算排汽份额 α_c：

$$\begin{aligned}\alpha_c&=\alpha_{c4}-\alpha_{d7}-\alpha_{pt}-\alpha_{ma}-\alpha_{SG}\\&=0.776442-0.098617-0.043322-0.0148781-0.00088486\\&=0.618740\end{aligned}$$

由汽轮机物质平衡校核排汽份额，可得

$$\begin{aligned}\alpha_c&=1-\sum_{j=1}^{7}\alpha_j-\alpha_A-\alpha_B-\alpha_L-\alpha_M-\alpha_N-\alpha_R-\alpha_P-\alpha_T-\alpha_H+\alpha_S\\&=0.618740\end{aligned}$$

两种方法的计算结果完全一致，证明计算结果正确。

4. 汽轮机比内功的计算

蒸汽在汽轮机内做的比内功由凝汽流比内功、回热汽流比内功和轴封漏汽比内功三部分组成，即

$$w_i=w_i^c+w_i^r+w_i^l$$

（1）凝汽流的比内功 w_i^c。见表 5-2 和如图 5-18 所示，低压缸轴封供汽份额高于漏汽份额，说明一部分蒸汽漏入低压缸内。因此，汽轮机的排汽份额 α_c 等于汽轮机凝汽流份额与漏入低压缸的轴封汽份额之和。因此，汽轮机的凝汽流份额为 $\alpha_c'=\alpha_c-(\alpha_S-\alpha_T)$。

凝汽流的比内功为

$$\begin{aligned}w_i^c&=(\alpha_c-\alpha_S+\alpha_T)(h_0-h_c+q_{rh})\\&=0.618019\times(3399.0-2428.7+521.5)\\&=921.96(\text{kJ/kg})\end{aligned}$$

（2）回热汽流的比内功 w_i^r：

$$\begin{aligned}w_i^r&=\alpha_1(h_0-h_1)+\alpha_2(h_0-h_2)+\alpha_3(h_0-h_3+q_{rh})+\cdots+\alpha_7(h_0-h_7+q_{rh})\\&=255.05(\text{kJ/kg})\end{aligned}$$

（3）轴封漏汽比内功 w_i^l。有些轴封漏汽在漏出汽轮机前，已在汽轮机内做了功，其比内功为

$$\begin{aligned}w_i^l&=(\alpha_L+\alpha_M+\alpha_N+\alpha_H)(h_0-h_L)+(\alpha_R+\alpha_P)(h_0-h_P+q_{rh})\\&=(0.00346845+0.00006555+0.00070461+0.00014748)\times(3399.0-3025.1)\\&\quad+(0.00006008+0.00043697)\times(3399.0-3131.0+521.5)\\&=2.03(\text{kJ/kg})\end{aligned}$$

（4）汽轮机比内功 w_i：

$$w_i=w_i^c+w_i^r+w_i^l=921.96+255.05+2.03=1179.04\text{kJ/kg}$$

以输入、输出汽轮机的能量之差校核比内功，即

$$\begin{aligned}w_i&=h_0+\alpha_{rh}q_{rh}-\sum_{j=1}^{7}\alpha_j h_j-\alpha_c'h_c-\alpha_A h_A-\alpha_B h_B-\alpha_L h_L-\alpha_N h_N-\alpha_M h_M-\alpha_P h_P\\&\quad-\alpha_R h_R-\alpha_H h_H\\&=1179.04(\text{kJ/kg})\end{aligned}$$

两种方法计算结果完全一致。比内功的计算结果汇总于表 5-5 中。

表 5-5　　比内功汇总表

项目		份额 α	焓 h(kJ/kg)	比内功 w_i(kJ/kg)
w_i^r	第 1 段抽汽	0.067074	h_1=3132.0	17.90876
	第 2 段抽汽	0.079177	h_2=3025.1	29.60446
	第 3 段抽汽	0.04506	h_3=3347.7	25.81064
	第 4 段抽汽	0.08653	h_4=3131.0	68.31516
	第 5 段抽汽	0.023437	h_5=2907.7	23.73658
	第 6 段抽汽	0.024061	h_6=2804.7	26.8473
	第 7 段抽汽	0.051119	h_7=2691.5	62.82582
w_i^c	凝汽流	0.618019	h_c=2428.7	921.9609
w_i^l	漏汽 L、M、N、H	0.004386	h=3025.1	1.639959
	漏汽 R、P	0.000497	h=3131.0	0.392421
合计				1179.04

5. 汽水流量计算

主蒸汽流量为

$$D_0=\frac{3600P_e}{w_i\eta_m\eta_g}=1852.4(\text{t/h})$$

各部分汽水流量汇总见表 5-6。

表 5-6　　汽水流量汇总表

项目	份额符号	份额	流量符号	流量（t/h)
主蒸汽流量	α_0	1	D_0	1852.4
锅炉给水量	α_{fw}	1.020202	D_{fw}	1889.8
锅炉蒸发量	α_b	1.010101	D_b	1871.1
锅炉排污量	α_{bl}	0.010101	D_{bl}	18.7
扩容蒸汽量	α_f	0.005324	D_f	9.9
机组汽水损失	α_l	0.010101	D_l	18.7
化学补水量	α_{ma}	0.014878	D_{ma}	27.6
再热蒸汽流量	α_{rh}	0.848723	D_{rh}	1572.2
第 1 段抽汽量	α_1	0.067074	D_1	124.2
第 2 段抽汽量	α_2	0.079177	D_2	146.7
第 3 段抽汽量	α_3	0.04506	D_3	83.5
第 4 段抽汽量	α_4	0.08653	D_4	160.3
第 5 段抽汽量	α_5	0.023437	D_5	43.4
第 6 段抽汽量	α_6	0.024061	D_6	44.6
第 7 段抽汽量	α_7	0.051119	D_7	94.7
排汽量	α_c	0.61874	D_c	1146.1

6. 热经济指标计算

（1）汽轮机组的热经济性指标。汽轮机组的热耗量为

$$Q_0 = D_0 h_0 + D_{rh} q_{rh} + D_f h_f'' + D_{ma} h_{ma} - D_{fw} h_{fw} = 4892226.563 \times 10^3 (kJ/h)$$

汽轮机组的比热容耗为

$$q_0 = Q_0 / D_0 = 2641.0 (kJ/kg)$$

汽轮机组的热耗率为

$$q = Q_0 / P_e = 8153.6 (kJ/kWh)$$

汽轮机组的绝对内效率 η_i 为

$$\eta_i = w_i / q_0 = 44.64 (\%)$$

汽轮机组的绝对电效率 η_e 为

$$\eta_e = \eta_i \eta_m \eta_g = 44.15 (\%)$$

汽轮机组的汽耗率为

$$d = D_0 / P_e = 3.087 (kg/kWh)$$

（2）全厂发电侧热经济性指标。锅炉热耗量为

$$Q_b = D_b h_b + D_{rh} q_{rh} + D_{bl} h'_{bl} - D_{fw} h_{fw} = 4964131.573 \times 10^3 (kJ/h)$$

管道热效率为

$$\eta_p = Q_0 / Q_b = 98.55 (\%)$$

全厂发电热效率为

$$\eta_{cp} = \eta_b \eta_p \eta_e = 40.30 (\%)$$

全厂发电热耗率为

$$q_{cp} = \frac{3600}{\eta_{cp}} = 8933.7 (kJ/kWh)$$

全厂发电标准煤耗率为

$$b_{cp}^{s} = \frac{122.8}{\eta_{cp}} = 304.74 (g/kWh)$$

（3）全厂供电侧热经济性指标：

$$\eta_{cp}^{n} = \eta_{cp} (1 - \xi_{ap}) = 38.48 (\%)$$

$$q_{cp}^{n} = \frac{q_{cp}}{1 - \xi_{ap}} = 9354.6 (kJ/kWh)$$

$$b_{cp}^{ns} = \frac{b_{cp}^{s}}{1 - \xi_{ap}} = 319.10 (g/kWh)$$

第五章复习思考题答案

5-1　何为火力发电厂原则性热力系统？火力发电厂原则性热力系统主要由哪些基本系统组成？有何特点？其实质和作用各是什么？

5-2　汽轮机组、锅炉机组选择的原则是什么？

5-3　大型凝汽式汽轮机有哪几个主要典型工况？说明额定工况（THA）铭牌工况（TRL）最大连续输出工况（TMCR）调节阀全开工况（VWO）高压加热器切除工况、

阀门全开和超压5%工况（VWO+5%）带厂用汽工况、部分负荷工况各自的特点。

5-4 试分析N300-16.7/538/538型、CC200-12.75/535/535型、N600-16.7/537/537型、NZK600-16.7/538/538型、N660-25/600/600型、N1000-26.25/600/600型以及N1000-31/600/620/620型机组发电厂原则性热力系统的组成特点，比较他们的异同。

5-5 发电厂原则性热力系统计算的目的和内容是什么？

5-6 发电厂原则性热力系统计算的步骤是什么？

5-7 发电厂原则性热力系统计算采用的基本公式是什么？

5-8 试分析发电厂原则性热力系统计算与机组原则性热力系统计算的异同。

第六章

发电厂全面性热力系统

本章导读

发电厂全面性热力系统是在原则性热力系统的基础上，考虑连续性、安全性、可靠性和灵活性后所组成的系统，全面反映了热力发电厂实际系统的形式和特点。发电厂全面性热力系统由主蒸汽和再热蒸汽系统、旁路系统、回热系统、辅助蒸汽系统等组成。

本章主要介绍发电厂全面性热力系统的组成、形式、特点和运行方式。

第一节　主蒸汽和再热蒸汽系统

一、主蒸汽和再热蒸汽系统的范围与类型

1. 主蒸汽和再热蒸汽系统的范围

主蒸汽和再热蒸汽系统包括从锅炉过热器出口集箱至汽轮机主汽阀入口的蒸汽管道、阀门及通往用新汽设备的蒸汽支管所组成的系统；对于中间再热式机组，还包括再热的冷段和热段。通常，将汽轮机高压缸排汽口到锅炉再热器入口集箱的再热蒸汽管道及其分支管道称为再热冷段蒸汽系统；锅炉再热器出口集箱到汽轮机中压联合汽阀的管道和分支管道称为再热热段蒸汽系统。主蒸汽和再热蒸汽有时分别称作一次蒸汽和二次蒸汽，因而主蒸汽和再热蒸汽系统也称为一次蒸汽和二次蒸汽系统。

发电厂主蒸汽和再热蒸汽系统具有输送工质流量大、参数高、管道长且要求金属材料质量高的特点，对发电厂运行的安全、可靠、经济性影响很大，所以对主蒸汽和再热蒸汽系统的基本要求是：系统简单、安全可靠、调度灵活、投资合理、便于安装和维修。主蒸汽和再热蒸汽系统的形式应根据发电厂的类型和参数、机组的类型和参数，经过综合技术经济比较后确定，且应符合 GB 50660—2011《大中型火力发电厂设计规范》。

2. 主蒸汽和再热蒸汽系统的类型与选择

火力发电厂常用的主蒸汽和再热蒸汽系统有以下几种类型：

(1) 单母管制系统。单母管制系统（又称集中母管制系统）如图 6-1 (a) 所示，其特点是发电厂所有锅炉产生的蒸汽先集中引至一根蒸汽母管后，再由该母管引至汽轮机和各用汽处。每台锅炉出口和汽轮机进口均装有隔离阀，必要时实现与母管的隔离。蒸汽母管上用两个串联的分段阀，将母管分成两个以上区段，起着减小事故范围的作用，同时也便于分段阀和母管本身检修而不影响其他部分正常运行，提高了系统运行的可靠性。正常运行时，分段阀处于开启状态。

单母管制系统复杂、管道长、设备多、投资大；散热损失和管道阻力损失大；蒸汽参数

互相影响，调节困难；运行较灵活，设备故障时可相互支援；当母管分段检修时，与该区段相连的锅炉和汽轮机要全部停止运行。单母管制系统通常用于锅炉和汽轮机台数不匹配，而热负荷又必须确保可靠供应的热电厂。

（2）切换母管制系统。切换母管制系统如图 6-1（b）所示，其特点是每台锅炉与其相对应的汽轮机组成一个单元，正常运行时机炉成单元运行，各单元之间装有母管，每个单元与母管相连处装有三个切换阀门。这样，当某单元锅炉发生事故或检修时，可通过这三个切换阀门由母管引来邻炉蒸汽，使该单元的汽轮机继续运行，也不影响从母管引出的其他用汽设备。同时，当某单元汽轮机停机时，可通过这三个切换阀门送出本单元锅炉生产的蒸汽给邻机使用。

切换母管制系统的优点是可充分利用锅炉的富裕容量，切换运行，既有较高的运行灵活性，又有足够的运行可靠性，同时还能充分利用锅炉的富裕容量进行最佳负荷分配，使系统较好地经济运行。该系统的不足之处在于：系统较复杂，阀门多，发生事故的可能性较大；管道长，金属耗量大，投资高。

动画 6.1-单元制主蒸汽、再热蒸汽系统

（3）单元制系统。单元制系统如图 6-1（c）所示。这种“一机配一炉”的单元制系统，其特点是每台锅炉与相对应的汽轮机组成一个独立单元，不再设置蒸汽母管，各单元之间的主蒸汽、再热蒸汽没有横向联系，单元内各用新蒸汽设备的支管均引自锅炉和汽轮机之间的主蒸汽管道。需要说明的是，各单元的辅助蒸汽集箱仍可通过辅助蒸汽母管相连，可以实现机组间的辅汽互供，以便机组启动时能够互相支援。

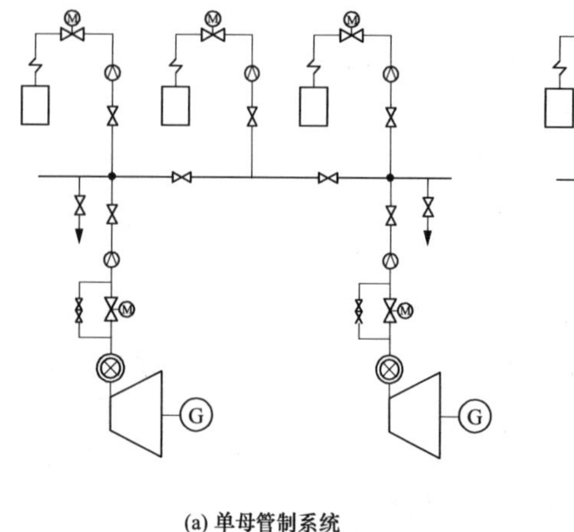

(a) 单母管制系统

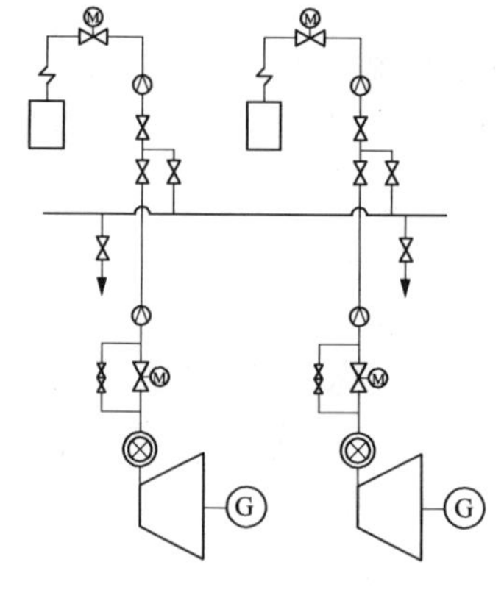

(b) 切换母管制系统

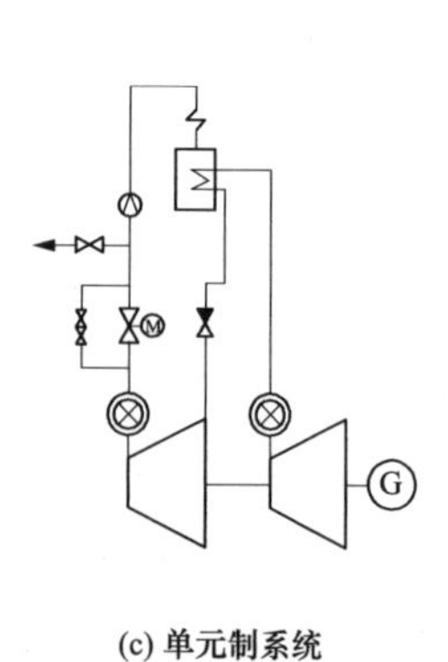

(c) 单元制系统

图 6-1　主蒸汽和再热蒸汽系统类型

单元制系统的优点是系统简单、管道短、阀门少（没有分段阀和切换阀），可以节省大量高级耐热合金钢；事故仅限于本单元内，全厂安全可靠性高；控制系统按单元制设计制造，运行操作少，易于实现集中控制；因为管道短，工质压力损失少，散热少，热经济性高；管道短，附件少，维护工作量少，费用低；无母管，便于布置，主厂房土建费用少。但单元制系统的缺点是：单元之间不能切换，单元内任一与主汽管道相连的主要设备或附件发生故障，都将导致整个单元系统停止运行，缺乏灵活调度和负荷经济分配的条件；负荷变动时对锅炉燃烧的调整要求高；机炉必须同时检修，互相制约。

通过上述分析，对于蒸汽参数比较低、主蒸汽流量比较小、主蒸汽管道系统投资相对较少的小型火力发电机组，可根据情况采用单母管制系统或切换母管制系统。GB 50660—2011《大中型火力发电厂设计规范》规定，对于大中型火力发电机组特别是中间再热机组，主蒸汽和再热蒸汽系统应采用单元制。主要原因有：对装有中间再热凝汽式机组或中间再热供热式机组的发电厂，由于蒸汽参数高，主、再蒸汽管道必须采用昂贵的合金钢管道，这样，单元制系统造价低的优点就显得极为重要；且由于中间再热压力随着机组负荷的变化而变化，因此不同机组之间的再热器无法并列运行；同时，为了使锅炉能正常运行，必须保证主蒸汽流量与流经再热器的流量之间有严格的比例。这样，不同机组之间各锅炉的主蒸汽管道也不能相互连通。因此，高参数、大容量的中间再热机组必须采用单元制系统。

二、单元制主蒸汽和再热蒸汽系统的配置

1. 阀门的配置

如图 6-2（a）所示可以看出，早期单元制机组的主蒸汽从锅炉过热器流出后，依次流经孔板、电动隔离阀（也称电动主汽阀）、高压自动主汽阀、高压调速汽阀（图中未画出）进入高压缸，高压缸排汽经排汽止回阀进入再热器吸热，再热后的蒸汽经中压联合汽阀进入中压缸。设置孔板的作用是测量主蒸汽的流量；电动隔离阀的作用是在锅炉做水压试验时切断锅炉与汽轮机的联系，防止汽轮机进水；设置高压缸排汽止回阀的作用是在机组甩负荷时，防止再热冷段管道、再热器、再热热段管道中的蒸汽倒流进入汽轮机，引起汽轮机反转或超速。

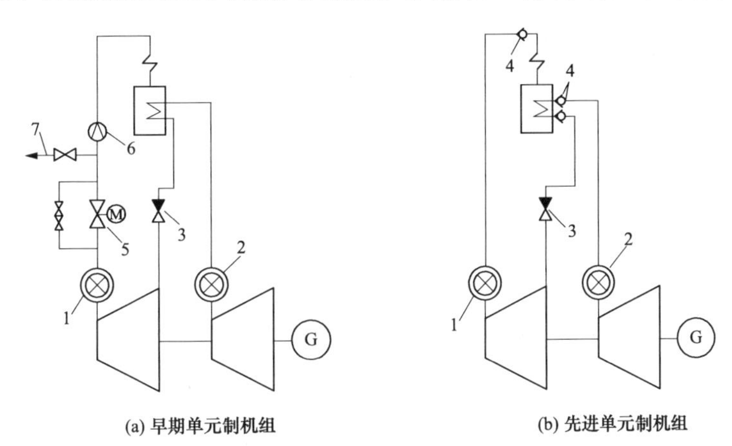

图 6-2 单元制主蒸汽和再热蒸汽系统中的阀门配置示意图

1—高压自动主汽阀；2—中压联合汽阀；3—高压缸排汽止回阀；4—水压试验堵板；5—电动隔离阀；6—流量孔板；7—用新蒸汽支管

如图 6-2（b）所示，目前高参数、大容量单元制机组的主蒸汽系统有了很多改进。例如，为了降低主蒸汽管道的压降，提高机组运行的热经济性，主蒸汽管道上取消了流量孔板和电动隔离阀。主汽流量是利用高压缸调节级前后的压差来进行折算；锅炉进行水压试验时，在过热器出口集箱、再热器进、出口集箱处加装临时水压试验堵板。另外，主蒸汽管道上一般也不再设置用新蒸汽的支管道，各用汽管道一般从再热冷段管道或辅汽集箱引出。

汽轮机高压自动主汽阀一般配置两个，也有配置四个的情况（如北仑电厂 2 号 600MW 机组、邹县电厂 1000MW 机组），高压调速汽阀一般都配置四个。再热后蒸汽的压力虽然不高（在 4～6MPa），但再热蒸汽温度与主蒸汽温度相同或略高，蒸汽的容积流量很大，故一

般也配置两个或四个由中压自动主汽阀和相应的调速汽阀合并为一体的中压联合汽阀，这样做的优点是结构紧凑、便于布置和减少阻力损失。

高、中压主汽阀均依靠汽轮机调速系统的高压油来控制其自动关闭，当汽轮机甩负荷时，在高压油的作用下，可以在0.1～0.3s内关闭。在瞬间自动关闭高、中压自动主汽阀的同时，高压缸排汽止回阀以及各级抽汽管道上的抽汽止回阀也在气动或液动机构的作用下迅速联锁关闭，以免各级抽汽管道及冷段、热段管道中积存的蒸汽倒流入汽轮机，引起汽轮机超速。

2. 单元制主蒸汽和再热蒸汽系统的形式

目前，大型火力发电厂汽轮机的高、中压缸均采用双侧进汽方式，汽轮机与过热器、再热器的管道连接方式主要有单管和双管两种。

单管系统是指采用一根管道从锅炉引出蒸汽，并输送至汽轮机附近，然后再根据汽轮机的进汽方式采用相应的管道连接方式。单管系统的缺点是管径大，每米管长的质量也大，载荷集中，应力分析中柔性较小，支吊比较困难；单管系统的优点是有利于满足汽轮机两侧进口蒸汽温度差的要求，减小汽缸的温差应力、轴封摩擦，并有利于减小压降以及由于管道布置阻力不同产生的压力偏差。

双管系统中，主蒸汽从锅炉过热器出口集箱两端引出两根对称的管道，分左、右两侧分别进入汽轮机的自动主汽阀；高压缸排汽通过两根再热冷段管道进入再热器，再热后的蒸汽也是通过两根再热热段管道进入汽轮机中压缸。与单管系统相比，双管系统中工质流量大大减少，因而可避免采用厚壁大直径的主、再热蒸汽管道，若流量相同，双管的总重与单管相近。如某600MW单元制机组的主、再热蒸汽管道采用单管系统时，主蒸汽和再热冷段蒸汽管道规范分别为ϕ659×109.3mm和ϕ1117.6×27.8mm；当采用双管系统时，两根主蒸汽管道规范变为ϕ615.57×92.57mm，再热冷段蒸汽管道变为ϕ762×15.8mm。另外，双管系统支吊质量不集中，应力分析中有较大的柔性。双管系统的缺点是左、右两侧管道中的主蒸汽温度、再热蒸汽温度存在一定的温度偏差，有的机组主蒸汽温度偏差达30～50℃，再热蒸汽温度偏差则更大。若两侧汽温偏差过大，将使汽缸等高温部件因受热不均而导致变形，从而导致动静碰磨、轴封摩擦。产生温度偏差的原因主要有：随着机组容量的增大，锅炉炉膛宽度也相应加大，进而增加了炉内烟气流场和温度场的分布不均程度，导致双管系统中过热器和再热器两侧出口蒸汽温度存在偏差；另外，双管系统中管道布置不一致、管道散热不均匀也将造成汽轮机进口处蒸汽存在温度偏差。国际电工协会规定，最大允许持久性汽温偏差为15℃，最大允许瞬时性汽温偏差为42℃。为此，在主蒸汽和再热蒸汽系统设计时应采取有效的混温措施，即采用中间联络管，以减小进入汽轮机高、中压缸的蒸汽温度偏差。

由于单管和双管系统各有优缺点，实际应用多为混合系统，即单管、双管等兼而有之。常见的单元制主、再热蒸汽系统有双管系统、单管-双管系统、双管-单管-双管系统、单管-四管系统、双管-四管系统等。

动画6.2-双管制主蒸汽、再热蒸汽系统

(1) 双管式主蒸汽系统。如图6-3 (a) 所示，某机组主蒸汽、再热蒸汽均采用双管系统。主蒸汽从锅炉过热器出口集箱两端引出的两根对称的管道，至汽轮机左、右两侧进入高压缸。其中主蒸汽管道上装有主蒸汽流量测量喷嘴和电动隔离阀，在左、右两侧电动隔离阀后、自动主蒸汽阀前，设置一根中间联络管道，以减小汽轮机两侧进汽的压差和温差。四个调速汽阀之后各有一根导汽管至高压缸第一级喷嘴组。再热冷段、热段蒸汽均通过两根管道在锅炉与汽轮机之间输送，两根高压缸排汽管道上各装有一个液动止回阀，再热后的蒸汽经两个中压联合汽阀并通过四根导汽管引至中压缸。

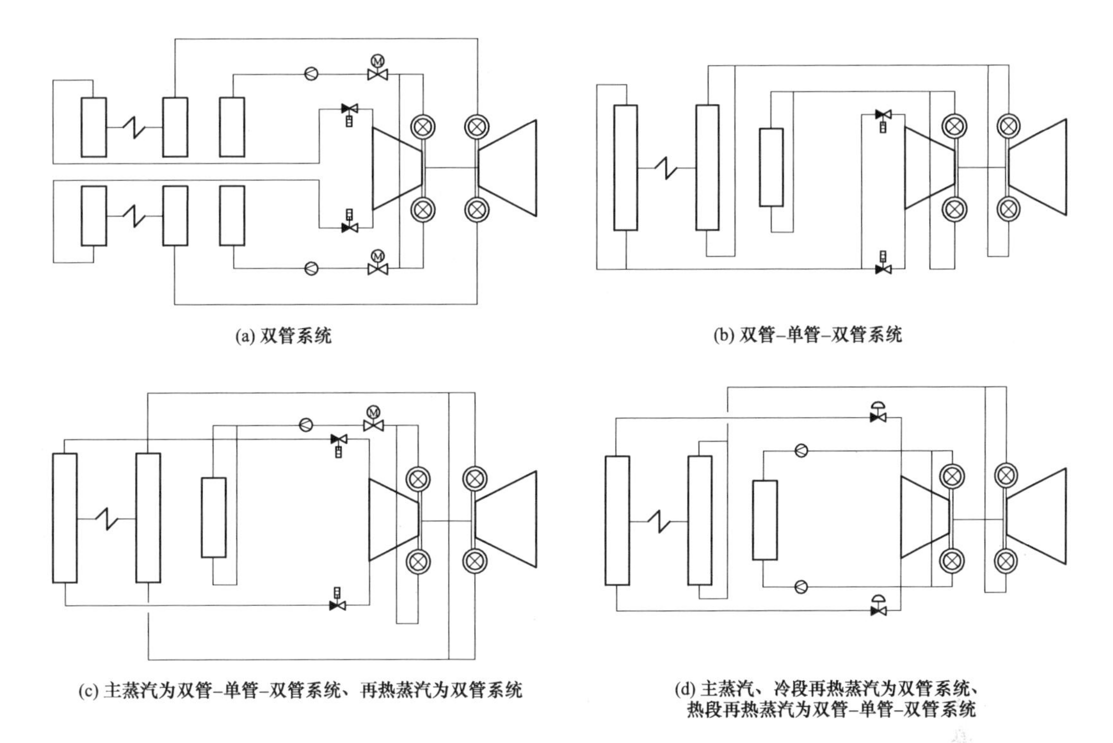

(a) 双管系统

(b) 双管-单管-双管系统

(c) 主蒸汽为双管-单管-双管系统、再热蒸汽为双管系统

(d) 主蒸汽、冷段再热蒸汽为双管系统、热段再热蒸汽为双管-单管-双管系统

图 6-3　再热机组的主蒸汽、再热蒸汽系统

（2）双管-单管-双管系统。双管-单管-双管系统又简称“2-1-2”布置方式，其特征为：采用两根管道从锅炉引出蒸汽，合并为一根管道以混合，输送到汽轮机设备附近时再分为两根蒸汽管道。如图 6-3（b）所示的主蒸汽和再热蒸汽系统、如图 6-3（c）所示的主蒸汽系统、如图 6-3（d）所示的再热热段蒸汽系统均采用双管-单管-双管布置形式。

双管-单管-双管系统的优点在于均衡进入汽轮机的蒸汽温度，同时还有利于节省管材。但是，通常单管长度应为直径的 10～20 倍，才能达到充分混合、减少温度偏差的目的。而且，蒸汽在单管内的流动阻力较大，如图 6-3（b）所示，为了减少蒸汽的流动阻力，在主汽门前的单管主蒸汽管道上不设置任何截止阀门，也不设置主蒸汽流量测量节流元件。

（3）主蒸汽为双管-单管-双管系统、再热蒸汽为双管系统。如图 6-3（c）所示的主蒸汽系统采用“2-1-2”布置方式、再热蒸汽系统采用双管布置方式。锅炉过热器出口集箱两侧各引出一根主蒸汽管道，经锻钢 Y 形三通阀汇集为单管，在汽轮机高压缸自动主汽阀前，单管再分为双管与两侧高压自动主汽阀相连。主蒸汽单管长度为管径的 20 倍，以充分混合，减小温度偏差，并在单管上装设有电动隔离阀和流量测量喷嘴。冷再热蒸汽管道上设有排汽止回阀。

（4）主蒸汽、再热冷段蒸汽为双管系统、再热热段蒸汽为双管-单管-双管系统。如图 6-3（d）所示的主蒸汽、再热冷段蒸汽采用双管系统，再热热段蒸汽采用双管-单管-双管布置方式。主蒸汽进入高压缸前设置有 $\phi250\times25$mm 的中间联络管道。再热热段蒸汽管道的单管长度为其管径的 13 倍。除两侧主蒸汽管道上装有流量测量喷嘴、高压缸两侧排汽管道上装有气动止回阀外，主、再热蒸汽管道上均无其他阀门。

（5）主蒸汽为单管-四管系统、再热冷段为双管-单管-双管系统、再热热段为双管-单管-四管系统。单管-四管系统简称为“1-4”布置方式，双管-单管-四管系统简称为“2-1-4”布置方式。如图 6-4 所示给出了某 600MW 机组主蒸汽、再热蒸汽及旁路系统的示意图。

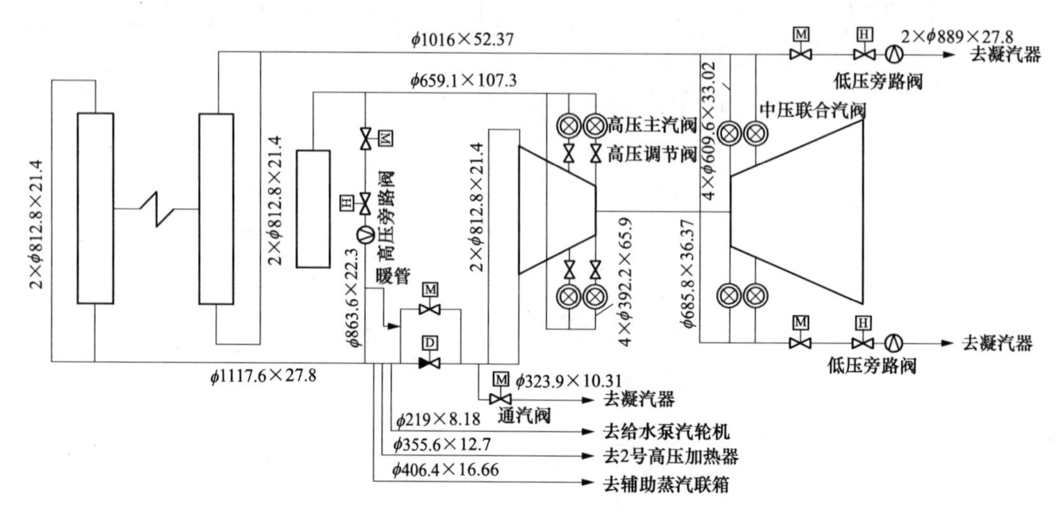

图 6-4　某 600MW 机组主蒸汽、再热蒸汽及旁路系统

M—电动阀；H—液动阀；D—气动阀

该机组的主蒸汽系统采用“1-4”布置方式，即锅炉过热器出口集箱通过一根 φ659.1×107.3mm 的主蒸汽管道将蒸汽引入汽轮机房，然后分成四根 φ392.2×65.9mm 的主蒸汽管道分别与汽轮机的四个高压主汽阀相连接。

再热冷段蒸汽系统采用“2-1-2”布置方式，即高压缸两根 φ812.8×21.4mm 排汽管道合并为一根 φ1117.6×27.8mm 的再热冷段蒸汽管道，经排汽止回阀到达锅炉之后又分成两根 φ812.8×21.4mm 的蒸汽管道进入锅炉再热器。

再热热段蒸汽系统采用“2-1-4”布置方式，即从锅炉再热器出口集箱来的蒸汽，先经过两根 φ812.8×21.4mm 的热再热蒸汽管道，后合并成一根 φ1016×52.37mm 的热再热蒸汽管道，进入汽轮机房后，又分成四根 φ609.6×33.02mm 的蒸汽管道，分别与汽轮机中压缸的四个主汽阀相连接。

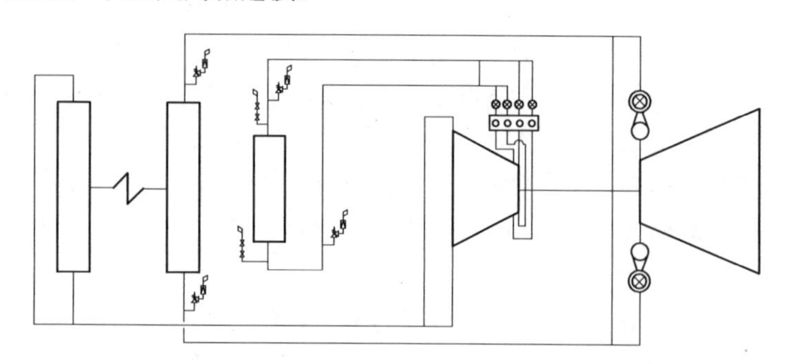

图 6-5　N1000-25/600/600 型机组的主蒸汽和再热蒸汽系统

（6）主蒸汽为双管-四管系统、再热冷段为双管-单管-双管系统、再热热段为双管系统。双管-四管系统简称为“2-4”布置方式。图 6-5 给出了某 N1000-25/600/600 型机组的主蒸汽和再热蒸汽系统示意图。该机组的主蒸汽系统采用“2-4”布置方式，即从锅炉过热器出口集箱两侧各有一根主蒸汽管道将蒸汽引至汽轮机主汽阀前，再各分成两根管道分别与汽轮机的四个主汽阀相连接。锅炉过热器出口管道上设有弹簧式安全阀和电磁式泄压阀。设置电磁式泄压阀的目的是避免弹簧式安全阀频繁动作，所以电磁泄压阀的整定值低

于弹簧式安全阀的动作压力。

再热冷段蒸汽系统采用“2-1-2”布置方式，即高压缸排汽经两根排汽管排出后，汇集成一根管道引至锅炉再热器前，再分成两根管道进入再热器集箱。因该机组采用一级大旁路系统，故高压缸排汽管道上不设置止回阀。再热热段蒸汽采用双管系统，即从锅炉再热器出口集箱两侧各引出一根再热热段蒸汽管道与两个中压联合汽阀相连接。

该机组的主蒸汽管道和再热热段蒸汽管道均设置有中间联络管，用以减小主蒸汽和再热热段蒸汽的温度与压力偏差。

3. 主蒸汽与再热蒸汽系统压力损失及管径优化

降低主蒸汽和再热蒸汽的压力损失，可提高机组运行的热经济性，节约燃料。但管道压力损失与管径、管道附件等密切关联，降低压力损失意味着管内介质流速的下降、管径的增大和系统投资的增加。另外，尽可能地减小管路中的局部阻力损失也是降低管道压力损失的有效措施之一，如取消主蒸汽管道上的电动隔离阀，如图 6-3（b）（d）和如图 6-4、图 6-5 所示系统；主蒸汽管道不设置流量测量节流元件，汽轮机进汽流量由高压缸调节级前后的压差进行折算得到，如图 6-3（b）所示系统。

管径的优化计算包括管子壁厚计算、压降计算和费用计算三部分。在考虑系统的允许压降、管系应力状况和管道供货等约束条件的情况下，以总费用最小为目标函数，经优化计算可得到最经济管径。其中，总费用等于材料费用与运行费用之和。

需要注意的是，主蒸汽和冷、热再热蒸汽的管道压力损失对机组热经济性的影响程度是不同的。再热系统压力损失对机组热经济性的影响比主蒸汽系统要大得多。以某亚临界 600MW 机组为例，其主汽压力为 16.67MPa，主汽焓为 3397.2kJ/kg，热再热蒸汽的压力和焓分别为 3.414MPa、3537.1kJ/kg。根据热量法，当主蒸汽压力和中压缸进汽压力分别低于额定值 0.1MPa 时，蒸汽在汽轮机内的理想比焓降将分别减少 0.752、4.1kJ/kg，汽轮机功率将分别减少约 350kW 和 1615kW，二者相差近 5 倍。根据做功能力法，环境温度取 293.15K 时，由压降导致的做功能力损失可按下式计算：

$$\Delta e_{\mathrm{p}}=T_{\mathrm{en}}\Delta s_{\mathrm{p}}=T_{\mathrm{en}}(s_1-s_0)=-T_{\mathrm{en}}\int_0^1\frac{v}{T}\mathrm{d}p$$

由此可得，主蒸汽压力和中压缸进汽压力分别低于额定值 0.1MPa 所引起的做功能力损失分别为 0.722、3.936kJ/kg。

因此，高温高压的蒸汽管道应适当提高蒸汽流速，以减少管道的管径，节省投资；低温低压的蒸汽管道应适当降低蒸汽流速，以减少管道的阻力损失，提高运行的热经济性。对于亚临界参数汽包锅炉和直流锅炉，从锅炉到汽轮机之间的主蒸汽管道的允许压降为汽轮机设计进汽压力的 4%～5%；再热系统的总压降一般都不应该超过高压缸排汽压力的 9%～10%。

对于再热蒸汽系统，还应优化再热器、冷再热蒸汽管道、热再热蒸汽管道之间的压降分配比例。一般情况下，锅炉再热器的压降和再热管道的压降各占 50%。由于再热热段蒸汽管道的材料等级高于再热冷段蒸汽管道，因此，再热热段蒸汽管道的压降大于再热冷段蒸汽管道的压降较为合理。通常情况下，再热器、冷再热蒸汽管道、热再热蒸汽管道的压力损失分别约占再热蒸汽系统总压力损失的 50%、20%、30%。

三、主蒸汽和再热蒸汽系统举例

如图 6-6 所示为某 600MW 机组主蒸汽和再热蒸汽全面性热力系统图。该机组为超临界、

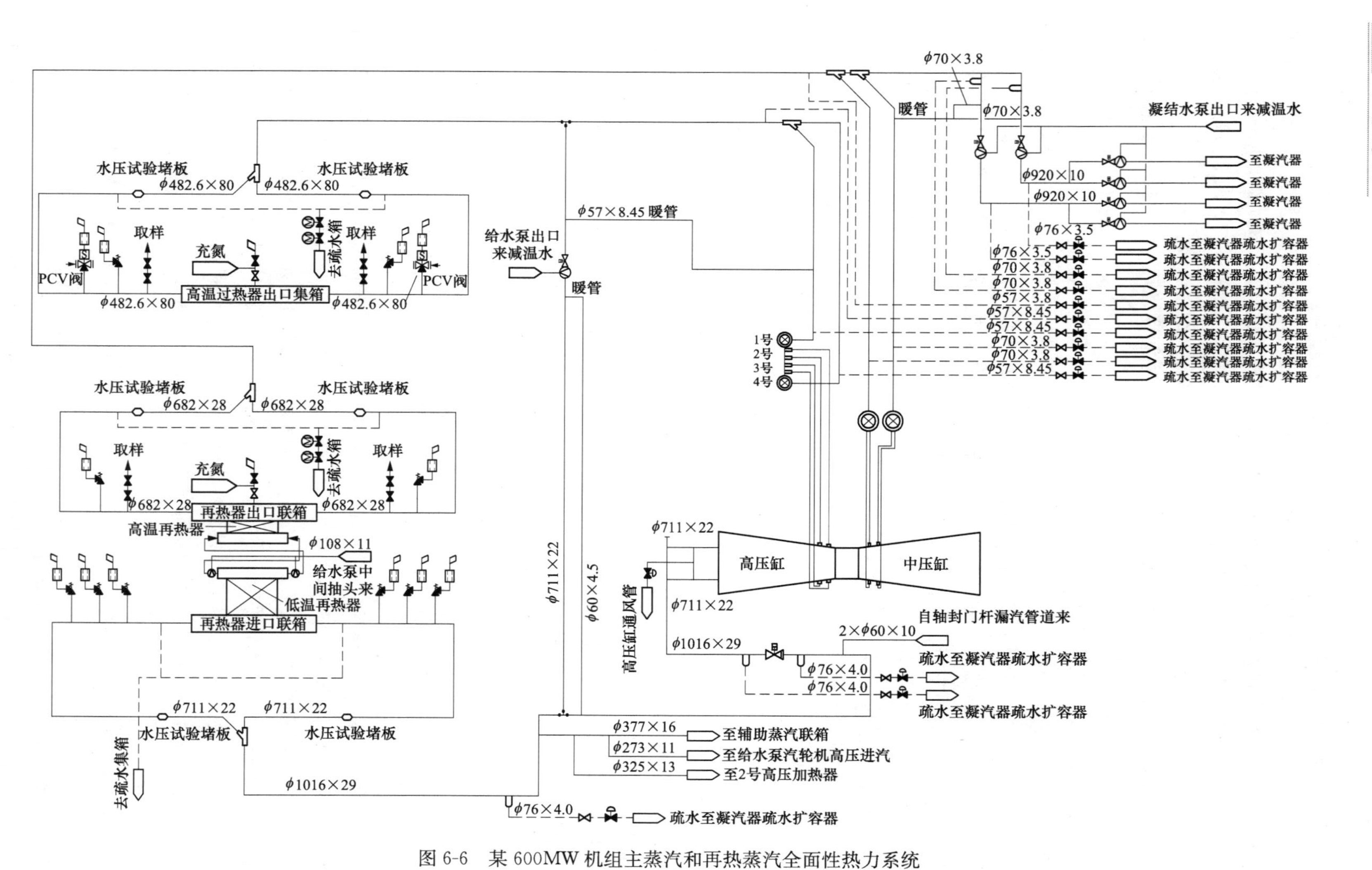

图 6-6　某 600MW 机组主蒸汽和再热蒸汽全面性热力系统

单轴、一次中间再热、三缸四排汽凝汽式发电机组，配置一个高中压合缸和两个低压缸，额定功率为600MW，汽轮机额定初参数为24.2MPa/566℃/566℃。汽轮机采用喷嘴配汽，高压缸进口设有两个高压自动主汽门和四个高压调节汽门，高压缸排汽经过再热器再热后，通过中压缸进口的两个中压联合汽门进入中压缸，中压缸排汽通过连通管进入两个低压缸继续做功，而后分别排入两个凝汽器。

主蒸汽和再热蒸汽系统采用单元制。主蒸汽管道采用“2-1-2”布置，即从锅炉过热器出口联箱的两个出口引出后在炉前采用45°斜接三通合并成一根单管，到汽轮机高压缸前再分为两根支管，分别接到汽轮机高压缸左右侧主汽门。在主蒸汽管道上不装设流量测量喷嘴，利用高压缸调节级前后的压差来折算主蒸汽流量。主蒸汽管道在锅炉范围内设置水压试验堵阀（板），阀前管道与锅炉一起做水压试验。

再热蒸汽管道也采用“2-1-2”布置。高压缸排汽经两根ϕ711×22管引出，合并成一根ϕ1016×29管，送往低温再热器，在锅炉前又分为两根ϕ711×22管。再热冷段管道上设置有气动排汽止回阀，该阀门前后设置有疏水装置，再热冷段管道上有至辅汽联箱的引出管（高压缸排汽作为辅汽联箱的备用汽源）至小机的高压进汽管（高压缸排汽作为给水泵汽轮机的高压汽源）至2号高压加热器的回热抽汽管。再热后的蒸汽经两根ϕ682×28管从高温再热器两侧联箱引出，合并为一根管道，到汽轮机附近又分为两根蒸汽管，分别进入两个中压联合汽门。在低温再热器出口处，还设置有再热器事故喷水装置，以防止再热器超温。在再热器的进、出口管道上均装设有水压试验堵阀，便于在投产前或大修后进行水压试验时，将再热热段和冷段管道隔断，不参与水压试验。

高压缸排汽管上还设置有高压缸排汽通风管和通风阀（也称为VV阀），排汽通风管连接高压缸排汽管和凝汽器。当机组采用中压缸启动低负荷运行时，高压缸排汽止回阀处于关闭状态，高压缸不进汽或进汽量较少，不足以带走高压缸叶片由于鼓风摩擦而产生的热量，造成高压缸排汽超温。为此，在高压缸排汽管上安装了一通风阀，直接通至凝汽器，可以降低高压缸排汽压力，有利于冷却高压缸叶片，防止高压缸叶片超温。另外，汽轮机跳闸后，该阀自动打开，使高压缸内的蒸汽及高压缸排汽止回阀前管道中的余汽迅速排入凝汽器，防止因高压蒸汽通过高中压缸轴封漏入中压缸（此时中压缸内为真空状态）造成转子超速。

机组配置容量为35%BMCR的高压、低压两级串联的汽轮机旁路系统，该旁路为液动旁路系统，主要满足机组启动需要。

如图6-7所示为某1000MW机组主蒸汽和再热蒸汽全面性热力系统图。该机组为超超临界、二次中间再热、五缸四排汽、单轴凝汽式机组，采用全周进汽、节流调节的运行方式，配置一个超高压缸、高压缸、中压缸和两个低压缸，额定功率为1000MW，汽轮机额定初参数为31MPa/600℃/620℃/620℃。

主蒸汽及高温再热蒸汽、低温再热蒸汽系统采用单元制系统。主蒸汽管道采用“4-2”的布置方式，从锅炉过热器出口集箱的4个出口引出，在炉前合并成为2根，分别接入超高压缸左、右侧主汽门。主蒸汽管道上不设流量测量装置，通过测量超高压汽轮机第一级后的压力来计算主蒸汽流量。过热器出口管道上设有水压试验堵板。

一次低温再热蒸汽管道采用“2-1-2”的布置方式，蒸汽管道分别从超高压缸的2个排汽口引出，在机头处汇成1根总管，在炉前再分成2根支管从锅炉两侧接入一次再热器入口集箱。这样既可以减少由于管道布置差异所引起的蒸汽温度和压力的偏差，有利于机组的安

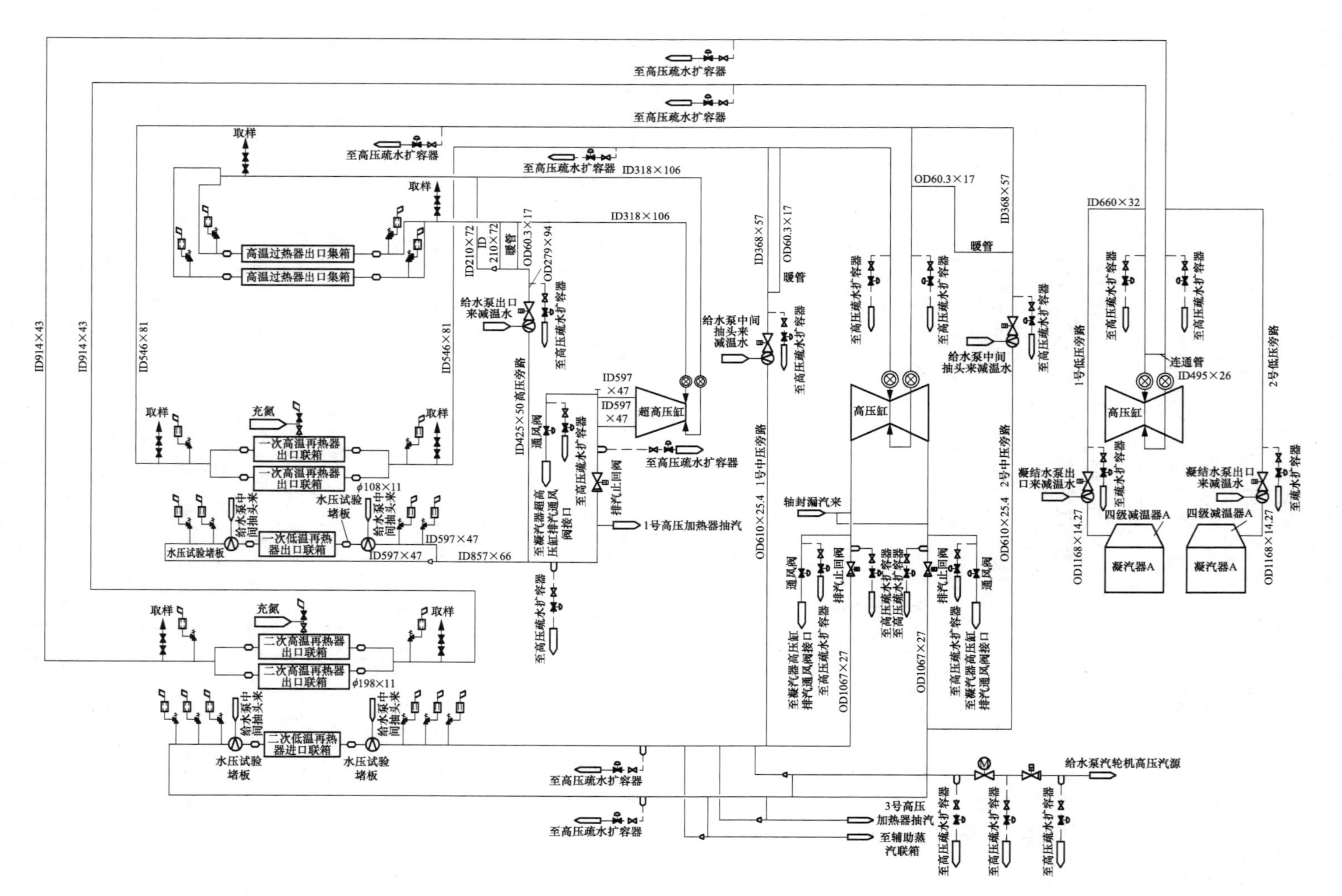

图 6-7　某 1000MW 机组主蒸汽和再热蒸汽全面性热力系统

全运行，同时还可以节省管道投资。一次高温再热蒸汽管道采用“4-2”的布置方式，蒸汽管道分别从锅炉左、右两侧的一次再热蒸汽 2 个集箱的 4 个出口引出，在炉前汇成 2 根管，在机头处分别接入高压缸左、右两侧的高压主汽门。二次低温再热蒸汽管道管径较大，采用总管时管道采购困难，因此二次低温再热管道采用双管的布置方式。蒸汽管道分别从高压缸的 2 个排汽口引出，从锅炉两侧接入到二次低温再热器入口集箱。二次高温再热蒸汽管道采用“4-2”的布置方式，蒸汽管道分别从锅炉左、右两侧的 2 个高温再热器出口集箱的 4 个出口引出，在炉后汇成 2 根管，平行接入中压缸左、右两侧的中压缸主汽门。为了消除两根管道在汽轮机进口的压力偏差，在汽轮机入口前设压力平衡连通管。一次、二次再热器的进、出口管道上均设有水压堵阀装置，锅炉侧管系可隔离，单独做水压试验。

在超高压缸和高压缸排汽的总管上装有止回阀，以防止蒸汽返回到汽轮机，引起汽轮机超速。主蒸汽及一次、二次高温、低温再热蒸汽管道均考虑有适当的疏水点和相应的动力操作的疏水阀（低温再热蒸汽管道设有疏水罐），以保证机组在启动暖管和低负荷或故障条件下能及时疏尽管道中的冷凝水，防止汽轮机进水事故的发生。每一根疏水管道都单独接到疏水扩容器后排入凝汽器。主蒸汽及高温再热蒸汽管道疏水阀的启闭控制由原来常规采用的负荷控制改为过热度控制，在保证疏水安全的前提下，最大限度地减少过热蒸汽的损失。

第二节　旁　路　系　统

一、汽轮机旁路系统的概念和类型

1. 汽轮机旁路系统的概念

大容量再热机组都采用单元制系统，为了便于机组启停、事故处理和适应特殊运行方式，绝大多数再热机组都设置了汽轮机旁路系统。例如，在锅炉启动初期，提供的蒸汽温度、过热度比较低，为了防止汽轮机发生水击事故，不允许蒸汽进入汽轮机；当汽轮机突然失去负荷时，为了防止汽轮机超速，也不允许蒸汽继续进入汽轮机。汽轮机旁路系统的配置，使得机组在启停、事故处理等工况下，锅炉产生的蒸汽可以通过汽轮机旁路系统进行回收，保障了机组在任何工况下能够安全、经济、连续地运行。

汽轮机旁路系统是指锅炉产生的蒸汽在某些特定情况下，绕过汽轮机，经过与汽轮机并联的减温减压装置，将减温降压后的蒸汽送入再热器或低参数的蒸汽管道或直接排至凝汽器的连接系统。

2. 汽轮机旁路系统的类型

旁路系统一般由减温减压装置、控制及执行机构、管道、阀门及其附件等组成。对于一次中间再热机组，通常可以分为如图 6-8（a）所示的三种类型。

（1）高压旁路。新蒸汽绕过汽轮机高压缸，经减温减压装置后进入再热冷段蒸汽管道的旁路系统称为高压旁路，又称为Ⅰ级旁路。

（2）低压旁路。再热后的蒸汽绕过汽轮机的中、低压缸，经减温减压装置后直接引入凝汽器的旁路系统称为低压旁路，又称为Ⅱ级旁路。

（3）整机旁路。新蒸汽绕过整个汽轮机，经减温减压装置后直接引入凝汽器的旁路系统称为整机旁路，又称为大旁路或Ⅲ级旁路。

由上述基本类型，可以组合成不同的旁路系统。

二次中间再热机组增加了一个超高压缸，因此二次再热机组比一次再热机组增加了一个中压旁路。如图 6-8（b）所示，高压旁路连接的是主蒸汽管道和一次再热冷段管道，即新蒸汽绕过汽轮机超高压缸，经减温减压装置后进入一次再热冷段蒸汽管道；中压旁路连接的是一次再热热段管道和二次再热冷段管道，即一次再热后的蒸汽绕过汽轮机高压缸，经减温减压装置后进入二次再热冷段蒸汽管道；低压旁路连接的是二次再热热段管道和凝汽器，即二次再热后的蒸汽绕过汽轮机中、低压缸，经减温减压装置后进入凝汽器；整机旁路连接的是主蒸汽管道和凝汽器，即新蒸汽绕过整个汽轮机，经减温减压装置后直接引入凝汽器。

动画 6.3-再热机组旁路系统组成

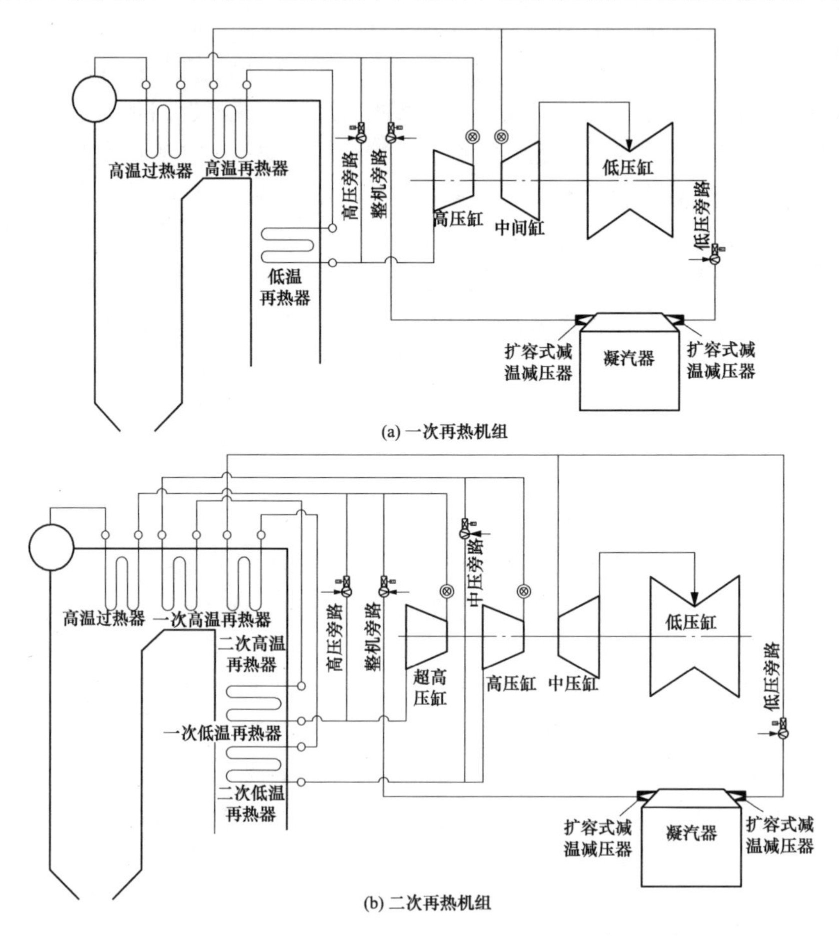

(a) 一次再热机组

(b) 二次再热机组

图 6-8　再热机组旁路系统

二、旁路系统的工作原理

减温减压装置是旁路系统的重要组成部件，蒸汽在旁路系统中的减温减压原理可以理解为两个独立的过程：即等焓节流减压过程和喷水减温过程。在实际机组上，这两个过程可以同时进行，在节流减压过程中同时也喷入减温水减温，也可以先后分别进行，即先减压后减温，或先减压后减温再减压。这两个过程可以用如图 6-9 所示的两级串联旁路系统中的蒸汽热力过程来说明。

图 6-9 中，曲线 1-3-4-8 表示机组正常运行时的蒸汽热力过程。主蒸汽在汽轮机高压缸中膨胀做功，热力工况从 1 变化到 3，然后在锅炉再热器中再从 3 加热到 4，在中、低压缸

中蒸汽又从4膨胀做功到8。曲线1-2-3-4-5-6-7-8表示蒸汽在旁路系统的热力过程。在高压旁路中，蒸汽经过减压阀时进行绝热节流，压力从1降到2；然后喷入减温水降温，温度从2降到3；在中、低压旁路中，再热器来的蒸汽又在减压阀中进行绝热节流，其压力从4降到5；然后在减温器中喷水降温，汽温从5降到6；经过旁路系统的蒸汽引入凝汽器喉部，再次对蒸汽进行节流扩容，压力从6下降到7，接着喷入凝结水，使其温度从7降到8。

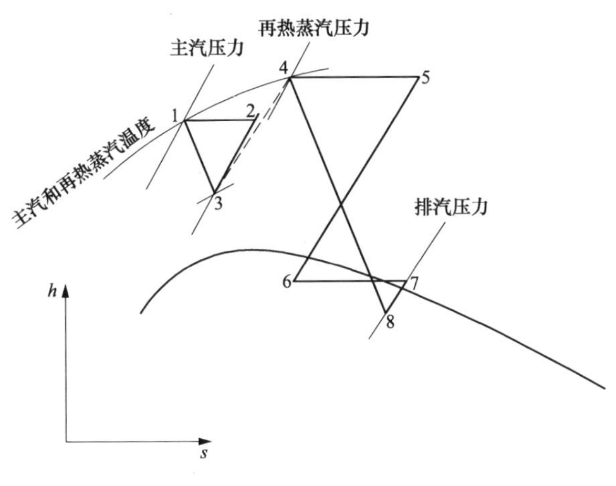

图6-9 蒸汽在旁路系统中的热力过程

三、汽轮机旁路系统的作用

汽轮机旁路系统最基本的功能是协调锅炉产汽量和汽轮机耗汽量之间的不平衡，提高运行的安全性和适应性。具体来说，汽轮机旁路系统具有如下功能：

1. 启动功能

汽轮机旁路系统的启动功能是指：在汽轮机冲转前，利用旁路系统使主蒸汽和再热蒸汽压力、温度与汽轮机金属壁温相匹配，以满足汽轮机冷态、温态、热态和极热态启动的要求，缩短启动时间，减少汽轮机金属的疲劳损伤，延长其使用寿命。

汽轮机启动过程也是蒸汽加热汽缸和转子的过程，为确保启动过程的安全可靠，要严密监视各处温度和严格控制温升率，使动静部分胀差和振动在允许的范围内。机组启动时还要求：主汽门前主、再热蒸汽压力和温度应满足制造厂提供的有关启动曲线的要求，冲转时的主蒸汽温度最少要有50℃的过热度，但其温度一般不宜大于426℃，双管道左、右侧蒸汽温度差一般不大于14℃。温态、热态启动时应保证高、中压调速汽阀后蒸汽温度高于汽轮机最热部分温度50℃，双层缸的内、外缸温差不大于40℃，双层缸的上、下缸温差不超过35℃。

单元制机组多采用滑参数启动方式，一般是先以低参数蒸汽冲转汽轮机，随着升速、带负荷、增负荷等不同阶段的需要，不断地提高锅炉出口蒸汽压力、温度和流量，使之与汽轮机的金属温度状况相匹配，实现安全可靠地启动。如果只靠调整锅炉的燃烧或汽压是难以满足这些要求的，因为锅炉燃烧工况的调整属于宏观调整或粗调整，精度差。采用旁路系统后，通过改变新蒸汽流量，协调机组滑参数启动和停机不同阶段的蒸汽参数匹配，既满足再热机组滑参数启动要求，又缩短了启动时间。

汽轮机每启动一次或升降负荷一次所消耗寿命的百分数称为寿命损耗率。不同启动方式下金属温度的变化率不一样，其寿命损耗率也不同。如冷态启动和热态启动两者的寿命损耗率相差10倍左右。金属温度变化幅度和金属温度变化率小，寿命损耗率也就小，通过旁路系统的调节作用，可以更精确地满足启停时对汽温的要求，严格控制汽轮机的金属温升率，减少寿命损耗，延长汽轮机使用寿命。

2. 保护功能

(1) 保护再热器。在启动和甩负荷时，利用旁路系统能有效地冷却锅炉所有受热面，特别是保护布置在烟温较高区域的再热器，防止再热器干烧以致损坏。

目前，国内外燃煤火力发电厂再热机组大多采用烟气再热方式，即再热器布置在锅炉内。正常运行时，汽轮机高压缸的排汽进入再热器后，提高了蒸汽温度，同时也冷却了再热器。但在机组带初负荷前，有的机组在带10%～20%负荷前，锅炉提供的蒸汽量少，或运行中汽轮机发生跳闸、甩负荷、电网事故和停机不停炉时，汽轮机自动主汽阀全关闭，高压缸没有排汽，再热器将处于无蒸汽冷却的干烧状态，一般的耐热合金钢材料难以确保再热器的安全。通过高压旁路（或中压旁路），蒸汽就可经减温减压装置后进入再热器，对再热器进行冷却保护。

（2）保护汽轮机。锅炉停运时，过热器和再热器管内会产生一些剥离产物，当锅炉再启动时可能被蒸汽带入汽轮机，危及汽轮机的安全运行。利用旁路系统，启动初期蒸汽可通过旁路绕过汽轮机而进入凝汽器，能防止固体颗粒对汽轮机调速汽门、喷嘴及叶片的硬粒侵蚀。另外，在汽轮机冲转前，通过旁路系统建立清洁的汽水循环系统，待蒸汽纯度达到规定标准后再通入汽轮机，防止汽轮机通流部分结垢。

3. 回收工质、降低噪声

机组启停或甩负荷时，通过旁路系统可以回收工质，降低对空排汽的噪声。燃煤锅炉不投油稳定燃烧负荷为30%～50%的锅炉额定蒸发量，而汽轮机的空载汽耗量仅为其额定汽耗量的3%～5%。单元制再热机组在启动或发生事故甩负荷时，锅炉的蒸发量总是大于汽轮机所需汽量，存在大量富余蒸汽。如果将多余的蒸汽排入大气，不仅造成工质损失，而且产生巨大的噪声（影响半径约6km），严重影响了周围的环境。设置旁路系统，就可将多余的蒸汽回收到凝汽器中，同时也避免产生噪声。

4. 溢流功能

（1）负荷瞬变时平衡蒸汽量：机组负荷变化时，锅炉的允许降负荷速率比汽轮机小，锅炉富余蒸汽可通过旁路系统进入凝汽器。在旁路系统良好的调节作用下，使得锅炉与汽轮机的负荷相匹配，能够改善瞬变过渡工况时锅炉运行的稳定性，减少甚至避免锅炉安全阀动作。锅炉安全阀也因旁路系统的设置减少了起跳次数，有助于保证安全阀的严密性和延长其寿命。

（2）甩负荷时可停机不停炉或带厂用电运行：如果旁路系统容量选择得当，当汽轮机跳闸时，旁路系统能在1～3s内自动开启投入运行，维持锅炉在低负荷下稳燃运行，实现机组带空负荷、带厂用电运行；或实现停机不停炉的运行方式，使锅炉独立运行。一旦事故消除，机组可迅速重新并网投入运行，恢复正常状态，大大缩短重新启动时间，使机组能更好地适应电网调峰调频的需要，同时增加了电网供电的可靠性。

5. 过热器出口安全阀和压力控制阀功能

旁路系统的设计通常有两种准则：兼带安全功能和不兼带安全功能。兼带安全功能的旁路系统是指高压旁路的容量为100% BMCR（锅炉最大连续蒸发量），并兼带锅炉过热器出口的弹簧式安全阀和压力控制阀（PCV阀）的功能，即三用阀（启动调节阀、主蒸汽压力调节阀和过热器安全阀）。因低压旁路的容量受凝汽器限制仅可为65%左右，所以在再热器出口还必须安装有附加释放功能和监控功能的安全阀。

对配有通流能力为100%容量的高压旁路系统，锅炉过热器可不设安全阀，锅炉超压时高压旁路阀能在1～3s内自动开启，快速打开将多余蒸汽排出，并按照机组主蒸汽压力进行自动调节，直到恢复正常值。此时，旁路系统可取代过热器出口安全阀和压力控制阀。

四、旁路系统的实际配置

常见的旁路系统，都是由前述旁路类型中的一种或几种组合而成，国内采用的旁路系统主要有多级串联旁路系统、两级旁路并联系统、整机大旁路系统、三级旁路系统和三用阀旁路系统。

（1）多级串联旁路系统。多级串联旁路系统主要有两级串联和三级串联旁路系统。对于一次再热机组，采用两级串联旁路系统；对于二次再热机组，采用三级串联旁路系统。如图6-10（a）和图6-10（b）所示分别为高、低压两级旁路串联系统和高、中、低压三级旁路串联系统示意图，通过串联旁路系统的协调，能满足启动时的各项要求。例如，各种工况下，通过高压旁路和中压能保护各级再热器；机组冷、热态启动时，可加热主蒸汽和再热蒸汽管道；调节再热蒸汽温度以适应中压缸的温度要求；可调节各汽缸的进汽流量和参数，以适应高、中压缸同时冲转或中压缸冲转的启动方式等等。多级串联旁路系统既适用于基本负荷机组，也适用于调峰机组，故该系统在我国现役中间再热机组上得到了广泛应用。多级串联旁路系统容量需根据机炉启动曲线计算确定，一般为30%～40%BMCR容量。如图6-6所示的某600MW机组的旁路系统采用的就是高、低压两级旁路串联系统，如图6-7所示的某1000MW机组的旁路系统采用的就是高、中、低压三级旁路串联系统。采用三用阀的两级旁路串联系统也属于该型系统。

（2）两级旁路并联系统。如图6-10（c）所示为由高压旁路和整机旁路组成的两级旁路并联系统。高压旁路用于保护再热器；在机组启动时用以暖管，暖管时产生的疏水送至疏水扩容器；热态启动时，用于迅速提高温再热器蒸汽温度使之接近中压缸温度，由于没有低压旁路，此时热再热管段上的向空排汽阀要打开。整机旁路将启停、甩负荷及事故等工况下多余的蒸汽排入凝汽器，锅炉超压时可减少安全阀的动作甚至不动作。两级旁路并联系统只在早期国产机组上采用，如第一台国产300MW机组配1000t/h直流锅炉采用的就是这种旁路系统，其旁路容量分别为锅炉额定蒸发量的10%和20%。现在已很少采用。

（3）整机大旁路系统。如图6-10（d）所示为只保留从新蒸汽至凝汽器的整机大旁路系统示意图。由于整机大旁路的旁路阀后蒸汽不经过中压缸而直接进入凝汽器，整机大旁路系统只适用于采用高压缸启动的机组。同时由于整机大旁路的旁路阀后蒸汽也不经过锅炉再热器，使得再热器发生干烧工况，为此，再热器必须采用较好的、能耐干烧的材料或者布置在锅炉内的低温区并配以烟温调节保护手段。整机大旁路的旁路阀后蒸汽不经过锅炉再热器还会导致再热蒸汽系统的暖管升温十分困难，对机组热态启动不利；同时，在机组滑参数启动时，也难以调节再热蒸汽温度，由于再热蒸汽温度和中压缸壁温不匹配，这将损耗中压缸的寿命。该系统不适用于调峰机组。但整机大旁路系统的优点也很明显，系统简单，设备少，金属耗量、管道及附件少，投资省，操作简便。整机大旁路系统可以对主蒸汽管道进行暖管，并调节过热蒸汽温度，可满足机组启停过程中回收工质并加快启动速度的要求。

综上所述，整机大旁路系统只适用于锅炉再热器允许干烧，并且汽轮机采用高压缸启动，而且不经常热态启动的机组。绥中发电有限责任公司800MW机组、华电国际邹县发电厂1000MW超超临界机组等采用高压缸启动，旁路系统采用整机大旁路，旁路系统容量一般为25%～30%BMCR。

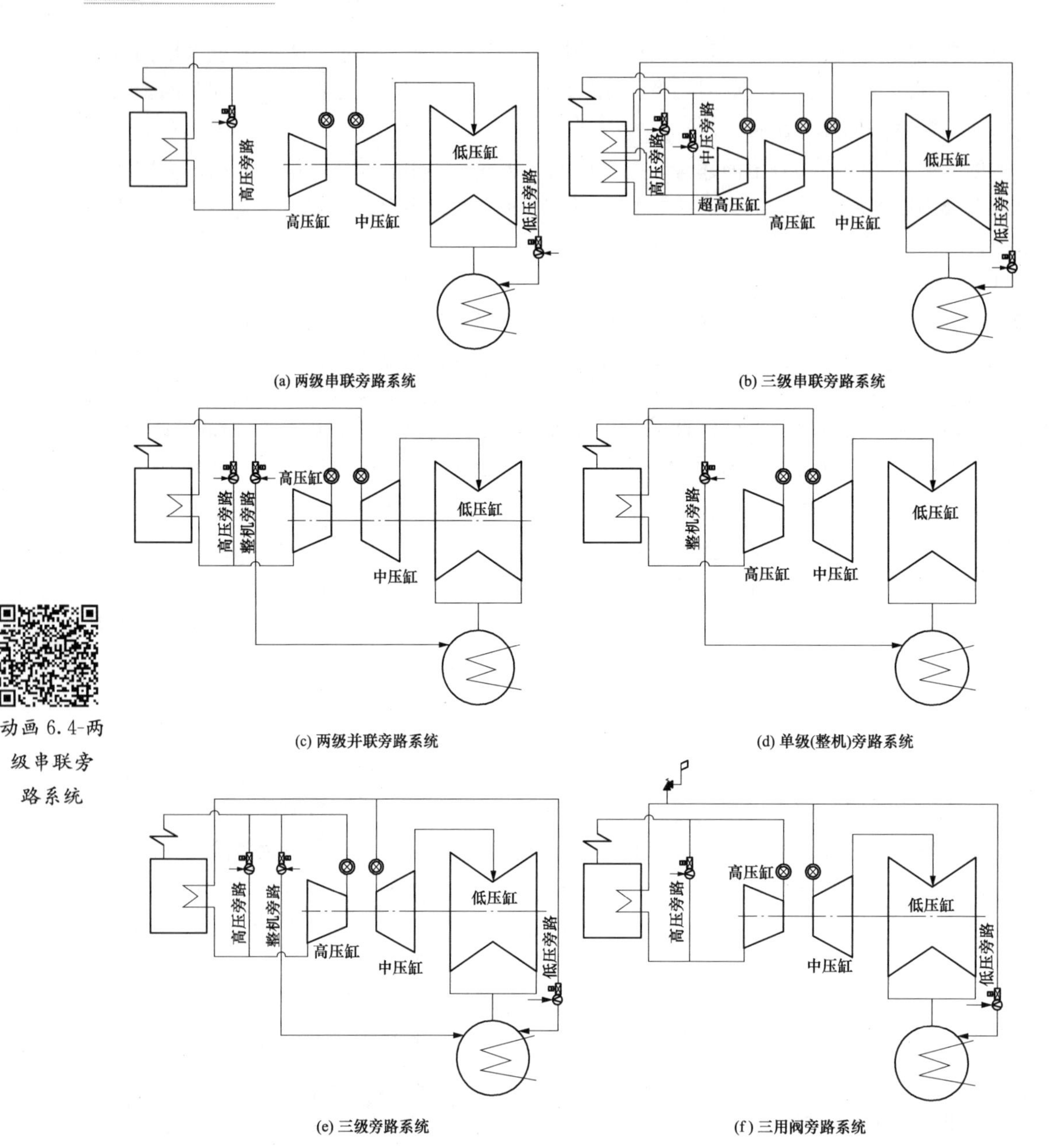

图 6-10　中间再热机组常用旁路类型示意图

（4）三级旁路系统。如图 6-10（e）所示为三级旁路系统，包括整机旁路和高、低压两级旁路串联系统。当汽轮机负荷低于锅炉最低稳定燃烧所对应的负荷时，多余的蒸汽通过整机大旁路排至凝汽器。高、低压两级旁路串联，可满足汽轮机启动过程中不同阶段对蒸汽参数和流量的要求，保证了再热器的最低冷却流量。三级旁路系统的功能齐备，但其不足之处在于系统复杂、设备及附件多、金属耗量大、投资高、布置困难、运行操作不便。三级旁路系统在初期国产 200MW 机组上应用过，现在很少采用。

（5）三用阀旁路系统。三用阀旁路系统本质上仍然是高、低压两级旁路串联系统，但三用阀旁路系统的高压旁路阀容量达到 100％BMCR。除了旁路阀的启动调节功能外，在机组运行时，高压旁路阀跟踪主汽运行压力，起到主汽压力调节阀的作用；在机组甩负荷时，高压旁路阀快速开启将主汽泄压，可完全替代过热器安全阀。由于这样的旁路阀实现了启动调节阀、主蒸汽压力调节阀和过热器安全阀的功能，故称为三用阀。

如图 6-10（f）所示为三用阀旁路系统。由于替代了锅炉安全阀，该旁路阀设计、制造的标准不同于常规旁路阀，如必须采用流开式，内部设弹簧，控制必须采用液动执行机构等。受凝汽器所能接受的最大热负荷限制，低压旁路的容量约为 60%BMCR，即低压旁路阀不具有安全阀功能，再热器出口需装设更大容量的安全阀，一旦机组甩负荷，再热器安全阀将动作，或者通过电磁泄压阀排掉低压旁路无法输送的多余蒸汽。

三用阀旁路系统除了具有启动功能、防止汽轮机硬粒侵蚀、保护再热器不干烧、替代过热器安全阀及调节主汽运行压力等功能外，由于高压旁路阀容量达到 100%BMCR，在机组甩部分负荷和全部负荷时，能维持锅炉稳定燃烧，使机组停机不停炉和带厂用电运行成为可能。

为了实现替代锅炉过热器安全阀和过热蒸汽压力调节阀的功能，三用阀旁路系统的高压旁路阀需布置在锅炉侧。当高压旁路系统投运时，为了使旁路阀后至汽轮机主汽阀之间长达百米以上主蒸汽管的温升满足机组启动要求，在汽轮机主汽阀前应设置容量较大的暖管疏水系统（主汽阀前暖管阀规格有的高达 DN200）。有的电厂对暖管系统进一步设计成具有减温、减压功能的小旁路系统，可供冲管及启动使用，并可减少高压旁路阀动作次数，对高压旁路阀起到保护作用，而主汽阀前的疏水点则可考虑取消。

综上所述，三用阀旁路系统是在多级串联旁路系统的基础上，通过增大高压旁路容量至 100%BMCR，并特殊制作高压旁路阀（如采用流开式液动阀等），增大再热器出口安全阀的容量来实现替代过热器出口安全阀和过热蒸汽压力调节阀的作用。三用阀旁路系统能实现旁路阀的所有功能，但需要付出的代价就是投资的增加和维修工作量的增大。国内已投运的外高桥第三发电厂 1000MW 机组、国华宁海电厂二期 1000MW 机组、徐州华润电力有限公司均采用这种旁路系统。

以上几种常见的旁路系统，虽然类型不同，但有一点是相同的，即都要通过减温减压装置来实现。所以旁路系统主要由减压阀、减温水调节阀和凝汽器喉部减温减压装置组成。高压旁路装置、整机旁路装置的减温水都取自给水泵出口的高压水；中压旁路的减温水来自给水泵中间抽头；低压旁路的减温水来自凝结水泵出口的主凝结水。由于低压旁路装置和整机旁路装置后蒸汽的压力、温度还较高，不宜直接排入凝汽器，因此在凝汽器喉部还设有 1～2 个扩容式减温减压装置，将蒸汽进一步降低到 0.0165MPa、60℃左右之后再排入凝汽器。

五、旁路系统容量和形式的选择

1. 旁路系统容量

旁路系统容量 α_{by} 是指额定参数下旁路阀通过的蒸汽流量 D_{by} 占锅炉最大蒸发量 $D_{b,max}$ 的百分数，即

$$\alpha_{by}=\frac{D_{by}}{D_{b,max}}\times 100\% \tag{6-1}$$

减温水量通常由减温减压装置的热量平衡和质量平衡求出，其中忽略了散热损失。

减温减压装置的物质平衡式为

$$D_{by}+D_{de}=D_{mix} \tag{6-2}$$

减温减压装置的热量平衡式为

$$D_{by}h_{by}+D_{de}h_{de}=D_{mix}h_{mix} \tag{6-3}$$

式中：D_{by}为减温减压装置入口蒸汽的流量，t/h；h_{by}为减温减压装置入口蒸汽的比焓，kJ/kg；D_{de}为减温减压装置入口减温水的流量，t/h；h_{de}为减温减压装置入口减温水的比焓，kJ/kg；D_{mix}为减温减压装置出口蒸汽的流量，t/h；h_{mix}为减温减压装置出口蒸汽的比焓（kJ/kg）。

这样，已知D_{by}、D_{de}、D_{mix}任何一个，可以求出另外两个参量。

当已知旁路系统容量D_{by}的条件下，可以将式（6-2）代入式（6-3），得到减温水流量为

$$D_{de}=D_{by}\frac{h_{by}-h_{mix}}{h_{mix}-h_{de}} \tag{6-4}$$

2. 旁路系统形式的选择

通常，要求旁路系统的功能越全，旁路系统的容量也越大，相应也会造成投资增加。旁路系统的形式和容量要结合机组特性及其在电网中的地位和任务以及汽轮机的启动形式、锅炉要求、启动系统要求等来综合确定。

（1）考虑机组的任务。不同机组旁路容量差别较大，这是因为设计旁路系统时还需考虑机组的运行工况，是承担基本负荷机组，还是调峰机组。前者由于启动次数少，且多为冷态或温态启动，冲转蒸汽参数较低，锅炉蒸发量较小，所以旁路容量不需太大。而后者启动较频繁，热态启动居多，冲转参数高，锅炉蒸发量要求较大，旁路容量随之加大。在选择低压旁路时，应考虑对再热器流动状态的干扰尽可能小，并保持凝汽器工况稳定。当汽轮机甩负荷时，如不希望再热器安全阀动作，则低压旁路的容量应为100% BMCR，若再热器溢流阀允许瞬间开启，则低压旁路的容量可取为60%～70% BMCR。

（2）启动功能对旁路系统容量的要求。汽轮机在冷态、热态或温态启动时，汽缸金属温度分别在不同的温度水平上，为了满足汽轮机不同状态的启动要求，使蒸汽参数与汽缸金属温度匹配，避免过大的热应力，要求旁路系统满足一定的通流量，来提高主、再热蒸汽温度和压力。尤其是在热态启动时，汽缸金属温度很高，为提高蒸汽参数必须有很大的旁路容量。对于采用中压缸启动方式的机组，为保证负荷切换时稳定过渡，高压旁路容量还应选得大一些。因此，为满足机组启动要求，旁路系统容量应在30%～50% BMCR。

（3）停机不停炉功能对旁路系统容量的要求。这一功能要求实现在额定参数下汽轮机跳闸时锅炉安全阀不起跳，旁路系统应能排放锅炉最低稳燃负荷的蒸汽量，维持锅炉不投油最低稳燃负荷运行。对于超临界锅炉，最低稳燃负荷一般在30%～35%BMCR。由于主蒸汽压力的降低，蒸汽体积流量增大，而使高压旁路的通流能力降低。根据电厂运行经验，当汽轮机跳闸时，旁路的容量在70%BMCR以上才能实现停机不停炉工况。

是否配置停机不停炉功能，主要取决于电网安全性的要求。配置具有停机不停炉功能的旁路系统时，可以大大缩短因汽轮机跳闸后再启动所需的时间，提高电网的安全。但随着电网容量增大，电网安全性不断提高，一旦某汽轮机跳闸，根据电网负荷需要，其他机组将升负荷运行，因而就电网安全性角度来说并非每个电厂都必须配置这种功能。若电网容量很大，单台机组跳闸后对电网冲击较小，由于跳闸的机组引起的电网容量下降可很快通过其他

机组升负荷来弥补，机组可不设置此功能。

（4）带厂用电运行功能对旁路系统容量的要求。带厂用电运行（fast cut back，FCB）是指锅炉维持不投油最低稳燃负荷，汽轮机带厂用电运行，发电机快速减负荷至约5%额定功率的厂用电工况。对要求带厂用电功能的旁路系统，其高压旁路阀容量需按停机不停炉功能选择才能满足要求，而低压旁路阀的容量取决于汽轮机制造厂要求机组在带厂用电运行时再热蒸汽压力的大小，低压旁路阀的容量一般为100%BMCR才能满足要求。但是低压旁路阀容量太大会造成管道设计困难和凝汽器超负荷，所以低压旁路阀选用60%～70%BMCR容量，并配套使用再热器安全阀。当电网故障时，旁路系统和再热器安全阀同时动作，锅炉紧急减至最低稳燃负荷，汽轮机迅速减负荷至带厂用电运行。

带厂用电运行工况是一个极恶劣的运行工况，对于采取喷嘴调节方式的汽轮机来说是以牺牲机组寿命为代价的，制造厂允许的运行时间很短。此外，对于超超临界大容量机组，实现带厂用电运行功能，要求设置大容量旁路系统，还需要设置复杂的控制系统，增加了投资且利用率很低，故实际工程中很少考虑这种功能要求。同时，带厂用电运行工况不单取决于旁路的设计，还取决于锅炉和辅机的可控性，控制和保护系统的可靠性，汽轮机的适应性和稳定性。对某一电网而言，只要其中有若干机组具有FCB的功能，就可以在电网解列时使整个电网快速得到恢复，而不需要每个电厂都设置此功能。

（5）代替锅炉过热器安全阀功能对旁路系统容量的要求。三用阀旁路系统具有代替锅炉过热器安全阀的功能，要求高压旁路容量增至100%BMCR，低压旁路容量为60%～70%BMCR，并增大再热器出口安全阀的容量。但在计及管道和控制系统设计标准及再热器安全阀（若选用跟踪溢流式）配置标准等因素后，配置100%BMCR容量带安全功能的三用阀旁路系统总投资将远高于常规旁路系统的配置方式。

部分国产1000MW机组旁路系统配置及容量见表6-1。

表6-1　　部分国产1000MW机组旁路系统形式及容量

序号	电厂名称	机组容量	汽轮机厂家	旁路形式	旁路容量
1	玉环电厂	4×1000MW	上海汽轮机厂	两级串联	40%
2	邹县电厂四期	2×1000MW	东方汽轮机厂	一级大旁路	27%
3	外高桥电厂三期	2×1000MW	上海汽轮机厂	三用阀	100%高压旁路，65%低压旁路
4	泰州电厂一期	2×1000MW	哈尔滨汽轮机厂	两级串联	35%
5	宁海二期	2×1000MW	上海汽轮机厂	三用阀	100%高压旁路，65%低压旁路
6	北仑电厂二期	2×1000MW	上海汽轮机厂	两级串联	40%
7	彭城电厂	2×1000MW	上海汽轮机厂	三用阀	100%高压旁路，65%低压旁路
8	漕泾电厂	2×1000MW	上海汽轮机厂	三用阀	100%高压旁路，65%低压旁路
9	沁北电厂	2×1000MW	哈尔滨汽轮机厂	两级串联	35%
10	新密电厂	2×1000MW	东方汽轮机厂	两级串联	50%
11	谏壁电厂	2×1000MW	上海汽轮机厂	三用阀	100%高压旁路，65%低压旁路
12	绥中电厂	2×1000MW	东方汽轮机厂	一级大旁路	27%
13	潮州三百门	2×1000MW	哈尔滨汽轮机厂	两级串联	35%
14	国电泰州二期	2×1000MW	上海汽轮机厂	三用阀	100%高压旁路，约65%中旁，约70%低压旁路

六、旁路系统主要部件

1. 旁路阀

超临界火电机组一般采用高压旁路和低压旁路串联的旁路系统（如图 6-11 所示），高压旁路容量为 30%～40%BMCR。旁路系统由旁路蒸汽管道、阀门及其执行机构、控制系统组成。高压旁路系统阀门由高压旁路阀（即高压旁路阀）喷水调节阀、喷水隔离阀等组成，低压旁路系统阀门由低压旁路阀（即低压旁路阀）喷水调节阀、喷水隔离阀、凝汽器入口减温减压器等组成。

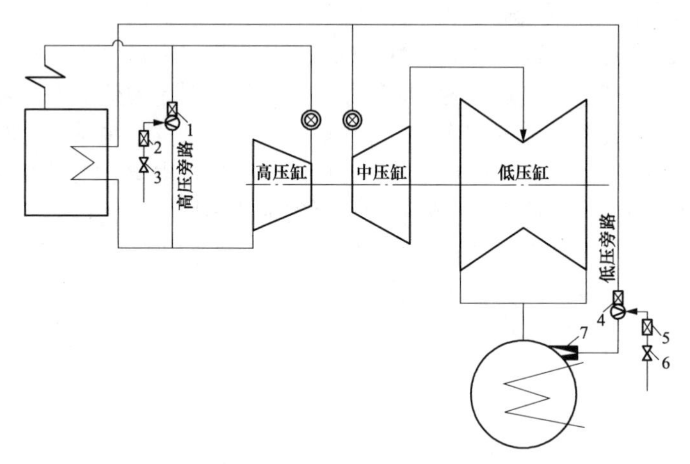

图 6-11　高、低压串联旁路系统

1—高压旁路阀；2—喷水调节阀；3—喷水隔离阀；4—低压旁路阀；
5—喷水调节阀；6—喷水隔离阀；7—扩容式减温减压器

旁路阀由两部分组成，一是减压部分，二是减温部分。超临界机组高、低压旁路阀一般采用先减压、后减温的结构形式（如图 6-12 和图 6-13 所示），这种结构能更好地实现减温水雾化效果，尤其在大流量、有快速动作要求和启动次数较多时，可较好地防止阀体受到侵蚀。旁路阀高压中腔一般设计成球形结构，以满足机组频繁启动的要求，减小材料热应力，提高阀门使用寿命。

如图 6-12 所示，高压旁路阀采用多级笼式节流罩来实现减压，阀内的流道被节流罩分割成多个独立的压力缓冲室，并保证介质只能在指定的压力缓冲室流动，蒸汽首先流经节流套筒经节流膨胀减压后，进入一级节流孔板压力缓冲室，再经节流膨胀减压进入二级节流孔板压力缓冲室，蒸汽经二级节流孔板的小孔流出时流动稳定，噪声减小；二级节流孔板将蒸汽引导至减温水处，将减温水加速带走，加快了汽水混合过程，提高了雾化效果，蒸汽脱离笼罩后向阀体中心膨胀流动。

在节流孔板下端，沿阀体圆周上均匀布置了多个雾化喷嘴，使整个截面上喷水量分布均匀，以达到良好的低负荷雾化效果。蒸汽经节流孔板后，与减温水呈垂直方向流动，此处蒸汽流速高，可迅速将减温水带走，缩短了雾化距离。喷嘴可采用弹簧加载式喷嘴或蒸汽辅助雾化喷嘴，根据喷水量的多少可自动调节喷嘴面积，使减温水呈扇形高速喷出，雾化颗粒极细小，可在极宽的范围内实现减温水雾化。

如图 6-13 所示，低压旁路阀的工作原理与高压旁路阀类似，但低压旁路阀多采用单级节流罩来实现减压。

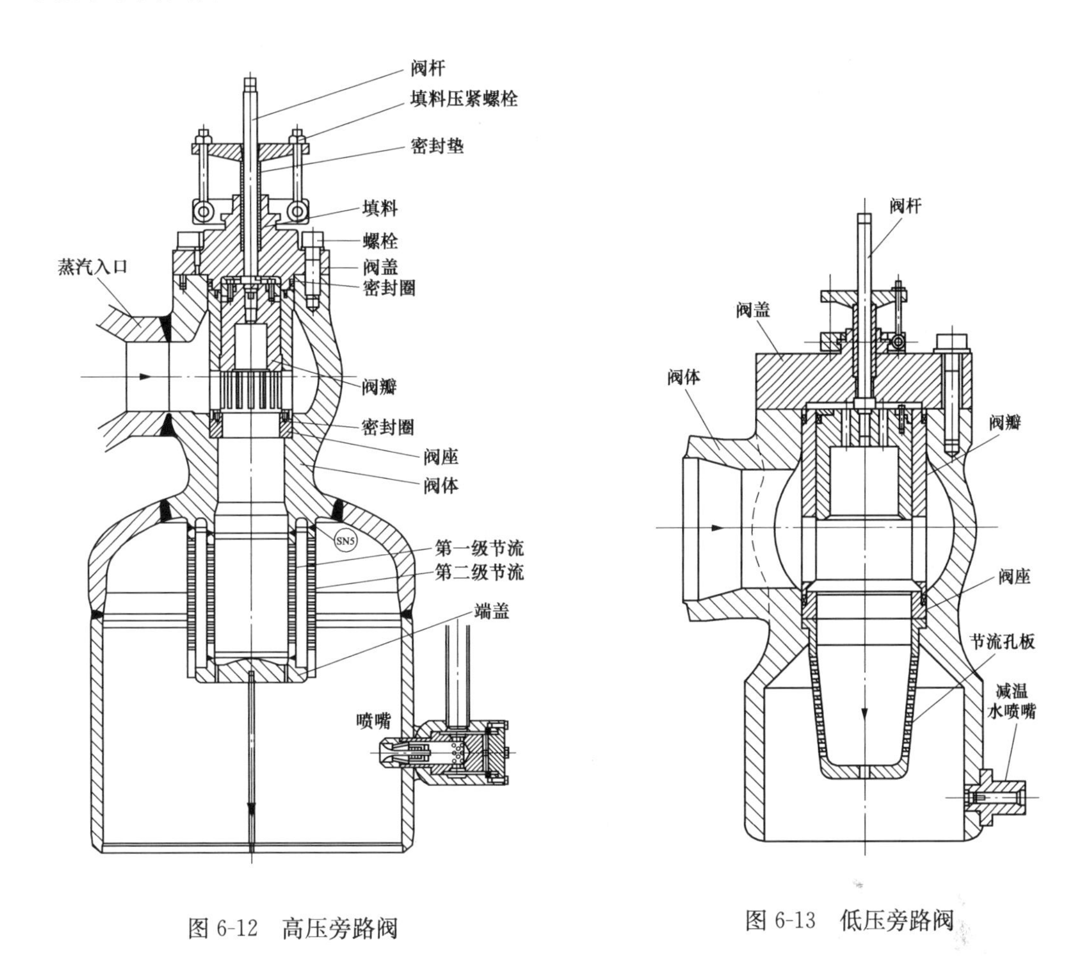

图 6-12　高压旁路阀

图 6-13　低压旁路阀

如图 6-11 所示，为了防止低压旁路蒸汽进入凝汽器，导致凝汽器内的蒸汽温度超过允许值，需将低压旁路来的蒸汽再次减温减压到凝汽器允许值后排入凝汽器。低压旁路三级减压减温器的结构如图 6-14 所示，低压旁路蒸汽进入减温减压器的管末端开孔区，喷向减温减压器壳体内，壳体内壁上设有不锈钢防冲蚀挡板。汽流通过蒸汽管末端开孔区上的多个小孔，进行第一次临界膨胀降压；经过第一级减压后的蒸汽通过壳体内锥形节流孔板，进行第二次临界膨胀降压，扩散到减温减压器后部区域，使蒸汽进一步扩容降压；在壳体内壁沿圆周方向均布设有若干个雾化喷嘴，从凝结水系统来的减温水雾化后与蒸汽充分混合，以达到减温的目的。

2. 旁路系统执行机构

根据不同机组旁路系统控制的要求，旁路阀的驱动方式有电动、液动和气动三种，各种驱动方式有不同的优缺点，详见表 6-2。

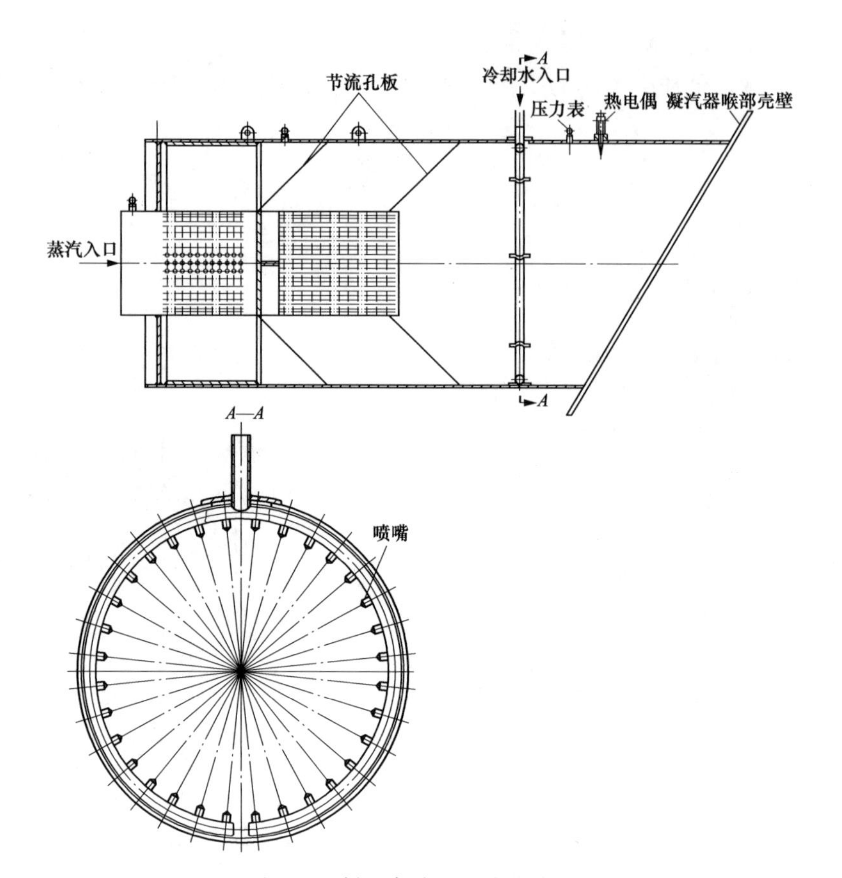

图 6-14　低压旁路三级减压减温器

表 6-2　　旁路系统执行机构比较

执行机构	调节控制	动作时间/快速动作	提升力/力矩	稳定性/调节精度	结构	可靠性	维护
气动	好	动作速度快，快速开启或关闭时间小于或等于2s	提升力较小，适用于平衡阀芯	好	体积较小，需一套配套附件	好	简单
液动	非常好	动作速度非常快，快速开启或关闭时间小于或等于2s	提升力大，可用于平衡和非平衡阀芯	非常好	电液执行机构体积小，需一套液压系统和配套附件，结构复杂	具有高可靠性，即使电源丧失，安全阀组和蓄能器也可使旁路阀处于系统要求的安全位置	维护量大，油质要求苛刻，整体安装、调试严格
电动	一般	动作时间较长，快速开启或关闭时间大于5s，快速动作需高速电动机	力矩较小，适用于平衡阀芯	好	体积大，执行机构较简单	一般（电动机断续启停）	较简单

七、旁路系统举例

如图 6-7 所示给出了某 1000MW 超超临界二次再热机组的三级串联的高、中、低压旁路系统。高压旁路容量约为 40％BMCR 容量，中压旁路容量约为 65％BMCR，低压旁路容量约为 71％BMCR。由于启动时，中压旁路阀及低压旁路阀的进口压力较低，蒸汽比体积较大，因而配置 1 台液动高压旁路阀、2 台液动中压旁路阀、2 台液动低压旁路阀。

（1）高压旁路：主蒸汽由汽轮机超高压缸主汽门前经高压旁路阀减温减压后接至汽轮机超高压缸排汽，进入一级再热器。高压旁路减温水来自给水泵出口。在超高压缸配置通风阀，机组启动时通过高压旁路控制超高压缸排汽压力，以避免超高压缸排汽温度超过最高限制值 530℃。

（2）中压旁路：一级再热高温蒸汽由高压缸前经中压旁路阀减温减压后排至高压缸排汽管道，进入二级再热器。每台机组配置两套中压旁路，中压旁路减温水来自给水泵中间抽头。高压缸排汽也设置通风阀，启动时中压旁路阀控制高压缸的排汽压力为 0.7～1.0MPa，以避免高压缸排汽温度超过最高限制温度 500℃。

（3）低压旁路：二级再热高温蒸汽由中压缸前经低压旁路阀减温减压后排至凝汽器，每台机组配置两套低压旁路，低压旁路减温水来自凝结水泵出口。

在机组启停、运行和异常情况期间，旁路系统起到控制、监视蒸汽压力和锅炉超压保护的作用。如果遇到快速减负荷的情况，在调节阀快速关小而出现主汽压力骤然升高时，由于旁路系统实行全程跟踪，会立即开启进行溢流泄压，以使调节阀不承担过大的压降。系统中设置预热管道，保证高、中、低压旁路蒸汽管道在机组运行期间始终处于热备用状态。

第三节　回热全面性热力系统

回热系统是热力发电厂热力系统中的主要组成部分之一。因为回热系统涉及加热器的抽汽、疏水、抽空气、主凝结水、给水除氧和主给水等诸多系统，极大地影响着电厂的热经济性和安全可靠性。例如，600MW 亚临界一次中间再热机组高压加热器事故解列后，汽轮机组的热耗率增加了 284kJ/kWh，将使发电标准煤耗率增加 10.6g/kWh，还可能造成汽轮机进水、锅炉过热蒸汽超温、限制功率等。

一、对机组回热全面性热力系统的要求

机组的回热全面性热力系统是回热设备实际运行的热力系统，是回热原则性热力系统的充实与扩展，主要由回热抽汽系统、加热器疏水与抽空气系统、给水系统、凝结水系统等组成。回热全面性热力系统在具备正常运行功能的同时，还需要满足启动、停机、事故处理及低负荷运行工况的要求，同时兼顾正常运行工况的热经济性和非正常工况时的安全可靠性，以及全面性热力系统投资与收益之间的关系。

1. 回热系统正常运行工况要求

不同容量、参数的机组，其原则性热力系统有一定差别，如中、低参数的机组只有一级高压加热器、一级除氧器、一级低压加热器。高参数及以上机组多采用“三高、四低、一除氧”。实际上，回热原则性热力系统是经过复杂的技术经济比较后确定的，需要综合考虑热经济性、系统繁简程度、投资和运行可靠性及国情等多种因素。机组回热全面性热力系统必

须在满足原则性热力系统的基础上进行扩展。为减少热损失和汽水损失，回热全面性热力系统应设置加热器的抽空气系统。为保证机组热经济性和防止汽轮机进水，回热系统正常运行要求保证表面式加热器的正常水位，只排水不排汽，同时避免高水位淹没加热管束。为维持表面式加热器的正常疏水水位，疏水管路上应装设疏水调节装置。

2. 回热系统事故工况要求

机组长期运行中，设备及系统出现故障是不可避免的，为保证事故不进一步扩大和对机组运行影响尽量小，回热全面性热力系统必须考虑事故工况时的应急系统与设备，应急系统与设备主要包括泵的备用，加热器水侧旁路、各种类型阀门的设置，以及加热器抽空气和疏水备用管路的设置。

为保证水泵发生事故时向除氧器和锅炉供水的绝对可靠，凝结水泵和给水泵必须设置备用泵。为保证加热器发生事故时不中断向锅炉供水，以及能随时切除加热器进行维修，表面式加热器都设有水侧旁路及相应的进口、出口阀和旁路阀。回热系统中需要合理设置的阀门主要有止回阀、隔离阀、安全阀和溢流阀。止回阀是防止汽、水倒流，保护热力设备的阀门。在加热器发生事故时，为防止事故扩大和及时检修设备，在加热器进汽口、进出水口和旁路管上，给水泵、凝结水泵和疏水泵出入口处，以及有关的空气、疏水管上，都应设置隔离阀门；为在超压时保护热力设备，加热器水侧和汽侧等都应设有安全阀，除氧器给水箱还应设有溢流阀。表面式加热器疏水管路除正常运行时的逐级自流外，还应有启动疏水管路和事故疏水管路，供机组启动和加热器发生事故时使用。

3. 机组低负荷工况要求

当机组参与调峰过程中，机组出现低负荷运行的情况将很普遍，机组回热全面性热力系统必须满足低负荷工况的要求，主要包括给水泵和凝结水泵的再循环管路设置、除氧器低负荷汽源的切换、高压加热器至低压加热器的备用疏水管路等。

4. 机组启动与停运的要求

为满足回热系统启停需要，应设置一些必要的管路及阀门。例如，加热器汽侧和水泵进、出口处的隔离阀门；抽汽管上应设置疏水管路及阀门，以及时排除加热器在投入和停运过程中积存于管内的疏水，以免汽轮机进水；低压加热器设置检查放水管及阀门，以保证合格水进入除氧器；为排除启动前积存于汽侧和加热器间连接水管内的空气，需要设置启动排空气管路和阀门，直接排入大气；加热器投运前，应检查水侧是否泄漏，为此在汽侧或疏水管上设有通地沟的检查管道及阀门，还兼作加热器停运后的放水之用。

二、回热抽汽系统

1. 概述

从汽轮机内抽出一部分做了功的蒸汽，用以加热回热加热器中的给水或凝结水，这种由回热抽汽管道及其相应附件所组成的系统，称为回热抽汽系统。

虽然回热循环存在抽汽做功不足，增大了汽轮机的汽耗量（或汽耗率），但采用回热减少了冷源热损失，提高了机组的热经济性。回热循环还提高了给水温度，减少了锅炉受热面因传热温差过大而产生的热应力。同时，采用回热循环也有利于减少汽轮机的末级叶片高度，降低离心力，提高设备的可靠性。

从理论上讲，汽轮机回热抽汽的级数越多越好，但是，回热抽汽级数多，使系统复杂，造价增大，而且级数增大到一定程度后，增加回热抽汽级数使汽轮机热经济性增加并不明显。因此，大型中间再热机组通常设有7～8级回热抽汽，其中，1级供除氧器，2～3级供高压加热器，其余的供低压加热器。有的回热抽汽系统还为给水泵汽轮机和辅助蒸汽系统提供汽源。

2. 回热抽汽系统的组成

回热抽汽系统主要由回热抽汽管道、保护类阀门及疏水管道等组成。

回热抽汽管道连接汽轮机抽汽口和回热加热器，抽汽管道的散热损失和阻力损失要小。回热抽汽压力损失增大，将使本级加热器汽侧压力降低，加热器出口水温度降低，回热抽汽量减少，同时使相邻压力较高的加热器抽汽量增大，最终导致循环热效率降低。汽轮机实际运行过程中，抽汽压力损失增大通常是因为抽汽管道的止回阀、隔离阀误关或开度不够造成的。

保护类阀门主要包括止回阀和隔离阀。止回阀的主要用途是防止在汽轮机甩负荷或紧急停机时，回热抽汽管道和各加热器内的汽、水倒流进入汽轮机，引起汽轮机超速和进水。水、汽倒流入汽轮机一般发生在加热器管束破裂、管子与管板或集箱连接处泄漏、疏水调节阀运行不正常（如卡涩）造成水位过高以及汽轮机突降负荷或甩负荷等情况下，特别是当回热抽汽管道与辅助蒸汽、给水泵汽轮机相连时，危险性更大。因此，辅助蒸汽、给水泵汽轮机与回热抽汽连接的管道上也要装设止回阀，严防蒸汽倒流。通常，回热抽汽止回阀有以压力水为控制动力的液压止回阀和以压缩空气为动力的气动止回阀，由于气动止回阀控制系统简单，因此在大型机组中得到了广泛的应用。止回阀的安装位置应尽量靠近汽轮机侧，以减少倒流进入汽轮机的蒸汽量。

隔离阀的作用是将加热器汽侧和汽轮机隔离开。当任何一台加热器因管系破裂或疏水不畅，水位升高到事故警戒水位时，通过水位信号自动关闭相应抽汽管道上的隔离阀，与此同时，该抽汽管道上的止回阀及来自上级加热器的疏水阀也自动关闭，防止加热器水位过高而造成汽轮机进水。隔离阀的另一个作用是在加热器故障停用时，切断加热器汽源，便于加热器本身的检修。

隔离阀前后、止回阀前后的抽汽管道低位点，均设有疏水管道和疏水阀。当任何一个隔离阀关闭时，连锁打开相应的疏水阀，疏出抽汽管内可能积聚的凝结水，防止汽轮机进水。

3. 回热抽汽系统举例

某超临界600MW机组回热抽汽系统如图6-15所示。全机共有八级非调整抽汽，高压缸有两级，第一级抽汽供高压加热器H1，来自高压缸排汽的第二级抽汽供高压加热器H2；中压缸共有两级抽汽，第三级抽汽供高压加热器H3，第四级抽汽供除氧器H4、驱动给水泵汽轮机和辅助蒸汽集箱；低压缸共有四级，分别供低压加热器H5～H8。

在第一级至第六级抽汽管道上，均设置有回热抽汽气动止回阀和电动隔离阀，其中第四级抽汽管道上串联有两个止回阀，其原因是：由于第四级抽汽管道上连接较多的热力设备，在机组启动、低负荷运行、突然甩负荷或停机时，其他汽源的蒸汽有可能窜入该段抽汽管道，汽轮机超速的可能性大大增加，为安全起见，故串联设置两个止回阀。在第四级抽汽管道通往给水泵汽轮机和辅助蒸汽集箱的各支管道上，也都设置有止回阀。在第七、八级抽汽管道上未装设任何阀门，其原因是：这两级抽汽分别所供的低压加热器H7和低压加热器H8均安装在凝汽器喉部，抽汽压力已经很低，即使机组甩负荷，蒸汽倒流入汽轮机，因其

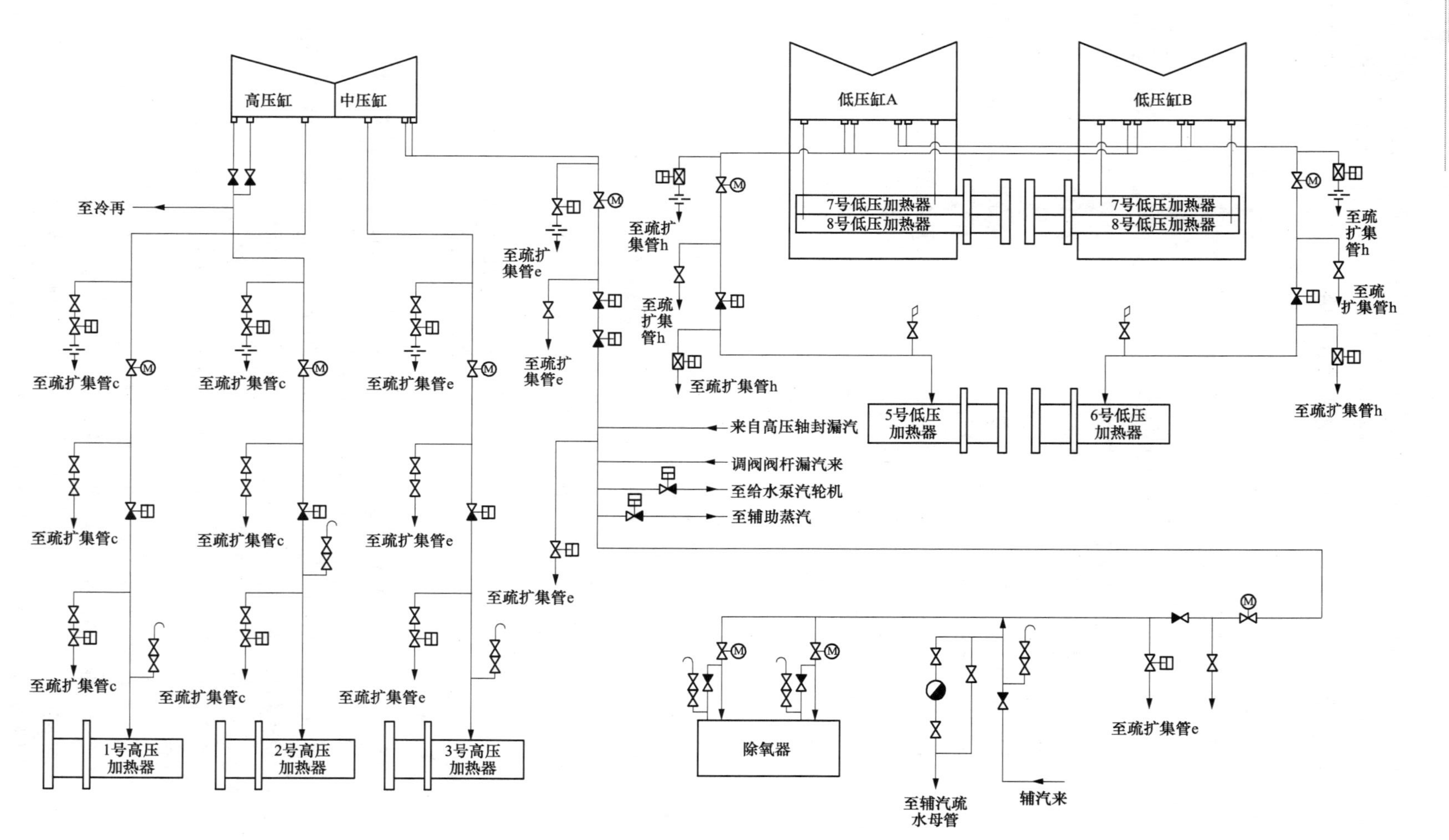

图 6-15　某超临界 600MW 机组回热抽汽系统

焓降很小，引起超速的可能性不大，并且在加热器疏水和主凝结水管道上采取防止汽轮机进水的措施，这样就可省去不易加工制造且布置安装不便的大口径阀门。但是，当这两台加热器管束严重泄漏时，汽轮机仍有进水的危险，此时必须停机处理。另外，每根抽汽管上都装有吸收管道热膨胀量的膨胀节。

在抽汽系统各级抽汽管道的隔离阀和止回阀前后，以及管道的低位点，分别设置了疏水阀，以防止机组启动、停机和加热器发生故障时系统内积水。各疏水管道单独接至疏水扩容器的疏水集管上。

三、回热加热器的疏水与排气系统

1. 回热加热器的疏水系统

回热抽汽在表面式加热器中放热后的凝结水，称为加热器的疏水。由回热加热器疏水管道及相应附件组成的系统称为回热加热器的疏水系统。回热加热器的疏水系统的作用是：回收回热加热器内抽汽的凝结水，并及时疏通到其他地方去；保持加热器内的疏水水位在正常范围，防止汽轮机进水。

回热加热器的疏水可以分为高压加热器疏水和低压加热器疏水，对应不同运行工况，又可分为正常疏水、启动疏水和事故疏水。以下分别说明高压加热器疏水和低压加热器疏水的运行情况。

（1）高压加热器疏水。正常运行工况时，高压加热器的正常疏水通过逐级自流方式流入除氧器。各个加热器疏水管路上应设置疏水调节阀，以便对加热器水位进行调节。在机组启动阶段，由于加热器启动疏水中可能含有铁屑等固体杂质，启动初期水质不合格，各台高压加热器的疏水应通过放水管直接排至地沟；水质合格后，若抽汽压力较低，不足以使加热器的疏水自流入除氧器时，疏水从1号高压加热器逐级自流入3号后，可通过事故疏水管路扩容降压后回收至凝汽器。事故疏水也称危急疏水，在下列情况下，需要开启事故疏水阀，疏水通过每台高压加热器的事故疏水管经扩容降压后进入凝汽器。

1）当高压加热器管束破裂或管板焊口泄漏，给水进入加热器汽侧，正常疏水调节阀故障或疏水流动不畅。

2）下一级高压加热器或除氧器发生事故、水位升高后，关闭上一级加热器的疏水调节阀，上一级加热器疏水无出路。

3）低负荷工况下加热器之间压差减小，正常疏水不能逐级自流。

（2）低压加热器疏水。正常运行时，低压加热器的疏水依靠各级之间的压差逐级自流进入凝汽器，或采用疏水泵将本级加热器的疏水送至加热器水侧出口。低压加热器的事故疏水管道兼作启动疏水管道，低压加热器的事故疏水均经扩容降压后进入凝汽器。

2. 回热加热器的排气系统

表面式回热加热器汽侧均设置有启动排气和连续排气装置。启动排气用于机组启动和水压试验时迅速排除加热器内的空气，连续排气用于正常运行时连续排除加热器内蒸汽凝结过程中析出的不凝结气体，减小回热加热器的传热热阻，增强传热效果，防止气体对热力设备的腐蚀，提高回热加热器的运行经济性和安全性。

每台加热器工作压力不同，为了避免相邻两台加热器排气系统构成循环回路，影响压力较低加热器的排气，设计安装时可采取以下措施：

（1）压力较低的加热器排气至母管的接口应在压力较高的加热器排气接口的下游。

（2）排气母管的管径要足够大。

另外，在汽侧压力高于大气压的加热器和除氧器上，均应设有安全阀，作为超压保护。机组长期停用时，加热器应充以氮气或化学处理水，用作加热器的防腐保护。

3. 疏水与排气系统举例

某超临界 600MW 机组的高压加热器疏水与排气系统如图 6-16（a）所示。高压加热器的正常疏水通过逐级自流方式流入除氧器，即 1 号高压加热器疏水自流入 2 号高压加热器，再自流入 3 号高压加热器，最后流入除氧器。各个加热器疏水管路上均设置有疏水调节阀，以便对加热器水位进行调节。每台高压加热器均有接至疏水扩容器的事故疏水管路，为减少汽液两相流管段的长度，事故疏水阀应尽量靠近疏水扩容器布置。

每台高压加热器的启动排气经两只隔离阀接入排气母管，每台高压加热器有一根连续排气管，通过一个截止阀和单级节流孔板引入排气母管。节流孔板的作用是为了防止过多的蒸汽随空气一起被排放出去。高压加热器的排气母管与除氧器相连。除氧器的排气管不区分启动排气和连续排气，除氧器的各排气管汇成两根母管，经节流后排入大气。

某超临界 600MW 机组的低压加热器疏水与排气系统如图 6-16（b）所示。正常疏水采用逐级自流，由 5 号低压加热器通过疏水调节阀到 6 号低压加热器，再经 7 号低压加热器到 8 号低压加热器，最后自流入凝汽器。低压加热器的事故疏水管道兼作启动疏水管道。启动初期各加热器的疏水排至地沟，水质合格后，5、6 号低压加热器的疏水通过各自的事故疏水管道排至凝汽器。7 号 A 和 8 号 A 低压加热器的事故疏水扩容降压后直接排至凝汽器 A；7 号 B 和 8 号 B 低压加热器的事故疏水扩容降压后进入凝汽器 B。

各低压加热器均设置两根启动排气管路及一根连续排气管路。各低压加热器的三根排气管路汇集成一根排气母管分别接入凝汽器，并经凝汽器抽真空系统，将空气排出系统。为减少排气过程携带蒸汽造成的热损失和降低抽气器的负担，连续排气管路上设有节流孔板。

四、给水系统

1. 给水系统的作用及组成

给水系统是从除氧器到锅炉省煤器进口之间的管道、阀门和附件的总称。给水系统的作用是将除氧器给水箱中的水，通过给水泵提高压力，经过高压加热器进一步加热后，输送到锅炉省煤器入口，作为锅炉给水。此外，给水系统还向锅炉过热器、再热器的一、二级减温器以及汽轮机高压旁路系统、中压旁路系统的减温器提供减温水，用以调节上述设备的出口温度。

给水系统主要由给水下降管、给水泵、高压加热器以及管道、阀门等附件组成。以给水泵为界，给水系统可分为低压给水系统和高压给水系统，除氧器给水箱下降管入口至给水泵进口之间的系统为低压给水系统，给水泵出口至锅炉省煤器入口之间的系统称为高压给水系统。

给水系统输送的工质流量大、压力高，对发电厂安全、经济、灵活运行至关重要。给水系统事故会使锅炉给水中断，造成紧急停炉或降负荷运行，严重时会威胁锅炉的安全甚至不能长期运行。因此，在发电厂的任何运行方式下和发生任何故障的情况下，都应保证锅炉给水不中断，这是对给水系统的基本要求。

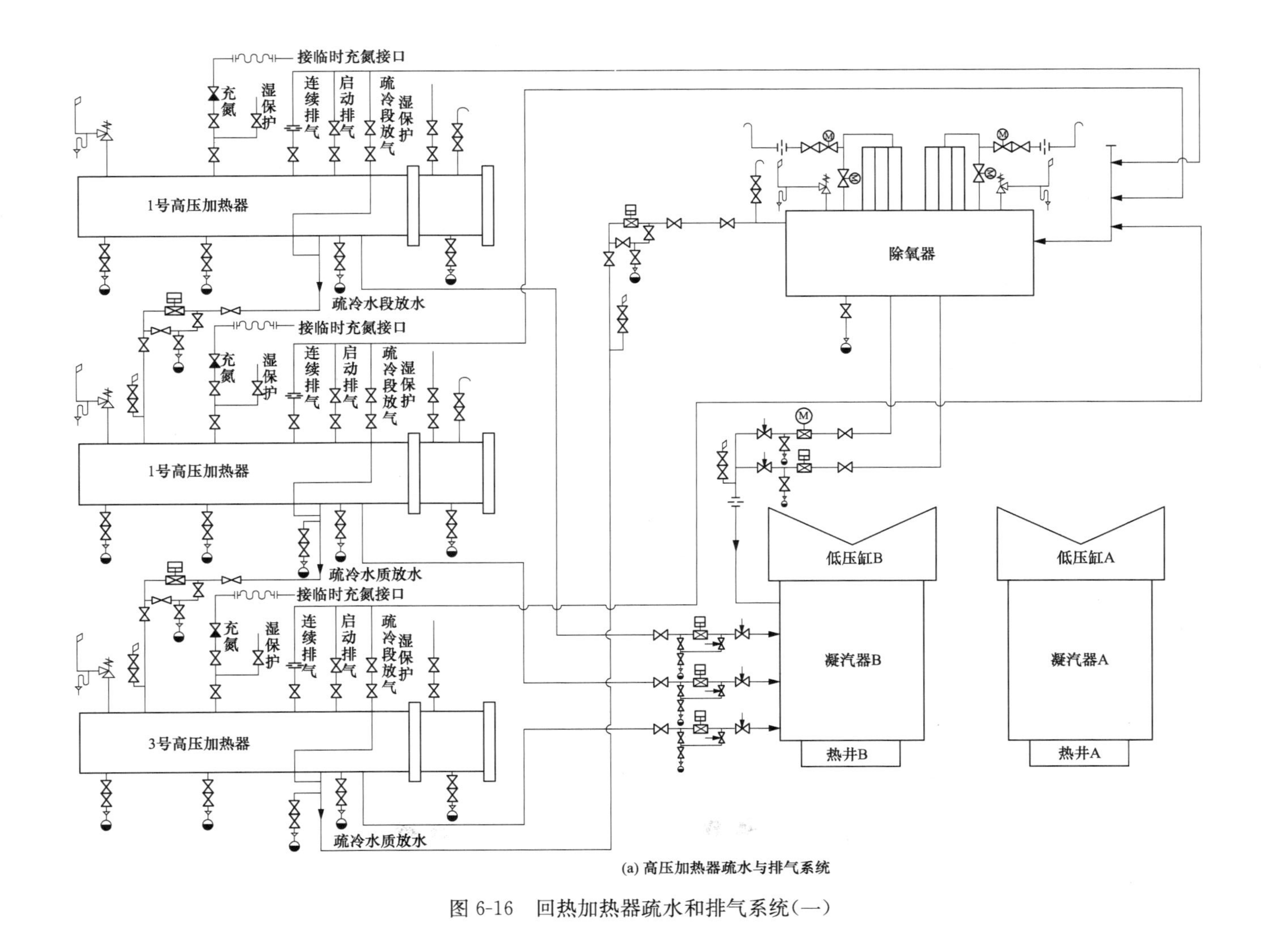

(a) 高压加热器疏水与排气系统

图 6-16　回热加热器疏水和排气系统(一)

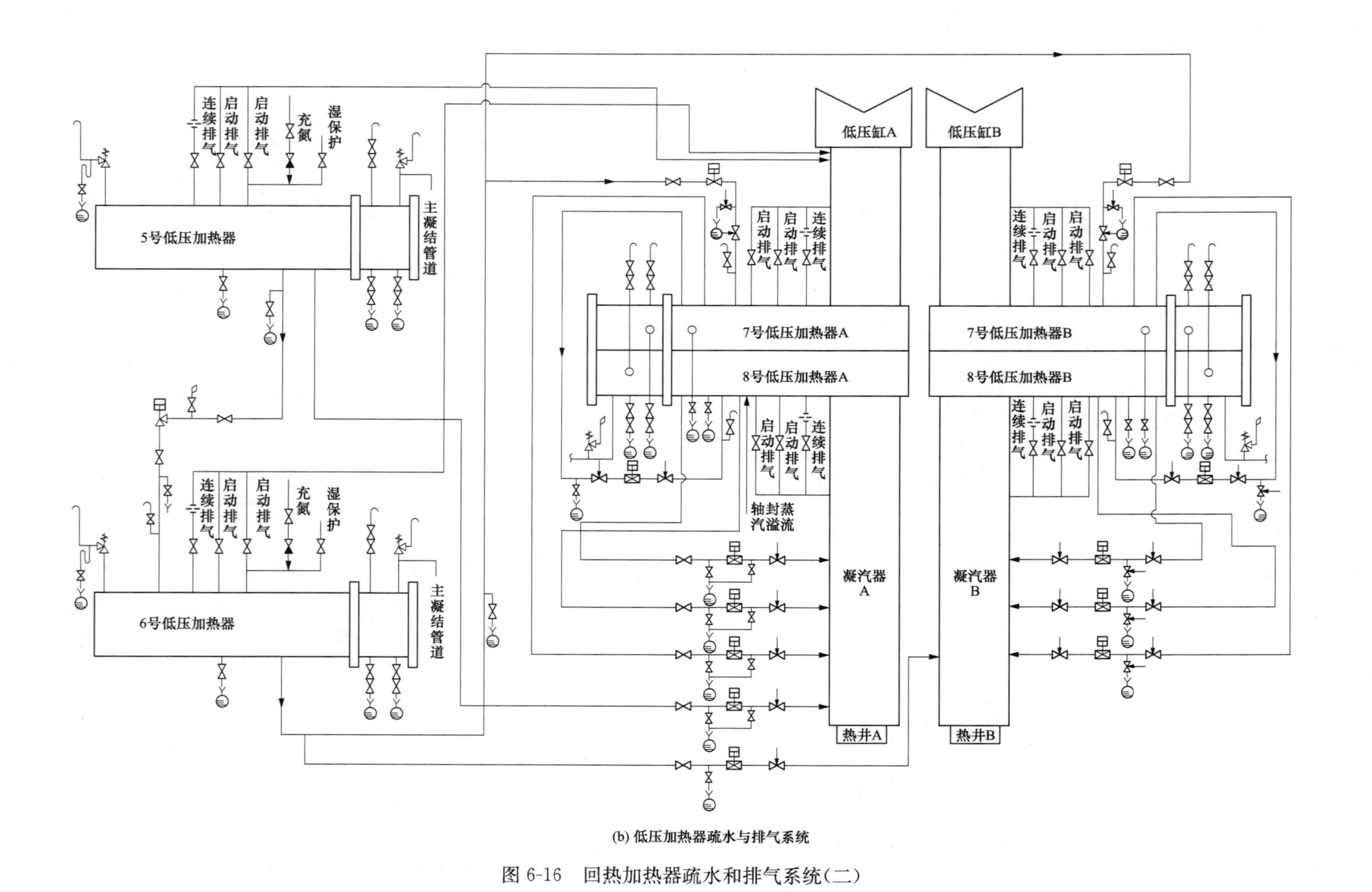

(b) 低压加热器疏水与排气系统

图 6-16 回热加热器疏水和排气系统（二）

2. 给水系统类型及选择

给水系统的类型与机组类型、容量和主蒸汽系统的类型有关，主要有单母管制系统、切换母管制系统和单元制系统三种。

(1) 单母管制系统。单母管制给水系统如图 6-17 所示，设有三根单母管，即给水泵入口侧的低压吸水母管、给水泵出口侧的冷压力母管和锅炉给水母管。

备用给水泵通常布置在低压吸水母管和冷压力母管的两分段阀之间。按水流方向，给水泵出口依次装有止回阀和截止阀。止回阀的作用是当给水泵处于热备用状态或停止运行时，防止压力母管的压力水倒流入给水泵，导致给水泵倒转而干扰了吸水母管和除氧器的运行；截止阀的作用是当给水泵故障检修时，用以切断和压力母管的联系。为了防止锅炉启动及低负荷运行阶段，因流量小未能将摩擦热带走而导致水泵入口处发生空蚀的危险，在给水泵出口止回阀处设有给水再循环管（也称最小流量管），保证通过给水泵有一最小不空蚀流量。单母管制给水系统采用一根再循环母管与除氧器水箱相连，将多余的水通过再循环管返回除氧器水箱，当高压加热器故障切除或锅炉启动上水时，可通过冷压力母管和锅炉给水母管之间的冷供管供应给水。如图 6-17 所示还标明了高压加热器的大旁路和给水操作台。

单母管制给水系统的特点是安全可靠性高，具有一定灵活性，但系统复杂、耗钢材、阀门较多、投资大。

(2) 切换母管制系统。如图 6-18 所示为切换母管制给水系统，低压吸水母管采用单母管分段，冷压力母管和锅炉给水母管均采用切换母管。当汽轮机、锅炉和给水泵的容量相匹配时，可单元制运行，必要时可通过切换阀门交叉运行。切换母管制给水系统的特点是有足够的可靠性和运行的灵活性，同时，因有母管和切换阀门，投资大，钢材、阀门耗量也相当大。

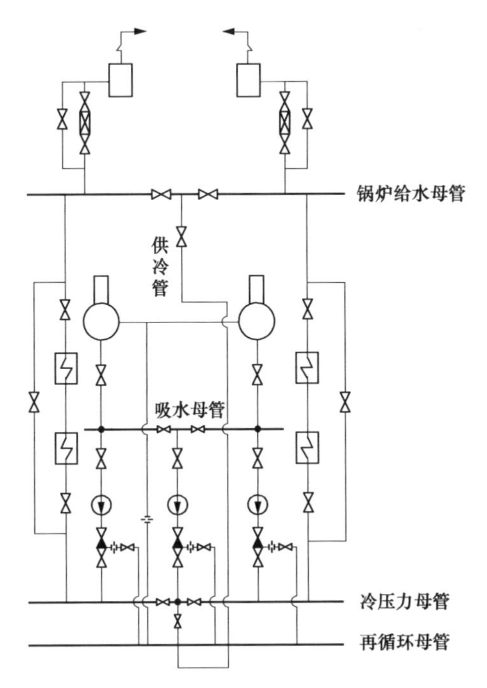

图 6-17　单母管制给水系统

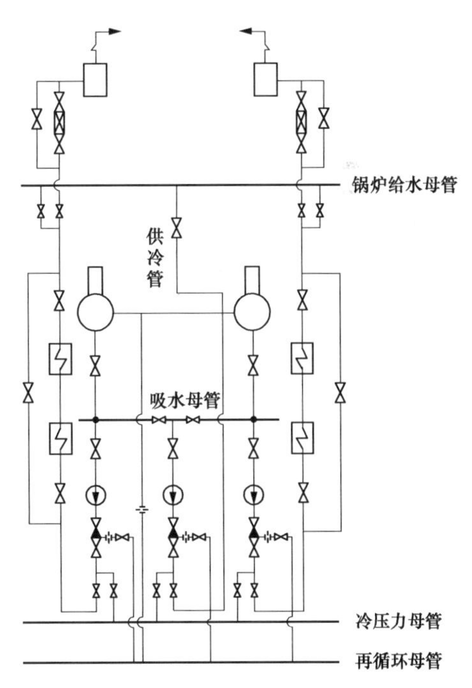

图 6-18　切换母管制给水系统

(3) 单元制给水系统。如图6-19所示为单元制给水系统。当主蒸汽系统采用单元制时，给水系统也必须采用单元制。单元制给水系统的优点是系统简单，管路短，阀门少，投资省，便于机炉集中控制和管理维护，当采用无节流损失的变速调节时，其优越性更为突出。当然，运行灵活性差也是不可避免的缺点。

若两台机组的给水系统组成一个单元，则称为扩大单元制给水系统，无锅炉给水母管，低压吸水母管为单母管，冷压力母管为切换母管。该系统可节省1台备用给水泵，同时也提高了运行的灵活性。

GB 50660—2011《大中型火力发电厂设计规范》规定：给水系统应采用单元制系统；当正常运行给水泵采用调速给水泵时，给水主管路不应设调节阀系统，启动支管应根据给水泵的特性设置调节阀。

3. 给水泵的选择

(1) 给水泵流量调节方式。按给水流量调节方式，给水泵可分为定速泵和变速泵。给水泵的流量调节特性如图6-20所示。对于定速给水泵，通过改变泵出口节流阀的开度来调节给水流量，额定工况时的工作点为A，其流量和压头为Q_A、H_A；减负荷时调节至B′，其流量和压头为Q_B、$H'_B=H_A+\Delta H_A$，增加了节流损失ΔH_A，而且转速越高损失越大，节流阀越易冲蚀；但是节流调节的设备简单、操作方便、易于维护，适用于中、低比转数及容量不大的泵。

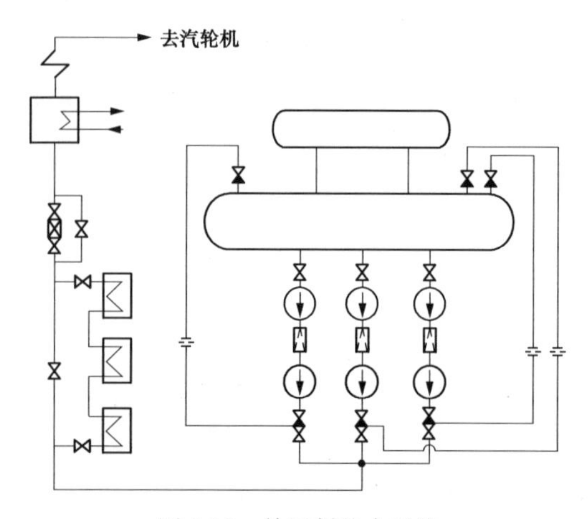

图6-19　单元制给水系统

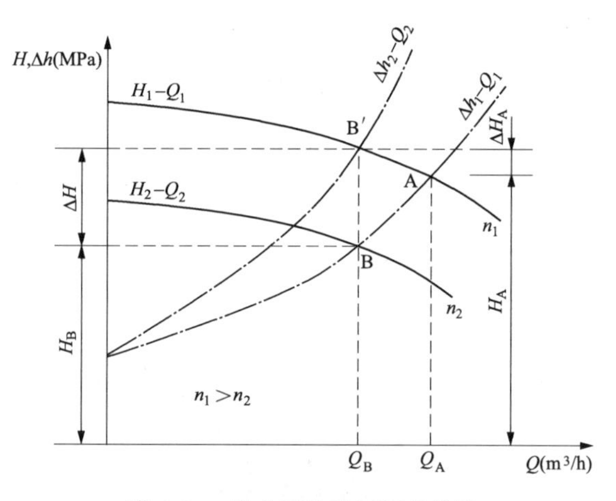

图6-20　给水泵的流量调节特性

变速给水泵却是以改变水泵的转速n来调节流量的，当转速由n_1减小为n_2时，工作点为B，其流量和压头为Q_B、H_B，如图6-20所示；与定速给水泵相比，减少了节流损失ΔH，且调节阀工作条件好，寿命长，并可低速启动，简化了给水操作台；但设备较复杂、投资费用高、维护工作量大，适用于大容量给水泵。

(2) 给水泵总流量。在给水系统中，给水泵出口的总容量（即最大给水消耗量，不包括备用给水泵），均应保证供给其所连接系统的全部锅炉在最大连续蒸发量时所需的给水量，并留有一定的裕量。对于汽包炉，其给水量为锅炉最大连续蒸发量的110%；因直流炉没有排污，也无汽包水位调节等要求，所以其给水量取锅炉最大连续蒸发量的105%。

对中间再热机组，给水泵入口的总流量还应加上供再热蒸汽调温用的从泵的中间级抽出的流量，以及漏出和注入给水泵轴封的流量差。前置给水泵出口的总流量，应为给水泵入口的总流量与从前置泵与给水泵之间的抽出流量之和。

对于母管制给水系统，当其最大一台给水泵停用时，其他给水泵应能满足整个系统的给水需要量。

(3) 给水泵的扬程。给水泵的扬程应按下列各项之和计算：

1) 从除氧器给水箱出口到省煤器进口介质流动总阻力（按锅炉最大连续蒸发量时的给水量计算），汽包炉应另加 20%裕量，直流炉应另加 10%裕量。

2) 如果制造厂提供的锅炉本体总阻力已包括静压差，则应为省煤器进口与除氧器给水箱正常水位间的水柱静压差。如果制造厂提供的锅炉本体总阻力不包括静压差，则对于汽包锅炉，则应为锅炉正常水位与除氧器给水箱正常水位间的水柱静压差；对于直流锅炉，则应为锅炉水冷壁炉水汽化始点、终点标高的平均值与除氧器给水箱正常水位间的水柱静压差。

3) 锅炉达到最大连续蒸发量时的省煤器入口给水压力。

4) 除氧器额定工作压力（取负值）。

在有前置泵时，前置泵与给水泵扬程之和应大于上列各项之总和。至于前置泵的扬程，除应考虑前置泵出口至给水泵入口间的介质流动总阻力和静压差之外，还应满足汽轮机甩负荷瞬态工况时为保证给水泵入口不汽化所需的压头要求。

(4) 给水泵的驱动方式。按驱动方式分，给水泵可分为电动泵和汽动泵。电动泵依靠电机来驱动给水泵运行，汽动泵依靠给水泵汽轮机直接驱动给水泵旋转。如图 6-21 所示为锅炉给水泵采用汽动和电动两种驱动方式的简单热力系统及其热力过程线，其中如图 6-21 (a) 所示中的实线部分表示汽动泵热力系统，虚线部分为电动泵热力系统；进行汽动给水泵和电动给水泵的热经济性分析比较时，假定主汽轮机的初、终蒸汽参数相同，给水温度和新蒸汽耗量为定值，在此条件下，如图 6-21 (b) 所示中的 A-C 线为主汽轮机的热力过程线，B-C′ 线为给水泵汽轮机的热力过程线。

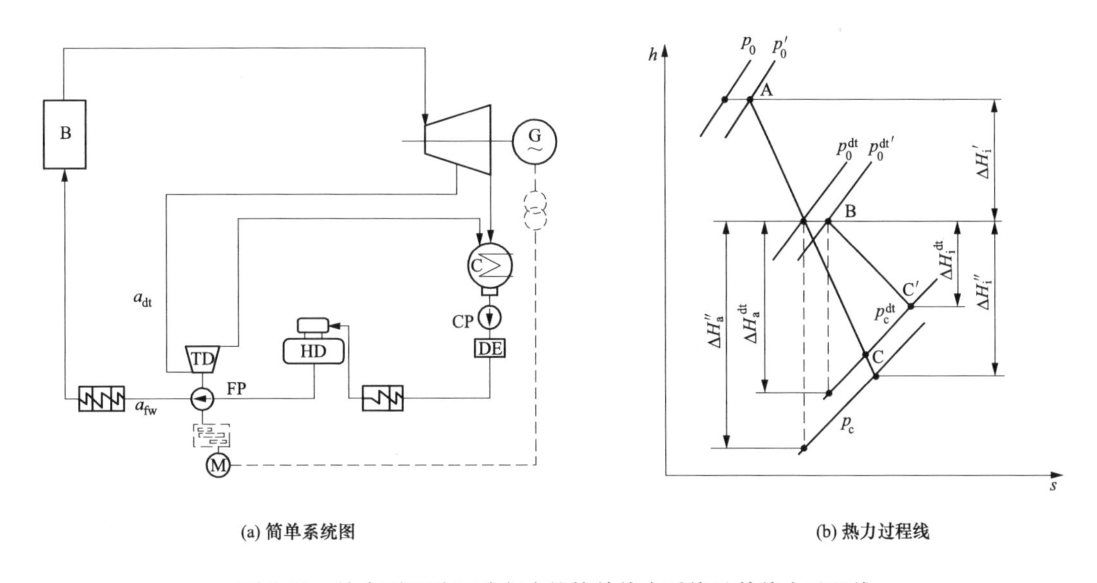

图 6-21 给水泵两种驱动方式的简单热力系统及其热力过程线

采用给水泵汽轮机驱动给水泵时，从给水侧计算时，给水泵汽轮机的功率输出方程为

$$P_{dt}=\frac{D_{fw}(p''_{pu}-p'_{pu})v_{pu}\times 10^3}{\eta_{pu}\eta_m^{dt}}=\frac{D_{fw}\Delta h_{pu}^{a}}{\eta_{pu}\eta_m^{dt}}\quad \mathrm{kW} \tag{6-5}$$

从给水泵汽轮机汽侧计算时，给水泵汽轮机的功率输出方程为

$$P_{dt}=D_{dt}\Delta H_a^{dt}\eta_{ri}^{dt}\quad \mathrm{kW} \tag{6-6}$$

式中：P_{dt}为给水泵汽轮机的轴端输出功率，kW；D_{fw}为给水泵流量，kg/s；D_{dt}为给水泵汽轮机的进汽流量，kg/s；p''_{pu}为给水泵的出口水的压力，MPa；p'_{pu}为给水泵的进口水的压力，MPa；v_{pu}为给水在泵内的平均比体积，m^3/kg；η_{pu}为给水泵效率，一般取70%～80%；η_m^{dt}为给水泵汽轮机的机械效率，一般取97.5%～98%；η_{ri}^{dt}为给水泵汽轮机的相对内效率；ΔH_a^{dt}为节流后蒸汽在给水泵汽轮机中的理想比焓降，kJ/kg；Δh_{pu}^{a}为理想泵功，kJ/kg。

由式（6-5）和式（6-6）可得，给水泵汽轮机的进汽流量为

$$D_{dt}=\frac{D_{fw}\Delta h_{pu}^{a}}{\Delta H_a^{dt}\eta_{ri}^{dt}\eta_m^{dt}\eta_{pu}} \tag{6-7}$$

当考虑进入给水泵汽轮机蒸汽的节流损失时，其节流损失系数为

$$\eta_{th}=\frac{\Delta H_a^{dt}}{\Delta H''_a}=\frac{\Delta H_a^{dt}\eta_{ri}}{\Delta H''_i} \tag{6-8}$$

将式（6-8）代入式（6-7）可得，给水泵汽轮机的进汽流量可写为

$$D_{dt}=\frac{D_{fw}\Delta h_{pu}^{a}\eta_{ri}}{\Delta H''_i\eta_{th}\eta_{ri}^{dt}\eta_m^{dt}\eta_{pu}} \tag{6-9}$$

式中：η_{ri}为主汽轮机的相对内效率，%；η_{th}为给水泵汽轮机的节流损失系数，%；$\Delta H''_i$为进入给水泵汽轮机前的未节流蒸汽在主机内的实际比焓降，kJ/kg；$\Delta H''_a$为进入给水泵汽轮机前的未节流蒸汽在主机内的理想比焓降，kJ/kg。

若将主蒸汽流量计作1kg，则给水泵汽轮机进口蒸汽系数为α_{dt}，给水流量系数为α_{fw}，则当采用汽动泵或电动泵时，主汽轮机的输出比内功分别为

采用汽动泵时：
$$w_i^{dt}=\Delta H'_i+(1-\alpha_{dt})\Delta H''_i\quad \mathrm{kJ/kg} \tag{6-10}$$

采用电动泵时：
$$w_{ie}=\Delta H'_i+\Delta H''_i\quad \mathrm{kJ/kg} \tag{6-11}$$

采用电动泵时，扣除电动泵消耗功率后的主汽轮机的输出比内功为

$$w'_{ie}=\Delta H'_i+\Delta H''_i-\frac{\alpha_{fw}\Delta h_{pu}^{a}}{\eta_{pu}\eta_m\eta_g\eta_{g\text{-}pu}}\quad \mathrm{kJ/kg} \tag{6-12}$$

式中：α_{dt}为相对于主蒸汽流量为1kg时的给水泵汽轮机进口蒸汽系数；α_{fw}为相对于主蒸汽流量为1kg时的给水流量系数；$\eta_{g\text{-}pu}$为考虑从汽轮发电机至拖动电动给水泵的一系列损失，包括电网输电与变压器损失、调速器和液力耦合器的损失以及拖动给水泵的电动机损失。

综上，采用汽动泵的热经济性的合理条件为

$$w_i^{dt}>w'_{ie} \tag{6-13}$$

故由式（6-9）、式（6-10）和式（6-12）可得

$$\left(1-\frac{\alpha_{fw}\Delta h_{pu}^{a}\eta_{ri}}{\Delta H''_i\eta_{th}\eta_{ri}^{dt}\eta_m^{dt}\eta_{pu}}\right)\Delta H''_i>\Delta H''_i-\frac{\alpha_{fw}\Delta h_{pu}^{a}}{\eta_{pu}\eta_m\eta_g\eta_{g\text{-}pu}} \tag{6-14}$$

或

$$\eta_{th}\eta_{ri}^{dt}\eta_m^{dt}>\eta_{ri}\eta_m\eta_g\eta_{g\text{-}pu} \tag{6-15}$$

由式（6-15）可知，只有当给水泵汽轮机的相对内效率η_{ri}^{dt}足够高时，才能满足式（6-15）的条件，这时采用汽动泵在热经济性上才是合理的，其数值与主机的相对内效率η_{ri}有

很大关系。一般 $\eta_{ri}^{dt}=75\%$左右时，才适合采用汽动泵。η_{ri}^{dt}越高，采用汽动泵的热经济性越显著。

对于再热式机组采用汽动泵的热经济性条件式，也可采用类似的方法导出。

（5）给水泵的台数和容量。对于湿冷机组采用单元制的给水系统，给水泵的类型、台数和容量应按下列方式配置：

1）300MW 级以下机组宜配置 2 台，单台容量应为最大给水消耗量 100％的调速电动给水泵；或配置 3 台，单台容量应为最大给水消耗量 50％的调速电动给水泵。

2）300MW 级及以上机组宜配置 2 台，单台容量应为最大给水消耗量 50％的汽动给水泵；或配置 1 台，容量应为最大给水消耗量 100％的汽动给水泵。

3）300MW 级及以上机组宜配置 1 台容量为最大给水消耗量 25％～35％的定速电动给水泵作为启动给水泵，也可根据需要配置 1 台容量为最大给水消耗量 25％～35％的调速电动给水泵作为启动与备用给水泵。

4）当机组启动汽源满足给水泵汽轮机启动要求时，也可取消启动用电动泵。

5）300MW 级及以上容量供热机组，给水泵驱动方式宜经过技术经济比较确定。

对于空冷机组采用单元制的给水系统，给水泵的类型、台数和容量应按下列方式配置：

1）300MW 级直接空冷机组的给水泵配置不宜少于 2 台，单台容量应为最大给水消耗量 50％的调速电动给水泵；200MW 级及以下机组宜配置 2 台，单台容量应为最大给水消耗量 100％的调速电动给水泵。

2）600MW 级及以上直接空冷机组的给水泵宜配置调速电动给水泵，亚临界机组不宜少于 2 台，单台容量应为最大给水消耗量的 50％；超（超）临界机组宜配置 3 台，单台容量宜为最大给水消耗量的 35％，不宜设备用。当采用汽动给水泵时，宜配置 2 台，单台容量应为最大给水消耗量的 50％，并应配置 1 台容量为最大给水消耗量 25％～35％的定速或调速电动给水泵作为备用。

3）300MW 级及以上间接空冷机组的给水泵宜配置 2 台，单台容量应为最大给水消耗量 50％的汽动给水泵，并应配置 1 台容量为最大给水消耗量 25％～35％的定速或调速电动给水泵作为备用；也可以配置调速电动给水泵，其数量和容量配置原则符合 300MW 级直接空冷机组之规定。

4. 前置泵与主给水泵的连接

前置泵与主给水泵的连接方式主要有两种，即前置泵与主给水泵同轴串联连接方式和不同轴连接方式。

（1）当为电动调速泵时，多采用前置泵与主给水泵同轴串联连接方式，即前置泵和主给水泵共用一台电动机经液力耦合器来带动。通常是低速电动机直接与前置泵连接，通过液力耦合器传递转矩与改变转速使主给水泵改变流量与出口压力。目前国内 125MW 与 200MW 机组均采用这种连接方式，如图 6-22（a）所示。此外，有些 1000MW 机组配置汽动前置给水泵，也采用通过变速装置与汽动给水泵同轴的连接方式。

（2）当给水泵由给水泵汽轮机驱动时，其前置泵多采用单独的电动机驱动，即不同轴的串联连接方式，300MW、600MW 机组多采用这种连接方式，如图 6-22（b）所示。配置汽动给水泵的机组，通常汽动给水泵为经常运行泵，电动调速泵为备用泵。

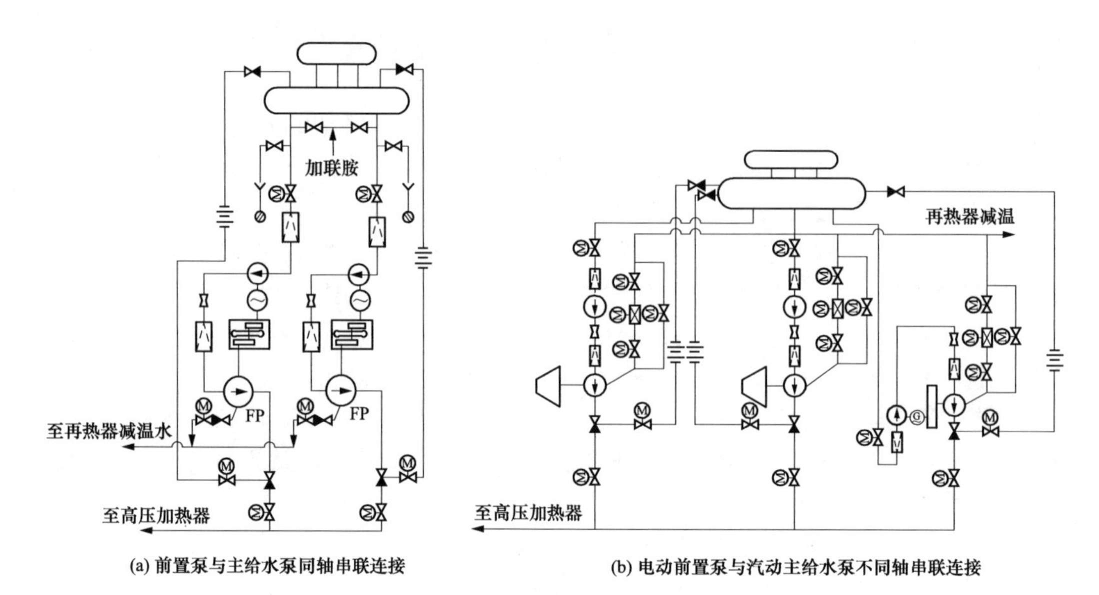

图 6-22　前置泵与主给水泵的连接方式

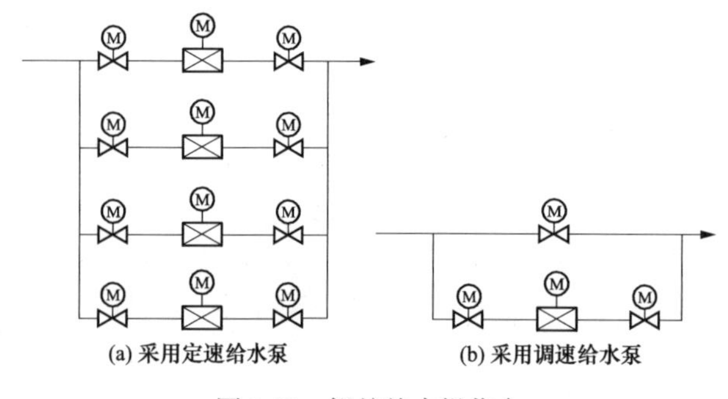

图 6-23　锅炉给水操作台

5. 给水流量调节

如图 6-23 所示为简化了的锅炉给水操作台，位于高压加热器出口至锅炉省煤器之前的给水管路上，通常由 2～4 根不同直径的并联支管组成。各支管上装有远方操作的给水调节阀与电动隔离阀，以便满足启动、低负荷、半负荷和满负荷工况下给水流量调节的需要。

采用调速给水泵时，给水调节阀两端的压差不大，给水操作台可简化为两路支管，既减少了支管路数又减少了阀门，同时简化了运行操作，尤其是启动工况更为突出。有些机组甚至取消了给水调节阀，如粤电集团沙角 C 电厂 660MW 机组的给水系统，采用 3 台液力调速电动给水泵，取消了给水操作台，更加简化了给水系统；浙能北仑发电有限公司 600MW 汽轮机组的给水系统，配备 2 台 50％的汽动给水泵及其前置泵，1 台液力调速的备用电动给水泵及其前置泵，这也是目前我国 600MW 汽轮机组的给水泵组通常采用的基本配置。与定速给水泵配多管路给水操作台相比，变速给水泵的节能优势明显，尤其是低负荷时的节电，安全可靠，启动、滑压运行和调峰的适应性更是定速给水泵无法比拟的。故我国 125MW 以上的再热机组均采用变速给水泵。一般 300MW 及以上机组采用给水泵汽轮机的调速器控制进汽量来调节给水泵的转速。

6. 给水系统举例

某超临界 600MW 机组给水系统如图 6-24 所示，给水系统按最大运行流量（锅炉最大连续蒸发量工况所对应的给水量）设计，机组设置两台 50％容量的汽动给水泵和一台 35％容量的启动备用电动给水泵。每台汽动给水泵配置一台不同轴电动前置给水泵，电动给水泵

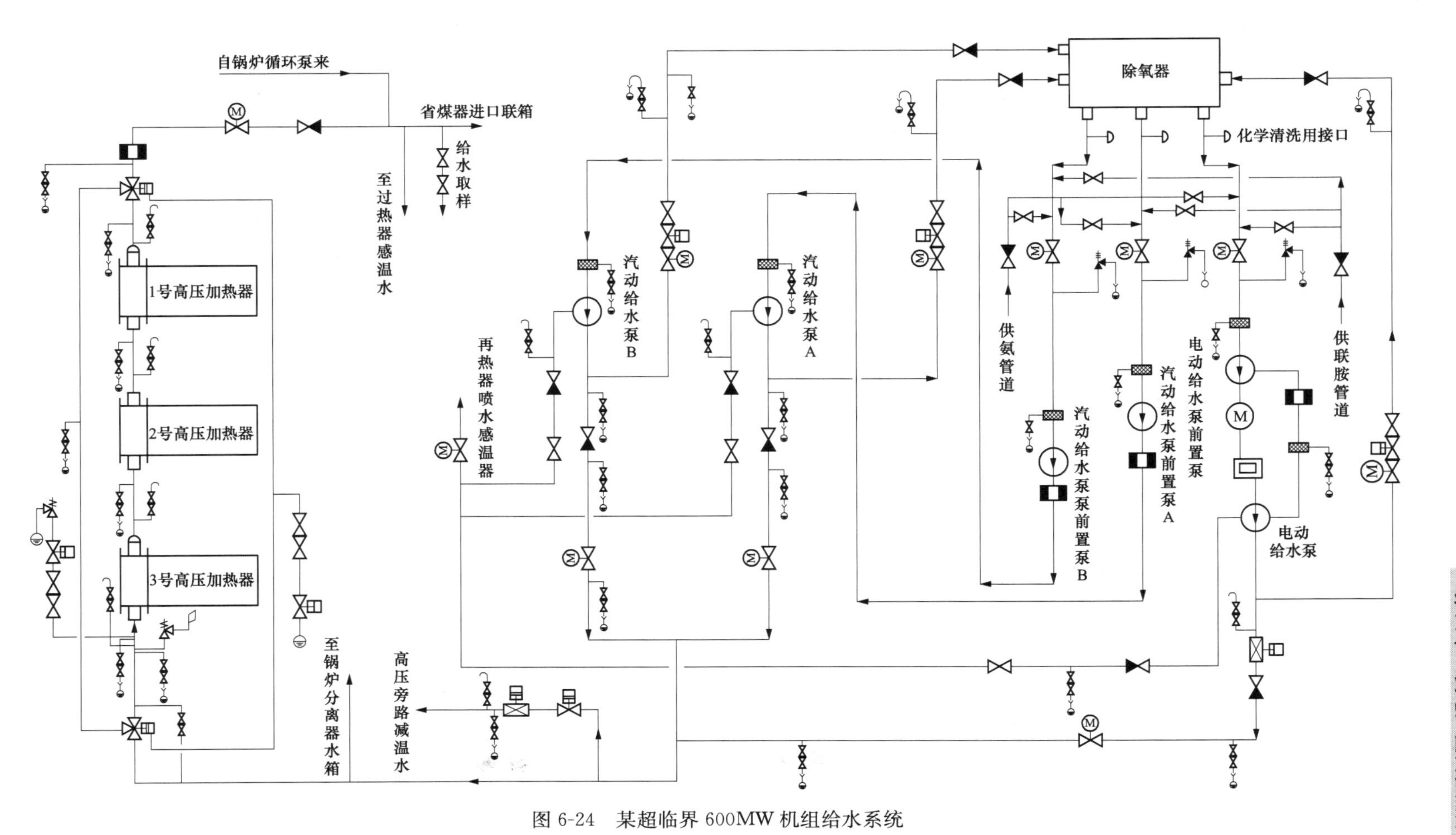

图 6-24　某超临界 600MW 机组给水系统

配有一台与其同轴布置的前置给水泵，电动机直接与前置泵连接，通过液力耦合器传递转矩与改变转速，从而改变主给水泵的流量与出口压力。

给水从除氧器水箱由三根管道引出，分别接至两台汽动给水泵的前置泵和一台电动给水泵的前置泵。在各前置给水泵的进口管道上，均装有电动蝶阀和滤网。蝶阀用于水泵检修隔离，滤网可防止除氧器水箱中积存的残渣进入泵内。给水经前置泵进入主给水泵，在各主给水泵出口通过止回阀和电动闸阀接入给水母管，然后将给水送至高压加热器。启动或低负荷时，为保证有足够水量带走泵运行中产生的热量，使泵内水的温升不致导致空蚀，各给水泵均设有再循环管。给水再循环由水泵出口处引出，通过两个隔离阀和一个调节阀返回至除氧器水箱，给水再循环管上靠近除氧器侧还设有止回阀，以防止除氧器内的蒸汽倒流进入再循环管道。

如图 6-24 所示，为减少投资，三台高压加热器共用一个大旁路，在进口、出口分别设有一个三通阀，任一高压加热器故障解列，同时切除三台高压加热器，给水经旁路进入省煤器。

给水系统还为锅炉过热器的减温器、再热器减温器、汽轮机的高压旁路提供减温喷水，锅炉再热器减温水从给水泵中间抽头引出，经过止回阀和手动截止阀，汇入母管后再引至锅炉再热器的减温器；高压旁路减温水来自给水泵出口母管；过热器减温水从省煤器进口前管道引出。

在给水母管的电动给水泵侧，设置有给水调节阀，以增加机组在低负荷下流量调节的灵活性。机组正常运行时，给水流量通过控制给水泵汽轮机或电动给水泵液力耦合器的转速进行调节。

五、凝结水系统

1. 主凝结水系统的组成和作用

主凝结水系统一般由凝结水泵、凝结水储存水箱、凝结水输送泵、凝结水收集箱、凝结水精除盐装置、轴封冷却器、低压加热器等主要设备及其连接管道、阀门等组成。

主凝结水系统的主要作用有：①利用凝结水泵将凝结水从凝汽器热井抽出，经除盐装置、轴封冷却器、低压加热器送至除氧器；②对凝结水进行加热、除氧、化学处理和除杂质；③凝结水系统还向各有关用户提供水源，如热力设备的密封水、减温器的减温水、控制水、各系统的补给水以及汽轮机低压缸的减温喷水等。

2. 主凝结水系统的设计

我国 GB 50660—2011《大中型火力发电厂设计规范》规定，凝结水系统的设计应符合下述规定的要求。

（1）凝结水泵的容量。对于凝汽式火电机组，凝结水泵出口的总容量（不包括备用凝结水泵）应满足输送最大凝结水量的要求，最大凝结水量应为下述各项之和的 110%：

1）汽轮机调节阀全开工况时的凝汽量。

2）进入凝汽系统的经常疏水量。

3）进入凝汽系统的正常补水量。

4）其他杂用水。

当备用凝结水泵短期投入运行时，凝结水泵出口的总容量应满足低压加热器可能排入凝汽系统的事故疏水量或旁路系统投入运行时凝结水量输送的要求。

对于供热式火电机组，设计热负荷工况下的凝结水量应为下述各项之和的110%：

1）机组在设计热负荷工况下运行时的凝汽量。

2）进入凝汽系统的经常疏水量。

3）进入凝汽系统的正常补水量。

供热式机组的最大凝结水量应为下列工况凝结水量的110%：

1）当补给水正常不补入凝汽系统时，应按照纯凝汽工况计算，其计算方法应符合凝汽式火电机组凝结水泵容量之规定。

2）当补给水正常补入凝汽系统时，应分别按照最大抽汽工况和纯凝汽工况计算，经比较后取较大值。

（2）凝结水泵台数的确定。对于凝汽式火电机组，宜装设2台凝结水泵，单台容量应为最大凝结水量的100%；也可装设3台凝结水泵，单台容量应为最大凝结水量的50%，其中1台为备用。

对于工业抽汽式供热机组或工业、采暖双抽式供热机组，每台机组宜装设2台凝结水泵；每台泵的容量应分别按100%设计热负荷工况下的凝结水量和50%最大凝结水量计算，取其较大值。

对于凝汽-采暖两用机组，宜装设3台容量各为最大凝结水量50%的凝结水泵。

（3）凝结水升压泵的设置。凝结水系统宜采用一级凝结水泵。当全部凝结水需要进行处理且采用低压凝结水除盐设备时，应设置凝结水升压泵，其台数和容量应与凝结水泵相同。在设备条件具备时，宜采用与凝结水泵同轴的凝结水升压泵。

（4）凝结水泵的扬程。凝结水泵的扬程应为下列各项计算值之和：

1）汽轮机调节阀全开工况时，从凝汽器热井到除氧器凝结水入口（包括喷雾头）之间管道的凝结水的流动阻力，并另加20%的裕量。

2）除氧器凝结水入口与凝汽系统热井最低水位间的水柱静压差。

3）除氧器最大工作压力。

4）凝汽器的最高真空。

5）凝结水系统设备的阻力。

（5）补水设备的设置。中间再热机组的补给水在进入凝汽器前，宜按照系统的需要装设补给水箱和补给水泵，经技术经济比较合理，也可以利用锅炉补给水处理系统的除盐水箱，可不另设补给水箱。凝汽式机组补给水箱的容积，300MW级以下机组不宜小于50m^3；300MW级机组不宜小于100m^3；600MW级机组不宜小于300m^3；1000MW级机组不宜小于500m^3。

工业抽汽供热机组补给水箱的容积宜根据热负荷情况来确定。

亚临界及以下参数的湿冷机组补给水泵可不设备用，超（超）临界参数的湿冷机组应根据补给水接入凝汽器的接口位置确定是否设置备用，其总功率应按锅炉启动时的补水量要求选择。

空冷机组正常运行用补给水泵宜设置设备，其中1台应兼作启动用补给水泵。

（6）疏水泵的数量、容量及扬程。如需配置低压加热器的疏水泵，每台加热器宜设置2台疏水泵，其中1台为备用。疏水泵的容量应按照在汽轮机调节阀全开工况时接入该泵的低压加热器的疏水量之和计算，并应另加10%的裕量。

低压加热器疏水泵的扬程应为下列各项计算值之和：

1）按照汽轮机最大凝结水量对应工况计算的从低压加热器到除氧器凝结水入口（包括喷雾头）之间管道的介质流动阻力，并另加10%～20%的裕量。

2）除氧器凝结水入口与低压加热器最低水位间的静压差。

3）除氧器最大工作压力。

4）最大凝结水量对应工况下低压加热器内的真空，如为正压时，应取负值。

（7）低压加热器主凝结水旁路的设置。为了保证当某台加热器故障解列或停运时，凝结水通过旁路进入除氧器，不因加热器事故而影响整个机组正常运行，加热器一般都设置有旁路系统。每台加热器均设一个旁路，称为小旁路；两台以上加热器共设一个旁路，称为大旁路。大旁路具有系统简单、阀门少、节省投资等优点，但是当一台加热器故障时，该旁路中的其余加热器也随之解列停运，凝结水温度大幅度降低，这不仅降低机组运行的热经济性，而且使除氧器进水温度降低，工作不稳定，除氧效果变差。小旁路与大旁路恰恰相反。因此，低压加热器的主凝结水系统多采用大、小旁路联合应用的方式。

（8）设置凝结水泵再循环。为使凝结水泵在启动或低负荷时不发生空蚀，同时保证轴封加热器有足够的凝结水量流过，使轴封漏汽能完全凝结下来，以维持轴封加热器中的微负压状态，在轴封加热器后的主凝结水管道上设有返回凝汽器的凝结水泵再循环管道（或称凝结水最小流量管道）。

（9）各种用水的取水点选择。对于要求使用纯净压力水的各种减温水及杂项用水管道，其取水点宜接在凝结水泵出口或除盐装置后的管道上。

3. 凝结水系统举例

某超临界600MW机组的凝结水系统如图6-25所示。该系统为单元制中压凝结水系统，每台机组设置一台400m^3凝结水储水箱、两台凝结水输送泵、两台100%容量凝结水泵、一台轴封加热器、四台低压加热器。该系统不设置凝结水升压泵，系统较简单。

该机组采用双背压凝汽器，低压侧凝结水在重位差作用下流至高压凝汽器。低压凝汽器凝结水通过淋水盘与高压凝汽器凝结水相遇，经过加热混合后聚集在高压凝汽器热井内，然后由凝结水泵打出，这种方式有利于提高凝结水的温度。凝结水采用单管从凝汽器热井水箱引出，分别接至两台100%容量凝结水泵（一用一备）的进口，在各泵的进口管道上各装设电动截止阀、40目T型滤网和柔性接头。电动截止阀用于水泵检修隔离，T型滤网可防止机组投产或检修后运行初期热井中积存的残渣进入泵内，柔性接头可吸收系统管线的膨胀和收缩，减小应力，防止凝结水泵的振动传到凝汽器。在两台凝结水泵的出水管道上均装有止回阀和电动闸阀，闸阀上装有行程开关，便于控制和检查阀门的开启状态，止回阀防止凝结水倒流。凝结水泵密封水采用自密封系统，正常运行时，密封水取自凝结水泵出口母管，经节流孔板减压后供两台凝结水泵的轴端。第一台凝结水泵启动时，密封水来自凝结水输送泵系统。

从凝汽器热井到凝结水泵入口的系统处于负压状态，为了防止空气漏入，凝结水系统设有抽真空及密封系统。在每台凝结水泵上设置一根小直径管道与凝汽器连通，通过凝汽器抽真空系统将漏入凝结水系统的空气抽出。

为保证系统用水，每台机组设置一套凝结水输送系统，其主要在机组启动时为凝汽器和除氧器注水、闭式水系统和凝结水系统的启动注水、正常运行时系统的大流量补水。此系统

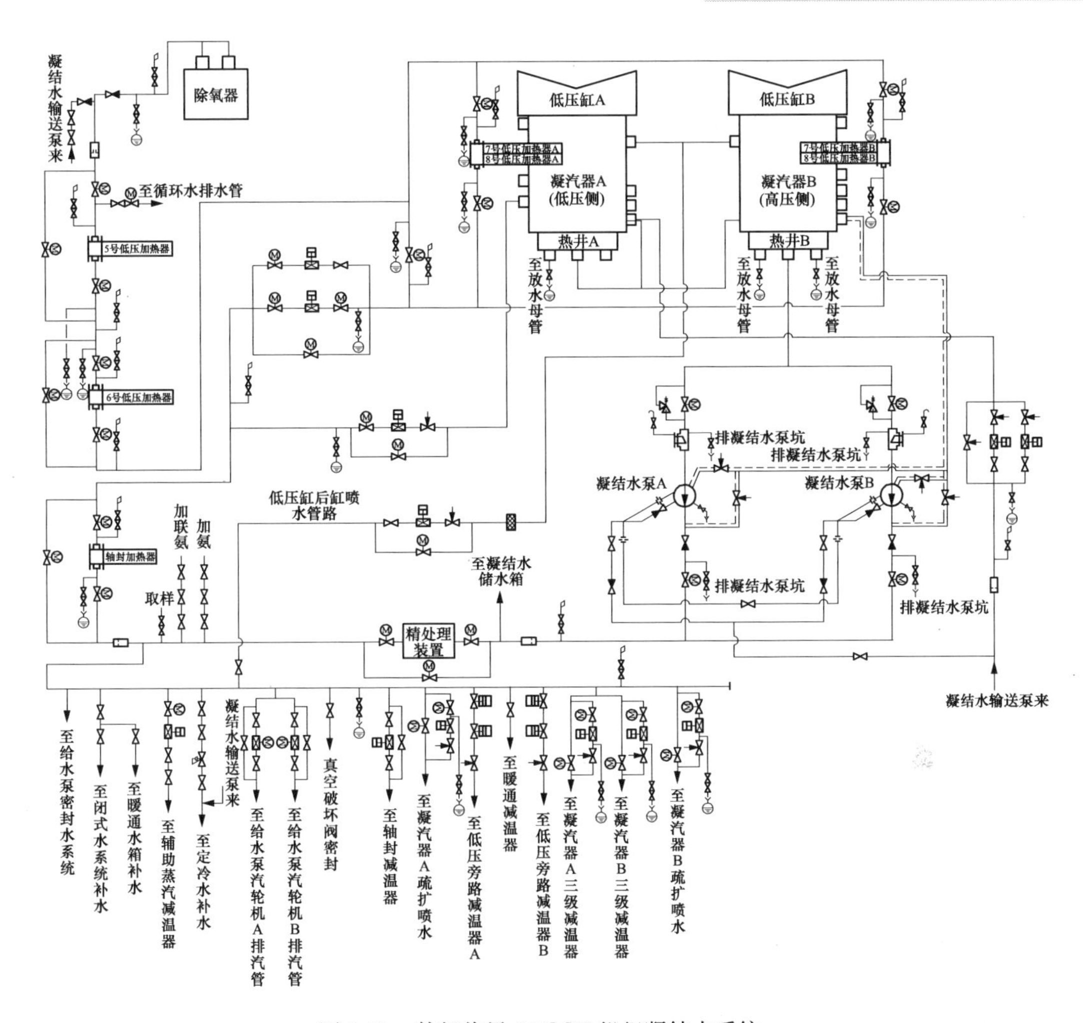

图 6-25 某超临界 600MW 机组凝结水系统

包括一台 400m^{3}凝结水储存水箱、两台 100%容量的凝结水输送泵及相关管道阀门。机组正常运行时，凝结水储存水箱水位由除盐水进水调节阀控制，水源来自化学水处理车间来的除盐水。

凝结水泵出口有一路至凝结水储水箱的管路，机组正常运行期间由于凝结水采取加药等措施，水质受到一定的影响，当热井水位高时，一般不将凝结水回收至凝结水储水箱，所以凝结水泵出口至凝结水储水箱的阀门应保持关闭状态。

为防止由于凝汽管束泄漏或其他原因造成凝结水中含有盐质固形物，确保凝结水水质合格，机组配备一套凝结水精处理装置和一个电动旁路。凝结水精处理装置设有进、出口闸阀及旁路闸阀，机组启动或精处理装置故障时由旁路向系统供水。系统还设有氨和联氨加药点和凝结水取样点。

为防止凝结水泵发生空蚀，在轴封冷却器后引出一路再循环管至凝汽器，在凝结水系统启动和低负荷时投运。凝结水再循环流量大于凝结水泵和轴封冷却器所要求的最小安全流量，用来冷却轴封系统漏汽和门杆漏汽，并保证凝结水泵不空蚀。

在凝结水精处理装置后、轴封加热器前的主凝结水管路上设有凝结水支管，为系统用户提供水源，包括低压缸喷水、凝汽器水幕保护喷水、轴封减温器喷水、给水泵密封水、辅汽减温水、本体扩容器减温水、闭式水系统补水、低压旁路减温水及真空破坏阀密封水等。

凝结水系统有四台低压加热器，其中5号和6号为卧式、双流程形式，7号和8号则采用组合式单壳体结构，分别安装在两个凝汽器喉部，与凝汽器成为一体。5号和6号低压加热器分别设置凝结水小旁路，7号和8号低压加热器共用一个凝结水旁路。当加热器需切除时，凝结水可经旁路运行。

为提高系统运行灵活性，在除氧器入口凝结水管道上引入一路凝结水输送泵来的凝结水，机组启动时可给除氧器上水。除氧器凝结水进水管上装有一个止回阀，以防止除氧器内蒸汽倒流进入凝结水系统。另外，5号低压加热器出口接出一路排水至循环水排水管，启动冲洗或事故排水时可投入运行。

第四节　给水泵汽轮机热力系统

驱动给水泵汽轮机本体结构的组成部件、工作原则等与主汽轮机的基本相同。但是，给水泵汽轮机的工作任务是驱动给水泵，满足锅炉给水的要求。因此，给水泵汽轮机的运行方式与主汽轮机又有一定的差别。这些不同的特性在给水泵汽轮机自身的热力系统上有一定的体现。

一、给水泵汽轮机系统的组成和作用

给水泵汽轮机热力系统由一切能维持给水泵汽轮机在任何工况下均能正常运行的蒸汽系统（包括工作汽源、给水泵汽轮机的自动主汽阀和调节汽阀、排汽部分、轴封系统等）和疏水系统等组成。给水泵汽轮机热力系统的作用是向给水泵汽轮机提供满足要求的蒸汽汽源，保证驱动给水泵汽轮机的安全和经济运行。

二、给水泵汽轮机的类型

和主汽轮机一样，给水泵汽轮机也是将蒸汽的热能转变为机械能的原动机。从理论上讲，任何类型的汽轮机均可以作为驱动给水泵汽轮机，即可以是背压式或凝汽式汽轮机。

1. 背压式或抽汽背压式给水泵汽轮机

背压式给水泵汽轮机的进汽，来自主汽轮机某一压力较高的抽汽，通常取自高压缸排汽，即中间再热冷段蒸汽。背压式给水泵汽轮机的排汽与主汽轮机压力较低的回热抽汽管道相连。大多数背压式给水泵汽轮机带有2～3级回热抽汽，送到主汽轮机的回热系统，用来加热给水或凝结水，背压式给水泵汽轮机装置系统图如图6-26所示。

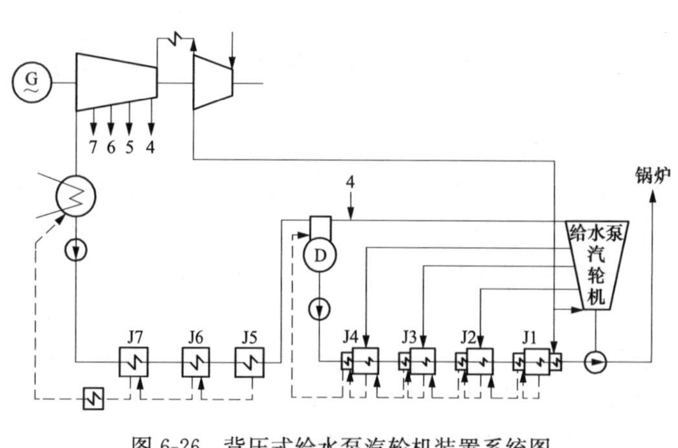

图6-26　背压式给水泵汽轮机装置系统图

这种给水泵汽轮机的优点是外形尺寸比较小，且可减少主汽轮机中压缸回热抽汽。给水泵汽轮机的缺点是：①给水泵汽轮机的排汽回到了主汽轮机的回热系统，减少了主汽轮机的回热抽汽，不利于改善主汽轮机的热经济性，当主汽轮机功率增大、末级的排汽面积不够时，这种现象更为突出；②给水泵汽轮机的运行与主汽轮机的回热系统有关，当主汽轮机需要经常在变工况下运行时，背压机的变工况很难与主汽轮机的变工况相匹配，两者的适应性很差。20 世纪 60 年代，这种给水泵汽轮机曾在美国获得较多的应用。但目前除少数几个制造厂还继续生产外，已逐渐被凝汽式给水泵汽轮机所替代。

2. 凝汽式给水泵汽轮机

为了简化系统、增加运行的灵活性，目前广泛采用的是纯凝汽式给水泵汽轮机。纯凝汽式给水泵汽轮机的排汽排入自备的凝汽器或主凝汽器，纯凝汽式给水泵汽轮机的工作蒸汽来自主汽轮机的中压缸或低压缸抽汽。主汽轮机的抽汽压力随负荷下降而降低，因此当主汽轮机负荷下降至一定程度时，需采用专门的自动切换阀门，将高压蒸汽引入给水泵汽轮机，或者从其他的汽源引入一定压力、温度的蒸汽，如图 6-27 和图 6-28 所示是这种纯凝汽式给水泵汽轮机装置的典型系统图。

机组采用凝汽式给水泵汽轮机后，其经济性的改善在很大程度上取决于给水泵汽轮机在热力系统中的位置。从原则上讲，给水泵汽轮机工作蒸汽可取自主汽轮机的任何一段抽汽，但从中间再热前供汽会使给水泵汽轮机产生如下缺点：①给水泵汽轮机排汽的湿度过大，增大了末级叶片的水蚀，使给水泵汽轮机效率下降；②工作蒸汽压力高，进入给水泵汽轮机蒸汽的体积流量小，降低了给水泵汽轮机高压级叶片高度，使给水泵汽轮机相对内效率降低；③给水泵汽轮机的工作蒸汽未进行再热，从而使中间再热循环的热力学效益减小，降低了主汽轮机的循环热效率。

为此，给水泵汽轮机的工作蒸汽通常取自主汽轮机再热后某一段抽汽。为降低主汽轮机排汽的余速损失，同时又不使给水泵汽轮机的排汽面积过大，给水泵汽轮机的工作蒸汽常常取自主汽轮机中压缸排汽，或中压缸排汽前一段抽汽。主汽轮机额定功率下给水泵汽轮机进汽压力为 0.5～1.2MPa。

三、给水泵汽轮机工作汽源的切换

1. 给水泵汽轮机的运行特点

给水泵汽轮机的工作原理与主汽轮机相同。但是，主汽轮机是在定转速下工作，通过改变调节汽阀的开度来改变进汽量以适应外界负荷变化的。正常运行时，主汽轮机的调节阀开度与进汽量基本成正比关系。而给水泵汽轮机一般由主汽轮机的抽汽作为汽源，由于主汽轮机的抽汽压力正比于主汽轮机的负荷，故当主汽轮机负荷变化时，给水泵汽轮机工作汽源的参数也要发生变化，这就决定了给水泵汽轮机是变参数运行。

当主汽轮机负荷下降至一定程度时，给水泵汽轮机和给水泵的效率随着负荷的下降而降低，给水泵汽轮机产生的动力将不能满足给水泵消耗功率，不能满足锅炉给水的需要量，要满足给水量的要求，则必须开大给水泵汽轮机进汽阀的富裕开度，或者全开超负荷进汽阀；如果给水泵汽轮机的进汽量受主汽轮机最大允许抽汽量的制约，或者没有过负荷的通流面积，则就必须另设高压汽源，通过控制高压调节汽阀的开度，保持给水泵汽轮机动力与给水泵消耗功率相平衡。因此，给水泵汽轮机属于多汽源工作的汽轮机。

同时，当主汽轮机负荷变化时，锅炉给水流量也要发生变化，从而要求驱动给水泵汽轮机的功率和转速也要发生变化。因此，给水泵汽轮机又属于变转速汽轮机。

综上所述，驱动给水泵汽轮机是一个变参数、变转速、变功率和多汽源的原动机。

2. 给水泵汽轮机工作汽源的切换方式

一般给水泵汽轮机汽源的切换有 5 种方式，即辅助电动泵切换、高压蒸汽外切换、高压蒸汽内切换、新蒸汽内切换和辅助汽源外切换。

(1) 辅助电动泵切换。辅助电动泵切换指当主汽轮机负荷下降到切换点时，由辅助电动泵承担部分或全部给水泵所需要的电功率。辅助电动泵切换方式的优点是可以使主汽轮机负荷降低至零、切换方便、安全可靠；缺点是要增加电厂的附加设备投资，经济性差。

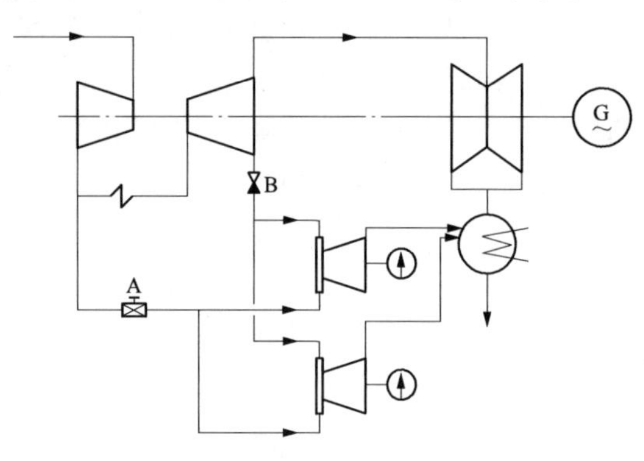

图 6-27　高压蒸汽外切换系统

(2) 高压蒸汽外切换。高压蒸汽外切换系统如图 6-27 所示，给水泵汽轮机只设一个蒸汽室。高压蒸汽外切换指正常工况时，给水泵汽轮机由主汽轮机中压缸抽汽供汽。当主汽轮机负荷降到低压汽源不能满足给水泵汽轮机的需要时，打开给水泵汽轮机高压蒸汽（即高压缸排汽）管道上的减压阀 A，则高压蒸汽经减压阀 A 节流后进入给水泵汽轮机；与此同时，低压蒸汽管道上的止回阀 B 动作，给水泵汽轮机自动地由低压汽源切换到高压汽源。切换后，低压蒸汽停止进入汽轮机，给水泵汽轮机完全由高压缸排汽供汽。

给水泵汽轮机由高压缸排汽供汽时，随主汽轮机负荷的减小，蒸汽参数下降，减压阀 A 不断开大，阀门的节流损失不断减小。采用外切换方式，在切换点工况下给水泵汽轮机工质突然由低压蒸汽变为高压蒸汽，会对给水泵汽轮机产生较大的热冲击，同时减压阀 A 产生了节流损失。所以，尽管这种切换方式只需设置一个蒸汽室，但仍因经济性不高而应用得不多。

(3) 高压蒸汽内切换。所谓高压蒸汽内切换，是指仍用高压缸排汽作为给水泵汽轮机的高压内切换汽源。正常汽源为中压缸抽汽或排汽；当主汽轮机负荷低于切换点负荷时，给水泵汽轮机的供汽由主汽轮机的低压抽汽汽源切换到高压汽源，即高压缸排汽，取消了外切换系统中高压汽源管道上的减压阀 A，在给水泵汽轮机设置两个独立的蒸汽室，并各自配置有相应的主汽阀和调节汽阀，主汽阀和调节汽阀分别与高压汽源和低压汽源相连，如图 6-28 所示。

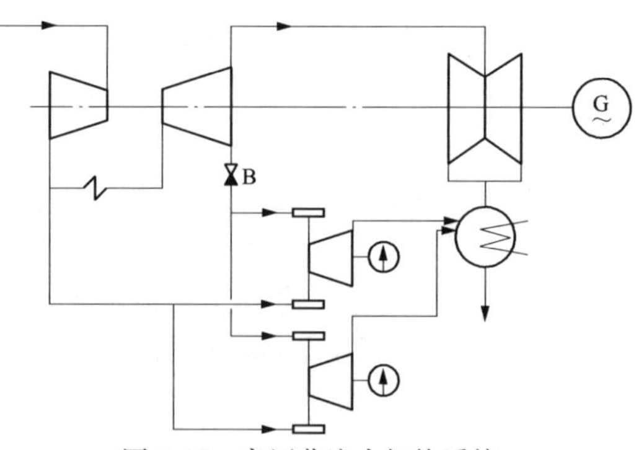

图 6-28　高压蒸汽内切换系统

高压蒸汽内切换过程是：机组正常运行时，给水泵汽轮机由低压汽源供汽。当主汽轮机负荷降低到低压汽源不能满足给水泵汽轮机需要时，高压调节汽阀开启，将一部分高压蒸汽送入给水泵汽轮机。此时，低压汽阀保持全开状态，高压和低压两种蒸汽分别进入各自的喷嘴组膨胀，在调节级做功后混合。随着主汽轮机负荷继续下降，高压蒸汽量不断加大，由于低压蒸汽压力随主汽轮机负荷的减小而不断下降，而调节级后蒸汽压力随高压蒸汽流量的增加而提高，所以低压喷嘴组前后压差减小，低压蒸汽的进汽量逐渐减小。当低压喷嘴组前后的压力相等时，低压蒸汽不再进入给水泵汽轮机，全部切换到高压汽源供汽，此时低压调节阀仍全开，装在低压蒸汽管道上的止回阀 B 自动关闭，以防止高压蒸汽通过低压汽源的抽汽管道倒流入主汽轮机。

高压蒸汽内切换方式的优点是：汽源切换过程中，汽轮机调节系统工作比较稳定，热冲击小，高压蒸汽在汽阀中的节流损失也小，改善了机组低负荷的热经济性，因此高压蒸汽内切换方式得到了广泛应用。高压蒸汽内切换方式的缺点是给水泵汽轮机进汽部分结构比较复杂。

（4）新蒸汽内切换。新蒸汽内切换方法与高压缸排汽内切换基本相同，只是高压蒸汽采用新蒸汽。新蒸汽内切换方式的优点是可以保证给水泵汽轮机在更低的主汽轮机负荷下工作；缺点是主蒸汽受到了很大的节流，给水泵汽轮机进汽部分的热冲击也比较大。

（5）辅助汽源外切换。辅助汽源外切换方式是采用辅助蒸汽作为给水泵汽轮机的外切换汽源，不仅保证给水泵汽轮机能在更低的主汽轮机负荷下工作，而且也使给水泵汽轮机取消了高压蒸汽室、高压喷嘴组及进汽阀门等，使给水泵汽轮机的结构紧凑、系统简单、运行可靠。

四、给水泵汽轮机的排汽方式

给水泵汽轮机的排汽有排至专门为给水泵汽轮机设置的凝汽器和乏汽直接排入主汽轮机凝汽器两种方式。

一种是排至专门为给水泵汽轮机设置的凝汽器。这种方式布置上比较灵活，因排汽管道短、排汽压力损失小而热经济性高，但需设置单独的凝结水泵将给水泵汽轮机的凝结水打入主凝结水泵出口调节阀后的主凝结水管道中，使系统复杂，投资增加，还会增加厂用电消耗和运行维护的工作量。

另一种排汽方式是乏汽直接排入主汽轮机凝汽器。在排汽管上装设一个真空蝶阀，以保证汽轮发电机组正常运行时给水泵汽轮机的乏汽能通畅地排入主汽轮机凝汽器，同时在机组甩负荷或给水泵检修而切除时，真空蝶阀关闭，切断主汽轮机凝汽器与给水泵汽轮机之间的联络，维持主汽轮机凝汽器的真空，保证主汽轮机安全运行。这种排汽方式系统简单，安全可靠。

五、给水泵汽轮机的热力系统举例

某超临界 600MW 机组给水泵汽轮机热力系统如图 6-29 所示。给水泵汽轮机采用新蒸汽内切换供汽方式，设有高、低压两个供汽汽源。因此，给水泵汽轮机的蒸汽管道系统包括高压蒸汽管道和低压蒸汽管道系统，如图 6-29 所示。高压蒸汽从主汽轮机的主蒸汽管道上引出，经高压主汽门、高压调节汽阀进入给水泵汽轮机；低压汽源自主汽轮机 4 级抽汽管上接出。在低压汽源管道上安装一个电动隔离阀和止回阀。止回阀的作用是防止由低压汽源切换高压汽源时，高压蒸汽倒流入抽汽管道，造成主汽轮机超速及抽汽管超压。电动隔离阀和主汽门前，装设有疏水管道及疏水阀，供暖管和汽轮机超速保护用，当汽轮机甩负荷时，疏水阀能快速开启，以释放管道内积存的蒸汽和凝结水。在管道低位点也设置有疏水装置，在低压汽源管道启动暖管时采用旁路阀疏水，当抽汽压力低，给水泵汽轮机切换高压汽源时采用经常疏水，使低压汽源处于热备用状态，以便当主汽轮机负荷增加到抽汽满足给水泵汽轮机用汽时及时投用。

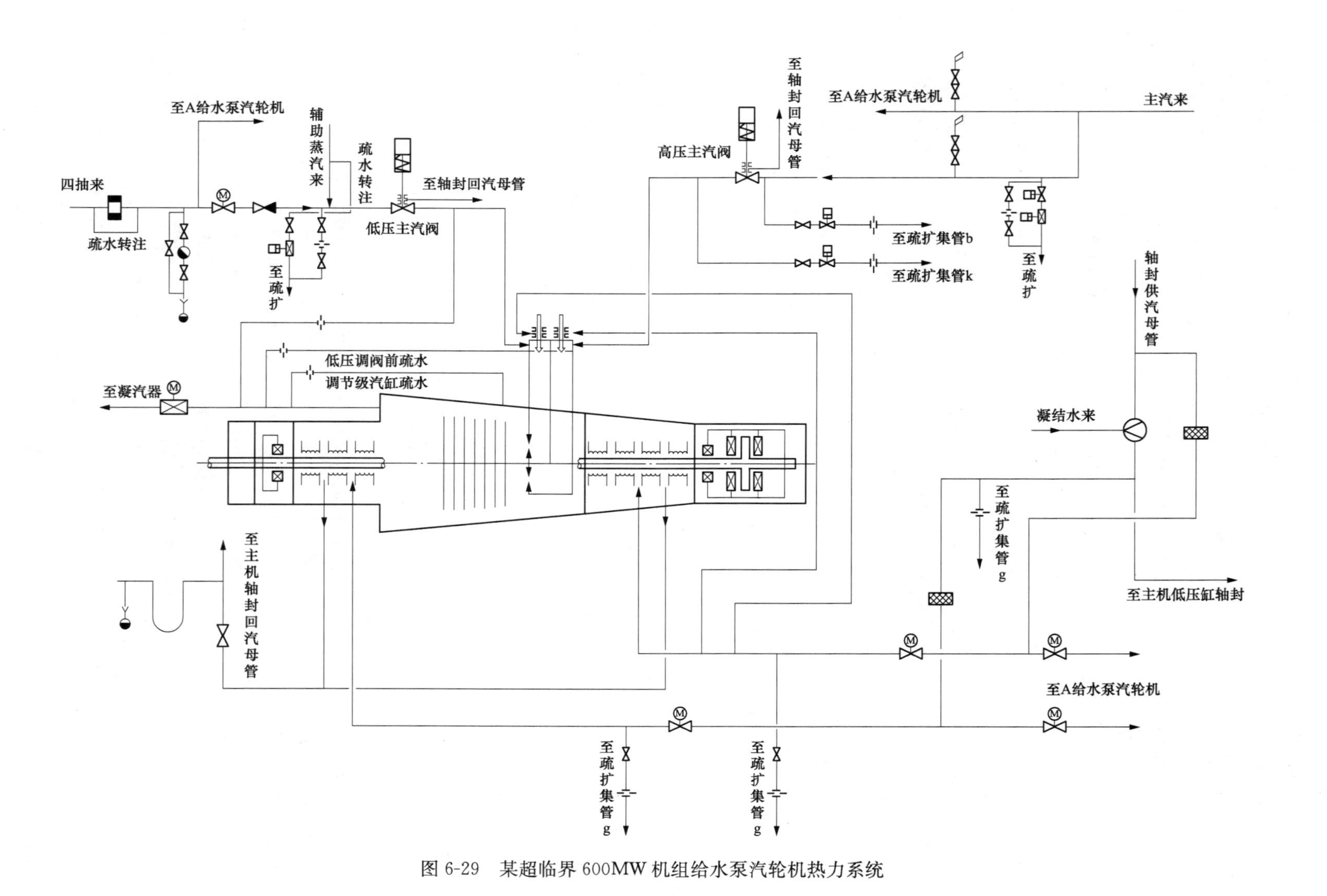

图 6-29 某超临界 600MW 机组给水泵汽轮机热力系统

同样，由于高压蒸汽管道经常处于热备用状态，随时要切换高压蒸汽运行，因此在高压主汽阀前、后的管道低位点设有疏水装置，用于暖管疏水。蒸汽管道上所有疏水回收进入凝汽器疏水扩容器。在低压汽源管道止回阀后还接入辅助蒸汽汽源管道，作为给水泵汽轮机调试用汽。给水泵汽轮机前轴封供汽来自轴封供汽母管，减温后的轴封供汽母管蒸汽还给给水泵汽轮机后轴封供汽。给水泵汽轮机的轴封漏汽送至主机轴封回汽母管。

第五节 辅助蒸汽系统

一、辅助蒸汽系统的组成和作用

辅助蒸汽系统主要由本机组辅助蒸汽母管、相邻机组辅助蒸汽母管至本机组辅助蒸汽母管供汽管、本机组抽汽至辅助蒸汽母管的主供汽管、轴封蒸汽母管，以及一系列相应的溢流阀、减温减压装置等组成。

辅助蒸汽系统的作用是，当机组处于启动阶段而需要蒸汽时，可以将正在运行的相邻机组（首台机组启动则是启动锅炉）的蒸汽引入本机组的蒸汽用户；当机组正在运行时，也可将本机组的蒸汽引送到相邻正在启动机组的蒸汽用户，或将本机组的蒸汽引送到本机组各个需要辅助蒸汽的用户。

二、辅助蒸汽系统举例

如图 6-30 所示为某 600MW 机组辅助蒸汽系统。

1. 辅助蒸汽系统的供汽汽源

辅助蒸汽系统一般有三路汽源，分别考虑到机组启动、低负荷、正常运行及厂区的用汽情况。这三路汽源是启动锅炉、再热蒸汽冷段和四级抽汽。设置三路汽源的目的是减少启动供汽损失，增加启动工况的热经济性。

（1）启动蒸汽。第一台机组投产时所需启动蒸汽由启动锅炉提供，全厂投运后各台机组可互相供汽。

（2）再热蒸汽冷段。在机组低负荷期间，随着负荷增加，当再热蒸汽冷段压力符合要求时，辅助蒸汽由启动锅炉切换至再热蒸汽冷段供汽。

供汽管道沿汽流方向安装的阀门包括：电动截止阀、气动薄膜调节阀、闸阀和止回阀。止回阀的作用是防止辅助蒸汽倒流入汽轮机。气动薄膜调节阀后设置两个疏水点，排水至辅汽疏水母管和无压放水母管。

（3）汽轮机四级抽汽。当机组负荷上升四级抽汽参数符合要求，可将辅助汽源切换至四级抽汽。在这段供汽支管上，依次设置电动截止阀和止回阀，不设调节阀。

2. 系统用户

（1）向除氧器供汽：机组启动时，为除氧器提供加热用汽；低负荷或停机过程中，四级抽汽压力降至无法维持除氧器的最低压力时，切换至辅助蒸汽，并维持除氧器定压运行；甩负荷时，辅助蒸汽投入，以维持除氧器内具有一定压力。

（2）汽轮机轴封用汽：该机组采用自密封平衡供汽的轴封系统，因此，辅助蒸汽系统仅在机组启停及低负荷工况下向汽轮机提供轴封用汽。

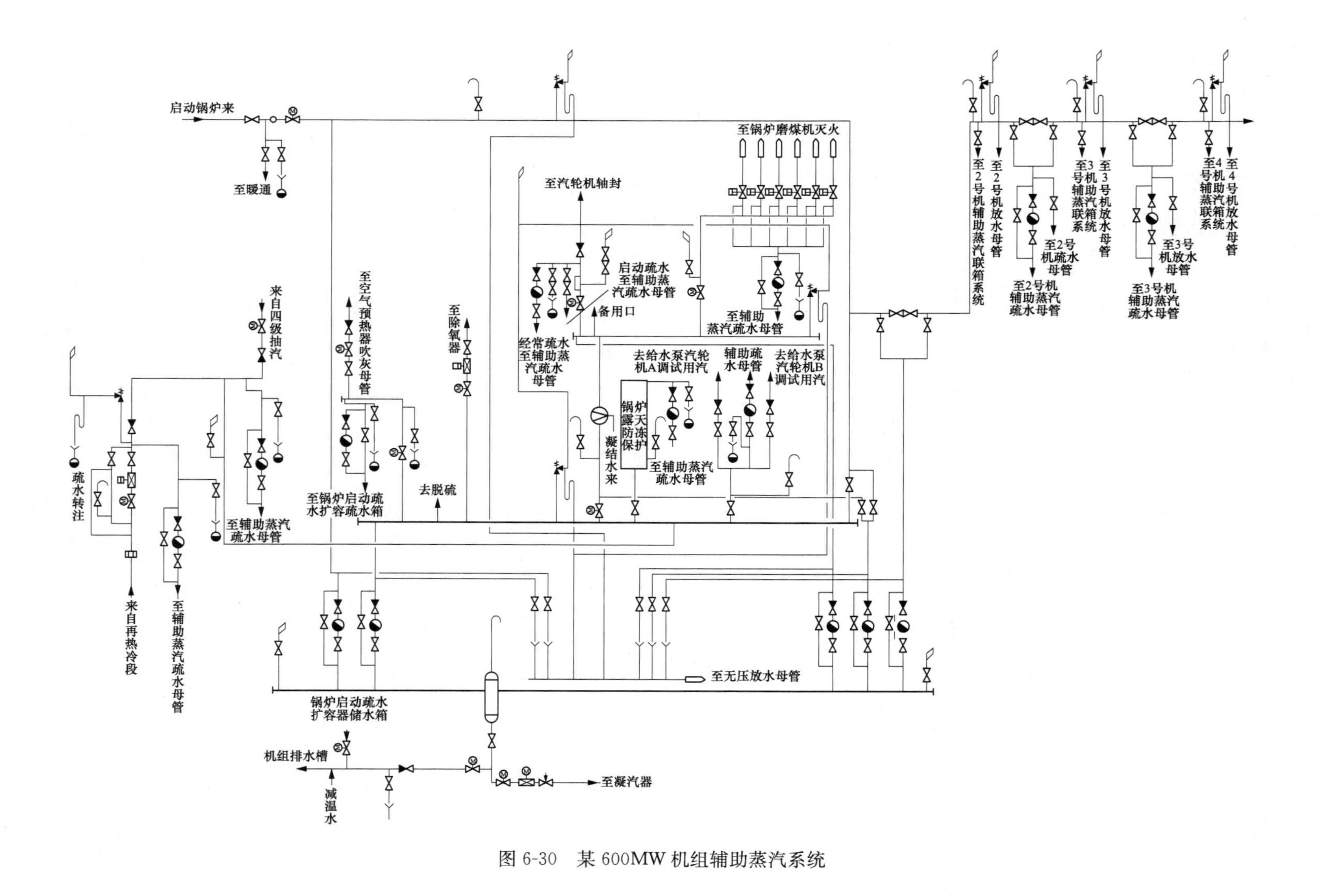

图 6-30　某 600MW 机组辅助蒸汽系统

（3）给水泵汽轮机调试用汽：机组启动之前向给水泵汽轮机供汽，作为给水泵汽轮机调试用汽。

（4）锅炉暖风用汽：启动阶段，锅炉等离子点火系统暖风用汽由辅助蒸汽系统供汽。

（5）其他用汽：辅助蒸汽系统还提供机组启动或者停机过程中空气预热器吹灰用汽、磨煤机灭火用汽、脱硫系统用汽等。

第六节　汽轮机轴封蒸汽系统

一、汽轮机轴封蒸汽系统的作用

汽轮机轴封蒸汽系统的主要功能是向汽轮机、给水泵汽轮机的轴封和主汽阀、调节阀的阀杆汽封供送密封蒸汽，同时将各汽封的漏汽合理导向或抽出。汽轮机轴封蒸汽系统作用为：

（1）防止汽缸内蒸汽和阀杆漏汽向外泄漏，恶化汽轮机房工作环境和污染轴承润滑油油质。

（2）机组正常运行期间，防止高温蒸汽流过汽轮机大轴，使其受热从而引起轴承超温。

（3）在机组启动及正常运行期间，防止空气漏入汽缸的真空部分，保证凝汽器的真空度。在汽轮机打闸停机及凝汽器需要维持真空的整个热态停机过程中，防止空气漏入汽轮机而造成汽轮机内部冷却加速，防止大轴弯曲。

（4）回收汽封和阀杆漏气，减少工质和能量损失。

二、轴封蒸汽系统的设计原则

不同的汽轮机组有不同的轴封蒸汽系统。根据功能要求，轴封蒸汽系统的设计应该考虑到轴封漏汽的回收利用、低压低温汽源的应用、防止轴封蒸汽漏入大气和防止空气漏入真空系统等问题。

（1）蒸汽不外漏、空气不内漏。对于大型汽轮机，端轴封向外漏蒸汽容易导致油中带水恶化油质、轴承超温、恶化仪表及运行人员的工作条件、增加汽水损失；空气漏入低压缸的真空部分，将导致机组真空恶化。为此在机组启动及正常运行工况下，轴封系统应能确保高压缸、中压缸、低压缸的蒸汽不外漏，同时防止空气不漏入系统。通常，在汽轮机端轴封出口处（与大气交界的腔室）人为地造成一个比大气压力稍低的压力，将漏出的蒸汽和漏入的空气一起抽出，送到轴封冷却器，蒸汽冷凝后被回收，空气由抽气器或轴封风机抽出后排至大气；汽轮机端轴封还要供入比大气压力稍高的蒸汽，使与蒸汽交界的腔室处于正压状态，以阻止外界空气漏入汽缸；考虑到机组在启动及低负荷运行时，即使在高压缸内也可能形成真空，因此必须有备用汽源向轴封供汽，以防空气漏入。

（2）多段多腔室结构。在汽轮机的高压缸、中压缸、低压缸中，汽缸内外压差较大。正常运行时，高压缸轴封要承受很高的正压差，中压缸轴封次之，而低压缸则要承受很高的负压差。因此，这三个汽缸的轴封设计有较大的区别。为实现蒸汽不外漏、空气不内漏的轴封设计准则，除通过结构设计减小通过轴封的蒸汽（或空气）的通流量外，还必须借助外部调节控制手段阻止蒸汽的外泄和空气的内漏。因此，汽缸轴封必然设计成多段多腔室结构。

（3）轴封漏汽的回收利用。为减小轴封漏汽损失，往往将轴封分成数段，各段间形成中间腔室，将漏汽从中间腔室引出加以利用，以减少漏汽损失。引出的轴封漏汽可送至回热加热器中加热给水；也可将漏出的蒸汽和漏入的空气一起抽出，送到轴封冷却器，蒸汽冷凝后被回收。

三、汽轮机轴封系统的形式和组成

不同机组的轴封蒸汽系统各不相同，但其设计原理基本一致，按供汽方式大致可分为外来汽源供汽方式及自密封供汽两种形式。目前，大型汽轮机轴封系统普遍采用自密封系统，也就是高、中压缸轴封漏汽通过轴封供汽母管，对低压缸轴封进行供汽。

以典型300MW亚临界机组的轴封蒸汽系统为例，说明其组成。如图6-31所示，轴封蒸汽系统由轴端汽封、轴封供汽压力调节站、轴封供汽母管、喷水减温器、轴封漏汽和门杆漏汽管道、轴封加热器（或轴封冷却器）以及上述管道和设备的疏水管道等组成。

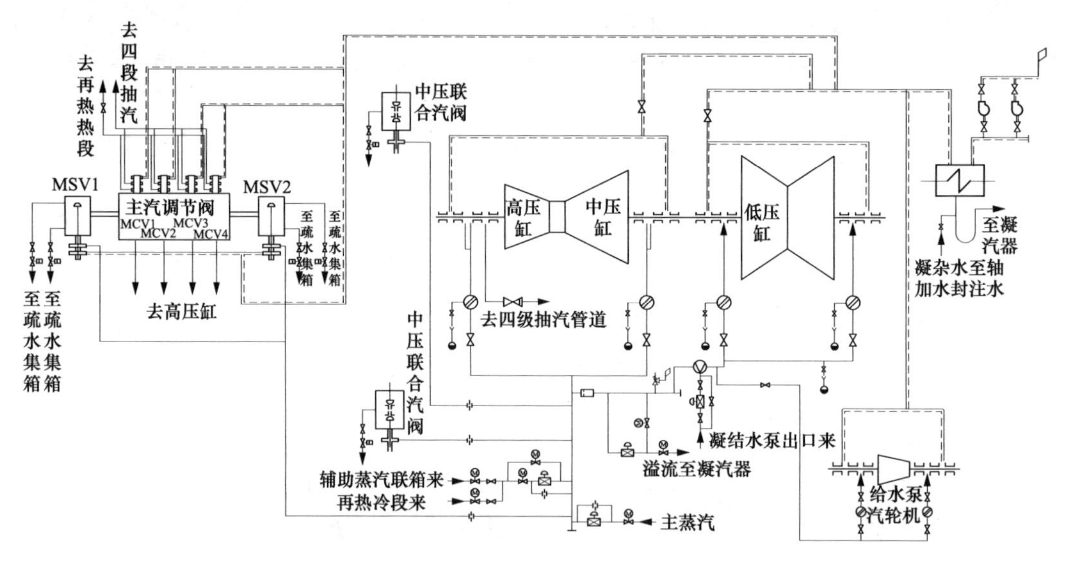

图6-31 典型300W亚临界机组轴封蒸汽系统

该机组轴封系统有两个独立的汽源：辅助蒸汽汽源和主蒸汽汽源。主蒸汽汽源作为备用汽源，用于在辅助汽源异常时使汽轮机安全停机；辅助蒸汽汽源来自辅汽集箱或再热冷段。本机组轴封系统采用自密封系统，即在机组正常运行时，由高、中压缸轴端汽封的漏汽经喷水减温后作为低压轴端汽封供汽的汽轮机轴封系统，多余漏汽经溢流站溢流至凝汽器。自密封轴封系统具有简单、安全、可靠、工况适应性好等特点。在机组启动、停机或低负荷运行阶段，轴封供汽由辅助汽源蒸汽提供。该机组轴封系统从机组启动到满负荷运行，全过程均能按机组轴封供汽要求自动进行切换。

（1）轴封供汽母管。轴封供汽母管向各轴封提供压力稳定的密封用蒸汽，供汽压力约为0.127MPa。主蒸汽汽源、再热冷段汽源、辅汽集箱汽源、高压门杆漏汽和中压门杆漏汽等均与轴封供汽母管相连。

轴封供汽采用三阀系统，即在汽轮机所有运行工况下，轴封供汽母管供汽压力通过三个调节阀即主蒸汽供汽调节阀、辅助汽源供汽调节阀和溢流调节阀来控制，使汽轮机在任何运行工况下均自动保持供汽母管中设定的蒸汽压力。上述三个调节阀及其前串联的截止阀和必需的旁路阀组成三个压力控制站。轴封系统所有调节阀执行机构均采用气动，由DCS控制。为保证主蒸汽供汽站、辅助汽源供汽站在机组正常运行中始终处于热备用状态，在调节阀前设有带节流孔板的旁路。

机组启动或低负荷运行时，由辅助蒸汽或再热冷段蒸汽经供汽调节阀，进入轴封供汽母管。辅助蒸汽和再热冷段蒸汽管路均设置电动截止阀和止回阀，以防止启动初期，高压蒸汽自轴封供汽母管倒流入再热冷段和辅助蒸汽系统。在高、中压缸内腔漏汽、门杆漏汽满足低压缸轴封用汽要求时，辅助蒸汽或再热冷段蒸汽供汽阀自动关闭，由高、中压缸内腔漏汽、门杆漏汽经减温后向低压缸轴封供汽，达到完全自密封。轴封系统完全自密封运行时，溢流阀自动开启，由溢流调节阀控制轴封供汽母管的蒸汽压力，多余的蒸汽通过气动调节阀排入凝汽器。

（2）喷水减温器。为了汽轮机本体部件的安全，对轴封供汽的温度有一定要求。如果供汽温度与汽轮机本体部件温度（特别是转子的金属温度）差别太大，将使汽轮机部件产生很大的热应力，这种热应力将加剧汽轮机部件寿命损耗，同时造成汽轮机动、静部分的相对膨胀失调，损坏汽封片和转子轴颈，直接影响汽轮机机组的安全。一般来说，对于高、中压缸轴封供汽温度的合适范围是150～260℃；低压缸轴封的供汽温度应在150℃左右。为满足低压缸轴封供汽温度要求，系统中设置了温度控制站，即在低压轴封供汽母管上设置了一台喷水减温器，通过温度控制站控制其喷水量，从而实现减温后的蒸汽满足低压轴封供汽要求。减温水来自主凝结水，由凝结水精处理装置后引出。

（3）轴封加热器。轴封加热器（也称轴封冷却器）是一种管式表面式加热器。轴封加热器是汽轮机轴封系统的一个重要热交换设备，其主要功能是收集汽缸端轴汽封漏汽和汽轮机的阀门门杆漏汽，并利用这些蒸汽的热能来加热凝结水。由于这些蒸汽中还含有空气，在轴封加热器中放热时，蒸汽凝结成水，空气需排出，这样既利用了漏汽的能量，回收工质，提高了汽轮机组的热经济性，而且分离了空气，保证了轴封系统的正常工作。

为了实现上述功能，轴封加热器除了要保证有一定的冷却面积外，还需要控制压力，使其略低于大气压力，为此，轴封加热器需要配置两台轴封风机（一台运行，一台备用）。汽轮机各汽缸的轴封漏汽（汽-气混合物）引出后，汇集到一根总管，并进入轴封加热器壳侧，蒸汽被冷却凝结为凝结水后，经U形水封排至凝汽器。轴封加热器冷却水来自凝结水泵出口，在管内流动，吸热后去低压加热器。向汽轮机轴封供汽时，轴封加热器应立即投入运行，并有足够的冷却水量，以冷却轴封漏汽。

轴封风机与轴封加热器的汽侧相连，作用是：抽出轴封加热器中的未凝结的漏汽和空气，使轴封加热器汽侧产生一定的负压，以维持轴封漏汽腔室的压力略低于大气压力，以便将轴封漏汽导入轴封加热器，防止轴封蒸汽从汽轮机轴端漏入厂房，同时还将轴封漏汽中所携带的不凝结气体排至大气，提高轴封加热器的冷却效果。每台轴封风机进口均安装电动蝶阀，以调节风量。当一台风机运行时，备用风机进口门关闭。风机出口装有止回阀，防止风机切换时空气倒流。

（4）安全阀和蒸汽过滤器。当某一压力调节阀故障时，轴封系统的供汽母管可能超压，危及汽轮机安全。为防止这种情况发生，轴封供汽母管上设置一只弹簧全启式安全阀，安全阀整定压力约为0.24MPa，以防止轴封供汽母管压力过高。为防止杂质进入轴封，而造成轴颈和汽封片因摩擦而损坏，轴封供汽母管至汽轮机的各供汽支管上都设置蒸汽过滤器。

（5）门杆漏汽的回收。如图6-31所示，汽轮机的主汽门、中压联合汽门的门杆漏汽送至轴封供汽母管，高压调节汽门的漏汽分别送至再热热段、四级抽汽和轴封加热器。

（6）与给水泵汽轮机轴封系统的联系。主汽轮机的轴封系统与给水泵汽轮机的轴封系统相互连通，轴封蒸汽母管来汽经减温后向给水泵汽轮机的轴封系统供汽，给水泵汽轮机的轴封漏汽排至主机轴封漏汽管道。

四、汽轮机轴封系统的运行

1. 启动准备

确认轴封蒸汽系统已具备投运行的条件，开启汽源供汽阀门，对轴封蒸汽系统中有关供汽设备和管道进行暖管和疏水，以防止凝结水进入轴封蒸汽系统；确认系统仪器仪表正常；确认汽轮机盘车已投入，凝结水再循环已建立，打开各压力调节阀及温度调节阀前后的手动和电动截止阀，接通气动调节阀供气气源［气源为 0.45～0.8MPa（a）的仪表用压缩空气］，以及相应的供电电源；开启轴封加热器冷却水（凝结水）管路手动闸阀，轴封加热器投入运行；开启轴封风机，开启风机进气管路手动蝶阀，风机正常投入运行，轴封漏汽腔室维持负压，压力调整至 95～99kPa。

2. 启动及正常运行

在启动阶段，轴封系统采用辅助汽源站供汽。辅助汽源蒸汽参数为：压力为 0.8～1.5MPa，冷态启动时温度为 180～260℃，热态启动时温度为 300～371℃。确认主蒸汽汽源供汽站和溢流站调节阀关闭后，开启辅助汽源供汽站调节阀管路上的电动截止阀，供汽系统正常投入。在冲转及低负荷阶段，轴封供汽来自辅助汽源，由辅助汽源供汽调节阀控制供汽母管压力维持在 0.127MPa；随着机组负荷增加，高中压缸轴端漏入供汽母管的蒸汽量将超过低压缸轴端汽封所需的供汽量，当轴封供汽母管压力升至 0.130MPa 时，辅助汽源供汽站的调节阀自动关闭，溢流站调节阀自动打开，将多余的蒸汽通过溢流控制站排至凝汽器，至此，轴封系统进入自密封状态，轴封母管压力维持在 0.130MPa。

3. 机组甩负荷

（1）若机组辅助汽源蒸汽温度达到 300～371℃要求，轴封供汽母管压力降至 0.127MPa 时，溢流调节阀关闭，轴封供汽由辅助汽源站供给。

（2）若机组辅助汽源的参数达不到要求，此时必须关闭辅助汽源站调节阀前的电动截止阀，轴封供汽母管压力降至 0.121MPa 时，主蒸汽供汽调节阀自动打开，供汽由主蒸汽供汽站供给（此时溢流调节阀早已自动关闭）。

4. 旁路阀的投运

当辅助汽源供汽调节阀的节流压力低于额定值的 25％时或汽封磨损后启动汽轮机时，为了获得足够的蒸汽流量来密封汽轮机，开启辅助汽源站旁路阀以补充蒸汽，当节流压力高到能自动保持轴封用汽时，旁路阀关闭。如果旁路阀仍开启着，剩余蒸汽将通过溢流阀自动排入凝汽器。这种情况对汽轮机运行无任何影响，但将使电厂效率略有降低。当溢流调节阀发生故障时，为防止供汽母管超压，可打开溢流站旁路上的电动闸阀。

5. 停运

汽轮机解列并打闸停机后，轴封蒸汽系统仍需继续供汽，以防止冷空气漏入汽轮机内部，过快地局部降低金属温度而引起热应力增加。根据停机过程的具体情况，当凝汽器真空为零时，可停止向汽轮机轴封供汽。此时依次关闭供汽装置进汽阀，停运减温器，停止轴封加热器的风机，打开轴封蒸汽系统各疏水阀。

五、轴封系统举例

如图 6-32 所示为某 660MW 二次再热机组的轴封蒸汽系统，该系统由汽轮机的轴封装置、轴封加热器、轴封风机、轴封压力调节阀以及相应的管道、阀门等部件组成。

由于超高压缸前端轴封漏汽的压力、温度较高，因此超高压缸前端轴封较长，由 5 段 4 个腔室组成，后端轴封也由 5 段 4 个腔室组成。机组正常运行时，为了不使高温汽流向外泄漏，辅汽直接送入超高压缸第 3 个前轴封汽室（由内往外数，下同）和后端第 3 个轴封汽室。超高压缸第 1 个前轴封汽室和第 1 个后轴封汽室内的漏汽直接引至高压缸排汽管道；超高压缸第 2 个前轴封汽室和第 2 个后轴封汽室内的漏汽直接引至中低压联通管，而第 4 个前轴封和第 4 个后轴封汽室的漏汽通过超高压缸轴封回汽阀汇集至低压轴封漏汽母管。高压缸前、后两端各有 4 段 3 个汽室，第 1 个前轴封汽室和第 1 个后轴封汽室内的漏汽直接引至中低压联通管；中压缸前、后两端各有 3 段 2 个汽室，两端第 2 个轴封汽室内的漏汽同样通过轴封回汽阀进入低压轴封漏汽母管；低压缸的端轴封均由 3 段 2 个汽室组成，两端第 1 个轴封汽室与轴封密封蒸汽母管相连，两端第 2 个轴封汽室内的漏汽汇集至低压轴封漏汽母管。

汽轮机（包括给水泵汽轮机）最外一侧轴封的回汽（轴封泄漏的蒸汽和空气的混合物），均通过各自的管道汇集至低压轴封漏汽母管。低压轴封漏汽母管中的蒸汽和空气混合物随后排入轴封加热器，蒸汽在轴封加热器中凝结。轴封加热器的水源来自凝结水系统，当轴封加热器故障时，将回汽排到大气中。该轴封加热器配有两台 100％容量的轴封风机，可互为切换、备用，轴封风机的作用是把轴封加热器中的空气抽出，以确保轴封加热器的微真空。

当机组在启动时，轴封蒸汽系统的汽源主要来自辅汽母管。辅汽进入轴封供汽压力靠调节器进行调压，调压后的辅汽随时由压力表、温度表监测，使辅汽在各种工况下维持其压力和温度的正常值。轴封供汽阀门站通过调节，使轴封蒸汽压力略高于大气压力。此时，轴封溢流阀处于关闭状态。

随着机组负荷的增加，超高、高、中压缸轴封漏汽也相应增加，致使轴封蒸汽压力上升，轴封供汽压力调节阀逐渐将进气阀关小，以维持轴封蒸汽压力正常值。如果轴封蒸汽调压阀无法满足轴封要求，如轴封蒸汽调压阀运行故障，或者轴封蒸汽进口阀门前蒸汽压力太低，则轴封调压旁路必须打开。轴封蒸汽调压阀的进、出口阀门可以隔离轴封蒸汽调压阀。当轴封供汽压力调节阀全关时，轴封蒸汽系统的汽源切换为超高、高、中压缸的漏汽。此时，轴封蒸汽压力改为轴封溢流阀门站来控制，轴封溢流阀门站将多余的蒸汽排放至凝汽器或 10 号低压加热器。当轴封溢流阀前温度大于 400℃时，多余的蒸汽溢流至凝汽器；当轴封溢流阀前温度小于 400℃时，多余的蒸汽溢流至 10 号低压加热器。

因机组在高负荷下形成自密封轴封系统，轴封控制站不再向轴封母管供给密封蒸汽，轴封控制站前蒸汽温度逐渐降低。若机组在高负荷下突然甩负荷，汽轮机不具备形成自密封条件，为防止轴封控制站前冷蒸汽进入轴封母管，导致汽轮机转子抱死，在轴封控制站前设置一电加热装置。正常运行时，电加热装置能自动控制轴封控制站前蒸汽温度保持在 280～320℃。轴封系统还设有溢流泄压装置，可以保证汽轮机高负荷下，高压轴封漏汽量较大时，仍维持轴封母管压力在 3.5kPa 左右。

为减少轴封及门杆漏汽损失，提高机组效率，将高、中压主汽门和高、中压调节汽门的门杆漏汽引入凝汽器的疏水立管；将超高压缸 U 形密封环漏汽、高压缸 U 形密封环漏汽、中压缸 U 形密封环漏汽接至凝汽器的疏水立管。

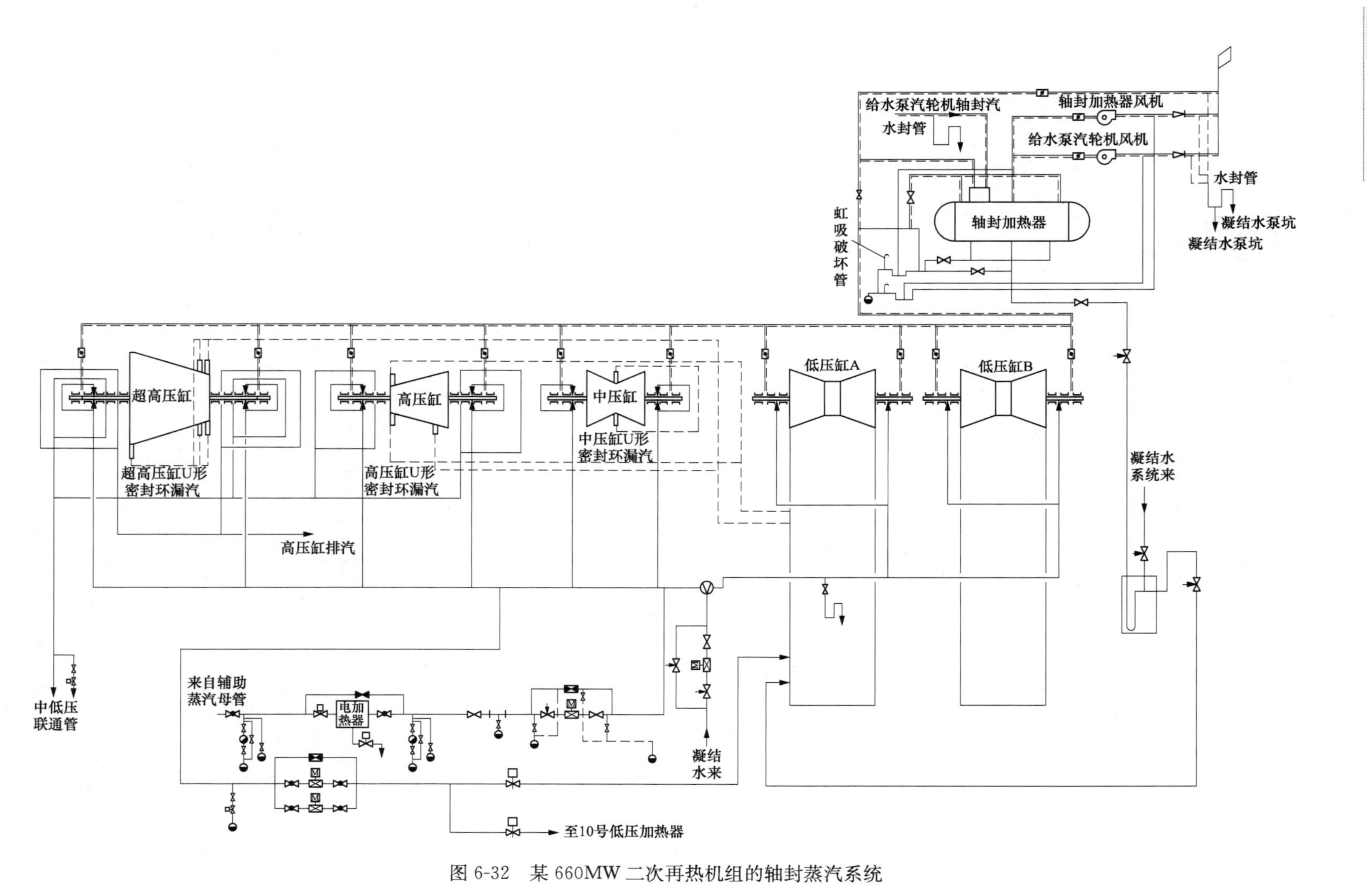

图 6-32 某 660MW 二次再热机组的轴封蒸汽系统

轴封蒸汽系统中设置了许多疏水器和疏水阀门，这是防止在轴封系统刚启动时由于暖管形成疏水。而这些疏水危害整个系统的安全，所以需要及时排出，疏水器及阀门就起到了排出疏水的作用。

第七节　全厂疏（放）水系统

用来收集和疏泄全厂热力设备及各类汽水管道疏水的管路及设备，称为发电厂的疏（放）水系统，本书简称为疏水系统。发电厂的疏水系统是全面性热力系统的组成部分，不但影响电厂运行的热经济性，同时也影响到设备的安全可靠性。运行时，若蒸汽管道中的凝结水排放不及时，由于管道中的蒸汽和水的比体积、流速均不相同，容易引起管道发生水冲击，轻则使管道、设备发生振动，重则使管道破裂，设备损坏；而水一旦进入汽轮机，还要损坏叶片造成严重事故，导致被迫停机。因此，为保证发电厂安全可靠地运行，对疏水系统应有足够的重视。

发电厂的疏水系统分蒸汽管道疏水和热力设备疏水两大部分，蒸汽管道疏水主要包括主蒸汽、再热蒸汽、旁路蒸汽、抽汽以及辅助蒸汽管道的疏水，热力设备的疏水主要包括锅炉本体的疏水、汽轮机本体的疏水、暖风器疏水、热网加热器疏水和蒸发装置等的疏水。汽包锅炉本体启动疏水（如过热器集箱、再热器集箱、过热蒸汽及再热蒸汽减温器等疏水）应接入定期排污扩容器，直流锅炉的启动疏水应根据锅炉本体汽水系统要求分别接至疏水扩容器、除氧器或凝汽器，详见本书第三章第五节。暖风器和热网加热器疏水可接入除氧器或凝汽器；汽轮机本体的疏水以及蒸汽管道的疏水一般经疏水扩容器予以回收。本节主要介绍汽轮机本体及蒸汽管道的疏水回收系统。

一、疏放水来源

疏水来源主要有：发电厂启动时，冷态蒸汽管路的暖管疏水；蒸汽经过较冷的管段、部件或在备用管段、阀门涡流区使蒸汽长期停留在某些管段内的凝结水；蒸汽带水；减温减压器喷水过量等。

溢放水来源主要有：锅炉的溢放水、除氧器给水箱的溢放水、余汽冷却器的凝结水、设备检修时排出的合格凝结水等。

二、蒸汽管道的疏水类型

如图 6-33 所示，蒸汽管道的疏水按管道投入时间和运行工况可分为自由疏水、启动疏水和经常疏水。

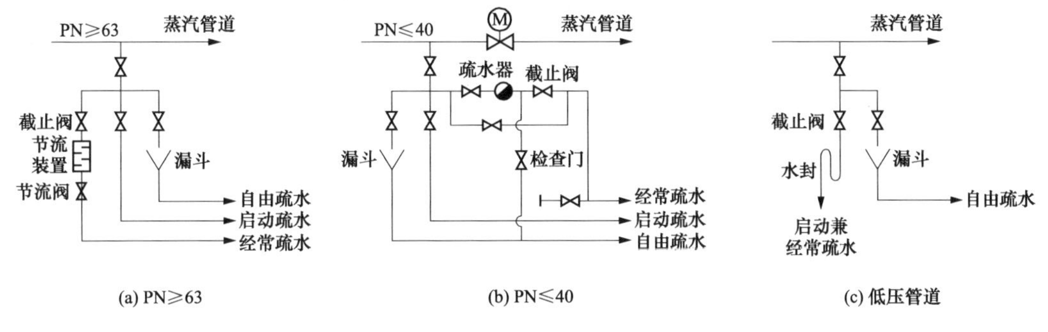

图 6-33　蒸汽管道的疏水

在机组启动暖管之前，将管道内停用时的凝结水放出，称为自由疏水，又称放水。这时管内没有蒸汽，是在大气压下经漏斗排出。管道的自由疏水（放水）装置应装设在管道可能积水的低位点处。

管道在启动过程中排出暖管时的凝结水称为启动疏水，也称暂时疏水。此时管内有一定的蒸汽压力，且疏水量较大。管道的启动疏水装置一般装设在分段暖管管段末端、所有可能积水而又需要及时疏出的低位点等。

在蒸汽管道正常工作压力下进行的疏水称为经常疏水。此时为防止蒸汽外漏，疏水需经疏水器排出，有时也设有一旁路供疏水器故障时疏水能正常进行。管道的经常疏水装置一般装设在经常处于热备用状态的设备进汽管段的低位点、蒸汽不经常流通的管道死端（且是管道的低位点）饱和蒸汽管道和蒸汽伴热管道的适当地点等。对于公称压力不小于 PN63 的管道，宜装设节流装置或疏水阀，节流装置后的第一个阀门，应采用节流阀［如图 6-33（a）所示］；对于公称压力不大于 PN40 的管道，宜采用疏水阀［如图 6-33（b）所示］；当管道内蒸汽压力很低时，可采用 U 形水封装置［如图 6-33（c）所示］。

主蒸汽管道、再热蒸汽管道、抽汽管道、加热器事故疏水管道、轴封管道的疏水容易造成汽轮机进水。对可能造成汽轮机进水的蒸汽管道及其支管道的低位点都必须设置自动疏水，疏水应单独接至疏水扩容器或凝汽器，管道的疏水坡度方向必须顺汽流方向，且坡度不得小于 0.005；对于引起事故概率较大的管道（如冷再热蒸汽管道），通常在其水平段靠近汽轮机的最低点，装设带水位测点的疏水罐及疏水管，以将大量疏水及时排出。冷再热蒸汽管的疏水罐系统如图 6-34 所示。每一疏水罐至少有两个水位指示，高水位时，自动全开疏水阀并向主控制室发出阀门已开启的报警信号；若水位继续升高到超高水位，则报警并指示超高水位，主控制室能远方操作疏水阀强制开启。汽轮机抽汽管道最靠近汽轮机的动力止回阀或电动关断阀前应设自动疏水。轴封系统喷水减温器的下游管道上应设置连续疏水点，将疏水引至轴封蒸汽冷却器或凝汽器；汽轮机与轴封供汽母管之间的轴封系统管道如果出现低

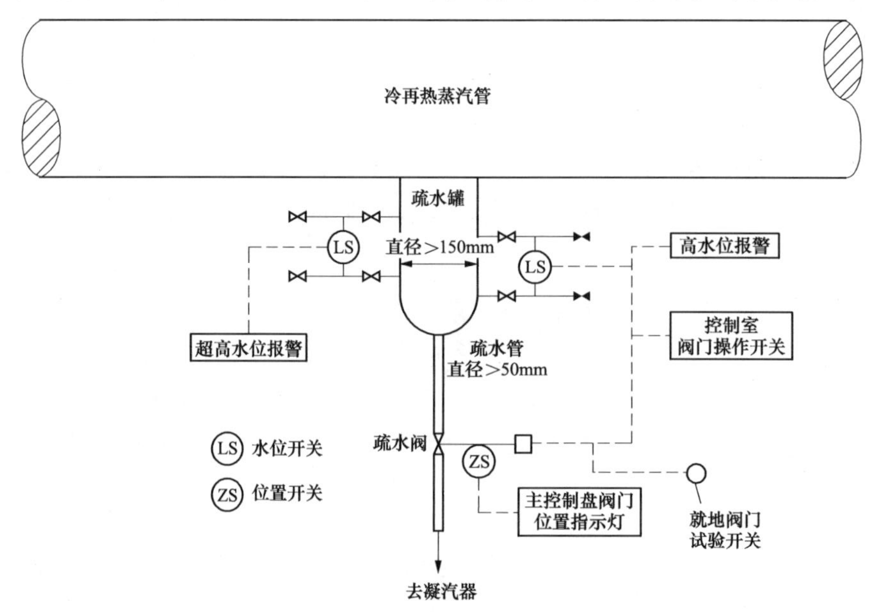

图 6-34　冷再热蒸汽管的疏水罐系统

位点，则应设置连续疏水点，将疏水引至轴封蒸汽冷却器或凝汽器；汽轮机与轴封蒸汽冷却器之间管道如果出现低位点，则应设置疏水点，将疏水排入同一管道的标高较低处或通过U形水封管流入疏水箱或排大气。

三、汽轮机本体及蒸汽管道的疏水回收系统

中间再热机组或主蒸汽采用单元制系统的高压凝汽式发电厂，均不再设置疏水箱及疏水泵，而以疏水扩容器和锅炉排污扩容器来替代。其原因是：一方面疏水箱的水质常常不符合要求；另一方面，单元制热力系统采用滑参数启动，机组启动疏水绝大部分经汽轮机本体疏水扩容器予以回收，所以疏水量就很少。因此，中间再热机组或主蒸汽采用单元制系统的高压凝汽式机组就不再设置疏水箱系统，但可在凝汽器处设一放水箱。

目前国内常见的疏水回收系统有背包式疏水扩容器系统、采用专用疏水扩容器系统、采用疏水立管的疏水扩容器系统和采用疏水集管系统等四种形式。

1. 背包式疏水扩容器系统

背包式疏水扩容器也称为内置式疏水扩容器。如图6-35和图6-36所示，疏水扩容器由两只16m³的矩形容器组成，一只主要接纳汽轮机本体及管道疏水，另一只主要接纳高压加热器事故疏水、除氧器溢流疏水等。疏水进入扩容器后，经消能装置，并在扩容器巨大空间内闪蒸扩容、喷水减温，使其能级降至凝汽器允许值，消能后的蒸汽和水分别排入凝汽器喉部和热井内，既保证了机组及管道疏水畅通，又确保凝汽器的内部零件不被损坏，还能回收汽轮机工质。

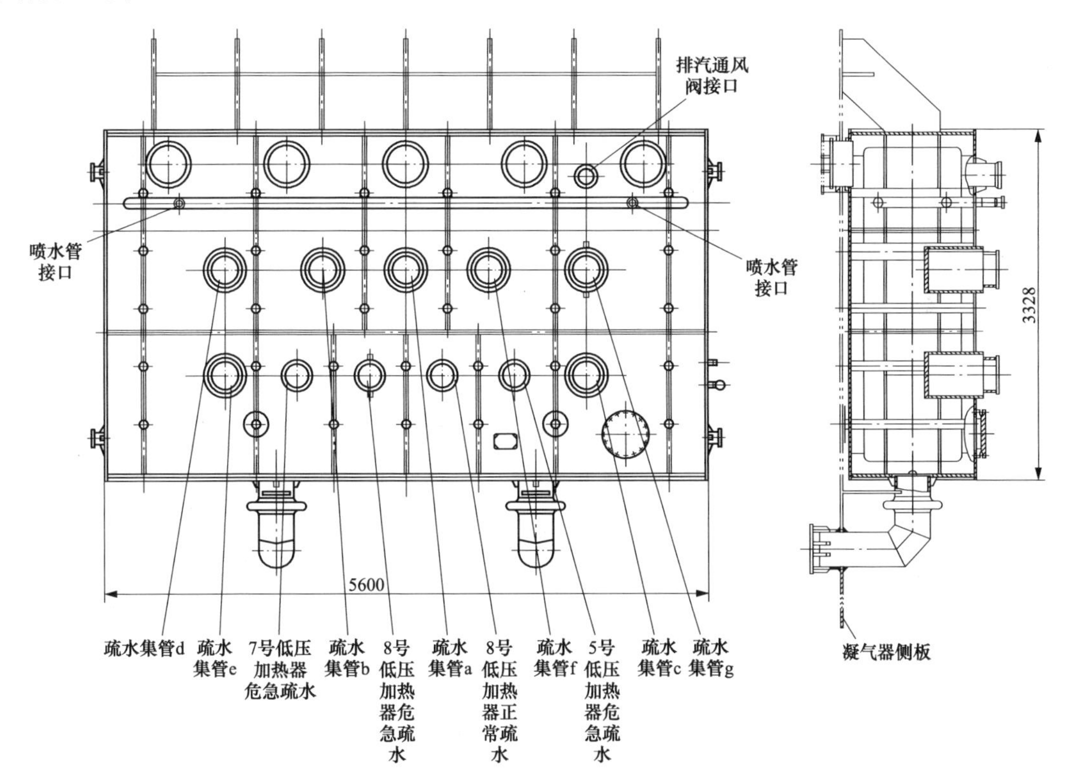

图6-35　高压侧背包式疏水扩容器

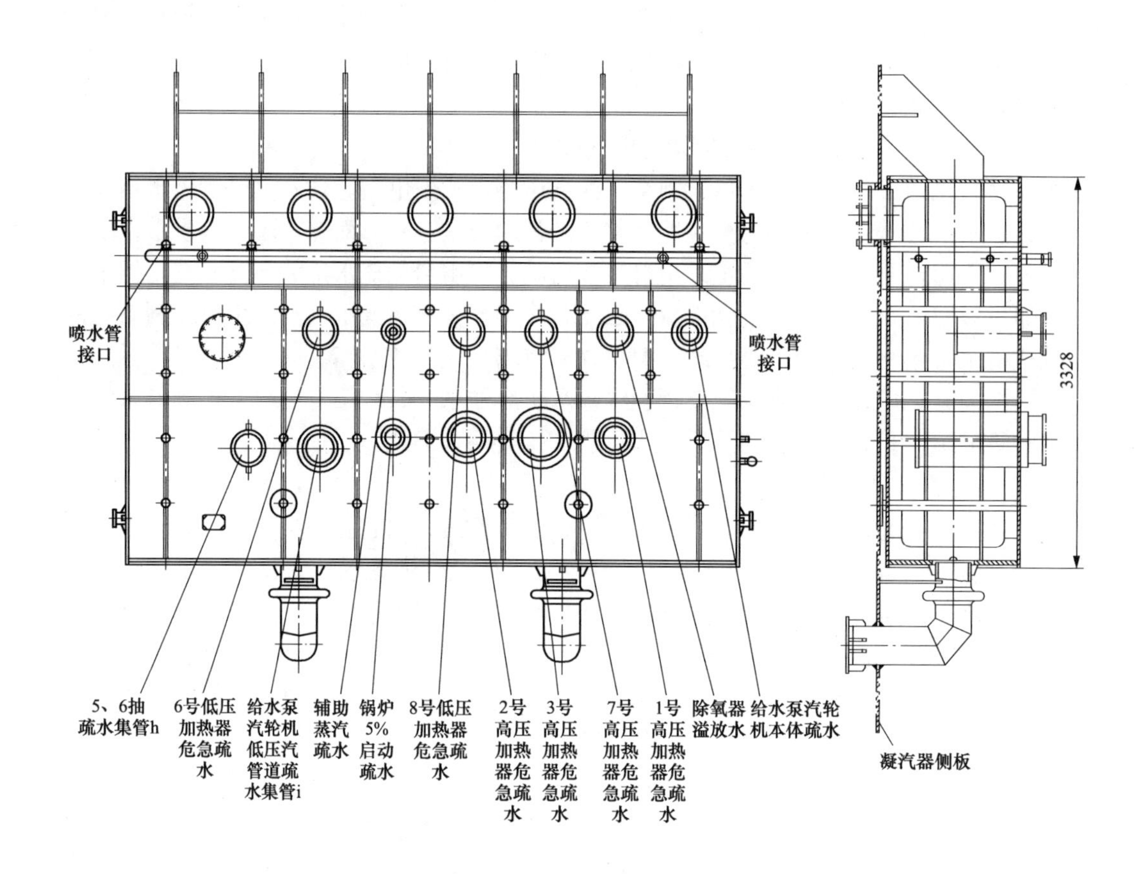

图 6-36　低压侧背包式疏水扩容器

为便于电站的安装布置，充分利用凝汽器汽轮机侧和发电机侧柱间空档，疏水扩容器的外形设计为矩形结构，布置在高压凝汽器侧和低压凝汽器侧。疏水扩容器采用全焊接结构，由壳体、疏水接管、喷水管、缓冲板、波形膨胀节等零部件组焊而成。

机组各处疏水经疏水管道排入相应的疏水母管，通过疏水扩容器上的疏水接管进入疏水扩容器。在各疏水接管上设有一定数量的喷孔，对进入扩容器的疏水具有进一步的降压消能作用。冷却水（凝结水）通过喷水管上的喷嘴从扩容器上部喷入，使扩容器内的闪蒸蒸汽温度迅速降低并凝结，增加了疏水扩容器的扩容能力。壳体内还设置了支撑杆、肋板，用以增强扩容器的刚性。在疏水扩容器的汽、水排出口设置缓冲板，以防止扩容器内的蒸汽和凝结水直接冲击到凝汽器内的部件影响到凝汽器的正常运行。疏水扩容器上设有检修人孔门，用以对扩容器进行维护、清理等。

高压侧背包式疏水扩容器如图 6-35 所示，位于高压侧的疏水扩容器，设有 12 个疏水接管，用于接纳汽轮机本体疏水集管 a、b、c、d、e、f、g 的疏水，5、7、8 号低压加热器危急疏水，8 号低压加热器正常疏水，排汽通风阀接口等。低压侧背包式疏水扩容器如图 6-36 所示，位于低压侧的疏水扩容器，设有 12 个疏水接管，用于接纳汽轮机本体疏水集管 h、i 的疏水，6～8 号低压加热器危急疏水，辅汽疏水，除氧器溢流疏水，给水泵汽轮机本体疏水，锅炉5%启动疏水，1～3号高压加热器危急疏水等。

各疏水支管接入疏水母管时，必须按各疏水点的疏水压力分类排列，对于接入同一母管上疏水压力较高者须离疏水扩容器相对较远处接入，压力较低者应靠近疏水扩容器接入，且各支管应与母管成45°夹角接入，方向向着扩容器，以保证各疏水点疏水畅通。

疏水扩容器投运时，应同时投入喷水，喷水的投入及喷水量的大小可通过设置在喷水管路上的阀门进行控制调节，保证扩容器内温度小于80℃，压力小于0.14MPa。每台扩容器的设计喷水压力为1.0MPa，喷水量约为7.2kg/s。喷水管路上需设置滤网，滤网不得小于32目。应定期清洗滤网，以防止喷孔阻塞。

疏水扩容器最大负荷工况一般是在机组启动过程中，因此在新机投运期间，机组启动、停机或加热器事故疏水门全开时，应注意监视扩容器的运行状况。当其温度、压力过高或不正常时，须及时检查汽轮机各疏水阀门、管路及滤网的情况并及时处理，掌握疏水扩容器的运行规律，设置喷水阀的开启大小，从而达到保证机组正常运行的目的。

2. 采用专用疏水扩容器系统

采用专用疏水扩容器系统的特点是根据疏水的压力设置多个专用疏水扩容器，以回收汽轮机本体及管道的疏水。例如有的机组设置汽轮机本体疏水扩容器、管道疏水扩容器和高压加热器危急疏水扩容器，将汽轮机本体疏水与其他管道疏水严格分开，同时单独设计一个高压危急疏水扩容器，部分低压疏水直接接入凝汽器壳体。本体疏水扩容器主要接入汽轮机本体、给水泵汽轮机本体和轴封系统的疏水；管道疏水扩容器主要接入蒸汽管道的疏水；高压加热器危急疏水扩容器主要接入高压加热器事故时加热器的疏水。疏水扩容器分离后的汽、水分别接入凝汽器汽空间和热井。

如图6-37所示是某百万机组的疏水回收系统，该系统设置了两个不同容积的疏水扩容器，以回收主蒸汽管道、再热蒸汽管道和抽汽管道的疏水。与直接向凝汽器疏水相比，这种方式由于在扩容器内完成了汽水分离，可避免对凝汽器和热井的热冲击和水冲击，而且由于阀门集中，便于控制，使检修和维护方便；这种方式的缺点是需配置专用的疏水扩容器，汽轮机房布置较为拥挤。

3. 采用疏水立管的疏水扩容器系统

根据汽轮机本体及管道的各疏水参数特性（压力、温度、流量、疏水点位置），按一定组合排入立式布置的疏水立管（管径一般大于DN800），充分扩容减压后，饱和蒸汽排入凝汽器汽空间，饱和水引入凝汽器水侧空间，采用疏水立管的疏水扩容器系统如图6-38所示。疏水立管可视疏水参数以及厂房空间灵活布置于凝汽器四周。

4. 采用疏水集管系统

采用疏水集管的疏水扩容器系统如图6-39所示，汽轮机本体疏水按不同压力分别用管道连接于疏水集管，然后进入凝汽器，在疏水集管或疏水管的末端设有疏水节流减压装置。这种疏水方式省去了本体疏水扩容器，系统简单，管道布置整齐美观，阀门布置集中，便于管理；但在疏水母管与凝汽器的接口处存在较大的温差和热应力，严重时使凝汽器外壳产生裂纹，现较少采用。

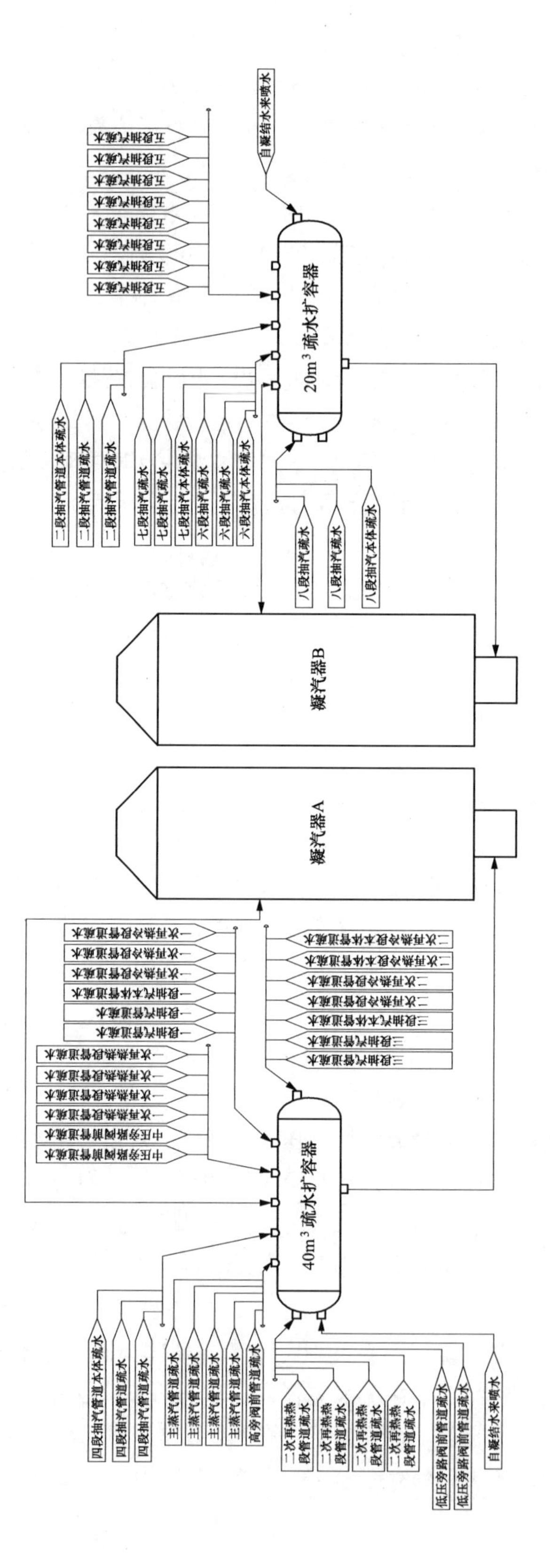

图 6-37 某百万机组的疏水回收系统

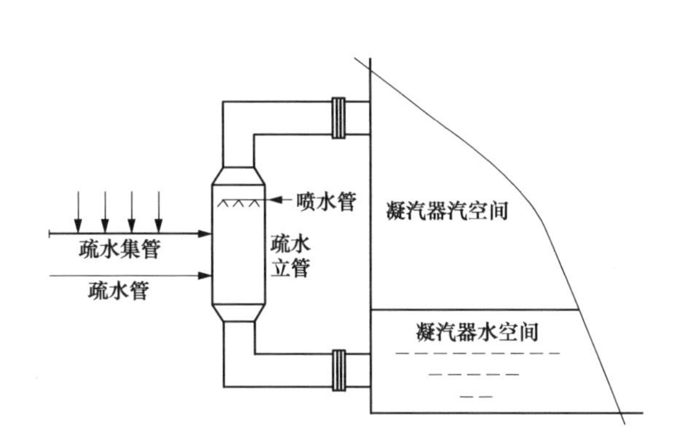

图 6-38　采用疏水立管的疏水扩容器系统

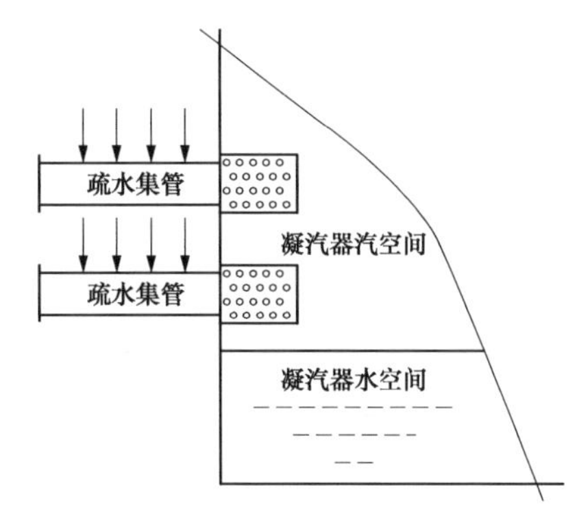

图 6-39　采用疏水集管的疏水扩容器系统

第八节　发电厂全面性热力系统

一、发电厂热力系统图例

绘制发电厂全面性热力系统时，应采用规定的或常用的发电厂热力系统管线、阀门等的图例，火电厂热力系统主要图例详见表 6-3。

表 6-3　火电厂热力系统主要图例

图形符号	名称	图形符号	名称	图形符号	名称
	截止阀（常闭应涂黑）		截止止回阀		疏水器
	闸阀（常闭应涂黑）		蝶形止回阀		疏水罐
	球阀（常闭应涂黑）		截止、止回、节流三用阀		大小头（变径管）
	止回阀（流向自左至右）	Q	齿轮流量计		单级节流孔板（可调缩孔）
	底阀	F	质量流量计		多级节流孔板
	调节阀（常闭应涂黑）		油气分离器		流量测量喷嘴（流向自左至右）
	蝶阀（常闭应涂黑）		疏水阀		流量测量孔板（流向自左至右）
	真空蝶阀		手动插板门		滤水器

续表

图形符号	名称	图形符号	名称	图形符号	名称
	真空阀（常闭应涂黑）		气动插板门		排大气
	角阀		电动插板门		泵
	角式弹簧安全阀		手动挡板门		消音器
	三通阀		气动挡板门		爆破膜
	四通阀		电动挡板门		自动主汽门
	隔膜阀		电动自动调节风门		蒸汽或空气过滤器
	节流阀		文丘里式风道流量测量装置		滤网
	凝汽器真空破坏阀		煤粉取样装置		堵头
	水封阀		电动执行机构		单级水封
	水压试验堵阀		可调电动执行机构		多级水封
	减温器		气动薄膜执行机构		胶球清洗装球室
	减压减温器（流向自左至右）		电磁执行机构		胶球清洗收球网
	减压阀（小头高压大头低压）		液动执行机构		排水漏斗
	中间堵板		气动执行机构		至排水沟
	回转堵板		波纹补偿器		至排水管

在全面性热力系统中，至少有一台锅炉、汽轮机及其辅助热力设备的有关汽水管道上要标明公称压力、管径和壁厚。通常在图的一端附有该图的设备明细表，标明设备名称、规范、型号单位及其数量和制造厂或备注。本书作为教材并限于图幅，在所附的发电厂全面性热力系统中未注明管道的公称压力、管径和壁厚，也未附设备明细表，有些系统还做了较大简化，因而与生产上实际使用的发电厂全面性热力系统稍有区别，请读者注意。

二、发电厂全面性热力系统举例

为便于读者阅读和分析发电厂的全面性热力系统，应注意以下几点：

(1) 熟悉图例。不同国家的全面性热力系统的绘制及其图例有所差异。GB/T 6567—2008《技术制图—管路系统的图形符号》以及 DL 5028—2015《电力工程制图标准》都规定了有关热力设备、管道和主要附件的统一图形符号。应熟悉这些常用的图形符号，在设计和阅读图纸时加以正确的应用。

(2) 明确主要设备的特点和规范。发电厂热力系统的主要设备是锅炉、汽轮机、凝汽器、除氧器及各级回热加热器、各种水泵等，综合设备明细表，了解主要设备的特点和规范，如回热系统、主蒸汽系统和旁路系统、给水系统等，找出各系统的连接方式及其特点、各系统间的相互关系及结合点，逐步扩大到全厂范围。

(3) 区别不同的管线、阀门及其作用。辅助设备有经常运行的和备用的，管线和阀门也有正常工况运行、事故备用、不同工况切换、甚至于机组启停时才启用的。一般宜从正常工况入手，在依次分别分析低负荷工况、启动、停运和不同事故工况。这些都需要通过前面章节所学各局部系统的内容，进行分析，最后综合成全厂的全面性热力系统的运行工况分析。

(4) 化整为零地弄清楚各局部系统的全面性热力系统。实际工程的发电厂全面性热力系统是较为复杂的，宜化整为零，逐个弄清楚各种管道系统的局部性全面性热力系统，最后扩展到全厂的全面性热力系统。

如图 6-40 所示为国产 N600-16.67/537/537 型机组的发电厂全面性热力系统。某 N600-16.67/537/537 机组主要设备附表见表 6-4。汽轮机为三缸、单轴、四排汽的一次中间再热凝汽式汽轮机，凝汽器为双壳、双背压、单流程、对分式结构。单元制主蒸汽管道、冷再热和热再热蒸汽管道均采用 2-1-2 布置方式。旁路系统采用高低压两级旁路串联系统。回热系统为三高、四低、一除氧，且均为卧式布置。汽轮机 A、B 两个低压缸排汽分别排入凝汽器 A、B 两个壳体中。循环水先进入低压凝汽器 A，然后进入高压凝汽器 B 壳体。两凝汽器热井中的凝结水借助于高度差可由低压流向高压，然后由凝结水泵送至除盐装置，而后进入轴封加热器、四台低压加热器，最后到除氧器。四台低压加热器疏水逐级自流至凝汽器。凝结水泵设置两台，一台运行，一台备用。循环水系统设有两台胶球清洗泵。

单元制给水系统装有两台汽动给水泵和一台电动调速泵，均设有前置泵。给水泵汽轮机的低压汽源来自第 4 段抽汽，高压汽源来自新蒸汽，给水泵汽轮机排汽至主凝汽器。给水泵出口水经三台高压加热器，进入省煤器。三台高压加热器均带有内置式蒸汽冷却和疏水冷却器，并设有水侧大旁路。三台高压加热器疏水正常工况逐级自流至除氧器，高压加热器的危急疏水均进入凝汽器两端布置的疏水扩容器。过热器喷水和高压旁路喷水均来自给水泵出口，再热器事故喷水来自给水泵中间抽头。真空抽气系统采用三台水环式真空泵，两台工作，一台备用。

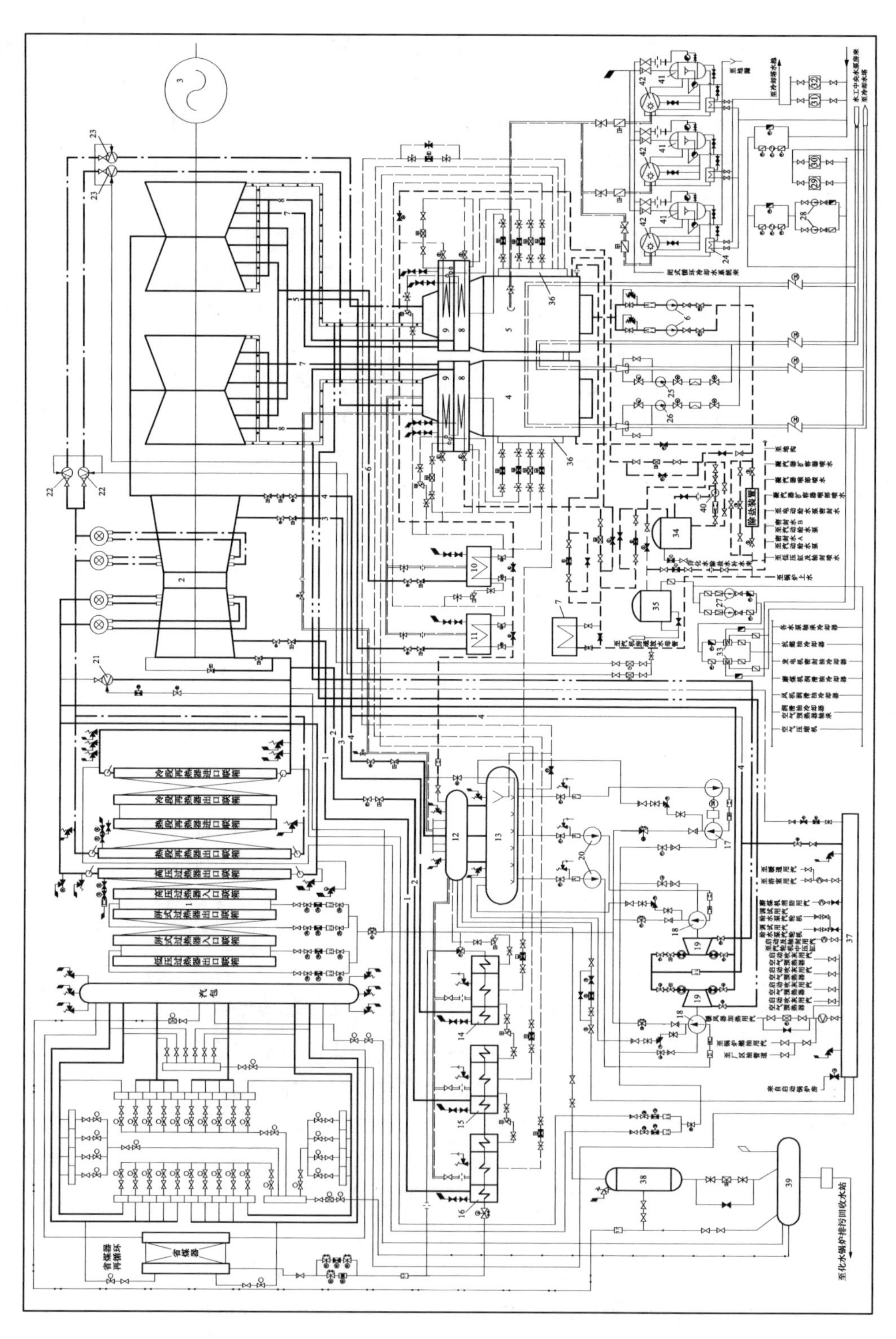

图 6-40 国产 N600-16.67/537/537 型机组的发电厂全面性热力系统

表 6-4　　某 N600-16.67/537/537 机组主要设备附表

编号	设备	编号	设备	编号	设备
1	锅炉	15	2 号高压加热器	29	发电机氢冷却器
2	汽轮机	16	1 号高压加热器	30	发电机定子水冷却器
3	发电机	17	电动给水泵	31	发电机密封油冷却器
4	高压凝汽器	18	汽动给水泵	32	凝结水泵电机冷却器
5	低压凝汽器	19	给水泵汽轮机	33	闭式水冷却器
6	凝结水泵	20	前置泵	34	除盐水箱
7	除盐水箱	21	一级减压减温器	35	闭式循环冷却水膨胀水箱
8	8 号低压加热器	22	二级减压减温器	36	疏水扩容器
9	7 号低压加热器	23	三级减压减温器	37	辅助蒸汽集箱
10	6 号低压加热器	24	真空泵工作水冷却器	38	连续排污扩容器
11	5 号低压加热器	25	胶球泵	39	定期排污扩容器
12	除氧器	26	胶球泵	40	除氧水补水泵
13	除氧水箱	27	闭式循环冷却水泵	41	气水分离器
14	3 号高压加热器	28	开式循环冷却水泵	42	真空泵

复习思考题

第六章复习思考题答案

6-1　什么是发电厂全面性热力系统？发电厂全面性热力系统的主要作用是什么？

6-2　简述发电厂原则性热力系统和全面性热力系统的异同。

6-3　为什么中间再热机组的主蒸汽系统必须采用单元制？

6-4　如何减少主蒸汽、再热蒸汽系统的压力损失和汽温偏差？

6-5　简述 N1000-25/600/600 型机组的主蒸汽和再热蒸汽系统的组成特点。

6-6　再热机组旁路系统的作用是什么？根据哪些原则来选择旁路系统的形式和容量？

6-7　为什么采用变速泵的给水系统能够简化或取消锅炉给水操作台的配置？

6-8　给水泵的驱动方式有哪几种？为何 300MW 及以上机组一般采用汽动给水泵作为经常运行泵？为何 200MW 及以下机组一般采用电动给水泵作为经常运行泵？

6-9　简述给水泵和凝结水泵再循环的作用，何种情况下开启给水泵和凝结水泵再循环？

6-10　设计回热全面性热力系统时，对回热抽汽管道应考虑哪些措施来确保各种工况下机组运行的安全性，为什么？

6-11　简述加热器正常疏水管路、事故疏水管路、启动疏水管路、连续排气管路和启动排气管路的作用。

6-12　回热加热器水侧旁路通常有哪几种类型？各有何优缺点？

6-13　凝结水泵入口处为什么要设置抽空气管路？而给水泵入口处为什么不需要设置抽空气管路？

6-14　对亚临界压力汽包锅炉和超临界压力直流锅炉为何还要对凝结水进行精处理？

6-15　为什么高压加热器故障可能造成汽轮机进水、锅炉过热器超温和功率降低?

6-16　发电厂辅助蒸汽系统的组成和作用是什么？全厂第一台机组启动及低负荷阶段，辅助蒸汽系统的汽源来自何处?

6-17　简述600MW机组给水全面性热力系统的组成特点。

6-18　简述国内常见的疏水回收系统形式和特点。

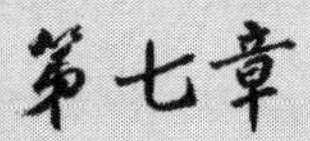

热力发电厂的经济运行与负荷调度

详细内容请扫描二维码获取。

第八章

发电厂的汽水管道和阀门

管道和阀门是热力系统中必不可少的部件，它们将热力系统中各主、辅热力设备有机联系起来。随着高参数、大容量再热机组的发展，现代大型火电厂管道系统总长度可达数万米，总质量可达几百吨甚至上千吨，需要使用几千只各种各样的阀门。管道和阀门对机组的安全和经济运行有着重要的影响。

本章主要介绍火力发电厂汽水管道的设计规范、阀门的类型和结构，详细内容请扫描二维码获取。

参 考 文 献

[1] 郑体宽．热力发电厂．2 版．北京：中国电力出版社，2008.
[2] 叶涛．热力发电厂．6 版．北京：中国电力出版社，2020.
[3] 冉景煜．热力发电厂．北京：机械工业出版社，2010.
[4] 邱丽霞．热力发电厂．北京：中国电力出版社，2010.
[5] 周振起．热力发电厂．北京：机械工业出版社，2018.
[6] 陈海平．热力发电厂．北京：中国电力出版社，2018.
[7] 白玫．新中国电力工业 70 年发展成就．价格理论与实践，2019 (5)：4-9.
[8] 杨倩鹏，林伟杰，王月明．火力发电产业发展与前沿技术路线．中国电机工程学报，2017，37 (13)：3787-3794.
[9] 李建锋，周宏，吕俊复．中国 1000MW 等级火力发电机组可靠性分析．中国电力，2017，50 (11)：1-7.
[10] 赵振国．冷却塔．北京：中国水利水电出版社，1996.
[11] 武学素．热电联产．西安：西安交通大学出版社，1988.